Introduction to Real Analysis, Fourth Edition

Robert G. Bartle·Donald R. Sherbert

실해석학개론 4판

강수철 역

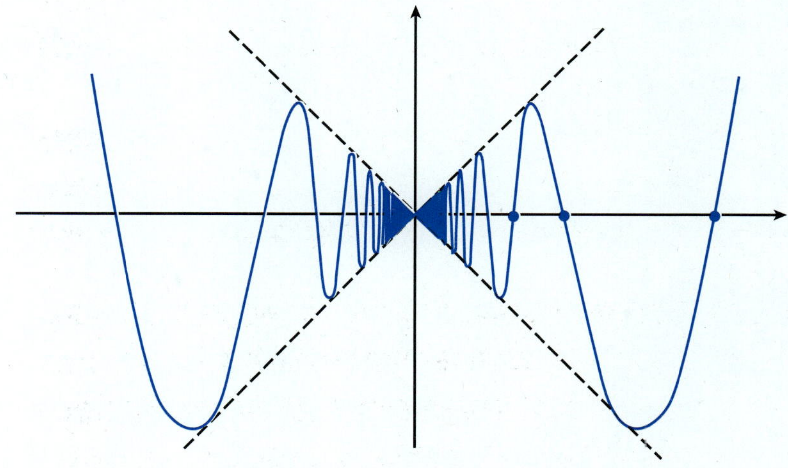

WILEY

TEXT BOOKS
텍스트북스

Introduction to Real Analysis, Fourth Edition
Robert G. Bartle·Donald R. Sherbert

ISBN 978-0-471-43331-6

실해석학개론, 4판
Introduction to Real Analysis, Fourth Edition

발행일 2024년 1월 30일
지은이 Robert G. Bartle · Donald R. Sherbert **옮긴이** 강수철
발행인 임은정 **발행처** (주)텍스트북스 **주소** 서울시 영등포구 양평로 30길 14, 세종앤까뮤스퀘어 1109호
전 화 02-702-5725 **팩스** 02-702-5727 **웹사이트** www.textbooks.co.kr
등록번호 제2022-000098호

ISBN: 978-89-93543-76-6 93410
정가 33,000원

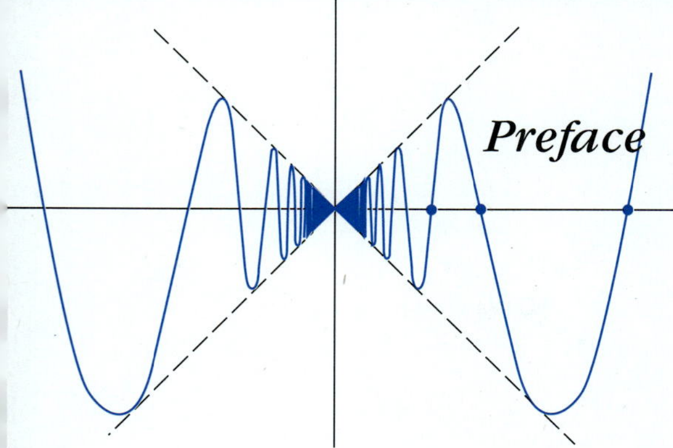

역자 머리말

이 책은 Robert G. Bartle과 Donald R. Sherbert가 공동으로 저술한 Introduction to Real Analysis의 개정 4판을 번역한 것이다.

이 4판은 Bartle을 추모하는 의미로 Sherbert가 3판을 개정하여 출판하였다.

해석학 강의를 하면서 초판부터 3판까지 교재로 채택할 정도로 책의 내용이 매우 우수하였으며, 판이 거듭될수록 개선되고 보강되었다.

4판에서도 3판과 마찬가지로 적분에 대하여 많은 내용을 수정하고 추가하였으며 다소 어렵긴 하지만 이해만 한다면 적분론을 공부하는 데 많은 도움이 될 것이다.

부록에 있는 논리와 증명 또한 해석학을 공부하는 학생들에게 많은 도움을 줄 것으로 생각한다.

원서로 강의하면서 해석의 어려움을 덜어주기 위하여 틈틈이 번역해 두었던 것을 정리하고 손질하여 3판을 출판하였고 다시 4판의 번역판을 출판하게 되었다. 해석학을 공부하는 학생 여러분에게 조금이나마 도움이 될 수 있기를 소망한다.

역자의 부족함으로 인한 번역상의 오류나 부적절한 어휘들이 여러 곳에서 나타날 것이다. 독자 여러분의 충고와 고견을 기대하며 부족한 점을 보완하고 잘못된 점을 수정하여 기회가 되면 보다 나은 책으로 출판할 것이다.

법적, 행정적인 제반 문제의 해결과 출판을 해주신 범한서적주식회사 관계자 여러분에게 감사를 드린다.

2013. 1.

역자 강 수 철

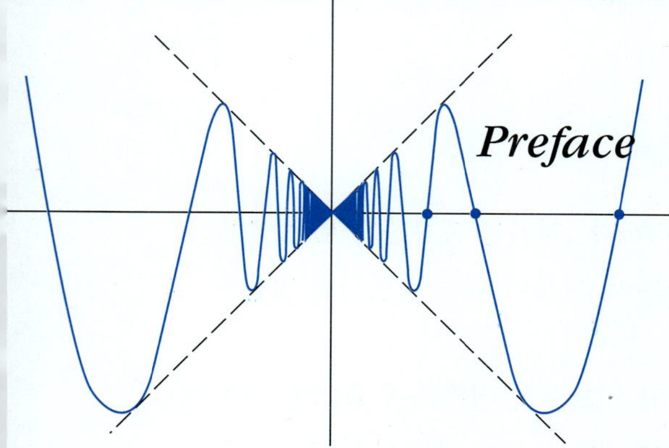

머리말

장차 대학원에서 순수수학이나 응용수학을 공부하고자 하는 학생이라면 실해석학을 공부해야 하는 것은 필수적이다. 이는 평범한 문제를 풀기 위하여 일반적인 공식을 이용하는 수준 그 이상을 바라는 학부생들에게도 매우 큰 가치를 지니고 있다. 그 이유는 해석학이 연역적으로 사고하여 수학적 상황을 분석하고 개념들을 새로운 상황으로 확장할 수 있는 능력을 길러주기 때문이다. 수학은 물리학이나 공학, 그리고 컴퓨터 과학은 물론, 경제학과 경영학을 포함하는 많은 영역에서 유용하게 되었다. 이러한 분야들을 공부하는 학생들에게 실해석학의 기본개념과 기법을 이해하기 쉽고 적당한 진도의 논의를 제공하기 위하여 이 책을 썼다. 학생들이 이 책에 도전해 볼만하다는 것을 알게 되면, 진지한 학생들은 책에 실린 내용을 충분히 습득할 수 있을 것임을 우리의 경험이 증명해 주고 있다.

처음 3개판은 대단한 주목을 받았으며, 이 판도 이전 판들의 마음가짐과 독자들에게 친근한 접근법을 그대로 유지하였다. 모든 절을 다시 검토하였다. 일부 절들을 수정하고 예와 연습문제들을 추가하였으며 적분의 Darboux 접근법에 대한 새로운 절을 7장에 추가하였다. 한 학기 동안 다루기에는 다소 많은 내용이므로 담당교수는 강의할 내용들을 선별하여야 할 것이고, 아마도 일부 주제들을 우등생들이나 가산점 부여를 위한 연구과제로 활용할 수 있을 것이다.

정리의 증명들을 해석하는 과정에서 학생들에게 도움을 주기 위하여 “논리와 증명”에 관한 부록을 실어 함의, 한정기호, 부정, 대우, 그리고 다른 형태의 증명들과 같은 주제들을 논하였다. 그러나 증명의 기법에 대하여 그저 읽어만 보지 말고 일단 주의하여 살펴본 후 직접 해봄으로써 증명을 어떻게 구성하는지를 배우는 것이 훨씬 유용한 경험이 된다.

결과와 증명들은 중간 정도의 개론 수준이다. 예를 들어, 유계폐구간에서 연속함수들을 자세히 공부하지만 그의 증명을 보다 일반적인 상황에서 쉽게 적용할 수 있다.

이러한 접근은 위상개념을 논하는 11장에서 늘 유리하다. 개념을 예증하기 위한 많은 예와 학생들을 자극하고 정리들의 중요성을 이해하는 데 도움이 되는 광범위한 연습문제들을 실어 두었다.

1장은 앞으로 사용할 집합과 함수의 개념, 그리고 기호들을 간략하게 요약한 것이다. 귀납적 증명이 자주 등장하므로 수학적 귀납법에 대한 논의도 소개한다. 또 유한집합, 가산집합, 그리고 무한집합에 관한 절도 있다. 이 장을 증명에 있어서 얼마간의 연습을 제공하는 데 이용할 수 있고, 또 속성으로 마치거나 기초자료로 활용할 수 있으며 필요하면 나중에 되돌아와서 이용할 수도 있다.

2장에서는 실수계의 성질들을 소개한다. 처음 두 절에서 대수적 성질과 순서성질을 다루고 2.3절에서 중요한 완비성을 상한성으로서 소개한다. 그리고 그의 파생된 결과들을 이 장의 나머지에서 논한다.

3장에서는 수열을 관련된 극한개념과 함께 철저히 다룬다. 이 내용은 가장 중요하다. 학생들이 ε의 사용에 익숙해지기까지는 다소 시간이 걸릴지 모르지만 이것이 보다 더 자연스럽다는 것을 알게 된다. 3.7절에 무한급수에 대한 간략한 개요를 실었고 더 높은 수준의 내용을 9장에서 소개한다.

함수의 극한에 관한 4장과 연속함수에 관한 5장은 이 책의 심장부를 이룬다. 극한과 연속에 대한 논의는 주로 수열을 이용하여 이루어지며, 이 두 장의 매우 유사한 접근법은 이러한 주요 주제들에 대한 이해를 촉진시켜 줄 것이다. 구간에서 연속함수의 기본적인 성질들을 5.3절과 5.4절에서 논한다. gauge의 개념을 5.5절에서 소개하고 기본적인 정리들의 또 다른 증명을 제시하기 위하여 이용한다. 5.6절에서 단조함수들을 다룬다.

6장의 첫 부분에서 도함수의 기본적인 이론을 소개한다. 이 내용은 연쇄법칙과 역함수정리를 간단히 증명하기 위하여 Carathéodory의 결과를 이용하는 것을 제외하고는 대체로 평이하다. 이 장의 나머지는 평균값 정리의 활용으로 이루어져 있으며, 시간이 허락되면 이들을 탐구할 수 있을 것이다.

7장에서는 Riemann 적분을 Riemann 합의 극한으로서 7.1절에서 정의한다. 이것은 학생들이 미적분학에서 처음으로 접했던 적분과 일치한다는 점에서 이점이 있고, 또 순서성에 의존하지 않으므로 이후의 과정에서 학생들이 접하게 될 복소수함수와 벡터함수에 대한 일반화를 즉시 가능하게 해준다는 점에서 그러하다. 또한 그것은 10장에서 자세히 다룰 일반 Riemann 적분과도 맥을 같이 한다. 7.2절과 7.3

절에서 적분에 관한 성질들을 발전시키고 미적분학의 기본정리를 수립한다. 많은 강의교수의 요청에 부응하기 위하여 추가한 새로운 7.4절에서는 상적분과 하적분을 이용하여 적분에 대한 Darboux의 접근을 발전시키고 적분에 대한 두 정의 사이의 관계를 설정한다. 7.5절에서 연속함수의 적분을 계산하는 수치적 방법에 대하여 간단히 논한다.

8장의 처음 두 절에서 함수열과 균등수렴을 논하고 8.3절과 8.4절에서 기본적인 초월함수의 기초를 확실하게 다진다. 9장은 3.7절에서 시작한 무한급수에 대한 논의를 완결한다. 8장과 9장은 나름대로 중요성을 지니고 있을 뿐만 아니라 이미 앞에서 다룬 내용들이 어떻게 적용될 수 있는지를 보여준다.

10장은 (때때로 "Henstock-Kurzweil" 또는 "gauge" 적분이라 하는) 일반 Riemann 적분의 소개이다. 이것은 많은 독자들에게 새로울 것이며 독자들이 Riemann 적분을 약간 변형시킨 것만으로도 Lebesgue 적분보다 더 일반적인 적분을 유도한다는 것에 놀랄 것이다. 적분론에 대한 비교적 새로운 이 접근법은 이미 기본적인 Riemann 적분을 공부한 사람들에게는 이해하기 쉽고 흥미로울 것이다.

11장에서는 위상적 개념을 다룬다. 이전의 정리와 증명들을 보다 추상적인 상황으로 확장한다. 예를 들면, 컴팩트성의 개념을 적절히 강조하고 거리공간을 소개한다. 이 장은 대학원에서 수학을 계속 공부하고자 하는 학생들에게 매우 유익할 것이다.

연습문제들을 많이 실어두었는데, 더러는 쉽고 더러는 도전해 볼 만할 것이다. 그 가운데 상당수의 연습문제는 "힌트"를 제공하여 학생들이 문제풀이를 시작할 수 있도록 도와주고 그들의 답을 확인할 수 있게 하였다. 거의 모든 연습문제에 대한 보다 완전한 풀이과정을 따로 교수 지도서에 실어 두었으며 출판사에 요청하는 것이 강의교수에게 유익할 것이다.

학생들이 처음엔 수수께끼처럼 보이던 개념들을 점차적으로 편안하게 다루는 방법을 익혀 가는 것과 같이 수학적 능력이 어떻게 성숙해 가는지를 지켜보는 것은 만족스러운 경험이다. 물론 학생과 교수 모두의 부단한 노력이 요구됨은 두말할 나위가 없다.

이 책에서 역사적 관점을 풍부하게 하기 위하여 약간의 유명한 수학자들의 면면을 간략하게 실었다. Henstock과 Kurzweil 교수의 사진을 제공해준 Patrick Muldowney 박사와 다른 수학자들의 사진을 구하는 데 도움을 준 John Wiley & Sons 출판사에 사의를 표한다.

이 책의 이전 판부터 쭉 가르쳐 왔던 동료들로부터 많은 도움이 될 의견을 들었고 그들의 조언과 제안들에 대하여 고마움을 표한다. 그들에게 감사하며 이번 판이 앞서 나온 판들에 비해 훨씬 유익하다는 것을 독자들이 알기를 바라는 바이다.

2010년 11월 20일
Illinois주 Urbana에서

Donald R. Sherbert

그리스 문자

A	α	Alpha	N	ν	Nu
B	β	Beta	Ξ	ξ	Xi
Γ	γ	Gamma	O	o	Omicron
Δ	δ	Delta	Π	π	Pi
E	ε	Epsilon	P	ρ	Rho
Z	ζ	Zeta	Σ	σ	Sigma
H	η	Eta	T	τ	Tau
Θ	θ	Theta	Y	υ	Upsilon
I	ι	Iota	Φ	φ	Phi
K	κ	Kappa	X	χ	Chi
Λ	λ	Lambda	Ψ	ψ	Psi
M	μ	Mu	Ω	ω	Omega

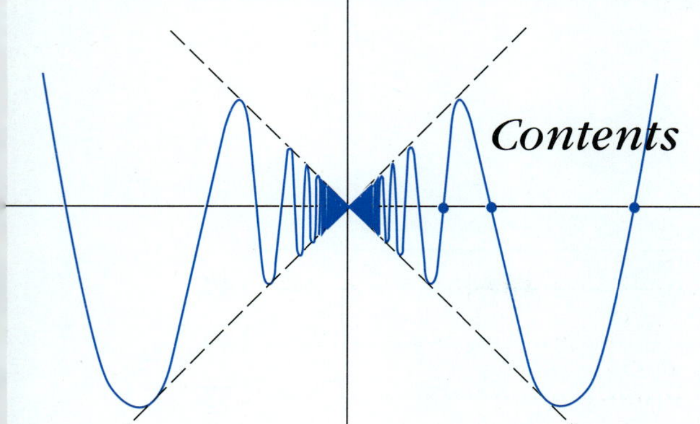

차 례

제 1 장 예비이론

제 2 장 실 수 계

제 3 장 수열과 급수

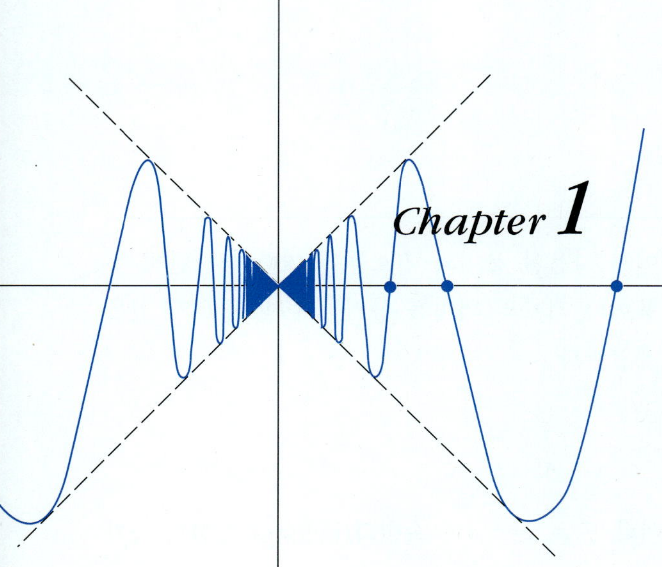

Chapter 1

예비이론

첫 장에서는 해석학의 공부에 필요한 배경이론을 소개할 것이다. 1.1절은 모든 수학에서 중요한 도구가 되는 집합의 연산과 함수에 대하여 간단히 살펴보는 것으로 되어 있다. 여기서는 이 책에서 사용할 기호들을 설정하고 기본적인 정의와 성질들을 기술한다. 우리는 족(class, collection, family)이란 단어를 집합(set)과 동의어로 간주할 것이다. 그러나 이러한 용어들을 정의하거나 집합론의 공리를 나열하지는 않을 것이다. 흔히 "순수(naive)" 집합론이라 하는 이러한 접근이 해석학과 관련한 집합을 다루는 데 매우 적합하다.

1.2절은 수학적 귀납법이라고 하는 특별한 증명법에 관한 것이다. 이는 자연수계의 기본적인 성질과 관계가 있으며, 비록 특별한 형태의 명제를 증명하는 것으로 제한되지만 중요하고 매우 자주 이용된다. 수학에서 이용되는 대우나 모순에 의한 증명과 같은 다른 형태의 증명에 대한 비공식적 논의를 부록 A에서 볼 수 있다.

1.3절에서는 앞의 두 절에서 소개한 몇 개의 도구를 이용하여 유한집합과 무한집합을 논한다. 엄밀한 정의들을 소개하고 이 정의들과 관련한 약간의 기초적인 것들을 유도한다. 유리수의 집합이 가산무한이라는 중요한 사실을 확정한다.

기본개념을 소개하고 용어와 기호를 설정하는 것에 더하여 이 장은 정확한 정의를 적용하고 증명을 기술하는 초기의 경험을 독자에게 제공한다. 실해석학에 대한 공부를 제대로 하려면 증명의 읽기와 쓰기는 필수적이고, 이의 숙련을 위해서는 연습이 필요하다. 이 장이 출발점이다.

1.1 집합과 함수

독자에게: 이 절에서는 이 교재에서 사용할 용어와 기호들에 대하여 간단히 복습한다. 독자들이 공부를 하다가 용어나 기호의 의미를 상기해야 할 필요가 있을 때는 즉시 돌아와서 훑어 볼 것을 제안한다.

원소 x가 집합 A에 있으면

$$x \in A$$

로 쓰고, x는 A의 **원소**(member)이다 또는 x는 A에 **속한다**(belong)고 한다. x가 A에 있지 **않으면** 다음과 같이 쓴다.

$$x \notin A.$$

집합 A의 모든 원소 역시 집합 B에 속하면, A를 B의 **부분집합**(subset)이라 하고

$$A \subseteq B \quad \text{또는} \quad B \supseteq A$$

로 쓴다. $A \subseteq B$이지만 A에 속하지 않는 B의 원소가 적어도 하나 존재하면, 집합 A를 집합 B의 **진부분집합**(proper subset)이라 한다. 이 경우 때때로

$$A \subset B$$

로 쓴다.

1.1.1 정의 두 집합 A와 B가 동일한 원소들을 포함하면, 두 집합 A와 B는 **상등이다**(equal)라고 하며 $A = B$로 쓴다.

따라서 집합 A와 B가 상등임을 증명하기 위하여

$$A \subseteq B \text{ 이고 } B \subseteq A$$

임을 보여야 한다.

집합은 보통 그의 원소들을 구체적으로 나열하거나 집합의 원소를 결정하는 성질을 기술함으로써 정의된다. P가 집합 S의 원소에 대하여 의미 있고 모호하지 않은 성질이면, 성질 P가 참이 되는 S의 모든 원소 x들의 집합을

$$\{x \in S : P(x)\}$$

로 쓴다. 집합 S가 전후관계로부터 이해되면 종종 이 기호에서 S를 생략한다.

몇 개의 특수한 집합이 이 책에서 사용되는데, 그들은 표준기호로 표기된다(기호 $:=$를 기호의 좌변이 기호의 우변으로 **정의된다**는 의미로 사용할 것이다).

- **자연수**(natural numbers)의 집합 $\mathbb{N} := \{1, 2, 3, ...\}$
- **정수**(integers)의 집합 $\mathbb{Z} := \{0, 1, -1, 2, -2, ...\}$
- **유리수**(rational numbers)의 집합 $\mathbb{Q} := \{m/n : m, n \in \mathbb{Z}, n \neq 0\}$
- **실수**(real numbers)의 집합 $\mathbb{R}$.

실수의 집합 $\mathbb{R}$은 근본적으로 중요하며 2장에서 충분히 논할 것이다.

1.1.2 예 **(a)** 집합

$$\{x \in \mathbb{N} : x^2 - 3x + 2 = 0\}$$

은 기술한 방정식을 만족하는 자연수들로 이루어진다. 이 2차방정식의 해는 오직 $x = 1$과 $x = 2$이므로, 이 집합을 보다 간단히 $\{1, 2\}$로 나타낼 수 있다.

(b) 어떤 $k \in \mathbb{N}$에 대하여 $n = 2k$인 형태의 자연수 n은 **짝수**(even natural numbers)이다. 짝수의 집합을

$$\{2k : k \in \mathbb{N}\}$$

로 쓸 수 있고, 이는 $\{n \in \mathbb{N} : n = 2k, k \in \mathbb{N}\}$보다 덜 번거롭다. 마찬가지로 **홀수**(odd natural numbers)의 집합을 다음과 같이 쓸 수 있다.

$$\{2k - 1 : k \in \mathbb{N}\}. \quad ■$$

집합연산

이제 기존의 집합들로부터 새로운 집합을 얻는 방법들을 정의한다. 이러한 집합 연산들은 "또는(or)", "그리고(and)" 및 "아니다(not)"라는 단어의 의미에 기초한다. 합집합에 대하여 "또는"이라는 단어를 x가 두 집합 모두에 속할 가능성도 허용하는 **포괄적인 개념**으로 사용하는 것을 인지하는 것이 중요하다. 적절한 표현으로 이러한 포괄적인 개념을 때때로 "그리고/또는(and/or)"으로 지정한다.

1.1.3 정의 **(a)** 집합 A와 B의 **합집합**(union)은 다음과 같은 집합이다.

$$A \cup B := \{x : x \in A \text{ 또는 } x \in B\}.$$

(b) 집합 A와 B의 **교집합**(intersection)은 다음과 같은 집합이다.

$$A \cap B := \{x : x \in A \text{ 그리고 } x \in B\}.$$

(c) A에 대한 B의 여집합(complement of B relative to A)은 다음과 같은 집합이다.

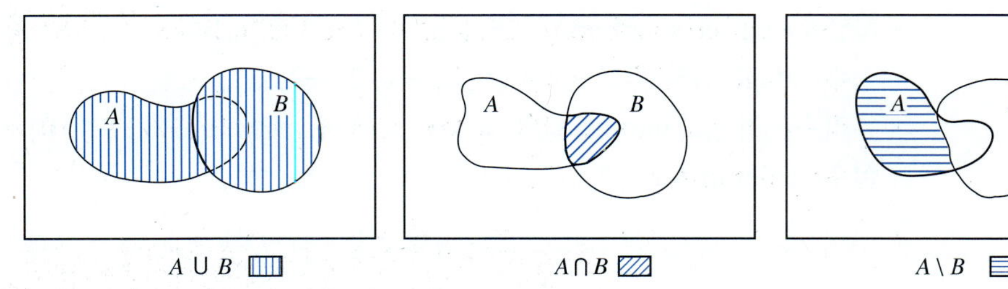

그림 1.1.1 (a) $A \cup B$ (b) $A \cap B$ (c) $A \setminus B$

$$A \setminus B := \{x : x \in A \text{ 그리고 } x \notin B\}.$$

어떠한 원소도 갖지 않는 집합을 **공집합**(empty set)이라 하고 기호 $\emptyset$로 표기한다. 두 집합 A와 B가 어떠한 공통원소도 갖지 않으면, A와 B는 **서로 소이다**(disjoint)하고 $A \cap B = \emptyset$로 써서 나타낼 수 있다.

집합의 상등을 증명하는 방법을 보여주기 위하여 다음에서 세 집합에 대한 De Morgan의 **법칙** 하나를 수립할 것이다. 다른 법칙의 증명은 연습문제로 넘긴다.

1.1.4 정리 A, B, C가 집합이면 다음이 성립한다.

(a) $A \setminus (B \cup C) = (A \setminus B) \cap (A \setminus C)$

(b) $A \setminus (B \cap C) = (A \setminus B) \cup (A \setminus C)$

증명 (a)를 증명하기 위하여 $A \setminus (B \cup C)$에 속하는 모든 원소가 $(A \setminus B)$와 $(A \setminus C)$ 모두에 속하고 그 역도 성립함을 보일 것이다.

만약 x가 $A \setminus (B \cup C)$에 속하면, x는 A에 속하고 $B \cup C$에는 속하지 않는다. 따라서 x는 A에 속하고 B에도 C에도 속하지 않는다. 그러므로 x는 A에 속하지만 B에는 속하지 않고, x는 A에 속하지만 C에는 속하지 않는다. 따라서 $x \in A \setminus B$이고 $x \in A \setminus C$이며, 이는 $x \in (A \setminus B) \cap (A \setminus C)$임을 보여준다.

역으로, $x \in (A \setminus B) \cap (A \setminus C)$이면 $x \in (A \setminus B)$이고 $x \in (A \setminus C)$이다. 따라서 $x \in A$이고 $x \notin B$, $x \notin C$이다. 그러므로 $x \in A$이고 $x \notin (B \cup C)$가 되어 $x \in A \setminus (B \cup C)$이다.

집합 $(A \setminus B) \cap (A \setminus C)$와 $A \setminus (B \cup C)$가 동일한 원소들을 포함하므로, 정의 1.1.1에 의하여 그들은 상등이다. Q.E.D.

두 집합보다 더 많은 집합에 대한 합집합과 교집합의 구성이 바람직할 때가 있다. 유한개의 집합족 $\{A_1, A_2, ..., A_n\}$에 대하여 그들의 합집합은 집합들 A_k 중 적어도 하나에 속하는 모든 원소들로 이루어진 집합 A이고 그들의 교집합은 집합들

A_k의 **모두**에 속하는 모든 원소들로 이루어진다.

이를 다음과 같이 무한집합족 $\{A_1, A_2, \ldots, A_n, \ldots\}$으로 확장할 수 있다. 그들의 **합집합**은 집합들 A_n의 **적어도** 하나에 속하는 원소들의 집합이다. 이 경우 다음과 같이 쓴다.

$$\bigcup_{n=1}^{\infty} A_n := \{x : \text{어떤 } n \in \mathbb{N}\text{에 대하여 } x \in A_n\}.$$

마찬가지로 그들의 **교집합**은 이들 집합 A_n의 **모두**에 속하는 원소들의 집합이다. 이 경우 다음과 같이 쓴다.

$$\bigcap_{n=1}^{\infty} A_n := \{x : \text{모든 } n \in \mathbb{N}\text{에 대하여 } x \in A_n\}.$$

함 수

함수들을 논하기 위하여 두 집합의 데카르트 곱을 정의한다.

1.1.5 정의 A와 B가 공집합이 아니면, A와 B의 **데카르트 곱**(Cartesian product) $A \times B$는 $a \in A$와 $b \in B$인 모든 순서쌍 (a, b)의 집합이다. 즉

$$A \times B := \{(a, b) : a \in A,\ b \in B\}$$

이다.

따라서 $A = \{1, 2, 3\}$이고 $B = \{1, 5\}$이면, 집합 $A \times B$는 다음과 같은 순서쌍들을 원소로 갖는 집합이다.

$$(1, 1),\quad (1, 5),\quad (2, 1),\quad (2, 5),\quad (3, 1),\quad (3, 5).$$

평면에서 지금 나열한 좌표를 갖는 여섯 개 점들의 집합으로서 집합 $A \times B$를 보여줄 수 있다.

두 집합 A와 B의 데카르트 곱을 보여주기 위하여 종종 (그림 1.1.2와 같은) 그림을 그린다. 그러나 이 그림은 단순화일 수도 있음을 알아야 한다. 예를 들어 $A := \{x \in \mathbb{R} : 1 \le x \le 2\}$이고 $B := \{y \in \mathbb{R} : 0 \le y \le 1 \text{ 또는 } 2 \le y \le 3\}$이면 하나의 직사각형 대신 그림 1.1.3과 같은 그림을 갖게 될 것이다.

이제 **함수** 또는 **사상**에 대한 기본적인 개념을 논할 것이다.

19세기 초의 수학자에게 "함수"라는 단어는 $f(x) := x^2 + 3x - 5$와 같이 각 실수 x에 다른 수 $f(x)$를 결합시키는 명확한 공식을 의미하였다(여기서 $f(0) = -5$, $f(1) = -1$, $f(5) = 35$이다). 이러한 견해는 다른 구간들에서 다른 식들로 정의되는 경우

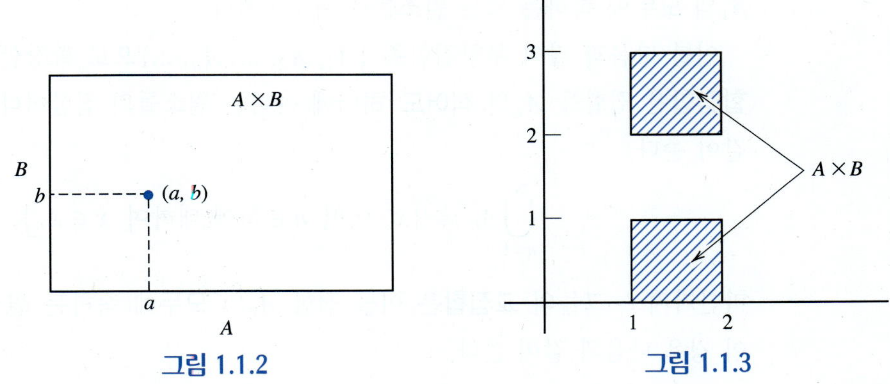

그림 1.1.2 그림 1.1.3

를 고려하지 않았으므로 함수들을 “잘게 나누어서(in pieces)” 나타낼 수 없었다.

수학의 발전으로 “함수”에 대한 보다 일반적인 정의가 유용할 것이라는 것이 명백해졌다. 또한 함수 자신과 함수의 값들을 명확히 구분하는 것이 중요하다는 것도 자명해졌다. 수정된 정의는 다음과 같을 것이다.

> 집합 A에서 집합 B로의 함수 f는 A의 각 원소 x에게 B의 유일하게 결정된 원소 $f(x)$를 지정해 주는 대응규칙이다.

그러나 이렇게 수정된 정의가 함수를 연상시킬지라도 “대응규칙”이라는 문구를 설명하는 데는 어려움이 있다. 이를 명확히 하기 위하여 집합으로 정의를 완전하게 표현할 것인데, 사실상 함수를 그의 **그래프**(graph)가 되도록 정의할 것이다. 이는 다소 인위적이라는 약점을 갖고 있지만 모호하지 않고 보다 명백하다는 이점을 지닌다.

1.1.6 정의 A와 B를 집합이라 하자. 그러면 A에서 B로의 **함수**(function)는 각 $a \in A$에 대하여 $(a, b) \in f$인 유일한 $b \in B$가 존재하는 $A \times B$에 있는 순서쌍들의 집합 f이다(즉 $(a, b) \in f$ 이고 $(a, b') \in f$ 이면 $b = b'$ 이다).

함수 f의 첫 번째 원소들의 집합 A를 f의 **정의역**(domain)이라 하고 종종 $D(f)$로 표기한다. f의 두 번째 원소들 모두의 집합을 f의 **치역**(range)이라 하고 종종 $R(f)$로 표기한다. 비록 $D(f) = A$이지만 $R(f) \subseteq B$임에 주의하라(그림 1.1.4를 보라).

근본적인 조건

$$(a, b) \in f \text{ 이고 } (a, b') \in f \text{ 이면 } b = b' \text{ 이다}$$

를 가끔 **수직선 판정법**(vertical line test)이라 한다. 기하학적으로 $a \in A$인 모든 수직선 $x = a$는 f의 그래프와 정확히 한번 교차한다는 것이다.

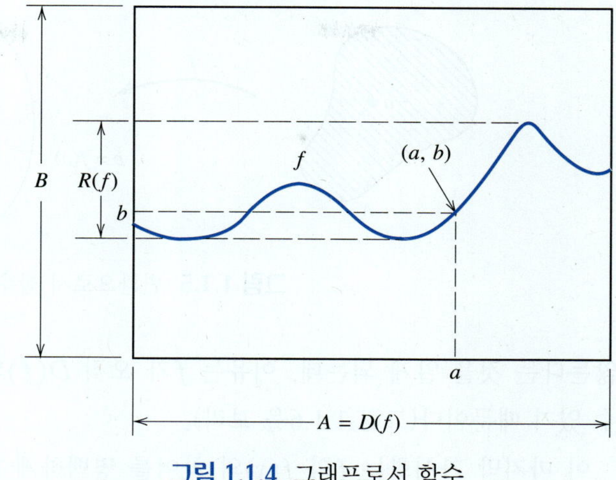

그림 1.1.4 그래프로서 함수

흔히 A에서 B로의 함수를 표기하는 데 기호

$$f : A \to B$$

를 사용한다. 또한 f를 A에서 B로의 **사상**(mapping)이라 하거나 f는 A에서 B로 **사상한다**(maps)고 할 것이다. (a, b)가 f의 원소이면, 이를 관습적으로

$$b = f(a) \text{ 또는 때때로 } a \mapsto b$$

로 쓴다.

$b = f(a)$이면, 종종 b를 a에서 f의 **값**(value) 또는 f에 의한 a의 **상**(image)이라 한다.

변환과 기계

그래프를 이용하는 것 이외에 집합 $D(f) = A$를 집합 $R(f) \subseteq B$로의 **변환**(transformation)으로서 함수를 가시화할 수 있다. 이 표현에서 $(a, b) \in f$일 때, f가 A에서 원소 a를 취하여 이를 $R(f) \subseteq B$의 한 원소 $b = f(a)$로 "변환" 또는 "사상"하는 것으로 생각한다. 집합 A와 B가 평면의 부분집합이 아닐지라도 그림 1.1.5와 같은 그림을 종종 그린다.

함수를 가시화하는 또 다른 방법이 있는데, 즉 **입력**으로서 $D(f) = A$의 원소를 받아들이고 **출력**으로서 $R(f) \subseteq B$의 대응되는 원소를 생산하는 **기계**(machine)로서이다. 원소 $x \in D(f)$를 택하여 f에 넣으면 대응값 $f(x)$를 출력한다. 만약 다른 원소 $y \in D(f)$를 f에 넣으면 $f(x)$와 다를 수도 다르지 않을 수도 있는 $f(y)$를 출력한다. 만일 $D(f)$에 속하지 않는 무엇을 f에 넣으려고 하면 그것을 받아들이지

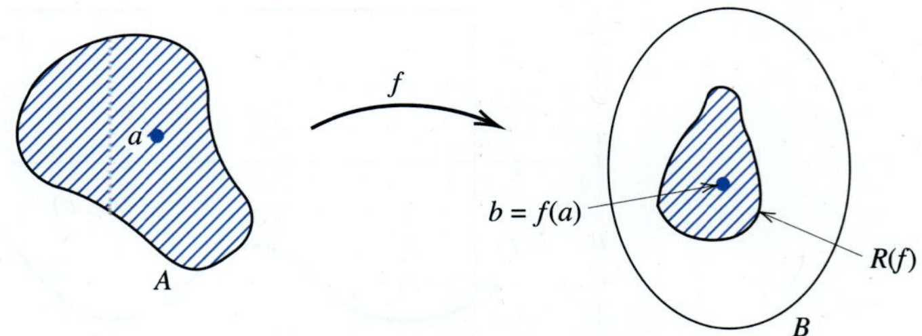

그림 1.1.5 변환으로서 함수

않는다는 것을 알게 되는데, 이유는 f가 오직 $D(f)$의 원소들에 대해서만 작동할 수 있기 때문이다(그림 1.1.6을 보라).

이 마지막 가시화는 f와 $f(x)$의 차이를 명백하게 해주는데, 첫 번째는 기계 그 자체이고 두 번째는 x가 입력물일 때 기계 f의 출력물이다. 고기 가는 기계를 갈아 놓은 고기와 혼동할 사람은 아무도 없겠지만 많은 사람들이 기호로 구분할 가치가 있는 함수와 그들의 값을 혼동하고 있다.

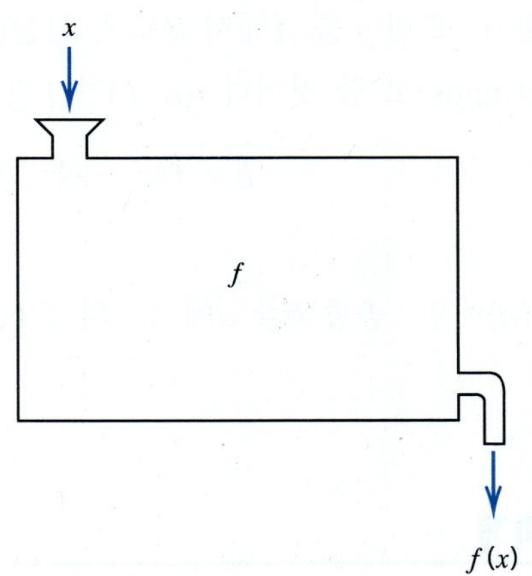

그림 1.1.6 기계로서 함수

상과 역상

$f : A \to B$를 정의역이 $D(f) = A$이고 치역이 $R(f) \subseteq B$인 함수라 하자.

1.1.7 정의 E가 A의 부분집합이면, f에 의한 E의 **상**(direct image)은 다음과 같이 주어지는 B의 부분집합 $f(E)$이다.

$$f(E) := \{f(x) : x \in E\}.$$

H가 B의 부분집합이면, f에 의한 H의 **역상**(inverse image)은 다음과 같이 주어

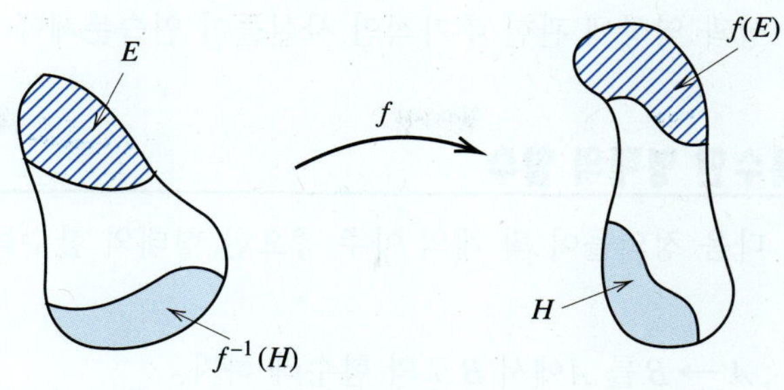

그림 1.1.7 상과 역상

지는 A의 부분집합 $f^{-1}(H)$이다.

$$f^{-1}(H) := \{x \in A : f(x) \in H\}.$$

참고 이와 관련하여 사용한 기호 $f^{-1}(H)$는 불리함을 갖고 있다. 그러나 표준기호이므로 그것을 그대로 사용할 것이다.

따라서 집합 $E \subseteq A$가 주어지면, 점 $y_1 \in B$이 상 $f(E)$에 있기 위한 필요충분조건은 $y_1 = f(x_1)$이 되는 적어도 한 점 $x_1 \in E$이 존재하는 것이다. 마찬가지로 주어진 집합 $H \subseteq B$에 대하여, 점 x_2가 역상 $f^{-1}(H)$에 있기 위한 필요충분조건은 $y_2 := f(x_2)$가 H에 속하는 것이다(그림 1.1.7을 보라).

1.1.8 예 **(a)** $f : \mathbb{R} \to \mathbb{R}$가 $f(x) := x^2$으로 정의된다고 하자. 그러면 집합 $E := \{x : 0 \le x \le 2\}$의 상은 집합 $f(E) = \{y : 0 \le x \le 4\}$이다.

$G := \{y : 0 \le y \le 4\}$이면, G의 역상은 집합 $f^{-1}(G) = \{x : -2 \le x \le 2\}$이다. 이 경우 $f^{-1}(f(E)) \ne E$임을 알 수 있다.

한편 $f(f^{-1}(G)) = G$이다. 그러나 $H := \{y : -1 \le y \le 1\}$이면 $f(f^{-1}(H)) = \{y : 0 \le y \le 1\} \ne H$가 된다.

f의 그래프를 그리는 것이 이 집합들을 가시화하는 데 도움이 될 수 있다.

(b) $f : A \to B$라 하고 G, H를 B의 부분집합이라 하자. 다음을 보일 것이다.

$$f^{-1}(G \cap H) \subseteq f^{-1}(G) \cap f^{-1}(H).$$

$x \in f^{-1}(G \cap H)$이면 $f(x) \in (G \cap H)$이고, 따라서 $f(x) \in G$이고 $f(x) \in H$이다. 그러나 이에 의하여 $x \in f^{-1}(G)$이고 $x \in f^{-1}(H)$이므로 $x \in f^{-1}(G) \cap f^{-1}(H)$이다. 따라서 기술한 포함관계를 증명하였다. [반대인 포함관계 또한 참이므로 실제로 이 집합들은 상등이다. 연습문제 15를 보라.] ■

상과 역상에 관한 추가적인 사실들이 연습문제에 있다.

특수한 형태의 함수

다음 정의들이 몇 개의 아주 중요한 형태의 함수들을 확인시켜 준다.

1.1.9 정의 $f : A \to B$를 A에서 B로의 함수라 하자.

(a) $x_1 \neq x_2$이면 언제나 $f(x_1) \neq f(x_2)$일 때, 함수 f는 **단사이다**(injective) 또는 **1-1이다**(one-one)라고 한다. f가 단사인 함수이면, f를 **단사함수**(injection)라고도 한다.

(b) $f(A) = B$이면, 즉 $R(f) = B$이면, 함수 f는 **전사이다**(surjective) 또는 A를 B **위로**(onto) 사상한다고 한다. f가 전사인 함수이면, f를 **전사함수**(surjection)라고도 한다.

(c) f가 단사인 동시에 전사이면, f는 **전단사이다**(bijective)라고 한다. f가 전단사인 함수이면, f를 **전단사함수**(bijection)라고도 한다.

• 함수 f가 단사임을 증명하기 위하여 다음을 설정하여야 한다.

$$A\text{에 있는 모든 } x_1, x_2\text{에 대하여 } f(x_1) = f(x_2)\text{이면 } x_1 = x_2\text{이다.}$$

이렇게 하기 위하여 $f(x_1) = f(x_2)$라 가정하고 $x_1 = x_2$임을 보여야 한다. [즉 f의 그래프가 제1 수평선 판정법(first horizontal line test)을 만족한다: $b \in B$인 모든 수평선 $y = b$는 많아야 한 점에서 f의 그래프와 교차한다.]

• 함수 f가 전사임을 보이기 위하여 임의의 $b \in B$에 대하여 $f(x) = b$가 되는 적어도 하나의 $x \in A$가 존재함을 보여야 한다. [즉 f의 그래프는 제2 수평선 판정법(second horizontal line test)을 만족한다: $b \in B$인 모든 수평선 $y = b$는 적어도 한 점에서 f의 그래프와 교차한다.]

1.1.10 예 $A := \{x \in \mathbb{R} : x \neq 1\}$라 하고 모든 $x \in A$에 대하여 $f(x) := 2x/(x-1)$로 정의하자. f가 단사임을 보이기 위하여 A에서 x_1과 x_2를 취하고 $f(x_1) = f(x_2)$라 가정하자. 따라서

$$\frac{2x_1}{x_1 - 1} = \frac{2x_2}{x_2 - 1}$$

이고 $x_1(x_2 - 1) = x_2(x_1 - 1)$이므로 $x_1 = x_2$이다. 따라서 f는 단사이다.

f의 치역을 결정하기 위하여 x에 대한 식 $y = 2x/(x-1)$를 y에 관하여 푼다.

그러면 $x = y/(y-2)$를 얻고, 이는 $y \neq 2$에 대하여 의미가 있다. 그러므로 f의 치역은 집합 $B := \{y \in \mathbb{R} : y \neq 2\}$이다. 따라서 f는 A에서 B 위로의 전단사함수이다. ■

역 함 수

f가 A에서 B로의 함수이면, f는 $A \times B$의 특수한 부분집합이다(다시 말하면 **수직선 판정법**을 통과하는 것이다). f에 있는 순서쌍들의 원소들을 교환하여 얻은 $B \times A$에 있는 순서쌍들의 집합은 일반적으로 함수가 아니다(즉 집합 f는 **두 수평선 판정법**을 통과하지 못할지도 모른다). 그러나 f가 전단사함수이면, 이 교환은 f의 "역함수"라고 하는 함수를 이끌어 낸다.

1.1.11 정의 $f : A \to B$가 A에서 B 위로의 전단사함수이면,

$$g := \{(b, a) \in B \times A : (a, b) \in f\}$$

는 B에서 A로의 함수이다. 이 함수를 f의 **역함수**(inverse function)라 하고 f^{-1}로 표기한다. 또한 함수 f^{-1}를 f의 **역**(inverse)이라고도 한다.

또한 $D(f) = R(f^{-1})$와 $R(f) = D(f^{-1})$, 그리고

$$b = f(a)\text{이기 위한 필요충분조건이 } a = f^{-1}(b)$$

임에 주목하면, f와 이의 역 f^{-1} 사이의 관계를 나타낼 수 있다.

예를 들면, 예 1.1.10에서

$$f(x) := \frac{2x}{x-1}$$

가 $A := \{x \in \mathbb{R} : x \neq 1\}$에서 집합 $B := \{y \in \mathbb{R} : y \neq 2\}$ 위로의 전단사함수임을 보였다. x에 대한 $y = f(x)$를 y에 관하여 풀면, $y \in B$에 대하여

$$f^{-1}(y) := \frac{y}{y-2}$$

인 f의 역함수를 얻는다.

참고 정의 1.1.17에서 기호 $f^{-1}(H)$를 소개하였다. 이는 비록 f가 역함수를 갖지 않더라도 의미가 있다. 그러나 역함수 f^{-1}가 존재하면, $f^{-1}(H)$는 f^{-1}에 의한 집합 $H \subseteq B$의 상이다.

함수의 합성

먼저 $f(x)$를 구한 다음, $g(f(x))$를 얻기 위하여 g에 적용하는 것으로 두 함수 f, g를 "합성하려그"할 때가 종종 있다. 그러나 이것은 $f(x)$가 g의 정의역에 속할 때만 가능하다. 모든 $f(x)$에 대하여 이와 같이 할 수 있도록 하기 위하여 f의 치역이 g의 정의역에 포함된다고 가정하여야 한다(그림 1.1.8을 보라).

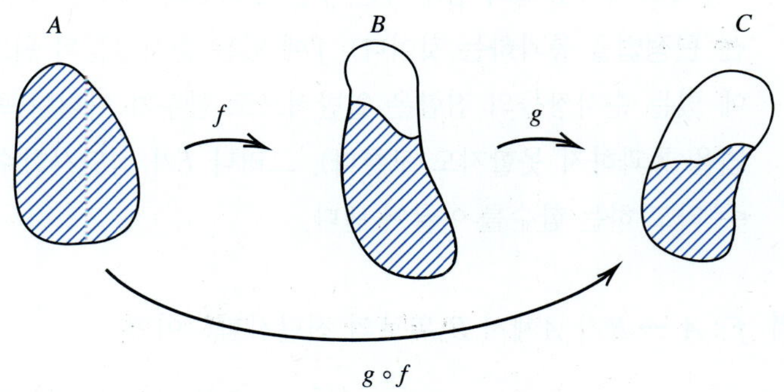

그림 1.1.8 f와 g의 합성

1.1.12 정의 $f : A \to B$, $g : B \to C$이고 $R(f) \subseteq D(g) = B$이면, **합성함수**(composite function) $g \circ f$는 (순서에 주의하라!) 모든 $x \in A$에 대하여 다음과 같이 정의되는 A에서 C로의 함수이다.

$$(g \circ f)(x) := g(f(x)).$$

1.1.13 예 **(a)** 합성의 순서를 주의해서 써야 한다. f와 g를 $x \in \mathbb{R}$에 대하여

$$f(x) := 2x, \qquad g(x) := 3x^2 - 1$$

로 주어지는 값을 갖는 함수라 하자. $D(g) = \mathbb{R}$이고 $R(f) \subseteq \mathbb{R} = D(g)$이므로, 정의역 $D(g \circ f)$는 $\mathbb{R}$이고 합성함수 $g \circ f$는 다음과 같이 주어진다.

$$(g \circ f)(x) = 3(2x)^2 - 1 = 12x^2 - 1.$$

한편 합성함수 $f \circ g$의 정의역 또한 $\mathbb{R}$이지만

$$(f \circ g)(x) = 2\left(3x^2 - 1\right) = 6x^2 - 2$$

이다. 이 경우 $g \circ f \neq f \circ g$이다.

(b) $g \circ f$를 고찰함에 있어 f의 치역이 g의 정의역에 포함되는 것을 확인하여야 한다. 예를 들어

$$f(x) := 1 - x^2 \text{ 이고 } \quad g(x) := \sqrt{x}$$

이면 $D(g) = \{x : x \geq 0\}$이므로, 합성함수 $g \circ f$는 오직 $f(x) \geq 0$을 만족하는 $x \in D(f)$, 즉 $-1 \leq x \leq 1$을 만족하는 x에 대하여 다음과 같은 식으로 주어진다.

$$(g \circ f)(x) = \sqrt{1 - x^2}\,.$$

순서를 교환하면 합성함수 $f \circ g$는 정의역 $D(g) = \{x : x \geq 0\}$에 있는 단지 그러한 x에 대해서만 다음과 같은 공식으로 주어지는 것에 주목하라.

$$(f \circ g)(x) = 1 - x.$$

■

이제 합성함수와 역상 사이의 관계를 소개한다. 증명은 유익한 연습문제로 넘긴다.

1.1.14 정리 $f : A \to B$와 $g : B \to C$를 함수라 하고 H를 C의 부분집합이라 하자. 그러면

$$(g \circ f)^{-1}(H) = f^{-1}\left(g^{-1}(H)\right)$$

가 성립한다.

함수들의 순서가 바뀌는 것에 주의하라.

함수의 축소

$f : A \to B$가 함수이고 $A_1 \subset A$이면, $f_1 : A_1 \to B$을 $x \in A_1$에 대하여 다음과 같이 정의할 수 있다.

$$f_1(x) := f(x).$$

함수 f_1을 **A_1으로 f의 축소함수**(restriction of f to A_1)라 한다. 때때로 이를 $f_1 = f \mid A_1$으로 표기한다.

함수의 한 부분을 버리려고 하는 것이 독자에게는 이상하게 보일지 모르지만 그럴만한 충분한 이유가 있다. 예를 들어 $f : \mathbb{R} \to \mathbb{R}$가 $x \in \mathbb{R}$에 대하여 **제곱함수** (squaring function)

$$f(x) := x^2$$

이면, f는 단사가 아니다. 따라서 이는 역함수를 갖지 못한다. 그러나 집합 $A_1 := \{x : x \geq 0\}$으로 f를 축소하면, 축소함수 $f \mid A_1$은 A_1에서 A_1 위로의 전단사함수이다. 따라서 이 축소함수는 역함수를 갖는데, 이것이 **양의 제곱근함수**(positive square root function)이다(그래프를 그려 보아라).

마찬가지로 삼각함수 $S(x) := \sin x$와 $C(x) := \cos x$는 $\mathbb{R}$의 모두에서 단사가 아니다. 그러나 이 함수들을 적절히 축소하여 독자들이 틀림없이 만났을 **역 sine**(inverse sine)과 **역 cosine**(inverse cosine) 함수를 얻을 수 있다.

연습문제 1.1

1. $A := \{k : k \in \mathbb{N}, k \le 20\}$, $B := \{3k - 1 : k \in \mathbb{N}\}$, $C := \{2k + 1 : k \in \mathbb{N}\}$라 하자. 다음 집합을 결정하여라.
(a) $A \cap B \cap C$ (b) $(A \cap B) \setminus C$ (c) $(A \cap C) \setminus B$

2. 다음 집합을 단순화하고 확인하기 위하여 그림을 그려 보아라.
(a) $A \setminus (B \setminus A)$ (b) $A \setminus (A \setminus B)$ (c) $A \cap (B \setminus A)$

3. A와 B가 집합이면, $A \subseteq B$이기 위한 필요충분조건이 $A \cap B = A$임을 보여라.

4. 두 번째 De Morgan의 법칙[정리 1.1.4(b)]을 증명하여라.

5. 다음의 배분법칙을 증명하여라.
(a) $A \cap (B \cup C) = (A \cap B) \cup (A \cap C)$
(b) $A \cup (B \cap C) = (A \cup B) \cap (A \cup C)$

6. 두 집합 A와 B의 **대칭차**(symmetric difference)는 A 또는 B에는 속하지만 양쪽에는 속하지 않는 모든 원소들의 집합 D이다. D를 그림으로 표현하라.
(a) $D = (A \setminus B) \cup (B \setminus A)$임을 보여라.
(b) D를 $D = (A \cup B) \setminus (A \cap B)$로도 나타낼 수 있음을 보여라.

7. 각 $n \in \mathbb{N}$에 대하여 $A_n = \{(n + 1)k : k \in \mathbb{N}\}$이라 하자.
(a) $A_1 \cap A_2$는 무엇인가?
(b) 집합 $\cup\{A_n : n \in \mathbb{N}\}$과 $\cap\{A_n : n \in \mathbb{N}\}$을 결정하라.

8. 다음과 같이 주어진 집합 A와 B에 대한 데카르트의 곱 $A \times B$를 평면에 그림으로 그려라.
(a) $A = \{x \in \mathbb{R} : 1 \le x \le 2$ 또는 $3 \le x \le 4\}$, $B = \{x \in \mathbb{R} : x = 1$ 또는 $x = 2\}$
(b) $A = \{1, 2, 3\}$, $B = \{x \in \mathbb{R} : 1 \le x \le 3\}$

9. $A := B := \{x \in \mathbb{R} : -1 \le x \le 1\}$라 하고 $A \times B$의 부분집합 $C := \{(x, y) : x^2 + y^2 = 1\}$를 고찰하라. 이 집합은 함수인가? 설명하라.

10. $x \ne 0$, $x \in \mathbb{R}$에 대하여 $f(x) := 1/x^2$이라 하자.
(a) $E := \{x \in \mathbb{R} : 1 \le x \le 2\}$의 상 $f(E)$를 결정하라.
(b) $G := \{x \in \mathbb{R} : 1 \le x \le 4\}$의 역상 $f^{-1}(G)$를 결정하라.

11. $x \in \mathbb{R}$에 대하여 $g(x) := x^2$, $f(x) := x + 2$라 하고 h를 합성함수 $h := g \circ f$라 하자.
(a) $E := \{x \in \mathbb{R} : 0 \le x \le 1\}$의 상 $h(E)$를 구하여라.
(b) $G := \{x \in \mathbb{R} : 0 \le x \le 4\}$의 역상 $h^{-1}(G)$를 구하여라.

12. $x \in \mathbb{R}$에 대하여 $f(x) := x^2$이고 $E := \{x \in \mathbb{R} : -1 \le x \le 0\}$, $F := \{x \in \mathbb{R} : 0 \le x \le 1\}$라 하자. $E \cap F = \{0\}$이고 $f(E \cap F) = \{0\}$이며, 또한 $f(E) = f(F) = \{y \in \mathbb{R} : 0 \le y \le 1\}$임을 보여라. 따라서 $f(E \cap F)$는 $f(E) \cap f(F)$의 진부분집합이다. 집합 E와 F에서 0을 제거하면 어떻게 되는가?

13. f와 E, F가 문제 10에서와 같다고 하자. $E \setminus F$와 $f(E) \setminus f(F)$를 구하고 $f(E \setminus F) \subseteq f(E) \setminus f(F)$가 참이 아님을 보여라.

14. $f : A \to B$이고 E, F가 A의 부분집합이면, $f(E \cup F) = f(E) \cup f(F)$이고 $f(E \cap F) \subseteq f(E) \cap f(F)$임을 보여라.

15. $f : A \to B$이고 G, H가 B의 부분집합이면, $f^{-1}(G \cup H) = f^{-1}(G) \cup f^{-1}(H)$이고 $f^{-1}(G \cap H) = f^{-1}(G) \cap f^{-1}(H)$임을 보여라.

16. $x \in \mathbb{R}$에 대하여 $f(x) := x/\sqrt{x^2+1}$로 정의되는 함수 f가 $\mathbb{R}$에서 $\{y : -1 < y < 1\}$ 위로의 전단사함수임을 보여라.

17. $a < b$인 $a, b \in \mathbb{R}$에 대하여, $A := \{x : a < x < b\}$에서 $B := \{y : 0 < y < 1\}$ 위로의 명확한 전단사함수를 찾아라.

18. (a) $f \neq g$이지만 $f \circ g = g \circ f$가 되는 $\mathbb{R}$에서 $\mathbb{R}$로의 두 함수 f, g의 예를 들어라.
(b) $\mathbb{R}$에서 $f \circ (g + h) \neq f \circ g + f \circ h$가 되는 세 함수 f, g, h의 예를 들어라.

19. (a) $f : A \to B$가 단사이고 $E \subseteq A$이면 $f^{-1}(f(E)) = E$임을 보여라. f가 단사가 아니면 등호가 성립할 필요가 없음을 보이는 예를 제시하여라.
(b) $f : A \to B$가 전사이고 $H \subseteq B$이면 $f(f^{-1}(H)) = H$임을 보여라. f가 전사가 아니면 등호가 성립할 필요가 없음을 보이는 예를 들어라.

20. (a) f를 단사함수라고 가정하자. 모든 $x \in D(f)$에 대하여 $f^{-1} \circ f(x) = x$이고 모든 $y \in R(f)$에 대하여 $f \circ f^{-1}(y) = y$임을 보여라.
(b) f가 A에서 B 위로의 전단사함수이면, f^{-1}가 B에서 A 위로의 전단사함수임을 보여라.

21. $f : A \to B$가 전단사이고 $g : B \to C$가 전단사이면, A에서 C 위로의 합성함수 $g \circ f$가 전단사 사상임을 보여라.

22. $f : A \to B$와 $g : B \to C$를 함수라 하자.
(a) $g \circ f$가 단사이면 f가 단사임을 보여라.
(b) $g \circ f$가 전사이면 g가 전사임을 보여라.

23. 정리 1.1.14를 증명하여라.

24. f, g를 모든 $x \in D(f)$에 대하여 $(g \circ f)(x) = x$이고 모든 $y \in D(g)$에 대하여 $(f \circ g)(y) = y$인 함수라 하자. $g = f^{-1}$임을 증명하여라.

1.2 수학적 귀납법

수학적 귀납법은 자연수에 관한 식으로 주어진 명제들의 타당성을 확보하는 데 자주 이용되는 강력한 증명법이다. 비록 유용성이 이러한 다소 특수한 상황으로 제한되지만 수학적 귀납법은 수학의 모든 분야에서 절대적으로 필요한 도구이다. 많은 귀납법 증명들이 동일한 공식선상의 논의를 따르므로 종종 결과가 수학적 귀납법으로부터 나온다고 기술하기만 하고 필요한 내용을 상술하는 것은 독자에게 넘길 것이다. 이 절에서는 수학적 귀납법 원리의 형식을 기술하고 어떻게 귀납적 증명이 진행되는지를 설명하는 몇 개의 예들을 소개할 것이다.

덧셈과 곱셈에 대한 일반적인 연산이 가능하고 결코 다른 것이 아닌 자연수의 집합

$$\mathbb{N} = \{1, 2, 3, \ldots\}$$

을 잘 알고 있다고 가정할 것이다. 또한 다음과 같은 $\mathbb{N}$의 기본성질을 가정할 것이다.

1.2.1 $\mathbb{N}$의 정렬성 $\mathbb{N}$의 공집합이 아닌 모든 부분집합은 최소원을 갖는다.

이 성질의 보다 엄밀한 명제는 다음과 같다. S가 $\mathbb{N}$의 부분집합이고 $S \neq \emptyset$이면, 모든 $k \in S$에 대하여 $m \leq k$가 되는 $m \in S$이 존재한다.

정열성에 기초하여 $\mathbb{N}$의 부분집합으로 표현되는 수학적 귀납법 원리의 형식을 유도할 것이다.

1.2.2 수학적 귀납법의 원리 S를 다음 두 성질을 갖는 $\mathbb{N}$의 부분집합이라 하자.

(1) $1 \in S$이다.

(2) 모든 $k \in \mathbb{N}$에 대하여 $k \in S$이면 $k + 1 \in S$이다.

그러면 $S = \mathbb{N}$이다.

증명 이에 반하여 $S \neq \mathbb{N}$이라 가정하자. $\mathbb{N} \setminus S$는 공집합이 아니므로, 정열성에 의하여 최소원 m을 갖는다. 가정 (1)에 의하여 $1 \in S$이므로 $m > 1$임을 알 수 있다. 그러나 이것에 의하여 $m - 1$ 역시 자연수이다. $m - 1 < m$이고 $m \in \mathbb{N}$이 $m \notin S$인

최소원이므로 $m - 1 \in S$이다.

이제 가설 (2)를 S에 있는 $k := m - 1$에 적용하면 $k + 1 = (m - 1) + 1 = m$도 S에 속한다. 그러나 이 명제는 $m \notin S$라는 사실에 모순이다. m을 $\mathbb{N} \setminus S$가 공집합이 아니라는 가정으로부터 얻었으므로 모순을 얻는다. 따라서 $S = \mathbb{N}$이어야 한다. Q.E.D.

수학적 귀납법의 원리는 종종 자연수에 관한 성질이나 명제의 틀 속에서 출발한다. 만약 $P(n)$이 $n \in \mathbb{N}$에 관하여 의미있는 명제이면, $P(n)$은 n의 어떤 값에 대해서는 참이고 다른 값에 대해서는 거짓일지 모른다. 예를 들어 $P_1(n)$이 명제 "$n^2 = n$"이면, $P_1(1)$은 참이지만 $P_1(n)$은 모든 $n > 1$, $n \in \mathbb{N}$에 대하여 거짓이다. 한편 $P_2(n)$이 명제 "$n^2 > 1$"이면, $P_2(1)$은 거짓이지만 $P_2(n)$은 모든 $n > 1$, $n \in \mathbb{N}$에 대하여 참이다.

이와 같은 상황에서 수학적 귀납법의 원리를 다음과 같이 공식화할 수 있다.

각 $n \in \mathbb{N}$에 대하여 $P(n)$을 n에 관한 명제라 하자. 다음을 가정한다.

(1′) $P(1)$은 참이다.

(2′) 모든 $k \in \mathbb{N}$에 대하여 $P(k)$가 참이면 $P(k + 1)$도 참이다.

그러면 $P(n)$은 모든 $n \in \mathbb{N}$에 대하여 참이다.

이것을 $S := \{n \in \mathbb{N} : P(n)\text{은 참이다}\}$라고 기술함으로써 1.2.2에 주어진 이전 형식의 수학적 귀납법과 연관시킬 수 있다. 그러면 1.1.2의 조건 (1)과 (2)는 조건 (1′)과 (2′) 각각에 정확히 대응된다. 1.1.2의 $S = \mathbb{N}$이라는 결론은 $P(n)$이 모든 $n \in \mathbb{N}$에 대하여 참이라는 결론에 대응된다.

(2′)에서 가정 "$P(k)$가 참이면"을 **귀납가설**(induction hypothesis)이라 한다. (2′)을 설정함에 있어 $P(k)$의 실질적인 참이나 거짓에 관한 것이 아니라 단지 함의 "$P(k)$이면 $P(k + 1)$이다"의 타당성에 관한 것이다. 예를 들면, 명제 $P(n)$: "$n = n + 5$"이면 (2′)은 논리적으로 옳다. 왜냐하면 $P(k + 1)$을 얻기 위하여 $P(k)$의 양변에 단순히 1을 더할 수 있기 때문이다. 그러나 명제 $P(1)$: "$1 = 6$"은 거짓이므로, 모든 $n \in \mathbb{N}$에 대하여 $n = n + 5$라는 결론을 얻는 데 수학적 귀납법을 이용할 수 없다.

명제 $P(n)$이 어떤 자연수에 대해서는 거짓이지만 어떤 특수한 n_0가 존재하여 모든 $n \geq n_0$에 대하여 참인 경우가 있을 수 있다. 이러한 상황을 다루기 위하여 수학적 귀납법의 원리를 수정할 수 있다. 수정한 원리를 공식화할 것이다. 그러나 이를 입증하는 것은 연습문제로 넘긴다(연습문제 12를 보라).

1.2.3 수학적 귀납법의 원리(제2형식) $n_0 \in \mathbb{N}$이고 $P(n)$을 각 자연수 $n \geq n_0$에 관한 명제라 하자. 다음을 가정한다.

(1) 명제 $P(n_0)$는 참이다.

(2) 모든 $k \geq n_0$에 대하여 $P(k)$가 참이면 $P(k+1)$도 참이다.

그러면 $P(n)$은 모든 $n \geq n_0$에 대하여 참이다.

때때로 (1)의 수 n_0를 **기저**(base)라 하는데, 이유는 이것이 출발점이기 때문이고 $P(k) \Rightarrow P(k+1)$로 쓸 수 있는 (2)의 함의를 **브리지**(bridge)라 하는데, 이것이 k인 경우를 $k+1$인 경우로 연결시켜주기 때문이다.

자연수에 관한 주장을 증명하는 데 수학적 귀납법이 어떻게 이용되는지를 다음 예들이 보여준다.

1.2.4 예 **(a)** 각 $n \in \mathbb{N}$에 대하여 처음 n개의 자연수 합은 다음과 같이 주어진다.

$$1+2+\cdots+n = \tfrac{1}{2}n(n+1).$$

이 공식을 증명하기 위하여 S를 공식이 참이 되는 모든 $n \in \mathbb{N}$의 집합이라 하자. 1.2.2의 조건 (1)과 (2)를 만족함을 입증하여야 한다. $n=1$이면, $1 = \frac{1}{2} \cdot 1 \cdot (1+1)$이 되어 $1 \in S$이고 (1)을 만족한다. 다음으로 $k \in S$라 **가정하고**, 이 가정으로부터 $k+1 \in S$임을 추론하고자 한다. 사실 $k \in S$이면

$$1+2+\cdots+k = \tfrac{1}{2}k(k+1)$$

이다. 가정한 등식의 양변에 $k+1$을 더하면 다음을 얻는다.

$$\begin{aligned}1+2+\cdots+k+(k+1) &= \tfrac{1}{2}k(k+1)+(k+1)\\ &= \tfrac{1}{2}(k+1)(k+2).\end{aligned}$$

이는 $n=k+1$에 대한 공식이므로 $k+1 \in S$이다. 따라서 1.2.2의 조건 (2)를 만족한다. 그러면 수학적 귀납법 원리에 의하여 $S = \mathbb{N}$이고 모든 $n \in \mathbb{N}$에 대하여 공식이 성립한다.

(b) 각 $n \in \mathbb{N}$에 대하여 자연수 제곱의 처음 n개의 합은 다음과 같이 주어진다.

$$1^2+2^2+\cdots+n^2 = \tfrac{1}{6}n(n+1)(2n+1).$$

이 공식을 설정하기 위하여 $1^2 = \frac{1}{6} \cdot 1 \cdot 2 \cdot 3$이므로, $n=1$에 대하여 이것이 참

임을 알 수 있다. 만약 이 식이 k에 대하여 참이라 가정하면, 가정한 공식의 양변에 $(k+1)^2$을 더하여 다음을 얻는다.

$$\begin{aligned}1^2+2^2+\cdots+k^2+(k+1)^2 &= \tfrac{1}{6}k(k+1)(2k+1)+(k+1)^2\\ &= \tfrac{1}{6}(k+1)\left(2k^2+k+6k+6\right)\\ &= \tfrac{1}{6}(k+1)(k+2)(2k+3).\end{aligned}$$

따라서 공식은 모든 $n \in \mathbb{N}$에 대하여 타당하다.

(c) 주어진 두 실수 a와 b에 대하여 $a-b$가 모든 $n \in \mathbb{N}$에 대하여 $a^n - b^n$의 인수임을 증명할 것이다.

먼저 명제가 $n=1$에 대하여 명백히 참임을 알 수 있다. 이제 만약 $a-b$가 $a^k - b^k$의 인수라고 가정하면 다음이 된다.

$$\begin{aligned}a^{k+1}-b^{k+1} &= a^{k+1}-ab^k+ab^k-b^{k+1}\\ &= a\left(a^k-b^k\right)+b^k(a-b).\end{aligned}$$

귀납가설에 의하여 $a-b$는 $a(a^k-b^k)$의 인수이고, 또 명백히 $b^k(a-b)$의 인수이다. 따라서 $a-b$는 $a^{k+1}-b^{k+1}$의 인수이고, 수학적 귀납법에 의하여 $a-b$는 모든 $n \in \mathbb{N}$에 대하여 a^n-b^n의 인수이다.

이 사실로부터 나머지 없이 나누어지는 다양한 결과들을 유도할 수 있다. 예를 들면, $11-7=4$이므로 모든 $n \in \mathbb{N}$에 대하여 $11^n - 7^n$은 4로 나누어진다는 것을 알 수 있다.

(d) 부등식 $2^n > 2n+1$은 $n=1, 2$에 대하여 거짓이지만 $n=3$에 대하여 참이다. $2^k > 2k+1$이라 가정하면, 2를 곱하여 $2k+2>3$일 때 다음과 같은 부등식을 얻는다.

$$2^{k+1} > 2(2k+1) = 4k+2 = 2k+(2k+2) > 2k+3 = 2(k+1)+1.$$

모든 $k \geq 1$에 대하여 $2k+2>3$이므로, (비록 명제가 $k=1, 2$에 대하여 거짓이지만) 브리지는 모든 $k \geq 1$에 대하여 타당하다. 따라서 기저가 $n_0=3$인 수학적 귀납법을 적용하면 모든 $n \geq 3$에 대하여 부등식이 성립한다는 결론을 얻을 수 있다.

(e) 부등식 $2^n \leq (n+1)!$을 수학적 귀납법으로 입증할 수 있다.

먼저 $2^1 = 2 = 1+1$이므로 $n=1$에 대하여 참이다. 만약 $2^k \leq (k+1)!$이라 가정하면, $2 \leq k+2$라는 사실에 의하여 다음이 된다.

$$2^{k+1} = 2\cdot 2^k \leq 2(k+1)! \leq (k+2)(k+1)! = (k+2)!.$$

따라서 k에 대하여 부등식이 성립하면 $k+1$에 대해서도 성립한다. 그러므로 수학적 귀납법에 의하여 이 부등식은 모든 $n \in \mathbb{N}$에 대하여 참이다.

(f) $r \in \mathbb{R}$, $r \neq 1$이고 $n \in \mathbb{N}$이면 다음이 성립한다.

$$1 + r + r^2 + \cdots + r^n = \frac{1 - r^{n+1}}{1 - r}.$$

이것은 "기하급수(geometric progression)"에 있는 항들의 합에 대한 공식이다. 이를 다음과 같이 수학적 귀납법을 이용하여 설정할 수 있다. 먼저 $n = 1$이면 $1 + r = (1 - r^2)/(1 - r)$이다. 만약 $n = k$에 대하여 공식이 참이라 가정하고 양변에 항 r^{k+1}을 더하면 (약간의 대수적 조작을 하여)

$$1 + r + r^k + \cdots + r^{k+1} = \frac{1 - r^{k+1}}{1 - r} + r^{k+1} = \frac{1 - r^{k+2}}{1 - r}$$

을 얻는데, 이는 $n = k + 1$에 대한 공식이다. 따라서 수학적 귀납법에 의하여 공식은 모든 $n \in \mathbb{N}$에 대하여 타당하다.

[이 결과를 수학적 귀납법을 이용하지 않고 증명할 수도 있다. $s_n := 1 + r + r^2 + \cdots + r^n$이면 $rs_n = r + r^2 + \cdots + r^{n+1}$이고, 따라서

$$(1 - r)s_n = s_n - rs_n = 1 - r^{n+1}$$

이다. $1 - r$로 나누면 기술한 공식을 얻는다.]

(g) 수학적 귀납법을 부주의하게 사용하면 분명 불합리한 결론을 초래할 수 있다. 다음 주장의 "증명"에서 오류를 발견하는 것은 독자에게 맡긴다.

주장 $n \in \mathbb{N}$이고 자연수 p와 q의 최대값이 n이면 $p = q$이다.

증명 S를 주장이 참이 되는 $\mathbb{N}$의 부분집합이라 하자. $p, q \in \mathbb{N}$이고 그들의 최대값이 1이면 두 수 모두 1이고, 따라서 $p = q$이므로 명백히 $1 \in S$이다. 이제 $k \in S$라 하고 p와 q의 최대값이 $k + 1$이라 가정하라. 그러면 $p - 1$과 $q - 1$의 최대값은 k이다. 그러나 $k \in S$이므로 $p - 1 = q - 1$이고, 따라서 $p = q$이다. 그러면 $k + 1 \in S$이고, 주장이 모든 $n \in \mathbb{N}$에 대하여 참이라는 결론에 이른다.

(h) 많은 자연수에 대하여 참이지만 그들 모두에 대하여는 참이 아닌 명제가 존재한다.

예를 들면, 공식 $p(n) := n^2 - n + 41$은 $n = 1, 2, \ldots, 40$에 대하여 소수(prime number)를 제시한다. 그러나 $p(41)$은 명백히 41로 나누어지고, 따라서 이는 소수가 아니다. ■

때때로 매우 유용한 또 다른 형식의 수학적 귀납법 원리가 있다. 이를 "강귀납법의 원리"라 하는데, 사실 이는 1.2.2와 동치이다.

1.2.5 강귀납법의 원리 S를 다음을 만족하는 $\mathbb{N}$의 부분집합이라 하자.

(1″) $1 \in S$이다.

(2″) 모든 $k \in \mathbb{N}$에 대하여 $\{1, 2, ..., k\} \subseteq S$이면 $k + 1 \in S$이다.

그러면 $S = \mathbb{N}$이다.

1.2.2와 1.2.5의 동치성을 입증하는 것은 독자에게 맡길 것이다.

연습문제 1.2

1. 모든 $n \in \mathbb{N}$에 대하여 $1/1 \cdot 2 + 1/2 \cdot 3 + \cdots + 1/n(n+1) = n/(n+1)$임을 증명하여라.

2. 모든 $n \in \mathbb{N}$에 대하여 $1^3 + 2^3 + \cdots + n^3 = [\frac{1}{2}n(n+1)]^2$임을 증명하여라.

3. 모든 $n \in \mathbb{N}$에 대하여 $3 + 11 + \cdots + (8n-5) = 4n^2 - n$임을 증명하여라.

4. 모든 $n \in \mathbb{N}$에 대하여 $1^2 + 3^2 + \cdots + (2n-1)^2 = (4n^3 - n)/3$임을 증명하여라.

5. 모든 $n \in \mathbb{N}$에 대하여 $1^2 - 2^2 + 3^2 + \cdots + (-1)^{n+1}n^2 = (-1)^{n+1}n(n+1)/2$임을 증명하여라.

6. 모든 $n \in \mathbb{N}$에 대하여 $n^3 + 5n$이 6으로 나누어지는 것을 증명하여라.

7. 모든 $n \in \mathbb{N}$에 대하여 $5^{2n} - 1$이 8로 나누어지는 것을 증명하여라.

8. 모든 $n \in \mathbb{N}$에 대하여 $5^n - 4n - 1$이 16으로 나누어지는 것을 증명하여라.

9. 모든 $n \in \mathbb{N}$에 대하여 $n^3 + (n+1)^3 + (n+2)^3$이 9로 나누어지는 것을 증명하여라.

10. 합 $1/1 \cdot 3 + 1/3 \cdot 5 + \cdots + 1/(2n-1)(2n+1)$에 대한 공식을 추측하고, 수학적 귀납법을 이용하여 그 추측을 증명하여라.

11. 처음 n개의 홀수 합 $1 + 3 + \cdots + (2n-1)$에 대한 공식을 추측하고, 수학적 귀납법을 이용하여 그 공식을 증명하여라.

12. 수학적 귀납법의 원리 1.2.3(제2형식)을 증명하여라.

13. 모든 $n \in \mathbb{N}$에 대하여 $n < 2^n$임을 증명하여라.

14. 모든 $n \geq 4$, $n \in \mathbb{N}$에 대하여 $2^n < n!$임을 증명하여라.

15. 모든 $n \geq 5, n \in \mathbb{N}$에 대하여 $2n - 3 \leq 2^{n-2}$임을 증명하여라.

16. $n^2 < 2^n$이 되는 모든 자연수 n을 구하여라. 당신의 주장을 증명하여라.

17. 모든 $n \in \mathbb{N}$에 대하여 $n^3 - n$을 나눌 수 있는 최대 자연수 m을 구하여라. 당신의 주장을 증명하여라.

18. $n > 1$인 모든 $n \in \mathbb{N}$에 대하여 $1/\sqrt{1} + 1/\sqrt{2} + \cdots + 1/\sqrt{n} > \sqrt{n}$임을 증명하여라.

19. S를 (a) 모든 $k \in \mathbb{N}$에 대하여 $2^k \in S$이고 (b) $k \in S$이고 $k \geq 2$이면 $k - 1 \in S$이 되는 $\mathbb{N}$의 부분집합이라 하자. $S = \mathbb{N}$임을 증명하여라.

20. 수 x_n이 $x_1 := 1$, $x_2 := 2$, 그리고 모든 $n \in \mathbb{N}$에 대하여 $x_{n+2} := \frac{1}{2}(x_{n+1} + x_n)$으로 정의된다고 하자. 강귀납법의 원리 (1.2.5)를 이용하여 모든 $n \in \mathbb{N}$에 대하여 $1 \leq x_n \leq 2$임을 보여라.

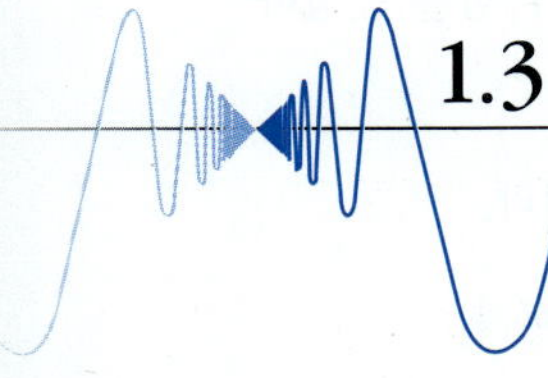

1.3 유한집합과 무한집합

집합에 있는 원소들을 셀 때 "하나, 둘, 셋, ..."이라 하고, 집합을 다 비웠을 때 멈춘다. 수학적 견지에서 우리가 하고 있는 것은 그 집합과 자연수 집합의 일부분 사이에 전단사 사상을 정의하는 것이다. 자연수의 집합 자신과 같이 세는 것이 끝나지 않는 집합이면, 집합을 무한인 것으로 기술한다.

"유한"과 "무한"에 대한 개념들은 아주 근원적인 것이고, 독자는 이 개념들을 결코 주의 깊게 고찰하지 않았을 것이다. 이 절에서는 이 용어들을 정확히 정의하고 약간의 기본적인 결과들을 설정하며, 분명해 보이지만 증명이 약간 미묘한 중요한 다른 결과들을 기술할 것이다. 이 증명들은 부록 B에 나오는데 나중에 읽을 수 있다.

1.3.1 정의 **(a)** 공집합 $\emptyset$은 **0개의 원소**(0 elements)를 갖는다고 한다.

(b) $n \in \mathbb{N}$에 대하여 집합 $\mathbb{N}_n := \{1, 2, ..., n\}$에서 S 위로의 전단사함수가 존재하면, 집합 S는 **n개의 원소**(n elements)를 갖는다고 한다.

(c) 집합 S가 공집합이거나 어떤 $n \in \mathbb{N}$에 대하여 n개의 원소를 가지면, S는 **유한이다**(finite)라고 한다.

(d) 집합 S가 유한이 아니면, S는 **무한이다**(infinite)라고 한다.

전단사함수의 역함수도 전단사이므로, 집합 S가 n개의 원소를 갖기 위한 필요충분조건이 S에서 집합 $\{1, 2, ..., n\}$ 위로의 전단사함수가 존재하는 것임을 보이기는 쉽다. 또한 두 전단사함수의 합성도 전단사이므로, 집합 S_1이 n개의 원소를 갖기 위한 필요충분조건은 S_1에서 n개의 원소를 갖는 또 다른 집합 S_2 위로의 전단사함수가 존재하는 것임을 알 수 있다. 더욱이 집합 T_1이 유한이기 위한 필요충분조건은 T_1에서 유한인 또 다른 집합 T_2 위로의 전단사함수가 존재하는 것이다.

이제 정의들이 세는 것에 대한 우리의 경험과 상충하는 결론을 이끌어 내지 않음을 확인해 주는 유한집합에 대한 약간의 기본적인 성질들을 설정할 필요가 있다. 정의로부터는 유한집합이 하나 보다 많은 n의 값에 대하여 n개의 원소를 갖지 않아야 한다는 것이 아주 명백하지 않다. 또한 이 정의에 의하면 집합 $\mathbb{N} := \{1, 2, 3, ...\}$이 유한집합일지 모른다는 것이 생각건대 가능하다. 다음 두 정리를 기술함으로써 이러한 가능성들이 일어날 수 없게 되어 독자는 부담을 덜게 될 것이다. 1.2절에서 언급한 $\mathbb{N}$의 기본성질들을 이용한 이 주장의 증명들이 부록 B에 있다.

1.3.2 유일성 정리 S가 유한집합이면, S에 있는 원소의 개수는 $\mathbb{N}$에 있는 유일한 수이다.

1.3.3 정리 자연수의 집합 $\mathbb{N}$은 무한집합이다.

다음 결과는 유한집합과 무한집합에 대한 몇 개의 기본적인 성질들이다.

1.3.4 정리 **(a)** A가 m개의 원소를 갖는 집합이고 B가 n개의 원소를 갖는 집합이며 $A \cap B = \emptyset$이면, $A \cup B$는 $m + n$개의 원소를 갖는다.

(b) A가 $m \in \mathbb{N}$개의 원소를 갖는 집합이고 $C \subseteq A$가 하나의 원소를 갖는 집합이면, $A \setminus C$는 $m - 1$개의 원소를 갖는 집합이다.

(c) C가 무한집합이고 B가 유한집합이면 $C \setminus B$는 무한집합이다.

증명 (a) f를 $\mathbb{N}_m$에서 A 위로의 전단사함수라 하고 g를 $\mathbb{N}_n$에서 B 위로의 전단사함수라 하자. $\mathbb{N}_{m+n}$에서 h를 $i = 1, ..., m$에 대하여 $h(i) := f(i)$로, $i = m + 1, ..., m + n$에 대하여 $h(i) := g(i - m)$으로 정의한다. h가 $\mathbb{N}_{m+n}$에서 $A \cup B$ 위로의 전단사함수임을 보이는 것은 연습문제로 넘긴다.

(b)와 (c)의 증명은 독자에게 맡긴다. 연습문제 2를 보라. Q.E.D.

유한집합의 부분집합 또한 유한인 것이 “분명해” 보일지 모르지만 그 주장은 정의로부터 추론되어야 한다. 이것과 무한집합에 대한 대응명제를 다음에서 설정한다.

1.3.5 정리 S와 T가 집합이고 $T \subseteq S$라 가정하자.

(a) S가 유한집합이면 T도 유한집합이다.

(b) T가 무한집합이면 S도 무한집합이다.

증명 (a) $T = \emptyset$이면, T가 유한집합임을 이미 알고 있다. 따라서 $T \neq \emptyset$라 가정해도 좋다. 증명을 S에 있는 원소들의 개수에 대하여 귀납법으로 한다.

S가 하나의 원소를 가지면 S의 공집합이 아닌 유일한 부분집합은 S와 일치하고, 따라서 T는 유한집합이다.

k개의 원소를 갖는 집합의 공집합이 아닌 모든 부분집합이 유한이라고 가정하자. 이제 S가 $k+1$개의 원소를 갖는 집합이라 하고(따라서 $\mathbb{N}_{k+1}$에서 S 위로의 전단사함수 f가 존재하고) $T \subseteq S$라 하자. $f(k+1) \notin T$이면 T를 $S_1 := S \setminus \{f(k+1)\}$의 부분집합으로 생각할 수 있고, 정리 1.3.4(b)에 의하여 k개의 원소를 갖는다. 따라서 귀납가설에 의하여 T는 유한집합이다.

한편 $f(k+1) \in T$이면 $T_1 := T \setminus \{f(k+1)\}$은 S_1의 부분집합이다. S_1이 k개의 원소를 가지므로, 귀납가설에 의하여 T_1은 유한집합이다. 따라서 $T = T_1 \cup \{f(k+1)\}$ 또한 유한집합이다.

(b) 이 주장은 (a)에 있는 주장의 대우이다(대우의 논의에 관한 부록 A를 보라).

Q.E.D.

가산집합

이제 무한집합의 중요한 형태를 소개한다.

1.3.6 정의 **(a)** $\mathbb{N}$에서 집합 S 위로의 전단사함수가 존재하면, S는 **가부번이다**(denumerable) 또는 **가산무한이다**(countably infinite)라고 한다.

(b) 집합 S가 유한이거나 가부번이면, S는 **가산이다**(countable)라고 한다.

(c) 집합 S가 가산이 아니면, S는 **비가산이다**(uncountable)라고 한다.

전단사함수의 성질들로부터 S가 가부번이기 위한 필요충분조건은 S에서 $\mathbb{N}$ 위로의 전단사함수가 존재하는 것임은 자명하다. 또한 집합 S_1이 가부번이기 위한 필요충분조건은 S_1에서 가부번인 집합 S_2 위로의 전단사함수가 존재하는 것이다. 더욱이 집합 T_1이 가산이기 위한 필요충분조건은 T_1에서 가산인 집합 T_2 위로의 전단사함수가 존재하는 것이다. 마지막으로 무한인 가산집합은 가부번이다.

1.3.7 예 **(a)** 짝수의 집합 $E := \{2n : n \in \mathbb{N}\}$는 가부번이다. 이유는 $n \in \mathbb{N}$에 대하여 $f(n) := 2n$으로 정의되는 사상 $f : \mathbb{N} \to E$는 $\mathbb{N}$에서 E 위로의 전단사이기 때문이다.

마찬가지로 홀수의 집합 $O := \{2n - 1 : n \in \mathbb{N}\}$도 가부번이다.

(b) 모든 정수의 집합 $\mathbb{Z}$는 가부번이다.

$\mathbb{N}$에서 $\mathbb{Z}$ 위로의 전단사함수를 설정하기 위하여 1을 0 위로, 짝수의 집합을 양의 정수의 집합 $\mathbb{N}$ 위로, 그리고 홀수의 집합을 음의 정수들 위로 사상한다. 이 사상을 다음과 같은 배열로 나타낼 수 있다.

$$\mathbb{Z} = \{0, 1, -1, 2, -2, 3, -3, \ldots\}.$$

(c) 서로 소인 두 가부번집합의 합집합은 가부번이다.

사실 $A = \{a_1, a_2, a_3, \ldots\}$이고 $B = \{b_1, b_2, b_3, \ldots\}$이면 $A \cup B$의 원소들을 다음과 같이 배열할 수 있다.

$$a_1, b_1, a_2, b_2, a_3, b_3, \ldots. \qquad \blacksquare$$

1.3.8 정리 집합 $\mathbb{N} \times \mathbb{N}$은 가부번이다.

비공식적 증명 $m, n \in \mathbb{N}$인 모든 순서쌍 (m, n)들로 구성된 $\mathbb{N} \times \mathbb{N}$을 상기하라. 이 순서쌍들을 $m + n$이 증가하도록, 그리고 m을 증가시켜 다음과 같이 배열할 수 있다(그림 1.3.1을 보라).

$$(1, 1), \quad (1, 2), \quad (2, 1), \quad (1, 3), \quad (2, 2), \quad (3, 1), \quad (1, 4), \ldots. \quad \text{Q.E.D.}$$

방금 기술한 배열은 "대각선 순서(diagonal procedure)"의 한 예인데, 그림 1.3.1에서 도해했듯이 각각이 유한인 많은 항들을 포함하는 대각선을 따라 움직이기 때문이다. 그림으로 나타낸 전단사함수를 다음과 같이 유도할 수 있다. 첫 번째

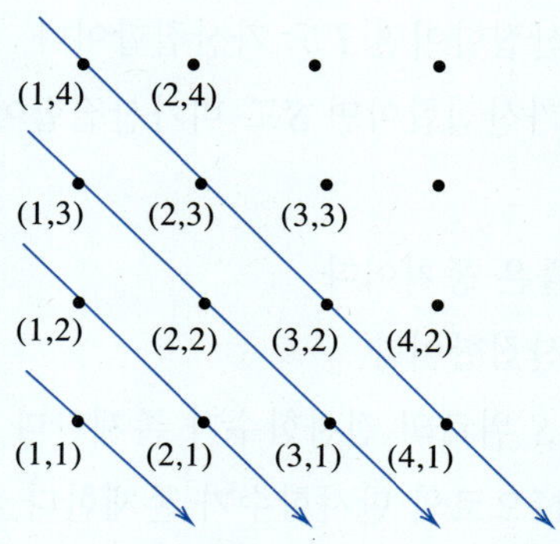

그림 1.3.1 집합 $\mathbb{N} \times \mathbb{N}$

대각선은 한 점을 갖고, 두 번째는 두 개의 점을, ..., 그리고 k번째 대각선은 k개의 점을 갖는다는 것에 먼저 주목한다. 예 1.2.4(a)에 있는 공식을 적용하면 대각선 1에서 k까지에 있는 점들의 총수는 다음과 같다.

$$\psi(k) = 1 + 2 + \cdots + k = \tfrac{1}{2}\, k(k+1).$$

점 (m, n)은 $k = m + n - 1$일 때 k번째 대각선에 놓여 있고, 이것은 대각선을 따라 아래쪽으로 좌에서 우로 움직이면 그 대각선의 m번째 점이다(예를 들면, 점 $(3, 2)$는 $3 + 2 - 1 = 4$이므로 네 번째 대각선에 놓여있고 그 대각선의 세 번째 점이다). 따라서 그림 1.3.1로 나타낸 세는 그림에서 먼저 $k - 1 = m + n - 2$개 대각선들에 있는 점들을 센 후 m을 더함으로써 점 (m, n)을 센다. 따라서 세는 함수 $h: \mathbb{N} \times \mathbb{N} \to \mathbb{N}$는 다음과 같이 된다.

$$\begin{aligned} h(m, n) &:= \psi(m+n-2) + m \\ &= \tfrac{1}{2}(m+n-2)(m+n-1) + m. \end{aligned}$$

예를 들면, 점 $(3, 2)$를 그림 1.3.1에서 보인 것과 같이 수 $h(3, 2) = \dfrac{1}{2}\cdot 3\cdot 4 + 3 = 9$로 센다. 마찬가지로 점 $(17, 25)$를 수 $h(17, 25) = \psi(40) + 17 = 837$로 센다.

세는 공식을 유도하는 이러한 기하학적 논의가 암시적이고 설득력은 있었지만 사실상 h가 $\mathbb{N} \times \mathbb{N}$에서 $\mathbb{N}$ 위로의 전단사함수임을 증명하는 것이 남아 있다. 상세한 증명은 부록 B에 있다.

집합들 사이의 명확한 전단사함수를 설정하기가 때로는 쉽지 않다. 다음 두 결과는 어떤 사상이 전단사함수임을 보이는 것과 무관하므로 집합의 가산성을 설정하는 데 유익하다. 첫 번째 결과는 직관적으로 분명해 보일지 모르지만 증명은 보다 기교적이다. 이를 부록 B에서 소개할 것이다.

1.3.9 정리 S와 T가 집합이고 $T \subseteq S$라 가정하자.

(a) S가 가산집합이면 T도 가산집합이다.

(b) T가 비가산집합이면 S도 비가산집합이다.

1.3.10 정리 다음 명제들은 동치이다.

(a) S는 가산집합이다.

(b) $\mathbb{N}$에서 S 위로의 전사함수가 존재한다.

(c) S에서 $\mathbb{N}$으로의 단사함수가 존재한다.

증명 (a) ⇒ (b) S가 유한집합이면 어떤 집합 $\mathbb{N}_n$에서 S 위로의 전단사함수 h가 존재하고, $\mathbb{N}$에서 H를 다음과 같이 정의한다.

$$H(k) := \begin{cases} k = 1, \ldots, n\text{에 대하여 } h(k) \\ k > n\text{에 대하여 } h(n). \end{cases}$$

그러면 H는 $\mathbb{N}$에서 S 위로의 전사함수이다.

S가 가부번이면 $\mathbb{N}$에서 S 위로의 전단사함수 H가 존재하고, 그 또한 $\mathbb{N}$에서 S 위로의 전사함수이다.

(b) ⇒ (c) H가 $\mathbb{N}$에서 S 위로의 전사함수이면, $H_1 : S \to \mathbb{N}$을 $H_1(s)$가 $H^{-1}(s) := \{n \in \mathbb{N} : H(n) = s\}$의 최소원인 것으로 정의한다. H_1이 S에서 $\mathbb{N}$으로의 단사함수임을 보이기 위하여 $s, t \in S$이고 $n_{st} := H_1(s) = H_1(t)$이면 $s = H(n_{st}) = t$임에 주목하라.

(c) ⇒ (a) H_1이 S에서 $\mathbb{N}$으로의 단사함수이면, 이는 S에서 $H_1(S) \subseteq \mathbb{N}$ 위로의 전단사함수이다. 정리 1.3.9(a)에 의하여 $H_1(S)$는 가산이고, 따라서 집합 S는 가산이다. Q.E.D.

1.3.11 정리 모든 유리수의 집합 $\mathbb{Q}$는 가부번이다.

증명 증명의 개념은 양인 유리수의 집합 $\mathbb{Q}^+$가 다음과 같은 배열에 포함되는 것을 관찰하는 것이다:

$$\frac{1}{1}, \frac{1}{2}, \frac{2}{1}, \frac{1}{3}, \frac{2}{2}, \frac{3}{1}, \frac{1}{4}, \ldots.$$

이는 또 다른 "대각선 사상(diagonal mapping)"이다(그림 1.3.2를 보라). 그러나 다른 분수 $\frac{1}{2}$과 $\frac{2}{4}$는 같은 유리수를 나타내므로 이 사상은 단사가 아니다.

보다 더 공식적으로 전개하기 위하여 $\mathbb{N} \times \mathbb{N}$이 (정리 1.3.8에 의하여) 가산임

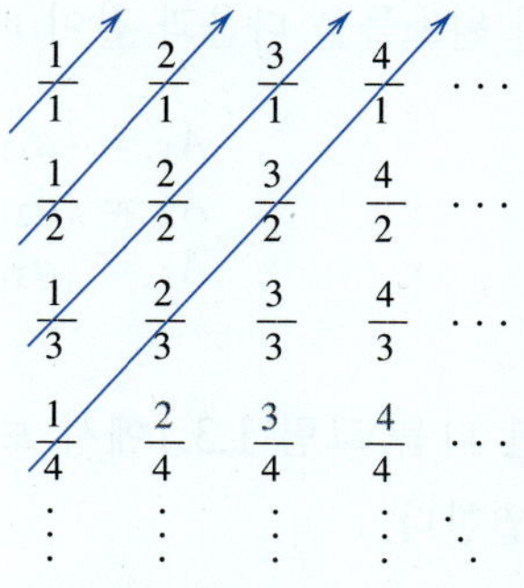

$$\begin{array}{ccccc} \frac{1}{1} & \frac{2}{1} & \frac{3}{1} & \frac{4}{1} & \cdots \\ \frac{1}{2} & \frac{2}{2} & \frac{3}{2} & \frac{4}{2} & \cdots \\ \frac{1}{3} & \frac{2}{3} & \frac{3}{3} & \frac{4}{3} & \cdots \\ \frac{1}{4} & \frac{2}{4} & \frac{3}{4} & \frac{4}{4} & \cdots \\ \vdots & \vdots & \vdots & \vdots & \ddots \end{array}$$

그림 1.3.2 집합 $\mathbb{Q}^+$

에 주목하면, 정리 1.3.10(b)에 의하여 $\mathbb{N}$에서 $\mathbb{N} \times \mathbb{N}$ 위로의 전단사함수 f가 존재한다. 만일 $g : \mathbb{N} \times \mathbb{N} \to \mathbb{Q}^+$가 순서쌍 (m, n)을 m/n인 표현을 갖는 유리수로 보내는 사상이라 하면, g는 $\mathbb{Q}^+$ 위로의 전사함수이다. 그러므로 합성함수 $g \circ f$는 $\mathbb{N}$에서 $\mathbb{Q}^+$ 위로의 전사함수이고, 정리 1.3.10에 의하여 $\mathbb{Q}^+$는 가산집합이다.

마찬가지로 음수인 모든 유리수의 집합 $\mathbb{Q}^-$도 가산이다. 예 1.3.7(b)에서와 같이 집합 $\mathbb{Q} = \mathbb{Q}^- \cup \{0\} \cup \mathbb{Q}^+$는 가산이다. $\mathbb{Q}$는 $\mathbb{N}$을 포함하므로, 이는 가부번집합이어야 한다. Q.E.D.

다음 결과는 집합들의 합집합에 관한 것이다. 정리 1.3.10의 관점에서 집합이 겹칠 가능성에 대하여 걱정할 필요가 없다. 또한 전단사함수를 만들지 않아도 된다.

1.3.12 정리 각 $m \in \mathbb{N}$에 대하여 A_m이 가산집합이면, 합집합 $A := \bigcup_{m=1}^{\infty} A_m$도 가산이다.

증명 각 $m \in \mathbb{N}$에 대하여 φ_m을 $\mathbb{N}$에서 A_m 위로의 전사함수라 하자. $\beta : \mathbb{N} \times \mathbb{N} \to A$를 다음과 같이 정의한다.

$$\beta(m, n) := \varphi_m(n).$$

β가 전사함수이기를 요구한다. 사실 $a \in A$이면 $a \in A_m$인 최소 $m \in \mathbb{N}$이 존재하고, 따라서 $a = \varphi_m(n)$인 최소 $n \in \mathbb{N}$이 존재한다. 그러므로 $a = \beta(m, n)$이다.

$\mathbb{N} \times \mathbb{N}$이 가산이므로, 정리 1.3.10에 의하여 $\beta \circ f$가 $\mathbb{N}$에서 A 위로의 전사함수가 되게 하는 전사함수 $f : \mathbb{N} \to \mathbb{N} \times \mathbb{N}$가 존재한다. 이제 정리 1.3.10을 다시 적용하여 A가 가산이라는 결론을 얻는다. Q.E.D.

참고 정리 1.3.12가 참임을 보이기 위한 보다 덜 공식적인 (그러나 더 직관적인) 방법은 A_m, $m \in \mathbb{N}$의 원소들을 다음과 같이 배열하는 것이다.

$$\begin{aligned} A_1 &= \{a_{11}, a_{12}, a_{13}, \ldots\} \\ A_2 &= \{a_{21}, a_{22}, a_{23}, \ldots\} \\ A_3 &= \{a_{31}, a_{32}, a_{33}, \ldots\} \\ &\cdots \quad \cdots \quad \cdots. \end{aligned}$$

이렇게 배열한 다음 그림 1.3.1에서 보인 것과 같이 "대각선 순서"를 이용하여 다음과 같이 나열한다.

$$a_{11}, a_{12}, a_{21}, a_{13}, a_{22}, a_{31}, a_{14}, \ldots.$$

Georg Cantor

Georg Cantor(1845-1819)는 러시아의 St. Petersburg에서 태어났다. 러시아에서 활동하는 덴마크 사업가인 그의 아버지는 수년 후 가족을 독일로 이주시켰다. Cantor는 Zurich에서 잠시 공부한 후, 당시 수학에서 최고인 Berlin 대학에 들어갔다. 그는 1869년 박사학위를 받았고 Halle 대학의 교수직 제의를 받아들였다. 거기서 혼자 연구를 하였지만 가끔 동료들을 만나기 위하여 70마일이나 떨어져 있는 Berlin으로 여행을 하기도 하였다.

Cantor는 현대집합론의 창시자로 알려져 있고 무한집합의 개념을 최초로 엄밀하고 상세히 연구하였다. 1874년 두 종류의 무한집합을 보임으로써 $\mathbb{Q}$가 가산임에 비하여 $\mathbb{R}$이 비가산임을 증명하였다(2.5절을 보라). 일련의 논문에서 몇 개의 놀랄만한 결과를 포함하는 무한집합에 대한 일반이론을 발전시켰다. 1877년 평면에 있는 2차원 단위정사각형이 직선에 있는 단위구간과 1-1 대응이 됨을 증명하였고 Berlin에 있는 그의 동료 Richard Dedekind에게 보낸 편지에서 "나는 그것을 보았지만, 그것을 믿지 않는다"라고 썼다. 부분집합들의 집합에 대한 Cantor의 정리는 무한집합에 대한 많은 다른 순서들이 존재한다는 것을 보여 주었고, 이는 그가 1895년과 1897년에 출판한 "초한"수(transfinite number)의 이론을 창시하게 하였다. 그의 연구는 당시 수학자들 사이에서 상당한 논쟁을 야기하였지만 1904년 런던 학술원(London's Royal Society)은 최고 명예인 Sylvester Medal을 Cantor에게 수여하였다.

1884년 초에 지난 수년과 마찬가지로 점점 가혹해지는 우울증의 증상이 나타나는 것을 경험하였다. 그는 신경쇠약으로 수차례 Halle Nervenklinik에 입원하였으며 거기서 인생의 마지막 7개월을 보냈다.

Cantor의 보다 주목할 만한 정리들 중의 하나를 소개하면서 이 절을 마친다.

1.3.13 Cantor의 정리 A가 임의의 집합이면, A에서 A의 모든 부분집합들의 집합 $\mathcal{P}(A)$ 위로의 전사함수는 존재하지 않는다.

증명 $\varphi : A \to \mathcal{P}(A)$를 전사함수라 가정하자. $\varphi(a)$는 A의 부분집합이므로, a가 $\varphi(a)$에 속하거나 이 집합에 속하지 않는다.

$$D := \{a \in A : a \notin \varphi(a)\}$$

라고 하자. D는 A의 부분집합이므로, φ가 전사함수이면 어떤 $a_0 \in A$에 대하여 $D = \varphi(a_0)$이다.

$a_0 \in D$이거나 $a_0 \notin D$이어야 한다. $a_0 \in D$이면 $D = \varphi(a_0)$이므로, $a_0 \in \varphi(a_0)$이어야 하고 D의 정의에 반한다. 마찬가지로 $a_0 \notin D$이면, $a_0 \notin \varphi(a_0)$가 되어 $a_0 \in D$이므로 역시 모순이다. 따라서 φ는 전사함수일 수 없다. Q.E.D.

Cantor의 정리에 의하여 점점 커지는 집합의 끝없는 열이 존재한다. 특별히 이에 의하여 자연수의 집합 $\mathbb{N}$의 모든 부분집합족 $\mathcal{P}(\mathbb{N})$은 비가산이다.

연습문제 1.3

1. 공집합이 아닌 집합 T_1이 유한이기 위한 필요충분조건은 T_1에서 유한집합 T_2 위로의 전단사함수가 존재하는 것임을 증명하여라.

2. 정리 1.3.4의 (b)와 (c)를 증명하여라.

3. $S := \{1, 2\}$이고 $T := \{a, b, c\}$라 하자.
(a) S에서 T로의 서로 다른 단사함수의 개수를 결정하여라.
(b) T에서 S 위로의 서로 다른 전사함수의 개수를 결정하여라.

4. $\mathbb{N}$과 13보다 큰 모든 홀수인 정수의 집합 사이의 전단사함수를 제시하여라.

5. 예 1.3.7(b)에서 기술한 $\mathbb{N}$에서 $\mathbb{Z}$ 위로의 전단사함수 f의 구체적인 정의를 제시하여라.

6. $\mathbb{N}$과 자신의 진부분집합 사이의 전단사함수를 제시하여라.

7. 집합 T_1이 가부번이기 위한 필요충분조건은 T_1에서 가부번집합 T_2 위로의 전단사함수가 존재하는 것임을 증명하여라.

8. 유한집합들의 가산족의 합집합이 유한이 아닌 예를 들어라.

9. S와 T가 가부번집합이면 $S \cup T$도 가부번임을 상세히 증명하여라.

10. (a) (m, n)이 그림 1.3.1의 배열에서 아홉 번째 대각선의 아래로 여섯 번째 점이면, 정리 1.3.8에서 주어진 세는 방법으로 이 수를 구하여라.
(b) 주어진 $h(m, 3) = 19$에 대하여 m을 구하여라.

11. 다음의 각 집합 S에 대한 모든 부분집합족 $\mathcal{P}(S)$에 있는 원소의 개수를 결정하여라.
(a) $S := \{1, 2\}$ (b) $S := \{1, 2, 3\}$ (c) $S := \{1, 2, 3, 4\}$

12. 집합 S가 n개의 원소를 가지면 $\mathcal{P}(S)$는 2^n개의 원소를 갖는다. 수학적 귀납법을 이용하여 이를 증명하여라.

13. $\mathbb{N}$의 모든 유한부분집합족 $\mathcal{F}(\mathbb{N})$이 가산임을 증명하여라.

Chapter 2

실수계

이 장에서는 실수계 $\mathbb{R}$의 기본적인 성질들을 논할 것이다. (자연수의 집합 $\mathbb{N}$이나 유리수의 집합 $\mathbb{Q}$와 같은) 보다 근본적인 집합에 기초하여 실수계를 공식적으로 구성할 수 있지만 그렇게 하지 않았다. 대신 실수에 관한 기본적인 성질들을 열거해 보이고, 그들로부터 어떻게 더 깊이 있는 성질들이 추론되는지를 보인다. 이렇게 하는 것이 $\mathbb{R}$에 대한 모형을 만들기 위한 논리적인 난제들을 고찰하기보다는 해석학에 필요한 도구들을 공부하는 데 훨씬 더 유익하다.

실수계는 "완비인 순서체"로 기술될 수 있으며, 기술된 내용을 상세히 다룰 것이다. 2.1절에서는 먼저 덧셈과 곱셈인 두 연산에 기초한 –추상대수학에서 종종 "체"의 성질이라 하는– "대수적" 성질들을 소개한다. 이어서 $\mathbb{R}$의 "순서"성질들을 소개하고, 이러한 성질들에 대한 약간의 결과들을 유도하며 부등식을 다루는 과정에서 그들의 이용을 예증한다. 순서성질에 기초한 절대값의 개념을 2.2절에서 논한다.

2.3절에서 $\mathbb{R}$의 대수적 성질과 순서성질에 중요한 "완비성"을 추가하는 것으로 최종단계에 이른다. 이는 19세기 말까지 완벽하게 이해되지 않았던 것으로 극한이론과 연속성의 기초가 되며 이 책에 나오는 모두에서 필수적인 성질이다. 실해석학의 엄밀한 발전은 이러한 필수적인 성질 없이는 불가능하였을 것이다.

2.4절에서는 완비성을 적용하여 $\mathbb{R}$에 대한 몇 개의 기본적인 성질을 유도하는데, Archimedes의 성질, 제곱근의 존재, $\mathbb{R}$에서 유리수의 조밀성을 포함한다. 2.5절에서는 축소구간 성질을 수립하고, 이것을 이용하여 $\mathbb{R}$의 비가산성을 증명한다. 또한

실수의 2진법과 10진법 표현에 있어 축소구간과의 관계를 논한다.

2.1절과 2.2절에서 의도한 목적의 일부분은 명백하게 기술된 가정으로부터 기본적인 정리들을 증명하는 예를 제공하는 것이다. 따라서 학생들은 완비성이나 이의 결과들과 관련한 보다 미묘하고 복잡한 논의와 마주치기 전에 공식적인 증명을 기술하는 경험을 할 수 있다. 그러나 이전에 (아마도 추상대수학 과정에서) 공리적 방법과 증명의 기법을 공부했던 학생들은 앞 절을 대강 훑어본 후 2.3절로 넘어갈 수 있다. 논리의 간단한 논의와 증명의 형태는 이 책의 뒤에 있는 부록 A에서 볼 수 있다. 거기에서 "대우"나 "역"과 같은 용어들을 설명하고 있으며 다양한 증명들도 상세히 다루고 있다.

2.1 ℝ의 대수적 성질과 순서성질

실수계의 "대수적 구조"에 대한 간단한 논의로 시작한다. 모든 다른 대수적 성질들을 정리로 유도할 수 있는 덧셈과 곱셈의 기본적인 성질들을 간단히 나열할 것이다. 추상대수학의 용어로 실수계는 덧셈과 곱셈에 관한 "체(field)"이다. 2.1.1에서 나열하는 기본적인 성질들은 **체의 공리**(field axioms)로 알려져 있다. **이항연산**은 각 쌍 (a, b)를 유일한 원소 $B(a, b)$와 결합시키는 것이지만 덧셈과 곱셈의 성질을 논할 때는 전통적인 기호 $a + b$와 $a \cdot b$를 사용할 것이다.

2.1.1 ℝ의 대수적 성질 실수의 집합 ℝ에서 각각 +와 ·으로 표기하고 **덧셈**(addition)과 **곱셈**(multiplication)이라 하는 두 이항연산이 존재하여, 이들 연산은 다음 성질들을 만족한다.

(A1) 모든 $a, b \in \mathbb{R}$에 대하여 $a + b = b + a$이다(덧셈의 교환성질).

(A2) 모든 $a, b, c \in \mathbb{R}$에 대하여 $(a + b) + c = a + (b + c)$이다(덧셈의 결합성질).

(A3) 모든 $a \in \mathbb{R}$에 대하여 $0 + a = a$이고 $a + 0 = a$인 원소 $0 \in \mathbb{R}$이 존재한다(0원의 존재).

(A4) 각 $a \in \mathbb{R}$에 대하여 $a + (-a) = 0$이고 $(-a) + a = 0$인 원소 $-a \in \mathbb{R}$가 존재한다(음원의 존재).

(M1) 모든 $a, b \in \mathbb{R}$에 대하여 $a \cdot b = b \cdot a$이다(곱셈의 교환성질).

(M2) 모든 $a, b, c \in \mathbb{R}$에 대하여 $(a \cdot b) \cdot c = a \cdot (b \cdot c)$이다(곱셈의 결합성질).

(M3) 모든 $a \in \mathbb{R}$에 대하여 $1 \cdot a = a$이고 $a \cdot 1 = a$인 0이 아닌 원소 $1 \in \mathbb{R}$이 존재한다(단위원의 존재).

(M4) 각 $a \in \mathbb{R}, a \neq 0$에 대하여 $a \cdot (1/a) = 1$이고 $(1/a) \cdot a = 1$인 $1/a \in \mathbb{R}$이 존재한다(역원의 존재).

(D) 모든 $a, b, c \in \mathbb{R}$에 대하여 $a \cdot (b + c) = (a \cdot b) + (a \cdot c)$이고 $(b + c) \cdot a = (b \cdot a) + (c \cdot a)$이다(덧셈에 관한 곱셈의 분배성질).

이 성질들은 독자들이 잘 알고 있는 것임에 틀림없다. 처음 네 개는 덧셈에 관한 것이고 다음 네 개는 곱셈에 관한 것이며, 마지막 하나는 두 연산을 연결한다. 나열의 관점은 Euclid의 원론(Elements)에서 Euclid 기하학의 정리들이 그가 기술한 다섯 개의 기본공리로부터 추론될 수 있는 것과 거의 같은 의도로 대수학의 잘 알려진 모든 기법들이 이 아홉 개의 성질들로부터 유도될 수 있다는 것이다. 이러한 유도과정은 당연히 추상대수학의 과정에 포함되는 것이므로 여기서는 재론하지 않을 것이다. 그러나 노력한다는 정신을 보이기 위하여 약간의 결과들과 이들의 증명을 선별하여 보일 것이다.

먼저 (A3)와 (M3)에서 존재한다고 주장한 원소 0과 1이 사실상 유일하다는 기본적인 사실을 수립한다. 또한 0을 곱한 결과가 항상 0이 됨을 보인다.

2.1.2 정리 **(a)** z와 a가 $z + a = a$인 $\mathbb{R}$의 원소이면 $z = 0$이다.

(b) u와 $b \neq 0$가 $u \cdot b = b$인 $\mathbb{R}$의 원소이면 $u = 1$이다.

(c) $a \in \mathbb{R}$이면 $a \cdot 0 = 0$이다.

증명 (a) (A3), (A4), (A2), 가정 $z + a = a$, 그리고 (A4)를 이용하여

$$z = z + 0 = z + (a + (-a)) = (z + a) + (-a) = a + (-a) = 0$$

을 얻는다.

(b) (M3), (M4), (M2), 가정한 등식 $u \cdot b = b$, 그리고 (M4)를 다시 이용하여

$$u = u \cdot 1 = u \cdot (b \cdot (1/b)) = (u \cdot b) \cdot (1/b) = b \cdot (1/b) = 1$$

을 얻는다.

(c) $$a + a \cdot 0 = a \cdot 1 + a \cdot 0 = a \cdot (1 + 0) = a \cdot 1 = a$$

이다(왜?). 따라서 (a)로부터 $a \cdot 0 = 0$이다. Q.E.D.

다음으로 곱셈의 중요한 두 가지 성질을 수립한다. 역수의 유일성과 인수의 하나가 0일 때 두 수의 곱은 0이 된다는 사실이다.

2.1.3 정리 **(a)** $\mathbb{R}$의 원소 $a \neq 0$와 b가 $a \cdot b = 1$을 만족하면 $b = 1/a$이다.

(b) $a \cdot b = 0$이면, $a = 0$ 또는 $b = 0$이다.

증명 (a) (M3), (M4), (M2), 가정 $a \cdot b = 1$, 그리고 (M3)를 이용하여

$$b = 1 \cdot b = ((1/a) \cdot a) \cdot b = (1/a) \cdot (a \cdot b) = (1/a) \cdot 1 = 1/a$$

을 얻는다.

(b) $a \neq 0$이라 가정하고 $b = 0$임을 증명하면 충분하다(왜?). $a \cdot b$에 $1/a$를 곱하고 (M2), (M4), (M3)를 적용하여

$$(1/a) \cdot (a \cdot b) = ((1/a) \cdot a) \cdot b = 1 \cdot b = b$$

를 얻는다. $a \cdot b = 0$이므로, 2.1.2(c)에 의하여 이 또한

$$(1/a) \cdot (a \cdot b) = (1/a) \cdot 0 = 0$$

이다. 따라서 $b = 0$이다. Q.E.D.

이러한 정리들은 실수계의 대수적 성질 일부분을 소개한 것이다. 체의 성질에 대한 몇 개의 추가적인 결과들이 연습문제에 있다.

$\mathbb{R}$의 원소 a, b에 대하여 **뺄셈**(subtraction)의 연산을 $a - b := a + (-b)$로 정의한다. 마찬가지로 $b \neq 0$인 $\mathbb{R}$의 원소 a, b에 대하여 **나눗셈**(division)을 $a/b := a \cdot (1/b)$로 정의한다. 앞으로 뺄셈과 나눗셈에 대하여 이러한 관습적인 기호를 사용할 것이고, 이들 연산에 대하여 잘 알고 있는 성질들을 이용할 것이다. 통상적으로 곱셈을 나타내는 점을 생략하여 $a \cdot b$ 대신 ab로 쓸 것이다. 또한 aa를 a^2으로, $(a^2)a$를 a^3으로 쓰고, 일반적으로 $n \in \mathbb{N}$에 대하여 $a^{n+1} := (a^n)a$로 정의한다. $a^1 = a$인 관례를 채택하는 데도 부합한다. 더욱이 $a \neq 0$이면, 그렇게 하는 것이 편리할 때 $a^0 = 1$과 $1/a$을 a^{-1}으로 쓰고 $n \in \mathbb{N}$이면 $(1/a)^n$을 a^{-n}으로 쓸 것이다. 일반적으로 대수학의 일상적인 모든 기법들을 더 상세한 설명 없이 자유롭게 적용할 것이다.

유리수와 무리수

자연수 $n \in \mathbb{N}$을 단위원 $1 \in \mathbb{R}$의 n배(n fold sum)와 동일시함으로써 자연수의 집합 $\mathbb{N}$을 $\mathbb{R}$의 부분집합으로 간주한다. 마찬가지로 $0 \in \mathbb{Z}$을 $\mathbb{R}$의 영원과 동일시하고 정수 $-n$과 -1의 n배를 동일시한다. 따라서 $\mathbb{N}$과 $\mathbb{Z}$를 $\mathbb{R}$의 부분집합으로 간주한다.

$a, b \in \mathbb{Z}$이고 $a \neq 0$일 때, b/a의 형으로 쓸 수 있는 $\mathbb{R}$의 원소들을 **유리수**

(rational number)고 한다. $\mathbb{R}$의 모든 유리수의 집합을 표준기호 $\mathbb{Q}$로 나타낼 것이다. 두 유리수의 합과 곱도 역시 유리수이고(이를 증명하여라), 더구나 이 절의 서두에서 나열한 체의 성질이 $\mathbb{Q}$에 대해서도 성립함을 보일 수 있다.

$\mathbb{Q}$에 있지 않는 $\mathbb{R}$의 원소가 존재한다는 사실을 금방 알 수 있는 것은 아니다. 기원전 6세기에 고대 그리스 학파는 단위길이를 한 변으로 하는 정사각형의 대각선을 정수들의 비(ratio)로 나타낼 수 없음을 발견하였다. 직각삼각형에 대한 Pythagoras 정리에 의하면 이것은 어떤 유리수의 제곱도 2와 같을 수 없다는 것이다. 이 발견은 그리스 수학의 발전에 놀랄 만한 충격을 주었다. 이의 한 결과가 $\mathbb{Q}$에 속하지 않는 $\mathbb{R}$의 원소들이 **무리수**(irrational number)로서 알려지게 되었는데, 그들은 정수들의 비가 아님을 의미한다. 비록 현대영어 용법에서 "irrational"이라는 단어는 전혀 다른 의미를 갖지만 이 용어를 표준적인 수학적 어휘로 채택할 것이다.

이제 제곱해서 2가 되는 유리수가 존재하지 않는다는 사실을 증명할 것이다. 증명에서 짝수와 홀수의 개념을 이용한다. 어떤 $n \in \mathbb{N}$에 대하여 $2n$의 형태를 취하는 자연수는 **짝수**(even)이고, 어떤 $n \in \mathbb{N}$에 대하여 $2n - 1$의 형태를 취하는 자연수는 **홀수**(odd)임을 상기하라. 모든 자연수는 짝수이거나 홀수이고, 짝수와 홀수 모두가 되는 자연수는 없다.

2.1.4 정리 $r^2 = 2$가 되는 유리수 r은 존재하지 않는다.

증명 이에 반하여 p와 q를 $(p/q)^2 = 2$인 정수라 가정하자. p, q가 양수이고 1 이외의 공약수를 갖지 않는다고 가정해도 된다(왜?). $p^2 = 2q^2$이므로 p^2은 짝수이다. 이것에 의하여 p 역시 짝수이다(왜냐하면, $p = 2n - 1$이 홀수이면 제곱 $p^2 = 2(2n^2 - 2n + 1) - 1$ 역시 홀수이다). 따라서 p와 q는 공약수로 2를 가질 수 없으므로 q는 홀수이어야 한다.

p가 짝수이므로 어떤 $m \in \mathbb{N}$에 대하여 $p = 2m$이고, 따라서 $4m^2 = 2q^2$이며 $2m^2 = q^2$이 된다. 그러므로 q^2은 짝수이고, 앞 단락의 논의에 의하여 q도 짝수이다.

$(p/q)^2 = 2$라는 가정이 q가 짝수인 동시에 홀수인 모순된 결론을 초래하므로, 이는 거짓일 수밖에 없다. Q.E.D.

$\mathbb{R}$의 순서성질

$\mathbb{R}$의 "순서성질(order properties)"은 양치성(positivity)과 실수들 사이의 부등식

에 대한 개념과 관련이 있다. 실수계가 대수적 구조를 갖는 것처럼 모든 다른 순서 성질들과 부등식을 포함하는 계산들을 추론할 수 있는 세 개의 기본적인 성질들을 분리하여 논의를 이어간다. 이렇게 하기 위한 가장 간단한 방법은 "양치성"의 개념을 이용하여 $\mathbb{R}$의 특수한 부분집합을 확인하는 것이다.

2.1.5 $\mathbb{R}$의 순서성질 다음 성질들을 만족하는 $\mathbb{R}$의 공집합이 아닌 부분집합 $\mathbb{P}$가 존재한다. 이 $\mathbb{P}$를 **양의 실수**(positive real numbers)의 집합이라 한다.

(i) a, b가 $\mathbb{P}$에 속하면 $a + b$도 $\mathbb{P}$에 속한다.

(ii) a, b가 $\mathbb{P}$에 속하면 ab도 $\mathbb{P}$에 속한다.

(iii) a가 $\mathbb{R}$에 속하면 다음 중 꼭 하나만 성립한다.

$$a \in \mathbb{P}, \qquad a = 0, \qquad -a \in \mathbb{P}.$$

처음 두 조건은 각각 덧셈과 곱셈의 연산과 순서의 양립성을 보장한다. 조건 2.1.5 (iii)을 통상 **삼분성질**(trichotomy property)이라 하는데, 이는 $\mathbb{R}$을 세 개의 서로 다른 형태의 원소들로 나누기 때문이다. **음**(negative)의 실수의 집합 $\{-a : a \in \mathbb{P}\}$는 $\mathbb{P}$와 공통인 원소를 갖지 않으며, 더구나 집합 $\mathbb{R}$은 세 개의 서로 소인 집합의 합집합임을 의미한다.

$a \in \mathbb{P}$이면 $a > 0$으로 쓰고, a를 **양**(positive) 또는 **순양**(strictly positive)의 실수라 한다. $a \in \mathbb{P} \cup \{0\}$이면 $a \geq 0$으로 쓰고, a를 **음이 아닌**(nonnegative) 실수라 한다. $-a \in \mathbb{P}$이면 $a < 0$으로 쓰고, a를 **음**(negative) 또는 **순음**(strictly negative)의 실수라 한다. $-a \in \mathbb{P} \cup \{0\}$이면 $a \leq 0$으로 쓰고, a를 **양이 아닌**(nonpositive) 실수라 한다.

이제 두 실수 사이의 부등식 개념을 양인 원소들의 집합 $\mathbb{P}$를 이용하여 정의할 것이다.

2.1.6 정의 a, b를 $\mathbb{R}$의 원소라 하자.

(a) $a - b \in \mathbb{P}$이면 $a > b$ 또는 $b < a$로 쓴다.

(b) $a - b \in \mathbb{P} \cup \{0\}$이면 $a \geq b$ 또는 $b \leq a$로 쓴다.

삼분성질 2.1.5(iii)에 의하여 $a, b \in \mathbb{R}$는 다음 중 꼭 하나만 성립할 것이다.

$$a > b, \quad a = b, \quad a < b.$$

따라서 $a \leq b$이고 $b \leq a$이면 $a = b$이다.

표기의 편의를 위하여 $a < b$와 $b < c$ 모두를 만족한다는 의미로

$$a < b < c$$

를 쓸 것이다. 다른 이중 부등식 $a \le b < c$, $a \le b \le c$, 그리고 $a < b \le c$도 유사하게 정의한다.

이제 기본적인 순서성질들이 "부등식의 법칙들"을 유도하는 데 어떻게 이용되는지를 예증하기 위하여 독자가 초기 수학과정에서 이용하였던 여러 결과들을 수립할 것이다.

2.1.7 정리 a, b, c를 $\mathbb{R}$의 원소라 하자.

(a) $a > b$이고 $b > c$이면 $a > c$이다.

(b) $a > b$이면 $a + c > b + c$이다.

(c) $a > b$이고 $c > 0$이면 $ca > cb$이다.

$a > b$이고 $c < 0$이면 $ca < cb$이다.

증명 (a) $a - b \in \mathbb{P}$이고 $b - c \in \mathbb{P}$이면, 2.1.5(i)에 의하여 $(a - b) + (b - c) = a - c$는 $\mathbb{P}$에 속한다. 따라서 $a > c$이다.

(b) $a - b \in \mathbb{P}$이면 $(a + c) - (b + c) = a - b$는 $\mathbb{P}$에 있다. 따라서 $a + c > b + c$이다.

(c) $a - b \in \mathbb{P}$이고 $c \in \mathbb{P}$이면, $ca - cb = c(a - b)$는 2.1.5(ii)에 의하여 $\mathbb{P}$에 있다. 따라서 $c > 0$일 때 $ca > cb$이다.

한편 $c < 0$이면 $-c \in \mathbb{P}$이고, 따라서 $cb - ca = (-c)(a - b)$는 $\mathbb{P}$에 있다. 그러므로 $c < 0$일 때 $ca < cb$이다. Q.E.D.

자연수가 양의 실수라고 예상하는 것은 자연스럽고, 이는 기본적인 순서성질들로부터 유도된다. 핵심적인 관찰은 0이 아닌 임의의 실수의 제곱이 양이라는 것이다.

2.1.8 정리 **(a)** $a \in \mathbb{R}$이고 $a \neq 0$이면 $a^2 > 0$이다.

(b) $1 > 0$이다.

(c) $n \in \mathbb{N}$이면 $n > 0$이다.

증명 (a) $a \neq 0$이면, 삼분성질에 의하여 $a \in \mathbb{P}$이거나 $-a \in \mathbb{P}$이다. $a \in \mathbb{P}$이면, 2.1.5(ii)에 의하여 $a^2 = a \cdot a \in \mathbb{P}$이다. 또 $-a \in \mathbb{P}$이면 $a^2 = (-a)(-a) \in \mathbb{P}$이다. $a \neq 0$이면 $a^2 > 0$이라는 결론을 얻는다.

(b) $1 = 1^2$이므로, (a)로부터 $1 > 0$이다.

(c) 수학적 귀납법을 이용한다. $n = 1$에 대한 주장은 (b)에 의하여 참이다. 자연수 k에 대하여 주장이 참이라고 가정하면 $k \in \mathbb{P}$이고 $1 \in \mathbb{P}$이므로, 2.1.5(i)에 의하여 $k + 1 \in \mathbb{P}$이다. 따라서 주장은 모든 자연수에 대하여 참이다. Q.E.D.

가장 작은 양의 실수가 존재할 수 없다는 것에 주목하는 것은 가치있는 일이다. 다음을 관찰하면 된다. $a > 0$이면 $\frac{1}{2} > 0$이므로(왜?)

$$0 < \tfrac{1}{2}a < a$$

이다. 따라서 a가 최소의 양의 실수라고 주장하면 더 작은 양수 $\frac{1}{2}a$를 제시할 수 있다.

이러한 관찰이 다음 결과를 유도하는데, 이를 증명의 한 방법으로 자주 이용할 것이다. 예를 들면, 수 $a \geq 0$가 실제로 0임을 증명하기 위하여 a가 임의의 양수보다 더 작다는 것을 보이면 충분하다는 것이다.

2.1.9 정리 $a \in \mathbb{R}$가 모든 $\varepsilon > 0$에 대하여 $0 \leq a < \varepsilon$이면 $a = 0$이다.

증명 이에 반하여 $a > 0$라 가정하자. $\varepsilon_0 := \frac{1}{2}a$를 취하면 $0 < \varepsilon_0 < a$를 얻는다. 따라서 모든 $\varepsilon > 0$에 대하여 $a < \varepsilon$인 것이 거짓이 되어 $a = 0$이라는 결론을 얻는다. Q.E.D.

참고 $a \in \mathbb{R}$가 모든 $\varepsilon > 0$에 대하여 $0 \leq a \leq \varepsilon$이면 $a = 0$임을 보이는 것은 연습문제에 있다.

두 양수의 곱은 양수이다. 그러나 두 수의 곱이 양수일 때 각 인수가 양수라는 의미가 아니다. 정확한 결론이 다음 정리에 있다. 이는 부등식을 다루는 중요한 도구이다.

2.1.10 정리 $ab > 0$이면,

(i) $a > 0$이고 $b > 0$이거나

(ii) $a < 0$이고 $b < 0$이다.

증명 먼저 $ab > 0$이면 $a \neq 0$이고 $b \neq 0$임에 주목하자(왜?). 삼분성질로부터 $a > 0$이거나 $a < 0$이다. $a > 0$이면 $1/a > 0$이고(왜?), 따라서 $b = (1/a)(ab) > 0$이다. 마찬가지로 $a < 0$이면 $1/a < 0$이고, 따라서 $b = (1/a)(ab) < 0$이다. Q.E.D.

2.1.11 따름정리 $ab < 0$이면,

(i) $a < 0$이고 $b > 0$이거나

(ii) $a > 0$이고 $b < 0$이다.

부등식

이제 이 절에서 소개한 순서성질들이 부등식을 "푸는 데" 어떻게 이용될 수 있는지를 보인다. 독자는 각 단계를 정당화하여야 한다.

2.1.12 예 **(a)** $2x + 3 \le 6$을 만족하는 모든 실수 x의 집합 A를 결정하여라.

$$x \in A \iff 2x+3 \le 6 \iff 2x \le 3 \iff x \le \tfrac{3}{2}$$

임에 주목하자.[†] 따라서 $A = \{x \in \mathbb{R} : x \le \frac{3}{2}\}$이다.

(b) 집합 $B := \{x \in \mathbb{R} : x^2 + x > 2\}$를 결정하라.

정리 2.1.10을 이용할 수 있도록 부등식을 고쳐 쓴다.

$$x \in B \iff x^2 + x - 2 > 0 \iff (x-1)(x+2) > 0$$

임에 주목하라. 따라서 (i) $x - 1 > 0$이고 $x + 2 > 0$이거나 (ii) $x - 1 < 0$이고 $x + 2 < 0$이다. (i)의 경우 $x > 1$이고 $x > -2$이어야 하는데, 이는 $x > 1$과 동치이다. (ii)의 경우 $x < 1$이고 $x < -2$이어야 하는데, 이는 $x < -2$와 동치이다.

$B = \{x \in \mathbb{R} : x > 1\} \cup \{x \in \mathbb{R} : x < -2\}$라는 결론을 얻는다.

(c) 집합

$$C := \left\{x \in \mathbb{R} : \frac{2x+1}{x+2} < 1\right\}$$

를 결정하라.

$$x \in C \iff \frac{2x+1}{x+2} - 1 < 0 \iff \frac{x-1}{x+2} < 0$$

임에 주목하자. 따라서 (i) $x - 1 < 0$이고 $x + 2 > 0$이거나 (ii) $x - 1 > 0$이고 $x + 2 < 0$이다(왜?). (i)의 경우는 $x < 1$이고 $x > -2$이어야 하는데, 이는 $-2 < x < 1$과 동치이다. (ii)의 경우는 $x > 1$이고 $x < -2$이어야 하는데, 이는 결코 만족될 수 없다. $C = \{x \in \mathbb{R} : -2 < x < 1\}$이라는 결론을 얻는다. ■

[†]기호 $\Longleftrightarrow$를 "필요충분조건"이라 읽어야 한다.

다음 예들은 어떤 부등식들을 수립할 때 $\mathbb{R}$의 순서성질들이 어떻게 이용되는지를 보여준다. 독자는 채택된 성질들을 확인함으로써 논의의 각 단계들을 입증하여야 한다.

양수의 제곱근에 대한 존재성이 아직 수립되지 않았음에 주목하여야 한다. 그러나 다음의 예들을 논하기 위하여 이러한 제곱근의 존재성을 가정한다(제곱근의 존재성을 2.4절에서 논할 것이다).

2.1.13 예 **(a)** $a \ge 0$이고 $b \ge 0$이라 하자. 그러면 다음이 성립한다.

(1) $$a < b \iff a^2 < b^2 \iff \sqrt{a} < \sqrt{b}$$

$a > 0$이고 $b > 0$인 경우를 고찰하고 $a = 0$인 경우는 독자에게 넘긴다. 2.1.5(i)에 의하여 $a + b > 0$이다. $b^2 - a^2 = (b - a)(b + a)$이므로, 2.1.7(c)에 의하여 $b - a > 0$이면 $b^2 - a^2 > 0$이다. 또한 2.1.10으로부터 $b^2 - a^2 > 0$이면 $b - a > 0$이다.

$a > 0$이고 $b > 0$이면 $\sqrt{a} > 0$이고 $\sqrt{b} > 0$이다. $a = (\sqrt{a})^2$이고 $b = (\sqrt{b})^2$이므로, 두 번째 관계는 a와 b를 각각 $\sqrt{a}$와 $\sqrt{b}$로 대체할 때 첫 번째 것의 결과가 된다.

$a \ge 0$이고 $b \ge 0$일 때 다음을 보이는 것은 독자에게 맡긴다.

(1′) $$a \le b \iff a^2 \le b^2 \iff \sqrt{a} \le \sqrt{b}$$

(b) a, b가 양수이면, 그들의 **산술평균**(arithmetic mean)은 $\frac{1}{2}(a + b)$이고 **기하평균**(geometric mean)은 $\sqrt{ab}$이다. a, b에 대한 **산술-기하평균 부등식**(Arithmetic - Geometric mean Inequality)은

(2) $$\sqrt{ab} \le \tfrac{1}{2}(a + b)$$

이고, 등식이 성립하기 위한 필요충분조건은 $a = b$이다.

이를 증명하기 위하여 $a > 0, b > 0$이고 $a \ne b$이면 $\sqrt{a} > 0, \sqrt{b} > 0$이고 $\sqrt{a} \ne \sqrt{b}$임에 주목하라(왜?). 2.1.8(a)에 의하여 $(\sqrt{a} - \sqrt{b})^2 > 0$이 된다. 이 제곱을 전개하여

$$a - 2\sqrt{ab} + b > 0$$

를 얻고, 따라서

$$\sqrt{ab} < \tfrac{1}{2}(a + b)$$

이다. 그러므로 $a \ne b$일 때 (순부등식인) (2)가 성립한다. 더욱이 $a = b (> 0)$이면 (2)의 양변은 a이고, 따라서 (2)는 등식이 된다. 이것이 $a > 0, b > 0$에 대하여 (2)

가 성립함을 증명한 것이다.

한편 $a > 0, b > 0$이고 $\sqrt{ab} = \frac{1}{2}(a + b)$라 가정하자. 그러면 양변을 제곱하고 4를 곱하여

$$4ab = (a+b)^2 = a^2 + 2ab + b^2$$

을 얻고, 따라서

$$0 = a^2 - 2ab + b^2 = (a-b)^2$$

이 된다. 그러나 이 등식은 $a = b$임을 의미한다(왜?). 그러므로 (2)에서 등식이 성립하면 $a = b$이다.

참고 양수 $a_1, a_2, ..., a_n$에 대한 일반적인 산술-기하평균 부등식은

$$(a_1 a_2 \cdots a_n)^{1/n} \le \frac{a_1 + a_2 + \cdots + a_n}{n} \tag{3}$$

이고, 등식이 성립하기 위한 필요충분조건은 $a_1 = a_2 = \cdots = a_n$이다. 수학적 귀납법을 이용하여 이와 같은 보다 일반적인 명제를 증명할 수 있지만 증명은 다소 복잡하다. 지수함수의 성질들을 이용한 보다 명쾌한 증명을 8장의 연습문제 8.3.9에서 소개한다.

(c) Bernoulli의 부등식 $x > -1$이면, 모든 $n \in \mathbb{N}$에 대하여

$$(1+x)^n \ge 1 + nx \tag{4}$$

이다.

증명은 수학적 귀납법을 이용한다. $n = 1$인 경우는 등식을 유도한다. 따라서 이 경우 주장은 타당하다. 다음으로 $k \in \mathbb{N}$에 대하여 부등식 (4)의 타당성을 가정하여 $k + 1$에 대하여 타당성을 추론할 것이다. 사실 $(1 + x)^k \ge 1 + kx$와 $1 + x > 0$이라는 가정에 의하여 다음이 된다(왜?).

$$\begin{aligned}(1+x)^{k+1} &= (1+x)^k \cdot (1+x) \\ &\ge (1+kx)\cdot(1+x) = 1 + (k+1)x + kx^2 \\ &\ge 1 + (k+1)x.\end{aligned}$$

따라서 부등식 (4)는 $n = k + 1$에 대하여 성립한다. 그러므로 (4)는 모든 $n \in \mathbb{N}$에 대하여 성립한다. ■

연습문제 2.1

1. $a, b \in \mathbb{R}$일 때, 다음을 증명하여라.

(a) $a + b = 0$이면 $b = -a$이다.
(b) $-(-a) = a$
(c) $(-1)a = -a$
(d) $(-1)(-1) = 1$

2. $a, b \in \mathbb{R}$일 때, 다음을 증명하여라.

(a) $-(a + b) = (-a) + (-b)$
(b) $(-a) \cdot (-b) = a \cdot b$
(c) $1/(-a) = -(1/a)$
(d) $b \neq 0$이면 $-(a/b) = (-a)/b$이다.

3. 적절한 성질이나 정리에 의하여 각 단계를 정당화하여 다음 방정식들을 풀어라.

(a) $2x + 5 = 8$
(b) $x^2 = 2x$
(c) $x^2 - 1 = 3$
(d) $(x - 1)(x + 2) = 0$

4. $a \in \mathbb{R}$가 $a \cdot a = a$를 만족하면 $a = 0$ 또는 $a = 1$임을 증명하여라.

5. $a \neq 0$이고 $b \neq 0$이면 $1/(ab) = (1/a)(1/b)$임을 보여라.

6. 정리 2.1.4의 증명에 있는 논의를 이용하여 $s^2 = 6$이 되는 유리수 s가 존재하지 않음을 보여라.

7. 정리 2.1.4의 증명을 수정하여 $t^2 = 3$이 되는 유리수 t가 존재하지 않음을 보여라.

8. (a) x, y가 유리수이면 $x + y$와 xy도 유리수임을 보여라.

(b) x가 유리수이고 y가 무리수이면 $x + y$가 무리수임을 증명하여라. 또 $x \neq 0$이면 xy가 무리수임을 보여라.

9. $K := \{s + t\sqrt{2} : s, t \in \mathbb{Q}\}$라 하자. K가 다음을 만족함을 보여라.

(a) $x_1, x_2 \in K$이면 $x_1 + x_2 \in K$이고 $x_1 x_2 \in K$이다.

(b) $x \neq 0$이고 $x \in K$이면 $1/x \in K$이다.

(따라서 집합 K는 $\mathbb{R}$의 **부분체**이다. $\mathbb{R}$에서 물려받은 순서에 의하여 집합 K는 $\mathbb{Q}$와 $\mathbb{R}$ 사이에 놓여 있는 순서체이다.)

10. (a) $a < b$이고 $c \leq d$이면 $a + c < b + d$임을 증명하여라.

(b) $0 < a < b$이고 $0 \leq c \leq d$이면 $0 \leq ac \leq bd$임을 증명하여라.

11. (a) $a > 0$이면, $1/a > 0$이고 $1/(1/a) = a$임을 보여라.

(b) $a < b$이면 $a < \frac{1}{2}(a + b) < b$임을 보여라.

12. a, b, c, d를 $0 < a < b$와 $c < d < 0$을 만족하는 수라고 하자. $ac < bd$인 예와 $bd < ac$인 예를 들어라.

13. $a, b \in \mathbb{R}$이면, $a^2 + b^2 = 0$이 되기 위한 필요충분조건이 $a = 0$이고 $b = 0$임을 보여라.

14. $0 \leq a < b$이면 $a^2 \leq ab < b^2$임을 보여라. $a^2 < ab < b^2$이 되지 않음을 예를 들어 보여라.

15. $0 < a < b$이면 (a) $a < \sqrt{ab} < b$이고 (b) $1/b < 1/a$임을 보여라.

16. 다음 부등식들을 만족하는 모든 실수 x를 구하여라.

(a) $x^2 > 3x + 4$　　(b) $1 < x^2 < 4$

(c) $1/x < x$　　(d) $1/x < x^2$

17. 정리 2.1.9의 다음 형태를 증명하여라. $a \in \mathbb{R}$가 모든 $\varepsilon > 0$에 대하여 $0 \leq a \leq \varepsilon$을 만족하면 $a = 0$이다.

18. $a, b \in \mathbb{R}$라 하고 모든 $\varepsilon > 0$에 대하여 $a \leq b + \varepsilon$이라 가정하자. $a \leq b$임을 보여라.

19. 모든 $a, b \in \mathbb{R}$에 대하여 $[\frac{1}{2}(a+b)]^2 \leq \frac{1}{2}(a^2 + b^2)$임을 증명하여라. 등호가 성립하기 위한 필요충분조건이 $a = b$임을 보여라.

20. (a) $0 < c < 1$이면 $0 < c^2 < c < 1$임을 보여라.

(b) $1 < c$이면 $1 < c < c^2$임을 보여라.

21. (a) $0 < n < 1$이 되는 $n \in \mathbb{N}$이 존재하지 않음을 증명하여라($\mathbb{N}$의 정렬성을 이용하라).

(b) 짝수이고 동시에 홀수가 될 수 있는 자연수가 없음을 증명하여라.

22. (a) $c > 1$이면, 모든 $n \in \mathbb{N}$에 대하여 $c^n \geq c$이고 $n > 1$에 대하여 $c^n > c$임을 보여라.

(b) $0 < c < 1$이면, 모든 $n \in \mathbb{N}$에 대하여 $c^n \leq c$이고 $n > 1$에 대하여 $c^n < c$임을 보여라.

23. $a > 0$, $b > 0$이고 $n \in \mathbb{N}$이면, $a < b$이기 위한 필요충분조건이 $a^n < b^n$임을 보여라. [힌트: 수학적 귀납법을 이용하라.]

24. (a) $c > 1$이고 $m,n \in \mathbb{N}$이면, $c^m > c^n$이기 위한 필요충분조건이 $m > n$임을 보여라.

(b) $0 < c < 1$이고 $m,n \in \mathbb{N}$이면, $c^m < c^n$이기 위한 필요충분조건이 $m > n$임을 보여라.

25. 근호의 존재성을 가정하고 $c > 1$이면, $c^{1/m} < c^{1/n}$이기 위한 필요충분조건이 $m > n$임을 보여라.

26. 수학적 귀납법을 이용하여 $a \in \mathbb{R}$이고 $m,n \in \mathbb{N}$이면 $a^{m+n} = a^m a^n$이고 $(a^m)^n = a^{mn}$임을 보여라.

2.2 절대값과 실직선

삼분성질 2.1.5(iii)으로부터 $a \in \mathbb{R}$이고 $a \neq 0$이면 a와 $-a$ 중 꼭 하나가 양수임이 보장된다. $a \neq 0$의 절대값을 이들 두 수 중 양수인 하나로 정의한다. 0의 절대값을 0으로 정의한다.

2.2.1 정의 $|a|$으로 표기하는 실수 a의 **절대값**(absolute value)을 다음과 같이 정의한다.

$$|a| := \begin{cases} a > 0\text{이면} & a \\ a = 0\text{이면} & 0 \\ a < 0\text{이면} & -a. \end{cases}$$

예를 들면, $|5| = 5$이고 $|-8| = 8$이다. 정의로부터 모든 $a \in \mathbb{R}$에 대하여 $|a| \geq 0$이고, $|a| = 0$이기 위한 필요충분조건은 $a = 0$이다. 또 모든 $a \in \mathbb{R}$에 대하여 $|-a| = |a|$이다. 몇 가지 추가적인 성질은 다음과 같다.

2.2.2 정리 **(a)** 모든 $a, b \in \mathbb{R}$에 대하여 $|ab| = |a||b|$이다.

(b) 모든 $a \in \mathbb{R}$에 대하여 $|a|^2 = a^2$이다.

(c) $c \geq 0$이면, $|a| \leq c$이기 위한 필요충분조건은 $-c \leq a \leq c$이다.

(d) 모든 $a \in \mathbb{R}$에 대하여 $-|a| \leq a \leq |a|$이다.

증명 (a) a 또는 b가 0이면 양변은 모두 0이다. 다루어야 할 네 경우가 있다. $a > 0$, $b > 0$이면 $ab > 0$이고, 따라서 $|ab| = ab = |a||b|$이다. $a > 0$, $b < 0$이면 $ab < 0$이고, 따라서 $|ab| = -ab = a(-b) = |a||b|$이다. 나머지 경우도 유사하게 다룬다.

(b) $a^2 \geq 0$이므로 $a^2 = |a^2| = |aa| = |a||a| = |a|^2$이다.

(c) $|a| \leq c$이면 $a \leq c$이고 $-a \leq c$인데(왜?), 이는 $-c \leq a \leq c$와 동치이다. 역으로 $-c \leq a \leq c$이면 $a \leq c$이고 또 $-a \leq c$이다(왜?). 따라서 $|a| \leq c$이다.

(d) (c)에서 $c = |a|$를 취하라. Q.E.D.

다음은 자주 이용되는 중요한 부등식이다.

2.2.3 삼각부등식 $a, b \in \mathbb{R}$이면 $|a + b| \leq |a| + |b|$이다.

증명 2.2.2(d)로부터 $-|a| \leq a \leq |a|$이고 $-|b| \leq b \leq |b|$이다. 이 부등식들을 더하여

$$-(|a| + |b|) \leq a + b \leq |a| + |b|$$

를 얻는다. 그러면 2.2.2(c)에 의하여 $|a + b| \leq |a| + |b|$이다. Q.E.D.

삼각부등식에서 등호가 성립하기 위한 필요충분조건이 $ab > 0$임을 보일 수 있고, 이는 a와 b가 동일한 부호를 갖는다는 것과 동치이다(연습문제 2를 보라).

삼각부등식의 유용한 변형이 많이 있는데, 여기 두 가지가 있다.

2.2.4 따름정리 $a, b \in \mathbb{R}$이면 다음이 성립한다.

(a) $||a| - |b|| \le |a - b|$

(b) $|a - b| \le |a| + |b|$

증명 (a) $a = a - b + b$로 쓰고, 삼각부등식을 적용하여 $|a| = |(a - b) + b| \le |a - b| + |b|$을 얻는다. 이제 $|b|$을 빼면 $|a| - |b| \le |a - b|$을 얻는다. 마찬가지로 $|b| = |b - a + a| \le |b - a| + |a|$으로부터 $-|a - b| = -|b - a| \le |a| - |b|$이 된다. 두 부등식을 결합하고 2.2.2(c)를 이용하여 (a)의 부등식을 얻는다.

(b) 삼각부등식의 b를 $-b$로 대체하면 $|a - b| \le |a| + |-b|$을 얻는다. $|-b| = |b|$이므로 (b)의 부등식을 얻는다. Q.E.D.

수학적 귀납법을 간단히 적용하여 삼각부등식을 임의의 유한개인 $\mathbb{R}$의 원소로 확장할 수 있다.

2.2.5 따름정리 임의의 실수 $a_1, a_2, ..., a_n$에 대하여 다음이 성립한다.

$$|a_1 + a_2 + \cdots + a_n| \le |a_1| + |a_2| + \cdots + |a_n|.$$

다음에서 절대값에 관한 성질들이 어떻게 이용되는지를 예증한다.

2.2.6 예 **(a)** $|2x + 3| < 7$을 만족하는 $x \in \mathbb{R}$의 집합 A를 결정하라.

순부등식의 경우에 대한 2.2.2(c)의 변형으로부터 $x \in A$이기 위한 필요충분조건은 $-7 < 2x + 3 < 7$이고, 이것을 만족하기 위한 필요충분조건은 $-10 < 2x < 4$이다. 2로 나누어 $A = \{x \in \mathbb{R} : -5 < x < 2\}$라는 결론을 얻는다.

(b) 집합 $B := \{x \in \mathbb{R} : |x - 1| < |x|\}$를 결정하라.

하나의 방법은 절대값 기호를 제거할 수 있는 경우를 생각하는 것이다. 여기서

$$\text{(i) } x \ge 1, \quad \text{(ii) } 0 \le x < 1, \quad \text{(iii) } x < 0$$

과 같은 경우를 취한다(왜 이러한 세 경우를 선택하였는가?). (i)의 경우. 부등식은 $x - 1 < x$가 되는데, 이는 어떤 제약도 없이 만족된다. 따라서 $x \ge 1$이 되는 모든 수 x가 B에 속한다. (ii)의 경우. 부등식은 $-(x - 1) < x$가 되는데, 이는 $x > \frac{1}{2}$이기를 요구한다. 이 경우 $\frac{1}{2} < x < 1$이 되는 모든 x를 B에 제공한다. (iii)의 경우. 부등식은 $-(x - 1) < -x$가 되고, 이는 $1 < 0$과 동치이다. 이 명제는 거짓이므로 (iii)의 경우에서 부등식을 만족하는 x의 어떤 값도 없다. 세 경우를 종합하여 구성하면 $B = \{x \in \mathbb{R} : x > \frac{1}{2}\}$이다.

$a \ge 0$이고 $b \ge 0$일 때, $a < b$이기 위한 필요충분조건이 $a^2 < b^2$이라는 사실에

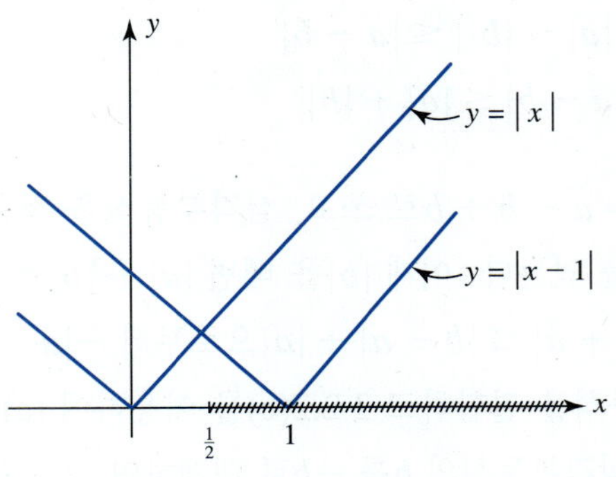

그림 2.2.1 $|x - 1| < |x|$

기초하여 집합 B를 결정하는 두 번째 방법이 있다(2.1.13(a)를 보라). 따라서 부등식 $|x - 1| < |x|$은 $|x - 1|^2 < |x|^2$과 동치이다. 2.2.2(b)에 의하면 임의의 a에 대하여 $|a|^2 = a^2$이므로 제곱하고 전개하여 $x^2 - 2x + 1 < x^2$을 얻고, 이를 $x > \frac{1}{2}$로 단순화할 수 있다. 따라서 다시 $B = \{x \in \mathbb{R} : x > \frac{1}{2}\}$를 얻는다. 이 같은 제곱의 방법이 때때로 유익하게 이용될 수 있지만 절대값을 다룰 때는 분석을 피할 수 없는 경우가 종종 있다.

부등식에 대하여 $y = |x|$과 $y = |x - 1|$의 그래프를 그려봄으로써 기하학적으로 검토할 수 있으며 부등식 $|x - 1| < |x|$을 $y = |x - 1|$의 그래프가 $y = |x|$의 그래프 아래에 놓여 있다는 의미로 이해하면 된다(그림 2.2.1을 보라).

(c) 부등식 $|2x - 1| \le x + 1$을 풀어라.

고찰해야 할 두 경우가 있다. $x \le \frac{1}{2}$이면 $|2x - 1| = -2x + 1$이고, 부등식은 $-2x + 1 \le x + 1$이 되어 $x \ge 0$이다. 따라서 처음 경우는 $0 \le x \le \frac{1}{2}$이다. 두 번째 경우는 $x \ge \frac{1}{2}$이라 가정하면, 부등식은 $2x - 1 \le x + 1$ 또는 $x \le 2$이다. $x \ge \frac{1}{2}$이므로 $\frac{1}{2} \le x \le 2$를 얻는다. 두 경우를 결합하면 $0 \le x \le 2$를 얻는다(그림 2.2.2를 보라).

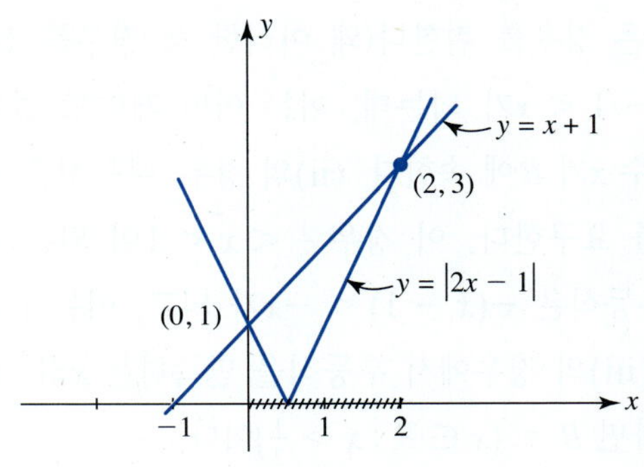

그림 2.2.2 $|2x - 1| \le x + 1$

(d) 함수 f가 $2 \le x \le 3$에 대하여 $f(x) := (2x^2 + 3x + 1)/(2x - 1)$로 정의된다고 하자. $2 \le x \le 3$을 만족하는 모든 x에 대하여 $|f(x)| \le M$인 상수 M을 구하여라.

$$|f(x)| = \frac{|2x^2 + 3x + 1|}{|2x - 1|}$$

의 분모와 분자를 구분하여 고찰한다. 삼각부등식으로부터 고려 중인 x에 대하여 $|x| \le 3$이므로

$$|2x^2 + 3x + 1| \le 2|x|^2 + 3|x| + 1 \le 2 \cdot 3^2 + 3 \cdot 3 + 1 = 28$$

을 얻는다. 또한 고려 중인 x에 대하여 $|x| \ge 2$이므로 $|2x - 1| \ge 2|x| - 1 \ge 2 \cdot 2 - 1 = 3$이다. 따라서 $x \ge 2$에 대하여 $1/|2x - 1| \le 1/3$이다(왜?). 그러므로 $2 \le x \le 3$에 대하여 $|f(x)| \le 28/3$을 얻는다. 그러면 $M = 28/3$을 취할 수 있다[그러한 상수 M을 하나 찾았음에 주목하라. 명백히 임의의 수 $H > 28/3$ 또한 $|f(x)| \le H$를 만족할 것이다. 또한 $28/3$이 M에 대한 최소의 선택이 아닐 수도 있다]. ■

실직선

실수계를 편리하고 알기 쉽게 기하학적으로 설명하는 것이 실직선(real line)이다. 이 설명에서 $\mathbb{R}$의 원소 a의 절대값 $|a|$을 a에서 원점 0까지의 거리로 생각한다. 더 일반적으로 $\mathbb{R}$의 원소 a와 b 사이의 **거리**(distance)는 $|a - b|$이다(그림 2.2.3을 보라).

차후 한 실수가 다른 실수에 "가깝다"는 개념을 논하기 위한 정확한 용어가 필요할 것이다. a가 주어진 실수이면, 실수 x가 a에 "가깝다"는 것은 그들 사이의 거리 $|x - a|$이 "작다"는 것을 의미한다. 이 개념을 논할 수 있는 배경을 근방이라는 용어로 규정하는데, 이제 정의한다.

2.2.7 정의 $a \in \mathbb{R}$이고 $\varepsilon > 0$이라 하자. 그러면 a의 ε-**근방**(ε-neighborhood)은 집합 $V_\varepsilon(a) := \{x \in \mathbb{R} : |x - a| < \varepsilon\}$이다.

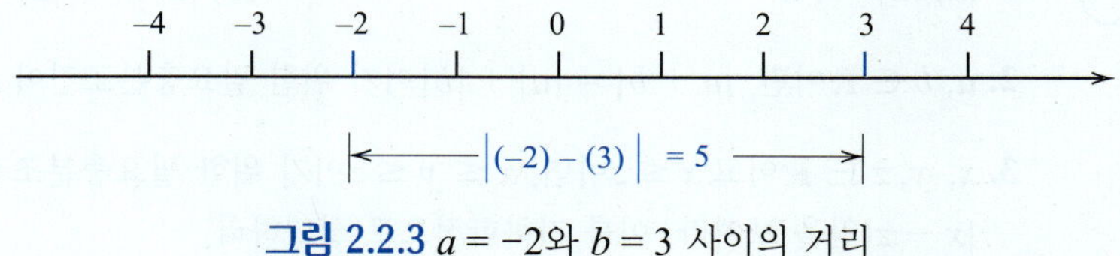

그림 2.2.3 $a = -2$와 $b = 3$ 사이의 거리

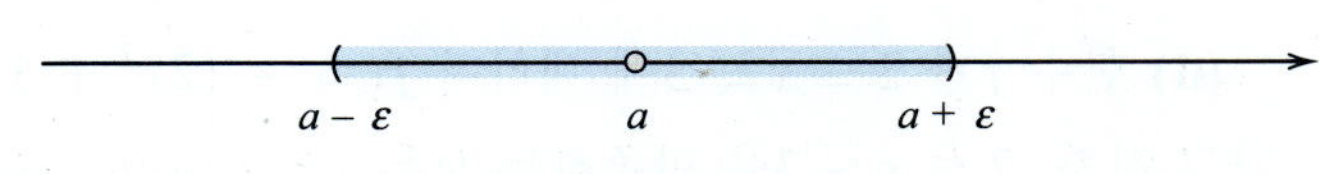

그림 2.2.4 a의 ε-근방

$a \in \mathbb{R}$에 대하여, x가 $V_\varepsilon(a)$에 속한다는 명제는 다음 중 어느 한 명제와 동치이다(그림 2.2.4를 보라).

$$-\varepsilon < x - a < \varepsilon \iff a - \varepsilon < x < a + \varepsilon.$$

2.2.8 정리 $a \in \mathbb{R}$라 하자. 모든 $\varepsilon > 0$에 대하여 x가 $V_\varepsilon(a)$에 속하면 $x = a$이다.

증명 특정한 x가 모든 $\varepsilon > 0$에 대하여 $|x - a| < \varepsilon$을 만족하면 2.1.9에 의하여 $|x - a| = 0$이 되고, 따라서 $x = a$이다. Q.E.D.

2.2.9 예 **(a)** $U := \{x : 0 < x < 1\}$라 하자. $a \in U$이면, ε을 두 수 a와 $1 - a$ 중 작은 수라 하자. 그러면 $V_\varepsilon(a)$가 U에 포함된다는 것을 보이는 것은 연습문제이다. 따라서 U의 각 원소는 U에 포함되는 그의 어떤 ε-근방을 갖는다.

(b) $I := \{x : 0 \le x \le 1\}$이면, 임의의 $\varepsilon > 0$에 대하여 0의 ε-근방 $V_\varepsilon(0)$은 I에 있지 않는 점들을 포함하고, 따라서 $V_\varepsilon(0)$은 I에 포함되지 않는다. 예를 들면, 수 $x_\varepsilon := -\varepsilon/2$은 $V_\varepsilon(0)$에는 속하나 I에는 속하지 않는다.

(c) $|x - a| < \varepsilon$이고 $|y - b| < \varepsilon$이면, 삼각부등식에 의하여

$$\begin{aligned} |(x+y) - (a+b)| &= |(x-a) + (y-b)| \\ &\le |x-a| + |y-b| < 2\varepsilon \end{aligned}$$

이다. 따라서 x, y가 각각 a, b의 ε-근방에 속하면 $x + y$는 $a + b$의 2ε-근방에 속한다(그러나 $a + b$의 ε-근방에 반드시 속하는 것은 아니다). ■

연습문제 2.2

1. $a, b \in \mathbb{R}$이고 $b \neq 0$이면 다음을 보여라.

(a) $|a| = \sqrt{a^2}$ (b) $|a/b| = |a|/|b|$

2. $a, b \in \mathbb{R}$이면, $|a + b| = |a| + |b|$이기 위한 필요충분조건이 $ab \ge 0$임을 보여라.

3. $x, y, z \in \mathbb{R}$이고 $x \le z$이면, $x \le y \le z$이기 위한 필요충분조건이 $|x - y| + |y - z| = |x - z|$임을 보여라. 이를 기하학적으로 설명하라.

4. $|x-a|<\varepsilon$이기 위한 필요충분조건이 $a-\varepsilon<x<a+\varepsilon$임을 보여라.

5. $a<x<b$이고 $a<y<b$이면 $|x-y|<b-a$임을 보여라. 이를 기하학적으로 설명하라.

6. 다음 부등식을 만족하는 모든 $x\in\mathbb{R}$를 구하여라.

(a) $|4x-5|\le 13$ (b) $|x^2-1|\le 3$

7. 방정식 $|x+1|+|x-2|=7$을 만족하는 모든 $x\in\mathbb{R}$를 구하여라.

8. 다음 등식을 만족하는 x의 모든 값을 구하여라.

(a) $x+1=|2x-1|$ (b) $2x-1=|x-5|$

9. 다음 부등식을 만족하는 x의 모든 값을 구하여라. 그래프를 그려라.

(a) $|x-2|\le x+1$ (b) $3|x|\le 2-x$

10. 다음 부등식을 만족하는 모든 $x\in\mathbb{R}$를 구하여라.

(a) $|x-1|>|x+1|$ (b) $|x|+|x+1|<2$

11. 식 $y=|x|-|x-1|$의 그래프를 그려라.

12. 부등식 $4<|x+2|+|x-1|<5$를 만족하는 모든 $x\in\mathbb{R}$를 구하여라.

13. $|2x-3|<5$와 $|x+1|>2$를 동시에 만족하는 모든 $x\in\mathbb{R}$를 구하여라.

14. 다음을 만족하는 $\mathbb{R}\times\mathbb{R}$의 순서쌍 (x, y)의 집합을 결정하고 그려라.

(a) $|x|=|y|$ (b) $|x|+|y|=1$ (c) $|xy|=2$ (d) $|x|-|y|=2$

15. 다음을 만족하는 $\mathbb{R}\times\mathbb{R}$의 순서쌍 (x, y)의 집합을 결정하고 그려라.

(a) $|x|\le|y|$ (b) $|x|+|y|\le 1$ (c) $|xy|\le 2$ (d) $|x|-|y|\ge 2$

16. $\varepsilon>0$이고 $\delta>0$, 그리고 $a\in\mathbb{R}$라 하자. $V_\varepsilon(a)\cap V_\delta(a)$와 $V_\varepsilon(a)\cup V_\delta(a)$가 γ의 적당한 값에 대하여 a의 γ-근방임을 보여라.

17. $a, b\in\mathbb{R}$이고 $a\neq b$이면, $U\cap V=\emptyset$이 되는 a와 b의 각 ε-근방 U와 V가 존재함을 보여라.

18. $a, b, c\in\mathbb{R}$이면 다음을 보여라.

(a) $\max\{a, b\}=\frac{1}{2}(a+b+|a-b|)$, $\min\{a, b\}=\frac{1}{2}(a+b-|a-b|)$

(b) $\min\{a, b, c\}=\min\{\min\{a, b\}, c\}$

19. $a, b, c\in\mathbb{R}$이면, "중앙수"가 $\text{mid}\{a, b, c\}=\min\{\max\{a, b\}, \max\{b, c\}, \max\{c, a\}\}$임을 보여라.

2.3 $\mathbb{R}$의 완비성

이제까지는 실수계 $\mathbb{R}$의 대수적 성질과 순서성질을 논하였다. 이 절에서는 종종 "완비성"이라 하는 $\mathbb{R}$의 성질 또 하나를 소개할 것이다. 유리수계 $\mathbb{Q}$ 역시 앞 절에서 기술한 대수적 성질과 순서성질을 갖지만 $\sqrt{2}$를 유리수로 표현할 수 없음을 알았다. 따라서 $\sqrt{2}$는 $\mathbb{Q}$에 속하지 않는다. 이러한 고찰이 실수계를 특성화하기 위하여 추가적인 성질이 필요하다는 것을 보여준다. 이 추가적 성질인 완비성(또는 상한성)은 $\mathbb{R}$의 본질적인 특성이며 $\mathbb{R}$을 **완비인 순서체**라고 할 것이다. 이 특별한 성질이 다음 장들에서 논의될 다양한 극한과정을 정의하고 발전시킬 수 있게 해준다.

완비성을 기술하는 다양한 다른 방법이 있다. 여기서는 $\mathbb{R}$의 공집합이 아닌 각 유계부분집합은 상한을 갖는다고 가정하는 아마도 가장 효과적인 접근법을 소개하도록 한다.

상한과 하한

이제 실수의 집합에 대한 상계와 하계의 개념을 소개한다. 이 개념들은 이후의 절들에서 아주 중요하다.

2.3.1 정의 S를 $\mathbb{R}$의 공집합이 아닌 부분집합이라 하자.

(a) 모든 $s \in S$에 대하여 $s \le u$가 되는 수 $u \in \mathbb{R}$가 존재하면, 집합 S는 **위로 유계이다**(bounded above)라고 한다. 각각의 그러한 수 u를 S의 **상계**(upper bound)라 한다.

(b) 모든 $s \in S$에 대하여 $w \le s$가 되는 수 $w \in \mathbb{R}$가 존재하면, 집합 S는 **아래로 유계이다**(bounded below)라고 한다. 각각의 그러한 수 w를 S의 **하계**(lower bound)라 한다.

(c) 한 집합이 위로 유계이고 동시에 아래로 유계일 때, 이 집합은 **유계이다**(bounded)라고 한다. 집합이 유계가 아니면, 이는 **유계가 아니다**(unbounded)라고 한다.

예를 들면, 집합 $S := \{x \in \mathbb{R} : x < 2\}$는 위로 유계이고 수 2와 2보다 큰 임의의 수는 S의 상계이다. 이 집합은 하계를 갖지 않으므로, 집합은 아래로 유계가 아니다. 따라서 이 집합은 (비록 이 집합이 위로 유계이긴 하지만) 유계가 아니다.

집합이 하나의 상계를 가지면, 이는 무수히 많은 상계를 갖는다. 왜냐하면, u

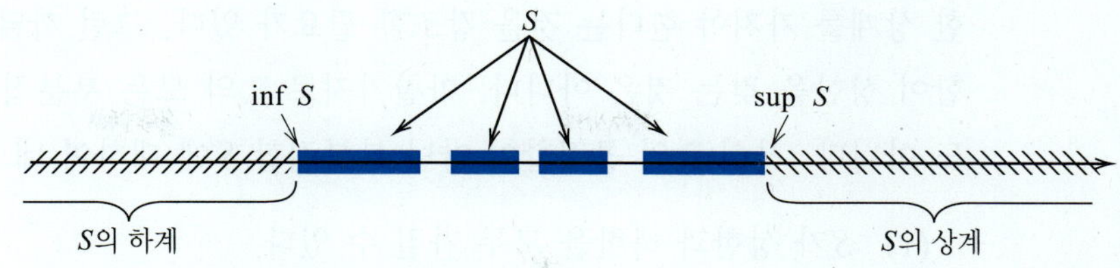

그림 2.3.1 sup S와 inf S

가 S의 상계이면 수 $u+1, u+2, \ldots$ 역시 S의 상계이다. (유사한 관찰이 하계에 대해서도 유효하다.)

S에 대한 상계들의 집합과 S에 대한 하계들의 집합에서 다음 정의를 특별히 고려하여 각각 그들의 최소 원소와 최대 원소를 뽑아낸다(그림 2.3.1을 보라).

2.3.2 정의 S를 ℝ의 공집합이 아닌 부분집합이라 하자.

(a) S가 위로 유계일 때, 다음 조건을 만족하는 수 u를 S의 **상한**(supremum) 또는 **최소 상계**(least upper bound)라 한다.

(1) u는 S의 상계이다.

(2) v가 S의 임의의 상계이면 $u \le v$이다.

(b) S가 아래로 유계일 때, 다음 조건을 만족하는 수 w를 S의 **하한**(infimum) 또는 **최대 하계**(greatest lower bound)라 한다.

(1) w는 S의 하계이다.

(2) t가 S의 임의의 하계이면 $t \le w$이다.

ℝ의 주어진 부분집합 S의 상한은 많아야 하나 존재할 수 있다는 것을 보이는 것은 어렵지 않다(그러면 한 상한 대신에 그 상한이라 할 수 있다). 왜냐하면, u_1과 u_2가 S의 두 상한이라 가정하자. $u_1 < u_2$이면, u_2가 상한이라는 가정에 의하여 u_1이 S의 상계가 될 수 없다. 마찬가지로 $u_2 < u_1$이 불가능함을 보일 수 있다. 따라서 $u_1 = u_2$이어야 한다. 유사하게 논하여 집합의 하한도 유일하게 결정됨을 보일 수 있다.

집합 S의 상한이나 하한이 존재하면, 그들을 다음과 같이 표기할 것이다.

$$\sup S, \qquad \inf S.$$

또 u'이 공집합이 아닌 집합 S의 임의의 상계이면 $\sup S \le u'$임을 알 수 있다. 이는 $\sup S$가 S에 대한 상계의 최소이기 때문이다.

무엇보다 먼저 ℝ에서 공집합이 아닌 집합 S가 상한을 갖기 위하여 이 집합이

한 상계를 가져야 한다는 것을 강조할 필요가 있다. 그런 까닭에 $\mathbb{R}$의 모든 부분집합이 상한을 갖는 것은 아니다. 마찬가지로 $\mathbb{R}$의 모든 부분집합이 하한을 갖는 것도 아니다. 사실 $\mathbb{R}$의 공집합이 아닌 부분집합 S에 대하여 네 경우가 있다.

(i) S가 상한과 하한을 모두 가질 수 있다.
(ii) S가 상한을 갖지만 하한은 갖지 않을 수 있다.
(iii) S가 하한을 갖지만 상한은 갖지 않을 수 있다.
(iv) S가 상한과 하한을 모두 갖지 않을 수 있다.

또 $\mathbb{R}$의 어떤 공집합이 아닌 부분집합 S에 대하여 $u = \sup S$임을 보이기 위하여 정의 2.3.2(a)의 (1)과 (2) 모두가 성립함을 보여야 한다는 것을 강조하고자 한다. 이 명제들을 재구성하는 것이 유익할 것이다.

$u = \sup S$의 정의는 u가 S의 임의의 상계 v에 대하여 $u \le v$가 되는 한 상계라고 주장한다. u가 S의 상계 중 "최소"라는 개념을 표현하는 또 다른 방법을 알고 있으면 유익하다. 한 방법은 u보다 작은 임의의 수는 S의 상계가 아님을 관찰하는 것이다. 즉 $z < u$이면, z는 S의 상계가 아니다. 그러나 z가 S의 상계가 아니라는 의미는 $z < s_z$인 S의 원소 s_z가 존재한다는 것이다. 마찬가지로 $\varepsilon > 0$이면 $u - \varepsilon$은 u보다 작고, 따라서 S의 상계가 될 수 없다.

집합 S의 상계 u에 대한 다음 명제들은 동치이다.

(1) v가 S의 임의의 상계이면 $u \le v$이다.
(2) $z < u$이면, z는 S의 상계가 아니다.
(3) $z < u$이면, $z < s_z$인 $s_z \in S$가 존재한다.
(4) $\varepsilon > 0$이면, $u - \varepsilon < s_\varepsilon$인 $s_\varepsilon \in S$이 존재한다.

그러므로 상한에 대하여 두 개가 교차하는 공식을 기술할 수 있다.

2.3.3 보조정리 u가 $\mathbb{R}$의 공집합이 아닌 부분집합 S의 상한이기 위한 필요충분조건은 u가 다음 조건들을 만족하는 것이다.

(1) 모든 $s \in S$에 대하여 $s \le u$이다.
(2) $v < u$이면, $v < s'$이 되는 $s' \in S$이 존재한다.

극한을 포함하는 앞으로의 공부를 위하여 $\varepsilon > 0$으로 표현되는 상한에 대한 조건을 알고 있는 것이 유익하다. 다음 보조정리에서 그것을 한다.

2.3.4 보조정리 $\mathbb{R}$의 공집합이 아닌 부분집합 S의 상계 u가 상한이기 위한 필요충분조건은 각

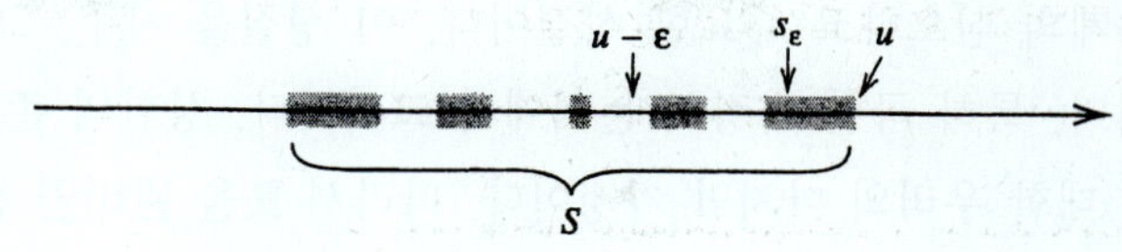

그림 2.3.2 $u = \sup S$

$\varepsilon > 0$에 대하여 $u - \varepsilon < s_\varepsilon$이 되는 $s_\varepsilon \in S$이 존재하는 것이다.

증명 u가 기술한 조건을 만족하는 S의 상계이고 $v < u$이면 $\varepsilon := u - v$로 놓는다. 그러면 $\varepsilon > 0$이고, 따라서 $v = u - \varepsilon < s_\varepsilon$이 되는 $s_\varepsilon \in S$이 존재한다. 그러므로 v는 S의 상계가 아니고, 따라서 $u = \sup S$라는 결론을 얻는다.

역으로, $u = \sup S$라 가정하고 $\varepsilon > 0$이라 하자. $u - \varepsilon < u$이므로, $u - \varepsilon$은 S의 상계가 아니다. 따라서 S의 어떤 원소 s_ε은 $u - \varepsilon$보다 커야 한다. 즉 $u - \varepsilon < s_\varepsilon$이다(그림 2.3.2를 보라). Q.E.D.

한 집합의 상한이 그 집합의 원소인지 아닌지를 파악하는 것이 중요하다. 특정한 집합에 따라 때로는 원소이고 때로는 그렇지 않다. 몇 개의 예를 고찰한다.

2.3.5 예 **(a)** 공집합이 아닌 집합 S_1이 유한개의 원소를 가지면, S_1은 최대원소 u와 최소원소 w를 가진다는 것을 보일 수 있다. 그러면 $u = \sup S_1$이고 $w = \inf S_1$이며, 그들 모두 S_1의 원소이다(S_1 이 단 하나의 원소를 가지면 자명하고, S_1의 원소들의 개수에 대하여 귀납법으로 증명할 수 있다. 연습문제 12와 13을 보라).

(b) 집합 $S_2 := \{x : 0 \le x \le 1\}$는 명백히 한 상계로 1을 갖는다. 다음과 같이 1이 S_2의 상한임을 증명한다. $v < 1$이면, $v < s'$이 되는 원소 $s' \in S_2$이 존재한다(그러한 한 원소를 s'으로 지정하라). 따라서 v는 S_2의 상계가 아니고, v가 $v < 1$인 임의의 수이므로 $\sup S_2 = 1$이라는 결론을 얻는다. $\inf S_2 = 0$임도 유사하게 보일 수 있다. S_2의 상한과 하한 모두 S_2에 포함되는것에 주목하라.

(c) 집합 $S_3 := \{x : 0 < x < 1\}$는 명백히 한 상계로 1을 갖는다. (b)에서와 동일한 논의를 이용하면 $\sup S_3 = 1$이다. 이 경우 집합 S_3는 그의 상한을 포함하지 않는다. 마찬가지로 S_3는 $\inf S_3 = 0$도 포함하지 않는다. ■

ℝ의 완비성

2.1절에서 논의한 ℝ의 체와 순서성질에 기초하여 위로 유계인 ℝ의 모든 부분집합이 ℝ에서 상한을 갖는다는 것을 증명할 수 없다. 그러나 이는 사실인 경우로

실수계의 심오하고 중요한 성질이다. 이 성질을 자주, 그리고 기본적으로 이용할 것이며, 특히 극한 과정의 논의에서 그러하다. 상한의 존재성에 관한 다음 명제는 $\mathbb{R}$에 대한 우리의 마지막 가정이다. 따라서 $\mathbb{R}$을 **완비인 순서체**(complete ordered field)라 한다.

2.3.6 $\mathbb{R}$의 완비성 상계를 갖는 공집합이 아닌 모든 실수의 집합은 $\mathbb{R}$에서 상한을 갖는다.

이 성질을 $\mathbb{R}$의 **상한성**(supremum property)이라 하기도 한다. 하한에 대한 유사한 성질을 다음과 같이 완비성으로부터 유추할 수 있다. S가 $\mathbb{R}$의 공집합이 아닌 아래로 유계인 부분집합이라 가정하자. 그러면 공집합이 아닌 집합 $\overline{S} := \{-s : s \in S\}$는 위로 유계이고, 상한성에 의하여 $u := \sup \overline{S}$가 $\mathbb{R}$에 존재한다. 독자는 $-u$가 S의 하한임을 상세히 입증하여야 한다.

연습문제 2.3

1. $S_1 := \{x \in \mathbb{R} : x \geq 0\}$이라 하자. 집합 S_1이 하계는 갖지만 상계를 갖지 않음을 자세히 보이고 $\inf S_1 = 0$임을 보여라.

2. $S_2 := \{x \in \mathbb{R} : x > 0\}$라 하자. S_2는 하계를 갖는가? S_2는 상계를 갖는가? $\inf S_2$는 존재하는가? $\sup S_2$는 존재하는가? 당신의 주장을 증명하여라.

3. $S_3 := \{1/n : n \in \mathbb{N}\}$라 하자. $\sup S_3 = 1$이고 $\inf S_3 \geq 0$임을 보여라(2.4절의 Archimedes의 성질에 의하여 $\inf S_3 = 0$이 된다).

4. $S_4 := \{1 - (-1)^n/n : n \in \mathbb{N}\}$라 하자. $\inf S_4$와 $\sup S_4$를 구하여라.

5. 다음 집합의 각각에 대하여 상한과 하한이 존재한다면 그를 구하여라.

(a) $A := \{x \in \mathbb{R} : 2x + 5 > 0\}$
(b) $B := \{x \in \mathbb{R} : x + 2 \geq x^2\}$
(c) $C := \{x \in \mathbb{R} : x < 1/x\}$
(d) $D := \{x \in \mathbb{R} : x^2 - 2x - 5 < 0\}$

6. S를 아래로 유계인 공집합이 아닌 $\mathbb{R}$의 부분집합이라 하자. $\inf S = -\sup\{-s : s \in S\}$임을 증명하여라.

7. 집합 $S \subseteq \mathbb{R}$가 그의 상계 중 하나를 포함하면, 이 상계가 S의 상한임을 보여라.

8. $S \subseteq \mathbb{R}$를 공집합이 아니라고 하자. $u \in \mathbb{R}$가 S의 상계이기 위한 필요충분조건이 $t \in \mathbb{R}$이고 $t > u$이면 $t \notin S$임을 보여라.

9. $S \subseteq \mathbb{R}$를 공집합이 아니라고 하자. $u = \sup S$이면, 모든 $n \in \mathbb{N}$에 대하여 $u - 1/n$은 S의 상계가 아니지만 $u - 1/n$은 S의 상계임을 보여라(역도 역시 참이다. 연습문제 2.4.3을 보라).

10. A와 B가 $\mathbb{R}$의 유계부분집합이면 $A \cup B$도 유계집합임을 보여라. $\sup(A \cup B) = \sup\{\sup A, \sup B\}$임을 보여라.

11. S를 $\mathbb{R}$에서 유계집합이라 하고 S_0를 S의 공집합이 아닌 부분집합이라 하자. $\inf S \leq \inf S_0 \leq \sup S_0 \leq \sup S$임을 보여라.

12. $S \subseteq \mathbb{R}$라 하고 $s^* := \sup S$가 S에 속한다고 가정하자. $u \notin S$이면 $\sup(S \cup \{u\}) = \sup\{s^*, u\}$임을 보여라.

13. 공집합이 아닌 유한집합 $S \subseteq \mathbb{R}$는 그의 상한을 포함하고 있음을 보여라. [힌트: 수학적 귀납법과 앞의 문제를 이용하여라.]

14. S를 아래로 유계인 집합이라 하자. S의 하계 w가 S의 하한이기 위한 필요충분조건은 임의의 $\varepsilon > 0$에 대하여 $t < w + \varepsilon$이 되는 $t \in S$가 존재하는 것임을 증명하여라.

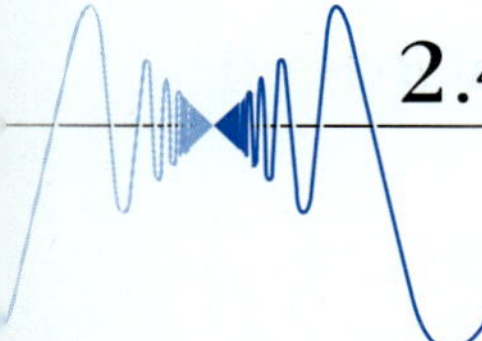

2.4 상한성의 응용

이제 상한과 하한이 어떻게 활용되는지를 논할 것이다. 또한 $\mathbb{R}$의 기본성질들을 유도하는 데 이러한 개념들이 매우 중요하게 응용된다는 것을 소개할 것이다. 상한과 하한의 개념을 응용하기 위한 유용한 기법을 설명하는 예들로 시작한다.

2.4.1 예 **(a)** 집합의 상한과 하한을 취하는 것이 $\mathbb{R}$의 대수적 성질과 양립한다는 것은 중요한 사실이다. 여기서 상한을 취하는 것과 덧셈과의 양립성을 예로서 보인다.

S를 $\mathbb{R}$의 공집합이 아닌 위로 유계인 부분집합이라 하고 a를 $\mathbb{R}$에 속하는 임의의 수라 하자. $a + S := \{a + s : s \in S\}$로 정의하자.

$$\sup(a + S) = a + \sup S$$

임을 증명할 것이다.

$u := \sup S$라 하면 모든 $x \in S$에 대하여 $x \leq u$이고, 따라서 $a + x \leq a + u$이다. 그러므로 $a + u$는 집합 $a + S$에 대한 상계이다. 따라서 $\sup(a + S) \leq a + u$를 얻는다.

이제 v가 집합 $a + S$의 임의의 상계이면 모든 $x \in S$에 대하여 $a + x \leq v$이다. 따라서 모든 $x \in S$에 대하여 $x \leq v - a$이고 $v - a$는 S의 상계이다. 그러므로 $u = \sup S \leq v - a$인데, 이는 $a + u \leq v$임을 보여준다. v가 $a + S$의 임의의 상계이므로, $a + u \leq \sup(a + S)$를 얻기 위하여 v를 $\sup(a + S)$로 대체할 수 있다.

이 부등식들을 결합하여 다음과 같은 결론을 얻는다.

$$\sup(a+S) = a+u = a+\sup S.$$

집합의 상한과 하한, 그리고 덧셈과 곱셈의 연산 사이의 유사한 관계들에 대하여 연습문제를 보라.

(b) 두 집합의 상한 또는 하한들이 관련되면 종종 두 단계에서 결과를 설정하는 것이 필요한데, 한 번에 한 집합씩 다룬다. 여기 예가 하나 있다.

A와 B가 $\mathbb{R}$의 공집합이 아닌 부분집합으로

$$\text{모든 } a \in A\text{와 모든 } b \in B\text{에 대하여 } a \le b$$

를 만족한다고 가정하자. 다음을 증명할 것이다.

$$\sup A \le \inf B.$$

$b \in B$가 주어지면, 모든 $a \in A$에 대하여 $a \le b$이다. 이는 b가 A의 상계임을 의미하고, 따라서 $\sup A \le b$이다. 또한 이 부등식은 모든 $b \in B$에 대하여 성립하므로 수 $\sup A$는 집합 B에 대한 하계임을 알 수 있다. 따라서 $\sup A \le \inf B$라는 결론을 얻는다. ■

함수

함수의 치역을 고려하여 상계와 하계의 개념을 함수에 적용한다. 주어진 함수 $f: D \to \mathbb{R}$에 대하여 집합 $f(D) = \{f(x) \in \mathbb{R} : x \in D\}$가 $\mathbb{R}$에서 위로 유계이면, 즉 모든 $x \in D$에 대하여 $f(x) \le B$인 $B \le \mathbb{R}$가 존재하면, f는 **위로 유계이다**(bounded above)라고 한다. 마찬가지로 집합 $f(D)$가 아래로 유계이면, f는 **아래로 유계이다**(bounded below)라고 한다. f가 아래로 유계이고 동시에 위로 유계이면, 함수 f는 **유계이다**(bounded)라고 하는데, 이는 모든 $x \in D$에 대하여 $|f(x)| \le B$인 $B \in \mathbb{R}$가 존재한다는 것과 동치이다.

다음 예는 함수의 상한과 하한이 어떻게 활용되는지를 보여준다.

2.4.2 예 f와 g를 동일한 정의역 $D \subseteq \mathbb{R}$를 갖는 유계인 실가함수라고 가정하자.

(a) 모든 $x \in D$에 대하여 $f(x) \le g(x)$이면 $\sup f(D) \le \sup g(D)$이고, 이를 때때로

$$\sup_{x\in D} f(x) \le \sup_{x\in D} g(x)$$

로 쓴다.

먼저 $f(x) \le g(x) \le \sup g(D)$임에 주목하면, 수 $\sup g(D)$는 $f(D)$에 대한 상

계이다. 따라서 $\sup f(D) \le \sup g(D)$이다.

(b) (a)의 모든 $x \in D$에 대하여 $f(x) \le g(x)$라는 가정은 $\sup f(D)$와 $\inf g(D)$ 사이의 어떠한 관계도 암시하고 있지 않음에 주목하라.

예를 들어 $D = \{x : 0 \le x \le 1\}$에서 $f(x) := x^2$이고 $g(x) := x$이면, 모든 $x \in D$에 대하여 $f(x) \le g(x)$이다. 그러나 $\sup f(D) = 1$이고 $\inf g(D) = 0$임을 알 수 있다. $\sup g(D) = 1$이므로 (a)의 결론이 성립한다.

(c) 모든 $x, y \in D$에 대하여 $f(x) \le g(y)$이면 $\sup f(D) \le \inf g(D)$라고 할 수 있고, 이를 다음과 같이 쓸 수 있다.

$$\sup_{x \in D} f(x) \le \inf_{y \in D} g(y).$$

[(b)의 함수들은 이 가정을 만족하지 않음에 주목하라.]

증명은 연습문제 2.4.1(b)와 같이 두 단계로 진행된다. 독자는 이 논의를 상세히 기술하여야 한다. ■

함수의 상한과 하한 사이의 추가적인 관계들이 연습문제에 있다.

Archimedes의 성질

집합 $\mathbb{R}$에 대한 친숙함과 실직선의 관습적인 그림으로 인하여 자연수의 집합 $\mathbb{N}$이 $\mathbb{R}$에서 유계가 아닌 것이 명백해 보일지 모른다. 어떻게 이 "명백한" 사실을 증명할 수 있을 것인가? 사실 2.1절에서 소개한 대수적 성질과 순서성질만 이용하여 증명할 수 없다. 실제로 $\mathbb{N}$의 귀납적 성질(즉 $n \in \mathbb{N}$이면 $n + 1 \in \mathbb{N}$이다)뿐만 아니라 $\mathbb{R}$의 완비성을 이용하여야 한다.

$\mathbb{N}$의 상계가 존재하지 않는다는 것은 주어진 임의의 실수 x에 대하여 $x < n$을 만족하는 (x에 종속되는) 자연수 n이 존재한다는 것을 의미한다.

2.4.3 Archimedes의 성질 $x \in \mathbb{R}$이면, $x < n_x$가 되는 $n_x \in \mathbb{N}$가 존재한다.

증명 주장이 거짓이면 모든 $n \in \mathbb{N}$에 대하여 $n \le x$이므로, x는 $\mathbb{N}$의 상계이다. 그러면 완비성에 의하여 공집합이 아닌 집합 $\mathbb{N}$은 상한 $u \in \mathbb{R}$를 갖는다. u에서 1을 빼면 $\mathbb{N}$의 상한 u보다 작은 수 $u - 1$을 얻는다. 그러므로 $u - 1$은 $\mathbb{N}$의 상계가 아니고, 따라서 $u - 1 < m$인 $m \in \mathbb{N}$이 존재한다. 1을 더하여 $u < m + 1$을 얻고 $m + 1 \in \mathbb{N}$이므로, 이 부등식은 u가 $\mathbb{N}$의 상계라는 사실에 모순이다. Q.E.D.

2.4.4 따름정리 $S := \{1/n : n \in \mathbb{N}\}$이면 $\inf S = 0$이다.

증명 $S \neq \emptyset$가 0에 의하여 아래로 유계이므로 이 집합은 하한을 갖는데, 이를 $w := \inf S$라 하자. $w \geq 0$임은 명백하다. 임의의 $\varepsilon > 0$에 대하여 Archimedes의 성질로부터 $1/\varepsilon < n$이 되는 $n \in \mathbb{N}$이 존재하고, 이에 의하여 $1/n < \varepsilon$이다. 따라서

$$0 \leq w \leq 1/n < \varepsilon$$

을 얻는다. 그러나 $\varepsilon > 0$은 임의이므로, 정리 2.1.9에 의하여 $w = 0$이다. Q.E.D.

2.4.5 따름정리 $t>0$이면, $0 < 1/n_t < t$가 되는 $n_t \in \mathbb{N}$가 존재한다.

증명 $\inf\{1/n : n \in \mathbb{N}\} = 0$이고 $t > 0$이므로 t는 집합 $\{1/n : n \in \mathbb{N}\}$에 대한 하계가 아니다. 따라서 $0 < 1/n_t < t$가 되는 $n_t \in \mathbb{N}$가 존재한다. Q.E.D.

2.4.6 따름정리 $y > 0$이면, $n_y - 1 \leq y < n_y$가 되는 $n_y \in \mathbb{N}$가 존재한다.

증명 Archimedes의 성질이 $\mathbb{N}$의 부분집합 $E_y := \{m \in \mathbb{N} : y < m\}$가 공집합이 아님을 보장해 준다. 정렬성 1.2.1에 의하여 E_y는 최소원을 갖고, 이를 n_y로 표기한다. 그러면 $n_y - 1$은 E_y에 속하지 않고, 따라서 $n_y - 1 \leq y < n_y$이다. Q.E.D.

때때로 따름정리 2.4.4–2.4.6을 총괄해서 $\mathbb{R}$의 Archimedes 성질이라 한다.

$\sqrt{2}$의 존재성

상한성의 중요성은 어떤 가정 하에서 실수의 존재성을 보장해 준다는 사실에 있다. 이러한 용도로 이것을 여러 차례 이용할 것이다. 이제 $x^2 = 2$를 만족하는 양의 실수, 즉 2의 양의 제곱근이 존재함을 증명함으로써 그의 이용을 예증할 것이다. x가 유리수일 수 없음을 이미 보였고(정리 2.1.4를 보라), 따라서 적어도 하나의 무리수가 존재함을 우도할 것이다.

2.4.7 정리 $x^2 = 2$ 가 되는 양의 실수 x가 존재한다.

증명 $S := \{s \in \mathbb{R} : 0 \leq s, s^2 < 2\}$라 하자. $1 \in S$이므로 이 집합은 공집합이 아니다. 또한 S는 2에 의하여 위로 유계이다. 왜냐하면, $t > 2$이면 $t^2 > 4$가 되어 $t \notin S$이다. 따라서 상한성에 의하여 집합 S는 $\mathbb{R}$에서 상한을 갖고, 이를 $x := \sup S$라 하자. $x > 1$임에 주목하라.

두 가지 가능성 $x^2 < 2$와 $x^2 > 2$를 배제함으로써 $x^2 = 2$임을 증명할 것이다.

먼저 $x^2 < 2$라 가정하자. $x + 1/n \in S$인 $n \in \mathbb{N}$을 찾아냄으로써 이 가정이 $x = \sup S$라는 사실에 모순이 됨을 보일 것인데, 그러면 x가 S의 상계가 아니라는 것이다. n을 어떻게 선택할 것인가를 알기 위하여 $1/n^2 \le 1/n$에 주목하면

$$\left(x + \frac{1}{n}\right)^2 = x^2 + \frac{2x}{n} + \frac{1}{n^2} \le x^2 + \frac{1}{n}(2x+1)$$

이다. 따라서

$$\frac{1}{n}(2x+1) < 2 - x^2$$

이 되도록 n을 선택할 수 있다면 $(x + 1/n)^2 < x^2 + (2 - x^2) = 2$를 얻는다. $2 - x^2 > 0$이라는 가정에 의하여 $(2 - x^2)/(2x + 1) > 0$이다. 따라서 Archimedes의 성질(따름정리 2.4.5)을 이용하여

$$\frac{1}{n} < \frac{2 - x^2}{2x + 1}$$

이 되는 $n \in \mathbb{N}$을 얻는다. n의 이러한 선택에 대하여 $x + 1/n \in S$이 됨을 보이기 위하여 이 과정들을 역으로 추정할 수 있는데, 이는 x가 S의 상계라는 사실에 모순이다. 따라서 $x^2 < 2$가 될 수 없다.

이제 $x^2 > 2$라고 가정하자. 그러면 $x - 1/m$ 또한 S의 상계가 되는 $m \in \mathbb{N}$을 찾아 낼 수 있어, $x = \sup S$라는 사실에 모순이 됨을 보일 것이다. 이렇게 하기 위하여

$$\left(x - \frac{1}{m}\right)^2 = x^2 - \frac{2x}{m} + \frac{1}{m^2} > x^2 - \frac{2x}{m}$$

임에 주목하라. 따라서

$$\frac{2x}{m} < x^2 - 2$$

가 되도록 m을 선택할 수 있다면 $(x - 1/m)^2 > x^2 - (x^2 - 2) = 2$이다. 이제 $x^2 - 2 > 0$라는 가정에 의하여 $(x^2 - 2)/2x > 0$이다. 따라서 Archimedes 성질에 의하여

$$\frac{1}{m} < \frac{x^2 - 2}{2x}$$

인 $m \in \mathbb{N}$이 존재한다. m의 이러한 선택에 대하여 $(x - 1/m)^2 > 2$가 됨을 보이기 위하여 이 과정을 역으로 추정할 수 있다. 이제 $s \in S$이면 $s^2 < 2 < (x - 1/m)^2$이고, 따라서 2.1.13(b)에 의하여 $s < x - 1/m$이 된다. 이는 $x - 1/m$이 S에 대한 상계임을 의미하고 $x = \sup S$라는 사실에 모순이다. 따라서 $x^2 > 2$가 될 수 없다.

$x^2 < 2$와 $x^2 > 2$가 될 가능성이 배제되었으므로 $x^2 = 2$이어야 한다. Q.E.D.

앞의 논의를 약간 수정하여 독자는 $a > 0$이면 $b^2 = a$가 되는 $b > 0$가 유일하게 존재함을 보일 수 있다. 이 b를 a의 **양의 제곱근**(positive square root)이라 하고 $b = \sqrt{a}$ 또는 $b = a^{1/2}$으로 표기한다. 각 $n \in \mathbb{N}$에 대하여 $\sqrt[n]{a}$ 또는 $a^{1/n}$으로 표기하는 a의 유일한 **양의 n제곱근**(positive nth root)의 존재성을 수립하기 위하여 이 항정리를 포함하는 약간 복잡한 논의를 공식화할 수 있다.

참고 정리 2.4.7의 증명에서 집합 S를 유리수의 집합 $T := \{r \in \mathbb{Q} : 0 \le r, r^2 < 2\}$로 대체하면 논의는 $y := \sup T$가 $y^2 = 2$를 만족한다는 결론을 제공한다. 정리 2.1.4에서 y가 유리수일 수 없음을 알고 있으므로, 유리수들로 구성된 집합 T는 집합 $\mathbb{Q}$에 속하는 상한을 가질 수 없다. 따라서 유리수들의 순서체 $\mathbb{Q}$는 완비성을 갖지 않는다.

$\mathbb{R}$에서 유리수의 조밀성

이제 $\sqrt{2}$라는 적어도 하나의 무리수가 존재하는 것을 알았다. 사실 (3.1절에서 보인 것처럼) 유리수의 집합이 가산인 반면 무리수의 집합은 비가산이라는 관점에서 유리수보다 "더 많은" 무리수가 존재한다(2.5절을 보라). 그러나 이러한 명백한 불균형에도 불구하고 임의의 두 실수가 주이지면, 그들 사이에는 유리수가 존재한다는 (사실 그러한 유리수는 무수히 많이 존재한다) 관점에서 유리수의 집합은 $\mathbb{R}$에서 "조밀하다(dense)". 다음을 보자.

2.4.8 조밀성 정리 x와 y가 $x < y$인 임의의 실수이면, $x < r < y$인 유리수 $r \in \mathbb{Q}$이 존재한다.

증명 $x > 0$라 가정해도 일반성을 잃지 않는다(왜?). $y - x > 0$이므로, 따름정리 2.4.5에 의하여 $1/n < y - x$가 되는 $n \in \mathbb{N}$이 존재한다. 따라서 $nx + 1 < ny$를 얻는다. $nx > 0$에 따름정리 2.4.6을 적용하면 $m - 1 \le nx < m$인 $m \in \mathbb{N}$을 얻는다. 그러면 $m \le nx + 1 < ny$이고, 따라서 $nx < m < ny$이다. 그러므로 유리수 $r :=$

m/n은 $x < r < y$를 만족한다. Q.E.D.

유리수와 무리수를 섞어서 논의를 마무리하는데, 무리수의 집합에 대해서도 동일한 "사이 성질(betweenness property)"을 얻는다.

2.4.9 따름정리 x와 y가 $x < y$인 실수이면, $x < z < y$인 무리수 z가 존재한다.

증명 실수 $x/\sqrt{2}$와 $y/\sqrt{2}$에 조밀성정리 2.4.8을 적용하면 다음을 만족하는 유리수 $r \neq 0$을 얻는다(왜?).

$$\frac{x}{\sqrt{2}} < r < \frac{y}{\sqrt{2}}.$$

따라서 $z := r\sqrt{2}$는 무리수이고(왜?) $x < z < y$를 만족한다. Q.E.D.

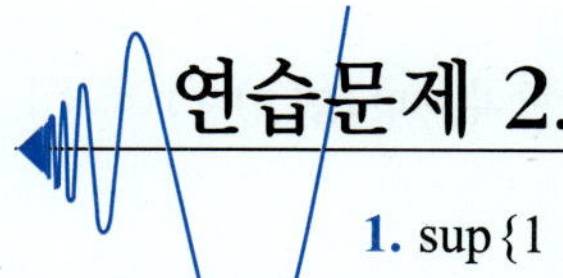

연습문제 2.4

1. $\sup\{1 - 1/n : n \in \mathbb{N}\} = 1$임을 보여라.

2. $S := \{1/n - 1/m : n, m \in \mathbb{N}\}$일 때, $\inf S$와 $\sup S$를 구하여라.

3. $S \subseteq \mathbb{R}$를 공집합이 아니라고 하자. 실수 u가 (i) 모든 $n \in \mathbb{N}$에 대하여 $u - 1/n$은 S의 상계가 아니고 (ii) 모든 $n \in \mathbb{N}$에 대하여 $u + 1/n$이 S의 상계인 성질을 가지면, $u = \sup S$임을 증명하여라(이것은 연습문제 2.3.8의 역이다).

4. S를 $\mathbb{R}$의 공집합이 아닌 유계집합이라 하자.

(a) $a > 0$이고 $aS := \{as : s \in S\}$라 하자. 다음을 증명하여라.

$$\inf(aS) = a \inf S, \quad \sup(aS) = a \sup S.$$

(b) $b < 0$이고 $bS := \{bs : s \in S\}$라 하자. 다음을 증명하여라.

$$\inf(bS) = b \sup S, \quad \sup(bS) = b \inf S.$$

5. S를 위로 유계인 음이 아닌 실수들의 집합이라 하고 $T := \{x^2 : x \in S\}$라 하자. $u = \sup S$이면 $u^2 = \sup T$임을 증명하여라. 음이 아닌 수라는 제한을 제거하면 결론이 거짓일 수 있는 예를 제시하여라.

6. X를 공집합이 아닌 집합이라 하고 $f : X \to \mathbb{R}$가 $\mathbb{R}$에서 유계인 치역을 갖는다고 하자. $a \in \mathbb{R}$이면, 예 2.4.1(a)에 의하여 다음이 됨을 보여라.

$$\sup\{a + f(x) : x \in X\} = a + \sup\{f(x) : x \in X\}.$$

또한 다음을 보여라.

$$\inf\{a+f(x) : x \in X\} = a + \inf\{f(x) : x \in X\}.$$

7. A와 B를 $\mathbb{R}$의 공집합이 아닌 유계부분집합이라 하고 $A + B := \{a + b : a \in A, b \in B\}$라 하자. $\sup(A + B) = \sup A + \sup B$이고 $\inf(A + B) = \inf A + \inf B$임을 증명하여라.

8. X를 공집합이 아닌 집합이라 하고 X에서 정의되는 f와 g가 $\mathbb{R}$에서 유계인 치역을 갖는다고 하자. 다음을 보여라.

$$\sup\{f(x)+g(x) : x \in X\} \le \sup\{f(x) : x \in X\} + \sup\{g(x) : x \in X\}$$

$$\inf\{f(x) : x \in X\} + \inf\{g(x) : x \in X\} \le \inf\{f(x)+g(x) : x \in X\}.$$

이들 부등식의 각각이 등식 또는 순부등식이 될 수 있음을 보이는 예를 제시하여라.

9. $X = Y := \{x \in \mathbb{R} : 0 < x < 1\}$라 하자. $h : X \times Y \to \mathbb{R}$를 $h(x, y) := 2x + y$로 정의하라.

(a) 각 $x \in X$에 대하여 $f(x) := \sup\{h(x, y) : y \in Y\}$를 구하고 $\inf\{f(x) : x \in X\}$를 구하여라.

(b) 각 $y \in Y$에 대하여 $g(y) := \inf\{h(x, y) : x \in X\}$를 구하고 $\sup\{g(y) : y \in Y\}$를 구하여라. (a)에서 구한 결과와 비교하여라.

10. 다음과 같이 정의되는 함수 $h : X \times Y \to \mathbb{R}$에 대하여 앞의 문제 (a)와 (b)를 계산하라.

$$h(x,y) := \begin{cases} x < y \text{ 이면 } 0 \\ x \ge y \text{ 이면 } 1. \end{cases}$$

11. X와 Y를 공집합이 아닌 집합이라 하고 $h : X \times Y \to \mathbb{R}$가 $\mathbb{R}$에서 유계인 치역을 갖는다고 하자. 또 $f : X \to \mathbb{R}$와 $g : Y \to \mathbb{R}$가

$$f(x) := \sup\{h(x,y) : y \in Y\}, \quad g(y) := \inf\{h(x,y) : x \in X\}$$

로 정의된다고 하자. 다음을 증명하여라.

$$\sup\{g(y) : y \in Y\} \le \inf\{f(x) : x \in X\}.$$

이를 때때로 다음과 같이 표기한다.

$$\sup_y \inf_x h(x,y) \le \inf_x \sup_y h(x,y).$$

문제 9와 10이 부등식이 등식이 되거나 순부등식이 될 수 있음을 보여주는 것임에 주목하라.

12. X와 Y를 공집합이 아닌 집합이라 하고 $h : X \times Y \to \mathbb{R}$가 $\mathbb{R}$에서 유계인 치역을 갖는다고 하자. $F : X \to \mathbb{R}$와 $G : Y \to \mathbb{R}$가 다음과 같이 정의된다고 하자.

$$F(x) := \sup\{h(x,y) : y \in Y\}, \quad G(y) := \sup\{h(x,y) : x \in X\}.$$

반복상한의 원리(Principle of the Iterated Suprema)

$$\sup\{h(x,y) : x \in X, y \in Y\} = \sup\{F(x) : x \in X\} = \sup\{G(y) : y \in Y\}$$

를 수립하여라. 이를 때때로 다음과 같은 기호로 표기한다.

$$\sup_{x,y} h(x,y) = \sup_x \sup_y h(x,y) = \sup_y \sup_x h(x,y).$$

13. 주어진 임의의 $x \in \mathbb{R}$에 대하여 $n - 1 \leq x < n$이 되는 **유일한** $n \in \mathbb{Z}$이 존재함을 보여라.

14. $y > 0$이면, $1/2^n < y$가 되는 $n \in \mathbb{N}$이 존재함을 보여라.

15. 정리 2.4.7의 논의를 수정하여 $y^2 = 3$이 되는 양의 실수 y가 존재함을 보여라.

16. $a > 0$이면, 정리 2.4.7의 논의를 수정하여 $z^2 = a$가 되는 양의 실수 z가 존재함을 보여라.

17. 정리 2.4.7의 논의를 수정하여 $u^3 = 2$가 되는 양의 실수 u가 존재함을 보여라.

18. $x > 0$인 가정을 제거하여 조밀성정리 2.4.8의 증명을 완성하여라.

19. $u > 0$가 임의의 실수이고 $x < y$이면, $x < ru < y$가 되는 유리수 r이 존재함을 보여라 (따라서 집합 $\{ru : r \in \mathbb{Q}\}$은 $\mathbb{R}$에서 조밀하다).

2.5 구 간

$\mathbb{R}$에서 순서관계는 "구간"이라는 자연스러운 부분집합족을 결정한다. 이 특별한 집합들에 대한 기호와 용어는 이전의 과정으로부터 잘 알고 있을 것이다. 만약 $a, b \in \mathbb{R}$가 $a < b$를 만족하면, a와 b에 의하여 결정되는 **개구간**(open interval)은 다음과 같은 집합이다.

$$(a,b) := \{x \in \mathbb{R} : a < x < b\}.$$

점 a와 b를 그 구간의 **끝점**(endpoint)이라 한다. 그러나 이 끝점들은 개구간에 포함되지 않는다. 양 끝점을 개구간에 모두 붙이면 a와 b에 의하여 결정되는 **폐구간**(closed interval)을 얻는데, 다음과 같은 집합이다.

$$[a,b] := \{x \in \mathbb{R} : a \leq x \leq b\}.$$

a와 b에 의하여 결정되는 두 **반개**[half-open 또는 **반폐**(half-closed)]구간은 끝점 a를 포함하는 $[a, b)$와 끝점 b를 포함하는 $(a, b]$이다.

이들 네 개의 구간은 각각 유계이고 $b - a$로 정의되는 **길이**(length)를 갖는다.

$a = b$이면 대응되는 개구간은 공집합 $(a, a) = \emptyset$인 반면, 대응되는 폐구간은 한원소 집합 $[a, a] = \{a\}$이다.

끝점 대신에 기호의 편의상 ∞(또는 $+\infty$)와 $-\infty$를 사용하는 유계가 아닌 다섯 형태의 구간이 있다. **무한개구간**(infinite open intervals)은 다음과 같은 집합이다.

$$(a, \infty) := \{x \in \mathbb{R} : x > a\}, \qquad (-\infty, b) := \{x \in \mathbb{R} : x < b\}.$$

첫 번째 집합은 상계를 갖지 않고 두 번째 집합은 하계를 갖지 않는다. 끝점을 붙이면 다음과 같은 **무한폐구간**(infinite closed intervals)을 얻는다.

$$[a, \infty) := \{x \in \mathbb{R} : a \le x\}, \qquad (-\infty, b] := \{x \in \mathbb{R} : x \le b\}.$$

종종 무한구간으로서 전체집합 $\mathbb{R}$을 생각하는 것이 편리하다. 이 경우 $(-\infty, \infty) := \mathbb{R}$로 쓴다. 어느 점도 $(-\infty, \infty)$의 끝점이 아니다.

주의 ∞와 $-\infty$는 $\mathbb{R}$의 원소가 아니고 다만 편리한 기호라는 것이 강조되어야 한다.

구간의 특성화

구간에 대한 하나의 명백한 성질은 $x < y$인 두 점 x, y가 구간 I에 속하면 그들 사이에 놓여 있는 임의의 점은 역시 I에 속한다는 것이다. 즉 $x < t < y$이면 점 t는 x, y와 같이 동일한 구간에 속한다. 다시 말하면 x와 y가 구간 I에 속하면 구간 $[x, y]$는 I에 포함된다. 이제 이러한 성질을 갖는 $\mathbb{R}$의 부분집합은 구간이어야 함을 보인다.

2.5.1 특성화정리 S가 적어도 두 점을 포함하고 다음 성질을 갖는 $\mathbb{R}$의 부분집합이면, S는 구간이다.

(1) $x, y \in S$이고 $x < y$이면 $[x, y] \subseteq S$이다.

증명 고려해야 할 네 경우가 있다. (i) S가 유계이다. (ii) S는 위로 유계이지만 아래로 유계는 아니다. (iii) S가 아래로 유계이지만 위로 유계는 아니다. (iv) S는 위로 유계도 아니고 아래로 유계도 아니다.

경우 (i) $a := \inf S$이고 $b := \sup S$라 하자. 그러면 $S \subseteq [a, b]$이고, $(a, b) \subseteq S$임을 보일 것이다.

$a < z < b$이면 z는 S의 하계가 아니고, 따라서 $x < z$인 $x \in S$가 존재한다. 또한 z가 S의 상계가 아니므로 $z < y$인 $y \in S$가 존재한다. 그러므로 $z \in [x, y]$이

고, 따라서 성질 (1)에 의하여 $z \in S$이다. z는 (a, b)의 임의의 원소이므로 $(a, b) \subseteq S$라는 결론을 얻는다.

이제 $a \in S$이고 $b \in S$이면 $S = [a, b]$이다(왜?). $a \notin S$이고 $b \notin S$이면 $S = (a, b)$이다. 다른 가능성이 $S = (a, b]$ 또는 $S = [a, b)$를 이끌어 낸다.

경우 (ii) $b := \sup S$라 하자. 그러면 $S \subseteq (-\infty, b]$이고, $(-\infty, b) \subseteq S$임을 보일 것이다. $z < b$이면 $z \in [x, y] \subseteq S$인 $x, y \in S$가 존재한다(왜?). 따라서 $(-\infty, b) \subseteq S$이다. $b \in S$이면 $S = (-\infty, b]$이고 $b \notin S$이면 $S = (-\infty, b)$이다.

(iii)과 (iv)의 경우는 연습문제로 넘긴다. Q.E.D.

축소구간

구간열 $I_n, n \in \mathbb{N}$이 **축소된다**(nested)고 하는 것은 다음과 같은 일련의 포함관계가 성립하는 것이다(그림 2.5.1을 보라).

$$I_1 \supseteq I_2 \supseteq \cdots \supseteq I_n \supseteq I_{n+1} \supseteq \cdots.$$

예를 들어 $n \in \mathbb{N}$에 대하여 $I_n := [0, 1/n]$이면, 각 $n \in \mathbb{N}$에 대하여 $I_n \supseteq I_{n+1}$이고 이 구간열은 축소된다. 이 경우 원소 0은 모든 I_n에 속하고, Archimedes의 성질 2.4.3을 이용하여 0이 유일한 그러한 공통점임을 보일 수 있다(이를 증명하여라). 이를 $\bigcap_{n=1}^{\infty} I_n = \{0\}$으로 표기한다.

일반적으로 구간들의 축소열이 공통점을 갖지 **않을** 수도 있음을 깨닫는 것이 중요하다. 예를 들어 $n \in \mathbb{N}$에 대하여 $J_n := (0, 1/n)$이면, 이 구간열은 축소되지만 주어진 모든 $x > 0$에 대하여 $1/m < x$이 되는 $m \in \mathbb{N}$이 존재하여 $x \notin J_m$이므로 (왜?) 어떠한 공통점도 존재하지 않는다. 마찬가지로 구간열 $K_n := (n, \infty), n \in \mathbb{N}$도 축소되지만 어떤 공통점도 갖지 않는다(왜?).

그러나 이제 증명하겠지만 모든 **유계**인 축소**폐**구간열이 공통점을 갖는다는 것은 $\mathbb{R}$의 중요한 성질이다. $\mathbb{R}$의 완비성이 이 성질을 확립하는 데 근본적인 역할을 함

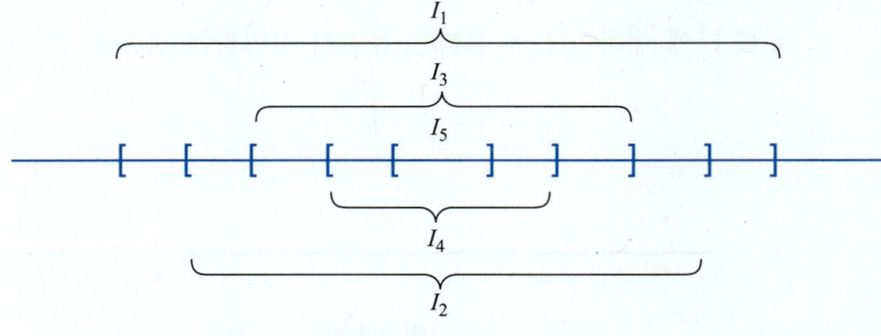

그림 2.5.1 축소구간

에 주목하라.

2.5.2 축소구간성질 $I_n = [a_n, b_n]$, $n \in \mathbb{N}$이 유계인 축소폐구간열이면, 모든 $n \in \mathbb{N}$에 대하여 $\xi \in I_n$인 수 $\xi \in \mathbb{R}$가 존재한다.

증명 구간들이 축소되므로 모든 $n \in \mathbb{N}$에 대하여 $I_n \subseteq I_1$이고, 따라서 모든 $n \in \mathbb{N}$에 대하여 $a_n \le b_1$이다. 그러면 공집합이 아닌 집합 $\{a_n : n \in \mathbb{N}\}$은 위로 유계이고, ξ를 이의 상한이라 하자. 명백히 모든 $n \in \mathbb{N}$에 대하여 $a_n \le \xi$이다.

또 모든 n에 대하여 $\xi \le b_n$이기를 요구한다. 이를 어떤 특정한 n에 대하여 수 b_n이 집합 $\{a_k : k \in \mathbb{N}\}$에 대한 상계임을 보임으로써 입증한다. 두 경우를 고찰할 것이다. (i) $n \le k$이면, $I_n \supseteq I_k$이므로 $a_k \le b_k \le b_n$을 얻는다. (ii) $k < n$이면, $I_k \supseteq I_n$이므로 $a_k \le a_n \le b_n$을 얻는다(그림 2.5.2를 보라). 그러므로 모든 k에 대하여 $a_k \le b_n$이고, 따라서 b_n이 집합 $\{a_k : k \in \mathbb{N}\}$의 상계가 된다. 그러면 각 $n \in \mathbb{N}$에 대하여 $\xi \le b_n$이다. 모든 n에 대하여 $a_n \le \xi \le b_n$이므로, 모든 $n \in \mathbb{N}$에 대하여 $\xi \in I_n$이다. Q.E.D.

2.5.3 정리 $I_n := [a_n, b_n]$, $n \in \mathbb{N}$이 유계인 축소폐구간열이고 I_n의 길이 $b_n - a_n$이

$$\inf\{b_n - a_n : n \in \mathbb{N}\} = 0$$

을 만족하면, 모든 $n \in \mathbb{N}$에 대하여 I_n에 포함되는 수 ξ는 유일하다.

증명 $\eta := \inf\{b_n : n \in \mathbb{N}\}$이면, 모든 n에 대하여 $a_n \le \eta$임을 보이기 위하여 2.5.2의 증명과 유사한 논의를 이용할 수 있고, 따라서 $\xi \le \eta$이다. 사실 모든 $n \in \mathbb{N}$에 대하여 $x \in I_n$이기 위한 필요충분조건이 $\xi \le x \le \eta$임을 보이는 것은 연습문제에 있다(연습문제 10을 보라). $\inf\{b_n - a_n : n \in \mathbb{N}\} = 0$이면, 임의의 $\varepsilon > 0$에 대하여 $0 \le \eta - \xi \le b_m - a_m < \varepsilon$이 되는 $m \in \mathbb{N}$이 존재한다. 이는 모든 $\varepsilon > 0$에 대하여 성립하므로, 정리 2.1.9에 의하여 $\eta - \xi = 0$이 된다. 따라서 $\xi = \eta$가 모든 $n \in \mathbb{N}$에 대하여 I_n에 속하는 유일한 점이라는 결론을 얻는다. Q.E.D.

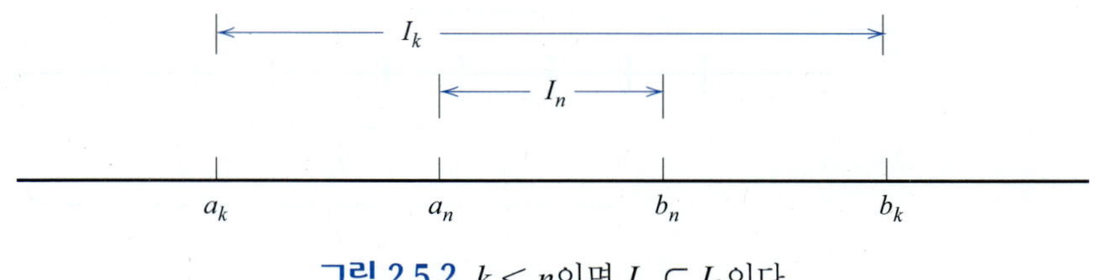

그림 2.5.2 $k < n$이면 $I_n \subseteq I_k$이다

ℝ의 비가산성

가산집합의 개념을 1.3절에서 다루었고 유리수의 집합 ℚ의 가산성도 거기서 확립하였다. 이제 축소구간성질을 이용하여 집합 ℝ이 **비가산집합**임을 증명할 것이다. 그 증명을 1874년 Georg Cantor가 무한집합에 대한 그의 논문 서두에 소개하였다. 그는 나중에 실수의 10진법 표현을 이용한 증명을 출판하였는데, 그 증명을 이 절의 뒤에 소개할 것이다.

2.5.4 정리 실수의 집합 ℝ은 가산이 아니다.

증명 단위구간 $I := [0, 1]$가 비가산집합임을 증명할 것이다. 이것은 집합 ℝ이 비가산집합임을 의미하는데, 왜냐하면 ℝ이 가산이면 부분집합 I도 가산이어야 하기 때문이다(정리 1.3.9(a)를 보라).

증명은 모순에 의한다. I가 가산이라 가정하면 $I = \{x_1, x_2, \ldots, x_n, \ldots\}$과 같이 집합을 열거할 수 있다. 먼저 $x_1 \notin I_1$이 되는 I의 폐부분구간 I_1을 선택하고, 그 다음에 $x_2 \notin I_2$가 되도록 I_1의 폐부분구간 I_2를 선택하고, 이를 계속한다. 이러한 방법으로 모든 n에 대하여 $I_n \subseteq I$이고 $x_n \notin I_n$이 되는 공집합이 아닌 폐구간들

$$I_1 \supseteq I_2 \supseteq \cdots \supseteq I_n \supseteq \cdots$$

을 얻는다. 축소구간성질 2.5.2에 의하면 모든 n에 대하여 $\xi \in I_n$인 점 $\xi \in I$가 존재한다. 따라서 모든 $n \in \mathbb{N}$에 대하여 $\xi \neq x_n$이고, 요구한대로 I의 열거는 I의 원소들의 완벽한 나열이 아니다. 그러므로 I는 비가산집합이다. Q.E.D.

무리수의 집합 $\mathbb{R}\backslash\mathbb{Q}$가 비가산이라는 결론을 얻기 위하여 실수의 집합 ℝ이 비가산이라는 사실과 유리수의 집합 ℚ가 가산이라는 사실을 결합할 수 있다. 사실 두 가산집합의 합집합은 가산이므로(1.3.7(c)를 보라) $\mathbb{R}\backslash\mathbb{Q}$가 가산이면 $\mathbb{R} = \mathbb{Q} \cup (\mathbb{R}\backslash\mathbb{Q})$가 되어 ℝ 역시 가산집합이라는 결론을 얻는데, 이는 모순이다. 따라서 무리수의 집합 $\mathbb{R}\backslash\mathbb{Q}$는 비가산집합이다.

주의 실수의 집합을 대수적 수와 초월수라고 하는 두 수들로 된 부분집합으로 나눌 수도 있다. 실수가 계수 모두가 정수인 다항식 P에 대한 다항방정식 $P(x) = 0$의 해이면, 이는 **대수적이다**(algebraic)라고 한다. 실수가 대수적 수가 아니면, 이는 **초월적이다**(transcendental)라고 한다. 대수적 수의 집합이 가산 무한임을 증명할 수 있고, 따라서 초월수의 집합은 비가산이다. 수 π와 e는 초월수이다. 그러나 이러한 사실들의 증명은 매우 심원하다. 이러한 주제들의 개요에 대하여 관심 있는 독

자는 참고 문헌에 있는 Ivan Niven의 책을 참조하기 바란다.

2진법 표현†

실수에 대한 2진법 (그리고 10진법) 표현의 비공식적인 논의를 위하여 잠시 본질을 벗어날 것이다. 이는 0과 1 사이의 실수를 다루면 충분하다. 왜냐하면 그 밖의 실수에 대한 표현을 양수나 음수를 더하여 얻을 수 있기 때문이다.

$x \in [0, 1]$이면, 다음과 같이 0과 1의 수열 (a_n)과 관련시키기 위하여 반복적인 이등분과정을 이용할 것이다. $x \neq \frac{1}{2}$가 왼쪽 부분구간 $[0, \frac{1}{2}]$에 속하면 $a_1 := 0$을 취하는 한편, x가 오른쪽 부분구간 $[\frac{1}{2}, 1]$에 속하면 $a_1 := 1$을 취한다. $x = \frac{1}{2}$이면 a_1을 0이나 1 어느 쪽을 취해도 좋다. 어느 경우든

$$\frac{a_1}{2} \leq x \leq \frac{a_1 + 1}{2}$$

을 얻는다. 이제 구간 $[\frac{1}{2}a_1, \frac{1}{2}(a_1 + 1)]$을 이등분한다. x가 이등분점이 아니고 왼쪽 부분구간에 속하면 $a_2 := 0$을 취하고 x가 오른쪽 부분구간에 속하면 $a_2 := 1$을 취한다. $x = \frac{1}{4}$이거나 $x = \frac{3}{4}$이면 a_2를 0 또는 1 어느 것이나 취할 수 있다. 어느 경우든

$$\frac{a_1}{2} + \frac{a_2}{2^2} \leq x \leq \frac{a_1}{2} + \frac{a_2 + 1}{2^2}$$

을 얻는다. 이러한 이등분과정을 계속하여 n번째 단계에서 x가 이등분점이 아니고 왼쪽 부분구간에 속하면 $a_n := 0$으로, 오른쪽 부분구간에 속하면 $a_n := 1$로 지정한다. 이러한 방법으로 점 x를 포함하는 축소구간열에 대응되는 0과 1의 수열 (a_n)을 얻는다. 각 n에 대하여 부등식

$$(2) \qquad \frac{a_1}{2} + \frac{a_2}{2^2} + \cdots + \frac{a_n}{2^n} \leq x \leq \frac{a_1}{2} + \frac{a_2}{2^2} + \cdots + \frac{a_n + 1}{2^n}$$

이 된다. x가 n번째 단계에서 이등분점이면 m이 홀수인 $x = m/2^n$이다. 이 경우 왼쪽이나 오른쪽 어느 부분구간을 선택해도 좋다. 그러나 일단 이 부분구간이 결정되면 이등분과정에 있는 모든 차후의 부분구간이 결정된다. [예를 들면, $a_n = 0$이 되도록 왼쪽 부분구간을 선택하면 x는 모든 차후 부분구간의 오른쪽 끝점이 되고, 따라서 모든 $k \geq n + 1$에 대하여 $a_k = 1$이다. 반면 $a_n = 1$이 되도록 오른쪽 부분구간을 선택하면 x는 모든 차후 부분구간의 왼쪽 끝점이 되고, 따라서 모든 $k \geq n +$

†이 절의 나머지는 처음 읽을 때는 생략할 수 있다.

1에 대하여 $a_k = 0$이다. 예를 들어 $x = \frac{3}{4}$이면 x에 대한 두 개의 가능한 수열은 1, 0, 1, 1, 1, ...과 1, 1, 0, 0, 0, ...이다.]

요약한다. $x \in [0, 1]$이면, 모든 $n \in \mathbb{R}$에 대하여 부등식 (2)가 되는 0과 1의 수열 (a_n)이 존재한다. 이 경우

(3) $$x = (.a_1 a_2 \cdots a_n \cdots)_2$$

로 쓰고, (3)을 x의 **2진법 표현**(binary representation)이라 한다. 이 표현은 홀수인 m에 대하여 $x = m/2^n$일 때를 제외하면 유일하고, 이 경우 x는 두 가지 표현

$$x = (.a_1 a_2 \cdots a_{n-1} 1000 \cdots)_2 = (.a_1 a_2 \cdots a_{n-1} 0111 \cdots)_2$$

를 갖는데 하나는 0으로 끝나고 다른 하나는 1로 끝난다.

역으로, 0과 1로 된 각 수열은 [0, 1]에 있는 유일한 실수의 2진법 표현이다. (2)에 대응하는 부등식은 길이가 $1/2^n$인 폐구간을 결정하고, 이들의 구간열은 축소된다. 그러므로 정리 2.5.3에 의하면 모든 $n \in \mathbb{N}$에 대하여 (2)를 만족하는 유일한 실수 x가 존재한다. 따라서 x는 2진법 표현 $(.a_1 a_2 a_n)_2$를 갖는다.

참고 2진법 표현의 개념은 요즈음과 같은 디지털 컴퓨터 시대에 매우 중요하다. 한 수가 비트(bit)들로 디지털 컴퓨터에 들어가고, 각 비트는 두 가지 상태–전류를 흐르게 하거나 또는 흐르지 않게 하는–중의 하나로 놓여질 수 있다. 이들 두 상태는 각각 1과 0인 값에 대응한다. 따라서 한 수에 대한 2진법 표현을 비트들의 열로 디지털 컴퓨터에 저장할 수 있다. 물론 실제로는 단지 유한개의 비트만 저장할 수 있으므로 2진법 표현을 절단하여야 한다. 만약 수 $x \in [0, 1]$에 대하여 n개의 2진수자(binary digit)를 사용하면 정확도는 기껏해야 $1/2^n$이다. 예를 들면, 소수 네 자리까지의 정확도를 확보하기 위하여 적어도 15개의 2진수자(또는 15개의 비트)를 사용할 필요가 있다.

10진법 표현

실수의 10진법 표현은 2진법 표현에서 구간을 2등분하는 대신 10등분하는 것을 제외하고는 유사하다.

따라서 주어진 $x \in [0, 1]$에 대하여 [0, 1]을 10개의 같은 부분구간으로 나누면, x는 {0, 1, ..., 9}의 어떤 정수 b_1에 대한 부분구간 $[b_1/10, (b_1 + 1)/10]$에 속한다. 2진법의 경우에서처럼 계속하면 x는 모든 $n \in \mathbb{N}$에 대하여

(4) $$\frac{b_1}{10} + \frac{b_2}{10^2} + \cdots + \frac{b_n}{10^n} \le x \le \frac{b_1}{10} + \frac{b_2}{10^2} + \cdots + \frac{b_n + 1}{10^n}$$

을 만족하는 $0 \le b_n \le 9$의 정수열 (b_n)을 얻는다. 이 경우 x는

$$x = .b_1 b_2 \cdots b_n \cdots$$

으로 주어지는 **10진법 표현**(decimal representation)을 갖는다고 한다. $x \ge 1$이고 $B \le x < B + 1$을 만족하는 $B \in \mathbb{N}$이면, $x - B \in [0, 1]$의 10진법 표현이 위와 같을 때 $x = B.b_1 b_2 b_n$이다. 음수도 유사하게 다룬다.

각 소수는 길이가 $1/10^n$인 축소구간열을 지정하므로, 각 소수가 유일한 실수를 결정한다는 사실은 정리 2.5.3에 의한다.

$x \in [0, 1]$의 10진법 표현은 어떤 단계에서 부분분할점일 때를 제외하고는 유일한데, 이는 어떤 $m, n \in \mathbb{N}$, $1 \le m \le 10^n$에 대하여 $x = m/10^n$일 때 일어난다는 것을 알 수 있다(또한 m을 10으로 나눌 수 없다고 가정해도 좋다). x가 n번째 단계에서 부분분할점이면 b_n에 대한 한 선택은 왼쪽 부분구간을 선택하여 대응하는데, 이는 모든 부분수열의 자리수가 9이고 다른 선택은 오른쪽 부분구간을 선택하여 대응하는 것인데, 이는 모든 부분수열의 자리수가 0이 되기 때문이다[예를 들어 $x = \frac{1}{2}$이면 $x = 0.4999 = 0.5000$이고 $y = 38/100$이면 $y = 0.37999 = 0.38000$이다].

순환소수

한 소수 $B.b_1 b_2 \cdots b_n \cdots$이 **주기적이다**(periodic) 또는 **순환적이다**(repeating)라고 하는 것은 모든 $n \ge k$에 대하여 $b_n = b_{n+m}$이 되는 $k, m \in \mathbb{N}$이 존재하는 것이다. 이 경우 숫자의 묶음 $b_k b_{k+1} \cdots b_{k+m-1}$은 k번째 자리에 도달할 때마다 한 번씩 반복된다. 이러한 성질을 갖는 최소의 수 m을 그 소수의 **주기**(period)라 한다. 예를 들면, $19/88 = 0.2159090 \cdots 90 \cdots$은 $k = 4$에서 시작하여 순환마디(repeating block) 90인 주기 $m = 2$를 갖는다. **유한소수**(terminating decimal)는 순환마디가 오로지 숫자 0인 순환소수이다.

다음 주장에 대한 비공식적인 증명을 소개할 것이다. 양의 실수가 유리수이기 위한 필요충분조건은 이의 소수표현이 주기적인 것이다.

공약수를 갖지 않는 $p, q \in \mathbb{N}$에 대하여 $x = p/q$라 가정하자. 또한 편의상 $0 < p < q$라고 가정할 것이다. p를 q로 나누는 장제법(long division) 과정이 p/q에 대한 소수표현을 제공해 줌에 주목한다. 나눗셈 과정의 각 단계는 0에서 $q - 1$까지의 정수인 나머지를 만들어 낸다. 그러므로 많아야 q단계 이후에는 어떤 나머지가 두 번째로 나타날 것이고, 그 점에서 몫의 숫자들 자신이 주기적으로 순환하기 시작할 것이다. 따라서 유리수의 소수표현은 주기적이다.

역으로 소수가 주기적이면, 그것은 유리수를 표현한다. 증명의 개념을 예로 설명하는 것이 최선이다. $x = 7.31414\cdots14\cdots$라고 가정하자. 소숫점을 첫 번째 순환마디로 옮기기 위하여 10의 거듭제곱을 곱하고, 여기서는 $10x = 73.1414\cdots14\cdots$을 얻는다. 이제 한 순환마디를 소수점의 왼쪽으로 옮기기 위하여 10의 거듭제곱을 곱하여, 여기서는 $1000x = 7314.1414\cdots$을 얻는다. 이제 한 정수를 얻기 위하여 뺄셈을 한다. 여기서는 $1000x - 10x = 7314 - 73 = 7241$을 얻고, 따라서 $x = 7241/990$이고 유리수이다.

Cantor의 제2증명

이제 $\mathbb{R}$의 비가산성에 대한 Cantor의 제2증명을 소개할 것이다. 이것은 실수의 소수표현에 기초한 "멋진" 대각선 논법이다.

2.5.5 정리 단위구간 $[0, 1] := \{x \in \mathbb{R} : 0 \leq x \leq 1\}$은 가산이 아니다.

증명 증명은 모순에 의한다. $b_i = 0, 1, \ldots, 9$일 때, 모든 실수 $x \in [0, 1]$는 소수표현 $x = 0.b_1b_2b_3\cdots$를 갖는다는 사실을 이용할 것이다. $[0, 1]$에 있는 모든 수에 대한 열거 $x_1, x_2, x_3, \ldots$이 존재한다고 가정하고, 이를 다음과 같이 나타낸다.

$$\begin{array}{rcl} x_1 & = & 0.b_{11}b_{12}b_{13}\cdots b_{1n}\cdots \\ x_2 & = & 0.b_{21}b_{22}b_{23}\cdots b_{2n}\cdots \\ x_3 & = & 0.b_{31}b_{32}b_{33}\cdots b_{3n}\cdots \\ \cdots & & \cdots \\ x_n & = & 0.b_{n1}b_{n2}b_{n3}\cdots b_{nn}\cdots \\ \cdots & & \cdots. \end{array}$$

이제 실수 $y := 0.y_1y_2y_3\cdots y_n\cdots$을 $b_{11} \geq 5$이면 $y_1 := 2$로 놓고 $b_{11} \leq 4$이면 $y_1 := 7$로 놓아서 정의한다. 일반적으로

$$y_n := \begin{cases} b_{nn} \geq 5\text{이면 } 2 \\ b_{nn} \leq 4\text{이면 } 7 \end{cases}$$

이라 하자. 그러면 $y \in [0, 1]$이다. 모든 $n \in \mathbb{N}$에 대하여 $y_n \neq 0, 9$이므로, 수 y는 두 소수표현으로 된 어떤 수와도 같지 않음에 주목하라. 더구나 y와 x_n은 n번째 소수자리가 다르므로 임의의 $n \in \mathbb{N}$에 대하여 $y \neq x_n$이다. 그러므로 y는 $[0, 1]$의 열거에 포함되지 않고, 따라서 가정에 모순이다. Q.E.D.

연습문제 2.5

1. $I := [a, b]$와 $I' := [a', b']$이 $\mathbb{R}$에서 폐구간이면, $I \subseteq I'$이기 위한 필요충분조건이 $a' \leq a$이고 $b \leq b'$임을 보여라.

2. $S \subseteq \mathbb{R}$가 공집합이 아니면, S가 유계이기 위한 필요충분조건이 $S \subseteq I$가 되는 유계폐구간 I가 존재하는 것임을 보여라.

3. $S \subseteq \mathbb{R}$가 공집합이 아닌 유계집합이고 $I_s := [\inf S, \sup S]$이면 $S \subseteq I_s$임을 보여라. 더욱이 J가 S를 포함하는 유계폐구간이면 $I_s \subseteq J$임을 보여라.

4. 정리 2.5.1에 있는 경우 (ii)의 증명에서 왜 x, y가 S에 존재하는지를 설명하여라.

5. 정리 2.5.1에 있는 경우 (iv)를 상세히 기술하여라.

6. $I_1 \supseteq I_2 \supseteq \cdots \supseteq I_n \supseteq \cdots$이 축소구간열이고 $I_n = [a_n, b_n]$이면, $a_1 \leq a_2 \leq \cdots \leq a_n \leq \cdots$이고 $b_1 \geq b_2 \geq \cdots \geq b_n \geq \cdots$임을 보여라.

7. $n \in \mathbb{N}$에 대하여 $I_n := [0, 1/n]$이라 하자. $\bigcap_{n=1}^{\infty} I_n = \{0\}$임을 증명하여라.

8. $n \in \mathbb{N}$에 대하여 $J_n := (0, 1/n)$이라 하자. $\bigcap_{n=1}^{\infty} J_n = \emptyset$임을 증명하여라.

9. $n \in \mathbb{N}$에 대하여 $K_n := (n, \infty)$이라 하자. $\bigcap_{n=1}^{\infty} K_n = \emptyset$임을 증명하여라.

10. 정리 2.5.2와 2.5.3의 증명에 있는 기호를 이용하여 $\eta \in \bigcap_{n=1}^{\infty} I_n$임을 보여라. 또한 $[\xi, \eta] = \bigcap_{n=1}^{\infty} I_n$임을 보여라.

11. (2)에 있는 부등식으로부터 얻은 구간들이 축소열의 형태임을 보여라.

12. $\frac{3}{8}$과 $\frac{7}{16}$에 대한 두 이진법 표현을 제시하여라.

13. (a) $\frac{1}{3}$에 대한 이진법 표현에서 처음 네 자리까지 제시하여라.
(b) $\frac{1}{3}$에 대한 완전한 이진법 표현을 제시하여라.

14. $a_k, b_k \in \{0, 1, \ldots, 9\}$이고

$$\frac{a_1}{10} + \frac{a_2}{10^2} + \cdots + \frac{a_n}{10^n} = \frac{b_1}{10} + \frac{b_2}{10^2} + \cdots + \frac{b_m}{10^m} \neq 0$$

이면, $k = 1, \ldots, n$에 대하여 $n = m$이고 $a_k = b_k$임을 보여라.

15. $-\frac{2}{7}$에 대한 소수 표현을 구하여라.

16. $\frac{1}{7}$과 $\frac{2}{19}$를 순환소수로 표현하여라.

17. 순환소수 $1.25137\cdots137\cdots$과 $35.14653\cdots653\cdots$은 어떤 유리수들을 표현하는가?

Chapter 3

수열과 급수

이제 실수계 $\mathbb{R}$에 대한 토대가 마련되었으므로 보다 해석적인 성질에 대한 문제들을 추구할 준비가 되었다고 보고 수열의 수렴성에 대하여 공부하는 것으로 시작할 것이다. 초기 결과들의 몇몇은 미적분학에서 독자들이 잘 알고 있는 것일지 모르나 여기에 있는 설명은 엄밀할 것이고 통상 앞의 과정에서 논의된 것보다 어느 정도 더 깊은 정리를 이끌어 낼 것이다.

먼저 실수열의 수렴에 대한 의미를 소개하고 수렴수열에 대한 기초적이지만 유용한 몇몇 결과들을 수립할 것이다. 그런 다음에 수열의 수렴성에 대한 보다 심도 있는 몇 개의 결과들을 소개한다. 그것들은 단조수렴정리, Bolzano-Weierstrass 정리, 수렴수열에 대한 Cauchy 판정법을 포함한다. 독자는 정리와 이 정리들이 특수한 수열에 어떻게 적용되는지를 모두 터득하는 것이 중요하다.

책에는 고유하게 내용을 순차적으로 배열해야 하는 한계가 있으므로 무한급수의 주제가 어디에 위치해야 하는가를 결정할 필요가 있다. 이 장에 이어 무한급수 모두를 다루는 것이 온당할지 모르나, 이는 중요한 논제인 연속, 미분, 그리고 적분을 뒤로 미루어야 하므로 절충하기로 하였다. 이 장의 끝에 있는 3.7절에서 무한급수를 간략하게 소개하고 나중에 나오는 9장에서 더 광범위하게 논한다. 따라서 지금 급수에 대한 더 충분한 논의를 원하는 독자는 이 장을 완벽하게 공부한 다음 9장으로 넘어갈 수 있다.

Augustin-Louis Cauchy

Augustin-Louise Cauchy(1789–1857)는 프랑스 혁명 시작 직후 파리에서 태어났다. 그의 아버지는 파리 경찰청의 변호사였고 가족은 공포시대 내내 도망 다녀야 했다. 그 결

과로 Cauchy의 유년기는 힘들었으며 반혁명적이고 친왕조 옹호적인 완강한 사람으로 성장하였다. 파리로 돌아온 후 Cauchy의 아버지는 새로 구성된 상원의 서기관이 되었는데, 상원에는 수학자인 Laplace와 Lagrange도 있었다. 그들은 젊은 Cauchy의 수학적 재능에 깊은 인상을 받았고 그가 경력을 쌓아가는 데 많은 도움을 주었다.

그는 1805년 École Polytechnique에 입학하였고 곧 빼어난 수학자로서 명성을 쌓았다. 1815년 왕권이 회복되었으며 그는 École Polytechnique의 교수로 임명되었으나 과격한 정치적 견해와 수학에서의 타협하지 않는 기준들은 종종 동료들과 나쁜 관계에 빠지게 하였다. 1830년 7월 혁명 이후 Cauchy는 새 왕권에 서약하기를 거절하였고 프랑스를 떠나 8년 동안 스스로 망명생활을 하였다. 1838년 파리에서 부전공 과목의 교수직을 맡았고 1848년에 Napoleon 3세는 École Polytechnique에서 종전의 직위로 복권시켜 주었으며 죽을 때까지 그곳에 남았다.

Cauchy는 놀랄만큼 재주가 많았고 많은 결실을 맺었으며 실해석학과 복소해석학, 수론, 미분방정식, 수리물리학과 확률론을 포함한 여러 분야에서 다대한 공헌을 하였다. 그는 8권의 저서와 789편의 논문을 발표하였으며 수집된 연구물은 26권에 달한다. 그는 19세기 전반에서 가장 위대한 수학자들 중 한 사람이었다.

3.1 수열과 그의 극한

집합 S에서의 수열은 정의역이 자연수의 집합 $\mathbb{N}$이고 치역이 S에 포함되는 함수이다. 이 장에서는 $\mathbb{R}$에서의 수열들을 다룰 것이고, 이 수열들의 수렴성이 의미하는 바를 논할 것이다.

3.1.1 정의 **실수열**(sequence of real numbers) 또는 **$\mathbb{R}$에서의 수열**(sequence in $\mathbb{R}$)은 자연수의 집합 $\mathbb{N} = \{1, 2, ...\}$에서 정의되고 치역이 실수의 집합 $\mathbb{R}$에 포함되는 함수이다.

다시 말하면 $\mathbb{R}$에서의 수열은 각 자연수 $n = 1, 2, ...$이 유일하게 결정되는 실수를 지정하는 것이다. $X : \mathbb{N} \to \mathbb{R}$가 수열이면, n에서 X의 값을 보통 함수 기호 $X(n)$을 사용하기보다는 기호 x_n으로 표기할 것이다. 값 x_n을 그 수열의 **항**(terms) 또는 **원소**(elements)라 한다. 이 수열을 다음과 같은 기호로 표기할 것이다.

$$X, \quad (x_n), \quad (x_n : n \in \mathbb{N}).$$

물론 수열을 표기하는 데 $Y = (y_k)$, $Z = (z_i)$ 등과 같은 다른 문자들을 종종 사용할 것이다.

$\mathbb{N}$의 자연적인 순서에 의하여 유도된 순서가 중요하다는 것을 강조하기 위하여 의도적으로 괄호들을 사용한다. 따라서 무한히 많은 항들이 순서를 갖는 수열 $(x_n : n \in \mathbb{N})$과 수열의 치역에 속하는 순서가 없는 값들의 집합 $\{x_n : n \in \mathbb{N}\}$을 기호상 구별한다. 예를 들면, 수열 $X := ((-1)^n : n \in \mathbb{N})$은 -1과 1이 번갈아 나타나는 무한히 많은 항을 갖는 한편, 값들의 집합 $\{(-1)^n : n \in \mathbb{N}\}$은 $\{-1, 1\}$이고 단지 두 개의 원소만 갖는다.

수열을 종종 제n항 x_n에 대한 공식을 제시하여 정의한다. 때로는 순서에 따라 수열의 항들을 나열하는 것이 편리한데, 구성의 규칙이 명백해 보일 때 이 나열을 멈춘다. 예를 들면, 짝수의 역수인 수열은

$$X := \left(\frac{1}{2}, \frac{1}{4}, \frac{1}{6}, \frac{1}{8}, \cdots\right)$$

과 같이 써서 정의할 수 있고, 더 만족스러운 방법은 일반항에 대한 공식을 상술하는 것으로

$$X := \left(\frac{1}{2n} : n \in \mathbb{N}\right).$$

또는 더 간단히 $X = (1/2n)$로 쓴다.

수열을 정의하는 또 다른 방법은 x_1의 값을 지정하고 $x_{n+1} (n \geq 1)$에 대한 식을 x_n으로 제시하는 것이다. 보다 일반적으로 x_1을 지정하고 $x_1, x_2, ..., x_n$으로부터 x_{n+1}을 얻는 공식을 제시하는 것이다. 이렇게 정의된 수열을 **귀납적으로**(inductively) 또는 **점화적으로**(recursively) 정의된다고 한다.

3.1.2 예 **(a)** $b \in \mathbb{R}$이면, 모든 항이 b인 수열 $B := (b, b, b, ...)$를 **상수열**(constant sequence) b라 한다. 따라서 상수열 1은 수열 $(1, 1, 1, ...)$이고 상수열 0은 $(0, 0, 0, ...)$이다.

(b) $b \in \mathbb{R}$이면, $B := (b^n)$은 수열 $B = (b, b^2, b^3, ..., b^n, ...)$이다. 특히 $b = \frac{1}{2}$이면 다음과 같은 수열을 얻는다.

$$\left(\frac{1}{2^n} : n \in \mathbb{N}\right) = \left(\frac{1}{2}, \frac{1}{4}, \frac{1}{8}, \ldots, \frac{1}{2^n}, \cdots\right).$$

(c) 짝수들의 수열 $(2n : n \in \mathbb{N})$은

$$x_1 := 2, \qquad x_{n+1} := x_n + 2,$$

또는

$$y_1 := 2, \qquad y_{n+1} := y_1 + y_n$$

에 의하여 귀납적으로 정의될 수 있다.

(d) 유명한 Fibonacci **수열**(Fibonacci sequence) $F := (f_n)$은 다음과 같은 귀납적 정의로 주어진다.

$$f_1 := 1, \qquad f_2 := 1, \qquad f_{n+1} := f_{n-1} + f_n \quad (n \geq 2).$$

따라서 두 번째 항 다음의 각 항은 직전 두 항들의 합이다. F의 처음 열 개의 항은 (1, 1, 2, 3, 5, 8, 13, 21, 34, 55, ...)임을 알 수 있다. ■

수열의 극한

해석학에는 여러 종류의 다른 극한개념들이 있다. 수열의 극한에 대한 개념이 가장 기본적이며, 이것이 이 장의 초점이 될 것이다.

3.1.3 정의 $X = (x_n)$을 실수열이라 하고 $x \in \mathbb{R}$라 하자. 모든 $\varepsilon > 0$에 대하여 $n \geq K(\varepsilon)$이면 항들 x_n이 $|x_n - x| < \varepsilon$을 만족하는 자연수 $K(\varepsilon)$이 존재하면, (x_n)은 x로 **수렴한다**(converge)고 하거나 x를 (x_n)의 **극한**(limit)이라 한다.

수열이 극한을 가지면, 그 수열은 **수렴한다**(convergent)고 하고 수열이 극한을 갖지 않으면, 그 수열은 **발산한다**(divergent)고 한다.

주의 기호 $K(\varepsilon)$을 ε의 값에 따라 K가 선택된다는 것을 강조하기 위하여 사용한다. 그러나 종종 $K(\varepsilon)$ 대신 K를 쓰는 것이 편리하다. 대부분의 경우, 모든 $n \geq K = K(\varepsilon)$에 대하여 x_n과 x 사이의 거리 $|x_n - x|$이 ε보다 작게 됨을 보장하기 위하여 통상 ε의 "작은" 값은 K의 "큰" 값을 요구한다.

수열이 극한 x를 가질 때 다음과 같은 기호들을 쓴다.

$$\lim X = x, \qquad \lim(x_n) = x.$$

때때로 기호 $x_n \to x$를 사용할 것인데, 이는 $n \to \infty$일 때 x_n이 수 x로 "접근한다"는 직관적인 생각을 나타낸다.

3.1.4 극한의 유일성 $\mathbb{R}$에서의 수열은 많아야 하나의 극한을 갖는다.

증명 x'과 x'' 모두가 (x_n)의 극한이라 가정하자. 각 $\varepsilon > 0$에 대하여 $n \geq K'$이면 $|x_n - x'| < \varepsilon/2$이 되는 K'이 존재하고, $n \geq K''$이면 $|x_n - x''| < \varepsilon/2$이 되는 K''이 존재

한다. K를 K'과 K'' 중 큰 수라 하자. 그러면 $n \geq K$에 대하여 삼각부등식을 이용하면

$$\begin{aligned} |x' - x''| &= |x' - x_n + x_n - x''| \\ &\leq |x' - x_n| + |x_n - x''| < \varepsilon/2 + \varepsilon/2 = \varepsilon \end{aligned}$$

을 얻는다. $\varepsilon > 0$은 임의의 양수이므로 $x' - x'' = 0$이다. Q.E.D.

$x \in \mathbb{R}$와 $\varepsilon > 0$에 대하여 x의 ε-근방이 다음과 같은 집합임을 상기하라(2.2절을 보라).

$$V_\varepsilon(x) := \{u \in \mathbb{R} : |u - x| < \varepsilon\}.$$

$u \in V_\varepsilon(x)$가 $|u - x| < \varepsilon$과 동치이므로, 수열의 수렴에 대한 정의를 근방을 이용하여 공식화할 수 있다. 다음 정리에서 수열 (x_n)이 x로 수렴한다는 것을 표현하는 여러 가지 다른 방법을 소개한다.

3.1.5 정리 $X = (x_n)$을 실수열이라 하고 $x \in \mathbb{R}$라 하자. 다음 명제들은 동치이다.

(a) X가 x로 수렴한다.

(b) 모든 $\varepsilon > 0$에 대하여 $n \geq K$이면 항들 x_n이 $|x_n - x| < \varepsilon$을 만족하는 자연수 K가 존재한다.

(c) 모든 $\varepsilon > 0$에 대하여 $n \geq K$이면 항들 x_n이 $x - \varepsilon < x_n < x + \varepsilon$을 만족하는 자연수 K가 존재한다.

(d) x의 모든 ε-근방 $V_\varepsilon(x)$에 대하여 $n \geq K$이면 항들 x_n이 $V_\varepsilon(x)$에 속하는 자연수 K가 존재한다.

증명 (a)와 (b)의 동치성은 바로 정의이다. (b), (c), 그리고 (d)의 동치성은 다음 관계에 의한다.

$$|u - x| < \varepsilon \iff -\varepsilon < u - x < \varepsilon \iff x - \varepsilon < u < x + \varepsilon \iff u \in V_\varepsilon(x).$$ Q.E.D.

근방이란 용어로 수열 $X = (x_n)$이 x로 수렴하는 것을 기술할 수 있다. 즉 x의 각 ε-근방 $V_\varepsilon(x)$에 대하여 X의 유한개의 항을 제외한 모든 항이 $V_\varepsilon(x)$에 속한다. ε-근방에 속하지 않을지도 모르는 유한개의 항들은 $x_1, x_2, ..., x_{K-1}$이다.

참고 실수열의 극한정의는 제안한 값 x가 실제로 극한이라는 것을 입증하는 데 이용된다. 이는 x의 값이 무엇인지 초기에 결정하기 위한 수단을 제공하는 것이 아니다. 나중의 결과들이 이 목적에 기여할 것이지만 실제로는 수열의 많은 항들을 직접

계산하여 극한의 추정값에 도달하기를 요구한다. 이런 관점에서 컴퓨터가 도움이 되겠지만 그들은 단지 수열의 유한개 항들만 계산할 수 있으므로 여하튼 그러한 계산은 극한값을 증명하는 요소가 되지 못한다.

다음은 수열이 특정한 극한을 가진다는 것을 증명하는 데 정의가 어떻게 이용되는지를 예증한다. 각각의 경우 양의 ε이 주어지고 정의에서 요구했듯이 ε에 종속되는 K를 찾아야 한다.

3.1.6 예 **(a)** $\lim(1/n) = 0$이다.

$\varepsilon > 0$이 주어지면 $1/\varepsilon > 0$이다. Archimedes의 성질 2.4.3에 의하여 $1/K < \varepsilon$이 되는 자연수 $K = K(\varepsilon)$이 존재한다. 따라서 $n \geq K$이면 $1/n \leq 1/K < \varepsilon$을 얻는다. 그러므로 $n \geq K$이면

$$\left|\frac{1}{n} - 0\right| = \frac{1}{n} < \varepsilon$$

이다. 그러면 수열 $(1/n)$이 0으로 수렴한다고 주장할 수 있다.

(b) $\lim(1/(n^2+1)) = 0$이다.

$\varepsilon > 0$이 주어졌다고 하자. K를 찾기 위하여 먼저 $n \in \mathbb{N}$이면

$$\frac{1}{n^2+1} < \frac{1}{n^2} \leq \frac{1}{n}$$

임에 주목한다. 이제 위의 (a)에서와 같이 $1/K < \varepsilon$이 되는 K를 선택하라. 그래서 $n \geq K$이면 $1/n < \varepsilon$이고

$$\left|\frac{1}{n^2+1} - 0\right| = \frac{1}{n^2+1} < \frac{1}{n} < \varepsilon$$

이다. 따라서 수열의 극한이 0임을 보였다.

(c) $\lim\left(\dfrac{3n+2}{n+1}\right) = 3$이다.

주어진 $\varepsilon > 0$에 대하여 n이 충분히 클 때 부등식

(1) $$\left|\frac{3n+2}{n+1} - 3\right| < \varepsilon$$

을 얻고자 한다. 먼저 좌변의 식을 다음과 같이 간단히 한다.

$$\left|\frac{3n+2}{n+1} - 3\right| = \left|\frac{3n+2-3n-3}{n+1}\right| = \left|\frac{-1}{n+1}\right| = \frac{1}{n+1} < \frac{1}{n}.$$

이제 부등식 $1/n < \varepsilon$을 만족하면 부등식 (1)이 성립한다. 그러므로 $1/K < \varepsilon$이면 임의의 $n \geq K$에 대하여 역시 $1/n < \varepsilon$이고, 따라서 (1)이 성립한다. 그러므로 수열의 극한은 3이다.

(d) $\lim(\sqrt{n+1} - \sqrt{n}) = 0$이다.

$\sqrt{n+1} + \sqrt{n}$을 곱하고 나누어

$$\frac{(\sqrt{n+1} - \sqrt{n})(\sqrt{n+1} + \sqrt{n})}{\sqrt{n+1} + \sqrt{n}} = \frac{n+1-n}{\sqrt{n+1} + \sqrt{n}}$$
$$= \frac{1}{\sqrt{n+1} + \sqrt{n}} \leq \frac{1}{\sqrt{n}}$$

을 얻는다. 주어진 $\varepsilon > 0$에 대하여, $1/\sqrt{n} < \varepsilon$이기 위한 필요충분조건은 $1/n < \varepsilon^2$ 또는 $n > 1/\varepsilon^2$이다. 따라서 $K > 1/\varepsilon^2$를 취하면, 모든 $n > K$에 대하여 $\sqrt{n+1} - \sqrt{n} < \varepsilon$이다(예를 들어 $\varepsilon = 1/10$이면 $K > 100$인 K를 요구한다).

(e) $0 < b < 1$이면 $\lim(b^n) = 0$이다.

자연로그함수의 초등적인 성질을 이용할 것이다. $\varepsilon > 0$이 주어지면

$$b^n < \varepsilon \iff n \ln b < \ln \varepsilon \iff n > \ln \varepsilon / \ln b$$

임을 알 수 있다($\ln b < 0$이므로 마지막의 부등호가 바뀐다). 따라서 $K > \ln \varepsilon / \ln b$가 되는 수 K를 선택하면, 모든 $n \geq K$에 대하여 $0 < b^n < \varepsilon$이 될 것이다. 따라서 $\lim(b^n) = 0$이다.

예를 들어 $b = .8$이고 $\varepsilon = .01$이면 $K > \ln .01/\ln .8 \approx 20.6377$인 K가 필요할 것이다. 따라서 $K = 21$이 $\varepsilon = .01$에 대한 적절한 선택일 것이다.

참고 ***K*(ε) 게임** 수열의 수렴에 대한 개념에서 ε과 K 사이의 관계를 기억하는 한 방법은 이를 $K(\varepsilon)$ 게임이라 하는 경기로 생각하는 것이다. 이 게임에서 A선수는 어떤 수 x를 수열 (x_n)의 극한이라고 주장한다. B선수는 A선수에게 $\varepsilon > 0$에 대한 특정한 값을 제시함으로써 그 주장에 도전한다. A선수는 모든 $n > K$에 대하여 $|x_n - x| < \varepsilon$을 만족하는 K의 값을 제시함으로써 도전에 응해야 한다. 만약 A선수가 매 경기마다 적용되는 K의 값을 항상 찾아낼 수 있다면, 그는 승리하고 수열은 수렴한다. 그러나 A선수가 적절히 대응할 수 없는 $\varepsilon > 0$의 특정한 값을 B선수가 제시할 수 있다면 B선수가 승리하는 것이고, 그 수열은 x로 수렴하지 않는다는 결론을 얻는다.

수열 $X = (x_n)$이 x로 수렴하지 않는다는 것을 보이기 위하여 자연수 K를 어떻

게 선택하든 $|x_{n_K} - x| \geq \varepsilon_0$가 되는 $n_K \geq K$인 특정한 n_K를 찾아낼 수 있도록 하나의 수 $\varepsilon_0 > 0$를 제시하면 충분하다(3.4절에서 보다 상세히 논한다).

3.1.7 예 수열 (0, 2, 0, 2, ..., 0, 2, ...)은 0으로 수렴하지 않는다.

만일 A선수가 0을 이 수열의 극한이라고 주장할 때, B선수가 $\varepsilon < 2$인 ε의 값을 그에게 제시하면 그는 $K(\varepsilon)$ 게임에서 패할 것이다. 명확히 하기 위하여 B선수가 A선수에게 $\varepsilon_0 = 1$을 제시한다면 A선수가 K를 어떻게 선택하든 그의 대응은 적절하지 않다. 왜냐하면 B선수가 짝수인 $n > K$을 선택함으로써 대응할 것이다. 그러면 대응하는 값은 $x_n = 2$가 되어 $|x_n - 0| = 2 > 1 = \varepsilon_0$이다. 따라서 0은 이 수열의 극한이 아니다.

수열의 꼬리

수열 $X = (x_n)$의 수렴(또는 발산)은 단지 항들의 "최종적인 움직임(ultimate behavior)"에 의존한다는 것을 깨닫는 것이 중요하다. 이에 의하면 임의의 자연수 m에 대하여 수열의 처음 m개 항을 탈락시킨 수열 X_m이 수렴하기 위한 필요충분조건은 원수열이 수렴하는 것이고, 이 경우 이들의 극한은 같다. 수열의 "꼬리"에 대한 개념을 소개한 후 이를 공식적으로 기술할 것이다.

3.1.8 정의 $X = (x_1, x_2, \ldots, x_n, \ldots)$이 실수열이고 m이 주어진 자연수이면, X의 m-**꼬리**(tail)는 다음과 같은 수열이다.

$$X_m := (x_{m+n} : n \in \mathbb{N}) = (x_{m+1}, x_{m+2}, \ldots).$$

예를 들면, 수열 $X = (2, 4, 6, 8, 10, \ldots 2n, \ldots)$의 3-꼬리는 수열 $X_3 = (8, 10, 12, \ldots, 2n + 6, \ldots)$이다.

3.1.9 정리 $X = (x_n : n \in \mathbb{N})$를 실수열이라 하고 $m \in \mathbb{N}$이라 하자. X의 m-꼬리 $X_m = (x_{m+n} : n \in \mathbb{N})$이 수렴하기 위한 필요충분조건은 X가 수렴하는 것이다. 이 경우 $\lim X_m = \lim X$이다.

증명 임의의 $p \in \mathbb{N}$에 대하여 X_m의 p번째 항은 X의 $(p + m)$번째 항이다. 또한 $q > m$이면 X의 q번째 항은 X_m의 $(q - m)$번째 항이다.

X가 x로 수렴한다고 하자. 그러면 주어진 임의의 $\varepsilon > 0$에 대하여, $n \geq K(\varepsilon)$인 X의 항들이 $|x_n - x| < \varepsilon$을 만족하면 $k \geq K(\varepsilon) - m$인 X_m의 항들도 $|x_k - x| < \varepsilon$

을 만족한다. 따라서 $K_m(\varepsilon) = K(\varepsilon) - m$으로 취할 수 있고, X_m은 x로 수렴한다.

역으로, $k \geq K_m(\varepsilon)$인 X_m의 항들이 $|x_k - x| < \varepsilon$을 만족하면 $n \geq K(\varepsilon) + m$인 X의 항들도 $|x_n - x| < \varepsilon$을 만족한다. 따라서 $K(\varepsilon) = K_m(\varepsilon) + m$으로 취할 수 있다.

그러므로 X가 x로 수렴하기 위한 필요충분조건은 X_m이 x로 수렴하는 것이다.

Q.E.D.

수열 X의 어떤 꼬리가 일정한 성질을 가지면, X는 **최종적으로** 그 성질을 갖는다고 한다. 예를 들면, 수열 (3, 4, 5, 5, 5, ..., 5, ...)는 "최종적으로 상수이다"라고 한다. 한편 수열 (3, 5, 3, 5, ..., 3, 5, ...)은 최종적으로 상수가 아니다. 이 용어를 사용하여 수렴의 개념을 기술할 수 있다. 수열 X가 x로 수렴하기 위한 필요충분조건은 X의 항들이 최종적으로 x의 모든 ε-근방 안에 있어야 한다. 이러한 "최종적인 용어(ultimate terminology)"에 대한 다른 예들을 나중에 기술할 것이다.

추가적인 예

x가 수열 (x_n)의 극한임을 보이기 위하여 극한의 정의에서 요구한 것처럼 종종 $\varepsilon > 0$을 생각하여 $K(\varepsilon)$을 찾기 전에 차 $|x_n - x|$을 간단히 하려고 한다. 앞 예들의 일부에서 그렇게 하였다. 다음 결과는 이러한 개념에 대한 보다 공식적인 기술이고 뒤이어 나오는 예들은 이러한 접근을 이용한다.

3.1.10 정리 (x_n)을 실수열이라 하고 $x \in \mathbb{R}$라 하자. (a_n)이 $\lim(a_n) = 0$인 양의 실수열이고 어떤 상수 $C > 0$와 어떤 $m \in \mathbb{N}$에 대하여 $n \geq m$일 때

$$|x_n - x| \leq Ca_n$$

이면 $\lim(x_n) = x$이다.

증명 $\varepsilon > 0$이 주어지면, $\lim(a_n) = 0$이므로 $n \geq K$이면

$$a_n = |a_n - 0| < \varepsilon/C$$

이 되는 $K = K(\varepsilon/C)$가 존재한다. 따라서 $n \geq K$이고 $n \geq m$이면

$$|x_n - x| \leq Ca_n < C(\varepsilon/C) = \varepsilon$$

이다. $\varepsilon > 0$은 임의이므로 $\lim(x_n) = x$라는 결론을 얻는다. Q.E.D.

3.1.11 예 **(a)** $a > 0$이면 $\lim\left(\frac{1}{1+na}\right) = 0$이다.

$a > 0$이므로 $0 < na < 1 + na$이고, 따라서 $0 < 1/(1 + na) < 1/(na)$이다. 그러면 모든 $n \in \mathbb{N}$에 대하여

$$\left|\frac{1}{1+na} - 0\right| \le \left(\frac{1}{a}\right)\frac{1}{n}$$

이다. $\lim(1/n) = 0$이므로, $C = 1/a$와 $m = 1$로 정리 3.1.10에 의하여 $\lim(1/(1 + na)) = 0$임을 추론할 수 있다.

(b) $0 < b < 1$이면 $\lim(b^n) = 0$이다.

이 극한은 예 3.1.6(e)에서 이미 구했다. 여기서는 Bernoulli 부등식의 이용을 예증하는 제2의 증명법을 소개할 것이다(예 2.1.13(c)를 보라).

$0 < b < 1$이므로, $a := (1/b) - 1$일 때 $a > 0$가 되어 $b = 1/(1 + a)$로 쓸 수 있다. Bernoulli의 부등식에 의하여 $(1 + a)^n \ge 1 + na$를 얻는다. 따라서

$$0 < b^n = \frac{1}{(1+a)^n} \le \frac{1}{1+na} < \frac{1}{na}$$

이다. 그러면 정리 3.1.10으로부터 $\lim(b^n) = 0$이라는 결론을 얻는다.

특히 $b = .8$이면 $a = .25$이고, $\varepsilon = .01$을 주면 앞의 부등식은 $K(\varepsilon) = 4/(.01) = 400$을 제시한다. $K = 21$을 얻은 예 3.1.6(e)와 비교하면 이러한 추정법은 K에 대한 "최상"의 값을 제시하는 것은 아니다. 그러나 극한을 설정하는 것이 목표이므로 K의 크기는 중요하지 않다.

(c) $c > 0$이면 $\lim(c^{1/n}) = 1$이다.

$c = 1$이면 $(c^{1/n})$은 상수열 $(1, 1, ...)$이고 명백히 1로 수렴하므로, $c = 1$인 경우는 자명하다.

$c > 1$이면 어떤 $d_n > 0$에 대하여 $c^{1/n} = 1 + d_n$이다. 따라서 Bernoulli의 부등식 2.1.13(c)에 의하면 $n \in \mathbb{N}$에 대하여

$$c = (1 + d_n)^n \ge 1 + nd_n$$

이다. 그러므로 $c - 1 \ge nd_n$을 얻고, 따라서 $d_n \le (c - 1)/n$이다. 결국 $n \in \mathbb{N}$에 대하여

$$|c^{1/n} - 1| = d_n \le (c-1)\frac{1}{n}$$

을 얻는다. 이제 $c > 1$일 때, 정리 3.1.10에 의하여 $\lim(c^{1/n}) = 1$임을 추론한다.

이제 $0 < c < 1$이라 가정하면 어떤 $h_n > 0$에 대하여 $c^{1/n} = 1/(1 + h_n)$이다. 따라서 Bernoulli의 부등식에 의하여

$$c = \frac{1}{(1+h_n)^n} \leq \frac{1}{1+nh_n} < \frac{1}{nh_n}$$

이고, 이로부터 $n \in \mathbb{N}$에 대하여 $0 < h_n < 1/nc$이다. 따라서

$$0 < 1 - c^{1/n} = \frac{h_n}{1+h_n} < h_n < \frac{1}{nc}$$

이므로, $n \in \mathbb{N}$에 대하여

$$|c^{1/n} - 1| < \left(\frac{1}{c}\right)\frac{1}{n}$$

이다. 이제 $0 < c < 1$일 때 $\lim(c^{1/n}) = 1$임을 추론하는 데 정리 3.1.10을 적용한다.

(d) $\lim(n^{1/n}) = 1$이다.

$n > 1$에 대하여 $n^{1/n} > 1$이므로, $n > 1$일 때 어떤 $k_n > 0$에 대하여 $n^{1/n} = 1 + k_n$으로 쓸 수 있다. 그러면 $n > 1$에 대하여 $n = (1 + k_n)^n$이다. 이항정리에 의하여 $n > 1$이면

$$n = 1 + nk_n + \tfrac{1}{2}n(n-1)k_n^2 + \cdots \geq 1 + \tfrac{1}{2}n(n-1)k_n^2$$

을 얻고, 따라서

$$n - 1 \geq \tfrac{1}{2}n(n-1)k_n^2$$

이다. 그러므로 $n > 1$에 대하여 $k_n^2 \leq 2/n$이다. 만약 $\varepsilon > 0$이 주어지면, Archimedes의 성질에 의하여 $2/N_\varepsilon < \varepsilon^2$이 되는 자연수 N_ε이 존재한다. $n \geq \sup\{2, N_\varepsilon\}$이면 $2/n < \varepsilon^2$이므로

$$0 < n^{1/n} - 1 = k_n \leq (2/n)^{1/2} < \varepsilon$$

이다. $\varepsilon > 0$은 임의이므로 $\lim(n^{1/n}) = 1$임을 추론한다. ■

연습문제 3.1

1. 수열 (x_n)의 제n항이 다음과 같은 공식으로 정의된다고 하자. 각 경우 처음 다섯 항을 써 보아라.

(a) $x_n := 1 + (-1)^n$ (b) $x_n := (-1)^n/n$ (c) $x_n := \dfrac{1}{n(n+1)}$ (d) $x_n := \dfrac{1}{n^2+2}$

2. 수열 (x_n)의 처음 몇 개 항이 다음과 같이 주어진다고 하자. 이 항들이 보인 "자연스런 형태(natural pattern)"가 유지된다고 가정하여 제n항 x_n에 대한 공식을 기술하라.

(a) 5, 7, 9, 11, ...　　(b) 1/2, −1/4, 1/8, −1/16, ...

(c) 1/2, 2/3, 3/4, 4/5, ...　　(d) 1, 4, 9, 16, ...

3. 다음과 같이 귀납적으로 정의된 수열의 처음 다섯 항을 나열하여라.

(a) $x_1 := 1,\ x_{n+1} := 3x_{n+1}$

(b) $y_1 := 2,\ y_{n+1} := \frac{1}{2}(y_n + 2/y_n)$

(c) $z_1 := 1,\ z_2 := 2,\ z_{n+2} := (z_{n+1} + z_n)/(z_{n+1} - z_n)$

(d) $s_1 := 3,\ s_2 := 5,\ s_{n+2} := s_n + s_{n+1}$

4. 임의의 $b \in \mathbb{R}$에 대하여 $\lim(b/n) = 0$임을 증명하여라.

5. 수열에 대한 극한의 정의를 이용하여 다음 극한을 구하여라.

(a) $\lim\left(\dfrac{n}{n^2+1}\right) = 0$　　(b) $\lim\left(\dfrac{2n}{n+1}\right) = 2$

(c) $\lim\left(\dfrac{3n+1}{2n+5}\right) = \dfrac{3}{2}$　　(d) $\lim\left(\dfrac{n^2-1}{2n^2+3}\right) = \dfrac{1}{2}$

6. 다음을 보여라.

(a) $\lim\left(\dfrac{1}{\sqrt{n+7}}\right) = 0$　　(b) $\lim\left(\dfrac{2n}{n+2}\right) = 2$

(c) $\lim\left(\dfrac{\sqrt{n}}{n+1}\right) = 0$　　(d) $\lim\left(\dfrac{(-1)^n n}{n^2+1}\right) = 0$

7. $n \in \mathbb{N}$에 대하여 $x_n := 1/\ln(n+1)$이라 하자.

(a) 극한의 정의를 이용하여 $\lim(x_n) = 0$임을 보여라.

(b) (i) $\varepsilon = 1/2$과 (ii) $\varepsilon = 1/10$의 각각에 대하여 극한의 정의에서 요구하는 $K(\varepsilon)$의 특정한 값을 구하여라.

8. $\lim(x_n) = 0$이기 위한 필요충분조건이 $\lim(|x_n|) = 0$임을 증명하여라. $(|x_n|)$은 수렴하지만 (x_n)이 수렴하지 않음을 보이는 예를 제시하여라.

9. 모든 $n \in \mathbb{N}$에 대하여 $x_n \ge 0$이고 $\lim(x_n) = 0$이면 $\lim(\sqrt{x_n}) = 0$임을 보여라.

10. $\lim(x_n) = x$이고 $x > 0$이면, 모든 $n \ge M$에 대하여 $x_n > 0$이 되는 자연수 M이 존재함을 증명하여라.

11. $\lim\left(\dfrac{1}{n} - \dfrac{1}{n+1}\right) = 0$임을 보여라.

12. $\lim(\sqrt{n^2+1} - n) = 0$임을 보여라.

13. $\lim(1/3^n) = 0$임을 보여라.

14. $b \in \mathbb{R}$가 $0 < b < 1$을 만족한다고 하자. $\lim(nb^n) = 0$임을 보여라. [힌트: 예 3.1.11(d)에서와 같이 이항정리를 이용하라.]

15. $\lim((2n)^{1/n}) = 1$임을 보여라.

16. $\lim(n^2/n!) = 0$임을 보여라.

17. $\lim(2^n/n!) = 0$임을 보여라. [힌트: $n \geq 3$이면 $0 < 2^n/n! \leq 2\left(\frac{2}{3}\right)^{n-2}$이다.]

18. $\lim(x_n) = x > 0$일 때, $n \geq K$이면 $\frac{1}{2}x < x_n < 2x$가 되는 자연수 K가 존재함을 보여라.

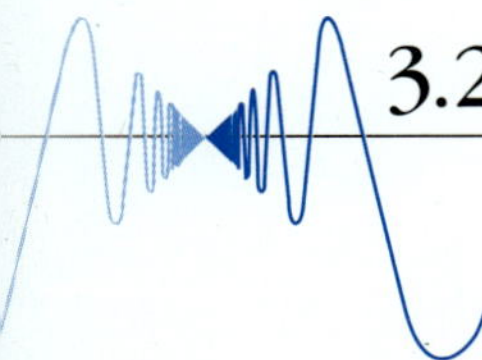

3.2 극한정리

이 절에서는 어떤 실수열의 극한을 구할 수 있게 해주는 몇 개의 결과를 얻을 것이다. 이 결과들은 수렴수열족을 보다 광범위하게 확장시킬 것이다. 이 절과 나중의 절들에서 이용할 수렴수열의 중요한 성질을 수립하는 것으로 시작한다.

3.2.1 정의 $X = (x_n)$을 실수열이라 하자. 모든 $n \in \mathbb{N}$에 대하여 $|x_n| \leq M$이 되는 실수 $M > 0$이 존재하면, X는 **유계이다**(bounded)라고 한다.

따라서 수열 (x_n)이 유계이기 위한 필요충분조건은 그 값들의 집합 $\{x_n : n \in \mathbb{N}\}$이 $\mathbb{R}$의 유계부분집합이다.

3.2.2 정리 수렴하는 실수열은 유계이다.

증명 $\lim(x_n) = x$라 가정하고 $\varepsilon := 1$이라 하자. 모든 $n \geq K$에 대하여 $|x_n - x| < 1$이 되는 자연수 $K = K(1)$이 존재한다. $n \geq K$일 때, 삼각부등식을 이용하면

$$|x_n| = |x_n - x + x| \leq |x_n - x| + |x| < 1 + |x|$$

을 얻는다.

$$M := \sup\{|x_1|, |x_2|, \ldots, |x_{K-1}|, 1 + |x|\}$$

으로 놓으면, 모든 $n \in \mathbb{N}$에 대하여 $|x_n| \leq M$이다. Q.E.D.

참고 근방이라는 용어를 써서 수렴하는 수열 (x_n)이 유계임을 증명할 수 있다. 만약 $V_\varepsilon(x)$가 극한 x의 주어진 근방이면, 수열의 유한개 항을 제외한 모든 항들이 $V_\varepsilon(x)$에 속

한다. 따라서 $V_\varepsilon(x)$는 명백히 유계이고 유한집합들도 유계이므로 수렴수열은 유계이다.

이제 극한과정이 수열들의 덧셈, 뺄셈, 곱셈, 그리고 나눗셈의 연산과 어떻게 상호 작용하는지를 조사할 것이다. $X = (x_n)$과 $Y = (y_n)$이 실수열이면, 그들의 **합**(sum)을 수열 $X + Y := (x_n + y_n)$으로, 그들의 **차**(difference)를 수열 $X - Y := (x_n - y_n)$으로, 그리고 그들의 **곱**(product)을 수열 $X \cdot Y := (x_n y_n)$으로 정의한다. $c \in \mathbb{R}$이면, X의 c**배**(multiple)를 수열 $cX := (cx_n)$으로 정의한다. 마지막으로 $Z = (z_n)$이 모든 $n \in \mathbb{N}$에 대하여 $z_n \neq 0$인 실수열이면, X와 Z의 **상**(quotient)은 수열 $X/Z := (x_n/z_n)$이다.

예를 들면, X와 Y가

$$X := (2, 4, 6, \ldots, 2n, \ldots), \quad Y := \left(\frac{1}{1}, \frac{1}{2}, \frac{1}{3}, \ldots, \frac{1}{n}, \ldots\right)$$

인 수열이면 다음을 얻는다.

$$\begin{aligned} X + Y &= \left(\frac{3}{1}, \frac{9}{2}, \frac{19}{3}, \ldots, \frac{2n^2+1}{n}, \ldots\right) \\ X - Y &= \left(\frac{1}{1}, \frac{7}{2}, \frac{17}{3}, \ldots, \frac{2n^2-1}{n}, \ldots\right) \\ X \cdot Y &= (2, 2, 2, \ldots, 2, \ldots) \\ 3X &= (6, 12, 18, \ldots, 6n, \ldots) \\ X/Y &= (2, 8, 18, \ldots, 2n^2, \ldots). \end{aligned}$$

Z가 수열

$$Z := (0, 2, 0, \ldots, 1 + (-1)^n, \ldots)$$

이면, $X + Z$, $X - Z$와 $X \cdot Z$를 정의할 수 있지만 Z의 몇 개의 항이 0이므로 X/Z는 정의되지 않음에 유의하라.

이제 수렴하는 수열들에 이러한 연산을 적용하여 얻은 수열이 극한을 예견할 수 있는 새로운 수열임을 보인다.

3.2.3 정리 **(a)** $X = (x_n)$과 $Y = (y_n)$을 각각 x와 y로 수렴하는 실수열이라 하고 $c \in \mathbb{R}$라 하자. 그러면 수열 $X + Y$, $X - Y$, $X \cdot Y$, 그리고 cX는 각각 $x + y$, $x - y$, xy, 그리고 cx로 수렴한다.

(b) $X = (x_n)$이 x로 수렴하고 $Z = (z_n)$이 z로 수렴하는 영이 아닌 실수열이며 $z \neq 0$

이면, 상의 수열 X/Z는 x/z로 수렴한다.

증명 (a) $\lim(x_n + y_n) = x + y$임을 보이기 위하여 $|(x_n + y_n) - (x + y)|$의 크기를 추정할 필요가 있다. 이를 위해 다음을 얻는 데 삼각부등식 2.2.3을 이용한다.

$$\begin{aligned}|(x_n + y_n) - (x + y)| &= |(x_n - x) + (y_n - y)| \\ &\le |x_n - x| + |y_n - y|.\end{aligned}$$

가정에 의하여 $\varepsilon > 0$이면 $n \ge K_1$일 때 $|x_n - x| < \varepsilon/2$이 되는 자연수 K_1이 존재하고, 또 $n \ge K_2$일 때 $|y_n - y| < \varepsilon/2$이 되는 자연수 K_2가 존재한다. 따라서 $K(\varepsilon) := \sup\{K_1, K_2\}$라 하면 $n \ge K(\varepsilon)$일 때 다음이 성립한다.

$$\begin{aligned}|(x_n + y_n) - (x + y)| &\le |x_n - x| + |y_n - y| \\ &< \frac{1}{2}\varepsilon + \frac{1}{2}\varepsilon = \varepsilon.\end{aligned}$$

$\varepsilon > 0$은 임의이므로, $X + Y = (x_n + y_n)$은 $x + y$로 수렴한다.

$X - Y = (x_n - y_n)$이 $x - y$로 수렴함을 보이기 위하여 정확히 같은 논의를 이용할 수 있다.

$X \cdot Y = (x_n y_n)$이 xy로 수렴함을 보이기 위하여 다음과 같이 추정한다.

$$\begin{aligned}|x_n y_n - xy| &= |(x_n y_n - x_n y) + (x_n y - xy)| \\ &\le |x_n(y_n - y)| + |(x_n - x)y| \\ &= |x_n||y_n - y| + |x_n - x||y|.\end{aligned}$$

정리 3.2.2에 의하면 모든 $n \in \mathbb{N}$에 대하여 $|x_n| \le M_1$이 되는 실수 $M_1 > 0$이 존재하고, $M := \sup\{M_1, |y|\}$으로 놓는다. 그러면

$$|x_n y_n - xy| \le M|y_n - y| + M|x_n - x|$$

을 얻는다. X와 Y의 수렴성으로부터 $\varepsilon > 0$이 주어지면, $n \ge K_1$일 때 $|x_n - x| < \varepsilon/2M$이고 $n \ge K_2$일 때 $|y_n - y| < \varepsilon/2M$이 되는 자연수 K_1과 K_2가 존재한다. 이제 $K(\varepsilon) = \sup\{K_1, K_2\}$라 하자. $n \ge K(\varepsilon)$이면 다음을 추론한다.

$$\begin{aligned}|x_n y_n - xy| &\le M|y_n - y| + M|x_n - x| \\ &< M(\varepsilon/2M) + M(\varepsilon/2M) = \varepsilon.\end{aligned}$$

$\varepsilon > 0$은 임의이므로, $X \cdot Y = (x_n y_n)$이 xy로 수렴하는 것이 증명된다.

$cX = (cx_n)$이 cx로 수렴한다는 것도 같은 방법으로 증명할 수 있다. 이는 Y를 상수열 $(c, c, c, \ldots)$로 취하여 추론할 수 있다. 세부적인 것은 독자에게 맡긴다.

(b) 다음으로 0이 아닌 수열 $Z = (z_n)$이 0이 아닌 극한 z로 수렴하면 역수의 수

열 $(1/z_n)$이 $1/z$로 수렴하는 것을 보인다. 먼저 $\alpha := \frac{1}{2}|z|$이라 하면 $\alpha > 0$이다. $\lim(z_n) = z$이므로, $n \geq K_1$이면 $|z_n - z| < \alpha$가 되는 자연수 K_1이 존재한다. 삼각부등식의 따름정리 2.2.4(a)로부터 $n \geq K_1$에 대하여 $-\alpha \leq -|z_n - z| \leq |z_n| - |z|$이 되고, 따라서 $n \geq K_1$에 대하여 $\frac{1}{2}|z| = |z| - \alpha \leq |z_n|$이다. 그러면 $n \geq K_1$에 대하여 $1/|z_n| \leq 2/|z|$가 되어, 모든 $n \geq K_1$에 대하여 다음을 얻는다.

$$\begin{aligned}\left|\frac{1}{z_n} - \frac{1}{z}\right| &= \left|\frac{z - z_n}{z_n z}\right| = \frac{1}{|z_n z|}|z - z_n| \\ &\leq \frac{2}{|z|^2}|z - z_n|.\end{aligned}$$

이제 $\varepsilon > 0$이 주어지면 $n \geq K_2$일 때 $|z_n - z| < \frac{1}{2}\varepsilon|z|^2$이 되는 자연수 K_2가 존재한다. 따라서 $K(\varepsilon) = \sup\{K_1, K_2\}$라 하면, 모든 $n > K(\varepsilon)$에 대하여

$$\left|\frac{1}{z_n} - \frac{1}{z}\right| < \varepsilon$$

이다. $\varepsilon > 0$은 임의이므로

$$\lim\left(\frac{1}{z_n}\right) = \frac{1}{z}$$

이다.

이제 Y를 수열 $(1/z_n)$로 취하고 $X \cdot Y = (x_n/z_n)$이 $x(1/z) = x/z$로 수렴한다는 사실을 이용하여 (b)의 증명을 완성한다. Q.E.D.

정리 3.2.3의 몇 가지 결과들을 수학적 귀납법에 의하여 유한개의 수렴수열로 확장할 수 있다. 예를 들어 $A = (a_n)$, $B = (b_n)$, ..., $Z = (z_n)$이 수렴하는 실수열이면 그들의 합 $A + B + \cdots + Z = (a_n + b_n + \cdots + z_n)$도 수렴수열이고 다음이 성립한다.

(1) $$\lim(a_n + b_n + \cdots + z_n) = \lim(a_n) + \lim(b_n) + \cdots + \lim(z_n).$$

또한 그들의 곱 $A \cdot B \cdots Z := (a_n b_n \cdots z_n)$도 수렴수열이고 다음이 성립한다.

(2) $$\lim(a_n b_n \cdots z_n) = (\lim(a_n))\,(\lim(b_n)) \cdots (\lim(z_n)).$$

따라서 $k \in \mathbb{N}$이고 $A = (a_n)$이 수렴수열이면 다음이 된다.

(3) $$\lim(a_n^k) = (\lim(a_n))^k.$$

이 주장들의 증명은 독자에게 맡긴다.

3.2.4 정리 $X = (x_n)$이 수렴하는 실수열이고 모든 $n \in \mathbb{N}$에 대하여 $x_n \geq 0$이면 $x = \lim(x_n) \geq 0$이다.

증명 결론이 참이 아니라고 가정하여 $x < 0$이라 하면 $\varepsilon := -x$는 양수이다. X가 x로 수렴하므로, 모든 $n \geq K$에 대하여

$$x - \varepsilon < x_n < x + \varepsilon$$

이 되는 자연수 K가 존재한다. 특히 $x_K < x + \varepsilon = x + (-x) = 0$을 얻는다. 그러나 이는 모든 $n \in \mathbb{N}$에 대하여 $x_n \geq 0$이라는 가정에 모순이다. 그러므로 이 모순에 의하여 $x \geq 0$이다. Q.E.D.

이제 정리 3.2.4보다 공식적으로 더 강력하고 유용한 결과를 소개한다.

3.2.5 정리 $X = (x_n)$과 $Y = (y_n)$이 수렴하는 실수열이고 모든 $n \in \mathbb{N}$에 대하여 $x_n \leq y_n$이면 $\lim(x_n) \leq \lim(y_n)$이다.

증명 모든 $n \in \mathbb{N}$에 대하여 $z_n := y_n - x_n$이라 하면 $Z := (z_n) = Y - X$이고 $z_n \geq 0$이다. 정리 3.2.4와 3.2.3에 의하여

$$0 \leq \lim Z = \lim(y_n) - \lim(x_n)$$

이고, 따라서 $\lim(x_n) \leq \lim(y_n)$이다. Q.E.D.

다음 결과는 수렴하는 수열의 모든 항이 $a \leq x_n \leq b$인 형태의 부등식을 만족하면 그 수열의 극한도 같은 부등식을 만족한다는 것을 주장한다. 따라서 수열이 수렴하면 이런 형태의 부등식에서 "극한으로 전환해도(pass to the limit)" 좋다.

3.2.6 정리 $X = (x_n)$이 수렴수열이고 모든 $n \in \mathbb{N}$에 대하여 $a \leq x_n \leq b$이면 $a \leq \lim(x_n) \leq b$이다.

증명 Y를 상수열 $(b, b, b, \ldots)$라 하자. 정리 3.2.5에 의하여 $\lim X \leq \lim Y = b$이다. 마찬가지로 $a \leq \lim X$임을 보일 수 있다. Q.E.D.

다음 결과는 수열 Y를 같은 극한으로 수렴하는 두 수열이 조이면 이 또한 그 극한으로 수렴해야 한다고 주장한다.

3.2.7 조임정리 $X = (x_n)$, $Y = (y_n)$, 그리고 $Z = (z_n)$을 모든 $n \in \mathbb{N}$에 대하여

$$x_n \le y_n \le z_n$$

이고 $\lim(x_n) = \lim(z_n)$인 실수열이라 가정하자. 그러면 $Y = (y_n)$은 수렴하고

$$\lim(x_n) = \lim(y_n) = \lim(z_n)$$

이다.

증명 $w := \lim(x_n) = \lim(z_n)$이라 하자. $\varepsilon > 0$이 주어지면, X와 Z가 w로 수렴한다는 가정에 의하여 $n \ge K$일 때

$$|x_n - w| < \varepsilon \quad \text{이고} \quad |z_n - w| < \varepsilon$$

이 되는 자연수 K가 존재한다. 가정에 의하면 모든 $n \in \mathbb{N}$에 대하여

$$x_n - w \le y_n - w \le z_n - w$$

이고, 따라서 모든 $n \ge K$에 대하여

$$-\varepsilon < y_n - w < \varepsilon$$

이다(왜?). $\varepsilon > 0$은 임의이므로 $\lim(y_n) = w$이다. Q.E.D.

참고 수렴하는 수열의 임의의 꼬리는 동일한 극한을 가지므로 정리 3.2.4, 3.2.5, 3.2.6과 3.2.7을 수열의 꼬리에 적용하기 위하여 이 정리의 가정들을 완화할 수 있다. 예를 들면, 정리 3.2.4에서 $X = (x_n)$이 모든 $n \ge m$에 대하여 $x_n \ge 0$이 되는 $m \in \mathbb{N}$이 존재한다는 의미에서 "최종적으로 양"이면 $x \ge 0$이라는 동일한 결론이 성립할 것이다. 독자가 입증해야 하겠지만 유사한 변형들이 다른 정리에 대해서도 유효하다.

3.2.8 예 **(a)** 수열 (n)은 발산한다.

$X := (n)$이 수렴하면, 정리 3.2.2로부터 모든 $n \in \mathbb{N}$에 대하여 $n = |n| < M$인 실수 $M > 0$이 존재한다. 그러나 이것은 Archimedes의 성질 2.4.3에 위배된다.

(b) 수열 $((-1)^n)$은 발산한다.

이 수열 $X = ((-1)^n)$은 유계이므로($M := 1$을 취하라) 정리 3.2.2를 적용할 수 없다. 그러나 $a := \lim X$가 존재한다고 가정하고 $\varepsilon := 1$이라 하면, 모든 $n \ge K_1$에 대하여

$$|(-1)^n - a| < 1$$

이 되는 자연수 K_1이 존재한다. n이 $n \ge K_1$인 홀수이면 이는 $|-1 - a| < 1$이 되어 $-2 < a < 0$이다(왜?). 한편 n이 $n \ge K_1$인 짝수이면 이 부등식은 $|1 - a| < 1$

이 되어 $0 < a < 2$이다. a는 이들 부등식 모두를 만족할 수 없으므로 X가 수렴한다는 가정은 모순을 초래한다. 따라서 X는 발산한다.

(c) $\lim\left(\dfrac{2n+1}{n}\right) = 2$이다.

$X := (2)$이고 $Y := (1/n)$이라 하면 $((2n+1)/n) = X + Y$이다. 따라서 정리 3.2.3(a)에 의하여 $\lim(X+Y) = \lim X + \lim Y = 2 + 0 = 2$가 된다.

(d) $\lim\left(\dfrac{2n+1}{n+5}\right) = 2$이다.

수열 $(2n+1)$과 $(n+5)$가 수렴하지 않으므로(왜?) 정리 3.2.3(b)를 직접 이용할 수 없다. 그러나

$$\frac{2n+1}{n+5} = \frac{2+1/n}{1+5/n}$$

로 쓰면, $X := (2+1/n)$과 $Z := (1+5/n)$로 취할 때 주어진 수열은 정리 3.2.3(b)를 응용할 수 있는 하나가 된다(모든 가정을 만족하는지 검토하라). $\lim X = 2$이고 $\lim Z = 1 \neq 0$이므로 $\lim((2n+1)/(n+5)) = 2/1 = 2$임을 추론한다.

(e) $\lim\left(\dfrac{2n}{n^2+1}\right) = 0$이다.

정리 3.2.3(b)를 직접 적용하지 못한다(왜?). 다음에 주목하자.

$$\frac{2n}{n^2+1} = \frac{2}{n+1/n}.$$

그러나 $(n+1/n)$이 수렴수열이 아니므로 여기서도 역시 3.2.3(b)를 적용할 수 없다(왜?). 그러나

$$\frac{2n}{n^2+1} = \frac{2/n}{1+1/n^2}$$

로 쓰면, $\lim(2/n) = 0$이고 $\lim(1+1/n^2) = 1 \neq 0$이므로 정리 3.2.3(b)를 적용할 수 있다. 따라서 $\lim(2n/(n^2+1)) = 0/1 = 0$이다.

(f) $\lim\left(\dfrac{\sin n}{n}\right) = 0$이다.

수열 (n)이 수렴하지 않으므로 정리 3.2.3(b)를 직접 적용할 수 없다[$(\sin n)$도 수렴하지 않는다]. 정리 3.2.3을 적용할 수 있도록 수열을 변형할 수 있는 간단한 대수적 조작도 생각나지 않는다. 그러나 $-1 \leq \sin n \leq 1$에 주목하면, 모든 $n \in \mathbb{N}$에 대하여

$$-\frac{1}{n} \le \frac{\sin n}{n} \le \frac{1}{n}$$

이 된다. 따라서 $\lim(n^{-1}\sin n) = 0$을 추론하는 데 조임정리 3.2.7을 적용할 수 있다(정리 3.1.10도 이 수열에 적용할 수 있음에 주목하라).

(g) $X = (x_n)$을 $x \in \mathbb{R}$로 수렴하는 실수열이라 하고 p를 다항식이라 하자, 예를 들어 $k \in \mathbb{N}$이고 $j = 0, 1, 2, ..., k$에 대하여 $a_j \in \mathbb{R}$일 때

$$p(t) := a_k t^k + a_{k-1} t^{k-1} + \cdots + a_1 t + a_0$$

라 하면, 정리 3.2.3에 의하여 수열 $(p(x_n))$이 $p(x)$로 수렴한다. 자세한 것은 연습문제로 독자에게 넘긴다.

(h) $X = (x_n)$을 $x \in \mathbb{R}$로 수렴하는 실수열이라 하고 r이 유리함수[즉 p와 q가 다항식일 때 $r(t) := p(t)/q(t)$]라 하자. 모든 $n \in \mathbb{N}$에 대하여 $q(x_n) \ne 0$이고 $q(x) \ne 0$이라 가정하면 수열 $(r(x_n))$이 $r(x) = p(x)/q(x)$로 수렴한다. 상술하는 것은 연습문제로 독자에게 넘긴다. ■

앞으로의 공부에서 유익하게 쓰일 여러 결과들로 이 절을 접는다.

3.2.9 정리 수열 $X = (x_n)$이 x로 수렴한다고 하자. 그러면 절대값의 수열 $(|x_n|)$은 $|x|$으로 수렴한다. 즉 $x = \lim(x_n)$이면 $|x| = \lim(|x_n|)$이다.

증명 삼각부등식에 의하면(따름정리 2.2.4(a)를 보라) 모든 $n \in \mathbb{N}$에 대하여

$$\big||x_n| - |x|\big| \le |x_n - x|$$

이 된다. 따라서 $(|x_n|)$이 $|x|$으로 수렴하는 것은 (x_n)이 x로 수렴하는 것의 직접적인 결과이다. Q.E.D.

3.2.10 정리 $X = (x_n)$을 x로 수렴하는 실수열이라 하고 $x_n \ge 0$이라 가정하자. 그러면 양수의 제곱근열 $(\sqrt{x_n})$은 수렴하고 $\lim(\sqrt{x_n}) = \sqrt{x}$이다.

증명 정리 3.2.4에 의하면 $x = \lim(x_n) \ge 0$이 되어 주장은 의미가 있다. 이제 (i) $x = 0$과 (ii) $x > 0$인 두 경우를 고찰하자.

경우 (i). $x = 0$이고 $\varepsilon > 0$이 주어졌다고 하자. $x_n \to 0$이므로, $n \ge K$이면

$$0 \le x_n = x_n - 0 < \varepsilon^2$$

이 되는 자연수 K가 존재한다. 따라서 $n \ge K$에 대하여 $0 \le \sqrt{x_n} < \varepsilon$이다[예

2.1.13(a)를 보라]. $\varepsilon > 0$은 임의이므로 $\sqrt{x_n} \to 0$이다.

경우 (ii). $x > 0$이면 $\sqrt{x} > 0$이고 다음에 주목한다.

$$\sqrt{x_n} - \sqrt{x_n} = \frac{\left(\sqrt{x_n} - \sqrt{x}\right)\left(\sqrt{x_n} + \sqrt{x}\right)}{\sqrt{x_n} + \sqrt{x}} = \frac{x_n - x}{\sqrt{x_n} + \sqrt{x}}.$$

$\sqrt{x_n} + \sqrt{x} \geq \sqrt{x} > 0$이므로

$$\left|\sqrt{x_n} - \sqrt{x}\right| \leq \left(\frac{1}{\sqrt{x}}\right)|x_n - x|$$

이다. $\sqrt{x_n} \to \sqrt{x}$의 수렴성은 $x_n \to x$라는 사실에 기인한다. Q.E.D.

다음 결과는 어떤 형태의 수열에 대하여 수렴을 판정할 수 있는 빠르고 쉬운 "비 판정법(ratio test)"을 제공한다. 관련된 결과들을 연습문제에서 볼 수 있다.

3.2.11 정리 (x_n)을 $L := \lim(x_{n+1}/x_n)$이 존재하는 양의 실수열이라 하자. $L < 1$이면, (x_n)은 수렴하고 $\lim(x_n) = 0$이다.

증명 3.2.4에 의하여 $L \geq 0$이다. r을 $L < r < 1$인 수라 하고 $\varepsilon := r - L > 0$이라 하자. $n \geq K$이면

$$\left|\frac{x_{n+1}}{x_n} - L\right| < \varepsilon$$

이 되는 자연수 K가 존재한다. 이것에 의하여 $n \geq K$이면

$$\frac{x_{n+1}}{x_n} < L + \varepsilon = L + (r - L) = r$$

이 된다(왜?). 따라서 $n \geq K$이면

$$0 < x_{n+1} < x_n r < x_{n-1} r^2 < \cdots < x_K r^{n-K+1}$$

을 얻는다. $C := x_K/r^K$로 놓으면, 모든 $n \geq K$에 대하여 $0 < x_{n+1} < Cr^{n+1}$이다. $0 < r < 1$이므로 3.1.11(b)에 의하여 $\lim(r^n) = 0$이 되고, 따라서 정리 3.1.10으로부터 $\lim(x_n) = 0$이다. Q.E.D.

위 정리에 대한 유용성의 예증으로 $x_n := n/2^n$으로 주어지는 수열 (x_n)을 고찰한다.

$$\frac{x_{n+1}}{x_n} = \frac{n+1}{2^{n+1}} \cdot \frac{2^n}{n} = \frac{1}{2}\left(1 + \frac{1}{n}\right)$$

이 되어 $\lim(x_{n+1}/x_n) = \frac{1}{2}$이다. $\frac{1}{2} < 1$이므로, 정리 3.2.11에 의하여 $\lim(n/2^n) = 0$이 된다.

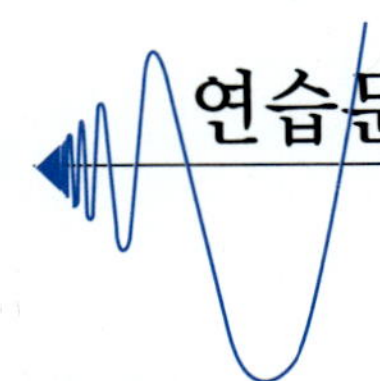

연습문제 3.2

1. 다음과 같은 공식으로 주어진 x_n에 대하여 수열 $X = (x_n)$의 수렴과 발산을 판정하여라.

(a) $x_n := \dfrac{n}{n+1}$ (b) $x_n := \dfrac{(-1)^n n}{n+1}$

(c) $x_n := \dfrac{n^2}{n+1}$ (d) $x_n := \dfrac{2n^2+3}{n^2+1}$

2. 다음이 되는 두 발산수열 X와 Y의 예를 들어라.

(a) 그들의 합 $X + Y$가 수렴한다. (b) 그들의 곱 XY가 수렴한다.

3. 수열 X와 Y에 대하여 X와 $X + Y$가 수렴하면 Y도 수렴함을 보여라.

4. 수열 X와 Y에 대하여 X가 $x \neq 0$로 수렴하고 XY가 수렴하면 Y도 수렴함을 보여라.

5. 다음 수열들이 수렴하지 않음을 보여라.

(a) (2^n) (b) $((-1)^n n^2)$

6. 다음 수열들의 극한을 구하여라.

(a) $\lim\left((2 + 1/n)^2\right)$ (b) $\lim\left(\dfrac{(-1)^n}{n+2}\right)$

(c) $\lim\left(\dfrac{\sqrt{n}-1}{\sqrt{n}+1}\right)$ (d) $\lim\left(\dfrac{n+1}{n\sqrt{n}}\right)$

7. (b_n)이 유계수열이고 $\lim(a_n) = 0$이면 $\lim(a_n b_n) = 0$임을 보여라. 왜 정리 3.2.3을 이용할 수 없는지 설명하여라.

8. 수열 $((1 + 1/n)^n)$의 극한 계산에 왜 정리 3.2.4의 앞 식 (3)에 있는 결과를 이용할 수 없는지 설명하여라.

9. $n \in \mathbb{N}$에 대하여 $y_n := \sqrt{n+1} - \sqrt{n}$이라 하자. $(\sqrt{n}\, y_n)$이 수렴함을 보여라. 그들의 극한을 구하여라.

10. 다음 수열의 극한을 구하여라.

(a) $(\sqrt{4n^2+n} - 2n)$ (b) $(\sqrt{n^2+5n} - n)$

11. 다음 극한을 구하여라.

(a) $\lim((3\sqrt{n})^{1/2n})$ (b) $\lim((n+1)^{1/\ln(n+1)})$

12. $0 < a < b$일 때 $\lim\left(\dfrac{a^{n+1}+b^{n+1}}{a^n+b^n}\right)$을 구하여라.

13. $a > 0$, $b > 0$이면 $\lim(\sqrt{(n+a)(n+b)} - n) = (a+b)/2$임을 보여라.

14. 조임정리 3.2.7을 이용하여 다음 극한을 구하여라.

(a) (n^{1/n^2}) (b) $((n!)^{1/n^2})$

15. $0 < a < b$일 때, $z_n := (a^n + b^n)^{1/n}$이면 $\lim(z_n) = b$임을 보여라.

16. a, b가 $0 < a < 1$과 $b > 1$을 만족할 때 다음 수열에 정리 3.2.11을 적용하라.

(a) (a^n) (b) $(b^n/2^n)$

(c) (n/b^n) (d) $(2^{3n}/3^{2n})$

17. (a) $\lim(x_{n+1}/x_n) = 1$을 만족하는 양의 수렴하는 수열 (x_n)의 예를 들어라.

(b) 이 성질을 갖는 발산하는 수열의 예를 들어라(따라서 이 성질을 수렴에 대한 판정법으로 이용할 수 없다).

18. $X = (x_n)$을 $\lim(x_{n+1}/x_n) = L > 1$이 되는 양의 실수열이라 하자. X가 유계수열이 아니고, 따라서 수렴하지 않음을 보여라.

19. a, b가 $0 < a < 1$, $b > 1$을 만족할 때 다음 수열의 수렴성을 논하라.

(a) (n^2a^n) (b) (b^n/n^2)

(c) $(b^n/n!)$ (d) $(n!/n^n)$

20. (x_n)을 $\lim(x_n^{1/n}) = L < 1$이 되는 양의 실수열이라 하자. 충분히 큰 $n \in \mathbb{N}$에 대하여 $0 < x_n < r^n$이 되는 $0 < r < 1$인 수 r이 존재함을 보여라. 이를 이용하여 $\lim(x_n) = 0$임을 보여라.

21. (a) $\lim(x_n^{1/n}) = 1$인 양의 수렴하는 수열 (x_n)의 예를 들어라.

(b) $\lim(x_n^{1/n}) = 1$인 양의 발산하는 수열 (x_n)의 예를 들어라(따라서 이 성질을 수렴에 대한 판정법으로 이용할 수 없다).

22. (x_n)이 수렴수열이고 (y_n)이 임의의 $\varepsilon > 0$에 대하여 $n \ge M$이면 $|x_n - y_n| < \varepsilon$이 되는 M이 존재하는 수열이라 가정하자. 이에 의하여 (y_n)이 수렴하는가?

23. (x_n)과 (y_n)이 수렴수열이면, $u_n := \max\{x_n, y_n\}$과 $v_n := \min\{x_n, y_n\}$으로 정의되는 수열 (u_n)과 (v_n)도 수렴함을 보여라(연습문제 2.2.18을 보라).

24. (x_n), (y_n), (z_n)이 수렴수열이면, $w_n := \operatorname{mid}\{x_n, y_n, z_n\}$으로 정의되는 수열 (w_n)도 수렴함을 보여라(연습문제 2.2.19를 보라).

3.3 단조수열

지금까지 실수열 $X = (x_n)$이 수렴하는 것을 보이는 다양한 방법들을 얻었는데, 그들은 다음과 같다.

(i) 정의 3.1.3 또는 정리 3.1.5를 직접적으로 이용할 수 있다. 그러나 이것은 이용하기가 (항상 그렇지는 않지만) 다소 까다롭다.

(ii) 0으로 수렴함을 알고 있는 수열 (a_n)의 항들을 상수 배하여 $|x_n - x|$을 지배하도록 할 수 있고 정리 3.1.10을 적용할 수 있다.

(iii) 꼬리들, 대수적 결합, 절대값 또는 제곱근을 취하여 수렴함을 알고 있는 다른 수열들로부터 얻은 수열로서 X를 확인할 수 있고 정리 3.1.9, 3.2.3, 3.2.9 또는 3.2.10을 적용할 수 있다.

(iv) 동일한 극한으로 수렴하는 두 수열 사이에 X를 "조일" 수 있고 정리 3.2.7을 이용할 수 있다.

(v) 정리 3.2.11의 "비판정법"을 이용할 수 있다.

(iii)을 제외하면 이 방법들 모두 극한값을 미리 알 것을 (또는 적어도 예상할 것을) 요구하고, 그런 다음 그 예상이 정당하다는 것을 입증한다.

그러나 예비적인 분석이 수렴할 것 같이 암시할지 모르지만 수열의 극한에 대한 명백한 후보가 없는 많은 예들이 있다. 이 절과 다음 두 절에서 극한값은 알지 못하지만 수열이 수렴함을 보이기 위하여 이용할 수 있는 결과들을 수립할 것이다. 이 절에서 소개하는 방법은 다음 두 절에서 소개하는 방법보다 범위에서는 보다 제한적이긴 하지만 적용하기에는 훨씬 쉽다. 이를 다음과 같은 의미에서 단조인 수열에 적용한다.

3.3.1 정의 $X = (x_n)$을 실수열이라 하자. X가 부등식

$$x_1 \le x_2 \le \cdots \le x_n \le x_{n+1} \le \cdots$$

을 만족하면, X는 **증가한다**(increasing)고 한다.

X가 부등식

$$x_1 \ge x_2 \ge \cdots \ge x_n \ge x_{n+1} \ge \cdots$$

을 만족하면, X는 **감소한다**(decreasing)고 한다.

X가 증가하거나 감소하면, 이는 **단조이다**(monotone)라고 한다.

다음 수열은 증가한다.

$$(1, 2, 3, 4, \ldots, n, \ldots), \quad (1, 2, 2, 3, 3, 3, \ldots)$$

$$a > 1\text{일 때 } (a, a^2, a^3, \ldots, a^n, \ldots).$$

다음 수열은 감소한다.

$$(1, 1/2, 1/3, \ldots, 1/n, \ldots), \quad (1, 1/2, 1/2^2, \ldots, 1/2^{n-1}, \ldots)$$

$0 < b < 1$일 때 $(b, b^2, b^3, ..., b^n, ...)$.

다음 수열은 단조가 아니다.

$$(+1, -1, +1, \ldots, (-1)^{n+1}, \ldots), \quad (-1, +2, -3, \ldots, (-1)^n n \ldots).$$

다음 수열이 단조는 아니지만 "최종적으로" 단조이다.

$$(7, 6, 2, 1, 2, 3, 4, \ldots), \quad (-2, 0, 1, 1/2, 1/3, 1/4, \ldots).$$

3.3.2 단조수렴정리 단조실수열이 수렴하기 위한 필요충분조건은 이 수열이 유계인 것이다. 더욱이,

(a) $X = (x_n)$이 유계증가수열이면

$$\lim(x_n) = \sup\{x_n : n \in \mathbb{N}\}$$

이다.

(b) $Y = (y_n)$이 유계감소수열이면

$$\lim(y_n) = \inf\{y_n : n \in \mathbb{N}\}$$

이다.

증명 수렴하는 수열이 유계이어야 함을 정리 3.2.2에서 보였다.

역으로 X를 유계단조수열이라 하자. 그러면 X는 증가하거나 감소한다.

(a) $X = (x_n)$이 유계증가수열인 경우를 먼저 다룬다. X가 유계이므로, 모든 $n \in \mathbb{N}$에 대하여 $x_n \leq M$이 되는 실수 M이 존재한다. 완비성 2.3.6에 의하여 상한 $x^* = \sup\{x_n : n \in \mathbb{N}\}$가 $\mathbb{R}$에서 존재한다. $x^* = \lim(x_n)$임을 보일 것이다.

$\varepsilon > 0$이 주어지면, $x^* - \varepsilon$은 집합 $\{x_n : n \in \mathbb{N}\}$의 상계가 아니므로 $x^* - \varepsilon < x_K$가 되는 집합의 수 x_K가 존재한다. X가 증가수열이라는 사실에 의하여 $n \geq K$이면 언제나 $x_K \leq x_n$이고, 따라서 모든 $n \geq K$에 대하여

$$x^* - \varepsilon < x_K \leq x_n \leq x^* < x^* + \varepsilon$$

이다. 그러므로 모든 $n \geq K$에 대하여

$$|x_n - x^*| < \varepsilon$$

을 얻는다. $\varepsilon > 0$은 임의이므로, (x_n)이 x^*로 수렴한다는 결론을 얻는다.

(b) $Y = (y_n)$이 유계감소수열이면 $X := -Y = (-y_n)$이 유계증가수열임은 자명하다. (a)에서 $\lim X = \sup\{-y_n : n \in \mathbb{N}\}$임을 보였다. 이제 $\lim X = -\lim Y$이고, 또한 연습문제 2.4.4(b)에 의하여

$$\sup\{-y_n : n \in \mathbb{N}\} = -\inf\{y_n : n \in \mathbb{N}\}$$

이다. 따라서 $\lim Y = -\lim X = \inf\{y_n : n \in \mathbb{N}\}$이다. Q.E.D.

단조수렴정리는 유계단조수열의 극한에 대한 존재성을 확인해 준다. 또한 이는 (a)의 경우에 상한을, (b)의 경우에 하한을 구할 수 있으면 수열의 극한을 구할 수 있는 방법을 제공해 준다. 때때로 상한이나 하한을 구하는 것이 어렵지만 일단 극한이 존재한다는 것을 알면 종종 다른 방법으로 극한을 구할 수 있다.

3.3.3 예 **(a)** $\lim(1/\sqrt{n}) = 0$이다.

정리 3.2.10을 이용하여 이 수열을 다룰 수도 있지만 단조수렴정리를 이용하겠다. 분명히 0은 집합 $\{1/\sqrt{n} : n \in \mathbb{N}\}$에 대한 하계이고, 또 0이 집합 $\{1/\sqrt{n} : n \in \mathbb{N}\}$의 하한임을 보이는 것은 어렵지 않다. 따라서 $0 = \lim(1/\sqrt{n})$이다.

한편 $X := (1/\sqrt{n})$이 유계이고 감소하는 것을 알고, 이 수열이 어떤 실수 x로 수렴한다는 것도 안다. $X = (1/\sqrt{n})$이 x로 수렴하므로, 정리 3.2.3에 의하여 $X \cdot X = (1/n)$이 x^2으로 수렴하게 된다. 그러면 $x^2 = 0$이고, 따라서 $x = 0$이다.

(b) $n \in \mathbb{N}$에 대하여 $h_n := 1 + 1/2 + 1/3 + \cdots + 1/n$이라 하자.

$h_{n+1} = h_n + 1/(n+1) > h_n$이므로 (h_n)은 증가수열이다. 단조수렴정리 3.3.2에 의하여 수열이 수렴하느냐 하지않느냐 하는 질문은 이 수열이 유계이냐 아니냐 하는 질문으로 귀결된다. 수열 (h_n)이 유계일 가능성에 대한 추측에 도달하기 위하여 직접적인 수치계산을 이용하려는 시도는 결론도 없는 실패를 초래한다. 컴퓨터를 실행하면 $n = 50{,}000$일 때 근사값 $h_n \approx 11.4$를, $n = 100{,}000$이면 $h_n \approx 12.1$을 나타낼 것이다. 그러한 수치적 사실은 생각이 깊지 않은 관찰자가 수열이 유계일 것이라는 결론을 내리게 할 수 있다. 그러나 이 수열은 사실 발산하는데, 이를 다음과 같이 입증한다.

$$h_{2^n} = 1 + \frac{1}{2} + \left(\frac{1}{3} + \frac{1}{4}\right) + \cdots + \left(\frac{1}{2^{n-1}+1} + \cdots + \frac{1}{2^n}\right)$$

$$> 1+\frac{1}{2}+\left(\frac{1}{4}+\frac{1}{4}\right)+\cdots+\left(\frac{1}{2^n}+\cdots+\frac{1}{2^n}\right)$$
$$= 1+\frac{1}{2}+\frac{1}{2}+\cdots+\frac{1}{2}$$
$$= 1+\frac{n}{2}.$$

(h_n)이 유계가 아니므로, 정리 3.2.2에 의하여 이 수열은 발산한다(이것이 **조화급수**로 알려진 무한급수가 발산하는 것을 증명한 것이다. 3.7절의 예 3.7.6(b)를 보라).

항들 h_n의 증가속도는 현저히 느려진다. 예를 들면, $h_n > 50$이 되려면 약 5.2×10^{21}번의 덧셈이 필요하고 초당 4억 번의 덧셈을 수행하는 일반 컴퓨터로 계산한다면 400,000년 이상이 소요됨을 알 수 있다(1년은 31,536,000초이다). 비록 초당 1조 번 이상의 덧셈을 수행하는 슈퍼컴퓨터라도 온당한 목표에 도달하기 위하여 164년 이상 걸리게 된다. 그리고 초당 천조(10^{15})번을 연산하는 속도의 IBM Roadrunner 슈퍼컴퓨터도 1년 반 이상 걸릴 것이다. ■

귀납적으로 정의되는 수열은 별도로 다루어야 한다. 그러한 수열이 수렴하는 것을 알면 때때로 귀납적인 관계를 이용하여 극한값을 결정할 수 있다.

예를 들면, $n \in \mathbb{N}$에 대하여 다음과 같이 정의된 수열 (x_n)에 대한 수렴성이 확증되었다고 가정하자.

$$x_1 = 2, \qquad x_{n+1} = 2+\frac{1}{x_n}.$$

$x = \lim(x_n)$이라 하면, 1-꼬리 (x_{n+1}) 역시 같은 극한으로 수렴하므로 $x = \lim(x_{n+1})$이다. 더욱이 $x_n \geq 2$이므로 $x \neq 0$이고 모든 $n \in \mathbb{N}$에 대하여 $x_n \neq 0$이다. 그러므로 다음을 얻는 데 수열에 대한 극한정리를 이용할 수 있다.

$$x = \lim(x_{n+1}) = 2+\frac{1}{\lim(x_n)} = 2+\frac{1}{x}.$$

따라서 극한 x는 2차방정식 $x^2 - 2x - 1 = 0$의 해이고 양수이어야 하므로, 이 수열의 극한은 $x = 1+\sqrt{2}$이다.

물론 수렴에 대한 논의를 무시하거나 별 생각없이 가정해서는 안 된다. 예를 들면, $y_1 := 1$, $y_{n+1} := 2y_n + 1$로 정의되는 수열 (y_n)이 극한 y로 수렴한다고 가정하면 $y = 2y + 1$을 얻을 것이고, 따라서 $y = -1$이 된다. 물론 이는 옳지 않다.

다음 예들에서 극한을 구하기 위하여 이 방법을 채택하지만 단조수렴정리를 이용하여 수렴성이 면밀하게 설정된 후이다. 이러한 형태의 추가적인 예가 3.5절에 있다.

3.3.4 예 **(a)** $Y = (y_n)$이 $y_1 := 1$이고 $n \geq 1$에 대하여 $y_{n+1} := \frac{1}{4}(2y_n + 3)$과 같이 귀납적으로 정의된다고 하자. $\lim Y = 3/2$임을 보인다.

직접계산하면 $y_2 = 5/4$이다. 따라서 $y_1 < y_2 < 2$를 얻는다. 귀납법으로 모든 $n \in \mathbb{N}$에 대하여 $y_n < 2$임을 보인다. 사실 $n = 1, 2$에 대하여 참이다. 어떤 $k \in \mathbb{N}$에 대하여 $y_k < 2$가 성립하면

$$y_{k+1} = \tfrac{1}{4}(2y_k + 3) < \tfrac{1}{4}(4 + 3) = \tfrac{7}{4} < 2$$

이고, 따라서 $y_{k+1} < 2$가 된다. 그러므로 모든 $n \in \mathbb{N}$에 대하여 $y_n < 2$이다.

이제 귀납법으로 모든 $n \in \mathbb{N}$에 대하여 $y_n < y_{n+1}$임을 보인다. $n = 1$에 대하여 이 주장이 참임을 이미 입증하였다. 이제 어떤 k에 대하여 $y_k < y_{k+1}$이라고 가정하면 $2y_k + 3 < 2y_{k+1} + 3$이고

$$y_{k+1} = \tfrac{1}{4}(2y_k + 3) < \tfrac{1}{4}(2y_{k+1} + 3) = y_{k+2}$$

이다. 따라서 $y_k < y_{k+1}$이면 $y_{k+1} < y_{k+2}$이다. 그러므로 모든 $n \in \mathbb{N}$에 대하여 $y_n < y_{n+1}$이다.

수열 $Y = (y_n)$이 증가수열이고 2에 의하여 위로 유계임을 보였다. 단조수렴정리에 의하여 Y가 기껏해야 2인 극한으로 수렴하게 된다. 이 경우 $\sup\{y_n : n \in \mathbb{N}\}$을 계산하여 $\lim(y_n)$을 구하는 것이 그렇게 쉽지 않다. 그러나 이의 극한을 구하는 다른 방법이 있다. 모든 $n \in \mathbb{N}$에 대하여 $y_{n+1} = \frac{1}{4}(2y_n + 3)$이므로, Y의 1-꼬리 Y_1의 n번째 항은 Y의 n번째 항과 간단한 대수적 관계를 갖는다. 정리 3.1.9에 의하여 $y := \lim Y_1 = \lim Y$이므로 정리 3.2.3에 의하여

$$y = \tfrac{1}{4}(2y + 3)$$

이 되고(왜?), 이에 의하여 $y = 3/2$이 된다.

(b) $Z = (z_n)$이 $z_1 := 1$이고 $n \in \mathbb{N}$에 대하여 $z_{n+1} := \sqrt{2z_n}$으로 정의되는 실수열이라 하자. $\lim(z_n) = 2$임을 보일 것이다.

$z_1 = 1$과 $z_2 = \sqrt{2}$임에 주목하라. 따라서 $1 \leq z_1 < z_2 < 2$이다. 수열 Z가 증가하고 2에 의하여 위로 유계이기를 요구한다. 이를 보이기 위하여 귀납법으로 모든 $n \in \mathbb{N}$에 대하여 $1 \leq z_n < z_{n+1} < 2$임을 보일 것이다. 이 사실을 $n = 1$에 대하여 이미 입증하였다. $n = k$에 대하여 이것이 참이라 가정하면 $2 \leq 2z_k < 2z_{k+1} < 4$

이고, 따라서

$$1 < \sqrt{2} \le z_{k+1} = \sqrt{2z_k} < z_{k+2} = \sqrt{2z_{k+1}} < \sqrt{4} = 2$$

이다(왜?)[마지막 단계에서 예 2.1.13(a)를 이용하였다]. 따라서 부등식 $1 \le z_k < z_{k+1} < 2$가 타당하므로 $1 \le z_{k+1} < z_{k+2} < 2$도 타당하다. 그러므로 모든 $n \in \mathbb{N}$에 대하여 $1 \le z_n < z_{n+1} < 2$이다.

$Z = (z_n)$이 유계증가수열이므로, 단조수렴정리에 의하여 이 수열은 $z := \sup\{z_n\}$으로 수렴한다. 직접적으로 $\sup\{z_n\} = 2$임을 보일 수 있고, 따라서 $z = 2$가 된다. 다른 방법으로 (a)에서 채택했던 방법을 이용해도 된다. 관계식 $z_{n+1} = \sqrt{2z_n}$이 Z의 1-꼬리 Z_1의 n번째 항과 Z의 n번째 항 사이의 관계를 제공한다. 정리 3.1.9에 의하여 $\lim Z_1 = z = \lim Z$를 얻는다. 더구나 정리 3.2.3과 3.2.10에 의하여 극한 z는

$$z = \sqrt{2z}$$

를 만족하여야 한다. 따라서 방정식 $z^2 = 2z$를 만족하여야 하고 근으로 $z = 0, 2$를 갖는다. $Z = (z_n)$의 항 모두가 $1 \le z_n \le 2$를 만족하므로, 정리 3.2.6에 의하여 $1 \le z \le 2$가 되어야 한다. 따라서 $z = 2$이다. ■

제곱근의 계산

이제 단조수렴정리를 이용하여 양수의 제곱근을 계산한다.

3.3.5 예 $a > 0$이라 하고, $\sqrt{a}$로 수렴하는 실수열 (s_n)을 구성할 것이다.

$s_1 > 0$을 임의의 수라 하고 $n \in \mathbb{N}$에 대하여 $s_{n+1} := \frac{1}{2}(s_n + a/s_n)$로 정의하자. 이제 수열 (s_n)이 $\sqrt{a}$로 수렴함을 보인다. (제곱근의 계산에 대한 이 과정을 기원전 1500년 이전에 메소포타미아에서 알고 있었다.)

먼저 $n \ge 2$에 대하여 $s_n^2 \ge a$임을 보인다. s_n이 2차방정식 $s_n^2 - 2s_{n+1}s_n + a = 0$을 만족하므로, 이 방정식은 실근을 갖는다. 따라서 판별식 $4s_{n+1}^2 - 4a$는 음이 아니어야 한다. 즉 $n \ge 1$에 대하여 $s_{n+1}^2 \ge a$이다.

(s_n)이 최종적으로 감소함을 보이기 위하여 $n \ge 2$에 대하여

$$s_n - s_{n+1} = s_n - \frac{1}{2}\left(s_n + \frac{a}{s_n}\right) = \frac{1}{2} \cdot \frac{(s_n^2 - a)}{s_n} \ge 0$$

임에 주목하면, 모든 $n \ge 2$에 대하여 $s_{n+1} \le s_n$이다. 단조수렴정리에 의하여 $s := \lim(s_n)$이 존재한다. 더욱이 정리 3.2.3으로부터 극한 s는

$$s = \frac{1}{2}\left(s + \frac{a}{s}\right)$$

를 만족하여야 하고, 따라서 $s = a/s$ 또는 $s^2 = a$이다(왜?). 그러므로 $s = \sqrt{a}$이다.

계산을 목적으로 한다면 수열 (s_n)이 **얼마나 빨리** $\sqrt{a}$로 수렴하는지를 추정하는 것이 중요할 때가 종종 있다. 위에서와 같이 모든 $n \geq 2$에 대하여 $\sqrt{a} \leq s_n$이므로 $a/s_n \leq \sqrt{a} \leq s_n$이다. 따라서 $n \geq 2$에 대하여 다음을 얻는다.

$$0 \leq s_n - \sqrt{a} \leq s_n - a/s_n = (s_n^2 - a)/s_n.$$

이 부등식을 이용하면 임의로 요구하는 정확도로 $\sqrt{a}$를 계산할 수 있다. ■

Euler의 수

오직 중요성에서 π 다음 가는, 수학에서 가장 중요한 "초월수(transcendental number)"의 하나로 수렴하는 수열을 소개하는 것으로 이 절을 접는다.

3.3.6 예 $n \in \mathbb{N}$에 대하여 $e_n := (1 + 1/n)^n$이라 하자. 이제 수열 $E = (e_n)$이 유계이고 증가하는 것을 보일 것이고, 그러면 이는 수렴한다. 이 수열의 극한이 유명한 Euler의 수 e이고 근사값은 2.718 281 828 459 045⋯이며, 이를 "자연로그"의 밑으로 취한다.

이항정리를 이용하여 다음을 얻는다.

$$e_n = \left(1 + \frac{1}{n}\right)^n = 1 + \frac{n}{1}\cdot\frac{1}{n} + \frac{n(n-1)}{2!}\cdot\frac{1}{n^2} + \frac{n(n-1)(n-2)}{3!}\cdot\frac{1}{n^3} + \cdots + \frac{n(n-1)\cdots 2\cdot 1}{n!}\cdot\frac{1}{n^n}.$$

이항계수들의 분자에 있는 항들을 n의 거듭제곱으로 나누면

$$e_n = 1 + 1 + \frac{1}{2!}\left(1 - \frac{1}{n}\right) + \frac{1}{3!}\left(1 - \frac{1}{n}\right)\left(1 - \frac{2}{n}\right) + \cdots + \frac{1}{n!}\left(1 - \frac{1}{n}\right)\left(1 - \frac{2}{n}\right)\cdots\left(1 - \frac{n-1}{n}\right)$$

을 얻고, 마찬가지로 다음을 얻는다.

$$e_{n+1} = 1 + 1 + \frac{1}{2!}\left(1 - \frac{1}{n+1}\right) + \frac{1}{3!}\left(1 - \frac{1}{n+1}\right)\left(1 - \frac{2}{n+1}\right) + \cdots + \frac{1}{n!}\left(1 - \frac{1}{n+1}\right)\left(1 - \frac{2}{n+1}\right)\cdots\left(1 - \frac{n-1}{n+1}\right)$$

$$+\frac{1}{(n+1)!}\left(1-\frac{1}{n+1}\right)\left(1-\frac{2}{n+1}\right)\cdots\left(1-\frac{n}{n+1}\right).$$

e_n에 대한 표현은 $n + 1$개의 항을 포함하는 반면, e_{n+1}에 대한 표현은 $n + 2$개의 항을 포함함에 주목하라. 더구나 e_n에 나타난 각 항은 e_{n+1}에서 대응하는 항보다 작거나 같고 e_{n+1}은 하나 더 많은 양의 항을 갖는다. 그러므로 $2 \leq e_1 < e_2 < \cdots < e_n < e_{n+1} < \cdots$을 얻고, 따라서 E의 항들은 증가한다.

E의 항들이 위로 유계임을 보이기 위하여 $p = 1, 2, ..., n$이면 $(1 - p/n) < 1$임에 주목한다. 더욱이 $2^{p-1} \leq p!$이 되어 $1/p! \leq 1/2^{p-1}$이다[1.2.4(e)를 보라]. 따라서 $n > 1$이면

$$2 < e_n < 1 + 1 + \frac{1}{2} + \frac{1}{2^2} + \cdots + \frac{1}{2^{n-1}}$$

을 얻는다.

$$\frac{1}{2} + \frac{1}{2^2} + \cdots + \frac{1}{2^{n-1}} = 1 - \frac{1}{2^{n-1}} < 1$$

임을 입증할 수 있으므로[1.2.4(f)를 보라] 모든 $n \in \mathbb{N}$에 대하여 $2 < e_n < 3$임을 추론한다. 단조수렴정리에 의하여 수열 E는 2와 3 사이에 있는 한 실수로 수렴한다. 수 e를 이 수열의 극한으로 정의한다.

추정을 정밀하게 하여 e에 보다 가까운 유리수 근사값들을 구할 수 있으나, e는 무리수이므로 이를 **정확히** 계산할 수는 없다. 그러나 요구하는 만큼의 많은 소수 자리까지 e를 계산할 수 있다. 독자는 n의 "큰 값"에 대하여 e_n을 계산하기 위하여 계산기를 (또는 컴퓨터를) 이용해도 좋다. ■

Leonhard Euler

Leonhard Euler(1707-1783)는 스위스의 바젤 근처에서 태어났다. 목사인 그의 아버지는 자기 아들도 목사직으로 들어오길 희망하였으나 Euler는 14세에 바젤대학에 입학하였고, 신학과 함께 의학, 물리학, 천문학, 그리고 수학을 공부하였다. 그의 수학적 재능은 그의 지도교수가 된 Johann Bernoulli의 주목을 받았다. Euler는 1727년 새로 설립된 성 페테르부르크 학술원에서 Johann의 아들 Daniel을 만나기 위하여 러시아로 갔다. 거기서 그는 스위스 미술가의 딸인 Katharina Gsell을 만나 결혼하였다. 결혼하여 40년 동안 13명의 아이를 얻었으나 겨우 다섯 명만 생존하였다.

1741년 Euler는 베를린 학술원에 합류하라는 Frederick 대왕의 권유를 받아들였고 거

기서 그는 25년 동안 머물렀다. 이 기간 동안 그는 미적분학이라는 상대적으로 새로운 주제에 관한 획기적인 책들과 수학과 과학에 관한 일련의 논문들을 끊임없이 저술하였다. Anhalt-Dessau의 왕비로부터 과학의 교수에 대한 청을 받아들여 과학에 관한 200여 통의 편지를 썼는데, 나중에 **독일 왕비에게 보낸 편지들**이란 제목의 책으로 유명해졌다. Euler가 한쪽 시력을 잃었을 때 Frederick은 그를 수학의 "외눈박이 거인(cyclops)"으로 불렀다.

1766년 그는 Catherine 대왕의 초청으로 행복하게 러시아로 돌아왔다. 그의 시력은 해가 갈수록 나빠지다가 1771년 수술 이 후 눈이 완전히 멀게 되었다. 그의 실명은 수학적 연구물을 저작하는 데 있어 믿을 수 없을 정도로 순간의 충격에 지나지 않았으며 실명한 기간 동안 여러 권의 책과 400편이 넘는 논문을 저술하였다. 그는 죽는 날까지 활동적이었다.

Euler의 저술능력은 대단하였다. 물리학, 대수학, 미적분학, 실해석학과 복소해석학, 그리고 미분기하학에 관한 교과서를 저술하였다. 또한 수백 편의 논문을 저술하였으며 많은 논문들이 상을 받았다. 수집된 연구물들의 현대판은 74권으로 구성되어 있다.

연습문제 3.3

1. $x_1 := 8$이고 $n \in \mathbb{N}$에 대하여 $x_{n+1} := \frac{1}{2}x_n + 2$라 하자. (x_n)이 유계이고 단조수열임을 보여라. 극한을 구하여라.

2. $x_1 > 1$이고 $n \in \mathbb{N}$에 대하여 $x_{n+1} := 2 - 1/x_n$이라 하자. (x_n)이 유계이고 단조수열임을 보여라. 극한을 구하여라.

3. $x_1 \geq 2$이고 $n \in \mathbb{N}$에 대하여 $x_{n+1} := 1 + \sqrt{x_n - 1}$이라 하자. (x_n)이 감소하고 2에 의하여 아래로 유계임을 보여라. 극한을 구하여라.

4. $x_1 := 1$이고 $n \in \mathbb{N}$에 대하여 $x_{n+1} := \sqrt{2 + x_n}$이라 하자. (x_n)이 수렴함을 보이고 극한을 구하여라.

5. $p > 0$일 때, $y_1 := \sqrt{p}$이고 $n \in \mathbb{N}$에 대하여 $y_{n+1} := \sqrt{p + y_n}$이라 하자. (y_n)이 수렴함을 보이고 극한을 구하여라. [**힌트**: 하나의 상계가 $1 + 2\sqrt{p}$이다.]

6. $a > 0$이고 $z_1 > 0$이라 하자. $n \in \mathbb{N}$에 대하여 $z_{n+1} := \sqrt{a + z_n}$으로 정의하라. (z_n)이 수렴함을 보이고 극한을 구하여라.

7. $x_1 := a > 0$이고 $n \in \mathbb{N}$에 대하여 $x_{n+1} := x_n + 1/x_n$이라 하자. (x_n)이 수렴하는지 발산하는지를 판정하여라.

8. (a_n)이 증가수열이고 (b_n)이 감소수열이며, 모든 $n \in \mathbb{N}$에 대하여 $a_n \leq b_n$이라 가정하자. $\lim(a_n) \leq \lim(b_n)$임을 보이고, 이것에 의하여 단조수렴정리 3.3.2로부터 축소구간성질 2.5.2를 추론하여라.

9. $\mathbb{R}$의 무한부분집합 A가 위로 유계이고 $u := \sup A$라 하자. $u = \lim(x_n)$이고 모든 $n \in \mathbb{N}$

에 대하여 $x_n \in A$인 증가수열 (x_n)이 존재함을 보여라.

10. $n \in \mathbb{N}$에 대하여

$$y_n := \frac{1}{n+1} + \frac{1}{n+2} + \cdots + \frac{1}{2n}$$

인 수열 (y_n)의 수렴과 발산을 판정하여라.

11. 각 $n \in \mathbb{N}$에 대하여 $x_n := 1/1^2 + 1/2^2 + \cdots + 1/n^2$이라 하자. (x_n)이 증가하고 유계이며, 따라서 수렴함을 증명하여라. [힌트: $k \geq 2$이면 $1/k^2 \leq 1/k(k-1) = 1/(k-1) - 1/k$임에 주목하라.]

12. 다음 수열들의 수렴성을 판정하고 극한을 구하여라.

(a) $((1+1/n)^{n+1})$　　(b) $((1+1/n)^{2n})$

(c) $\left(\left(1+\dfrac{1}{n+1}\right)^n\right)$　　(d) $((1-1/n)^n)$

13. 예 3.3.5의 방법을 이용하여 $\sqrt{2}$를 소수 네 자리까지 정확히 계산하여라.

14. 예 3.3.5의 방법을 이용하여 $\sqrt{5}$를 소수 다섯 자리까지 정확히 계산하여라.

15. 예 3.3.6의 e_n을 $n = 2, 4, 8, 16$에 대하여 계산하여라.

16. 계산기를 이용하여 e_n을 $n = 50$, $n = 100$, 그리고 $n = 1{,}000$에 대하여 계산하여라.

3.4 부분수열과 Bolzano-Weierstrass 정리

이 절에서 실수열의 부분수열에 대한 개념을 소개할 것이다. 비공식적으로 수열의 부분수열은 선택된 항들이 새로운 수열을 구성하도록 주어진 수열로부터 항들을 선택하는 것이다. 선택은 일반적으로 명확한 목적을 위하여 이루어진다. 예를 들면, 종종 부분수열이 원수열의 수렴이나 발산을 판정하는 데 유용하다. 그리고 Bolzano-Weierstrass 정리로 알려진 중요한 존재정리를 증명할 것이고, 다수의 중요한 결과들을 수립하는 데 이를 이용할 것이다.

3.4.1 정의 $X = (x_n)$을 실수열이라 하고 $n_1 < n_2 < \cdots < n_k < \cdots$을 순증가하는 자연수열이라 하자. 그러면

$$(x_{n_1}, x_{n_2}, \ldots, x_{n_k}, \ldots)$$

으로 주어지는 수열 $X' = (x_{n_k})$를 X의 **부분수열**(subsequence)이라 한다.

예를 들어 $X := \left(\frac{1}{1}, \frac{1}{2}, \frac{1}{3}, \ldots\right)$이면 첨수가 짝수인 항들을 선택하여

$$X' = \left(\frac{1}{2}, \frac{1}{4}, \frac{1}{6}, \ldots, \frac{1}{2k}, \ldots\right)$$

을 만들어 내는데, 여기서 $n_1 = 2, n_2 = 4, \ldots, n_k = 2k, \ldots$이다. $X = (1/n)$의 부분수열들은 다음과 같다.

$$\left(\frac{1}{1}, \frac{1}{3}, \frac{1}{5}, \ldots, \frac{1}{2k-1}, \ldots\right), \quad \left(\frac{1}{2!}, \frac{1}{4!}, \frac{1}{6!}, \ldots, \frac{1}{(2k)!}, \ldots\right).$$

다음 수열들은 $X = (1/n)$의 부분수열이 아니다.

$$\left(\frac{1}{2}, \frac{1}{1}, \frac{1}{4}, \frac{1}{3}, \frac{1}{6}, \frac{1}{5}, \ldots\right), \quad \left(\frac{1}{1}, 0, \frac{1}{3}, 0, \frac{1}{5}, 0, \ldots\right).$$

수열의 꼬리는(3.1.8을 보라) 특별한 형태의 부분수열이다. 사실 m-꼬리는 첨수가 다음과 같은 수열에 대응된다.

$$n_1 = m+1, n_2 = m+2, \ldots, n_k = m+k, \ldots.$$

그러나 주어진 수열의 모든 부분수열이 그 수열의 꼬리일 필요는 없음이 분명하다.

이제 보이겠지만 수렴수열의 부분수열 또한 동일한 극한으로 수렴한다.

3.4.2 정리 실수열 $X = (x_n)$이 실수 x로 수렴하면, X의 임의의 부분수열 $X' = (x_{n_k})$ 역시 x로 수렴한다.

증명 $\varepsilon > 0$이 주어지고 $K(\varepsilon)$이 $n \geq K(\varepsilon)$이면 $|x_n - x| < \varepsilon$을 만족한다고 하자. $n_1 < n_2 < \cdots < n_k < \cdots$이 증가하는 자연수열이므로 (귀납법에 의하여) $n_k \geq k$임을 쉽게 증명할 수 있다. 따라서 $k \geq K(\varepsilon)$이면 $n_k \geq k \geq K(\varepsilon)$이 되어 $|x_{n_k} - x| < \varepsilon$이 된다. 그러므로 부분수열 (x_{n_k}) 또한 x로 수렴한다. Q.E.D.

3.4.3 예 **(a)** $0 < b < 1$이면 $\lim(b^n) = 0$이다.

예 3.1.11(b)에서 $0 < b < 1$이고 $x_n := b^n$이면, Bernoulli의 부등식에 의하여 $\lim(x_n) = 0$이 됨을 이미 알았다. 다른 방법으로 $0 < b < 1$이면 $x_{n+1} = b^{n+1} < b^n = x_n$이 되어 수열 (x_n)이 감소한다. 또한 $0 \leq x_n \leq 1$은 명백하고, 따라서 단조수렴정리 3.3.2에 의하여 이 수열은 수렴한다. $x := \lim(x_n)$이라 하자. (x_{2n})은 (x_n)의 부분수열이므로, 정리 3.4.2에 의하여 $x = \lim(x_{2n})$이 된다. 더구나 $x_{2n} = b^{2n} = (b^n)^2 = x_n^2$인 관계와 정리 3.2.3에 의하여 다음이 된다.

$$x = \lim(x_{2n}) = \big(\lim(x_n)\big)^2 = x^2.$$

따라서 $x = 0$이거나 $x = 1$이어야 한다. 수열 (x_n)은 감소하고 $b < 1$에 의하여 위로 유계이므로 $x = 0$임을 추론한다.

(b) $c > 1$에 대하여 $\lim(c^{1/n}) = 1$이다.

이 극한을 예 3.1.11(c)에서 기발한 논의를 이용하여 $c > 0$에 대하여 구하였다. 여기서는 $c > 1$인 경우에 대하여 다른 방식의 접근을 소개한다. $z_n := c^{1/n}$이면, 모든 $n \in \mathbb{N}$에 대하여 $z_n > 1$이고 $z_{n+1} < z_n$임에 주목하라(왜?). 따라서 단조수렴정리에 의하여 극한 $z := \lim(z_n)$이 존재하고, 정리 3.4.2에 의하여 $z = \lim(z_{2n})$이다. 추가적으로

$$z_{2n} = c^{1/2n} = (c^{1/n})^{1/2} = z_n^{1/2}$$

과 정리 3.2.10에 의하여 다음을 얻는다.

$$z = \lim(z_{2n}) = \big(\lim(z_n)\big)^{1/2} = z^{1/2}.$$

그러므로 $z^2 = z$이고, 따라서 $z = 0$ 또는 $z = 1$이다. 모든 $n \in \mathbb{N}$에 대하여 $z_n > 1$이므로 $z = 1$임을 추론한다.

$0 < c < 1$인 경우를 고찰하는 것은 독자에게 연습문제로 넘긴다. ■

다음 결과는 $\lim(x_n) = x$에 대한 정의의 면밀한 부정에 기초한 것이다. 이는 수열의 발산을 판정하는 편리한 한 방법을 이끌어 낸다.

3.4.4 정리 $X = (x_n)$을 실수열이라 하자. 그러면 다음은 동치이다.

(i) 수열 $X = (x_n)$이 $x \in \mathbb{N}$로 수렴하지 않는다.

(ii) $\varepsilon_0 > 0$가 존재하여, 임의의 $k \in \mathbb{N}$에 대해서 $n_k \geq k$이고 $|x_{n_k} - x| \geq \varepsilon_0$가 되는 $n_k \in \mathbb{N}$가 존재한다.

(iii) 모든 $k \in \mathbb{N}$에 대하여 $|x_{n_k} - x| \geq \varepsilon_0$가 되는 $\varepsilon_0 > 0$와 X의 부분수열 $X' = (x_{n_k})$가 존재한다.

증명 (i) ⇒ (ii) (x_n)이 x로 수렴하지 않으면 어떤 $\varepsilon_0 > 0$에 대하여 $n \geq k$이면 항들 x_n이 $|x_n - x| < \varepsilon_0$를 만족하는 자연수 k를 구할 수 없다. 즉 각 $k \in \mathbb{N}$에 대하여 $n \geq k$이면 부등식 $|x_n - x| < \varepsilon_0$가 성립하는 것은 참이 아니다. 다시 말하면 각 $k \in \mathbb{N}$에 대하여 $|x_{n_k} - x| \geq \varepsilon_0$가 되는 자연수 $n_k \geq k$가 존재한다.

(ii) ⇒ (iii) ε_0가 (ii)에서와 같고 $n_1 \in \mathbb{N}$이 $n_1 \geq 1$이고 $|x_{n_1} - x| \geq \varepsilon_0$를 만족

한다고 하자. 이제 $n_2 \in \mathbb{N}$가 $n_2 > n_1$과 $|x_{n_2} - x| \geq \varepsilon_0$를 만족한다고 하고 $n_3 \in \mathbb{N}$가 $n_3 > n_2$와 $|x_{n_3} - x| \geq \varepsilon_0$를 만족한다고 하자. 모든 $k \in \mathbb{N}$에 대하여 $|x_{n_k} - x| \geq \varepsilon_0$를 만족하는 X의 부분수열 $X' = (x_{n_k})$를 구하기 위하여 이 방법을 계속하라.

(iii) ⇒ (i) $X = (x_n)$이 (iii)에 있는 조건을 만족하는 부분수열 $X' = (x_{n_k})$를 갖는다고 하자. 그러면 X는 x로 수렴할 수 없다. 만약 수렴하면, 정리 3.4.2에 의하여 부분수열 X' 또한 x로 수렴하여야 하기 때문이다. 그러나 X'의 어떤 항도 x의 ε_0-근방에 속하지 않으므로 이는 불가능하다. Q.E.D.

수렴하는 수열의 모든 부분수열은 동일한 극한값으로 수렴하여야 하므로 다음 결과에서 (i)을 얻는다. (ii)는 수렴수열은 유계이어야 한다는 사실에 의한다.

3.4.5 발산판정법 실수열 $X = (x_n)$이 다음 성질 중 어느 하나를 가지면, X는 발산한다.

(i) X가 극한이 같지 않은 수렴하는 두 부분수열 $X' = (x_{n_k})$와 $X'' = (x_{r_k})$를 갖는다.

(ii) X는 유계가 아니다.

3.4.6 예 **(a)** 수열 $X := ((-1)^n)$은 발산한다.

부분수열 $X' := ((-1)^{2n}) = (1, 1, \ldots)$은 1로 수렴하고 부분수열 $X'' := ((-1)^{2n-1}) = (-1, -1, \ldots)$은 -1로 수렴한다. 따라서 정리 3.4.5(i)로부터 X는 발산한다.

(b) 수열 $\left(1, \frac{1}{2}, 3, \frac{1}{4}, \ldots\right)$은 발산한다.

이는 n이 홀수이면 $y_n = n$이고 n이 짝수이면 $y_n = 1/n$인 수열 $Y = (y_n)$이다. Y는 유계가 아님을 쉽게 보일 수 있다. 따라서 정리 3.4.5(ii)에 의하여 수열은 발산한다.

(c) 수열 $S := (\sin n)$은 발산한다.

이 수열은 다루기가 그렇게 쉽지 않다. 이를 논하기 위하여 당연히 sine 함수의 초등적인 성질을 이용하여야 한다. $\sin(\pi/6) = \frac{1}{2} = \sin(5\pi/6)$이고 구간 $I_1 := (\pi/6, 5\pi/6)$에 있는 x에 대하여 $\sin x > \frac{1}{2}$임을 상기하자. I_1의 길이가 $5\pi/6 - \pi/6 = 2\pi/3 > 2$이므로, I_1의 내부에 놓여 있는 적어도 두 개의 자연수가 존재하고 n_1을 그러한 첫 번째 수라 하자. 마찬가지로 각 $k \in \mathbb{N}$에 대하여 구간

$$I_k := \big(\pi/6 + 2\pi(k-1), 5\pi/6 + 2\pi(k-1)\big)$$

에 있는 x에 대하여 $\sin x > \frac{1}{2}$이다. I_k의 길이가 2보다 크므로 I_k의 내부에 놓여

있는 적어도 두 개의 자연수가 존재하고, 그 첫 번째 자연수를 n_k라 한다. 이렇게 하여 얻은 S의 부분수열 $S' := (\sin n_k)$는 이 값들 모두가 구간 $[\frac{1}{2}, 1]$에 놓여 있다는 성질을 갖는다. 마찬가지로 $k \in \mathbb{N}$이고 J_k가 구간

$$J_k := \big(7\pi/6 + 2\pi(k-1),\ 11\pi/6 + 2\pi(k-1)\big)$$

이면, 모든 $x \in J_k$에 대하여 $\sin x < -\frac{1}{2}$이고 J_k의 길이는 2보다 크다는 것을 알고 있다. m_k를 J_k에 있는 첫 번째 자연수라 하자. 그러면 S의 부분수열 $S'' := (\sin m_k)$는 수열의 값 모두가 구간 $[-1, -\frac{1}{2}]$에 놓여 있다는 성질을 갖는다.

주어진 임의의 실수 c에 대하여 부분수열 S'과 S'' 중 적어도 하나는 완전히 c의 $\frac{1}{2}$-근방 외부에 놓이게 된다. 따라서 c는 S의 극한이 될 수 없다. $c \in \mathbb{R}$는 임의이므로 S가 발산함을 추론한다. ■

단조부분수열의 존재성

모든 수열이 단조수열은 아니지만 모든 수열이 단조부분수열을 갖는다는 것을 보일 것이다.

3.4.7 단조부분수열 정리 $X = (x_n)$이 실수열이면, X의 단조인 부분수열이 존재한다.

증명 이를 증명할 목적으로 $n \geq m$인 모든 n에 대하여 $x_m \geq x_n$이면, 제m항 x_m을 "정상(peak)"이라 할 것이다(즉 수열에서 x_m 뒤에 나오는 어떤 항도 결코 x_m 보다 크지 않다). 감소수열에서는 모든 항이 정상인 반면, 증가수열에서는 어떤 항도 정상이 아님에 주목하라.

X가 무한히 많은 정상을 갖는 경우와 유한개의 정상을 갖는 경우를 따로 고찰한다.

경우 1: X가 무한히 많은 정상을 갖는다. 이 경우 첨수가 증가하도록 정상들을 $x_{m_1}, x_{m_2}, \ldots, x_{m_k}, \ldots$과 같이 나열한다. 각 항이 정상이므로

$$x_{m_1} \geq x_{m_2} \geq \cdots \geq x_{m_k} \geq \cdots$$

을 얻는다. 따라서 정상들로 된 부분수열 (x_{m_k})는 X의 감소부분수열이다.

경우 2: X가 유한개(0개도 가능)의 정상을 갖는다. 첨수가 증가하도록 정상들을 $x_{m_1}, x_{m_2}, \ldots, x_{m_r}$과 같이 나열하자. $s_1 := m_r + 1$을 마지막 정상을 지난 첫 번째 첨수라 하자. x_{s_1}은 정상이 아니므로 $x_{s_1} < x_{s_2}$인 $s_2 > s_1$가 존재한다. x_{s_2}는 정상이 아니므로 $x_{s_2} < x_{s_3}$인 $s_3 > s_2$가 존재한다. 이를 계속하여 X의 증가하는 부분수열

(x_{s_k})를 얻는다. Q.E.D.

주어진 수열이 하나의 증가하는 부분수열과 감소하는 또 다른 부분수열을 가질 수 있음을 보이는 것은 어렵지 않다.

Bolzano-Weierstrass 정리

이제 단조부분수열 정리를 이용하여 모든 유계수열은 수렴하는 부분수열을 갖는다는 Bolzano-Weierstrass 정리를 증명할 것이다. 또한 이 정리의 중요성 때문에 축소구간성질에 기초한 제2 증명도 소개할 것이다.

3.4.8 Bolzano-Weierstrass 정리 유계인 실수열은 수렴하는 부분수열을 갖는다.

제1증명 단조부분수열 정리에 의하여 $X = (x_n)$이 유계수열이면, 이는 단조인 부분수열 $X' = (x_{n_k})$를 갖는다. 이 부분수열 또한 유계이므로, 단조수렴정리 3.3.2에 의하여 이 부분수열은 수렴한다. Q.E.D.

제2증명 수열의 값들의 집합 $\{x_n : n \in \mathbb{N}\}$이 유계이므로, 이 집합은 어떤 구간 $I_1 := [a, b]$에 포함된다. $n_1 := 1$을 취한다.

이제 I_1을 길이가 같은 두 부분구간 I_1'과 I_1''으로 이등분하고, 첨수들의 집합 $\{n \in \mathbb{N} : n > 1\}$을 다음과 같이 두 부분으로 나눈다.

$$A_1 := \{n \in \mathbb{N} : n > n_1, x_n \in I_1'\}, \quad B_1 = \{n \in \mathbb{N} : n > n_1, x_n \in I_1''\}.$$

A_1이 무한이면, $I_2 := I_1'$으로 취하고 n_2를 A_1에 속하는 최소의 자연수라 하자 (1.2.1을 보라). A_1이 유한이면 B_1은 무한이어야 하고, $I_2 := I_1''$으로 취하여 n_2를 B_1에 속하는 최소의 자연수라 하자.

이제 I_2를 길이가 같은 두 부분구간 I_2'과 I_2''으로 이등분하고, 첨수들의 집합 $\{n \in \mathbb{N} : n > n_2\}$을 다음과 같이 두 부분으로 나눈다.

$$A_2 = \{n \in \mathbb{N} : n > n_2, x_n \in I_2'\}, \quad B_2 := \{n \in \mathbb{N} : n > n_2, x_n \in I_2''\}$$

A_2가 무한이면, $I_3 := I_2'$으로 취하고 n_3를 A_2에 속하는 최소의 자연수라 하자. A_2가 유한이면 B_2는 무한이어야 하고, $I_3 := I_2''$으로 취하여 n_3를 B_2에 속하는 최소의 자연수라 하자.

이 방법을 계속하여 축소구간열 $I_1 \supseteq I_2 \supseteq \cdots \supseteq I_k \supseteq \cdots$과 $k \in \mathbb{N}$에 대하여 $x_{n_k} \in I_k$가 되는 X의 부분수열 (x_{n_k})를 얻는다. I_k의 길이가 $(b - a)/2^{k-1}$이므로,

정리 2.5.3에 의하면 모든 $k \in \mathbb{N}$에 대하여 (유일한) 공통점 $\xi \in I_k$가 존재한다. 더욱이 x_{n_k}와 ξ 모두 I_k에 속하므로

$$|x_{n_k} - \xi| \le (b-a)/2^{k-1}$$

을 얻고, 따라서 X의 부분수열 (x_{n_k})는 ξ로 수렴한다. Q.E.D.

정리 3.4.8을 때때로 **수열에 대한** Bolzano-Weierstrass 정리라 하는데, 그 이유는 $\mathbb{R}$의 유계집합을 다루는 동일한 이름의 다른 내용이 있기 때문이다(연습문제 11.2.6을 보라).

유계인 수열이 다른 극한들로 수렴하거나 발산하는 다양한 부분수열을 갖는다는 것을 이미 보였다. 예를 들면, 수열 $((-1)^n)$은 -1로 수렴하는 부분수열과 $+1$로 수렴하는 다른 부분수열을 가지며, 발산하는 부분수열도 갖는다.

X를 실수열이라 하고 X'을 X의 부분수열이라 하자. 그러면 X'도 당연히 하나의 수열이고, 따라서 이는 부분수열을 갖는다. X''이 X'의 부분수열이면, 이 또한 X의 부분수열임에 주목한다.

3.4.9 정리 $X = (x_n)$을 유계인 실수열이라 하고 X의 모든 수렴하는 부분수열이 $x \in \mathbb{R}$로 수렴한다고 하자. 그러면 수열 X는 x로 수렴한다.

증명 $M > 0$을 모든 $n \in \mathbb{N}$에 대하여 $|x_n| \le M$이 되는 수열 X의 경계라 가정하자. X가 x로 수렴하지 않으면, 정리 3.4.4로부터 모든 $k \in \mathbb{N}$에 대하여

$$|x_{n_k} - x| \ge \varepsilon_0 \tag{1}$$

가 되는 $\varepsilon_0 > 0$와 X의 부분수열 $X' = (x_{n_k})$가 존재한다. X'이 X의 부분수열이므로 M 역시 X'의 경계이다. 따라서 Bolzano-Weierstrass 정리에 의하여 X'은 수렴하는 부분수열 X''을 갖는다. X'' 역시 X의 부분수열이므로, 가정에 의하여 이는 x로 수렴한다. 따라서 이 수열의 항들은 최종적으로 x의 ε_0-근방에 속하게 되어 (1)에 모순이다. Q.E.D.

상극한과 하극한

유계인 실수열 (x_n)이 수렴할지 수렴하지 않을지 모르지만 Bolzano-Weierstrass 정리 3.4.8로부터 수렴하는 부분수열이 존재할 것이고, 또 많은 수렴하는 부분수열이 존재할 것임을 알고 있다. (x_n)의 부분수열의 극한인 실수를 (x_n)의 **부분수열 극한**(subsequential limit)이라 한다. S를 유계수열 (x_n)의 부분수열극한들의 집합

이라 하자. 수열이 유계이므로 집합 S도 유계이다.

예를 들어 (x_n)이 $x_n := (-1)^n + 2/n$로 정의되면, 부분수열 (x_{2n})은 1로 수렴하고 부분수열 (x_{2n-1})은 -1로 수렴한다. 부분수열극한들의 집합이 $S = \{-1, 1\}$임을 쉽게 알 수 있다. 수열 자신의 가장 큰 값이 $x_2 = 2$임을 관찰하라. 이는 수열의 극한 움직임에 대한 어떠한 정보도 제공하지 못한다.

극단적인 예가 구간 $[0, 1]$에 속하는 모든 유리수들의 집합이다. 이 집합은 가부번이고(1.3절을 보라), 따라서 이를 수열 (r_n)으로 쓸 수 있다. 그러면 조밀성 정리 2.4.8로부터 $[0, 1]$에 있는 모든 수가 (r_n)의 부분수열극한이다. 따라서 $S = [0, 1]$을 얻는다.

발산하는 유계수열 (x_n)은 진동하는 어떤 형태로 나타날 것이다. 그 움직임은 다음과 같이 감소하는 구간들에 포함된다. $t_1 := \inf\{x_n : n \in \mathbb{N}\}$과 $u_1 := \sup\{x_n : n \in \mathbb{N}\}$인 구간 $[t_1, u_1]$은 전체수열을 포함한다. 각 $m = 1, 2, \ldots$에 대하여 $t_m := \inf\{x_n : n \geq m\}$과 $u_m := \sup\{x_n : n \geq m\}$으로 정의하면, 수열 (t_m)과 (u_m)은 단조이고 m번째 구간이 수열의 m-꼬리를 포함하는 축소구간열 $[t_m, u_m]$을 얻는다.

앞의 논의는 유계수열의 극한 움직임을 기술하는 다른 방법들을 제안한다. 또 다른 방법은 실수 v가 많아야 유한개 n 값에 대하여 $x_n > v$인 성질을 가지면 (x_n)의 어떠한 부분수열도 v보다 큰 극한으로 수렴할 수 없다는 것을 관찰하는 것이다. 만약 v보다 큰 극한으로 수렴하려면 (x_n)의 무한히 많은 항들이 v보다 클 것을 요구하기 때문이다. 바꾸어 말하면 v가 모든 $n \geq N_v$에 대하여 $x_n \leq v$를 만족하는 N_v가 존재한다는 성질을 가지면, v보다 큰 어떠한 수도 (x_n)의 부분수열극한이 될 수 없다.

이러한 관찰이 상극한에 대한 다음의 정의를 이끌어 낸다. 하극한에 대한 동반 정의도 유사하다.

3.4.10 정의 $X = (x_n)$을 유계인 실수열이라 하자.

(a) (x_n)의 **상극한**(limit superior)은 많아야 유한개 $n \in \mathbb{N}$에 대하여 $v < x_n$이 되는 $v \in \mathbb{R}$의 집합 V의 하한이다. 이를 다음과 같이 표기한다.

$$\limsup(x_n), \quad \limsup X, \quad \overline{\lim}(x_n).$$

(b) (x_n)의 **하극한**(limit inferior)은 많아야 유한개 $m \in \mathbb{N}$에 대하여 $x_m < w$이 되는 $w \in \mathbb{R}$의 집합의 상한이다. 이를 다음과 같이 표기한다.

$$\liminf(x_n), \quad \liminf X, \quad \underline{\lim}(x_n).$$

상극한에 대한 개념에 대하여 이제 동치인 다른 접근들을 소개한다.

3.4.11 정리 (x_n)이 유계인 실수열이면, 실수 x^*에 대한 다음 명제들은 동치이다.

(a) $x^* = \lim\sup(x_n)$이다.

(b) $\varepsilon > 0$이면, $x^* + \varepsilon < x_n$인 많아야 유한개 $n \in \mathbb{N}$이 존재하는 반면 $x^* - \varepsilon < x_n$인 무한히 많은 $n \in \mathbb{N}$이 존재한다.

(c) $u_m = \sup\{x_n : n \geq m\}$이면 $x^* = \inf\{u_m : m \in \mathbb{N}\} = \lim(u_m)$이다.

(d) S가 (x_n)의 부분수열극한들의 집합이면 $x^* = \sup S$이다.

증명 (a) ⟹ (b) $\varepsilon > 0$이면, x^*가 하한이라는 사실에 의하여 $x^* \leq v < x^* + \varepsilon$이 되는 $v \in V$가 존재한다. 그러면 x^* 역시 V에 속하고, 따라서 $x^* + \varepsilon < x_n$이 되는 많아야 유한개 $n \in \mathbb{N}$이 존재할 수 있다. 한편 $x^* - \varepsilon$은 V에 속하지 않고, 따라서 $x^* - \varepsilon < x_n$이 되는 무한히 많은 $n \in \mathbb{N}$이 존재한다.

(b) ⟹ (c) (b)가 성립하고 $\varepsilon > 0$이 주어지면, 충분히 큰 모든 m에 대하여 $u_m < x^* + \varepsilon$이다. 따라서 $\inf\{u_m : m \in \mathbb{N}\} \leq x^* + \varepsilon$이다. 또한 $x^* - \varepsilon < x_n$이 되는 무한히 많은 $n \in \mathbb{N}$이 존재하므로 모든 $m \in \mathbb{N}$에 대하여 $x^* - \varepsilon < u_m$이고, 따라서 $x^* - \varepsilon \leq \inf\{u_m : m \in \mathbb{N}\}$이다. $\varepsilon > 0$은 임의이므로 $x^* = \inf\{u_m : m \in \mathbb{N}\}$이라는 결론을 얻는다. 더구나 수열 (u_m)은 단조감소하므로 $\inf(u_m) = \lim(u_m)$이다.

(c) ⟹ (d) $X' = (x_{n_k})$를 $X = (x_n)$의 수렴하는 부분수열이라 가정하자. $n_k \geq k$이므로 $x_{n_k} \leq u_k$이고, 따라서 $\lim X' \leq \lim(u_k) = x^*$이다. 역으로 $u_1 - 1 \leq x_{n_1} \leq u_1$인 n_1이 존재한다. 귀납적으로

$$u_k - \frac{1}{k+1} < x_{n_{k+1}} \leq u_k$$

인 $n_{k+1} > n_k$을 선택하라. $\lim(u_k) = x^*$이므로 $x^* = \lim(x_{n_k})$이고, 따라서 $x^* \in S$이다.

(d) ⟹ (a) $w = \sup S$라 하자. $\varepsilon > 0$이 주어지면, $w + \varepsilon < x_n$이 되는 많아야 유한개의 n이 존재한다. 따라서 $w + \varepsilon$이 V에 속하고 $\lim\sup(x_n) \leq w + \varepsilon$이다. 한편 $w - \varepsilon$보다 어떤 큰 수로 수렴하는 (x_n)의 부분수열이 존재하고, 따라서 $w - \varepsilon$은 V에 속하지 않고 $w - \varepsilon \leq \lim\sup(x_n)$이다. $\varepsilon > 0$은 임의이므로 $w = \lim\sup(x_n)$이라는 결론을 얻는다. Q.E.D.

독자는 유익한 연습문제로 유계실수열의 하극한에 대한 대응정리를 공식화하여야 한다.

3.4.12 정리 유계수열 (x_n)이 수렴하기 위한 필요충분조건은 $\lim\sup(x_n) = \lim\inf(x_n)$이다.

증명은 연습문제로 넘긴다. 다른 기초적인 성질들도 연습문제에서 찾을 수 있다.

연습문제 3.4

1. 수렴하는 부분수열을 갖는 유계가 아닌 수열의 예를 들어라.

2. 예 3.4.3(b)의 방법을 이용하여 $0 < c < 1$이면 $\lim(c^{1/n}) = 1$임을 보여라.

3. (f_n)을 예 3.1.2(d)의 Fibonacci 수열이라 하고 $x_n := f_{n+1}/f_n$이라 하자. $\lim(x_n) = L$이 존재한다고 가정하여 L의 값을 구하여라.

4. 다음 수열들이 발산함을 보여라.
(a) $(1 - (-1)^n + 1/n)$ (b) $(\sin n\pi/4)$

5. $X = (x_n)$과 $Y = (y_n)$이 주어진 수열이고 "뒤섞은(shuffled)" 수열 $Z = (z_n)$을 $z_1 := x_1$, $z_2 := y_1, \ldots, z_{2n-1} := x_n, z_{2n} := y_n, \ldots$으로 정의하자. Z가 수렴하기 위한 필요충분조건이 X와 Y가 모두 수렴하고 $\lim X = \lim Y$이어야 함을 보여라.

6. $n \in \mathbb{N}$에 대하여 $x_n := n^{1/n}$이라 하자.
(a) $x_{n+1} < x_n$이기 위한 필요충분조건이 $(1 + 1/n)^n < n$임을 보이고 부등식이 $n \geq 3$에 대하여 성립함을 추론하여라(예 3.3.6을 보라). (x_n)이 최종적으로 감소하고 $x := \lim(x_n)$이 존재함을 추정하여라.
(b) 부분수열 (x_{2n}) 역시 x로 수렴한다는 사실을 이용하여 $x = 1$임을 추정하여라.

7. 다음 수열들의 수렴성을 판정하고 극한을 구하여라.
(a) $((1 + 1/n^2)^{n^2})$ (b) $((1 + 1/2n)^n)$
(c) $((1 + 1/n^2)^{2n^2})$ (d) $((1 + 2/n)^n)$

8. 다음의 극한을 구하여라.
(a) $((3n)^{1/2n})$ (b) $((1 + 1/2n)^{3n})$

9. $X = (x_n)$의 모든 부분수열이 0으로 수렴하는 부분수열을 갖는다고 가정하자. $\lim X = 0$임을 보여라.

10. (x_n)을 유계수열이라 하고, 각 $n \in \mathbb{N}$에 대하여 $s_n := \sup\{x_k : k \geq n\}$이고 $S := \inf\{s_n\}$이라 하자. S로 수렴하는 (x_n)의 부분수열이 존재함을 보여라.

11. 모든 $n \in \mathbb{N}$에 대하여 $x_n \geq 0$이고 $\lim((-1)^n x_n)$이 존재한다고 가정하자. (x_n)이 수렴함을 보여라.

12. (x_n)이 유계가 아니면 $\lim(1/x_{n_k}) = 0$이 되는 부분수열 (x_{n_k})가 존재함을 보여라.

13. $x_n := (-1)^n/n$이면, $I_1 := [-1, 1]$을 취하여 Bolzano-Weierstrass 정리 3.4.8의 증명

에서 설정한 (x_n)의 부분수열을 구하여라.

14. (x_n)이 유계수열이고 $s := \sup\{x_n : n \in \mathbb{N}\}$이라 하자. $s \notin \{x_n : n \in \mathbb{N}\}$이면, s로 수렴하는 (x_n)의 부분수열이 존재함을 보여라.

15. (I_n)을 유계인 축소폐구간열이라 하자. 각 $n \in \mathbb{N}$에 대하여 $x_n \in I_n$이라 하자. Bolzano-Weierstrass 정리를 이용하여 축소구간 성질 2.5.2를 증명해 보라.

16. X가 유계수열이라는 가정을 생략하면 정리 3.4.9가 거짓이 됨을 보이는 예를 제시하여라.

17. 수열 $(1 + 1/n)$과 $(-1/n)$을 교대로 적용하여 얻은

$$(2, -1, 3/2, -1/2, 4/3, -1/3, 5/4, -1/4, \ldots)$$

인 수열 (x_n)에 대하여 $\limsup(x_n)$과 $\liminf(x_n)$을 구하여라. 그리고 $\sup\{x_n\}$과 $\inf\{x_n\}$도 구하여라.

18. (x_n)이 유계수열이면, (x_n)이 수렴하기 위한 필요충분조건이 $\limsup(x_n) = \liminf(x_n)$임을 보여라.

19. (x_n)과 (y_n)이 유계수열이면

$$\limsup(x_n + y_n) \le \limsup(x_n) + \limsup(y_n)$$

임을 보여라. 양변이 같지 않은 예를 들어라.

3.5 Cauchy 판정법

단조수렴정리는 특별히 유용하고 중요하지만 오직 단조수열에만 적용해야 하는 커다란 약점을 지니고 있다. 사전에 극한값을 알 필요도 없고 단조수열로 제한되지도 않는 수열의 수렴성을 암시하는 조건을 얻는 것이 중요하다. 이 절에서 수립할 Cauchy의 수렴판정법이 바로 그러한 조건이다.

3.5.1 정의 $X = (x_n)$을 실수열이라 하자. 모든 $\varepsilon > 0$에 대하여 $n, m \ge H(\varepsilon)$인 모든 자연수에 대한 항들 x_n, x_m이 $|x_n - x_m| < \varepsilon$을 만족하는 자연수 $H(\varepsilon)$이 존재하면, X를 **Cauchy 수열**(Cauchy sequence)이라 한다.

Cauchy 수열의 개념에 대한 중요성이 이 절의 주정리에 있는데, 실수열이 수렴하기 위한 필요충분조건은 이것이 Cauchy 수열이라는 것이다. 이것은 수열의 극한을 알지 않고도 수열이 수렴하는 것을 증명하는 한 방법을 제공한다.

그러나 다음 예들에서는 Cauchy 수열의 정의를 먼저 강조할 것이다.

3.5.2 예 **(a)** 수열 $(1/n)$은 Cauchy 수열이다.

$\varepsilon > 0$이 주어지면 $H > 2/\varepsilon$가 되는 자연수 $H = H(\varepsilon)$을 선택한다. 그래서 $n, m \geq H$이면 $1/n \leq 1/H < \varepsilon/2$을 얻고, 또한 $1/m < \varepsilon/2$을 얻는다. 따라서 $n, m \geq H$이면

$$\left|\frac{1}{n} - \frac{1}{m}\right| \leq \frac{1}{n} + \frac{1}{m} < \frac{\varepsilon}{2} + \frac{\varepsilon}{2} = \varepsilon$$

이다. $\varepsilon > 0$은 임의이므로, $(1/n)$이 Cauchy 수열이라는 결론을 얻는다.

(b) 수열 $(1 + (-1)^n)$은 Cauchy 수열이 아니다.

Cauchy 수열의 정의에 대한 부정은 다음과 같다. $\varepsilon_0 > 0$가 존재하여, 모든 H에 대해서 $|x_n - x_m| \geq \varepsilon_0$가 되는 적어도 하나의 $n > H$과 적어도 하나의 $m > H$이 존재한다. 항 $x_n := 1 + (-1)^n$에 대하여 n이 짝수이면 $x_n = 2$이고 $x_{n+1} = 0$임을 관찰하라. $\varepsilon_0 = 2$를 취하면, 임의의 H에 대하여 짝수 $n > H$을 선택할 수 있고 $m := n + 1$이라 하면

$$|x_n - x_{n+1}| = 2 = \varepsilon_0$$

을 얻는다. 따라서 (x_n)은 Cauchy 수열이 아니다. ■

참고 수열 (x_n)이 Cauchy 수열임을 증명하기 위하여 요구한 부등식 $|x_n - x_m| < \varepsilon$이 모든 $n, m \geq H(\varepsilon)$에 대하여 성립해야 하므로 m과 n 사이의 관계를 가정하지 않아도 된다. 그러나 수열이 Cauchy 수열이 아님을 증명하기 위하여 $|x_n - x_m| \geq \varepsilon_0$가 되도록 임의로 큰 n과 m의 값을 선택할 때에는 n과 m 사이의 관계를 설정해야 할지도 모른다.

우리의 목표는 Cauchy 수열이 정확히 수렴하는 수열이라는 것을 보이는 것이다. 먼저 수렴하는 수열이 Cauchy 수열임을 증명한다.

3.5.3 보조정리 $X = (x_n)$이 수렴하는 실수열이면, X는 Cauchy 수열이다.

증명 $x := \lim X$이면, 주어진 $\varepsilon > 0$에 대하여 $n \geq K(\varepsilon/2)$이면 $|x_n - x| < \varepsilon/2$이 되는 자연수 $K(\varepsilon/2)$이 존재한다. 따라서 $H(\varepsilon) := K(\varepsilon/2)$이고 $n, m \geq H(\varepsilon)$이면

$$|x_n - x_m| = |(x_n - x) + (x - x_m)|$$
$$\le |x_n - x| + |x_m - x| < \varepsilon/2 + \varepsilon/2 = \varepsilon$$

을 얻는다. $\varepsilon > 0$은 임의이므로, (x_n)은 Cauchy 수열이다. Q.E.D.

Cauchy 수열이 수렴함을 보이기 위하여 다음의 결과가 필요하다(정리 3.2.2를 보라).

3.5.4 보조정리 Cauchy 실수열은 유계이다.

증명 $X := (x_n)$을 Cauchy 수열이라 하고 $\varepsilon := 1$이라 하자. $H := H(1)$이고 $n \ge H$이면 $|x_n - x_H| < 1$이다. 따라서 삼각부등식에 의하면 모든 $n \ge H$에 대하여 $|x_n| \le |x_H| + 1$이다.

$$M := \sup\{|x_1|, |x_2|, \ldots, |x_{H-1}|, |x_H| + 1\}$$

로 놓으면, 모든 $n \in \mathbb{N}$에 대하여 $|x_n| \le M$이다. Q.E.D.

이제 중요한 Cauchy 수렴판정법을 소개한다.

3.5.5 Cauchy 수렴판정법 실수열이 수렴하기 위한 필요충분조건은 그것이 Cauchy 수열이다.

증명 보조정리 3.5.3에서 수렴하는 수열은 Cauchy 수열임을 이미 보였다.

역으로 $X = (x_n)$을 Cauchy 수열이라 하고, X가 어떤 실수로 수렴함을 보일 것이다. 먼저 보조정리 3.5.4로부터 수열 X가 유계임을 관찰하라. 따라서 Bolzano-Weierstrass 정리 3.4.8에 의하여 어떤 실수 x^*로 수렴하는 X의 부분수열 $X' = (x_{n_k})$가 존재한다. X가 x^*로 수렴함을 보이는 것으로 이 증명을 완성할 것이다.

$X = (x_n)$이 Cauchy 수열이므로, 주어진 $\varepsilon > 0$에 대하여 $n, m \ge H(\varepsilon/2)$이면

(1) $$|x_n - x_m| < \varepsilon/2$$

이 되는 자연수 $H(\varepsilon/2)$이 존재한다. 부분수열 $X' = (x_{n_k})$가 x^*로 수렴하므로

$$|x_K - x^*| < \varepsilon/2$$

가 되고 $\{n_1, n_2, \ldots\}$에 속하는 자연수 $K \ge H(\varepsilon/2)$가 존재한다. $K \ge H(\varepsilon/2)$이므로, (1)에 $m = K$로 취하면 $n \ge H(\varepsilon/2)$에 대하여

$$|x_n - x_K| < \varepsilon/2$$

이다. 따라서 $n \geq H(\varepsilon/2)$이면 다음을 얻는다.

$$\begin{aligned} |x_n - x^*| &= |(x_n - x_K) + (x_K - x^*)| \\ &\leq |x_n - x_K| + |x_K - x^*| \\ &< \varepsilon/2 + \varepsilon/2 = \varepsilon. \end{aligned}$$

$\varepsilon > 0$은 임의이므로 $\lim(x_n) = x^*$임을 추론한다. 따라서 수열 X는 수렴한다. Q.E.D.

이제 Cauchy 판정법의 활용에 관한 몇 개의 예들을 소개할 것이다.

3.5.6 예 **(a)** $X = (x_n)$이

$$x_1 := 1,\ x_2 := 2\text{이고 } n > 2\text{에 대하여 } x_n := \frac{1}{2}(x_{n-2} + x_{n-1})$$

로 정의된다고 하자. 귀납법으로 모든 $n \in \mathbb{N}$에 대하여 $1 \leq x_n \leq 2$임을 보일 수 있다(해 보라). 계산을 몇번 해보면 X가 단조수열이 아님을 알 수 있다. 그러나 항들이 평균의 형태이므로 $n \in \mathbb{N}$에 대하여

$$|x_n - x_{n+1}| = \frac{1}{2^{n-1}}$$

임을 쉽게 알 수 있다(이를 귀납법으로 증명하여라). 따라서 $m > n$이면 삼각부등식을 이용하여 다음을 얻는다.

$$\begin{aligned} |x_n - x_m| &\leq |x_n - x_{n+1}| + |x_{n+1} - x_{n+2}| + \cdots + |x_{m-1} - x_m| \\ &= \frac{1}{2^{n-1}} + \frac{1}{2^n} + \cdots + \frac{1}{2^{m-2}} \\ &= \frac{1}{2^{n-1}}\left(1 + \frac{1}{2} + \cdots + \frac{1}{2^{m-n-1}}\right) < \frac{1}{2^{n-2}}. \end{aligned}$$

그러므로 주어진 $\varepsilon > 0$에 대하여 n을 $1/2^n < \varepsilon/4$이 되도록 크게 선택하면 $m \geq n$일 때 $|x_n - x_m| < \varepsilon$이 된다. 따라서 X는 $\mathbb{R}$에서 Cauchy 수열이다. Cauchy 판정법 3.5.5에 의하여 수열 X는 어떤 수 x로 수렴한다.

극한 x를 구하기 위하여 먼저 $x_n = \frac{1}{2}(x_{n-1} + x_{n-2})$인 규칙에서 "극한으로 전환할" 수 있고 x는 관계식 $x = \frac{1}{2}(x + x)$를 만족하는데, 이는 참이지만 극한값에 대한 어떤 정보도 제공하지 못한다. 따라서 뭔가 다른 방법을 강구해야 한다.

X가 x로 수렴하므로, 첨수가 홀수인 부분수열 X'도 x로 수렴한다. 독자는 귀납법을 이용하여 다음을 수립할 수 있다[1.2.4(f)를 보라].

$$x_{2n+1} = 1 + \frac{1}{2} + \frac{1}{2^3} + \cdots + \frac{1}{2^{2n-1}}$$
$$= 1 + \frac{2}{3}\left(1 - \frac{1}{4^n}\right).$$

이에 의하여 $x = \lim X = \lim X' = 1 + \frac{2}{3} = \frac{5}{3}$가 된다(어떻게?).

(b) $Y = (y_n)$을 다음과 같이 주어진 실수열이라 하자.

$$y_1 := \frac{1}{1!}, \quad y_2 := \frac{1}{1!} - \frac{1}{2!}, \ldots, \quad y_n := \frac{1}{1!} - \frac{1}{2!} + \cdots + \frac{(-1)^{n+1}}{n!}, \cdots.$$

분명히 Y는 단조수열이 아니다. 그러나 $m > n$이면

$$y_m - y_n = \frac{(-1)^{n+2}}{(n+1)!} + \frac{(-1)^{n+3}}{(n+2)!} + \cdots + \frac{(-1)^{m+1}}{m!}$$

이다. $2^{r-1} \le r!$이므로[1.2.4(e)를 보라], $m > n$이면

$$|y_m - y_n| \le \frac{1}{(n+1)!} + \frac{1}{(n+2)!} + \cdots + \frac{1}{m!}$$
$$\le \frac{1}{2^n} + \frac{1}{2^{n+1}} + \cdots + \frac{1}{2^{m-1}} < \frac{1}{2^{n-1}}$$

이다(왜?). 그러므로 (y_n)은 Cauchy 수열이고, 따라서 이 수열은 어떤 극한 y로 수렴한다. 지금 당장 y를 직접적으로 구할 수는 없다. 그러나 위의 부등식에서 (m에 관하여) 극한을 취하면

$$|y_n - y| \le 1/2^{n-1}$$

을 얻는다. 따라서 충분히 큰 n에 대한 항들 y_n을 계산하여 요구하는 정도의 정확한 y를 계산할 수 있다. 독자는 이렇게 하여 y가 근사적으로 0.632 120 559임을 보여야 한다(y의 정확한 값은 $1 - 1/e$이다).

(c) 수열 $\left(\frac{1}{1} + \frac{1}{2} + \cdots + \frac{1}{n}\right)$은 발산한다.

$H := (h_n)$을 $n \in \mathbb{N}$에 대하여 다음과 같이 정의되는 수열이라 하자.

$$h_n := \frac{1}{1} + \frac{1}{2} + \cdots + \frac{1}{n}.$$

이를 3.3.3(b)에서 고찰하였다. $m > n$이면

$$h_m - h_n = \frac{1}{n+1} + \cdots + \frac{1}{m}$$

이다. 이들 $m - n$개의 항들 각각은 $1/m$보다 크므로 $h_m - h_n > (m - n)/m = 1 - n/m$이다. 특히 $m = 2n$이면 $h_{2n} - h_n > \frac{1}{2}$이 된다. 이것은 H가 Cauchy 수열이 아님을 보이는 것이고(왜?), 따라서 H는 수렴수열이 아니다(3.7절에서 소개할 용어로 "조화급수(harmonic series)" $\sum_{n=1}^{\infty} 1/n$이 발산함을 바로 증명한 것이다). ■

3.5.7 정의 $X = (x_n)$을 실수열이라 하자. 모든 $n \in \mathbb{N}$에 대하여

$$|x_{n+2} - x_{n+1}| \le C|x_{n+1} - x_n|$$

이 되는 상수 C, $0 < C < 1$가 존재하면, X는 **축약적이다**(contractive)라고 한다. 수 C를 축약수열의 **상수**(constant)라 한다.

3.5.8 정리 모든 축약수열은 Cauchy 수열이고, 따라서 수렴한다.

증명 축약수열에 대하여 정의한 조건을 계속적으로 적용하면 다음과 같이 수열의 처음으로 되돌아갈 수 있다.

$$\begin{aligned} |x_{n+2} - x_{n+1}| &\le C|x_{n+1} - x_n| \le C^2|x_n - x_{n-1}| \\ &\le C^3|x_{n-1} - x_{n-2}| \le \cdots \le C^n|x_2 - x_1|. \end{aligned}$$

$m > n$에 대하여 먼저 삼각부등식을 적용한 후 기하급수의 합에 대한 공식을 (1.2.4(f)를 보라) 이용하여 $|x_m - x_n|$을 다음과 같이 추정한다.

$$\begin{aligned} |x_m - x_n| &\le |x_m - x_{m-1}| + |x_{m-1} - x_{m-2}| + \cdots + |x_{n+1} - x_n| \\ &\le \left(C^{m-2} + C^{m-3} + \cdots + C^{n-1}\right)|x_2 - x_1| \\ &= C^{n-1}\left(\frac{1 - C^{m-n}}{1 - C}\right)|x_2 - x_1| \\ &\le C^{n-1}\left(\frac{1}{1 - C}\right)|x_2 - x_1|. \end{aligned}$$

$0 < C < 1$이므로 $\lim(C^n) = 0$이다[3.1.11(b)를 보라]. 따라서 (x_n)이 Cauchy 수열이고, Cauchy 수렴판정법 3.5.5에 의하여 (x_n)은 수렴수열이 된다. Q.E.D.

3.5.9 예 $f_1 = f_2 = 1$이고 $f_{n+1} = f_n + f_{n-1}$인 Fibonacci 분수 $x_n := f_n/f_{n+1}$의 열을 고찰한다(예 3.1.2(d)를 보라). 처음 몇 개의 항은 $x_1 = 1$, $x_2 = 1/2$, $x_3 = 2/3$, $x_4 = 3/5$, $x_5 = 5/8$ 등이다. 이는 다음과 같이 식 $x_{n+1} = 1/(1 + x_n)$에 의하여 귀납적으로 주어진 수열 (x_n)임을 알 수 있다.

$$x_{n+1} = \frac{f_{n+1}}{f_{n+2}} = \frac{f_{n+1}}{f_{n+1}+f_n} = \frac{1}{1+\dfrac{f_n}{f_{n+1}}} = \frac{1}{1+x_n}.$$

귀납적 논의가 모든 n에 대하여 $1/2 \le x_n \le 1$임을 확인시켜주고, 따라서 1을 더하고 역수를 취하면 모든 n에 대하여 $1/2 \le 1/(1+x_n) \le 2/3$가 된다. 그러면

$$|x_{n+1} - x_n| = \frac{|x_n - x_{n-1}|}{(1+x_n)(1+x_{n-1})} \le \frac{2}{3}\cdot\frac{2}{3}|x_n - x_{n-1}| = \frac{4}{9}|x_n - x_{n-1}|$$

이다. 따라서 수열 (x_n)은 축약적이고 정리 3.5.8에 의하여 수렴한다. 극한 $x = \lim(x_n)$으로 전환하면 식 $x = 1/(1+x)$을 얻고, 따라서 x는 방정식 $x^2 + x - 1 = 0$을 만족한다. 2차식은 양의 근 $x = (-1+\sqrt{5})/2 = 0.618034\cdots$을 제공한다.

역수 $1/x = (1+\sqrt{5})/2 = 1.618034\cdots$을 종종 그리스 문자 φ로 표기하고 기하학사에서 황금비라 한다. 고대 그리스 철학자들의 미술이론에서 짧은 변에 대한 긴 변의 비가 φ인 직사각형이 눈을 가장 만족시키는 직사각형이었다. 또한 이 수는 많은 수학적 성질들을 지니고 있다. (황금비에 대한 역사적 논의를 Wikipedia에서 찾을 수 있다.) ■

축약수열의 극한을 계산하는 과정에서 종종 n번째 단계에서 오차를 추정하는 것이 매우 중요하다. 다음 결과에서 두 개의 그러한 추정을 소개하는데, 첫 번째는 수열의 처음 두 항과 n이 관련되고 두 번째는 차 $x_n - x_{n-1}$과 n이 관련된다.

3.5.10 따름정리 $X := (x_n)$이 상수 $C(0 < C < 1)$인 축약수열이고 $x^* := \lim X$이면 다음이 성립한다.

(i) $|x^* - x_n| \le \dfrac{C^{n-1}}{1-C}|x_2 - x_1|$

(ii) $|x^* - x_n| \ge \dfrac{C}{1-C}|x_n - x_{n-1}|$

증명 앞의 증명으로부터 $m > n$이면 $|x_m - x_n| \le (C^{n-1}/(1-C))|x_2 - x_1|$이다. 이 부등식에서 $m \to \infty$라 하면 (i)을 얻는다.

(ii)를 증명하기 위하여 $m > n$이면

$$|x_m - x_n| \le |x_m - x_{m-1}| + \cdots + |x_{n+1} - x_n|$$

임을 상기하라. 귀납법을 이용하여

$$|x_{n+k} - x_{n+k-1}| \le C^k|x_n - x_{n-1}|$$

을 쉽게 수립할 수 있으므로 다음을 추론한다.

$$\begin{aligned}|x_m - x_n| &\le (C^{m-n} + \cdots + C^2 + C)|x_n - x_{n-1}| \\ &\le \frac{C}{1-C}|x_n - x_{n-1}|.\end{aligned}$$

이제 이 부등식에서 $m \to \infty$를 취하여 주장 (ii)를 얻는다. Q.E.D.

3.5.11 예 3차 방정식 $x^3 - 7x + 2 = 0$이 0과 1 사이에 하나의 해를 갖는다고 하는데, 이 해를 근사하고자 한다. 이를 다음과 같은 반복과정을 거쳐 성취할 수 있다. 먼저 방정식을 $x = (x^3 + 2)/7$로 다시 쓰고, 이 식을 한 수열을 정의하는 데 이용한다. 0과 1 사이의 임의의 값을 x_1으로 지정하고 $n \in \mathbb{N}$에 대하여 다음과 같이 정의한다.

$$x_{n+1} := \tfrac{1}{7}(x_n^3 + 2).$$

$0 < x_1 < 1$이므로, 모든 $n \in \mathbb{N}$에 대하여 $0 < x_n < 1$이다(왜?). 더욱이 다음을 얻는다.

$$\begin{aligned}\left|x_{n+2} - x_{n+1}\right| &= \left|\tfrac{1}{7}(x_{n+1}^3 + 2) - \tfrac{1}{7}(x_n^3 + 2)\right| = \tfrac{1}{7}\left|x_{n+1}^3 - x_n^3\right| \\ &= \tfrac{1}{7}\left|x_{n+1}^2 + x_{n+1}x_n + x_n^2\right|\left|x_{n+1} - x_n\right| \le \tfrac{3}{7}\left|x_{n+1} - x_n\right|.\end{aligned}$$

그러므로 (x_n)은 축약수열이고, 따라서 $\lim(x_n) = r$이 되는 r이 존재한다. 등식 $x_{n+1} = (x_n^3 + 2)/7$의 양변에서 극한으로 전환하면 $r = (r^3 + 2)/7$를 얻고, 따라서 $r^3 - 7r + 2 = 0$이다. 그러므로 r은 이 방정식의 해이다.

x_1을 선택하고 $x_2, x_3, \ldots$을 계속적으로 계산하여 r을 근사할 수 있다. 예를 들어 $x_1 = 0.5$로 취하면 다음을 얻는다(소수 아홉 자리까지).

$$\begin{aligned}&x_2 = 0.303\,571\,429, \quad x_3 = 0.289\,710\,830 \\ &x_4 = 0.289\,188\,016, \quad x_5 = 0.289\,169\,244 \\ &x_6 = 0.289\,169\,571, \quad \text{등등.}\end{aligned}$$

정확도를 추정하기 위하여 $|x_2 - x_1| < 0.2$임에 주목한다. 따라서 n단계 이후에는 따름정리 3.5.10(i)에 의하여 $|x^* - x_n| \le 3^{n-1}/(7^{n-2} \cdot 20)$임이 확실하다. 그러므로 $n = 6$일 때

$$|x^* - x_6| \le 3^5/(7^4 \cdot 20) = 243/48\,020 < 0.0051$$

임을 보증한다. 실제로 근사값은 이보다 훨씬 더 정확하다. 사실 $|x_6 - x_5| < 0.000\,0005$이므로, 3.5.10(ii)에 의하여 $|x^* - x_6| \le \frac{3}{4}|x_6 - x_5| < 0.000\,0004$가 된다. 따라서 x_6의 소수 처음 다섯 자리까지는 정확하다. ■

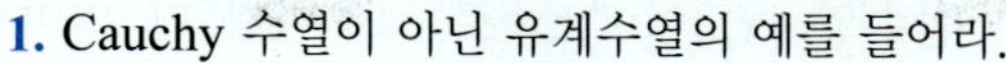

연습문제 3.5

1. Cauchy 수열이 아닌 유계수열의 예를 들어라.

2. 다음이 Cauchy 수열임을 정의로부터 직접적으로 보여라.

   (a) $\left(\dfrac{n+1}{n}\right)$ (b) $\left(1+\dfrac{1}{2!}+\cdots+\dfrac{1}{n!}\right)$

3. 다음이 Cauchy 수열임을 정의로부터 직접적으로 보여라.

   (a) $((-1)^n)$ (b) $\left(n+\dfrac{(-1)^n}{n}\right)$ (c) $(\ln n)$

4. (x_n)과 (y_n)이 Cauchy 수열이면, $(x_n + y_n)$과 $(x_n y_n)$이 Cauchy 수열임을 정의로부터 직접적으로 보여라.

5. $x_n := \sqrt{n}$이면, (x_n)이 $\lim|x_{n+1} - x_n| = 0$을 만족하지만 Cauchy 수열이 아님을 보여라.

6. p를 주어진 자연수라 하자. Cauchy 수열은 아니지만 $\lim|x_{n+p} - x_n| = 0$을 만족하는 수열 (x_n)의 예를 들어라.

7. (x_n)을 모든 $n \in \mathbb{N}$에 대하여 x_n이 정수인 Cauchy 수열이라 하자. (x_n)이 최종적으로 상수열임을 보여라.

8. 유계인 단조증가수열이 Cauchy 수열임을 직접적으로 보여라.

9. $0 < r < 1$이고 모든 $n \in \mathbb{N}$에 대하여 $|x_{n+1} - x_n| < r^n$이면, (x_n)이 Cauchy 수열임을 보여라.

10. $x_1 < x_2$가 임의의 실수들이고 $n > 2$에 대하여 $x_n := \frac{1}{2}(x_{n-2} + x_{n-1})$이면, (x_n)이 수렴함을 보여라. 이의 극한은 무엇인가?

11. $y_1 < y_2$가 임의의 실수이고 $n > 2$에 대하여 $y_n := \frac{1}{3}y_{n-1} + \frac{2}{3}y_{n-2}$이면, (y_n)이 수렴함을 보여라. 이의 극한은 무엇인가?

12. $x_1 > 0$이고 $n \geq 1$에 대하여 $x_{n+1} := (2 + x_n)^{-1}$이라 하면, (x_n)이 축약수열임을 보여라. 이의 극한을 구하여라.

13. $x_1 := 2$이고 $n \geq 1$에 대하여 $x_{n+1} := 2 + 1/x_n$이면, (x_n)이 축약수열임을 보여라. 이의 극한은 무엇인가?

14. 다항방정식 $x^3 - 5x + 1 = 0$은 $0 < r < 1$인 근 r을 갖는다. 적절한 축약수열을 이용하여 10^{-4} 이내가 되도록 r을 계산하여라.

3.6 정발산수열

일정한 목적을 위하여 실수열 (x_n)이 "$\pm\infty$로 접근한다"가 의미하는 바를 정의하는 것이 편리하다.

3.6.1 정의 $X = (x_n)$을 실수열이라 하자.

(i) 모든 $\alpha \in \mathbb{R}$에 대하여 $n \geq K(\alpha)$일 때 $x_n > \alpha$가 되는 자연수 $K(\alpha)$가 존재하면, (x_n)은 $+\infty$**로 접근한다**(tends to $+\infty$)고 하고 $\lim(x_n) = +\infty$로 쓴다.

(ii) 모든 $\beta \in \mathbb{N}$에 대하여 $n \geq K(\beta)$일 때 $x_n < \beta$가 되는 자연수 $K(\beta)$가 존재하면, (x_n)은 $-\infty$**로 접근한다**(tends to $-\infty$)고 하고 $\lim(x_n) = -\infty$로 쓴다.

$\lim(x_n) = +\infty$ 또는 $\lim(x_n) = -\infty$인 경우, (x_n)은 **정발산한다**(properly divergent)고 한다.

독자는 위의 표현에서 기호 $+\infty$와 $-\infty$를 단지 편의상 사용하고 있음을 알아야 한다. 이전의 절들에서 관례적인 극한 $\lim(x_n) = L(L \in \mathbb{R}$인)에 대하여 증명하였던 결과들이 $\lim(x_n) = \pm\infty$일 때는 참이 아닐 수도 있다.

3.6.2 예 **(a)** $\lim(n) = +\infty$이다.

사실 $\alpha \in \mathbb{R}$가 주어지면, $K(\alpha)$는 $K(\alpha) > \alpha$가 되는 임의의 자연수이다.

(b) $\lim(n^2) = +\infty$이다.

자연수 $K(\alpha)$가 $K(\alpha) > \alpha$를 만족하고 $n \geq K(\alpha)$이면 $n^2 \geq n > \alpha$를 얻는다.

(c) $c > 1$이면 $\lim(c^n) = +\infty$이다.

$b > 0$일 때 $c = 1 + b$라 하자. $\alpha \in \mathbb{R}$가 주어지면, $K(\alpha)$를 $K(\alpha) > \alpha/b$가 되는 자연수라 하자. $n \geq K(\alpha)$이면, Bernoulli의 부등식에 의하여

$$c^n = (1+b)^n \geq 1 + nb > 1 + \alpha > \alpha$$

가 된다. 따라서 $\lim(c^n) = +\infty$이다. ■

단조수열은 그들의 수렴성에 관한 한 특히 간단하다. 단조수렴정리 3.3.2에서 단조수열이 수렴하기 위한 필요충분조건은 그 수열이 유계이어야 함을 알고 있다. 다음은 그 결과의 재구성이다.

3.6.3 정리 단조실수열이 정발산하기 위한 필요충분조건은 그 수열이 유계가 아닌 것이다.

(a) (x_n)이 유계가 아닌 증가수열이면 $\lim(x_n) = +\infty$이다.

(b) (x_n)이 유계가 아닌 감소수열이면 $\lim(x_n) = -\infty$이다.

증명 (a) (x_n)을 증가수열이라 가정하자. (x_n)이 유계이면, 이것이 수렴함을 알고 있다. (x_n)이 유계가 아니면 임의의 $\alpha \in \mathbb{R}$에 대하여 $\alpha < x_{n(\alpha)}$가 되는 $n(\alpha) \in \mathbb{N}$가 존재한다. 그러나 (x_n)이 증가하므로 모든 $n \geq n(\alpha)$에 대하여 $\alpha < x_n$이다. α는 임의이므로 $\lim(x_n) = +\infty$이다.

(b)도 유사한 방법으로 증명할 수 있다. Q.E.D.

수열이 정발산하는 것을 보이는 데 다음의 "비교정리(comparison theorem)"가 자주 이용된다[실은 예 3.6.2(c)에서 은연중에 이용하였다].

3.6.4 정리 (x_n)과 (y_n)을 실수열이라 하고 모든 $n \in \mathbb{N}$에 대하여

(1) $$x_n \leq y_n$$

이라 가정하자.

(a) $\lim(x_n) = +\infty$이면 $\lim(y_n) = +\infty$이다.

(b) $\lim(y_n) = -\infty$이면 $\lim(x_n) = -\infty$이다.

증명 (a) $\lim(x_n) = +\infty$이고 $\alpha \in \mathbb{R}$가 주어질 때, $n \geq K(\alpha)$이면 $\alpha < x_n$이 되는 자연수 $K(\alpha)$가 존재한다. (1)이므로 모든 $n \geq K(\alpha)$에 대하여 $\alpha < y_n$이다. α는 임의이므로 $\lim(y_n) = +\infty$이다.

(b)의 증명도 유사하다. Q.E.D.

참고 **(a)** 조건 (1)이 최종적으로 참이면, 즉 모든 $n \geq m$에 대하여 $x_n \leq y_n$이 되는 $m \in \mathbb{N}$이 존재하면 정리 3.6.4는 여전히 참이다.

(b) 정리 3.6.4의 조건 (1)이 성립하고 $\lim(y_n) = +\infty$라 해서 $\lim(x_n) = +\infty$가 되는 것은 아니다. 마찬가지로 조건 (1)이 성립하고 $\lim(x_n) = -\infty$라 해서 $\lim(y_n) = -\infty$가 되는 것은 아니다. 정리 3.6.4를 이용하여 수열이 $+\infty$로 [또는 $-\infty$로] 접근하는 것을 보이기 위하여 수열의 항들이 $+\infty$로 [또는 $-\infty$로] 접근하는 것을 알고 있는 수열의 대응 항들보다 최종적으로 크거나 [또는 작거나] 같음을 보일 필요가 있다.

때로는 조건 (1)과 같은 부등식을 수립하는 것이 어려우므로, 이럴 때는 다음의

"극한비교정리(limit comparison theorem)"가 정리 3.6.4보다 이용하기에 더 편리하다.

3.6.5 정리 (x_n)과 (y_n)이 두 양의 실수열이고 어떤 $L \in \mathbb{R}$, $L > 0$에 대하여

$$\lim(x_n/y_n) = L \tag{2}$$

이라 하자. 그러면 $\lim(x_n) = +\infty$이기 위한 필요충분조건은 $\lim(y_n) = +\infty$이다.

증명 (2)가 성립하면 모든 $n \geq K$에 대하여

$$\tfrac{1}{2}L < x_n/y_n < \tfrac{3}{2}L$$

이 되는 자연수 K가 존재한다. 따라서 모든 $n \geq K$에 대하여 $(\frac{1}{2}L)y_n < x_n < (\frac{3}{2}L)y_n$을 얻는다. 이제 결론은 정리 3.6.4를 약간 수정하면 된다. 자세한 것은 독자에게 맡긴다. Q.E.D.

독자는 $L = 0$이거나 $L = +\infty$이면 결론이 성립할 필요가 없음을 보일 수 있다. 그렇지만 이러한 상황에서 설정할 수 있는 약간의 부분적인 결과들이 있는데, 그것들을 연습문제에서 볼 수 있다.

연습문제 3.6

1. (x_n)이 유계가 아닌 수열이면 정발산하는 부분수열이 존재함을 보여라.

2. 다음이 되는 정발산수열 (x_n)과 모든 $n \in \mathbb{N}$에 대하여 $y_n \neq 0$인 정발산수열 (y_n)의 예를 들어라.

(a) (x_n/y_n)이 수렴한다. (b) (x_n/y_n)이 정발산한다.

3. 모든 $n \in \mathbb{N}$에 대하여 $x_n > 0$이면, $\lim(x_n) = 0$이기 위한 필요충분조건이 $\lim(1/x_n) = +\infty$임을 보여라.

4. 다음 수열의 정발산을 판정하여라.

(a) $(\sqrt{n})$ (b) $(\sqrt{n+1})$

(c) $(\sqrt{n-1})$ (d) $(n/\sqrt{n+1})$

5. 수열 $n(\sin n)$은 정발산하는가?

6. (x_n)을 정발산수열이라 하고 (y_n)을 $\lim(x_n y_n)$이 $\mathbb{R}$에 속하게 하는 수열이라 하자. (y_n)이 0으로 수렴함을 보여라.

7. (x_n)과 (y_n)을 $\lim(x_n/y_n) = 0$이 되는 양수열이라 하자.
(a) $\lim(x_n) = +\infty$이면 $\lim(y_n) = +\infty$임을 보여라.
(b) (y_n)이 유계이면 $\lim(y_n) = 0$임을 보여라.

8. 다음 수열의 수렴과 발산을 조사하여라.
(a) $(\sqrt{n^2+2})$ (b) $(\sqrt{n}/(n^2+1))$
(c) $(\sqrt{n^2+1}/\sqrt{n})$ (d) $(\sin\sqrt{n})$

9. (x_n)과 (y_n)을 $\lim(x_n/y_n) = +\infty$이 되는 양수열이라 하자.
(a) $\lim(y_n) = +\infty$이면 $\lim(x_n) = +\infty$임을 보여라.
(b) (x_n)이 유계이면 $\lim(y_n) = 0$임을 보여라.

10. $\lim(a_n/n) = L$이고 $L > 0$이면 $\lim(a_n) = +\infty$임을 보여라.

3.7 무한급수: 개요

이제 실수의 무한급수를 간단히 소개할 것이다. 무한급수는 9장에서 더 상세히 다룰 논제이지만 그 중요성 때문에 여기서 약간의 결과만 설정할 것이다. 이 결과들은 이 장에서 이미 다루었던 정리들의 직접적인 결과들임을 알게 된다.

초등 교과서에서 무한급수는 때때로 다음과 같은 "형식"으로 "정의된다."

(1) $$x_1 + x_2 + \cdots + x_n + \cdots.$$

그러나 이 "정의"가 명쾌하지 못한 것은 이러한 기호의 배열에 **계속해서** 대응시킬 어떤 특정한 값이 없는 데도 이 배열은 **무한** 번의 덧셈을 실행하도록 요구하기 때문이다.

3.7.1 정의 $X = (x_n)$이 $\mathbb{R}$에서의 수열이면, **X에 의하여 생성된 무한급수**[infinite series (또는 간단히 **급수**(series)) generated by X]는 다음과 같이 정의되는 수열 $S := (s_k)$이다.

$$\begin{aligned} s_1 &:= x_1 \\ s_2 &:= s_1 + x_2 \quad (= x_1 + x_2) \\ &\cdots \\ s_k &:= s_{k-1} + x_k \quad (= x_1 + x_2 + \cdots + x_k) \\ &\cdots. \end{aligned}$$

수 x_n을 급수의 **항**(terms)이라 하고 수 s_k를 이 급수의 **부분합**(partial sums)이라 한다. $\lim S$가 존재하면, 이 급수는 **수렴한다**(convergent)고 하고 이 극한을 이 급수의 **합**(sum) 또는 **값**(value)이라 한다. 이 극한이 존재하지 않으면, S는 **발산한다**(divergent)고 한다.

수열 $X = (x_n)$에 의하여 생성된 무한급수 S와 이 극한이 존재할 경우 극한값 $\lim S$ 모두를 나타내는 데

(2) $$\sum(x_n) \quad \text{이나} \quad \sum x_n, \quad \text{또는} \quad \sum_{n=1}^{\infty} x_n$$

과 같은 기호를 사용하는 것이 편리하다. 따라서 (2)의 기호들을 단순히 수렴 또는 발산이 밝혀진 무한급수를 나타내는 한 방법으로 생각할 수 있다. 실제로 급수의 수렴(또는 발산)이 수립되어야 한다는 것을 이해한다면 이 기호들의 이중적인 이용이 혼란을 초래하지는 않는다.

수열의 첫 번째 원소가 x_1이 아니고 x_0, x_5 또는 x_{99}로 첨수가 부여될 때, 이러한 수들을 첫 번째 원소로 갖는 급수를 다음과 같은 기호로 표기할 것이다.

$$\sum_{n=0}^{\infty} x_n, \qquad \sum_{n=5}^{\infty} x_n, \qquad \sum_{n=99}^{\infty} x_n.$$

급수의 첫 번째 항이 x_N이면 첫 번째 부분합이 s_N으로 표기됨에 주목하여야 한다.

주의 독자는 "수열(sequence)"과 "급수(series)"라는 단어를 혼동하지 않도록 주의하여야 한다. 비수학적인 언어로서 이 단어들을 교환할 수 있으나 수학에서는 동의어가 아니다. 사실 급수는 수열 $X = (x_n)$으로부터 정의 3.7.1에서 소개한 특별한 절차에 의하여 얻은 수열 $S = (s_k)$이다.

3.7.2 예 **(a)** $r \in \mathbb{R}$인 수열 $X := (r^n)_{n=0}^{\infty}$에 의하여 생성된 다음의 **기하급수**(geometric series)를 고찰하다.

(3) $$\sum_{n=0}^{\infty} r^n = 1 + r + r^2 + \cdots + r^n + \cdots.$$

$|r| < 1$이면, 이 급수가 $1/(1-r)$로 수렴함을 보일 것이다(또한 예 1.2.4(f)를 보라). 사실 $n \geq 0$에 대하여 $s_n := 1 + r + r^2 + \cdots + r^n$이고, s_n에 r을 곱하여 s_n에서 빼면 (약간 간단히 하여)

$$s_n(1-r) = 1 - r^{n+1}$$

을 얻는다. 따라서

$$s_n - \frac{1}{1-r} = \frac{r^{n+1}}{1-r}$$

이고, 이에 의하여

$$\left| s_n - \frac{1}{1-r} \right| \leq \frac{|r|^{n+1}}{|1-r|}$$

이다. $|r| < 1$일 때 $|r|^{n+1} \to 0$이므로, $|r| < 1$일 때 기하급수 (3)은 $1/(1-r)$로 수렴한다.

(b) $((-1)^n)_{n=0}^{\infty}$에 의하여 생성된 다음 급수를 고찰하자.

$$\sum_{n=0}^{\infty} (-1)^n = (+1) + (-1) + (+1) + (-1) + \cdots . \tag{4}$$

(수학적 귀납법에 의하여) $n \geq 0$이 짝수이면 $s_n = 1$이고 n이 홀수이면 $s_n = 0$임을 쉽게 알 수 있고, 따라서 부분합의 수열은 (1, 0, 1, 0, ...)이다. 이 수열은 수렴하지 않으므로 급수 (4)는 발산한다.

(c) 다음 급수를 고찰하자.

$$\sum_{n=1}^{\infty} \frac{1}{n(n+1)} = \frac{1}{1 \cdot 2} + \frac{1}{2 \cdot 3} + \frac{1}{3 \cdot 4} + \cdots . \tag{5}$$

한 번의 통찰력으로 다음이 성립함에 주목한다.

$$\frac{1}{k(k+1)} = \frac{1}{k} - \frac{1}{k+1}$$

따라서 $k = 1$부터 $k = n$까지 이 항들을 더하여 앞뒤 항들이 삭제되는 것(telescoping)에 주목하면

$$s_n = \frac{1}{1} - \frac{1}{n+1}$$

을 얻어 $s_n \to 1$이다. 따라서 급수 (5)는 1로 수렴한다. ■

이제 급수의 수렴에 대한 유용하고 간단한 필요조건을 소개한다. 이는 결코 충분조건이 아니다.

3.7.3 n항 판정법 급수 $\sum x_n$이 수렴하면 $\lim(x_n) = 0$이다.

증명 정의 3.7.1에 의하여 $\sum x_n$의 수렴성이 $\lim(s_k)$가 존재할 것을 요구한다. $x_n = s_n - s_{n-1}$이므로 $\lim(x_n) = \lim(s_n) - \lim(s_{n-1}) = 0$이다. Q.E.D.

다음의 Cauchy 판정법은 정확히 정리 3.5.5의 재구성이므로 증명을 생략할 것이다.

3.7.4 급수에 대한 Cauchy 판정법 $\sum x_n$이 수렴하기 위한 필요충분조건은 모든 $\varepsilon > 0$에 대하여 $m > n \geq M(\varepsilon)$이면

(6) $$|s_m - s_n| = |x_{n+1} + x_{n+2} + \cdots + x_m| < \varepsilon$$

이 되는 $M(\varepsilon) \in \mathbb{N}$이 존재하는 것이다.

다음 결과는 범위가 제한적이긴 하지만 대단히 중요하고 유익하다.

3.7.5 정리 (x_n)을 음이 아닌 실수열이라 하자. 그러면 급수 $\sum x_n$이 수렴하기 위한 필요충분조건은 부분합의 열 $S = (s_k)$가 유계이어야 한다. 이 경우 다음이 된다.

$$\sum_{n=1}^{\infty} x_n = \lim(s_k) = \sup\{s_k : k \in \mathbb{N}\}.$$

증명 $x_n > 0$이므로 부분합의 열 S는 다음과 같이 단조증가한다.

$$s_1 \le s_2 \le \cdots \le s_k \le \cdots.$$

단조수렴정리 3.3.2에 의하여 $S = (s_k)$가 수렴하기 위한 필요충분조건은 이 수열이 유계이어야 하고, 이 경우 그의 극한은 $\sup\{s_k\}$이다. Q.E.D.

3.7.6 예 **(a)** $|r| \ge 1$이면 기하급수 (3)은 발산한다.

$|r| \ge 1$일 때 항 r^n이 0으로 접근하지 않는다는 사실에 의한다.

(b) 조화급수(harmonic series) $\sum_{n=1}^{\infty} \frac{1}{n}$은 발산한다.

$1/n \to 0$이므로, 이의 발산을 판정하는 데 n항 판정법 3.7.3을 적용할 수 없다. 그러나 예 3.3.3(b)와 3.5.6(c)에서 부분합의 열 (s_n)이 유계가 아님을 이미 보였다. 따라서 정리 3.7.5에 의하여 조화급수는 발산한다. 이 급수는 부분합이 매우 느리게 증가하고(예 3.3.3(b)의 논의를 보라) 또한 발산에 대한 다양한 증명으로 유명하다. 여기 모순에 의한 증명이 있다. 만약 이 급수가 수 S로 수렴한다고 가정하면

$$\begin{aligned} S &= \left(1 + \frac{1}{2}\right) + \left(\frac{1}{3} + \frac{1}{4}\right) + \left(\frac{1}{5} + \frac{1}{6}\right) + \cdots + \left(\frac{1}{2n-1} + \frac{1}{2n}\right) + \cdots \\ &> \left(\frac{1}{2} + \frac{1}{2}\right) + \left(\frac{1}{4} + \frac{1}{4}\right) + \left(\frac{1}{6} + \frac{1}{6}\right) + \cdots + \left(\frac{1}{2n} + \frac{1}{2n}\right) + \cdots \\ &= 1 + \frac{1}{2} + \frac{1}{3} + \cdots + \frac{1}{n} + \cdots \\ &= S \end{aligned}$$

를 얻는다. $S > S$라는 모순이 수렴에 대한 가정이 거짓이고 조화급수가 분명히 발산한다는 것을 보여준다.

주의 조화급수는 진동하는 현의 배음파장이 현의 기본파장인 1/2, 1/3, 1/4, ...이라는 사실로부터 이의 음악적인 이름을 부여 받았다.

(c) 2-급수(2-series) $\sum_{n=1}^{\infty} \frac{1}{n^2}$은 수렴한다.

부분합이 단조이므로 (s_k)의 어떤 부분수열이 유계임을 보이면 충분하다(왜?). $k_1 := 2^1 - 1 = 1$이면 $s_{k_1} = 1$이다. $k_2 := 2^2 - 1 = 3$이면

$$s_{k_2} = \frac{1}{1} + \left(\frac{1}{2^2} + \frac{1}{3^2}\right) < 1 + \frac{2}{2^2} = 1 + \frac{1}{2}$$

이고, $k_3 := 2^3 - 1 = 7$이면

$$s_{k_3} = s_{k_2} + \left(\frac{1}{4^2} + \frac{1}{5^2} + \frac{1}{6^2} + \frac{1}{7^2}\right) < s_{k_2} + \frac{4}{4^2} < 1 + \frac{1}{2} + \frac{1}{2^2}$$

을 얻는다. 수학적 귀납법에 의하여 $k_j := 2^j - 1$이면

$$0 < s_{k_j} < 1 + \tfrac{1}{2} + \left(\tfrac{1}{2}\right)^2 + \cdots + \left(\tfrac{1}{2}\right)^{j-1}$$

임을 알 수 있다. 우변의 항은 $r = \frac{1}{2}$인 기하급수의 부분합이므로 $1/(1 - \frac{1}{2}) = 2$에 의하여 지배되고, 정리 3.7.5에 의하여 2-급수는 수렴한다.

(d) $p > 1$일 때 p-**급수**(p-series) $\sum_{n=1}^{\infty} \frac{1}{n^p}$은 수렴한다.

논의는 (c)에서 다룬 특수한 경우와 매우 유사하므로 약간의 상세한 기술은 독자에게 맡긴다. 앞에서와 같이 $k_1 := 2^1 - 1 = 1$이면 $s_{k_1} = 1$이다. $k_2 := 2^2 - 1 = 3$이면 $2^p < 3^p$이므로

$$s_{k_2} = \frac{1}{1^p} + \left(\frac{1}{2^p} + \frac{1}{3^p}\right) < 1 + \frac{2}{2^p} = 1 + \frac{1}{2^{p-1}}$$

을 얻는다. 더욱이 $k_3 := 2^3 - 1$이면

$$s_{k_3} < s_{k_2} + \frac{4}{4^p} < 1 + \frac{1}{2^{p-1}} + \frac{1}{4^{p-1}}$$

이다(어떻게?). 마지막으로 $r := 1/2^{p-1}$이라 하면, $p > 1$이므로 $0 < r < 1$이다. 수학적 귀납법을 이용하여 $k_j := 2^j - 1$이면

$$0 < s_{k_j} < 1 + r + r^2 + \cdots + r^{j-1} < \frac{1}{1-r}$$

임을 보일 수 있다. 따라서 정리 3.7.5에 의하여 $p > 1$인 p-급수는 수렴한다.

(e) $0 < p \le 1$일 때 p-**급수**(p-series) $\sum_{n=1}^{\infty} \frac{1}{n^p}$은 발산한다.

$n \in \mathbb{N}$과 $0 < p \le 1$에 대한 초등적인 부등식 $n^p \le n$을 이용할 것이다. 따라서 $n \in \mathbb{N}$에 대하여

$$\frac{1}{n} \le \frac{1}{n^p}$$

이다. 조화급수의 부분합의 열은 유계가 아니므로, 이 부등식은 $0 < p \le 1$일 때 p-급수는 유계가 아님을 보여준다. 따라서 p-급수는 p의 이러한 값들에 대하여 발산한다.

(f) 다음과 같이 주어진 **교대조화급수**(alternating harmonic series)는 수렴한다.

(7) $$\sum_{n=1}^{\infty} \frac{(-1)^{n+1}}{n} = \frac{1}{1} - \frac{1}{2} + \frac{1}{3} - \cdots + \frac{(-1)^{n+1}}{n} + \cdots.$$

독자는 이 급수를 (b)의 발산하는 조화급수와 비교해 보아야 한다. 따라서 이 급수가 수렴하기 위해서는 (7)에 있는 항들의 일부에 대한 뺄셈은 필수적이다.

$$s_{2n} = \left(\frac{1}{1} - \frac{1}{2}\right) + \left(\frac{1}{3} - \frac{1}{4}\right) + \cdots + \left(\frac{1}{2n-1} - \frac{1}{2n}\right)$$

이므로, "짝"의 부분수열 (s_{2n})이 증가하는 것은 명백하다. 마찬가지로

$$s_{2n+1} = \frac{1}{1} - \left(\frac{1}{2} - \frac{1}{3}\right) - \left(\frac{1}{4} - \frac{1}{5}\right) - \cdots - \left(\frac{1}{2n} - \frac{1}{2n+1}\right)$$

이므로, "홀"인 부분수열 (s_{2n+1})은 감소한다. $0 < s_{2n} < s_{2n} + 1/(2n+1) = s_{2n+1} \le 1$이므로, 이 부분수열들 모두가 0에 의하여 아래로 유계이고 1에 의하여 위로 유계이다. 따라서 두 부분수열은 모두 동일한 값으로 수렴한다. 그래서 부분합의 수열 (s_n)은 수렴하고 교대조화급수 (7)이 수렴함을 증명하였다(이 급수의 극한이 $\ln 2$라는 것은 전혀 명확하지 않다). ■

비교판정법

첫 번째 판정법은 음이 아닌 급수의 항들이 **수렴급수**의 대응항들에 의하여 지배되면 처음 급수가 수렴한다는 것을 보여준다.

3.7.7 비교판정법 $X := (x_n)$과 $Y := (y_n)$을 실수열이라 하고 어떤 $K \in \mathbb{N}$에 대하여 $n \ge K$이면

(8) $$0 \le x_n \le y_n$$

이라 가정하자.

(a) $\sum y_n$이 수렴하면 $\sum x_n$도 수렴한다.

(b) $\sum x_n$이 발산하면 $\sum y_n$도 발산한다.

증명 (a) $\sum y_n$이 수렴한다고 가정하고, 주어진 $\varepsilon > 0$에 대하여 $M(\varepsilon) \in \mathbb{N}$이 $m > n \ge M(\varepsilon)$이면

$$y_{n+1} + \cdots + y_m < \varepsilon$$

을 만족한다고 하자. $m > \sup\{K, M(\varepsilon)\}$이면

$$0 \le x_{n+1} + \cdots + x_m \le y_{n+1} + \cdots + y_m < \varepsilon$$

이고, 이로부터 $\sum x_n$도 수렴한다.

(b) 이 명제는 (a)의 대우이다. Q.E.D.

때때로 부등식 (8)을 입증하기가 어려우므로 다음 결과를 자주 이용한다.

3.7.8 극한비교판정법 $X := (x_n)$과 $Y := (y_n)$이 순양의 수열이고 다음 극한이 $\mathbb{R}$에서 존재한다고 하자.

(9) $$r := \lim\left(\frac{x_n}{y_n}\right).$$

(a) $r \ne 0$이면, $\sum x_n$이 수렴하기 위한 필요충분조건은 $\sum y_n$이 수렴하는 것이다.

(b) $r = 0$이고 $\sum y_n$이 수렴하면 $\sum x_n$은 수렴한다.

증명 (a) 식 (9)와 연습문제 3.1.18에 의하여 $n \ge K$이면 $\frac{1}{2}r \le x_n/y_n \le 2r$이 되는 $K \in \mathbb{N}$가 존재하고, 따라서 $n \ge K$이면

$$\left(\tfrac{1}{2}r\right)y_n \le x_n \le (2r)y_n$$

이다. 비교판정법 3.7.7을 두 번 이용하면 (a)의 주장을 얻는다.

(b) $r = 0$이면 $n \ge K$에 대하여

$$0 < x_n \le y_n$$

이 되는 $K \in \mathbb{N}$가 존재하고, 따라서 정리 3.7.7(a)를 적용한다. Q.E.D.

참고 비교판정법 3.7.7과 3.7.8은 수렴함을 (또는 발산함을) 알고 있는 급수족을 가지고 있느냐에 달려있다. 독자는 이러한 목적을 위하여 p-급수가 자주 이용됨을 알게 될 것이다.

3.7.9 예 **(a)** 급수 $\sum_{n=1}^{\infty} \frac{1}{n^2+n}$은 수렴한다.

$n \in \mathbb{N}$에 대하여 부등식

$$0 < \frac{1}{n^2+n} < \frac{1}{n^2}$$

이 성립하는 것이 명백하다. (예 3.7.6(c)에 의하여) 급수 $\sum 1/n^2$이 수렴하므로, 비교판정법 3.7.7을 이용하여 주어진 급수의 수렴성을 얻는다.

(b) 급수 $\sum_{n=1}^{\infty} \frac{1}{n^2-n+1}$은 수렴한다.

부등식

$$\frac{1}{n^2-n+1} \le \frac{1}{n^2} \tag{10}$$

이 참이라면 (a)에서와 같이 논할 수 있다. 그러나 모든 $n \in \mathbb{N}$에 대하여 (10)은 거짓이다. 아마도 독자는 모든 $n \in \mathbb{N}$에 대하여 부등식

$$0 < \frac{1}{n^2-n+1} \le \frac{2}{n^2}$$

가 타당함을 보일 수 있을 것이고, 또 이 부등식을 다루기도 용이할 것이다. 그러나 그러한 부등식을 생각해 내기 위하여 어떠한 시도를 해야 할 것이고, 그런 다음 이를 설정하여야 한다.

대신 $x_n := 1/(n^2 - n + 1)$과 $y_n := 1/n^2$을 취하면

$$\frac{x_n}{y_n} = \frac{n^2}{n^2-n+1} = \frac{1}{1-(1/n)+(1/n^2)} \to 1$$

을 얻는다. 따라서 주어진 급수의 수렴성은 극한비교판정법 3.7.8(a)에 의한다.

(c) 급수 $\sum_{n=1}^{\infty} \frac{1}{\sqrt{n+1}}$은 발산한다.

이 급수는 예 3.7.6(e)에서 $p = \frac{1}{2}$인 발산하는 p-급수 $\sum 1/\sqrt{n}$과 매우 닮았다. $x_n := 1/\sqrt{n+1}$이고 $y_n := 1/\sqrt{n}$이라 하면

$$\frac{x_n}{y_n} = \frac{\sqrt{n}}{\sqrt{n+1}} = \frac{1}{\sqrt{1+1/n}} \to 1$$

을 얻는다. 따라서 극한비교판정법 3.7.8(a)를 적용한다.

(d) 급수 $\sum_{n=1}^{\infty} \frac{1}{n!}$은 수렴한다.

(귀납법으로) $n \geq 4$에 대하여 $n^2 < n!$임을 보임으로써 이 급수의 수렴성을 수립할 수 있고, 따라서 $n \geq 4$에 대하여

$$0 < \frac{1}{n!} < \frac{1}{n^2}$$

이다. 또한 $x_n := 1/n!$이고 $y_n := 1/n^2$이면 ($n \geq 4$일 때)

$$0 \leq \frac{x_n}{y_n} = \frac{n^2}{n!} = \frac{n}{1 \cdot 2 \cdots (n-1)} < \frac{1}{n-2} \to 0$$

을 얻는다. 따라서 극한비교판정법 3.7.8(b)를 적용한다(x_n/y_n의 극한을 쉽게 결정하게 하는 어떤 급수의 수렴성을 당장 알지 못하므로 이 판정법을 적용하기에는 약간의 어려움이 있음에 유의하라). ■

연습문제 3.7

1. $\sum a_n$을 주어진 급수라 하고 $\sum b_n$을 $\sum a_n$에서 $a_n = 0$인 항들을 제거한 $\sum a_n$의 항들과 같고 순서가 동일한 급수라 하자. $\sum a_n$이 A로 수렴하기 위한 필요충분조건이 $\sum b_n$이 A로 수렴하는 것임을 보여라.

2. 유한개의 항들을 교환하여도 급수의 수렴성에는 영향이 없음을 보여라(물론 합의 값은 변할 수 있다).

3. 부분분수를 이용하여 다음을 보여라.

(a) $\sum_{n=0}^{\infty} \frac{1}{(n+1)(n+2)} = 1$

(b) $\sum_{n=0}^{\infty} \frac{1}{(\alpha+n)(\alpha+n+1)} = \frac{1}{\alpha} > 0 (\alpha > 0)$

(c) $\sum_{n=1}^{\infty} \frac{1}{n(n+1)(n+2)} = \frac{1}{4}$

4. $\sum x_n$과 $\sum y_n$이 수렴하면 $\sum (x_n + y_n)$도 수렴함을 보여라.

5. $\sum (x_n + y_n)$이 수렴하는 수렴수열 $\sum x_n$과 발산수열 $\sum y_n$의 예를 보일 수 있는가? 설명하여라.

6. (a) $\sum_{n=2}^{\infty}(2/7)^n$의 값을 계산하여라(급수가 $n = 2$에서 출발함에 주목하라).

(b) $\sum_{n=1}^{\infty}(1/3)^{2n}$의 값을 계산하여라(급수가 $n = 1$에서 출발함에 주목하라).

7. $|r| < 1$일 때, 급수 $\sum_{n=1}^{\infty} r^{2n}$에 대한 공식을 구하여라.

8. $r_1, r_2, \ldots, r_n, \ldots$을 구간 $[0, 1]$에 있는 유리수들의 열거라 하자(1.3절을 보라). 주어진 $\varepsilon > 0$에 대하여 $n = 1, 2, 3, \ldots$인 n번째 유리수 r_n에 대한 구간의 길이를 ε^n으로 두고 모든 구간의 길이의 총합을 구하여라. $\varepsilon = 0.1$과 $\varepsilon = 0.01$에 대하여 이 수를 구하여라.

9. (a) 급수 $\sum_{n=1}^{\infty} \cos n$이 발산함을 보여라. (b) 급수 $\sum_{n=1}^{\infty} (\cos n)/n^2$이 수렴함을 보여라.

10. 예 3.7.6(f)에 있는 것과 유사한 논의를 이용하여 급수 $\sum_{n=1}^{\infty} \frac{(-1)^n}{\sqrt{n}}$이 수렴함을 보여라.

11. $a_n > 0$인 $\sum a_n$이 수렴하면 $\sum a_n^2$은 항상 수렴하는가? 이를 증명하거나 반례를 들어라.

12. $a_n > 0$인 $\sum a_n$이 수렴하면 $\sum \sqrt{a_n}$은 항상 수렴하는가? 이를 증명하거나 반례를 들어라.

13. $a_n > 0$인 $\sum a_n$이 수렴하면 $\sum \sqrt{a_n a_{n+1}}$은 항상 수렴하는가? 이를 증명하거나 반례를 들어라.

14. $a_n > 0$인 $\sum a_n$이 수렴하고 $n \in \mathbb{N}$에 대하여 $b_n := (a_1 + \cdots + a_n)/n$이면 $\sum b_n$이 항상 발산함을 보여라.

15. $(a(n))$이 순양수의 감소수열인 $\sum_{n=1}^{\infty} a(n)$이라 하자. $s(n)$이 n항까지의 부분합일 때, (두 개의 다른 방법으로 $s(2^n)$으로 항들을 군화하여) 다음을 보여라.

$$\tfrac{1}{2}(a(1) + 2a(2) - \cdots + 2^n a(2^n)) \le s(2^n) \le \left(a(1) + 2a(2) + \cdots + 2^{n-1} a(2^{n-1})\right) + a(2^n).$$

이 부등식들을 이용하여 $\sum_{n=1}^{\infty} a(n)$이 수렴하기 위한 필요충분조건은 $\sum_{n=1}^{\infty} 2^n a(2^n)$이 수렴하는 것임을 보여라. 이 결과를 종종 Cauchy의 **응집판정법**(condensation test)이라 하는데, 이는 매우 강력하다.

16. Cauchy의 응집판정법을 이용하여 $p > 0$에 대한 p-급수 $\sum_{n=1}^{\infty} (1/n^p)$을 논하라.

17. Cauchy의 응집판정법을 이용하여 다음 급수의 발산을 판정하여라.

(a) $\sum \frac{1}{n \ln n}$ (b) $\sum \frac{1}{n(\ln n)(\ln \ln n)}$ (c) $\sum \frac{1}{n(\ln n)(\ln \ln n)(\ln \ln \ln n)}$

18. $c > 1$이면 다음 급수가 수렴함을 보여라.

(a) $\sum \frac{1}{n(\ln n)^c}$ (b) $\sum \frac{1}{n(\ln n)(\ln \ln n)^c}$

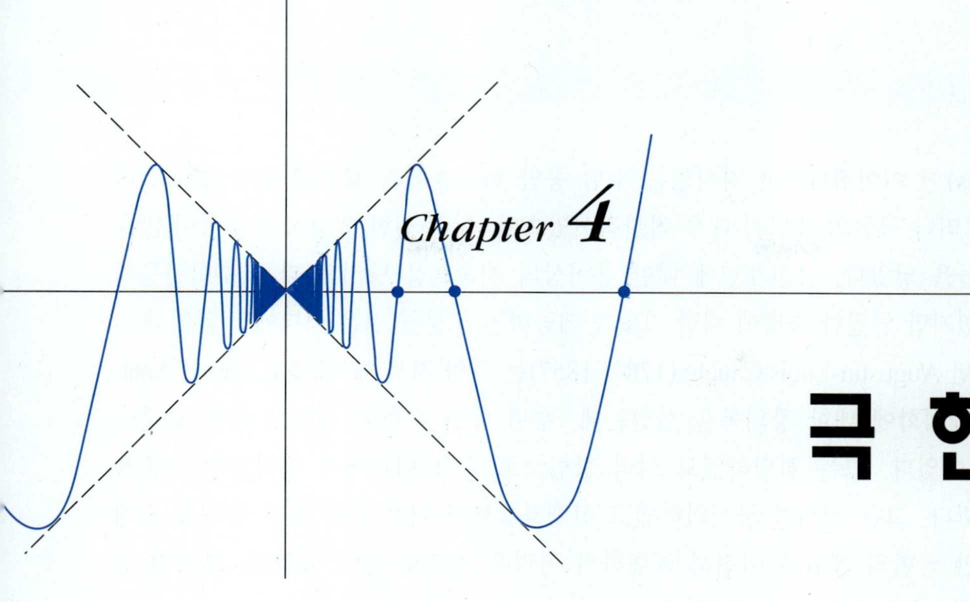

Chapter 4 극 한

"해석학"은 일반적으로 다양한 극한개념들을 체계적으로 이용하는 수학의 분야와 관계하는 것으로 이해되고 있다. 앞장에서 이러한 기본적인 극한개념의 하나인 실수열의 극한을 공부하였다. 이 장에서는 함수의 극한개념과 만나게 될 것이다.

극한과정의 기본적인 개념은 1680년대에 Issac Newton(1642-1727)과 Gottfried Leibniz(1646-1716)가 미적분학을 창안하기 위하여 고군분투하는 과정에서 태동하였다. 비록 각자의 연구를 처음에는 서로 알지 못하였고 그들의 창조적인 통찰력도 전혀 달랐지만 두 사람 모두 함수의 개념과 양들(quantities)에 대한 개념이 서로 "밀접하다"는 것을 명확히 해야 할 필요성을 깨닫고 있었다. Newton은 "fluent(변수, 변량)"라는 단어를 변수들 사이의 관계를 나타내는 데 이용하였고 1687년 그의 주요 저서 **프린키피아**(Principia)에서 극한을 "변수들이 주어진 어떤 차이보다 더 가깝게 접근하지만 양들이 무한히 **작아질** 때까지는 결코 그것을 넘어서지 않고, 사실 그것에 도달하지도 않는" 것으로 논하였다. Leibniz는 "function(함수)"이라는 용어를 변수에 종속되는 양을 나타내는 것으로 소개하였고 극한의 개념을 다루는 한 방법으로 "무한소"인 수를 고안하였다. "함수"라는 말은 즉시 표준용어가 되었고, 또한 Leibniz는 이 새로운 계산법에 대하여 "calculus(미적분학)"라는 용어를 도입하였다.

1748년 Leonhard Euler(1707-1783)는 두 권으로 된 **무한소 해석서설**(Inroductio in Analysin Infinitorum)을 출판하였고, 거기서 거듭제곱급수, 지수함수와 로그함수, 삼각함수, 그리고 관련된 많은 원리들을 다루었다. 1755년 **미분법**(Institutiones Calculi Differentialis)과 1768-70년 세 권으로 된 **적분법**(Institutiones Calculi

Integalis)이 이어졌다. 이 저서들은 수년 동안 미적분학의 표준교재가 되기도 하였다. 그러나 극한의 개념이 매우 직관적이었으며, 이로 인한 엄밀하지 못함이 많은 문제점들을 낳았다. 극한개념에 대한 용어상의 서술들을 당시의 다른 수학자들이 제안하였지만 엄밀한 증명에 대한 기초를 제공하는 충분한 것은 어디에도 없었다.

1821년 Augustin-Louis Cauchy(1789−1857)는 그의 저서 해석교정(Cours d'Analyse)에 해석학에 대한 강의록을 실었는데, 수년 동안 수학적 해석에 대한 표준을 정한 것이었다. 그는 엄밀하였고 여러 방법으로 수학 이론에서 정확도의 수준을 향상시켰다. 그는 정의를 공식화하였고 선행자들보다 더욱 주의 깊은 논의를 소개하였지만 극한의 개념은 여전히 표현하기 어려운 것으로 남아 있었다. 초기의 장에서 그는 다음 정의를 소개하였다.

> 동일한 변수로 생각되는 잇따르는 값들이 최종적으로 하나의 고정된 값으로 원하는 만큼 작게 차이가 나도록 무한히 접근하면, 그 고정된 값을 모든 다른 값들의 극한이라 한다.

극한에 대한 정확한 정의의 공식화에서 마지막 단계는 Karl Weierstrass(1815−1897)에 의하여 이루어졌다. 그는 정확한 용어와 엄격한 증명을 강조하였고 극한에 대한 그의 정의는 오늘날 우리가 사용하는 것이다.

Gottfried Leibniz

Gottfired Wilhelm Leibniz(1646−1716)는 독일 라이프치히에서 태어났다. 여섯 살 때 철학교수였던 부친이 세상을 떠나면서 아들에게 서재의 열쇠를 남겨 두고 함께한 일생의 책들과 학문에서 떠났다. Leibniz는 15살에 라이프치히 대학에 입학하여 17살에 졸업하였고, 4년 뒤에 알트도르프 대학에서 법학박사학위를 받았다. 그는 법률문제들을 저술하였으나 철학에 관심이 더 많았다. 또한 언어학과 우주의 본질에 관한 독창적인 이론들을 발전시켰다. 1672년 그는 외교관으로 4년간 파리에 머물렀다. 거기서 네덜란드 수학자 Christiaan Hyugens에게 수학을 배우기 시작하였다. 왕립학회를 방문하기 위한 런던으로의 여행들이 수학에 대한 흥미를 더욱 자극하였다. 철학에서의 배경이 항상 엄격하지는 않았지만 매우 창조적인 결과들을 유도하게 하였다.

발표되지 않은 Newton의 연구들을 알지 못한 Leibniz는 1680년대에 오늘날 적분의 기본정리로 알려진 넓이를 구하는 방법을 소개한 논문들을 발표하였다. 그는 "calculus(미적분학)"라는 용어를 새로 만들었고 오늘날 사용하고 있는 기호인 dy/dx를 고안하였으며 S를 길게 늘어뜨렸다. 불행히도 Newton의 몇몇 추종자들은 Leibniz가 죽을 때까지 계속된 논쟁에서 있었다는 표절에 대하여 그를 비난하였다. 미적분학에 대한 그들의 접근은 아주 달랐고 지금은 그들의 발견이 독자적으로 이루어졌음이 명백해졌다. 현재 Libniz는 철학에 대한 연구로 유명하지만 수학적 명성은 미적분학의 창조에 의한 것이다.

4.1 함수의 극한

이 절에서는 함수의 극한에 대한 중요한 개념을 소개할 것이다. 점 c에서 극한 L을 갖는 함수 f에 대한 직관적 개념은 (c와는 다른) x가 c로 접근할 때 $f(x)$의 값들이 L로 접근한다는 것이다. 그러나 "접근한다(close to)"는 개념을 다루는 기술적인 방법을 얻어야 하는데, 이는 아래에 주어지는 ε-δ의 정의에서 이루어진다.

점 c에서 함수 f에 대한 극한의 개념이 의미있기 위하여 f가 c 근방의 점들에서 정의되어야 한다. 공부를 흥미롭게 하는 것은 점 c에서 정의될 필요는 없지만 c에 가까운 충분히 많은 점들에서 정의되어야 한다는 것이다. 이것은 다음 정의에 대한 이유이다.

4.1.1 정의 $A \subseteq \mathbb{R}$이고 $c \in \mathbb{R}$라 하자. 모든 $\delta > 0$에 대하여 $|x - c| < \delta$가 되는 적어도 한 점 $x \in A$, $x \neq c$가 존재하면, c를 A의 **집적점**(cluster point)이라 한다.

이 정의를 근방이라는 용어로 다음과 같이 다시 쓸 수 있다. c의 모든 δ-근방 $V_\delta(c) = (c - \delta, c + \delta)$가 c와는 다른 A의 적어도 한 점을 포함하면, c를 A의 집적점이라 한다.

주의 점 c는 A의 원소일 수도 있고 아닐 수도 있다. 그러나 비록 이것이 A에 속하더라도 A의 집적점인지 아닌지를 결정할 때는 이를 무시한다. 이유는 c가 A의 집적점이기 위하여 $V_\delta(c) \cap A$에는 c와는 다른 점들이 존재하기를 엄밀히 요구하기 때문이다.

예로 $A := \{1, 2\}$이면 점 1은 A의 집적점이 아닌데, $\delta := \frac{1}{2}$을 택하면 1과는 다른 A의 어떤 점도 1의 $\frac{1}{2}$-근방에 포함되지 않기 때문이다. 이는 점 2에도 마찬가지다. 따라서 A는 어떤 집적점도 갖지 않음을 알 수 있다.

4.1.2 정리 $c \in \mathbb{R}$가 $\mathbb{R}$의 부분집합 A의 집적점이기 위한 필요충분조건은 $\lim(a_n) = c$이고 모든 $n \in \mathbb{N}$에 대하여 $a_n \neq c$인 A에서의 수열 (a_n)이 존재하는 것이다.

증명 c가 A의 집적점이면, 임의의 $n \in \mathbb{N}$에 대하여 $(1/n)$-근방 $V_{1/n}(c)$는 c와는 다른 A의 적어도 한 점 a_n을 포함한다. 그러면 $a_n \in A$, $a_n \neq c$이고 $|a_n - c| < 1/n$이므로 $\lim(a_n) = c$이다.

역으로 $A \setminus \{c\}$에 $\lim(a_n) = c$인 수열 (a_n)이 존재하면, 임의의 $\delta > 0$에 대하여 $n \geq K$이면 $a_n \in V_\delta(c)$가 되는 K가 존재한다. 그러므로 $n \geq K$에 대하여 c의 δ-근방 $V_\delta(c)$는 c와는 다른 A에 속하는 점들 a_n을 포함한다. Q.E.D.

다음 예들은 한 집합의 집적점이 그 집합에 속할 수도 있고 속하지 않을 수도 있음을 강조한다.

4.1.3 예 **(a)** 개구간 $A_1 := (0, 1)$에 대하여 폐구간 $[0, 1]$의 모든 점이 A_1의 집적점이다. 0, 1은 모두 A_1의 집적점이지만 A_1에 속하지 않음에 주목하라. A_1의 모든 점은 A_1의 집적점이다.

(b) 유한집합은 어떤 집적점도 갖지 않는다.

(c) 무한집합 $\mathbb{N}$은 어떤 집적점도 갖지 않는다.

(d) 집합 $A_4 := \{1/n : n \in \mathbb{N}\}$는 집적점으로 0을 유일하게 갖는다. A_4에 있는 어떤 점도 A_4의 집적점이 아니다.

(e) $I := [0, 1]$이면, 집합 $A_5 := I \cap \mathbb{Q}$는 I에 속하는 모든 유리수로 구성된다. 조밀성 정리 2.4.8에 의하여 I에 있는 모든 점이 A_5의 집적점이다. ■

잠시 우회하였지만 이제 정의역의 한 집적점에서 함수의 극한에 대한 개념으로 돌아간다.

극한의 정의

이제 한 점 c에서 함수 f의 극한에 대한 정확한 정의를 기술한다. 이 정의에서 f가 c에서 정의되건 되지 않건 문제가 되지 않음에 주목하는 것이 중요하다. 어떤 경우에도 극한을 결정하는 논의에서 c는 배제된다.

4.1.4 정의 $A \subseteq \mathbb{R}$라 하고 c를 A의 집적점이라 하자. 또 $f : A \to \mathbb{R}$라 하자. 주어진 임의의 $\varepsilon > 0$에 대하여 $x \in A$이고 $0 < |x - c| < \delta$이면 $|f(x) - L| < \varepsilon$이 되는 $\delta > 0$가 존재하면, 실수 L을 **c에서 f의 극한**(limit of f at c)이라 한다.

참고 **(a)** δ의 값은 통상적으로 ε에 종속되므로 종속성을 강조하기 위하여 때때로 δ 대신 $\delta(\varepsilon)$으로 쓸 것이다.

(b) 부등식 $0 < |x - c|$은 $x \neq c$라는 것과 동치이다.

L이 c에서 f의 극한이면, f는 c에서 L로 **수렴한다**(f converges to L at c)고도 한다. 이를 종종

$$L = \lim_{x \to c} f(x) \qquad \text{또는} \qquad L = \lim_{x \to c} f$$

로 쓴다. 또 "x가 c로 접근할 때 $f(x)$가 L로 접근한다"고도 한다(그러나 사실 점

들은 어디로도 움직이지 않음에 주목하여야 한다). 또한 f가 c에서 극한 L을 갖는다는 사실을 표현할 때, 때때로 기호

$$x \to c \text{ 일 때} \quad f(x) \to L$$

을 사용한다.

만일 c에서 f가 극한을 갖지 않으면, f는 c에서 **발산한다**(diverges)고 한다.

첫 번째 결과는 극한값 L이 유일하게 결정된다는 것이다. 이 유일성은 극한의 정의 부분은 아니지만 추론은 되어야 한다.

4.1.5 정리 $f : A \to \mathbb{R}$이고 c가 A의 집적점이면, f는 c에서 단 하나의 극한을 가질 수 있다.

증명 수 L과 L'이 정의 4.1.4를 만족한다고 가정하자. 임의의 $\varepsilon > 0$에 대하여 $x \in A$이고 $0 < |x - c| < \delta(\varepsilon/2)$이면 $|f(x) - L| < \varepsilon/2$을 만족하는 $\delta(\varepsilon/2) > 0$이 존재한다. 또한 $x \in A$이고 $0 < |x - c| < \delta'(\varepsilon/2)$이면 $|f(x) - L'| < \varepsilon/2$을 만족하는 $\delta'(\varepsilon/2) > 0$이 존재한다. 이제 $\delta := \inf\{\delta(\varepsilon/2), \delta'(\varepsilon/2)\}$이라 하자. 그러면 $x \in A$이고 $0 < |x - c| < \delta$이면 삼각부등식에 의하여

$$|L - L'| \le |L - f(x)| + |f(x) - L'| < \varepsilon/2 + \varepsilon/2 = \varepsilon$$

이 된다. $\varepsilon > 0$은 임의이므로 $L - L' = 0$이 되고, 따라서 $L = L'$이다. Q.E.D.

극한의 정의를 근방을 이용하여 매우 훌륭하게 기술할 수 있다(그림 4.1.1을 보라). 다음을 관찰하라.

$$V_\delta(c) = (c - \delta, c + \delta) = \{x : |x - c| < \delta\}$$

이므로, 부등식 $0 < |x - c| < \delta$는 $x \neq c$이고 x가 c의 δ-근방 $V_\delta(c)$에 속한다고

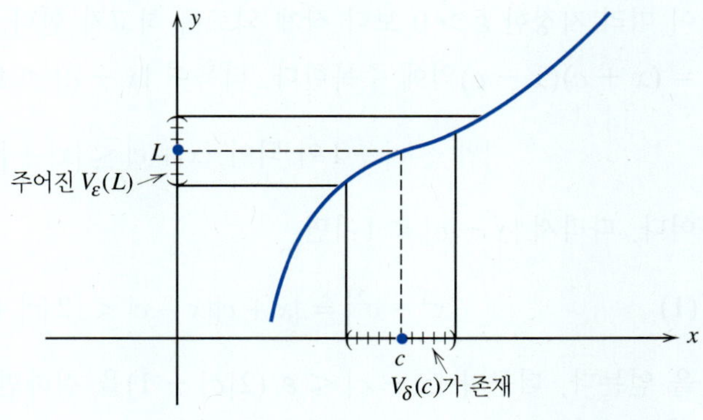

그림 4.1.1 c에서 f의 극한은 L이다.

하는 것과 동치이다. 마찬가지로 부등식 $|f(x) - L| < \varepsilon$은 $f(x)$가 L의 ε-근방 $V_\varepsilon(L)$에 속한다고 하는 것과 동치이다. 이렇게 하여 다음 결과를 얻는다. 독자는 정리를 수립하기 위한 구체적인 논의를 기술하여야 할 것이다.

4.1.6 정리 $f : A \to \mathbb{R}$라 하고 c를 A의 집적점이라 하자. 그러면 다음 명제들은 동치이다.

(i) $\lim_{x \to c} f(x) = L$이다.

(ii) L의 주어진 임의의 ε-근방 $V_\varepsilon(L)$에 대하여 $x \neq c$가 $V_\delta(c) \cap A$의 임의의 점이면 $f(x)$가 $V_\varepsilon(L)$에 속하는 c의 δ-근방 $V_\delta(c)$가 존재한다.

이제 극한의 정의가 어떻게 이용되는지를 설명하는 몇 가지 예를 소개한다.

4.1.7 예 **(a)** $\lim_{x \to c} b = b$이다.

보다 엄밀히 하기 위해 모든 $x \in \mathbb{R}$에 대하여 $f(x) := b$라 하자. 이제 $\lim_{x \to c} f(x) = b$임을 보이고자 한다. $\varepsilon > 0$이 주어지면 $\delta := 1$이라 하자(사실 임의의 순양수 δ가 그 목적을 만족시킬 것이다). 따라서 $0 < |x - c| < 1$이면 $|f(x) - b| = |b - b| = 0 < \varepsilon$을 얻는다. $\varepsilon > 0$은 임의이므로, 정의 4.1.4로부터 $\lim_{x \to c} f(x) = b$이다.

(b) $\lim_{x \to c} x = c$이다.

모든 $x \in \mathbb{R}$에 대하여 $g(x) := x$라 하자. $\varepsilon > 0$이면 $\delta(\varepsilon) := \varepsilon$을 택한다. 따라서 $0 < |x - c| < \delta(\varepsilon)$이면 $|g(x) - c| = |x - c| < \varepsilon$이다. $\varepsilon > 0$은 임의이므로 $\lim_{x \to c} g = c$이다.

(c) $\lim_{x \to c} x^2 = c^2$이다.

모든 $x \in \mathbb{R}$에 대하여 $h(x) := x^2$이라 하자. x를 c에 충분히 가깝게 취함으로써

$$\left|h(x) - c^2\right| = \left|x^2 - c^2\right|$$

이 미리 지정한 $\varepsilon > 0$ 보다 작게 되도록 하고자 한다. 그렇게 하기 위하여 $x^2 - c^2 = (x + c)(x - c)$임에 주목한다. 더욱이 $|x - c| < 1$이면

$$|x| < |c| + 1 \text{ 이 되어 } |x + c| \le |x| + |c| < 2|c| + 1$$

이다. 따라서 $|x - c| < 1$이면

$$(1) \qquad \left|x^2 - c^2\right| = |x + c||x - c| < (2|c| + 1)|x - c|$$

을 얻는다. 더구나 $|x - c| < \varepsilon/(2|c| + 1)$을 취하면 (1)의 마지막 항은 주어진 ε보다 작게 될 것이다. 그러므로

$$\delta(\varepsilon) := \inf\left\{1, \frac{\varepsilon}{2|c|+1}\right\}$$

이라 하면 $0 < |x-c| < \delta(\varepsilon)$일 때 먼저 $|x-c| < 1$이 되어 (1)이 성립할 것이고, 따라서 $|x-c| < \varepsilon/(2|c|+1)$이므로

$$|x^2 - c^2| < (2|c|+1)|x-c| < \varepsilon$$

이다. 임의로 선택한 $\varepsilon > 0$에 대하여 $\delta(\varepsilon) > 0$을 선택하는 한 방법을 얻었으므로 $\lim_{x \to c} h(x) = \lim_{x \to c} x^2 = c^2$이다.

(d) $c > 0$이면 $\lim_{x \to c} \frac{1}{x} = \frac{1}{c}$이다.

$x > 0$에 대하여 $\varphi(x) := 1/x$이고 $c > 0$이라 하자. $\lim_{x \to c} \varphi = 1/c$임을 보이기 위하여 x를 $c > 0$에 충분히 가깝게 취함으로써

$$\left|\varphi(x) - \frac{1}{c}\right| = \left|\frac{1}{x} - \frac{1}{c}\right|$$

이 미리 지정한 $\varepsilon > 0$ 보다 작게 되도록 하고자 한다. 먼저 $x > 0$에 대하여

$$\left|\frac{1}{x} - \frac{1}{c}\right| = \left|\frac{1}{cx}(c-x)\right| = \frac{1}{cx}|x-c|$$

에 주목한다. c의 어떤 근방에서 성립하는 $1/(cx)$에 대한 한 상계를 구하는 것이 유용하다. 특히 $|x-c| < \frac{1}{2}c$이면 $\frac{1}{2}c < x < \frac{3}{2}c$가 되어(왜?), $|x-c| < \frac{1}{2}c$에 대하여

$$0 < \frac{1}{cx} < \frac{2}{c^2}$$

가 된다. 따라서 x의 이러한 값에 대하여

$$\left|\varphi(x) - \frac{1}{c}\right| \le \frac{2}{c^2}|x-c| \tag{2}$$

을 얻는다. (2)의 마지막 항을 ε 보다 작게 하기 위하여 $|x-c| < \frac{1}{2}c^2\varepsilon$을 취하면 충분하다. 그러므로

$$\delta(\varepsilon) := \inf\left\{\frac{1}{2}c,\ \frac{1}{2}c^2\varepsilon\right\}$$

이라 하면 $0 < |x-c| < \delta(\varepsilon)$일 때 먼저 $|x-c| < \frac{1}{2}c$가 되어 (2)가 성립할 것이고, 따라서 $|x-c| < (\frac{1}{2}c^2)\varepsilon$이므로

$$\left|\varphi(x) - \frac{1}{c}\right| = \left|\frac{1}{x} - \frac{1}{c}\right| < \varepsilon$$

이다. 임의로 선택한 $\varepsilon > 0$에 대하여 $\delta(\varepsilon) > 0$을 선택하는 한 방법을 얻었으므로 $\lim_{x \to c} \varphi = 1/c$이다.

(e) $\lim_{x \to 2} \dfrac{x^3 - 4}{x^2 + 1} = \dfrac{4}{5}$이다.

$x \in \mathbb{R}$에 대하여 $\psi(x) := (x^3 - 4)/(x^2 + 1)$라 하자. 그러면 약간의 대수적 조작에 의하여

$$\left|\psi(x) - \frac{4}{5}\right| = \frac{|5x^3 - 4x^2 - 24|}{5(x^2 + 1)}$$

$$= \frac{|5x^3 - 6x - 12|}{5(x^2 + 1)} \cdot |x - 2|$$

을 얻는다. $|x - 2|$의 계수에 대한 한 경계를 얻기 위하여 x를 $1 < x < 3$으로 제한한다. 이 구간에 있는 x에 대하여 $5x^2 + 6x + 12 \le 5 \cdot 3^2 + 6 \cdot 3 + 12 = 75$이고 $5(x^2 + 1) \ge 5(1 + 1) = 10$이므로

$$\left|\psi(x) - \frac{4}{5}\right| \le \frac{75}{10}|x - 2| = \frac{15}{2}|x - 2|$$

이다. 이제 주어진 $\varepsilon > 0$에 대하여

$$\delta(\varepsilon) := \inf\left\{1, \ \frac{2}{15}\varepsilon\right\}$$

을 택한다. 따라서 $0 < |x - 2| < \delta(\varepsilon)$이면 $|\psi(x) - (4/5)| \le (15/2)|x - 2| < \varepsilon$을 얻는다. $\varepsilon > 0$은 임의이므로 주장을 증명하였다. ■

극한에 대한 수열판정법

함수의 극한에 대한 다음의 중요한 공식화는 수열의 극한에 의한다. 이 특성화는 함수의 극한을 공부하는 데 3장의 이론을 적용할 수 있게 해 준다.

4.1.8 정리 (수열판정법) $f : A \to \mathbb{R}$라 하고 c를 A의 집적점이라 하자. 그러면 다음은 동치이다.

(i) $\lim_{x \to c} f = L$이다.

(ii) 모든 $n \in \mathbb{N}$에 대하여 $x_n \ne c$이고 c로 수렴하는 A의 모든 수열 (x_n)에 대

하여 수열 $(f(x_n))$이 L로 수렴한다.

증명 (i) $\Rightarrow$ (ii) f가 c에서 극한 L을 갖는다고 하고, A에서의 수열 (x_n)이 $\lim(x_n) = c$이며 모든 n에 대하여 $x_n \neq c$를 만족한다고 가정하자. 수열 $(f(x_n))$이 L로 수렴함을 증명하여야 한다. $\varepsilon > 0$이 주어지면, 정의 4.1.4에 의하여 $x \in A$가 $0 < |x - c| < \delta$를 만족하면 $f(x)$는 $|f(x) - L| < \varepsilon$이 되는 $\delta > 0$가 존재한다. 이제 $n > K(\delta)$이면 $|x_n - c| < \delta$가 되는 자연수 $K(\delta)$를 얻기 위하여 주어진 δ에 대한 수렴수열의 정의를 이용한다. 그러면 그러한 각 x_n에 대하여 $|f(x_n) - L| < \varepsilon$을 얻는다. 따라서 $n > K(\delta)$이면 $|f(x_n) - L| < \varepsilon$이다. 그러므로 수열 $(f(x_n))$은 L로 수렴한다.

(ii) $\Rightarrow$ (i) [증명은 대우적 논의이다.] (i)이 참이 아니라면, c의 δ-근방을 어떻게 택하든 $f(x_\delta) \notin V_{\varepsilon_0}(L)$가 되는 $x_\delta \neq c$이고 $A \cap V_\delta(c)$에 속하는 x_δ가 적어도 하나 존재하게 될 ε_0-근방 $V_{\varepsilon_0}(L)$이 존재한다. 따라서 모든 $n \in \mathbb{N}$에 대하여 c의 $(1/n)$-근방은

$$0 < |x_n - c| < 1/n\text{이고} \quad x_n \in A$$

이지만 모든 $n \in \mathbb{N}$에 대하여

$$|f(x_n) - L| \geq \varepsilon_0$$

가 되는 수 x_n을 포함한다. $A \setminus \{c\}$에서의 수열 (x_n)이 c로 수렴하지만 수열 $(f(x_n))$이 L로 수렴하지 않는다는 결론을 얻었다. 따라서 (i)이 참이 아니면 (ii)도 참이 아니다. 결국 (ii)이면 (i)이다. Q.E.D.

다음 절에서 함수에 대한 많은 기초적인 극한성질들을 수렴수열의 대응되는 성질들을 이용하여 수립할 수 있음을 보일 것이다. 예를 들어 (x_n)이 어떤 수 c로 수렴하는 임의의 수열이면 (x_n^2)은 c^2으로 수렴한다는 것을 알고 있다. 따라서 수열판정법에 의하여 함수 $h(x) := x^2$은 극한 $\lim_{x \to c} h(x) = c^2$을 갖는다고 결론지을 수 있다.

발산판정법

종종 (i) 어떤 수가 한 점에서 함수의 극한이 아니다 혹은 (ii) 함수가 한 점에서 극한을 갖지 않는다는 것을 보일 수 있다는 것이 중요할 때가 있다. 다음의 결과는 정리 4.1.8의 (증명의) 결과이다. 이의 상세한 증명은 중요한 연습문제로 넘긴다.

4.1.9 발산판정법 $A \subseteq \mathbb{R}$, $f : A \to \mathbb{R}$라 하고 c를 A의 집적점이라 하자.

(a) $L \in \mathbb{R}$이면, f가 c에서 극한 L을 갖지 **않기** 위한 필요충분조건은 (x_n)이 c로 수렴하지만 $(f(x_n))$이 L로 수렴하지 **않는** 모든 $n \in \mathbb{N}$에 대하여 $x_n \neq c$인 수열 (x_n)이 A에 존재하는 것이다.

(b) 함수 f가 c에서 극한을 갖지 **않기** 위한 필요충분조건은 (x_n)이 c로 수렴하지만 $(f(x_n))$이 $\mathbb{R}$에서 수렴하지 **않는** 모든 $n \in \mathbb{N}$에 대하여 $x_n \neq c$인 수열 (x_n)이 A에 존재하는 것이다.

이제 이 결과가 어떻게 이용될 수 있는지를 보이는 몇 가지 응용을 소개한다.

4.1.10 예 **(a)** $\lim_{x \to 0}(1/x)$은 $\mathbb{R}$에 존재하지 않는다.

예 4.1.7(d)에서와 같이 $x > 0$에 대하여 $\varphi(x) := 1/x$이라 하자. 그러나 여기서는 $c = 0$을 고찰한다. $c = 0$이면, 그 예의 (2)에서와 마찬가지로 경계를 구할 수 없으므로 예 4.1.7(d)에서 행한 논의는 쓸모가 없다. 사실 $n \in \mathbb{N}$에 대하여 $x_n := 1/n$인 수열 (x_n)을 취하면 $\lim(x_n) = 0$이지만 $\varphi(x_n) = 1/(1/n) = n$이다. 알고 있는 바와 같이 $(\varphi(x_n)) = (n)$은 유계가 아니므로, 이 수열은 $\mathbb{R}$에서 수렴하지 않는다. 따라서 정리 4.1.9(b)에 의하여 $\lim_{x \to 0}(1/x)$은 $\mathbb{R}$에 존재하지 않는다.

(b) $\lim_{x \to 0} \operatorname{sgn}(x)$는 존재하지 않는다.

부호함수(signum function) sgn이

$$\operatorname{sgn}(x) := \begin{cases} x > 0\text{에 대하여} & +1 \\ x = 0\text{에 대하여} & 0 \\ x < 0\text{에 대하여} & -1 \end{cases}$$

로 정의된다고 하자. $x \neq 0$에 대하여 $\operatorname{sgn}(x) = x/|x|$임에 주목하라(그림 4.1.2를 보라). 이제 sgn이 $x = 0$에서 극한을 갖지 않음을 보일 것이다. $\lim(x_n) = 0$이지만 $(\operatorname{sgn}(x_n))$이 수렴하지 않는 수열 (x_n)이 존재하는 것을 보이는 것으로 증명할 것이다.

사실 $n \in \mathbb{N}$에 대하여 $x_n := (-1)^n/n$이라 하면 $\lim(x_n) = 0$이다. 그러나 $n \in \mathbb{N}$에 대하여

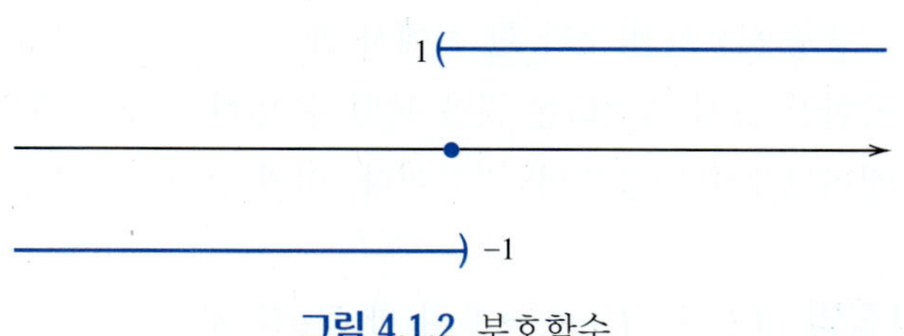

그림 4.1.2 부호함수

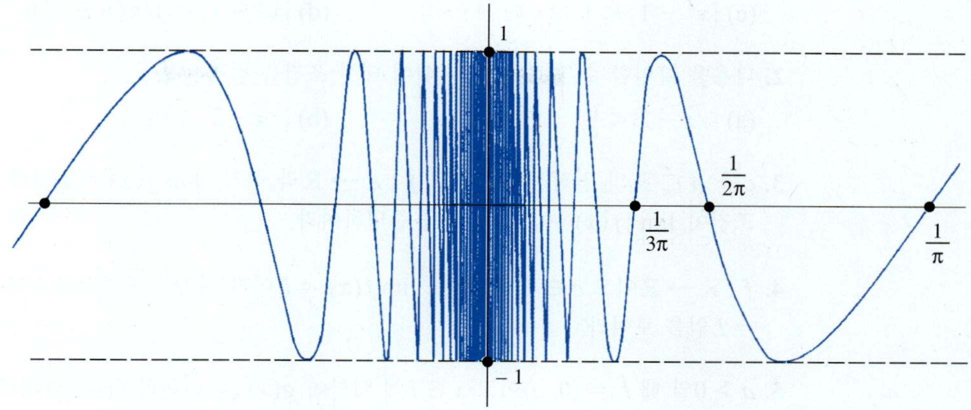

그림 4.1.3 함수 $g(x) = \sin(1/x)(x \neq 0)$

$$\operatorname{sgn}(x_n) = (-1)^n$$

이므로, 예 3.4.6(a)에 의하여 $(\operatorname{sgn}(x_n))$은 수렴하지 않는다. 따라서 $\lim_{x \to 0} \operatorname{sgn}(x)$는 존재하지 않는다.

(c)[†] $\lim_{x \to 0} \sin(1/x)$은 $\mathbb{R}$에 존재하지 않는다.

$x \neq 0$에 대하여 $g(x) := \sin(1/x)$이라 하자(그림 4.1.3을 보라). 모든 $n \in \mathbb{N}$에 대하여 $x_n \neq 0$, $y_n \neq 0$이고 $\lim(x_n) = 0$, $\lim(y_n) = 0$이지만 $\lim(g(x_n)) \neq \lim(g(y_n))$인 두 수열 (x_n)과 (y_n)을 제시함으로써 g가 $c = 0$에서 극한을 갖지 않음을 보일 것이다. 정리 4.1.9에 의하면 $\lim_{x \to 0} g$는 존재할 수 없다(이유를 설명하라).

사실 미적분학에서 $n \in \mathbb{Z}$에 대하여 $t = n\pi$이면 $\sin t = 0$이고 $t = \frac{1}{2}\pi + 2\pi n$이면 $\sin t = +1$이었음을 상기하자. 이제 $n \in \mathbb{N}$에 대하여 $x_n := 1/n\pi$이라 하면, $\lim(x_n) = 0$이고 모든 $n \in \mathbb{N}$에 대하여 $g(x_n) = \sin n\pi = 0$이므로 $\lim(g(x_n)) = 0$이다. 한편 $n \in \mathbb{N}$에 대하여 $y_n := (\frac{1}{2}\pi + 2\pi n)^{-1}$이라 하면 $\lim(y_n) = 0$이고, 모든 $n \in \mathbb{N}$에 대하여 $g(y_n) = \sin(\frac{1}{2}\pi + 2\pi n) = 1$이므로 $\lim(g(y_n)) = 1$이다. 결론적으로 $\lim_{x \to 0} \sin(1/x)$은 존재하지 않는다. ■

연습문제 4.1

1. 다음을 확인할 수 있도록 $|x - 1|$에 대한 조건을 결정하여라.

(a) $|x^2 - 1| < \frac{1}{2}$ (b) $|x^2 - 1| < 1/10^{-3}$

[†]이것과 이후의 예에서 몇 개의 흥미로운 응용을 얻기 위하여 8장에서 수립할 삼각함수와 지수함수의 잘 알려진 성질들을 이용할 것이다.

(c) $|x^2 - 1| < 1/n (n \in \mathbb{N})$ (d) $|x^3 - 1| < 1/n (n \in \mathbb{N})$

2. 다음을 확인할 수 있도록 $|x - 4|$에 대한 조건을 결정하여라.

(a) $|\sqrt{x} - 2| < \frac{1}{2}$ (b) $|\sqrt{x} - 2| < 10^{-2}$

3. c를 $A \subseteq \mathbb{R}$의 집적점이라 하고 $f : A \to \mathbb{R}$라 하자. $\lim_{x \to c} f(x) = L$이기 위한 필요충분조건이 $\lim_{x \to c} |f(x) - L| = 0$임을 증명하여라.

4. $f : \mathbb{R} \to \mathbb{R}$이고 $c \in \mathbb{R}$라 하자. $\lim_{x \to c} f(x) = L$이기 위한 필요충분조건이 $\lim_{x \to 0} f(x + c) = L$임을 보여라.

5. $a > 0$일 때 $I := (0, a)$이고 $x \in I$에 대하여 $g(x) := x^2$이라 하자. 임의의 점들 $x, c \in I$에 대하여 $|g(x) - c^2| \leq 2a|x - c|$임을 보여라. 이 부등식을 이용하여 임의의 $c \in I$에 대하여 $\lim_{x \to c} x^2 = c^2$임을 증명하여라.

6. I를 $\mathbb{R}$에서 구간이라 하고 $f : I \to \mathbb{R}$라 하자. 또 $c \in I$라 하자. $x \in I$에 대하여 $|f(x) - L| \leq K|x - c|$가 되는 상수 K와 L이 존재한다고 가정하자. $\lim_{x \to c} f(x) = L$임을 보여라.

7. 임의의 $c \in \mathbb{R}$에 대하여 $\lim_{x \to c} x^3 = c^3$임을 보여라.

8. 임의의 $c > 0$에 대하여 $\lim_{x \to c} \sqrt{x} = \sqrt{c}$임을 보여라.

9. 극한에 대한 $\varepsilon - \delta$ 정의 또는 극한에 대한 수열판정법을 이용하여 다음 극한들을 구하여라.

(a) $\lim_{x \to 2} \frac{1}{1 - x} = -1$ (b) $\lim_{x \to 1} \frac{x}{1 + x} = \frac{1}{2}$

(c) $\lim_{x \to 0} \frac{x^2}{|x|} = 0$ (d) $\lim_{x \to 1} \frac{x^2 - x + 1}{x + 1} = \frac{1}{2}$

10. 극한의 정의를 이용하여 다음을 보여라.

(a) $\lim_{x \to 2} (x^2 + 4x) = 12$ (b) $\lim_{x \to -1} \frac{x + 5}{2x + 3} = 4$

11. 극한의 정의를 이용하여 다음을 증명하여라.

(a) $\lim_{x \to 3} \frac{2x + 3}{4x - 9} = 3$ (b) $\lim_{x \to 6} \frac{x^2 - 3x}{x + 3} = 2$

12. 다음 극한이 존재하지 않음을 보여라.

(a) $\lim_{x \to 0} \frac{1}{x^2} (x > 0)$ (b) $\lim_{x \to 0} \frac{1}{\sqrt{x}} (x > 0)$

(c) $\lim_{x \to 0} (x + \operatorname{sgn}(x))$ (d) $\lim_{x \to 0} \sin(1/x^2)$

13. 함수 $f : \mathbb{R} \to \mathbb{R}$가 0에서 극한 L을 갖는다고 가정하고 $a > 0$이라 하자. $g : \mathbb{R} \to \mathbb{R}$를 $x \in \mathbb{R}$에 대하여 $g(x) := f(ax)$로 정의하면 $\lim_{x \to 0} g(x) = L$임을 보여라.

14. $c \in \mathbb{R}$라 하고 $\lim_{x \to c} (f(x))^2 = L$인 $f : \mathbb{R} \to \mathbb{R}$라 하자.

(a) $L = 0$이면 $\lim_{x \to c} f(x) = 0$임을 보여라.

(b) $L \neq 0$이면, f가 c에서 극한을 갖지 않을 수도 있음을 예를 들어 보여라.

15. $f : \mathbb{R} \to \mathbb{R}$가 x가 유리수이면 $f(x) := x$로, x가 무리수이면 $f(x) = 0$으로 정의된다고 하자.

(a) f가 $x = 0$에서 극한을 가짐을 보여라.

(b) $c \neq 0$이면, 수열판정법을 이용하여 f가 c에서 극한을 갖지 않음을 보여라.

16. $f : \mathbb{R} \to \mathbb{R}$라 하고, I가 $\mathbb{R}$에서 개구간이며 $c \in I$라 하자. f_1이 I로 f의 축소함수이면, f_1이 c에서 극한을 갖기 위한 필요충분조건은 f가 c에서 극한을 갖는 것임을 보이고 그 극한들이 같음을 보여라.

17. $f : \mathbb{R} \to \mathbb{R}$라 하고, J가 $\mathbb{R}$에서 폐구간이며 $c \in J$라 하자. f_2가 J로 f의 축소함수일 때, f가 c에서 극한을 가지면 f_2도 c에서 극한을 가지는 것을 보여라. f_2는 c에서 극한을 갖지만 f는 c에서 극한을 갖지 않을 수 있음을 예를 들어 보여라.

4.2 극한정리

이제 함수들의 극한을 계산하는 데 유용한 결과들을 얻을 것이다. 이 결과들은 3.2절에서 수립한 수열에 대한 극한정리들과 유사하다. 사실 대부분의 경우 이 결과들을 정리 4.1.8과 3.2절의 결과들을 이용하여 증명할 수 있다. 또 이 절의 결과들은 3.2절에서 채택했던 것과 매우 유사한 ε-δ 식을 이용하여 증명할 수 있다.

4.2.1 정의 $A \subseteq \mathbb{R}$, $f : A \to \mathbb{R}$라 하고 $c \in \mathbb{R}$를 A의 집적점이라 하자. 모든 $x \in A \cap V_\delta(c)$에 대하여 $|f(x)| \leq M$이 되는 c의 근방 $V_\delta(c)$와 상수 $M > 0$이 존재하면, f는 c**의 근방에서 유계이다**(bounded on a neighborhood of c)라고 한다.

4.2.2 정리 $A \subseteq \mathbb{R}$이고 $f : A \to \mathbb{R}$가 $c \in \mathbb{R}$에서 극한을 가지면, f는 c의 어떤 근방에서 유계이다.

증명 $L = \lim_{x \to c} f$이면, $\varepsilon = 1$에 대하여 $0 < |x - c| < \delta$일 때 $|f(x) - L| < 1$이 되는 $\delta > 0$가 존재한다. 따라서 (따름정리 2.2.4(a)에 의하여)

$$|f(x)| - |L| \leq |f(x) - L| < 1$$

이다. 그러므로 $x \in A \cap V_\delta(c)$, $x \neq c$이면 $|f(x)| \leq |L| + 1$이다. 만약 $c \notin A$이

면 $M = |L| + 1$을 취하고 $c \in A$이면 $M := \sup\{|f(c)|, |L| + 1\}$을 취한다. 그래서 $x \in A \cap V_\delta(c)$이면 $|f(x)| \le M$이 된다. 이는 f가 c의 근방 $V_\delta(c)$에서 유계임을 보여주는 것이다. Q.E.D.

다음 정의는 3.2절에서 소개한 수열에 대한 합, 차, 곱과 상의 정의와 유사하다.

4.2.3 정의 $A \subseteq \mathbb{R}$라 하고 f와 g를 A에서 $\mathbb{R}$로의 함수라 하자. 두 함수의 **합**(sum) $f + g$, **차**(difference) $f - g$, **곱**(product) fg를 모든 $x \in A$에 대하여 다음과 같이 주어지는 A에서 $\mathbb{R}$로의 함수로 정의한다.

$$(f + g)(x) := f(x) + g(x), \quad (f - g)(x) := f(x) - g(x)$$
$$(fg)(x) := f(x)g(x).$$

또 $b \in \mathbb{R}$일 때, **배**(multiple) bf를 모든 $x \in A$에 대하여

$$(bf)(x) = bf(x)$$

로 주어지는 함수로 정의한다. 마지막으로 $x \in A$에 대하여 $h(x) \neq 0$이면, **상**(quotient) f/h는 모든 $x \in A$에 대하여 다음과 같이 주어지는 함수로 정의한다.

$$\left(\frac{f}{h}\right)(x) := \frac{f(x)}{h(x)}.$$

4.2.4 정리 $A \subseteq \mathbb{R}$라 하고 f와 g를 A에서 $\mathbb{R}$로의 함수라 하자. 또 $c \in \mathbb{R}$를 A의 집적점이라 하고 $b \in \mathbb{R}$라 하자.

(a) $\lim_{x \to c} f = L$이고 $\lim_{x \to c} g = M$이면 다음이 성립한다.

$$\lim_{x\to c} (f + g) = L + M, \qquad \lim_{x\to c} (f - g) = L - M$$
$$\lim_{x\to c} (fg) = LM, \qquad \lim_{x\to c} (bf) = bL.$$

(b) $h : A \to \mathbb{R}$이고 모든 $x \in A$에 대하여 $h(x) \neq 0$이며, 또 $\lim_{x \to c} h = H \neq 0$이면

$$\lim_{x\to c} \left(\frac{f}{h}\right) = \frac{L}{H}$$

이다.

증명 이 정리의 한 증명은 정리 3.2.3의 증명과 정확히 닮았다. 다른 한 방법은 정리 3.2.3과 정리 4.1.8을 이용하여 증명할 수 있다. 예를 들면, (x_n)을 $n \in \mathbb{N}$에 대하여 $x_n \neq c$이고 $c = \lim(x_n)$인 A에서의 수열이라 하자. 정리 4.1.8에 의하여

$$\lim(f(x_n)) = L, \qquad \lim(g(x_n)) = M$$

이 된다. 한편 정의 4.2.3에 의하면 $n \in \mathbb{N}$에 대하여

$$(fg)(x_n) = f(x_n)g(x_n)$$

이다. 그러므로 정리 3.2.3을 이용하여

$$\begin{aligned}\lim((fg)(x_n)) &= \lim(f(x_n)g(x_n)) \\ &= [\lim(f(x_n))]\,[\lim(g(x_n))] = LM\end{aligned}$$

을 얻는다. 따라서 정리 4.1.8에 의하여

$$\lim_{x\to c}(fg) = \lim((fg)(x_n)) = LM$$

이다.

이 정리의 나머지 부분도 유사한 방법으로 증명할 수 있다. 상술하는 것은 독자에게 맡긴다. Q.E.D.

참고 $A \subseteq \mathbb{R}$라 하고 $f_1, f_2, \ldots, f_n$을 A에서 $\mathbb{R}$로의 함수라 하자. 또 c를 A의 집적점이라 하자. $k = 1, 2, \ldots, n$에 대하여 $L_k := \lim_{x\to c} f_k$이면, 귀납법 논의로 정리 4.2.4를 이용하면

$$L_1 + L_2 + \cdots + L_n = \lim_{x\to c}(f_1 + f_2 + \cdots + f_n)$$

이고

$$L_1 \cdot L_2 \cdots L_n = \lim(f_1 \cdot f_2 \cdots f_n)$$

이다. 특히 $L = \lim_{x\to c} f$이고 $n \in \mathbb{N}$이면

$$L^n = \lim_{x\to c}(f(x))^n$$

임을 추론할 수 있다.

4.2.5 예 **(a)** 4.1절에서 수립한 극한의 일부를 정리 4.2.4를 이용하여 증명할 수 있다. 예를 들어 $\lim_{x\to c} x = c$이므로, 이 결과에 의하여 $\lim_{x\to c} x^2 = c^2$이고 $c > 0$이면

$$\lim_{x\to c}\frac{1}{x} = \frac{1}{\lim_{x\to c} x} = \frac{1}{c}$$

이다.

(b) $\lim_{x\to 2}(x^2 + 1)(x^3 - 4) = 20$이다.

정리 4.2.4에 의하여

$$\begin{aligned}\lim_{x\to 2}(x^2+1)(x^3-4) &= \left(\lim_{x\to 2}(x^2+1)\right)\left(\lim_{x\to 2}(x^3-4)\right)\\ &= 5\cdot 4 = 20\end{aligned}$$

이다.

(c) $\lim_{x\to 2}\left(\dfrac{x^3-4}{x^2+1}\right)=\dfrac{4}{5}$ 이다.

정리 4.2.4(b)를 이용하면

$$\lim_{x\to 2}\frac{x^3-4}{x^2+1}=\frac{\lim_{x\to 2}(x^3-4)}{\lim_{x\to 2}(x^2+1)}=\frac{4}{5}$$

를 얻는다. 분모의 극한[즉 $\lim_{x\to 2}(x^2+1)=5$]이 0이 아니므로 정리 4.2.4(b)를 적용할 수 있음에 주목하라.

(d) $\lim_{x\to 2}\dfrac{x^2-4}{3x-6}=\dfrac{4}{3}$ 이다.

$x\in\mathbb{R}$에 대하여 $f(x):=x^2-4$이고 $h(x):=3x-6$이라 하면

$$H=\lim_{x\to 2}h(x)=\lim_{x\to 2}(3x-6)=3\cdot 2-6=0$$

이 되어, $\lim_{x\to 2}(f(x)/h(x))$를 구하는 데 정리 4.2.4(b)를 이용할 수 없다. 그러나 $x\neq 2$이면

$$\frac{x^2-4}{3x-6}=\frac{(x+2)(x-2)}{3(x-2)}=\frac{1}{3}(x+2)$$

가 되어

$$\lim_{x\to 2}\frac{x^2-4}{3x-6}=\lim_{x\to 2}\frac{1}{3}(x+2)=\frac{1}{3}\left(\lim_{x\to 2}x+2\right)=\frac{4}{3}$$

이다. 함수 $g(x)=(x^2-4)/(3x-6)$는 $x=2$에서 정의되지 않지만 $x=2$에서 극한을 갖는 것에 주목하라.

(e) $\lim_{x\to 0}\dfrac{1}{x}$은 $\mathbb{R}$에 존재하지 않는다.

물론 $\lim_{x\to 0}1=1$이고 $H:=\lim_{x\to 0}x=0$이다. 그러나 $H=0$이므로 $\lim_{x\to 0}(1/x)$의 값을 구하는 데 정리 4.2.4(b)를 이용할 수 없다. 사실 예 4.1.10(a)에서 본 것과 같이 함수 $\varphi(x)=1/x$은 $x=0$에서 극한을 갖지 않는다. 함수 $\varphi(x)=1/x$은 $x=0$의 근방에서 유계가 아니므로 이 결론은 정리 4.2.2에 의한다(왜?).

(f) p가 다항함수이면 $\lim_{x \to c} p(x) = p(c)$이다.

p를 $\mathbb{R}$에서 다항함수라 하면, 모든 $x \in \mathbb{R}$에 대하여

$$p(x) = a_n x^n + a_{n-1}x^{n-1} + \cdots + a_1 x + a_0$$

이다. 정리 4.2.4와 $\lim_{x \to c} x^k = c^k$에 의하여

$$\begin{aligned}\lim_{x\to c} p(x) &= \lim_{x\to c}\left[a_n x^n + a_{n-1}x^{n-1} + \cdots + a_1 x + a_0\right] \\ &= \lim_{x\to c}(a_n x^n) + \lim_{x\to c}\left(a_{n-1}x^{n-1}\right) + \cdots + \lim_{x\to c}(a_1 x) + \lim_{x\to c} a_0 \\ &= a_n c^n + a_{n-1}c^{n-1} + \cdots + a_1 c + a_0 \\ &= p(c)\end{aligned}$$

이다. 따라서 임의의 다항함수 p에 대하여 $\lim_{x \to c} p(x) = p(c)$이다.

(g) p와 q가 $\mathbb{R}$에서 다항함수이고 $q(c) \neq 0$이면

$$\lim_{x\to c}\frac{p(x)}{q(x)} = \frac{p(c)}{q(c)}$$

이다. $q(x)$가 다항함수이므로, 대수학의 정리에 의하여 $q(\alpha_j) = 0$이 되고 $x \notin \{\alpha_1, ..., \alpha_m\}$이면 $q(x) \neq 0$이 되는 많아야 유한개인 실수 $\alpha_1, ..., \alpha_m$[$q(x) = 0$의 실근]이 존재한다. 그러므로 $x \notin \{\alpha_1, ..., \alpha_m\}$이면

$$r(x) := \frac{p(x)}{q(x)}$$

로 정의할 수 있다. 만일 c가 $q(x)$의 근이 아니면 $q(c) \neq 0$이고, (f)로부터 $\lim_{x \to c} q(x) = q(c) \neq 0$이다. 따라서 4.2.4(b)를 적용하여

$$\lim_{x\to c}\frac{p(x)}{q(x)} = \frac{\lim_{x\to c} p(x)}{\lim_{x\to c} q(x)} = \frac{p(c)}{q(c)}$$

를 얻을 수 있다. ■

다음 결과는 정리 3.2.6과 꼭 닮았다.

4.2.6 정리 $A \subseteq \mathbb{R}$, $f : A \to \mathbb{R}$라 하고 $c \in \mathbb{R}$를 A의 집적점이라 하자. 모든 $x \in A$, $x \neq c$에 대하여

$$a \le f(x) \le b$$

이고 $\lim_{x \to c} f$가 존재하면 $a \le \lim_{x \to c} f \le b$이다.

증명 사실상 $L = \lim_{x \to c} f$이면, 정리 4.1.8로부터 모든 $n \in \mathbb{N}$에 대하여 $c \ne x_n \in A$인 임의의 실수열 (x_n)이 c로 수렴하면 수열 $(f(x_n))$은 L로 수렴한다. 모든 $n \in \mathbb{N}$에 대하여 $a \le f(x_n) \le b$이므로, 정리 3.2.6에 의하여 $a \le L \le b$이다. Q.E.D.

이제 조임정리 3.2.7과 유사한 성질을 기술하고 이의 증명은 독자에게 넘긴다.

4.2.7 조임정리 $A \subseteq \mathbb{R}$, $f, g, h : A \to \mathbb{R}$라 하고 $c \in \mathbb{R}$를 A의 집적점이라 하자. 모든 $x \in A$, $x \ne c$에 대하여

$$f(x) \le g(x) \le h(x)$$

이고 $\lim_{x \to c} f = L = \lim_{x \to c} h$이면 $\lim_{x \to c} g = L$이다.

4.2.8 예 **(a)** $\lim_{x \to 0} x^{3/2} = 0 (x > 0)$이다.

$x > 0$에 대하여 $f(x) := x^{3/2}$이라 하자. $0 < x \le 1$일 때 부등식 $x < x^{1/2} \le 1$이 성립하므로, $0 < x \le 1$에 대하여 $x^2 \le f(x) = x^{3/2} \le x$이다.

$$\lim_{x \to 0} x^2 = 0 \quad \text{이고} \quad \lim_{x \to 0} x = 0$$

이므로, 조임정리 4.2.7에 의하여 $\lim_{x \to 0} x^{3/2} = 0$이 된다.

(b) $\lim_{x \to 0} \sin x = 0$이다.

모든 $x \ge 0$에 대하여

$$-x \le \sin x \le x$$

가 됨을 나중에 증명할 것이다(정리 8.4.8을 보라). $\lim_{x \to 0} (\pm x) = 0$이므로, 조임정리에 의하여 $\lim_{x \to 0} \sin x = 0$이 된다.

(c) $\lim_{x \to 0} \cos x = 1$이다.

모든 $x \in \mathbb{R}$에 대하여

$$1 - \tfrac{1}{2}x^2 \le \cos x \le 1 \tag{1}$$

이 됨을 나중에 보일 것이다(정리 8.4.8을 보라). $\lim_{x \to 0} (1 - \frac{1}{2}x^2) = 1$이므로, 조임정리에 의하여 $\lim_{x \to 0} \cos x = 1$이다.

(d) $\lim_{x \to 0} \left(\dfrac{\cos x - 1}{x} \right) = 0$이다.

이의 극한을 구하는 데 정리 4.2.4(b)를 이용할 수 없다(왜?). 그러나 (c)의 부등식 (1)에 의하면 $x > 0$에 대하여

$$-\tfrac{1}{2}x \le (\cos x - 1)/x \le 0$$

이고 $x < 0$에 대하여

$$0 \le (\cos x - 1)/x \le -\tfrac{1}{2}x$$

이다. 이제 $x \ge 0$에 대하여 $f(x) := -x/2$라 하고 $x < 0$에 대하여 $f(x) := 0$이라 하자. 또 $x \ge 0$에 대하여 $h(x) := 0$이라 하고 $x < 0$에 대하여 $h(x) := -x/2$라 하자. 그러면 $x \ne 0$에 대하여

$$f(x) \le (\cos x - 1)/x \le h(x)$$

이다. 이미 $\lim_{x \to 0} f = 0 = \lim_{x \to 0} h$임을 알고 있으므로, 조임정리에 의하여 $\lim_{x \to 0}(\cos x - 1)/x = 0$이다.

(e) $\lim_{x \to 0}\left(\dfrac{\sin x}{x}\right) = 1$이다.

이 극한을 구하는 데 역시 정리 4.2.4(b)를 이용할 수 없다. 그러나 다음을 이용한다. $x \ge 0$에 대하여

$$x - \tfrac{1}{6}x^3 \le \sin x \le x$$

이고 $x \le 0$에 대하여

$$x \le \sin x \le x - \tfrac{1}{6}x^3$$

임을 나중에 증명할 것이다(정리 8.4.8을 보라). 그러므로 모든 $x \ne 0$에 대하여

$$1 - \tfrac{1}{6}x^2 \le (\sin x)/x \le 1$$

이다(왜?). 그러나 $\lim_{x \to 0}(1 - \frac{1}{6}x^2) = 1 - \frac{1}{6} \cdot \lim_{x \to 0} x^2 = 1$이므로, 조임정리로부터 $\lim_{x \to 0}(\sin x)/x = 1$임을 추론할 수 있다.

(f) $\lim_{x \to 0}(x\sin(1/x)) = 0$이다.

$x \ne 0$에 대하여 $f(x) := x\sin(1/x)$이라 하자. 모든 $z \in \mathbb{R}$에 대하여 $-1 \le \sin z \le 1$이므로, 모든 $x \in \mathbb{R}$, $x \ne 0$에 대하여 부등식

$$-|x| \le f(x) = x\sin(1/x) \le |x|$$

을 얻는다. $\lim_{x \to 0}|x| = 0$이므로, 조임정리에 의하여 $\lim_{x \to 0} f = 0$이 된다. 그래프는 그림 5.1.3 또는 이 책의 표지를 보라. ■

정리 3.2.9, 3.2.10과 유사한 결과들이 있다. 그러나 그것들은 연습문제로 넘긴다. 어떤 의미에서 정리 4.2.6의 부분적으로 역인 결과를 얻는 것으로 이 절을 마무리한다.

4.2.9 정리 $A \subseteq \mathbb{R}$, $f : A \to \mathbb{R}$라 하고 $c \in \mathbb{R}$를 A의 집적점이라 하자.

$$\lim_{x \to c} f > 0 \quad \left[\text{또는 } \lim_{x \to c} f < 0\right]$$

이면, 모든 $x \in A \cap V_\delta(c)$, $x \neq c$에 대하여 $f(x) > 0$[또는 $f(x) < 0$]이 되는 c의 근방 $V_\delta(c)$가 존재한다.

증명 $L := \lim_{x \to c} f$라 하고 $L > 0$이라 가정하자. 정의 4.1.4에서 $\varepsilon = \frac{1}{2}L > 0$을 취하여 $0 < |x - c| < \delta$이고 $x \in A$이면 $|f(x) - L| < \frac{1}{2}L$이 되는 $\delta > 0$를 얻는다. 따라서 $x \in A \cap V_\delta(c)$, $x \neq c$이면 $f(x) > \frac{1}{2}L > 0$이 된다(왜?).

$L < 0$인 경우도 유사한 논의를 이용한다. Q.E.D.

연습문제 4.2

1. 정리 4.2.4를 적용하여 다음 극한들을 구하여라.

(a) $\lim_{x \to 1}(x + 1)(2x + 3)\ (x \in \mathbb{R})$

(b) $\lim_{x \to 1} \dfrac{x^2 + 2}{x^2 - 2}\ (x > 0)$

(c) $\lim_{x \to 2}\left(\dfrac{1}{x+1} - \dfrac{1}{2x}\right)(x > 0)$

(d) $\lim_{x \to 0} \dfrac{x+1}{x^2 + 2}\ (x \in \mathbb{R})$

2. 다음 극한들을 구하고 각 경우에 어떤 정리들을 이용하였는지 기술하라(아래의 문제 15를 이용하려고 할 수도 있을 것이다).

(a) $\lim_{x \to 2} \sqrt{\dfrac{2x+1}{x+3}}\ (x > 0)$

(b) $\lim_{x \to 2} \dfrac{x^2 - 4}{x - 2}\ (x > 0)$

(c) $\lim_{x \to 0} \dfrac{(x+1)^2 - 1}{x}\ (x > 0)$

(d) $\lim_{x \to 1} \dfrac{\sqrt{x} - 1}{x - 1}\ (x > 0)$

3. $x > 0$일 때 $\lim_{x \to 0} \dfrac{\sqrt{1+2x} - \sqrt{1+3x}}{x + 2x^2}$를 구하여라.

4. $\lim_{x \to 0} \cos(1/x)$은 존재하지 않지만 $\lim_{x \to 0} x\cos(1/x) = 0$임을 보여라.

5. f, g를 $A \subseteq \mathbb{R}$에서 $\mathbb{R}$로의 함수라 하고 c를 A의 집적점이라 하자. f가 c의 근방에서 유계이고 $\lim_{x \to c} g = 0$이라 가정하자. $\lim_{x \to c} fg = 0$임을 증명하여라.

6. 극한의 정의를 이용하여 정리 4.2.4(a)의 첫 번째 주장을 증명하여라.

7. 극한에 대한 수열공식을 이용하여 정리 4.2.4(b)를 증명하여라.

8. $n \geq 3$인 $n \in \mathbb{N}$이라 하자. $-1 < x < 1$에 대하여 $-x^2 \leq x^n \leq x^2$임을 유도하여라. 그리고 $\lim_{x \to 0} x^2 = 0$이라는 사실을 이용하여 $\lim_{x \to 0} x^n = 0$임을 보여라.

9. f, g를 $A \subseteq \mathbb{R}$에서 $\mathbb{R}$로의 함수라 하고 c를 A의 집적점이라 하자.

(a) $\lim_{x \to c} f$와 $\lim_{x \to c} (f + g)$가 모두 존재하면 $\lim_{x \to c} g$도 존재함을 보여라.

(b) $\lim_{x \to c} f$와 $\lim_{x \to c} fg$가 존재하면 $\lim_{x \to c} g$도 존재하는가?

10. 함수 f와 g가 한 점 c에서 극한을 갖지 않지만 $f + g$와 fg 모두 c에서 극한을 갖는 함수 f와 g의 예를 들어라.

11. 다음 극한들이 $\mathbb{R}$에서 존재하는지를 판정하여라.

(a) $\lim_{x \to 0} \sin(1/x^2)$ $(x \neq 0)$

(b) $\lim_{x \to 0} x \sin(1/x^2)$ $(x \neq 0)$

(c) $\lim_{x \to 0} \operatorname{sgn} \sin(1/x)$ $(x \neq 0)$

(d) $\lim_{x \to 0} \sqrt{x} \sin(1/x^2)$ $(x > 0)$

12. $f : \mathbb{R} \to \mathbb{R}$를 $\mathbb{R}$의 모든 x, y에 대하여 $f(x + y) = f(x) + f(y)$인 함수라 하자. $\lim_{x \to 0} f = L$이 존재한다고 가정하자. $L = 0$임을 증명하고, 다음으로 f가 모든 점 $c \in \mathbb{R}$에서 극한을 가짐을 증명하여라. [힌트: 먼저 $x \in \mathbb{R}$에 대하여 $f(2x) = f(x) + f(x) = 2f(x)$임에 주목하라. 또한 $\mathbb{R}$에 속하는 x, c에 대하여 $f(x) = f(x - c) + f(c)$임에 주목하라.]

13. 함수 f와 g가 $\mathbb{R}$에서 $f(x) := x + 1$로, $x \neq 1$이면 $g(x) := 2$이고 $g(1) := 0$으로 정의된다고 하자.

(a) $\lim_{x \to 1} g(f(x))$를 구하고 $g(\lim_{x \to 1} f(x))$의 값과 비교하여라.

(b) $\lim_{x \to 1} f(g(x))$를 구하고 $f(\lim_{x \to 1} g(x))$의 값과 비교하여라.

14. $A \subseteq \mathbb{R}$, $f : A \to \mathbb{R}$라 하고 $c \in \mathbb{R}$를 A의 집적점이라 하자. $\lim_{x \to c} f$가 존재하고 $|f|$이 $x \in A$에 대하여 $|f|(x) := |f(x)|$으로 정의되는 함수이면, $\lim_{x \to c} |f| = |\lim_{x \to c} f|$임을 증명하여라.

15. $A \subseteq \mathbb{R}$, $f : A \to \mathbb{R}$라 하고 $c \in \mathbb{R}$를 A의 집적점이라 하자. 또 모든 $x \in A$에 대하여 $f(x) \geq 0$이라 가정하고 $\sqrt{f}$를 $x \in A$에 대하여 $(\sqrt{f})(x) := \sqrt{f(x)}$로 정의되는 함수라 하자. $\lim_{x \to c} f$가 존재하면 $\lim_{x \to c} \sqrt{f} = \sqrt{\lim_{x \to c} f}$ 임을 증명하여라.

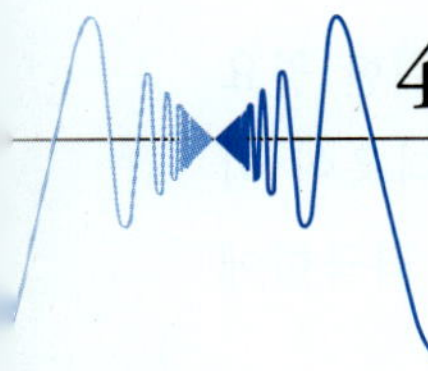

4.3 극한 개념의 확장[†]

이 절에서는 자주 나오는 함수의 극한개념에 대한 세 가지 형태의 확장을 소개한다. 여기에 나오는 모든 개념들은 이미 다루었던 것들과 매우 유사하므로 이 절을 편하게 읽을 수 있을 것이다.

[†]이장을 처음 읽을 때 이 절의 대부분을 생략할 수 있다.

편측극한

함수 f가 한 점 c에서 극한을 갖지는 않지만 그 함수를 집적점 c의 한쪽에 있는 구간으로 축소하면 극한이 존재하는 경우가 있다.

예를 들면, 예 4.1.10(b)에서 다루었고 그림 4.1.2에서 보인 부호함수는 $c = 0$에서 극한을 갖지 않는다. 그러나 부호함수를 구간 $(0, \infty)$로 축소하면 $c = 0$에서 극한 1을 갖는다. 마찬가지로 부호함수를 $(-\infty, 0)$로 축소하면 $c = 0$에서 극한 -1을 갖는다. 이들이 $c = 0$에서 좌극한과 우극한에 대한 초보적인 예이다.

4.3.1 정의 $A \subseteq \mathbb{R}$이고 $f : A \to \mathbb{R}$라 하자.

(i) $c \in \mathbb{R}$가 집합 $A \cap (c, \infty) = \{x \in A : x > c\}$의 집적점일 때, 주어진 임의의 $\varepsilon > 0$에 대하여 $0 < x - c < \delta$인 모든 $x \in A$가 $|f(x) - L| < \varepsilon$을 만족하는 $\delta = \delta(\varepsilon) > 0$가 존재하면, $L \in \mathbb{R}$을 **c에서 f의 우극한**(right-hand limit of f at c)이라 하고

$$\lim_{x \to c+} f = L \qquad \text{또는} \qquad \lim_{x \to c+} f(x) = L$$

로 쓴다.

(ii) $c \in \mathbb{R}$가 집합 $A \cap (-\infty, c) = \{x \in A : x < c\}$의 집적점일 때, 주어진 임의의 $\varepsilon > 0$에 대하여 $0 < c - x < \delta$인 모든 $x \in A$가 $|f(x) - L| < \varepsilon$을 만족하는 $\delta > 0$가 존재하면, $L \in \mathbb{R}$을 **c에서 f의 좌극한**(left-hand limit of f at c)이라 하고

$$\lim_{x \to c-} f = L \qquad \text{또는} \qquad \lim_{x \to c-} f(x) = L$$

로 쓴다.

주의 (1) 극한 $\lim_{x \to c+} f$와 $\lim_{x \to c-} f$를 **c에서 f의 편측극한**(one-side limits of f at c)이라 한다. 편측극한이 모두 존재하지 않을 수도 있다. 또한 그들 중 하나만 존재할 수도 있다. 마찬가지로 $c = 0$에서 $f(x) := \text{sgn}(x)$인 경우처럼 두 값이 모두 존재하지만 다를 수 있다.

(2) A가 좌측 끝점이 c인 구간이면, $f : A \to \mathbb{R}$가 c에서 극한을 갖기 위한 필요충분조건은 이 함수가 c에서 우극한을 갖는 것임을 쉽게 보일 수 있다. 더욱이 이 경우 $\lim_{x \to c} f$와 우극한 $\lim_{x \to c+} f$가 같다. (A가 우측 끝점이 c인 구간일 때 좌극한에 대해서도 유사한 상황이 발생한다.)

독자는 f가 한 점에서 단지 좌극한만 (또는 우극한만) 가질 수 있음을 보일 수 있다. 4.1절과 4.2절에서 양측극한에 대하여 수립한 것과 유사한 결과들이 있다.

특히 편측극한들의 존재성을 수열에 대한 논의로 옮겨갈 수 있다.

4.3.2 정리 $A \subseteq \mathbb{R}$, $f : A \to \mathbb{R}$라 하고 $c \in \mathbb{R}$를 $A \cap (c, \infty)$의 집적점이라 하자. 그러면 다음 명제들은 동치이다.

(i) $\lim_{x \to c+} f = L$이다.

(ii) 모든 $n \in \mathbb{N}$에 대하여 $x_n \in A$이고 $x_n > c$이며 c로 수렴하는 모든 수열 (x_n)에 대하여 수열 $(f(x_n))$은 L로 수렴한다.

이 결과의 증명은 (좌극한에 대한 유사한 결과의 공식화와 증명도) 독자에게 맡긴다. 4.1절과 4.2절에 있는 다른 결과들의 편측극한 형식에 대한 공식화는 기술하지 않을 것이다.

다음 결과는 함수의 극한과 편측극한들과의 관계이다. 이의 증명은 연습문제로 넘긴다.

4.3.3 정리 $A \subseteq \mathbb{R}$, $f : A \to \mathbb{R}$라 하고 $c \in \mathbb{R}$를 두 집합 $A \cap (c, \infty)$와 $A \cap (-\infty, c)$의 집적점이라 하자. 그러면 $\lim_{x \to c} f = L$이기 위한 필요충분조건은 $\lim_{x \to c+} f = L = \lim_{x \to c-} f$이다.

4.3.4 예 **(a)** $f(x) := \operatorname{sgn}(x)$라 하자.

예 4.1.10(b)에서 sgn은 0에서 극한을 갖지 않음을 보였다. $\lim_{x \to 0+} \operatorname{sgn}(x) = +1$이고 $\lim_{x \to 0-} \operatorname{sgn}(x) = -1$임은 자명하다. 이 편측극한들이 같지 않으므로 정리 4.3.3에 의하여 $\operatorname{sgn}(x)$는 0에서 극한을 갖지 않는다.

(b) $x \neq 0$에 대하여 $g(x) := e^{1/x}$이라 하자(그림 4.3.1을 보라).

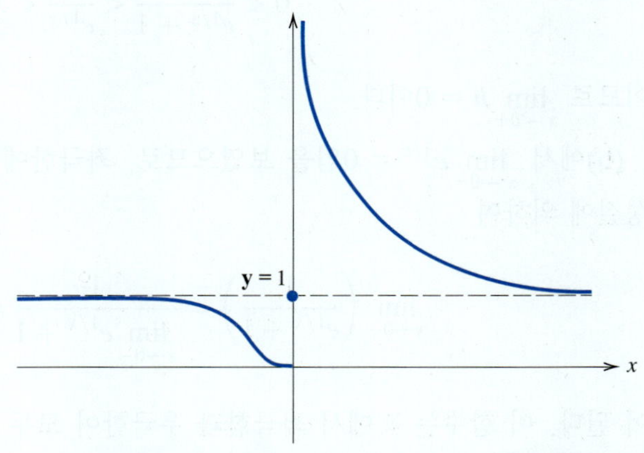

그림 4.3.1 $g(x) = e^{1/x}$ $(x \neq 0)$의 그래프

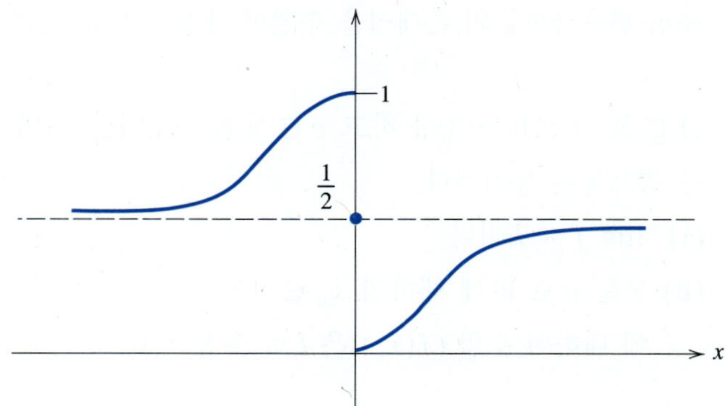

그림 4.3.2 $h(x) = 1/(e^{1/x} + 1)$ $(x \neq 0)$의 그래프

g는 0의 임의의 우근방 $(0, \delta)$에서 유계가 아니므로 $c = 0$에서 유한인 우극한을 갖지 않음을 먼저 보인다. $t > 0$에 대하여 부등식

$$(1) \qquad 0 < t < e^t$$

을 이용할 것인데, 이는 나중에 증명할 것이다(따름정리 8.3.3을 보라). (1)에 의하여 $x > 0$이면 $0 < 1/x < e^{1/x}$이다. 따라서 $x_n = 1/n$을 취하면 모든 $n \in \mathbb{N}$에 대하여 $g(x_n) > n$이다. 그러므로 $\lim_{x \to 0+} e^{1/x}$는 $\mathbb{R}$에서 존재하지 않는다.

그러나 $\lim_{x \to 0-} e^{1/x} = 0$이다. 사실 $x < 0$이면 (1)에서 $t = -1/x$을 취하여 $0 < -1/x < e^{-1/x}$을 얻는다. $x < 0$이므로, 모든 $x < 0$에 대하여 $0 < e^{1/x} < -x$이다. 이 부등식에 의하여 $\lim_{x \to 0-} e^{1/x} = 0$이 된다.

(c) $x \neq 0$에 대하여 $h(x) := 1/(e^{1/x} + 1)$이라 하자(그림 4.3.2를 보라).

(b)에서 $x > 0$이면 $0 < 1/x < e^{1/x}$임을 이미 보였고, 따라서

$$0 < \frac{1}{e^{1/x} + 1} < \frac{1}{e^{1/x}} < x$$

이므로 $\lim_{x \to 0+} h = 0$이다.

(b)에서 $\lim_{x \to 0-} e^{1/x} = 0$임을 보였으므로, 좌극한에 대한 정리 4.2.4(b)와 유사한 성질에 의하여

$$\lim_{x \to 0-} \left(\frac{1}{e^{1/x} + 1} \right) = \frac{1}{\lim_{x \to 0-} e^{1/x} + 1} = \frac{1}{0 + 1} = 1$$

이 된다. 이 함수는 $\mathbb{R}$에서 좌극한과 우극한이 모두 존재하지만 서로 같지 않음에 주목하라. ■

무한극한

$x \neq 0$에 대한 함수 $f(x) := 1/x^2$은 (그림 4.3.3을 보라) 0의 근방에서 유계가 아니고, 따라서 정의 4.1.4의 관점에서 극한을 가질 수 없다. 한편 $\infty(= +\infty)$와 $-\infty$가 실수를 나타내지는 않지만 "$x \to 0$일 때 $f(x) = 1/x^2$이 ∞로 접근한다"고 말할 수 있는 것이 유용할 때가 있다. 이러한 $\pm\infty$의 사용은 주의를 다하고 ∞ 또는 $-\infty$를 실수로 해석하지 않는 한 어떤 어려움의 원인이 되지는 않을 것이다.

4.3.5 정의 $A \subseteq \mathbb{R}$, $f : A \to \mathbb{R}$라 하고 $c \in \mathbb{R}$를 A의 집적점이라 하자.

(i) 모든 $\alpha \in \mathbb{R}$에 대하여 $0 < |x - c| < \delta$인 모든 $x \in A$가 $f(x) > \alpha$를 만족하는 $\delta = \delta(\alpha) > 0$가 존재하면, $x \to c$**일 때** f**는** ∞**로 접근한다**(f tends to ∞ as $x \to c$)고 하고

$$\lim_{x \to c} f = \infty$$

로 쓴다.

(ii) 모든 $\beta \in \mathbb{R}$에 대하여 $0 < |x - c| < \delta$인 모든 $x \in A$가 $f(x) < \beta$를 만족하는 $\delta = \delta(\beta) > 0$가 존재하면, $x \to c$**일 때** f**는** $-\infty$**로 접근한다**(f tends to $-\infty$ as $x \to c$)고 하고

$$\lim_{x \to c} f = -\infty$$

로 쓴다.

4.3.6 예 **(a)** $\lim_{x \to 0}(1/x^2) = \infty$이다.

$\alpha > 0$가 주어지면 $\delta := 1/\sqrt{\alpha}$이라 하자. $0 < |x| < \delta$이면 $x^2 < 1/\alpha$이 되어 $1/x^2 > \alpha$이다.

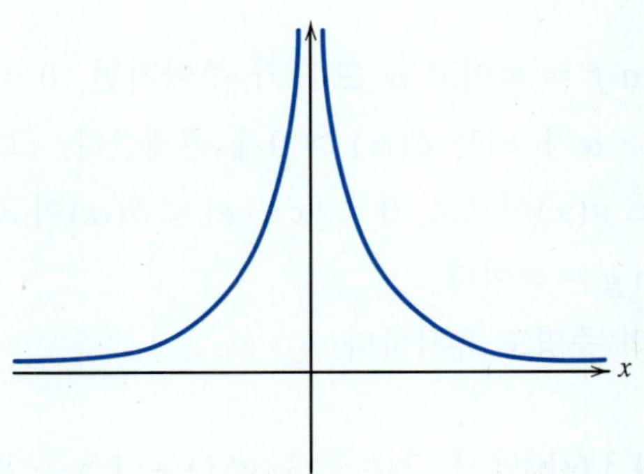

그림 4.3.3 $f(x) = 1/x^2$ $(x \neq 0)$의 그래프

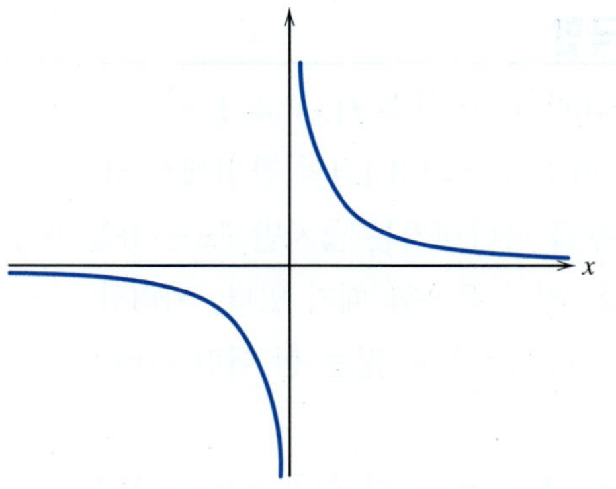

그림 4.3.4 $g(x) = 1/x$ $(x \neq 0)$의 그래프

(b) $x \neq 0$에 대하여 $g(x) := 1/x$이라 하자(그림 4.3.4를 보라).

$x \to 0$일 때 함수 g는 ∞나 $-\infty$로 접근하지 않는다. 이유는 $\alpha > 0$이면 모든 $x < 0$에 대하여 $g(x) < \alpha$가 되어, $x \to 0$일 때 함수 g는 ∞로 접근하지 않는다. 마찬가지로 $\beta < 0$이면 모든 $x > 0$에 대하여 $g(x) > \beta$가 되어, $x \to 0$일 때 함수 g는 $-\infty$로 접근하지 않는다. ■

한편 4.1절과 4.2절의 많은 결과들을 이러한 극한개념으로 확장할 수 있지만 $\pm\infty$는 실수가 아니므로 모두가 그렇게 되는 것은 아니다. 다음 결과는 조임정리 4.2.7과 유사하다(정리 3.6.4도 보라).

4.3.7 정리 $A \subseteq \mathbb{R}$, $f, g : A \to \mathbb{R}$라 하고 $c \in \mathbb{R}$를 A의 집적점이라 하자. 또 모든 $x \in A$, $x \neq c$에 대하여 $f(x) \leq g(x)$라 가정하자.

(a) $\lim_{x \to c} f = \infty$이면 $\lim_{x \to c} g = \infty$이다.

(b) $\lim_{x \to c} g = -\infty$이면 $\lim_{x \to c} f = -\infty$이다.

증명 (a) $\lim_{x \to c} f = \infty$이고 $\alpha \in \mathbb{R}$가 주어지면, $0 < |x - c| < \delta(\alpha)$이고 $x \in A$일 때 $f(x) > \alpha$가 되는 $\delta(\alpha) > 0$가 존재한다. 그러나 모든 $x \in A$, $x \neq c$에 대하여 $f(x) \leq g(x)$이므로, $0 < |x - c| < \delta(\alpha)$이고 $x \in A$이면 $g(x) > \alpha$이다. 그러므로 $\lim_{x \to c} g = \infty$이다.

(b)의 증명도 유사하다. Q.E.D.

예 4.3.6(b)에서 다룬 함수 $g(x) = 1/x$은 편측 무한극한을 고찰하는 것이 유용할 수 있음을 제안하고 있다. 여기서는 우측 무한극한만 정의한다.

4.3.8 정의 $A \subseteq \mathbb{R}$이고 $f : A \to \mathbb{R}$라 하자. $c \in \mathbb{R}$가 집합 $A \cap (c, \infty) = \{x \in A : x > c\}$의 집적점일 때, 모든 $\alpha \in \mathbb{R}$에 대하여 $0 < x - c < \delta$인 모든 $x \in A$가 $f(x) > \alpha$ [또는 $f(x) < \alpha$]를 만족하는 $\delta = \delta(\alpha) > 0$가 존재하면, **$x \to c+$일 때 f는 ∞로 [또는 $-\infty$로] 접근한다**(f tends to ∞[resp. $-\infty$] as $x \to c+$)고 하고

$$\lim_{x \to c+} f = \infty \quad \left[\text{또는} \ \lim_{x \to c+} f = -\infty\right]$$

로 쓴다.

4.3.9 예 **(a)** $x \neq 0$에 대하여 $g(x) := 1/x$이라 하자. 예 4.3.6(b)에서 $\lim_{x \to 0} g$가 존재하지 않음에 주목하였다. 그러나

$$\lim_{x \to 0+} (1/x) = \infty \qquad \text{와} \qquad \lim_{x \to 0-} (1/x) = -\infty$$

임을 보이는 것은 쉬운 연습문제이다.

(b) 예 4.3.4(b)에서 $x \neq 0$에 대한 함수 $g(x) := e^{1/x}$은 임의의 구간 $(0, \delta)$, $\delta > 0$에서 유계가 아님을 보였다. 따라서 $x \to 0+$일 때 $e^{1/x}$의 우극한은 정의 4.3.1(i)의 관점에서는 존재하지 않는다. 그러나 $x > 0$에 대하여

$$1/x < e^{1/x}$$

이므로, 정의 4.3.8의 관점에서 $\lim_{x \to 0+} e^{1/x} = \infty$임을 쉽게 보일 수 있다. ■

무한대에서 극한

$x \to \infty$일 때 함수의 극한개념을 정의하는 것도 바람직하다. $x \to -\infty$일 때의 정의도 유사하다.

4.3.10 정의 $A \subseteq \mathbb{R}$이고 $f : A \to \mathbb{R}$라 하자. 어떤 $a \in \mathbb{R}$에 대하여 $(a, \infty) \subseteq A$라 가정하자. 주어진 임의의 $\varepsilon > 0$에 대하여 $x > K$일 때 $|f(x) - L| < \varepsilon$이 되는 $K = K(\varepsilon) > a$가 존재하면, $L \in \mathbb{R}$을 **$x \to \infty$일 때 f의 극한**(limit of f at $x \to \infty$)이라 하고

$$\lim_{x \to \infty} f = L \qquad \text{또는} \qquad \lim_{x \to \infty} f(x) = L$$

로 쓴다.

독자는 4.3.10과 수열의 극한정의가 매우 닮았다는 것에 주목하여야 한다.

$x \to \pm\infty$일 때 f의 극한이 존재하면, 그것이 유일하다는 것을 보이는 것은 독자에게 맡긴다. 또한 이 극한들에 대한 수열판정법도 있는데, $x \to \infty$일 때의 판정법

만 기술할 것이다. 이는 정발산수열의 개념을 이용한다(정의 3.6.1을 보라).

4.3.11 정리 $A \subseteq \mathbb{R}$, $f : A \to \mathbb{R}$라 하고 어떤 $a \in \mathbb{R}$에 대하여 $(a, \infty) \subseteq A$라 가정하자. 그러면 다음 명제들은 동치이다.

(i) $L = \lim\limits_{x \to \infty} f$이다.

(ii) $\lim(x_n) = \infty$가 되는 $A \cap (a, \infty)$에서의 모든 수열 (x_n)에 대하여 수열 $(f(x_n))$은 L로 수렴한다.

이 정리의 증명과 $x \to -\infty$일 때 극한과 관련한 동반 결과를 공식화하고 증명하는 것은 독자에게 맡긴다.

4.3.12 예 **(a)** $x \neq 0$에 대하여 $g(x) := 1/x$이라 하자.

$\lim\limits_{x \to \infty} (1/x) = 0 = \lim\limits_{x \to -\infty} (1/x)$임을 보이는 것은 초보적인 연습문제이다(그림 4.3.4를 보라).

(b) $x \neq 0$에 대하여 $f(x) := 1/x^2$이라 하자.

독자는 $\lim\limits_{x \to \infty} (1/x^2) = 0 = \lim\limits_{x \to -\infty} (1/x^2)$임을 보일 수 있을 것이다(그림 4.3.3을 보라). 다른 한 방법은 $x \geq 1$이면 $0 \leq 1/x^2 \leq 1/x$임을 보이는 것이다. 그러면 (a)에 의하여 $\lim\limits_{x \to \infty} (1/x^2) = 0$이다. ■

$c \in \mathbb{R}$에 대하여 $x \to c$일 때 $f(x) \to \pm\infty$라고 할 수 있는 것이 편리한 것처럼 $x \to \pm\infty$일 때 대응되는 개념을 갖는 것도 그러하다. $x \to \infty$인 경우를 다룰 것이다.

4.3.13 정의 $A \subseteq \mathbb{R}$, $f : A \to \mathbb{R}$라 하고 어떤 $a \in A$에 대하여 $(a, \infty) \subseteq A$라 가정하자. 주어진 임의의 $\alpha \in \mathbb{R}$에 대하여 $x > K$이면 $f(x) > \alpha$ [또는 $f(x) < \alpha$]가 되는 $K = K(\alpha) > a$가 존재하면, **$x \to \infty$일 때 f는 ∞[또는 $-\infty$]로 접근한다**(f tends to ∞[resp. $-\infty$] as $x \to \infty$)고 하고

$$\lim_{x \to \infty} f = \infty \quad \left[\text{또는} \lim_{x \to \infty} f = -\infty\right]$$

로 쓴다.

앞에서와 같이 이 극한에 대한 수열판정법이 존재한다.

4.3.14 정리 $A \subseteq \mathbb{R}$, $f : A \to \mathbb{R}$라 하고 $a \in \mathbb{R}$에 대하여 $(a, \infty) \subseteq A$라 가정하자. 그러면 다음 명제들은 동치이다.

(i) $\lim_{x \to \infty} f = \infty$[또는 $\lim_{x \to \infty} f = -\infty$]이다.

(ii) $\lim(x_n) = \infty$가 되는 (a, ∞)의 모든 수열 (x_n)에 대하여 $\lim(f(x_n)) = \infty$ [또는 $\lim(f(x_n)) = -\infty$]이다.

다음 결과는 정리 3.6.5와 유사하다.

4.3.15 정리 $A \subseteq \mathbb{R}$, $f, g : A \to \mathbb{R}$라 하고 어떤 $a \in \mathbb{R}$에 대하여 $(a, \infty) \subseteq A$라 가정하자. 또 모든 $x > a$에 대하여 $g(x) > 0$이고

$$\lim_{x \to \infty} \frac{f(x)}{g(x)} = L$$

이라 가정하자.

(i) $L > 0$이면, $\lim_{x \to \infty} f = \infty$이기 위한 필요충분조건은 $\lim_{x \to \infty} g = \infty$이다.

(ii) $L < 0$이면, $\lim_{x \to \infty} f = -\infty$이기 위한 필요충분조건은 $\lim_{x \to \infty} g = \infty$이다.

증명 (i) $L > 0$이므로, 가정에 의하여 $x > a_1$이면

$$0 < \frac{1}{2}L \le \frac{f(x)}{g(x)} < \frac{3}{2}L$$

이 되는 $a_1 > a$이 존재한다. 따라서 모든 $x > a_1$에 대하여 $(\frac{1}{2}L)g(x) < f(x) < (\frac{3}{2}L)g(x)$를 얻고, 이로부터 쉽게 결론에 도달한다.

(ii)의 증명도 유사하다. Q.E.D.

$x \to -\infty$일 때 유사한 결과를 공식화하는 것은 독자에게 맏긴다.

4.3.16 예 **(a)** $n \in \mathbb{N}$에 대하여 $\lim_{x \to \infty} x^n = \infty$이다.

$x \in (0, \infty)$에 대하여 $g(x) := x^n$이라 하자. 주어진 $\alpha \in \mathbb{R}$에 대하여 $K := \sup\{1, \alpha\}$라 하면, 모든 $x > K$에 대하여 $g(x) = x^n \ge x > \alpha$를 얻는다. $\alpha \in \mathbb{R}$는 임의이므로 $\lim_{x \to \infty} g = \infty$이다.

(b) 짝수인 $n \in \mathbb{N}$에 대하여 $\lim_{x \to -\infty} x^n = \infty$이고 홀수인 $n \in \mathbb{N}$에 대하여 $\lim_{x \to -\infty} x^n = -\infty$이다.

n이 홀수인 경우를 다룰 것이다. 즉 $k = 0, 1, \ldots$에 대하여 $n = 2k + 1$이다. 주어진 $\alpha \in \mathbb{R}$에 대하여 $K := \inf\{\alpha, -1\}$이라 하자. 임의의 $x < K$에 대하여 $(x^2)^k \ge 1$이므로 $x^n = (x^2)^k x \le x < \alpha$를 얻는다. $\alpha \in \mathbb{R}$는 임의이므로 $\lim_{x \to -\infty} x^n = -\infty$가 된다.

(c) $p : \mathbb{R} \to \mathbb{R}$를 다항함수

$$p(x) := a_n x^n + a_{n-1} x^{n-1} + \cdots + a_1 x + a_0$$

라 하자. 그러면 $a_n > 0$일 때 $\lim_{x \to \infty} p = \infty$이고 $a_n < 0$일 때 $\lim_{x \to \infty} p = -\infty$이다.

사실 $g(x) := x^n$이라 하고 정리 4.3.15를 이용한다.

$$\frac{p(x)}{g(x)} = a_n + a_{n-1}\left(\frac{1}{x}\right) + \cdots + a_1\left(\frac{1}{x^{n-1}}\right) + a_0\left(\frac{1}{x^n}\right)$$

이므로 $\lim_{x \to \infty} (p(x)/g(x)) = a_n$이다. $\lim_{x \to \infty} g = \infty$이고, 따라서 주장은 정리 4.3.15에 의한다.

(d) p를 (c)에 있는 다항함수라 하자. 그러면 n이 짝수[또는 홀수]이고 $a_n > 0$이면 $\lim_{x \to -\infty} p = \infty$[또는 $-\infty$]이다.

상술하는 것은 독자에게 맡긴다. ■

연습문제 4.3

1. 정리 4.3.2를 증명하여라.

2. 한 점에서 우극한은 갖지만 좌극한을 갖지 않는 함수의 예를 들어라.

3. $x \neq 0$에 대하여 $f(x) := |x|^{-1/2}$이라 하자. $\lim_{x \to 0+} f(x) = \lim_{x \to 0-} f(x) = +\infty$임을 보여라.

4. $c \in \mathbb{R}$이고 f가 (c, ∞)에서 정의되며 모든 $x \in (c, \infty)$에 대하여 $f(x) > 0$이라 하자. $\lim_{x \to c} f = \infty$이기 의한 필요충분조건이 $\lim_{x \to c} 1/f = 0$임을 보여라.

5. 다음의 극한을 구하거나 극한이 존재하지 않음을 보여라.

(a) $\lim_{x \to 1+} \dfrac{x}{x-1}\ (x \neq 1)$

(b) $\lim_{x \to 1} \dfrac{x}{x-1}\ (x \neq 1)$

(c) $\lim_{x \to 0+} (x+2)/\sqrt{x}\ (x > 0)$

(d) $\lim_{x \to \infty} (x+2)/\sqrt{x}\ (x > 0)$

(e) $\lim_{x \to 0} (\sqrt{x+1})/x\ (x > -1)$

(f) $\lim_{x \to \infty} (\sqrt{x+1})/x\ (x > 0)$

(g) $\lim_{x \to \infty} \dfrac{\sqrt{x}-5}{\sqrt{x}+3}\ (x > 0)$

(h) $\lim_{x \to \infty} \dfrac{\sqrt{x}-x}{\sqrt{x}+x}\ (x > 0)$

6. 정리 4.3.11을 증명하여라.

7. f와 g가 $x \to \infty$일 때 $\mathbb{R}$에서 극한을 갖고 모든 $x \in (a, \infty)$에 대하여 $f(x) \leq g(x)$라 하자. $\lim_{x \to \infty} f \leq \lim_{x \to \infty} g$임을 증명하여라.

8. f를 $(0, \infty)$에서 $\mathbb{R}$로의 함수라 하자. $\lim_{x \to \infty} f(x) = L$이기 위한 필요충분조건이 $\lim_{x \to 0+} f(1/x) = L$임을 증명하여라.

9. $L \in \mathbb{R}$일 때, $\lim_{x \to \infty} xf(x) = L$이 되는 $f:(a, \infty) \to \mathbb{R}$이면 $\lim_{x \to \infty} f(x) = 0$임을 보여라.

10. 정리 4.3.14를 증명하여라.

11. $L > 0$일 때 $\lim_{x \to c} f(x) = L$이고 $\lim_{x \to c} g(x) = \infty$라 가정하자. $\lim_{x \to c} f(x)g(x) = \infty$임을 보여라. $L = 0$이면, 이 결론이 거짓일 수 있음을 예로 보여라.

12. $\lim_{x \to \infty} f = \infty$이고 $\lim_{x \to \infty} g = \infty$이며, $\lim_{x \to \infty} (f - g) = 0$인 $(0, \infty)$에서 정의되는 함수 f와 g를 찾아보라. 모든 $x \in (0, \infty)$에 대하여 $g(x) > 0$이고 $\lim_{x \to \infty} f/g = 0$이 되는 그러한 함수들을 찾을 수 있는가?

13. f와 g가 (a, ∞)에서 정의된다고 하고 $\lim_{x \to \infty} f = L$이고 $\lim_{x \to \infty} g = \infty$라 가정하자. $\lim_{x \to \infty} f \circ g = L$임을 증명하여라.

Chapter 5

연속함수

이제 실해석학에 나오는 연속함수라는 가장 중요한 함수족에 대한 공부를 시작한다. "연속이다"라고 하는 용어는 물체의 운동을 설명하거나 끊어지지 않은 곡선을 기술한 Newton 시대 이래로 사용되고 있으나 19세기까지는 정확한 것이 아니었다. 1817년 Bernhard Bolzano와 1821년 Augustin-Louis Cauchy의 연구에서 함수의 매우 중요한 성질로서 연속성을 확인하였고 정의들을 제안하였다. 그러나 연속의 개념이 극한개념과 연관되어 있어, 연속의 개념에 대한 올바른 견해를 제시한 것은 1870년대 Karl Weierstrass의 엄밀한 연구였다.

먼저 한 점에서 연속과 한 집합에서 연속에 관한 개념을 정의하고 연속함수들의 다양한 결합도 연속함수가 됨을 보일 것이다. 그런 다음 5.3절에서 연속함수들을 중요하게 만드는 기본적인 성질들을 수립한다. 예를 들면, 유계폐구간에서 연속함수는 최대값과 최소값을 가져야 함을 증명할 것이다. 또 연속함수는 자신이 갖는 임의의 두 값의 모든 중간값을 취하여야 한다는 것도 증명한다. 다양한 예들로 설명하겠지만 이러한 성질들과 또 다른 성질들을 일반 함수들은 갖지 않으며, 따라서 그러한 것들이 매우 특수한 함수족인 연속함수들을 구분한다.

5.4절에서는 매우 중요한 균등연속의 개념을 소개한다. 연속과 균등연속 사이의 구분이 다소 미묘하고 Weierstrass와 그 시대 수학자들의 연구에 이르기까지는 충분히 인정받지 못하였으나 응용에서 매우 중요하다는 것을 알게 되었다. (다항식과 같은) 보다 초등적인 함수로 연속함수를 근사하는 개념에 대한 응용 하나를 소개한다.

Karl Weierstrass

Karl Weierstrass(= Weierstraß) (1815-1897)는 독일 Westphalia에서 태어났다. 제염소의 세무 담당이었던 그의 부친은 그가 본 대학교에서 법률과 국가재정을 공부하도록 하였으나 그는 술과 펜싱에 더 많은 관심을 갖고 있었고 학위를 취득하지 않고 본을 떠났다. 그리고는 Münster의 학술원에 들어가 Christoph Gudermann에게 수학을 배웠다. 1841년부터 1854년까지 그는 프러시아에 있는 여러 종합체육학교(gymnasia)에서 학생들을 가르쳤다. 이 기간 동안 그는 수학계와 전혀 접촉이 없었음에도 불구하고 수학을 열심히 연구하였고 약간의 논문을 발표할 수 있었으며, 그 논문 하나가 상당히 주목받았다. 그 결과 1855년 Königsberg 대학에서 이 연구에 대하여 명예박사학위를 수여하였다. 그 다음 해에 그는 베를린의 산업협회와 베를린 대학에 정착하였고 죽을 때까지 베를린에 머물렀다.

정연하고 근면한 학자 Weierstrass는 직관을 믿지 않았고 모든 것을 확고하고 논리적인 토대 위에 올려 놓는 연구를 하였다. 그는 산술과 해석학기초론, 복소해석학, 변분학, 그리고 대수기하학에 대한 근본적인 연구를 하였다. 엄밀한 준비에 의하여 그는 대단히 인기있는 강연자였으며 250명 이상의 청중들에게 고등수학의 주제에 대하여 강의한다는 것이 이상할 것은 없었다. 그의 청중 중에는 Georg Cantor, Sonya Kovalevsky, Gosta Mittag-Leffler, Max Planck, Otto Holder, David Hilbert, 그리고 Oskar Bolza(그는 많은 미국 박사학위를 취득한 학생을 거느리고 있었다)가 포함되어 있었다. 저술과 강연을 통하여 Weierstrass는 현대수학에 지대한 영향을 미쳤다.

5.5절에서는 "gauge"의 개념을 소개한다. 이 개념은 연속함수의 기본적인 성질들을 증명하는 또 다른 방법을 제공하는 데 이용된다. 그러나 이 개념의 주된 의의는 gauge들이 일반 Riemann 적분을 정의하는 데 필수적인 적분론 분야에 있다. 이를 10장에서 논할 것이다.

단조함수들은 중요한 함수족으로서 강력한 연속성 성질들과 결합하는데, 그들을 5.6절에서 논한다.

5.1 연속함수

이 절에서는 4.1절과 매우 유사한 함수가 한 점에서 또는 한 집합에서 연속이라고 하는 의미를 정의할 것이다. 이러한 연속의 개념은 해석학의 중심적인 개념 가운데 하나이고, 앞으로 나오는 내용의 거의 대부분에서 이를 이용할 것이다. 따라서 독자는 그 개념을 충분히 습득하는 것이 필수적이다.

5.1.1 정의 $A \subseteq \mathbb{R}$, $f : A \to \mathbb{R}$이고 $c \in A$라 하자. 주어진 임의의 수 $\varepsilon > 0$에 대하여 x가

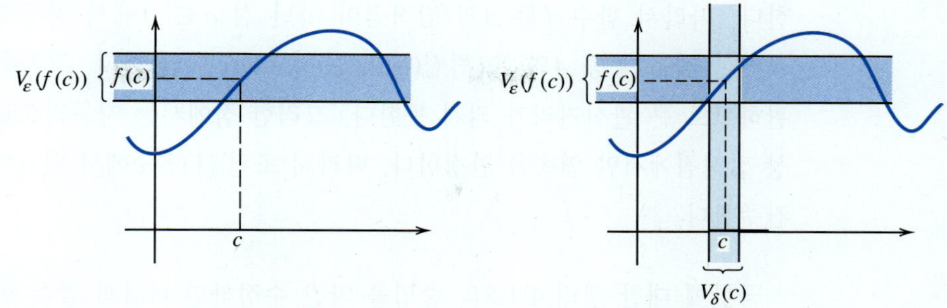

그림 5.1.1 주어진 $V_\varepsilon(f(c))$에 대하여 근방 $V_\delta(c)$가 결정된다.

$|x-c|<\delta$를 만족하고 A에 속하는 임의의 점일 때 $|f(x)-f(c)|<\varepsilon$이 되는 $\delta>0$가 존재하면, f는 **c에서 연속이다**(continuous at c)라고 한다.

f가 c에서 연속이 아니면, f는 **c에서 불연속이다**(discontinuous at c)라고 한다.

극한의 정의에서와 같이 한 점에서 연속의 정의를 근방을 이용하여 매우 훌륭하게 공식화할 수 있다. 다음 결과에서 그것을 한다. 입증하는 것은 매우 중요한 연습문제로 독자에게 맡긴다. 그림 5.1.1을 보라.

5.1.2 정리 함수 $f: A \to \mathbb{R}$가 한 점 $c \in A$에서 연속이기 위한 필요충분조건은 $f(c)$의 주어진 임의의 ε-근방 $V_\varepsilon(f(c))$에 대하여 x가 $A \cap V_\delta(c)$의 임의의 점이면 $f(x)$가 $V_\varepsilon(f(c))$에 속하는, 즉

$$f(A \cap V_\delta(c)) \subseteq V_\varepsilon(f(c))$$

인, c의 δ-근방 $V_\delta(c)$가 존재하는 것이다.

참고 **(1)** $c \in A$가 A의 집적점일 때, 정의 4.1.4와 5.1.1을 비교하면 f가 c에서 연속이기 위한 필요충분조건은

$$(1) \qquad f(A \cap V_\delta(c)) \subseteq V_\varepsilon(f(c))$$

이다. 따라서 c가 A의 집적점이면 f가 c에서 연속이기 위하여 다음 세 조건을 만족하여야 한다.

(i) f가 c에서 정의되어야 하고(따라서 $f(c)$가 존재하고)

(ii) c에서 f의 극한값이 $\mathbb{R}$에서 존재해야 하고(따라서 $\lim_{x\to c} f(x)$가 존재하며)

(iii) 이 두 값이 같아야 한다.

(2) $c \in A$가 A의 집적점이 아니면 $A \cap V_\delta(c) = \{c\}$인 c의 근방 $V_\delta(c)$가 존재

한다. 따라서 함수 f는 A의 집적점이 아닌 점 $c \in A$에서 자동적으로 연속이다. 그러한 점을 종종 A의 "고립점(isolated points)"이라 한다. 그들은 극한과정과 무관하므로 큰 관심거리가 되지 못한다. 그러한 점에서는 자동적으로 연속이므로 통상 집적점에서만 연속을 판정한다. 따라서 조건 (1)을 c에서 연속에 대한 특성으로 간주한다.

극한에 대한 정리 4.1.8의 증명을 약간 수정하면 다음과 같은 한 점에서 연속성에 대한 수열판정법을 얻는다.

5.1.3 연속성에 대한 수열판정법 함수 $f : A \to \mathbb{R}$가 점 $c \in A$에서 연속이기 위한 필요충분조건은 c로 수렴하는 A에서의 모든 수열 (x_n)에 대하여 수열 $(f(x_n))$이 $f(c)$로 수렴하는 것이다.

다음의 불연속판정법은 위 정리의 결과이다. $L = f(c)$일 때, 발산판정법 4.1.9(a)와 비교해 보아야 한다. 독자는 이의 증명을 상세히 기술하여야 할 것이다.

5.1.4 불연속판정법 $A \subseteq \mathbb{R}$, $f : A \to \mathbb{R}$이고 $c \in A$라 하자. f가 c에서 불연속이기 위한 필요충분조건은 수열 (x_n)이 c로 수렴하지만 수열 $(f(x_n))$은 $f(c)$로 수렴하지 않는 수열 (x_n)이 A에 존재하는 것이다.

지금까지는 한 **점**에서 연속성을 논하였다. 한 **집합**에서 함수의 연속성을 논하기 위하여 단순히 함수가 그 집합의 각 점에서 연속이기를 요구할 것이다. 다음 정의에서 이것을 공식적으로 기술한다.

5.1.5 정의 $A \subseteq \mathbb{R}$이고 $f : A \to \mathbb{R}$라 하자. B가 A의 부분집합일 때 f가 B의 모든 점에서 연속이면, f는 **집합 B에서 연속이다**(continuous on the set B)라고 한다.

5.1.6 예 **(a)** 상수함수 $f(x) := b$는 $\mathbb{R}$에서 연속이다.

예 4.1.7(a)에서 $c \in \mathbb{R}$이면 $\lim_{x \to c} f(x) = b$임을 보였다. $f(c) = b$이므로 $\lim_{x \to c} f(x) = f(c)$이고, 따라서 f는 모든 점 $c \in \mathbb{R}$에서 연속이다. 그러므로 f는 $\mathbb{R}$에서 연속이다.

(b) $g(x) := x$는 $\mathbb{R}$에서 연속이다.

예 4.1.7(b)에서 $c \in \mathbb{R}$이면 $\lim_{x \to c} g = c$임을 보였다. $g(c) = c$이므로, g는 모든 점 $c \in \mathbb{R}$에서 연속이다. 따라서 g는 $\mathbb{R}$에서 연속이다.

(c) $h(x) := x^2$은 $\mathbb{R}$에서 연속이다.

예 4.1.7(c)에서 $c \in \mathbb{R}$이면 $\lim_{x \to c} h = c^2$임을 보였다. $h(c) = c^2$이므로, h는 모든 점 $c \in \mathbb{R}$에서 연속이다. 따라서 h는 $\mathbb{R}$에서 연속이다.

(d) $\varphi(x) := 1/x$은 $A := \{x \in \mathbb{R} : x > 0\}$에서 연속이다.

예 4.1.7(d)에서 $c \in A$이면 $\lim_{x \to c} \varphi = 1/c$임을 보였다. $\varphi(c) = 1/c$이므로, φ는 모든 점 $c \in A$에서 연속이다. 따라서 φ는 A에서 연속이다.

(e) $\varphi(x) := 1/x$은 $x = 0$에서 연속이 아니다.

사실 $x > 0$에 대하여 $\varphi(x) = 1/x$이면 φ는 $x = 0$에서 정의되지 않고, 따라서 그 점에서 연속일 수 없다. 한편 예 4.1.10(a)에서 $\lim_{x \to 0} \varphi$가 $\mathbb{R}$에 존재하지 않는 것을 보였으므로 φ는 $x = 0$에서 연속일 수 없다.

(f) 부호함수 sgn은 0에서 연속이 아니다.

부호함수를 예 4.1.10(b)에서 정의하였고, 또 거기서 $\lim_{x \to 0} \mathrm{sgn}(x)$가 $\mathbb{R}$에서 존재하지 않음도 보였다. 따라서 (비록 sgn(0)이 정의되지만) sgn은 $x = 0$에서 연속이 아니다. sgn이 모든 점 $c \neq 0$에서 연속임을 보이는 것은 연습문제이다.

주의 다음 두 예에서 실해석학의 발전에 중요한 역할을 한 함수들을 소개한다. 불연속들이 강조되며 그들의 어느 것도 만족할 만한 그래프를 그리는 것이 불가능하다. 단순히 함수를 표현하기 위하여 평면에 곡선을 그리는 직관적인 사고를 적용할 수 없으며 몇개의 점들을 구성하는 것은 단지 그들의 특성에 대한 힌트만 제공한다. 19세기에 이러한 함수들이 해석학의 기본적인 개념들에 대하여 정확하고 엄밀한 논의의 필요성을 분명하게 입증하였다. 그들은 나중의 절들에서 다시 나온다.

(g) $A := \mathbb{R}$이라 하고 f를 다음과 같이 정의되는 Dirichlet의 "불연속함수"라 하자.

$$f(x) := \begin{cases} x\text{가 유리수이면 } 1 \\ x\text{가 무리수이면 } 0. \end{cases}$$

f는 $\mathbb{R}$의 임의의 점에서 불연속이다라고 주장한다(이 함수는 1829년 P. G. L. Dirichlet에 의하여 소개되었다).

사실 c가 유리수이면, (x_n)을 c로 수렴하는 무리수열이라 하자(조밀성 정리 2.4.8에 대한 따름정리 2.4.9가 그러한 수열이 존재함을 보장한다). 모든 $n \in \mathbb{N}$에 대하여 $f(x_n) = 0$이므로 $\lim(f(x_n)) = 0$이지만 $f(c) = 1$이다. 따라서 f는 유리수 c에서 연속이 아니다.

한편 b가 무리수이면, (y_n)을 b로 수렴하는 유리수열이라 하자(조밀성 정리 2.4.8

이 그러한 수열이 존재함을 보장한다). 모든 $n \in \mathbb{N}$에 대하여 $f(y_n) = 1$이므로 $\lim(f(y_n)) = 1$이지만 $f(b) = 0$이다. 따라서 f는 무리수 b에서 연속이 아니다.

모든 실수는 유리수이거나 무리수이므로 f는 $\mathbb{R}$의 어떤 점에서도 연속이 아님을 추론한다.

(h) $A := \{x \in \mathbb{R} : x > 0\}$라 하자. 임의의 무리수 $x > 0$에 대하여 $h(x) := 0$으로 정의하고 1 이외의 공약수를 갖지 않는 자연수 m, n에 대하여 A에 있는 m/n형의 유리수에 대하여 $h(m/n) := 1/n$로 정의한다.

h가 A에 있는 모든 무리수에서 연속이고 A의 모든 유리수에서 불연속이다라고 주장한다(이 함수는 1875년 K. J. Thomae에 의하여 소개되었다).

사실 $a > 0$가 유리수이면, (x_n)을 a로 수렴하는 A에서의 무리수열이라 하자. 그러면 $\lim(h(x_n)) = 0$이지만 $h(a) > 0$이다. 따라서 h는 a에서 연속이 아니다.

한편 b가 무리수이고 $\varepsilon > 0$이면 (Archimedes의 성질에 의하여) $1/n_0 < \varepsilon$이 되는 자연수 n_0가 존재한다. 구간 $(b-1, b+1)$에는 분모가 n_0 보다 작은 분모를 갖는 유리수는 오직 유한개 뿐이다(왜?). 따라서 근방 $(b-\delta, b+\delta)$는 n_0 보다 작은 분모를 갖는 유리수를 하나도 포함하지 않도록 $\delta > 0$를 작게 잡을 수 있다. 그러면 $|x - b| < \delta$, $x \in A$에 대하여 $|h(x) - h(b)| = |h(x)| \le 1/n_0 < \varepsilon$이다. 그러므로 h는 무리수 b에서 연속이다.

따라서 Thomae의 함수 h는 A에 있는 무리수인 점들에서 정확히 연속이다(그림 5.1.2를 보라).

5.1.7 참고 **(a)** 때때로 함수 $f : A \to \mathbb{R}$가 점 c에서 정의되지 않아 그 점에서 불연속인 경

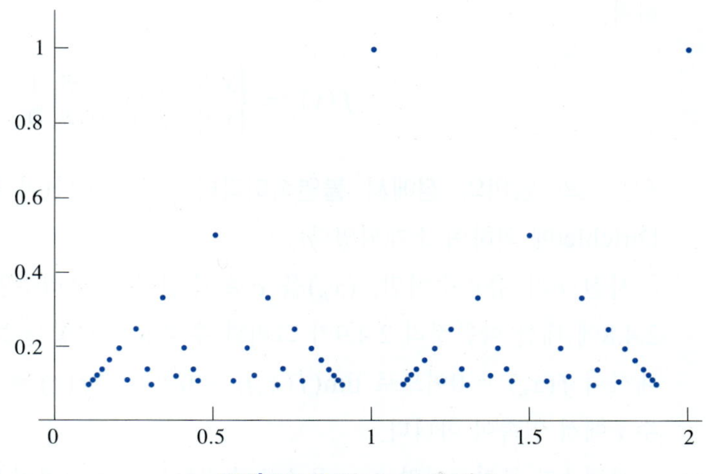

그림 5.1.2 Thomae의 함수

우가 있다. 그러나 함수 f가 점 c에서 극한 L을 갖고 $A \cup \{c\}$에서 $\mathbb{R}$로의 함수 F를

$$F(x) := \begin{cases} x = c\text{에 대하여 } L \\ x \in A\text{에 대하여 } f(x) \end{cases}$$

로 정의하면, F는 c에서 연속이다. 이를 보이기 위하여 $\lim_{x \to c} F = L$임을 점검할 필요가 있는데(왜?), 이는 $\lim_{x \to c} f = L$이기 때문이다.

(b) 함수 $g : A \to \mathbb{R}$가 c에서 극한을 갖지 않으면, 다음과 같이 정의되는 c에서 연속인 함수 $G : A \cup \{c\} \to \mathbb{R}$를 얻을 방법이 없다.

$$G(x) := \begin{cases} x = c\text{에 대하여 } C \\ x \in A\text{에 대하여 } g(x). \end{cases}$$

이를 보이기 위하여 $\lim_{x \to c} G$가 존재하고 C와 같으면 $\lim_{x \to c} g$도 존재하고 C와 같아야 함을 관찰하라.

5.1.8 예 **(a)** $x \neq 0$에 대한 함수 $g(x) := \sin(1/x)$은 (그림 4.1.3을 보라) $x = 0$에서 극한을 갖지 않는다(예 4.1.10(c)를 보라). 따라서 $x = 0$에서 g의 연속인 확장함수를 구하려고 할 때 $x = 0$에서 지정할 수 있는 어떤 값도 없다.

(b) $x \neq 0$에 대하여 $f(x) := x\sin(1/x)$이라 하자(그림 5.1.3을 보라). 예 4.2.8(f)에서 $\lim_{x \to 0}(x\sin(1/x)) = 0$임을 보였다. 따라서 참고 5.1.7(a)에 의하여 $F : \mathbb{R} \to \mathbb{R}$를

$$F(x) := \begin{cases} x = 0\text{에 대하여 } 0 \\ x \neq 0\text{에 대하여 } x\sin(1/x) \end{cases}$$

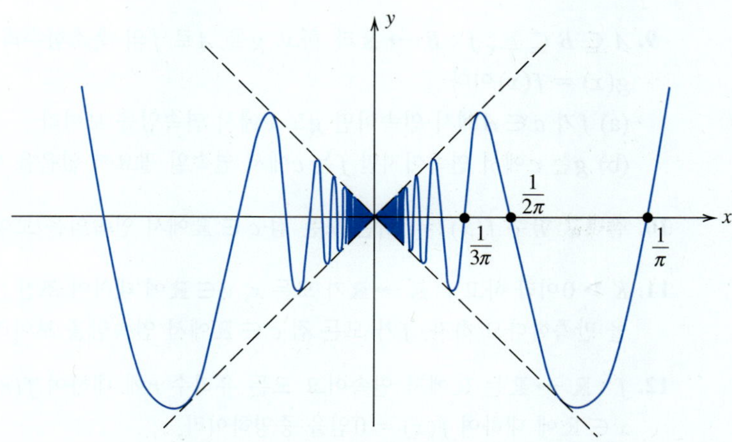

그림 5.1.3 $f(x) = x\sin(1/x)\ (x \neq 0)$의 그래프

로 정의하면, F는 $x = 0$에서 연속이다. ■

연습문제 5.1

1. 수열판정법 5.1.3을 증명하여라.

2. 불연속판정법 5.1.4를 수립하여라.

3. $a < b < c$라 하자. f가 $[a, b]$에서 연속이고 g가 $[b, c]$에서 연속이며 $f(b) = g(b)$라 가정하자. $x \in [a, b]$에 대하여 $h(x) := f(x)$이고 $x \in (b, c]$에 대하여 $h(x) := g(x)$로 정의되는 함수 h를 $[a, c]$에서 정의하여라. h가 $[a, c]$에서 연속임을 증명하여라.

4. $x \in \mathbb{R}$이면, $[\![x]\!]$를 $n \leq x$가 되는 최대 정수 $n \in \mathbb{Z}$으로 정의한다(따라서 예를 들면, $[\![8.3]\!] = 8$, $[\![\pi]\!] = 3$, $[\![-\pi]\!] = -4$이다). 함수 $x \mapsto [\![x]\!]$를 **최대정수함수**(greatest integer function)라 한다. 다음 함수에서 연속이 되는 점들을 구하여라.
   (a) $f(x) := [\![x]\!]$
   (b) $g(x) := x[\![x]\!]$
   (c) $h(x) := [\![\sin x]\!]$
   (d) $k(x) := [\![1/x]\!]$ $(x \neq 0)$

5. f가 모든 $x \in \mathbb{R}$, $x \neq 2$에 대하여 $f(x) = (x^2 + x - 6)/(x - 2)$으로 정의된다고 하자. f가 $x = 2$에서 연속이 되도록 f를 정의할 수 있는가?

6. $A \subseteq \mathbb{R}$라 하고 $f : A \to \mathbb{R}$가 점 $c \in A$에서 연속이라 하자. 임의의 $\varepsilon > 0$에 대하여 $x, y \in A \cap V_\delta(c)$이면 $|f(x) - f(y)| < \varepsilon$ 이 되는 c의 근방 $V_\delta(c)$가 존재함을 보여라.

7. $f : \mathbb{R} \to \mathbb{R}$가 c에서 연속이고 $f(c) > 0$이라 하자. $x \in V_\delta(c)$이면 $f(x) > 0$이 되는 c의 근방 $V_\delta(c)$가 존재함을 보여라.

8. $f : \mathbb{R} \to \mathbb{R}$가 $\mathbb{R}$에서 연속이고 $S := \{x \in \mathbb{R} : f(x) = 0\}$를 f의 "근의 집합(zero set)"이라 하자. (x_n)이 S에서의 수열이고 $x = \lim(x_n)$이면 $x \in S$임을 보여라.

9. $A \subseteq B \subseteq \mathbb{R}$, $f : B \to \mathbb{R}$라 하고 g를 A로 f의 축소함수라 하자(즉 $x \in A$에 대하여 $g(x) = f(x)$이다).
   (a) f가 $c \in A$에서 연속이면 g도 c에서 연속임을 보여라.
   (b) g는 c에서 연속이지만 f는 c에서 연속일 필요가 없음을 예로 보여라.

10. 절대값 함수 $f(x) := |x|$은 모든 점 $c \in \mathbb{R}$에서 연속임을 보여라.

11. $K > 0$이라 하고 $f: \mathbb{R} \to \mathbb{R}$가 모든 $x, y \in \mathbb{R}$에 대하여 조건 $|f(x) - f(y)| \leq K|x - y|$을 만족한다고 하자. f가 모든 점 $c \in \mathbb{R}$에서 연속임을 보여라.

12. $f : \mathbb{R} \to \mathbb{R}$는 $\mathbb{R}$에서 연속이고 모든 유리수 r에 대하여 $f(r) = 0$이라 가정하자. 모든 $x \in \mathbb{R}$에 대하여 $f(x) = 0$임을 증명하여라.

13. $g : \mathbb{R} \to \mathbb{R}$를 유리수 x에 대하여 $g(x) := 2x$로, 무리수 x에 대하여 $g(x) := x + 3$으

로 정의하자. g가 연속이 되는 모든 점을 구하여라.

14. $A := (0, \infty)$라 하고 $k : A \to \mathbb{R}$를 $x \in A$가 무리수이면 $k(x) = 0$으로, $x \in A$가 유리수로 1 이외의 공약수를 갖지 않는 자연수 m, n에 대하여 $x = m/n$ 형태이면 $k(x) := n$으로 정의하자. k가 A에 포함되는 모든 개구간에서 유계가 아님을 증명하여라. k가 A의 어떤 점에서도 연속이 아님을 추정하여라(예 5.1.6(h)를 보라).

15. $f : (0, 1) \to \mathbb{R}$는 유계이지만 $\lim_{x \to 0} f$가 존재하지 않는다고 하자. $\lim(x_n) = 0 = \lim(y_n)$이고 $\lim(f(x_n))$과 $\lim(f(y_n))$이 존재하지만 그들이 같지 않은 두 수열 (x_n)과 (y_n)이 $(0, 1)$에 존재함을 보여라.

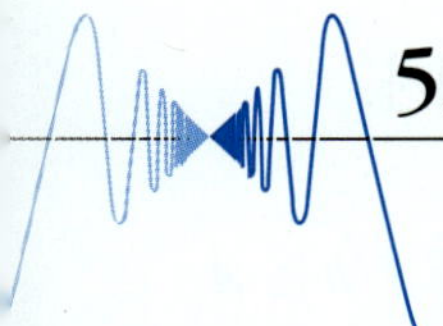
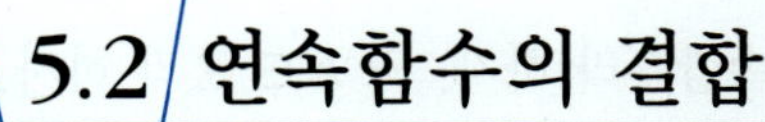

5.2 연속함수의 결합

$A \subseteq \mathbb{R}$라 하고 f와 g를 A에서 정의된 $\mathbb{R}$로의 함수라 하자. 또 $b \in \mathbb{R}$라 하자. 정의 4.2.3에서 $f + g$, $f - g$, fg, bf로 표기하는 합, 차, 곱과 배인 함수들을 정의하였다. 또 $h: A \to \mathbb{R}$가 모든 $x \in A$에 대하여 $h(x) \neq 0$이면, f/h로 나타내는 상함수도 정의하였다.

이에 의하여 다음 결과는 정리 4.2.4와 유사하다.

5.2.1 정리 $A \subseteq \mathbb{R}$라 하고 f와 g를 A에서 $\mathbb{R}$로의 함수라 하자. $b \in \mathbb{R}$라 하자. 또 $c \in A$이고 f와 g가 c에서 연속이라 가정하자.

(a) 그러면 $f + g$, $f - g$, fg, 그리고 bf는 c에서 연속이다.

(b) $h : A \to \mathbb{R}$가 $c \in A$에서 연속이고 모든 $x \in A$에 대하여 $h(x) \neq 0$이면, 상함수 f/h는 c에서 연속이다.

증명 $c \in A$가 A의 집적점이 아니면 결론은 자동적이다. 따라서 c를 A의 집적점이라 가정하자.

(a) f와 g가 c에서 연속이므로

$$f(c) = \lim_{x \to c} f \quad \text{이고} \quad g(c) = \lim_{x \to c} g$$

이다. 따라서 정리 4.2.4(a)에 의하여

$$(f+g)(c) = f(c) + g(c) = \lim_{x \to c} (f+g)$$

가 된다. 그러므로 $f + g$는 c에서 연속이다. (a)의 나머지 주장도 비슷한 방법으로 증명할 수 있다.

(b) $c \in A$이므로 $h(c) \neq 0$이다. 그러나 $h(c) = \lim_{x \to c} h$이므로, 정리 4.2.4(b)에 의하여

$$\frac{f}{h}(c) = \frac{f(c)}{h(c)} = \frac{\lim_{x\to c} f}{\lim_{x\to c} h} = \lim_{x\to c}\left(\frac{f}{h}\right)$$

가 된다. 따라서 f/h는 c에서 연속이다. Q.E.D.

다음 결과는 A의 모든 점에서 적용되는 정리 5.2.1의 직접적인 결과이다. 그러나 이것은 대단히 중요한 결과이므로 이를 공식적으로 기술할 것이다.

5.2.2 정리 $A \subseteq \mathbb{R}$라 하고 f와 g를 A에서 $\mathbb{R}$로의 연속함수라 하자. 또 $b \in \mathbb{R}$라 하자.

(a) 함수 $f + g$, $f - g$, fg, 그리고 bf는 A에서 연속이다.

(b) $h: A \to \mathbb{R}$가 A에서 연속이고 $x \in A$에 대하여 $h(x) \neq 0$이면, 상 f/h는 A에서 연속이다.

참고 상함수를 다음과 같이 정의하면 더 편리할 때가 있다. $\varphi: A \to \mathbb{R}$이면 $A_1 := \{x \in A : \varphi(x) \neq 0\}$이라 하자. 집합 A_1에서 상함수 f/φ를 $x \in A_1$에 대하여

(1) $$\left(\frac{f}{\varphi}\right)(x) := \frac{f(x)}{\varphi(x)}$$

로 정의할 수 있다. 만약 φ가 $c \in A_1$에서 연속이면, A_1으로 φ의 축소함수 φ_1도 c에서 연속이다. 따라서 정리 5.2.1(b)를 φ_1에 적용하면 f/φ_1는 $c \in A$에서 연속이다. $x \in A_1$에 대하여 $(f/\varphi)(x) = (f/\varphi_1)(x)$이므로, f/φ는 $c \in A_1$에서 연속이다. 마찬가지로 f와 φ가 A에서 연속이면, A_1에서 (1)로 정의되는 함수 f/φ도 A_1에서 연속이다.

5.2.3 예 **(a)** 다항함수

p가 다항함수이면 모든 $x \in \mathbb{R}$에 대하여 $p(x) = a_n x^n + a_{n-1}x^{n-1} + \cdots + a_1 x + a_0$이므로, 예 4.2.5(f)에 의하면 임의의 $c \in \mathbb{R}$에 대하여 $p(c) = \lim_{x \to c} p$이다. 따라서 다항함수는 $\mathbb{R}$에서 연속이다.

(b) 유리함수

p와 q가 $\mathbb{R}$에서 다항함수이면 많아야 유한개인 q의 실근 $\alpha_1, \ldots, \alpha_m$이 존재한다. $x \notin \{\alpha_1, \ldots, \alpha_m\}$이면 $q(x) \neq 0$이 되어 $x \notin \{\alpha_1, \ldots, \alpha_m\}$에 대하여 유리함수 r을

$$r(x) := \frac{p(x)}{q(x)}$$

로 정의할 수 있다. 예 4.2.5(g)에서 $q(c) \neq 0$이면

$$r(c) = \frac{p(c)}{q(c)} = \lim_{x \to c} \frac{p(x)}{q(x)} = \lim_{x \to c} r(x)$$

임을 보였다. 즉 r은 c에서 연속이다. c는 q의 근이 아닌 임의의 실수이므로, 유리함수는 정의되는 모든 실수에서 연속임을 추론할 수 있다.

(c) sine 함수 sin이 $\mathbb{R}$에서 연속임을 보이겠다.

이를 위하여 다음과 같은 sine과 cosine 함수의 성질을 이용한다(8.4절을 보라). 모든 $x, y, z \in \mathbb{R}$에 대하여

$$|\sin z| \leq |z|, \quad |\cos z| \leq 1$$
$$\sin x - \sin y = 2 \sin \left[\tfrac{1}{2}(x - y)\right] \cos\left[\tfrac{1}{2}(x + y)\right]$$

이다. 따라서 $c \in \mathbb{R}$이면

$$|\sin x - \sin c| \leq 2 \cdot \tfrac{1}{2}|x - c| \cdot 1 = |x - c|$$

이다. 그러므로 sin은 c에서 연속이다. $c \in \mathbb{R}$는 임의이므로 sin은 $\mathbb{R}$에서 연속이다.

(d) cosine 함수 cos은 $\mathbb{R}$에서 연속이다.

다음과 같은 sine과 cosine 함수의 성질을 이용한다. 모든 $x, y, z \in \mathbb{R}$에 대하여

$$|\sin z| \leq |z|, \quad |\sin z| \leq 1$$
$$\cos x - \cos y = -2 \sin\left[\tfrac{1}{2}(x + y)\right] \sin\left[\tfrac{1}{2}(x - y)\right]$$

이다. 따라서 $c \in \mathbb{R}$이면

$$|\cos x - \cos c| \leq 2 \cdot 1 \cdot \tfrac{1}{2}|c - x| = |x - c|$$

이다. 그러므로 cos은 c에서 연속이다. $c \in \mathbb{R}$는 임의이므로 cos은 $\mathbb{R}$에서 연속이다. [한편 $\cos x = \sin(x + \pi/2)$인 관계를 이용할 수도 있다.]

(e) 함수 tan, cot, sec, csc는 그들이 정의되는 모든 점에서 연속이다.

예를 들면, cotangent 함수는 $\sin x \neq 0$(즉 $x \neq n\pi$, $n \in \mathbb{Z}$)일 때

$$\cot x := \frac{\cos x}{\sin x}$$

로 정의된다. sin과 cos는 $\mathbb{R}$에서 연속이므로 함수 cot는 이의 정의역에서 연속이다(예 5.2.3 앞의 참고를 보라). 다른 삼각함수들도 유사하게 다룬다. ■

5.2.4 정리 $A \subseteq \mathbb{R}$, $f : A \to \mathbb{R}$라 하고, $|f|$이 $x \in A$에 대하여 $|f|(x) := |f(x)|$으로 정의된다고 하자.

(a) f가 점 $c \in A$에서 연속이면, $|f|$도 c에서 연속이다.

(b) f가 A에서 연속이면, $|f|$도 A에서 연속이다.

증명 이는 연습문제 4.2.14의 직접적인 결과이다. Q.E.D.

5.2.5 정리 $A \subseteq \mathbb{R}$, $f : A \to \mathbb{R}$이고 모든 $x \in A$에 대하여 $f(x) \geq 0$이라 하자. 또 $\sqrt{f}$가 $x \in A$에 대하여 $(\sqrt{f})(x) := \sqrt{f(x)}$로 정의된다고 하자.

(a) f가 점 $c \in A$에서 연속이면, $\sqrt{f}$도 c에서 연속이다.

(b) f가 A에서 연속이면, $\sqrt{f}$도 A에서 연속이다.

증명 이는 연습문제 4.2.15의 직접적인 결과이다. Q.E.D.

연속함수의 합성

이제 함수 $f : A \to \mathbb{R}$가 한 점 c에서 연속이고 $g : B \to \mathbb{R}$가 $b = f(c)$에서 연속이면 합성함수 $g \circ f$도 c에서 연속임을 보인다. $g \circ f$가 A의 모든 점에서 정의된다는 것을 보장하기 위하여 $f(A) \subseteq B$라는 가정 또한 필요하다.

5.2.6 정리 $A, B \subseteq \mathbb{R}$라 하고 $f : A \to \mathbb{R}$와 $g : B \to \mathbb{R}$를 $f(A) \subseteq B$인 함수라 하자. f가 $c \in A$에서 연속이고 g가 $b = f(c) \in B$에서 연속이면, 합성함수 $g \circ f : A \to \mathbb{R}$도 c에서 연속이다.

증명 W를 $g(b)$의 ε-근방이라 하자. g가 b에서 연속이므로, $y \in B \cap V$이면 $g(y) \in W$가 되는 $b = f(c)$의 δ-근방 V가 존재한다. f가 c에서 연속이므로, $x \in A \cap U$이면 $f(x) \in V$가 되는 c의 γ-근방 U가 존재한다(그림 5.2.1을 보라). $f(A) \subseteq B$이므로, $x \in A \cap U$이면 $f(x) \in B \cap V$가 되어 $g \circ f(x) = g(f(x)) \in W$이다. 그러나 W는 $g(b)$의 임의의 ε-근방이므로 $g \circ f$는 c에서 연속이다. Q.E.D.

5.2.7 정리 $A, B \subseteq \mathbb{R}$라 하고, $f : A \to \mathbb{R}$가 A에서 연속이며 $g : B \to \mathbb{R}$가 B에서 연속이라 하자. 만일 $f(A) \subseteq B$이면, 합성함수 $g \circ f : A \to \mathbb{R}$는 A에서 연속이다.

증명 f와 g가 각각 A와 B의 모든 점에서 연속이면 이 정리는 직접적으로 앞의 결과에 의한다. Q.E.D.

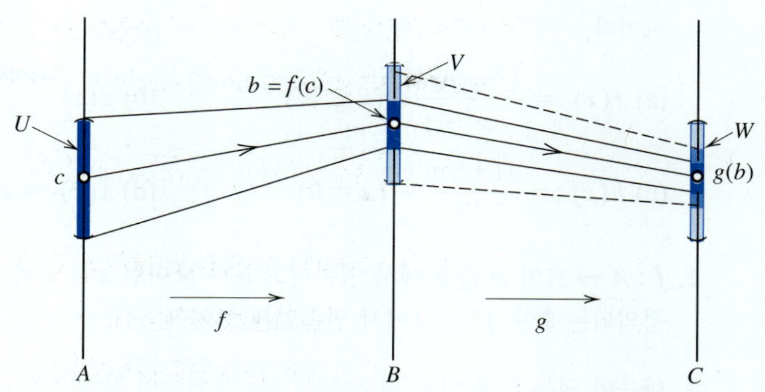

그림 5.2.1 f와 g의 합성

정리 5.2.6과 5.2.7은 어떤 함수의 연속성을 설정하는 데 매우 유용하다. 연속의 정의를 직접적으로 적용하기가 어려운 많은 상황에서 그들을 이용할 수 있다.

5.2.8 예 **(a)** $x \in \mathbb{R}$에 대하여 $g_1(x) := |x|$이라 하자. 삼각부등식에 의하면 모든 $x, c \in \mathbb{R}$에 대하여

$$|g_1(x) - g_1(c)| \le |x - c|$$

이 된다. 따라서 g_1은 $c \in \mathbb{R}$에서 연속이다. $f : A \to \mathbb{R}$가 A에서 연속인 임의의 함수이면, 정리 5.2.7에 의하여 $g_1 \circ f = |f|$은 A에서 연속이다. 이는 정리 5.2.4의 또 다른 증명이다.

(b) $x \ge 0$에 대하여 $g_2(x) := \sqrt{x}$라 하자. 정리 3.2.10과 5.1.3에 의하여 g_2는 임의 수 $c \ge 0$에서 연속이다. 만약 $f : A \to \mathbb{R}$가 A에서 연속이고 모든 $x \in A$에 대하여 $f(x) \ge 0$이면, 정리 5.2.7에 의하여 $g_2 \circ f = \sqrt{f}$는 A에서 연속이다. 이는 정리 5.2.5의 또 다른 증명이다.

(c) $x \in \mathbb{R}$에 대하여 $g_3(x) := \sin x$라 하자. 예 5.2.3(c)에서 g_3가 $\mathbb{R}$에서 연속임을 보였다. 만약 $f : A \to \mathbb{R}$가 A에서 연속이면, 정리 5.2.7에 의하여 $g_3 \circ f$는 A에서 연속이다.

특히 $x \ne 0$에 대하여 $f(x) := 1/x$이면 함수 $g(x) := \sin(1/x)$은 모든 점 $c \ne 0$에서 연속이다[예 5.1.8(a)에서 g가 연속이 되기 위한 점 0에서 정의될 수 없음을 보였다]. ■

연습문제 5.2

1. 다음 함수에 대하여 연속인 점들을 결정하고 각 경우 어떤 정리들을 이용하였는지 기술

하여라.

(a) $f(x) := \dfrac{x^2 - 2x + 1}{x^2 + 1}\ (x \in \mathbb{R})$ (b) $g(x) := \sqrt{x + \sqrt{x}}\ (x \geq 0)$

(c) $h(x) := \dfrac{\sqrt{1 + |\sin x|}}{x}\ (x \neq 0)$ (d) $k(x) := \cos\sqrt{1 + x^2}\ (x \in \mathbb{R})$

2. $f : A \to \mathbb{R}$가 $A \subseteq \mathbb{R}$에서 연속이고 $n \in \mathbb{N}$이면 $x \in A$에 대하여 $f^n(x) = (f(x))^n$으로 정의되는 함수 f^n이 A에서 연속임을 보여라.

3. 다음이 되는 $\mathbb{R}$어 있는 점 c에서 모두 불연속인 함수 f와 g의 예를 들어라.
(a) 합 $f + g$가 c에서 연속이다. (b) 곱 fg가 c에서 연속이다.

4. $x \mapsto [\![x]\!]$를 최대정수함수라 하자(연습문제 5.1.4를 보라). 함수 $f(x) := x - [\![x]\!]$, $x \in \mathbb{R}$가 연속이 되는 점들을 결정하여라.

5. $\mathbb{R}$에서 g를 $g(1) := 0$으로, $x \neq 1$이면 $g(x) := 2$로 정의하고 모든 $x \in \mathbb{R}$에 대하여 $f(x) := x + 1$이라 하자. $\lim_{x \to 0} g \circ f \neq (g \circ f)(0)$임을 보여라. 왜 이것이 정리 5.2.6에 모순이 되지 않는가?

6. f, g가 $\mathbb{R}$에서 정의된다고 하고 $c \in \mathbb{R}$라 하자. $\lim_{x \to c} f = b$이고 g가 b에서 연속이라 가정하자. $\lim_{x \to c} g \circ f = g(b)$임을 보여라(이 결과를 정리 5.2.7과 앞의 문제를 비교하여라).

7. $[0, 1]$의 모든 점에서 불연속이지만 $|f|$은 $[0, 1]$에서 연속인 함수 $f : [0, 1] \to \mathbb{R}$의 예를 들어라.

8. f, g를 $\mathbb{R}$에서 $\mathbb{R}$로의 연속인 함수라 하고 모든 유리수 r에 대하여 $f(r) = g(r)$이라 가정하자. 모든 $x \in \mathbb{R}$에 대하여 $f(x) = g(x)$는 참인가?

9. $h : \mathbb{R} \to \mathbb{R}$를 모든 $m \in \mathbb{Z}$, $n \in \mathbb{N}$에 대하여 $h(m/2^n) = 0$을 만족하는 $\mathbb{R}$에서 연속함수라 하자. 모든 $x \in \mathbb{R}$에 대하여 $h(x) = 0$임을 보여라.

10. $f : \mathbb{R} \to \mathbb{R}$가 $\mathbb{R}$에서 연속이고 $P := \{x \in \mathbb{R} : f(x) > 0\}$라 하자. $c \in P$이면, 근방 $V_\delta(c) \subseteq P$가 존재함을 보여라.

11. f와 g가 $\mathbb{R}$에서 연속이고 $S := \{x \in \mathbb{R} : f(x) \geq g(x)\}$라 하자. $(s_n) \subseteq S$이고 $\lim(s_n) = s$이면 $s \in S$임을 보여라.

12. 함수 $f : \mathbb{R} \to \mathbb{R}$가 $\mathbb{R}$의 모든 x, y에 대하여 $f(x + y) = f(x) + f(y)$이면, f는 **가법적이다**(additive)라고 한다. f가 어떤 점 x_0에서 연속이면, f는 $\mathbb{R}$의 모든 점에서 연속이다. 이를 증명하여라(연습문제 4.2.12를 보라).

13. f를 $\mathbb{R}$에서 연속인 가법함수라 가정하자. $c := f(1)$이면, 모든 $x \in \mathbb{R}$에 대하여 $f(x) = cx$임을 보여라. [**힌트:** 먼저 r이 유리수이면 $f(r) = cr$임을 보여라.]

14. $g : \mathbb{R} \to \mathbb{R}$가 $\mathbb{R}$의 모든 x, y에 대하여 $g(x + y) = g(x)g(y)$인 관계를 만족한다고 하

자. g가 $x = 0$에서 연속이면, g는 $\mathbb{R}$의 모든 점에서 연속이다. 이를 보여라. 또 어떤 $a \in \mathbb{R}$에 대하여 $g(a) = 0$이면 모든 $x \in \mathbb{R}$에 대하여 $g(x) = 0$이다.

15. $f, g : \mathbb{R} \to \mathbb{R}$가 점 c에서 연속이고 $x \in \mathbb{R}$에 대하여 $h(x) := \sup\{f(x), g(x)\}$라 하자. 모든 $x \in \mathbb{R}$에 대하여 $h(x) := \frac{1}{2}(f(x) + g(x)) + \frac{1}{2}|f(x) - g(x)|$임을 보여라. 이를 이용하여 h가 c에서 연속임을 보여라.

5.3 구간에서 연속함수

구간에서 연속인 함수들은 일반적인 연속함수들이 가지고 있지 않는 매우 중요한 많은 성질들을 가지고 있다. 이 절에서는 매우 중요하고 나중에 적용할 몇 개의 깊이 있는 결과들을 수립할 것이다. 또한 이 결과들의 다른 증명을 5.5절에서 소개할 것이다.

5.3.1 정의 $f : A \to \mathbb{R}$를 함수라 하자. 모든 $x \in A$에 대하여 $|f(x)| \le M$이 되는 상수 $M > 0$이 존재하면, f는 **A에서 유계이다**(bounded on A)라고 한다.

다시 말하면, 함수의 치역이 $\mathbb{R}$에서 유계집합이면 그 함수는 한 집합에서 유계이다. 함수가 주어진 집합에서 유계가 아니라는 것은 이의 치역에 대한 경계로서 주어질 수 있는 특별한 수가 없다는 말이다. 정확히 말하면, 주어진 임의의 $M > 0$에 대하여 $|f(x_M)| > M$이 되는 점 $x_M \in A$이 존재하면 함수 f는 집합 A에서 유계가 아니다. 이런 경우 종종 f는 **A에서 유계가 아니다**(unbounded on A)라고 한다.

예를 들면, 구간 $A := (0, \infty)$에서 $f(x) := 1/x$로 정의되는 함수 f는 A에서 유계가 아니다. 왜냐 하면 임의의 $M > 0$에 대하여 $f(x_M) = 1/x_M = M + 1 > M$이 되도록 $x_M := 1/(M + 1)$을 A에서 취할 수 있기 때문이다. 이 예는 연속함수가 유계일 필요가 없음을 보여준다. 그러나 다음 정리에서 어떤 형태의 구간에서 연속함수는 필연적으로 유계임을 보인다.

5.3.2 유계성 정리[†] $I := [a, b]$를 유계폐구간이라 하고 $f : I \to \mathbb{R}$가 I에서 연속이라 하자. 그러면 f는 I에서 유계이다.

증명 f가 I에서 유계가 아니라고 가정하자. 그러면 임의의 $n \in \mathbb{N}$에 대하여 $|f(x_n)| > n$

[†]이 정리는 5.3.4와 같이 임의의 유계폐집합에 대하여 참이다. 발전된 것들을 11.2절과 11.3절에서 보라.

이 되는 수 $x_n \in I$이 존재한다. I가 유계이므로 수열 $X := (x_n)$은 유계이다. 따라서 Bolzano-Weierstrass 정리 3.4.8에 의하여 어떤 수 x로 수렴하는 X의 부분수열 $X' = (x_{n_r})$이 존재한다.

I가 폐구간이고 X'의 원소들이 I에 속하므로, 정리 3.2.6에 의하여 $x \in I$이다. 그러면 f는 x에서 연속이고, 따라서 $(f(x_{n_r}))$은 $f(x)$로 수렴한다. 그러므로 정리 3.2.2로부터 수렴수열 $(f(x_{n_r}))$이 유계이어야 한다. 그러나 $r \in \mathbb{N}$에 대하여

$$|f(x_{n_r})| > n_r \geq r$$

이므로 이는 모순이다. 따라서 연속함수 f가 유계폐구간 I에서 유계가 아니라는 가정은 모순을 끌어낸다. Q.E.D.

유계성 정리의 각 가설이 필요함을 보이기 위하여 어떤 하나의 가설이 완화되면 결론이 거짓이 됨을 보이는 예들을 만들 수 있다.

(i) 구간이 유계이어야 한다. 유계가 아닌 폐구간 $A := [0, \infty)$에 있는 x에 대한 함수 $f(x) := x$는 A에서 연속이지만 유계가 아니다.

(ii) 폐구간이어야 한다. 반개구간 $B := (0, 1]$에 있는 x에 대한 함수 $g(x) := 1/x$는 B에서 연속이지만 유계가 아니다.

(iii) 함수가 연속이어야 한다. 폐구간 $C := [0, 1]$일 때, $x \in (0, 1]$에 대하여 $h(x) := 1/x$이고 $h(0) := 1$로 정의되는 함수 h는 C에서 불연속이고 유계가 아니다.

최대-최소 정리

5.3.3 정의 $A \subseteq \mathbb{R}$이고 $f : A \to \mathbb{R}$라 하자. 모든 $x \in A$에 대하여

$$f(x^*) \geq f(x)$$

가 되는 $x^* \in A$가 존재하면, f는 **A에서 최대값을 갖는다**(f has an absolute maximum on A)고 한다. 또 모든 $x \in A$에 대하여

$$f(x_*) \leq f(x)$$

가 되는 $x_* \in A$가 존재하면, f는 **A에서 최소값을 갖는다**(f has an absolute minimum on A)고 한다. 만약 x^*와 x_*가 존재하면, x^*를 A에서 f에 대한 **최대점**(absolute maximum point)이라 하고 x_*를 A에서 f에 대한 **최소점**(absolute minimum point)이라 한다.

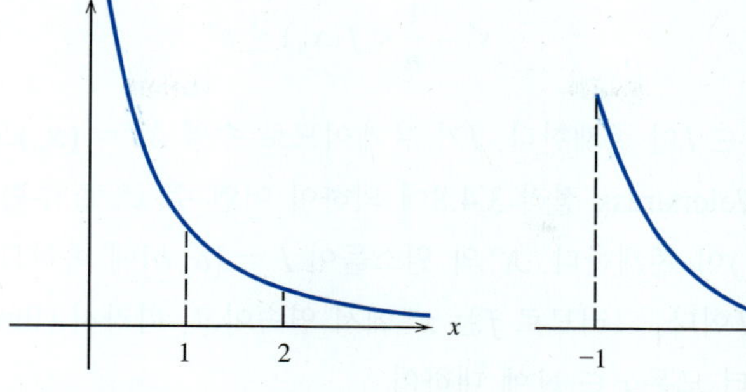

그림 5.3.1 함수 $f(x) = 1/x \ (x > 0)$ **그림 5.3.2** 함수 $g(x) = x^2 \ (|x| \leq 1)$

어떤 집합 A에서 연속인 함수가 그 집합에서 최대값이나 최소값을 반드시 갖는 것은 아니다. 예를 들면, $f(x) := 1/x$는 집합 $A := (0, \infty)$에서 최대값과 최소값을 갖지 않는다(그림 5.3.1을 보라). f는 A에서 위로 유계가 아니므로, A에서 f에 대한 최대값이 존재할 수 없고 f가 $0 = \inf\{f(x) : x \in A\}$인 값을 얻을 수 있는 어떤 점도 존재하지 않는다. 집합 $(0, 1)$로 같은 함수를 축소해도 최대값과 최소값을 갖지 않지만 집합 $[1, 2]$로 축소하면 최대값과 최소값 **모두**를 갖는다. 뿐만 아니라 집합 $[1, \infty)$로 $f(x) = 1/x$을 축소하면 최대값은 갖지만 최소값은 갖지 않고 집합 $(1, \infty)$로 축소하면 최대값도 최소값도 갖지 않는다.

함수가 최대점을 가질 때, 이 점이 반드시 유일하게 결정되는 것이 아님을 쉽게 알 수 있다. 예를 들면, $x \in A := [-1, +1]$에 대하여 $g(x) := x^2$으로 정의되는 함수는 A에서 최대값이 되는 두 점 $x = \pm 1$과 최소값이 되는 한 점 $x = 0$을 갖는다(그림 5.3.2를 보라). 극단적인 예로 $x \in \mathbb{R}$에 대한 상수함수 $h(x) := 1$은 $\mathbb{R}$의 모든 점이 h에 대한 최대점과 최소점이 된다.

5.3.4 최대-최소 정리 $I := [a, b]$를 유계폐구간이라 하고 $f : I \to \mathbb{R}$가 I에서 연속이라 하자. 그러면 f는 I에서 최대값과 최소값을 갖는다.

증명 I에서 공집합이 아닌 f의 값들의 집합 $f(I) := \{f(x) : x \in I\}$를 고찰하자. 정리 5.3.2에서 $f(I)$가 $\mathbb{R}$의 유계부분집합임을 보였다. $s^* := \sup f(I)$라 하고 $s_* := \inf f(I)$라 하자. $s^* = f(x^*)$이고 $s_* = f(x_*)$가 되는 I의 점 x^*와 x_*가 존재하기를 요구한다. 최대점 x^*의 존재성만 수립할 것이고 x_*의 존재성에 대한 증명은 독자에게 맡긴다.

$s^* := \sup f(I)$이므로, $n \in \mathbb{N}$이면 수 $s^* - 1/n$은 집합 $f(I)$의 상계가 아니다. 따라서 모든 $n \in \mathbb{N}$에 대하여

$$(1) \qquad s^* - \frac{1}{n} < f(x_n) \le s^*$$

가 되는 수 $x_n \in I$이 존재한다. I가 유계이므로 수열 $X := (x_n)$도 유계이다. 따라서 Bolzano-Weierstrass 정리 3.4.8에 의하여 어떤 수 x^*로 수렴하는 X의 부분수열 $X' := (x_{n_r})$이 존재한다. X'의 원소들이 $I = [a, b]$에 속하므로, 정리 3.2.6에 의하여 $x^* \in I$이다. 그러므로 f는 x^*에서 연속이고, 따라서 $(\lim f(x_{n_r})) = f(x^*)$이다. (1)로부터 모든 $r \in \mathbb{N}$에 대하여

$$s^* - \frac{1}{n_r} < f(x_{n_r}) \le s^*$$

이고, 조임정리 3.2.7로부터 $\lim(f(x_{n_r})) = s^*$가 된다. 그러므로

$$f(x^*) = \lim(f(x_{n_r})) = s^* = \sup f(I)$$

를 얻는다. 따라서 x^*가 I에서 f에 대한 최대점이다. Q.E.D.

다음 결과는 함수의 부호 변화에 의하여 연속함수의 근의 위치가 결정되는 것에 대한 이론적 근거이다. 증명은 근을 지정한 정도의 정확도로 계산하기 위한, 그리고 컴퓨터를 위하여 쉽게 프로그램할 수 있는 **이분법**(bisection method)으로 알려진 알고리즘을 제공한다. 이는 f가 연속함수일 때 $f(x) = 0$형인 방정식의 해를 구하는 표준적인 도구이다. 이 정리의 다른 증명을 연습문제 5.3.11에서 다룬다.

5.3.5 근의 위치정리 $I = [a, b]$라 하고 $f : I \to \mathbb{R}$가 I에서 연속이라 하자. $f(a) < 0 < f(b)$ 또는 $f(a) > 0 > f(b)$이면, $f(c) = 0$이 되는 수 $c \in (a, b)$가 존재한다.

증명 $f(a) < 0 < f(b)$라 가정하자. 이분법을 계속하여 구간열을 생성할 것이다. $a_1 := a$, $b_1 := b$일 때 $I_1 := [a_1, b_1]$이라 하고 p_1을 중점 $p_1 := \frac{1}{2}(a_1 + b_1)$이라 하자. $f(p_1) = 0$이면 $c := p_1$을 취하고 종료한다. 만일 $f(p_1) \ne 0$이면 $f(p_1) > 0$이거나 $f(p_1) < 0$이다. $f(p_1) > 0$이면 $a_2 := a_1$, $b_2 := p_1$으로 놓고 $f(p_1) < 0$이면 $a_2 := p_1$, $b_2 := b_1$으로 놓는다. 어느 경우든 $I_2 := [a_2, b_2]$라 하면 $I_2 \subset I_1$이고 $f(a_2) < 0$, $f(b_2) > 0$이다.

이등분 과정을 계속한다. 동일한 방법으로 이분법을 계속하여 구간들 $I_1, I_2, \cdots, I_k$를 얻었다고 가정하자. 그러면 $f(a_k) < 0$과 $f(b_k) > 0$을 얻고 $p_k := \frac{1}{2}(a_k + b_k)$로 놓는다. $f(p_k) = 0$이면 $c := p_k$를 취하고 종료한다. 만약 $f(p_k) > 0$이면 $a_{k+1} := a_k$, $b_{k+1} := p_k$로 놓고 $f(p_k) < 0$이면 $a_{k+1} := p_k$, $b_{k+1} := b_k$로 놓는다. 어

느 경우든 $I_{k+1} := [a_{k+1}, b_{k+1}]$이라 하면 $I_{k+1} \subset I_k$이고 $f(a_{k+1}) < 0$, $f(b_{k+1}) > 0$이다.

$f(p_n) = 0$이 되는 점 p_n이 위치하면 이 과정을 끝내고 종료한다. 이 과정이 종결되지 않으면 모든 $n \in \mathbb{N}$에 대하여

$$f(a_n) < 0 \quad \text{이고} \quad f(b_n) > 0$$

이 되는 유계축소폐구간열 $I_n := [a_n, b_n]$을 얻는다. 더욱이 이 구간들을 반복된 이분법에 의하여 얻었으므로 I_n의 길이는 $b_n - a_n = (b - a)/2^{n-1}$이다. 축소구간 성질 2.5.2에 의하면 모든 $n \in \mathbb{N}$에 대하여 I_n에 속하는 점 c가 존재한다. 모든 $n \in \mathbb{N}$에 대하여 $a_n \le c \le b_n$이고 $\lim(b_n - a_n) = 0$이므로 $\lim(a_n) = c = \lim(b_n)$이다. f는 c에서 연속이므로 다음을 얻는다.

$$\lim(f(a_n)) = f(c) = \lim(f(b_n)).$$

모든 $n \in \mathbb{N}$에 대하여 $f(a_n) < 0$이라는 사실에 의하여 $f(c) = \lim(f(a_n)) \le 0$이다. 또 모든 $n \in \mathbb{N}$에 대하여 $f(b_n) \ge 0$이라는 사실에 의하여 $f(c) = \lim(f(b_n)) \ge 0$이다. 따라서 $f(c) = 0$이고, 결국 c는 f의 근이다. Q.E.D.

다음 예는 이분법이 근을 찾는 데 어떻게 체계적으로 이용되는지를 보여준다.

5.3.6 예 방정식 $f(x) = xe^x - 2 = 0$은 구간 $[0, 1]$에서 연속이고 $f(0) = -2 < 0$, $f(1) = e - 2 > 0$이므로, 이 구간에서 근 c를 갖는다. 아래와 같은 표를 만든다. 여기서 $f(p_n)$의 부호는 다음 단계에서 구간을 결정한다. 최우측 열은 p_n을 근 c를 근사하기 위하여 이용할 때 오차에 대한 한 상계이고, 이는 다음 식으로부터 나온다.

$$|p_n - c| \le \tfrac{1}{2}(b_n - a_n) = 1/2^n.$$

오차가 10^{-2}보다 작은 근사값 p_n을 찾을 것이다.

n	a_n	b_n	p_n	$f(p_n)$	$\frac{1}{2}(b_n - a_n)$
1	0	1	.5	−1.176	.5
2	.5	1	.75	−1.412	.25
3	.75	1	.875	+.099	.125
4	.75	.875	.8125	−.169	.0625
5	.8125	.875	.84375	−.0382	.03125
6	.84375	.875	.859375	+.0296	.015625
7	.84375	.859375	.8515625	−	.0078125

$n = 7$에서 멈췄고, 오차가 0.0078125보다 작은 $c \approx p_7 = 0.8515625$를 얻는

다. 이는 오차가 10^{-2}보다 작게 되는 첫 번째 단계이다. p_7의 소수 둘째 자리 다음의 수들을 정확하게 택할 수는 없지만 $0.843 < c < 0.860$이라는 결론을 내릴 수 있다. ■

Bolzano의 정리

다음 결과는 근의 위치정리에 대한 일반화이다. 한 구간에서 연속인 함수는 두 함수값 사이에 놓여 있는 임의의 수를 (적어도 한번은) 취한다는 것이다.

5.3.7 Bolzano의 중간값 정리 I를 구간이라 하고 $f : I \to \mathbb{R}$가 I에서 연속이라 하자. $a, b \in I$이고 $k \in \mathbb{R}$가 $f(a) < k < f(b)$를 만족한다고 가정하면, $f(c) = k$가 되는 점 $c \in I$가 a와 b 사이에 존재한다.

증명 $a < b$라 가정하고, $g(x) := f(x) - k$라 하면 $g(a) < 0 < g(b)$이다. 근의 위치정리 5.3.5에 의하여 $0 = g(c) = f(c) - k$가 되는 $a < c < b$인 점 c가 존재한다. 따라서 $f(c) = k$이다.

$b < a$일 때, $h(x) := k - f(x)$라 하면 $h(b) < 0 < h(a)$이다. 따라서 $0 = h(c) = k - f(c)$가 되는 $b < c < a$인 점 c가 존재하고 $f(c) = k$이다. Q.E.D.

5.3.8 따름정리 $I = [a, b]$를 유계폐구간이라 하고 $f : I \to \mathbb{R}$가 I에서 연속이라 하자. $k \in \mathbb{R}$가

$$\inf f(I) \leq k \leq \sup f(I)$$

를 만족하는 임의의 수이면 $f(c) = k$가 되는 수 $c \in I$가 존재한다.

증명 최대-최소 정리 5.3.4에 의하여 다음이 되는 I의 점 c_*와 c^*가 존재한다.

$$\inf f(I) = f(c_*) \leq k \leq f(c^*) = \sup f(I).$$

이제 결론은 Bolzano의 정리 5.3.7에 의한다. Q.E.D.

다음 정리는 이 절의 주요 결과들을 요약한 것이다. 연속인 함수에 의하여 유계폐구간의 상(image) 또한 유계폐구간이라는 것이다. **상의 구간**(image interval)의 끝점들은 이 함수의 최대값과 최소값이고, 최소값과 최대값 사이의 모든 값들이 상에 속한다는 명제는 Bolzano의 중간값 정리를 기술하는 한 방법이다.

5.3.9 정리 I를 유계폐구간이라 하고 $f : I \to \mathbb{R}$가 I에서 연속이라 하자. 그러면 집합 $f(I) := \{f(x) : x \in I\}$는 유계폐구간이다.

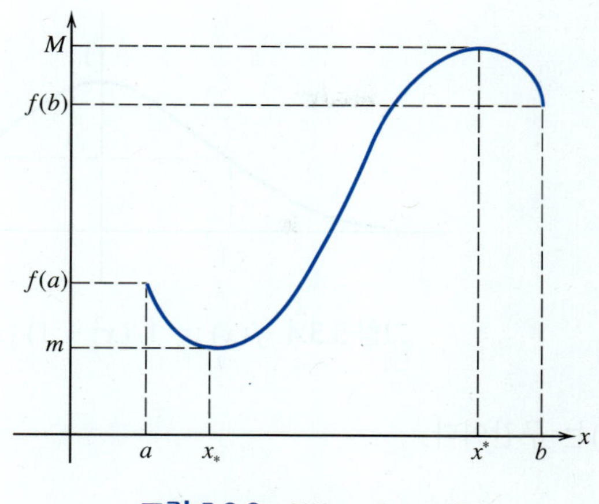

그림 5.3.3 $f(I) = [m, M]$

증명 $m := \inf f(I)$이고 $M := \sup f(I)$라 하면, 최대-최소 정리 5.3.4로부터 m과 M이 $f(I)$에 속한다는 것을 알고 있다. 더욱이 $f(I) \subseteq [m, M]$이다. k가 $[m, M]$의 임의의 원소이면, 앞의 따름정리에 의하여 $k = f(c)$가 되는 점 $c \in I$가 존재한다. 따라서 $k \in f(I)$이고 $[m, M] \subseteq f(I)$라는 결론을 얻는다. 그러므로 $f(I)$는 구간 $[m, M]$이다. Q.E.D.

주의 $I := [a, b]$가 구간이고 $f : I \to \mathbb{R}$가 I에서 연속이면 $f(I)$가 구간 $[m, M]$임을 증명하였다. $f(I)$가 구간 $[f(a), f(b)]$임을 증명하지 않았다(이것이 항상 참은 아니다. 그림 5.3.3을 보라).

앞의 정리는 유계폐구간에서 연속인 함수의 상은 같은 형태의 집합이라는 점에서 "보존"정리이다. 다음 정리는 이 결과를 일반적인 구간으로 확장한다. 그러나 한 구간에서 연속인 함수의 상이 구간이 됨을 보이지만, 상의 구간이 필연적으로 정의역의 구간과 동일한 형태가 된다는 것은 참이 아니라는 것에 주목하여야 한다. 예를 들면, 개구간에 대한 연속함수의 상은 개구간일 필요가 없고 유계가 아닌 폐구간의 연속함수의 상이 폐구간일 필요도 없다. 사실 $x \in \mathbb{R}$에 대하여 $f(x) := 1/(x^2 + 1)$이면, f는 $\mathbb{R}$에서 연속이다[예 5.2.3(b)를 보라]. $I_1 := (-1, 1)$이면 $f(I_1) = \left(\frac{1}{2}, 1\right]$이 됨을 보이기는 쉽고, 이는 개구간이 아니다. 또한 $I_2 := [0, \infty)$이면 $f(I_2) = (0, 1]$이 되어 폐구간이 아니다(그림 5.3.4를 보라).

구간 보존정리 5.3.10을 증명하기 위하여 구간을 특성화한 정리 2.5.1을 이용할 것이다.

5.3.10 구간보존정리 I를 구간이라 하고 $f : I \to \mathbb{R}$가 I에서 연속이라 하자. 그러면 집합

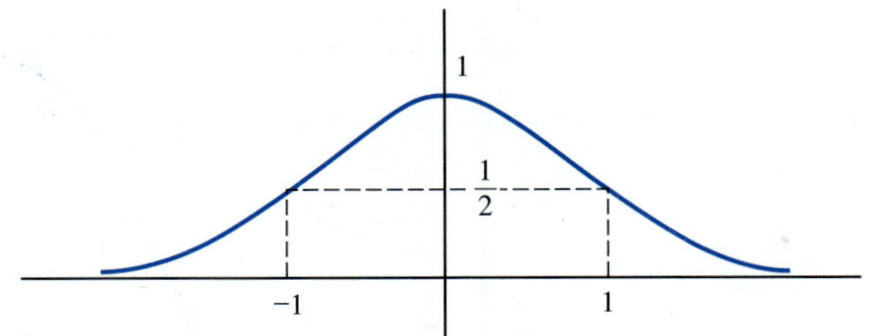

그림 5.3.4 $f(x) := 1/(x^2+1)$ $(x \in \mathbb{R})$의 그래프

$f(I)$는 구간이다.

증명 $\alpha < \beta$인 $\alpha, \beta \in f(I)$라 하면, $\alpha = f(a)$이고 $\beta = f(b)$인 점 $a, b \in I$가 존재한다. 더구나 Bolzano의 중간값 정리 5.3.7에 의하여 $k \in (\alpha, \beta)$이면 $k = f(c) \in f(I)$인 수 $c \in I$가 존재한다. 따라서 $[\alpha, \beta] \subseteq f(I)$이고, $f(I)$가 정리 2.5.1의 성질 (1)을 갖는다는 것을 보여준다. 그러므로 $f(I)$는 구간이다. Q.E.D.

연습문제 5.3

1. $I := [a, b]$라 하고 $f : I \to \mathbb{R}$를 I의 각 x에 대하여 $f(x) > 0$인 연속함수라 하자. 모든 $x \in I$에 대하여 $f(x) \ge \alpha$가 되는 수 $\alpha > 0$가 존재함을 증명하여라.

2. $I := [a, b]$라 하고 $f : I \to \mathbb{R}$와 $g : I \to \mathbb{R}$를 I에서 연속함수라 하자. $E := \{x \in I : f(x) = g(x)\}$가 $(x_n) \subseteq E$이고 $x_n \to x_0$이면 $x_0 \in E$가 되는 성질을 갖는 집합임을 보여라.

3. $I := [a, b]$라 하고 $f : I \to \mathbb{R}$가 I에서 연속이며, I에 속하는 각 x에 대하여 $|f(y)| \le \frac{1}{2}|f(x)|$이 되는 점 y가 I에 존재한다고 하자. $f(c) = 0$이 되는 점 c가 I에 존재함을 증명하여라.

4. 실계수로 된 모든 홀수 차의 다항식은 적어도 하나의 실근을 갖는다. 이를 보여라.

5. 다항식 $p(x) := x^4 + 7x^3 - 9$는 적어도 두 개의 실근을 갖는다. 이를 보여라. 계산기를 사용하여 이 근들을 소수 두 자리까지 계산하여라.

6. f를 구간 $[0, 1]$에서 $\mathbb{R}$로의 연속이고 $f(0) = f(1)$인 함수라 하자. $f(c) = f(c + \frac{1}{2})$이 되는 $[0, \frac{1}{2}]$에 있는 점 c가 존재함을 증명하여라. [힌트: $g(x) = f(x) - f(x + \frac{1}{2})$을 고찰하라.] 언제나 지구의 적도에는 같은 온도를 갖는 정반대 쪽에 위치한 점들이 존재함을 추정하여라.

7. 방정식 $x = \cos x$가 구간 $[0, \pi/2]$에서 해를 갖는다. 이를 보여라, 이분법과 계산기를 사용하여 이 방정식의 근사해를 오차가 10^{-3}보다 작게 되도록 구하여라.

8. 함수 $f(x) := 2\ln x + \sqrt{x} - 2$가 구간 $[1, 2]$에서 근을 갖는다. 이를 보여라. 이분법과

계산기를 사용하여 근을 오차가 10^{-2}보다 작게 되도록 구하여라.

9. (a) 함수 $f(x) := (x-1)(x-2)(x-3)(x-4)(x-5)$는 구간 $[0, 7]$에서 다섯 개의 근을 갖는다. 이 구간에서 이분법을 적용하면 어느 근이 위치하는가?
(b) 구간 $[0, 7]$에서 $g(x) := (x-2)(x-3)(x-4)(x-5)(x-6)$은 어떻게 되는가?

10. 이분법을 이용하여 길이가 1인 구간에서 오차가 $|P_n - c| < 10^{-5}$인 P_n을 구한다면, 이 정확도를 보증할 수 있는 n의 최소값을 결정하여라.

11. $I := [a, b]$라 하고 $f : I \to \mathbb{R}$가 I에서 연속이라 하자. $f(a) < 0$, $f(b) > 0$이라 가정하고, 또 $W := \{x \in I : f(x) < 0\}$이고 $w := \sup W$라 하자. $f(w) = 0$임을 증명하여라(이는 정리 5.3.5의 다른 증명이다).

12. $I = [0, \pi/2]$라 하고 $f : I \to \mathbb{R}$가 $x \in I$에 대하여 $f(x) := \sup\{x^2, \cos x\}$로 정의된다고 하자. I에서 f의 최소점 $x_0 \in I$가 존재함을 보여라. x_0가 방정식 $\cos x = x^2$의 해임을 보여라.

13. $f : \mathbb{R} \to \mathbb{R}$가 $\mathbb{R}$에서 연속이고 $\lim_{x \to -\infty} f = 0$이며 $\lim_{x \to \infty} f = 0$이라 가정하자. f가 $\mathbb{R}$에서 유계이고 $\mathbb{R}$에서 최대 또는 최소가 될 수 있음을 증명하여라. 최대와 최소 모두가 될 필요는 없음을 보이는 예를 들어라.

14. $f : \mathbb{R} \to \mathbb{R}$가 $\mathbb{R}$에서 연속이고 $\beta \in \mathbb{R}$라 하자. $x_0 \in \mathbb{R}$가 $f(x_0) < \beta$를 만족하면, 모든 $x \in U$에 대하여 $f(x) < \beta$가 되는 x_0의 δ-근방 U가 존재함을 보여라.

15. $x \in \mathbb{R}$에 대하여 $f(x) := x^2$인 함수에 의하여 개[또는 폐]구간이 개[또는 폐]구간 위로 사상됨을 조사하여라.

16. $x \in \mathbb{R}$에 대하여 $g(x) := 1/(x^2 + 1)$과 $h(x) := x^3$인 함수에 의한 개[또는 폐]구간의 사상을 조사하여라.

17. $f : [0, 1] \to \mathbb{R}$가 연속이고 유리수[또는 무리수] 값만 갖는다면, f는 상수이어야 하는가? 주장을 증명하여라.

18. $I := [a, b]$라 하고 $f : I \to \mathbb{R}$를 모든 $x \in I$에 대하여 x의 근방 $V_{\delta_x}(x)$에서 유계인 성질을 갖는 (반드시 연속은 아닌) 함수라 하자(정의 4.2.1을 보라). f가 I에서 유계임을 증명하여라.

19. $J := (a, b)$라 하고 모든 $x \in J$에 대하여 $g : J \to \mathbb{R}$를 x의 근방 $V_{\delta_x}(x)$에서 유계인 성질을 갖는 연속함수라 하자. g가 J에서 반드시 유계가 아닌 함수의 예를 들어라.

5.4 균등연속

$A \subseteq \mathbb{R}$이고 $f : A \to \mathbb{R}$라 하자. 정의 5.1.1은 다음 명제들이 동치임을 말하고 있다.

(i) f는 모든 점 $u \in A$에서 연속이다.

(ii) 주어진 $\varepsilon > 0$과 $u \in A$에 대하여 $x \in A$이고 $|x - u| < \delta(\varepsilon, u)$인 모든 x가 $|f(x) - f(u)| < \varepsilon$을 만족하는 $\delta(\varepsilon, u) > 0$가 존재한다.

여기서 강조하고자 하는 점은 일반적으로 δ가 $\varepsilon > 0$과 $u \in A$ **모두**에 종속된다는 것이다. δ가 u에 종속된다는 것은 어떤 점들 근처에서는 함수 f의 값들이 빨리 변하고 다른 점들 근처에서는 느리게 변할 수 있다는 사실의 반영이다[예를 들면, $x > 0$에 대하여 $f(x) := \sin(1/x)$을 고찰하라. 그림 4.1.3을 보라].

이제 점 $u \in A$에는 독립적이고 오로지 ε에만 종속되는 δ를 선택할 수 있는 함수 f가 종종 나타난다. 예를 들어 모든 $x \in \mathbb{R}$에 대하여 $f(x) := 2x$이면

$$|f(x) - f(u)| = 2|x - u|$$

이고, 따라서 모든 $\varepsilon > 0$과 $u \in \mathbb{R}$에 대하여 $\delta(\varepsilon, u) := \varepsilon/2$을 택할 수 있다(왜?).

한편 $x \in A := \{x \in \mathbb{R} : x > 0\}$에 대하여 $g(x) := 1/x$이라 하면

$$g(x) - g(u) = \frac{u - x}{ux} \tag{1}$$

이다. $u \in A$가 주어지고

$$\delta(\varepsilon, u) := \inf\left\{\tfrac{1}{2}u, \tfrac{1}{2}u^2\varepsilon\right\} \tag{2}$$

을 취하면 $|x - u| < \delta(\varepsilon, u)$일 때 $|x - u| < \frac{1}{2}u$가 되어 $\frac{1}{2}u < x < \frac{3}{2}u$이고, 따라서 $1/x < 2/u$이다. 그래서 $|x - u| < \frac{1}{2}u$이면, 등식 (1)은 부등식

$$|g(x) - g(u)| \le (2/u^2)|x - u| \tag{3}$$

을 이끌어 낸다. 다라서 $|x - u| < \delta(\varepsilon, u)$이면, (2)와 (3)에 의하여

$$|g(x) - g(u)| < (2/u^2)\left(\tfrac{1}{2}u^2\varepsilon\right) = \varepsilon$$

이다. $|x - u| < \delta$이고 $x, u \in A$일 때 $|g(x) - g(u)| < \varepsilon$임을 보장할 δ의 값을 제시할 수 있게 해준다는 의미로 식 (2)에 의하여 $\delta(\varepsilon, u)$의 선택이 “이루어지는”는 것을 알았다. (2)에서 주어진 $\delta(\varepsilon, u)$의 값이 분명히 점 $u \in A$에 종속되는 것에 주목하라. 만일 **모든** $u \in A$에 대하여 고찰하고자 하면 $\inf\{\delta(\varepsilon, u) : u > 0\} = 0$이므로, 식 (2)는 모든 $u > 0$에 대하여 동시에 “적용할” 하나의 $\delta(\varepsilon) > 0$ 값을 이끌어 내지 못한다.

사실 함수 $g(x) = 1/x$에 대해서는 모든 $u > 0$에 대하여 “적용할” 하나의 δ 값을 선택할 방법이 없다. 이 상황은 그림 5.4.1과 5.4.2에서 $\frac{1}{2} = f(2)$에 대한 ε-근방 $V_\varepsilon(\frac{1}{2})$과 $2 = f(\frac{1}{2})$에 대한 ε-근방 $V_\varepsilon(2)$에 대하여 대응되는 δ의 최대값들이 상

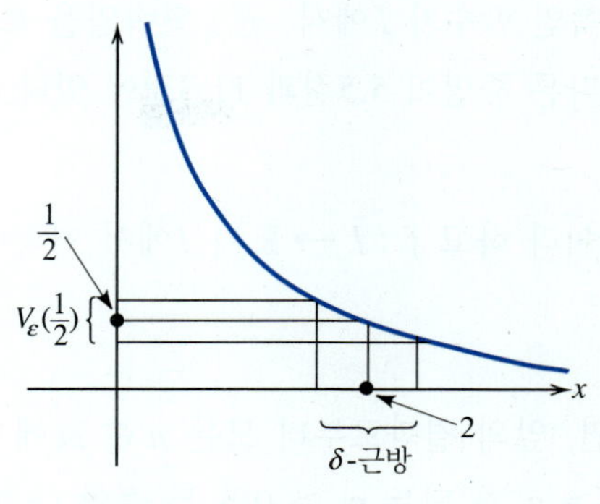

그림 5.4.1 $g(x) = 1/x \ (x > 0)$

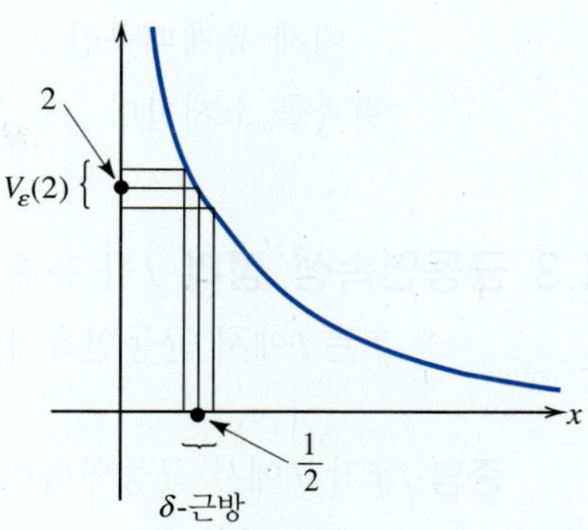

그림 5.4.2 $g(x) = 1/x \ (x > 0)$

당한 차이가 있음을 그래프가 보여준다. u가 0으로 접근하면 δ의 허용가능한 값도 0으로 접근한다.

5.4.1 정의 $A \subseteq \mathbb{R}$라 하고 $f : A \to \mathbb{R}$라 하자. 각 $\varepsilon > 0$에 대하여 $x, u \in A$가 $|x - u| < \delta(\varepsilon)$을 만족하는 임의의 수이면 $|f(x) - f(u)| < \varepsilon$이 되는 $\delta(\varepsilon) > 0$이 존재할 때, f는 A에서 **균등연속이다**(uniformly continuous)라고 한다.

f가 A에서 균등연속이면, f는 A의 모든 점에서 연속이라는 것이 명백하다. 그러나 집합 $A := \{x \in \mathbb{R} : x > 0\}$에서 함수 $g(x) = 1/x$이 보인 것과 같이 일반적으로 그 역은 성립하지 않는다.

f가 A에서 균등연속이 아니라고 하는 것과 동치인 조건을 공식화하는 것이 유익하다. 다음 결과에서 그러한 판정법을 제시한다. 이의 증명은 연습문제로 독자에게 넘긴다.

5.4.2 불균등연속성 판정법 $A \subseteq \mathbb{R}$이고 $f : A \to \mathbb{R}$라 하자. 그러면 다음 명제들은 동치이다.

(i) f는 A에서 균등연속이 아니다.

(ii) $\varepsilon_0 > 0$가 존재하여, 모든 $\delta > 0$에 대하여 $|x_\delta - u_\delta| < \delta$이고 $|f(x_\delta) - f(u_\delta)| \geq \varepsilon_0$인 $x_\delta, u_\delta \in A$가 존재한다.

(iii) 모든 $n \in \mathbb{N}$에 대하여 $\lim(x_n - u_n) = 0$이고 $|f(x_n) - f(u_n)| \geq \varepsilon_0$가 되는 $\varepsilon_0 > 0$와 A에서의 두 수열 (x_n)과 (u_n)이 존재한다.

이 결과를 이용하여 $g(x) := 1/x$이 $A := \{x \in \mathbb{R} : x > 0\}$에서 균등연속이 아님을 보일 수 있다. $x_n := 1/n$이고 $u_n := 1/(n + 1)$이면, 모든 $n \in \mathbb{N}$에 대하여 $\lim(x_n - u_n) = 0$이지만 $|g(x_n) - g(u_n)| = 1$이다.

이제 유계폐구간 I에서 연속인 함수가 I에서 균등연속임을 보장해 주는 중요한 결과를 소개한다. 이 정리의 다른 증명이 5.5절과 11.3절에 있다.

5.4.3 균등연속성 정리 I를 유계폐구간이라 하고 $f : I \to \mathbb{R}$가 I에서 연속이라 하자. 그러면 f는 I에서 균등연속이다.

증명 f가 I에서 균등연속이 아니면, 앞의 결과로부터 모든 $n \in \mathbb{N}$에 대하여 $|x_n - u_n| < 1/n$이고 $|f(x_n) - f(u_n)| \geq \varepsilon_0$가 되는 $\varepsilon_0 > 0$와 두 수열 (x_n)과 (u_n)이 I에 존재한다. I가 유계이므로 수열 (x_n)도 유계이고, Bolzano-Weierstrass 정리 3.4.8에 의하여 어떤 원소 z로 수렴하는 (x_n)의 부분수열 (x_{n_k})가 존재한다. I가 폐구간이므로, 정리 3.2.6에 의하여 z는 I에 속한다.

$$|u_{n_k} - z| \leq |u_{n_k} - x_{n_k}| + |x_{n_k} - z|$$

이므로 대응하는 부분수열 (u_{n_k}) 역시 z로 수렴하는 것이 명백하다.

이제 f가 점 z에서 연속이면 두 수열 $(f(x_{n_k}))$와 $(f(u_{n_k}))$는 모두 $f(z)$로 수렴하여야 한다. 그러나 모든 $n \in \mathbb{N}$에 대하여

$$|f(x_n) - f(u_n)| \geq \varepsilon_0$$

이므로 이것은 불가능하다. 따라서 f가 유계폐구간 I에서 균등연속이 아니라는 가정은 f가 어떤 점 $z \in I$에서 연속이 아님을 의미한다. 따라서 f가 I의 모든 점에서 연속이면, f는 I에서 균등연속이다. Q.E.D.

Lipschitz 함수

유계폐구간이 아닌 집합에서 균등연속함수가 주어지면, 때때로 이의 균등연속성을 설정하는 데 어려움이 있다. 그러나 균등연속성을 보장하기에 충분하고 자주 등장하는 조건이 있다. 이는 Dirichlet의 문하생이었고 미분기하학과 Riemann 기하학을 광범위하게 연구한 Rudolf Lipschitz(1832–1903)의 이름을 따서 붙여졌다.

5.4.4 정의 $A \subseteq \mathbb{R}$이고 $f : A \to \mathbb{R}$라 하자. 모든 $x, u \in A$에 대하여

(4) $$|f(x) - f(u)| \leq K\,|x - u|$$

가 되는 상수 $K > 0$가 존재하면, f를 A에서 **Lipschitz 함수**[(Lipschitz function) 또는 f는 A에서 **Lipschitz 조건**(Lipschitz condition)을 만족한다]라고 한다.

구간 I에서 정의된 함수 $f : I \to \mathbb{R}$가 Lipschitz 함수라는 조건 (4)를 다음과 같이 기하학적으로 설명할 수 있다. 조건을

$$\left|\frac{f(x)-f(u)}{x-u}\right| \leq K, \qquad x, u \in I, x \neq u$$

로 쓰면 절대값 안의 양은 두 점 $(x, f(x))$와 $(u, f(u))$를 연결하는 선분의 기울기이다. 따라서 함수 f가 Lipschitz 조건을 만족하기 위한 필요충분조건은 I에서 정의된 함수 $y = f(x)$의 그래프에 있는 두 점을 연결한 모든 선분의 기울기가 어떤 수 K에 의하여 유계인 것이다.

5.4.5 정리 $f : A \to \mathbb{R}$가 Lipschitz 함수이면, f는 A에서 균등연속이다.

증명 조건 (4)를 만족하면, 주어진 $\varepsilon > 0$에 대하여 $\delta := \varepsilon/K$으로 취할 수 있다. $x, u \in A$가 $|x - u| < \delta$을 만족하면

$$|f(x) - f(u)| < K \cdot \frac{\varepsilon}{K} = \varepsilon$$

이다. 따라서 f는 A에서 균등연속이다. Q.E.D.

5.4.6 예 **(a)** $b > 0$일 때 $A := [0, b]$에서 $f(x) := x^2$이면, $[0, b]$에 있는 모든 x, u에 대하여

$$|f(x) - f(u)| = |x + u|\,|x - u| \leq 2b|x - u|$$

이다. 그러면 f는 A에서 $K := 2b$인 (4)를 만족하고, 따라서 f는 A에서 균등연속이다. 물론 f가 연속이고 A가 유계폐구간이므로, 이것을 균등연속성 정리로부터 유추할 수도 있다(f는 구간 $[0, \infty)$에서 Lipschitz 조건을 만족하지 않음에 주목하라).

(b) 모든 균등연속함수가 Lipschitz 함수는 아니다.

유계폐구간 $I := [0, 2]$에 있는 x에 대하여 $g(x) := \sqrt{x}$라 하자. g가 I에서 연속이므로, 균등연속성정리 5.4.3에 의하여 g는 I에서 균등연속이다. 그러나 모든 $x \in I$에 대하여 $|g(x)| \leq K\,|x|$이 되는 $K > 0$가 존재하지 않는다(왜?). 그러므로 g는 I에서 Lipschitz 함수가 아니다.

(c) 한 집합에서 함수의 균등연속성을 설정하기 위하여 때때로 균등연속성정리와 정리 5.4.5를 결합할 수 있다.

집합 $A := [0, \infty)$에서 $g(x) := \sqrt{x}$를 고찰하자. 구간 $I := [0, 2]$에서 g의 균등

연속성은 (b)에서 주목한 것과 같이 균등연속성 정리에 의한다. $J := [1, \infty)$일 때, x, u 모두 J에 있으면 다음을 얻는다.

$$|g(x) - g(u)| = |\sqrt{x} - \sqrt{u}| = \frac{|x-u|}{\sqrt{x}+\sqrt{u}} \le \tfrac{1}{2}|x-u|.$$

그러면 g는 J에서 상수 $K = \frac{1}{2}$인 Lipschitz 함수이고, 따라서 정리 5.4.5에 의하여 g는 $[1, \infty)$에서 균등연속이다. $A = I \cup J$이므로, [$\delta(\varepsilon) := \inf\{1, \delta_I(\varepsilon), \delta_J(\varepsilon)\}$을 취함으로써] g는 A에서 균등연속이다. 상술하는 것은 독자에게 맡긴다. ■

연속확장정리

개구간에서 연속이지만 균등연속이 아닌 함수들의 예를 보았다. 예를 들면, 개구간 (0, 1)에서 함수 $f(x) = 1/x$이다. 한편 균등연속성 정리에 의하여 유계폐구간에서 연속인 함수는 항상 균등연속이다. 따라서 다음과 같은 의문이 생긴다. 어떤 조건하에서 함수가 유계개구간에서 균등연속인가? 해답은 균등연속성의 강화로 나타난다. 왜냐하면 (a, b)에서 함수가 균등연속이기 위한 필요충분조건은 이 함수가 폐구간에서 연속이 되는 함수를 만들어 내기 위하여 양 끝점에서 정의될 수 있어야 한다는 것이다. 먼저 그 자체로 흥미로운 결과를 설정한다.

5.4.7 정리 $f : A \to \mathbb{R}$가 $\mathbb{R}$의 부분집합 A에서 균등연속이고 (x_n)이 A에서 Cauchy 수열이면, $(f(x_n))$은 $\mathbb{R}$에서 Cauchy 수열이다.

증명 (x_n)을 A에서 Cauchy 수열이라 하고 $\varepsilon > 0$이 주어졌다고 하자. 먼저 A에 있는 x, u가 $|x - u| < \delta$를 만족하면 $|f(x) - f(u)| < \varepsilon$이 되는 $\delta > 0$를 선택하라. (x_n)이 Cauchy 수열이므로, 모든 $n, m > H(\delta)$에 대하여 $|x_n - x_m| < \delta$가 되는 $H(\delta)$가 존재한다. δ의 선택에 의하여 $n, m > H(\delta)$이면 $|f(x_n) - f(x_m)| < \varepsilon$이다. 따라서 수열 $(f(x_n))$은 Cauchy 수열이다. Q.E.D.

앞의 결과는 $f(x) := 1/x$이 (0, 1)에서 균등연속이 아님을 알 수 있는 다른 방법을 제공해 준다. (0, 1)에서 $x_n := 1/n$로 주어지는 수열 (x_n)은 Cauchy 수열이지만 $f(x_n) = n$인 상의 수열은 Cauchy 수열이 아님에 주목하라.

5.4.8 연속확장정리 함수 f가 구간 (a, b)에서 균등연속이기 위한 필요충분조건은 $[a, b]$로의 확장함수가 연속이 되도록 끝점 a와 b에서 f가 정의될 수 있어야 한다.

증명 (⇐)이 방향은 자명하다.

(⇒) f가 (a, b)에서 균등연속이라 가정하자. f가 a로 어떻게 확장되는지를 보일 것이다. b에 대한 논의도 유사하다. 이는 $\lim_{x \to c} f(x) = L$이 존재함을 보이는 것으로 완성되는데, 이를 극한에 대한 수열판정법을 이용하여 달성한다. (x_n)이 $\lim(x_n) = a$인 (a, b)에서의 수열이면 이는 Cauchy 수열이고, 앞의 정리에 의하여 수열 $(f(x_n))$ 역시 Cauchy 수열이며 정리 3.5.5에 의하여 수렴한다. 따라서 극한 $\lim(f(x_n)) = L$이 존재한다. 만약 (u_n)이 a로 수렴하는 (a, b)에서의 임의의 다른 수열이면 $\lim(u_n - x_n) = a - a = 0$이고, 따라서 f의 균등연속성에 의하여

$$\begin{aligned}\lim(f(u_n)) &= \lim(f(u_n) - f(x_n)) + \lim(f(x_n)) \\ &= 0 + L = L\end{aligned}$$

을 얻는다. a로 수렴하는 모든 수열에 대하여 동일한 값 L을 얻었으므로, 극한에 대한 수열판정법으로부터 f는 a에서 극한 L을 갖는다. $f(a) := L$로 정의하면 f는 a에서 연속이다. 동일한 논의를 b에 적용하면 f는 구간 $[a, b]$로 연속인 확장함수를 갖는다. Q.E.D.

0에서 $f(x) := \sin(1/x)$의 극한이 존재하지 않으므로, 연속확장정리로부터 임의의 $b > 0$에 대하여 $(0, b]$에서 이 함수는 균등연속이 아니다. 한편 $\lim_{x \to 0} x \sin(1/x) = 0$이 존재하므로 함수 $g(x) := x \sin(1/x)$은 모든 $b > 0$에 대하여 $(0, b]$에서 균등연속이다.

근사[†]

많은 응용에서 연속인 함수를 초등적인 성질을 갖는 함수로 근사할 수 있다는 것이 중요하다. 비록 "근사한다(approximate)"라는 단어를 보다 정확히 사용할 수 있는 다양한 정의가 있지만 가장 자연스러운 (또한 가장 중요한) 것 중의 하나는 주어진 정의역의 모든 점에서 근사함수가 주어진 함수로부터 미리 지정한 오차보다 크게 차이가 나지 않도록 요구하는 것이다.

5.4.9 정의 $s : [a, b] \to \mathbb{R}$라 하자. $[a, b]$가 각 구간에서 s가 상수인 유한개의 서로 겹치지 않는 구간 $I_1, I_2, \ldots, I_n$의 합집합이면, 즉 $k = 1, 2, \ldots, n$인 모든 $x \in I_k$에 대하여 $s(x) = c_k$이면, s를 **계단함수**(step function)라 한다.

따라서 계단함수는 단지 유한개의 다른 값들을 갖는다.

[†]이 장을 처음 읽는 독자는 이 절의 나머지를 생략할 수 있다.

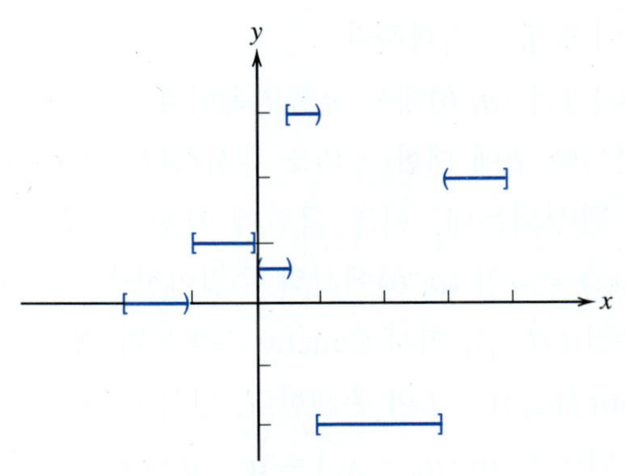

그림 5.4.3 $y = s(x)$의 그래프

예를 들면, 다음과 같이 정의되는 함수 $s : [-2, 4] \to \mathbb{R}$는 계단함수이다(그림 5.4.3을 보라).

$$s(x) := \begin{cases} -2 \le x < -1\text{에 대하여} & 0 \\ -1 \le x < 0\text{에 대하여} & 1 \\ 0 < x < \frac{1}{2}\text{에 대하여} & \frac{1}{2} \\ \frac{1}{2} \le x < 1\text{에 대하여} & 3 \\ 1 \le x \le 3\text{에 대하여} & -2 \\ 3 < x \le 4\text{에 대하여} & 2. \end{cases}$$

이제 유계폐구간 I에서 연속인 함수를 계단함수에 의하여 임의로 가깝게 근사할 수 있음을 보일 것이다.

5.4.10 정리 I를 유계폐구간이라 하고 $f : I \to \mathbb{R}$가 I에서 연속이라 하자. $\varepsilon > 0$이면, 모든 $x \in I$에 대하여 $|f(x) - s_\varepsilon(x)| < \varepsilon$이 되는 계단함수 $s_\varepsilon : I \to \mathbb{R}$이 존재한다.

증명 (균등연속성 정리 5.4.3에 의하여) 함수 f는 균등연속이므로, 주어진 $\varepsilon > 0$에 대하여 $x, y \in I$이고 $|x - y| < \delta(\varepsilon)$이면 $|f(x) - f(y)| < \varepsilon$이 되는 수 $\delta(\varepsilon) > 0$이 존재한다. $I := [a, b]$라 하고 $m \in \mathbb{N}$을 $h := (b - a)/m < \delta(\varepsilon)$이 되도록 하는 충분히 큰 수라 하자. 이제 $I = [a, b]$를 길이가 h인 m개의 서로 소인 구간으로 나눈다. 즉 $I_1 := [a, a + h]$이고 $k = 2, \ldots, m$에 대하여 $I_k := (a + (k - 1)h, a + kh)$로 나눈다. 각 부분구간 I_k의 길이는 $h < \delta(\varepsilon)$이므로, I_k에서 f의 임의의 두 값의 차이는 ε보다 작다. 이제 $x \in I_k$, $k = 1, \ldots, m$에 대하여

$$(5) \qquad s_\varepsilon(x) := f(a + kh)$$

로 정의하면, s_ε은 각 구간 I_k에서 상수이다(사실 I_k에서 s_ε의 값은 I_k의 우측 끝점

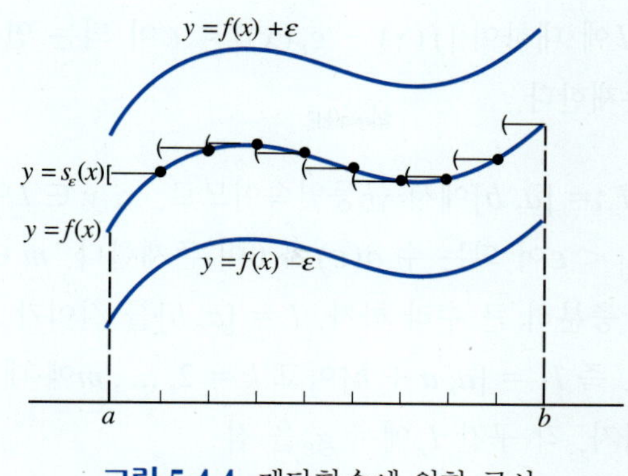

그림 5.4.4 계단함수에 의한 근사

에서 f의 값이다. 그림 5.4.4를 보라). 따라서 $x \in I_k$이면

$$|f(x) - s_\varepsilon(x)| = |f(x) - f(a + kh)| < \varepsilon$$

이다. 그러므로 모든 $x \in I$에 대하여 $|f(x) - s_\varepsilon(x)| < \varepsilon$이다. Q.E.D.

앞 정리의 증명은 정리의 명제에서 언급한 것보다 더 많은 뭔가를 설정하고 있음에 주목하라. 사실 보다 정확히 다음 주장을 증명하고 있다.

5.4.11 따름정리 $I = [a, b]$를 유계폐구간이라 하고 $f : I \to \mathbb{R}$가 I에서 연속이라 하자. $\varepsilon > 0$일 때, I를 길이가 $h := (b - a)/m$인 m개의 서로 소인 구간 I_k들로 나누면 식 (5)로 정의된 계단함수 s_ε이 모든 $x \in I$에 대하여 $|f(x) - s_\varepsilon(x)| < \varepsilon$을 만족하는 자연수 m이 존재한다.

계단함수는 특성상 매우 기본적이지만, 그들은 (자명한 경우를 제외하면) 연속이 아니다. 종종 연속함수를 초등적인 연속함수로 근사할 것을 요구하므로, 이제 연속함수를 구분적으로 선형인 연속함수로 근사할 수 있음을 보일 것이다.

5.4.12 정의 $I := [a, b]$를 구간이라 하자. I가 유한개의 서로 소인 구간 $I_1, \ldots, I_m$의 합집합이고 각 구간 I_k로 g의 축소함수가 선형함수이면, $g : I \to \mathbb{R}$는 I에서 **구분적 선형이다**(piecewise linear)라고 한다.

참고 구분적 선형함수 g가 I에서 연속이기 위하여 g의 그래프를 구성하는 선분이 이웃한 부분구간 $I_k, I_{k+1}(k = 1, \ldots, m - 1)$의 끝점에서 만나야 한다는 것은 자명하다.

5.4.13 정리 I를 유계폐구간이라 하고 $f : I \to \mathbb{R}$가 I에서 연속이라 하자. $\varepsilon > 0$이면, 모든

$x \in I$에 대하여 $|f(x) - g_\varepsilon(x)| < \varepsilon$이 되는 연속인 구분적 선형함수 $g_\varepsilon : I \to \mathbb{R}$이 존재한다.

증명 f가 $I := [a, b]$에서 균등연속이므로, $x, y \in I$이고 $|x - y| < \delta(\varepsilon)$이면 $|f(x) - f(y)| < \varepsilon$이 되는 수 $\delta(\varepsilon) > 0$이 존재한다. $m \in \mathbb{N}$을 $h := (b - a)/m < \delta(\varepsilon)$이 되는 충분히 큰 수라 하자. $I = [a, b]$를 길이가 h인 m개의 서로 소인 구간으로 나눈다. 즉 $I_1 = [a, a + h]$이고 $k = 2, \ldots, m$에 대하여 $I_k = (a + (k - 1)h, a + kh]$라 하자. 각 구간 I_k에서 g_ε을 점

$$(a + (k - 1)h, f(a + (k - 1)h)) \quad \text{와} \quad (a + kh, f(a + kh))$$

를 연결하는 선형함수로 정의한다. 그러면 g_ε은 I에서 연속인 구분적 선형함수이다. $x \in I_k$에 대한 $f(x)$의 값은 $f(a + (k - 1)h)$와 $f(a + kh)$의 ε 범위 안에 있으므로, 모든 $x \in I_k$에 대하여 $|f(x) - g_\varepsilon(x)| < \varepsilon$이 되는 것을 보이는 것은 연습문제이다. 따라서 이 부등식은 모든 $x \in I$에 대하여 성립한다(그림 5.4.5를 보라). Q.E.D.

다항함수에 의한 연속함수의 근사와 관련한 중요한 Weierstrass의 정리를 기술하는 것으로 이 절을 마칠 것이다. 예상했듯이 임의로 미리 지정한 $\varepsilon > 0$의 범위 내의 근사를 얻기 위하여 임의의 고차인 다항식을 이용할 준비를 하여야 한다.

5.4.14 Weierstrass 근사정리 $I = [a, b]$라 하고 $f : I \to \mathbb{R}$를 연속함수라 하자. $\varepsilon > 0$이 주어지면, 모든 $x \in I$에 대하여 $|f(x) - p_\varepsilon(x)| < \varepsilon$이 되는 다항함수 p_ε이 존재한다.

이 결과에 대한 여러 증명이 있다. 불행히도 그들 모두가 다소 복잡하거나 아직

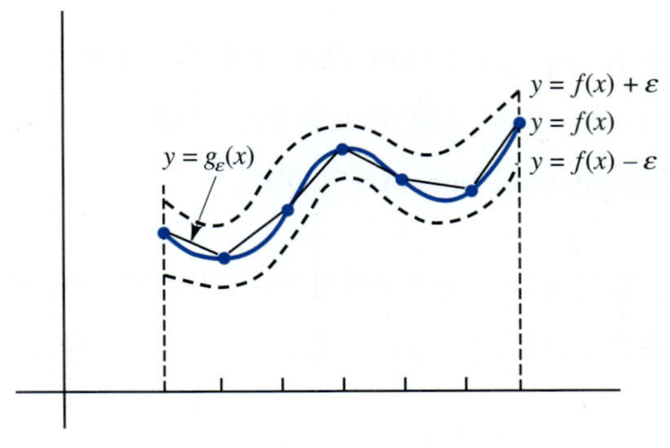

그림 5.4.5 구분적 선형함수에 의한 근사

결론이 나지 않은 결과들을 채택하고 있다(증명은 참고문헌에 있는 Bartle의 ERA, pp. 169–172에서 볼 수 있다).

연습문제 5.4

1. 함수 $f(x) := 1/x$이 a가 양의 상수인 집합 $A := [a, \infty)$에서 균등연속임을 보여라.

2. 함수 $f(x) := 1/x^2$이 $A := [1, \infty)$에서는 균등연속이지만 $B := (0, \infty)$에서는 균등연속이 아님을 보여라.

3. 불균등연속성 판정법 5.4.2를 이용하여 다음 함수들이 주어진 집합에서 균등연속이 아님을 보여라.

(a) $f(x) := x^2$, $A := [0, \infty)$ (b) $g(x) := \sin(1/x)$, $B := (0, \infty)$

4. $x \in \mathbb{R}$에 대한 함수 $f(x) := 1/(1 + x^2)$이 $\mathbb{R}$에서 균등연속임을 보여라.

5. f와 g가 $\mathbb{R}$의 부분집합 A에서 균등연속이면 $f + g$도 A에서 균등연속임을 보여라.

6. f와 g가 $A \subseteq \mathbb{R}$에서 균등연속이고 둘 다 A에서 유계이면 곱 fg도 A에서 균등연속임을 보여라.

7. $f(x) := x$이고 $g(x) := \sin x$이면, f와 g는 모두 $\mathbb{R}$에서 균등연속이지만 곱 fg는 $\mathbb{R}$에서 균등연속이 아님을 보여라.

8. f와 g가 각각 $\mathbb{R}$에서 균등연속이면 합성함수 $f \circ g$도 $\mathbb{R}$에서 균등연속임을 증명하여라.

9. f가 $A \subseteq \mathbb{R}$에서 균등연속이고 모든 $x \in A$에 대하여 $|f(x)| \geq k > 0$이면 $1/f$도 A에서 균등연속임을 보여라.

10. f가 $\mathbb{R}$의 유계인 부분집합 A에서 균등연속이면, f는 A에서 유계임을 증명하여라.

11. $x \in [0, 1]$에 대하여 $g(x) := \sqrt{x}$이면 모든 $x \in [0, 1]$에 대하여 $|g(x)| \leq K|x|$이 되는 상수 K가 존재하지 않음을 보여라. 균등연속인 g가 $[0, 1]$에서 Lipschitz 함수가 아님을 추정하여라.

12. f가 $[0, \infty)$에서 연속이고 어떤 양의 상수 a에 대하여 $[a, \infty)$에서 균등연속이면, f는 $[0, \infty)$에서 균등연속임을 보여라.

13. $A \subseteq \mathbb{R}$라 하고 $f : A \to \mathbb{R}$가 "각 $\varepsilon > 0$에 대하여 $g_\varepsilon : A \to \mathbb{R}$이 A에서 균등연속이고 모든 $x \in A$에 대하여 $|f(x) - g_\varepsilon(x)| < \varepsilon$이 되는 함수 g_ε이 존재한다"는 성질을 갖는다고 가정하자. f가 A에서 균등연속임을 증명하여라.

14. $f : \mathbb{R} \to \mathbb{R}$를 함수라 하자. 모든 $x \in \mathbb{R}$에 대하여 $f(x + p) = f(x)$가 되는 수 $p > 0$가 존재하면, f는 $\mathbb{R}$에서 **주기적이다**(periodic)라고 한다. $\mathbb{R}$에서 연속인 주기함수는 유

계이고 $\mathbb{R}$에서 균등연속임을 증명하여라.

15. f와 g를 A에서 Lipschitz 함수라 하자.

(a) 합 $f+g$ 또한 A에서 Lipschitz 함수임을 보여라.

(b) f와 g가 A에서 유계이면 곱 fg가 A에서 Lipschitz 함수임을 보여라.

(c) 함수의 제곱 f^2이 Lipschitz 함수가 아닌 $[0,\infty)$에서 Lipschitz 함수 f의 예를 들어라.

16. 임의의 $\varepsilon > 0$에 대하여 $\Sigma|x_k - y_k| < \delta$인 I의 서로 소인 부분구간들 $[x_k, y_k](k = 1, 2, \ldots, n)$에 대하여 $\Sigma|f(x_k) - f(y_k)| < \varepsilon$이 되는 $\delta > 0$가 존재하면, 함수 f는 I에서 절대연속이다(absolutely continuous)라고 한다. f가 I에서 Lipschitz 조건을 만족하면, f가 I에서 절대연속임을 보여라.

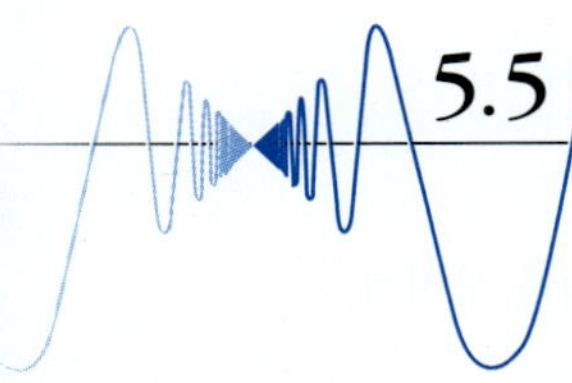

5.5 연속과 Gauge[†]

나중에, 특히 적분론에 관한 7장과 10장에서 사용할 몇 개의 개념을 지금 소개하려 한다. 하여튼 "gauge"의 개념을 지금 소개하고자 하는데, 이는 연속함수에 대한 공부와 관련이 있기 때문이다. 먼저 구간의 첨점분할에 대한 개념을 정의한다.

5.5.1 정의 구간 $I := [a, b]$의 **분할**(partition)은 합집합이 $[a, b]$인 서로 겹치지 않는 폐구간족 $\mathcal{P} = \{I_1, \ldots, I_n\}$이다. 보통

$$a = x_0 < \cdots < x_{i-1} < x_i < \cdots < x_n = b$$

일 때 구간을 $I_i := [x_{i-1}, x_i]$로 표기한다. 점 $x_i(i = 0, \ldots, n)$를 $\mathcal{P}$의 **분할점**(partition point)이라 한다. $i = 1, \ldots, n$에 대한 각 구간 I_i에서 점 t_i가 선택되면, 그 점 t_i를 **첨점**(tag)이라 하고 순서쌍의 집합

$$\dot{\mathcal{P}} = \{(I_1, t_1), \ldots, (I_n, t_n)\}$$

를 I의 **첨점분할**(tagged partition)이라 한다(점은 첨점을 포함하는 분할을 의미한다).

분할 P의 "미세함(fineness)"은 $\mathcal{P}$에 있는 모든 부분구간들의 길이와 관련이 있다. 모든 부분구간들의 길이가 어떤 특정한 양보다 작은 길이를 갖도록 요구하는 대신 $\mathcal{P}$에 있는 상이한 다른 부분구간들 I_i에 대한 미세정도를 다양화할 수 있도록 허용하는 것이 유용할 때가 종종 있다. 이를 달성하기 위하여 "gauge"를 이용하는데, 이제 정의한다.

[†]이 장을 처음 읽는 독자는 이 절을 생략할 수 있다.

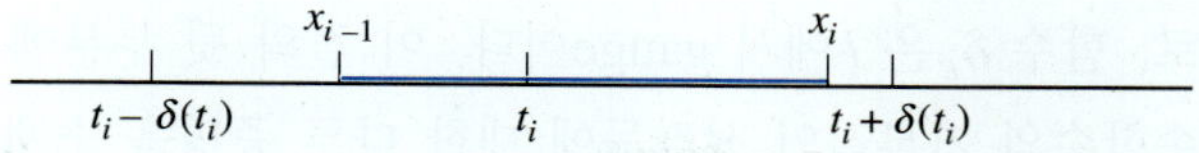

x_{i-1} x_i

$t_i - \delta(t_i)$ t_i $t_i + \delta(t_i)$

그림 5.5.1 포함관계 (1)

5.5.2 정의 I에서 **gauge**는 I에서 정의되는 순양의 함수이다. 만약 δ가 I에서 gauge일 때 $i = 1, \ldots, n$에 대하여

(1) $$t_i \in I_i \subseteq [t_i - \delta(t_i), t_i + \delta(t_i)]$$

이면, (첨점)분할 $\dot{\mathcal{P}}$는 **δ-미세하다**(fine)라고 한다.

δ-미세의 개념이 첨점을 포함하는 분할을 요구한다는 것에 주목하면, 이 경우 "첨점분할"이라고 말할 필요가 없다.

구간 I에서 gauge δ는 각 점 $t \in I$에 대하여 구간 $[t - \delta(t), t + \delta(t)]$를 지정한다. 분할 $\dot{\mathcal{P}}$의 δ-미세는 $\dot{\mathcal{P}}$의 각 부분구간 I_i가 그 부분구간에 대한 gauge δ와 첨점 t_i에 의하여 결정된 구간에 포함되도록 요구한다. 이는 (1)에 있는 포함관계에 의하여 지정된다. 그림 5.5.1을 보라. 부분구간의 길이 또한 gauge와 첨점들에 의하여 조정된다는 사실에 주목하여라. 다음 보조정리는 그러한 조정을 반영한다.

5.5.3 보조정리 $I := [a, b]$의 분할 $\dot{\mathcal{P}}$가 δ-미세하고 $x \in I$이면 $|x - t_i| \le \delta(t_i)$가 되는 첨점 t_i가 $\dot{\mathcal{P}}$에 존재한다.

증명 $x \in I$이면, $\dot{\mathcal{P}}$에는 x를 포함하는 부분구간 $[x_{i-1}, x_i]$가 존재한다. $\dot{\mathcal{P}}$가 δ-미세하므로

(2) $$t_i - \delta(t_i) \le x_{i-1} \le x \le x_i \le t_i + \delta(t_i)$$

이고, 따라서 $|x - t_i| \le \delta(t_i)$이다. Q.E.D.

Riemann 적분의 이론에서 분할의 미세함을 조정하기 위하여 상수함수인 gauge δ들을 이용할 것이고 일반 Riemann 적분의 이론에서는 상수가 아닌 gauge들을 이용하는 것이 필수적이다. 그러나 상수가 아닌 gauge 함수들은 연속함수들과 관련하여 매우 자연스럽게 나타난다. 이유는 $f : I \to \mathbb{R}$가 I에서 연속이라 하고 $\varepsilon > 0$이 주어졌다고 하자. 그러면 각 점 $t \in I$에 대하여 $|x - t| < \delta_\varepsilon(t)$이고 $x \in I$이면 $|f(x) - f(t)| < \varepsilon$이 되는 $\delta_\varepsilon(t) > 0$가 존재한다. δ_ε이 I에서 정의되고 순양이므

로, 함수 δ_ε은 I에서 gauge이다. 이 절의 뒷 부분에서 5.3절과 5.4절에서 다룬 연속함수의 기본적인 성질들에 대한 다른 증명을 소개하는 데 gauge와 연속성 사이의 관계를 이용할 것이다.

5.5.4 예 **(a)** δ와 γ가 $I := [a, b]$에서 gauge이고 모든 $x \in I$에 대하여 $0 < \delta(x) \le \gamma(x)$이면 δ-미세한 모든 분할 $\dot{\mathcal{P}}$ 또한 γ-미세하다. 이는 부등식

$$t_i - \gamma(t_i) \le t_i - \delta(t_i), \quad t_i + \delta(t_i) \le t_i + \gamma(t_i)$$

로부터 직접적으로 얻고, 따라서 $i = 1, \ldots, n$에 대하여 다음이 성립한다.

$$t_i \in [t_i - \delta(t_i), t_i + \delta(t_i)] \subseteq [t_i - \gamma(t_i), t_i + \gamma(t_i)].$$

(b) δ_1과 δ_2가 $I := [a, b]$에서 gauge이고 모든 $x \in I$에 대하여

$$\delta(x) := \min\{\delta_1(x), \delta_2(x)\}$$

이면, δ 역시 I에서 gauge이다. 더욱이 $\delta(x) \le \delta_1(x)$이므로 모든 δ-미세 분할은 δ_1-미세하다. 마찬가지로 모든 δ-미세 분할 또한 δ_2-미세하다.

(c) δ가 $I := [0, 1]$에서 다음과 같이 정의된다고 하자.

$$\delta(x) := \begin{cases} x = 0\text{이면} & \frac{1}{10} \\ 0 < x \le 1\text{이면} & \frac{1}{2}x. \end{cases}$$

그러면 δ는 $[0, 1]$에서 gauge이다. 만약 $0 < t \le 1$이면 $[t - \delta(t), t + \delta(t)] = \left[\frac{1}{2}t, \frac{3}{2}t\right]$이고, 이는 점 0을 포함하지 않는다. 따라서 $\dot{\mathcal{P}}$가 I의 δ-미세 분할이면 0을 포함하는 $\dot{\mathcal{P}}$의 유일한 부분구간은 그의 첨점으로 점 0을 가져야 한다.

(d) γ가 $I := [a, b]$에서 다음과 같이 정의된다고 하자.

$$\gamma(x) := \begin{cases} x = 0 \text{ 또는 } x = 1\text{이면} & \frac{1}{10} \\ 0 < x \le \frac{1}{2}\text{이면} & \frac{1}{2}x \\ \frac{1}{2} < x < 1\text{이면} & \frac{1}{2}(1 - x). \end{cases}$$

그러면 γ는 I에서 gauge이고, 0이나 1을 포함하는 임의의 γ-미세 분할에 있는 부분구간들은 첨점으로 이 점들을 가져야 함을 보이는 것은 연습문제이다. ■

δ-미세 분할의 존재

위의 예들에 비추어 임의의 gauge δ가 δ-미세 분할이 되게 한다는 것이 명백하지 않다. 이제 $\mathbb{R}$의 상한성을 이용하여 δ-미세 분할의 존재성을 설정한다. 연습문

제에서 축소구간 정리 2.5.2에 근거한 증명을 약술할 것이다.

5.5.5 정리 δ가 구간 $[a, b]$에서 정의된 gauge이면 $[a, b]$의 δ-미세 분할이 존재한다.

증명 E를 부분구간 $[a, x]$의 δ-미세 분할이 존재하는 모든 점들 $x \in [a, b]$의 집합이라 하자. $x \in [a, a + \delta(a)]$이고 $x \leq b$일 때 쌍 $([a, x], a)$는 구간 $[a, x]$의 δ-미세 분할이므로 집합 E는 공집합이 아니다. $E \subseteq [a, b]$이므로 집합 E 또한 유계이다. $u := \sup E$라 하면 $a < u \leq b$이다. $u \in E$이고 $u = b$임을 보일 것이다.

$u \in E$이기를 요구한다. $u - \delta(u) < u = \sup E$이므로 $u - \delta(u) < v < u$가 되는 $v \in E$가 존재한다. $\dot{\mathcal{P}}_1$을 $[a, v]$의 δ-미세 분할이라 하고 $\dot{\mathcal{P}}_2 := \dot{\mathcal{P}}_1 \cup ([v, u], u)$라 하자. 그러면 $\dot{\mathcal{P}}_2$는 $[a, u]$의 δ-미세 분할이고, 따라서 $u \in E$이다.

$u < b$이면, $u < w < u + \delta(u)$가 되는 $w \in [a, b]$라 하자. 만약 $\dot{\mathcal{Q}}_1$이 $[a, u]$의 δ-미세 분할이면 $\dot{\mathcal{Q}}_2 := \dot{\mathcal{Q}}_1 \cup ([u, w], u)$라 하자. 그러면 $\dot{\mathcal{Q}}_2$는 $[a, w]$의 δ-미세 분할이고, 따라서 $w \in E$이다. 그러나 이는 u가 E의 상계라는 가정에 모순이다. 그러므로 $u = b$이다. Q.E.D.

몇 가지 응용

이제 R. A. Gordon에 따라 (그의 월간지 기사를 보라) 앞의 두 절에 있는 몇 개의 주요한 정리들을 gauge를 이용하여 증명할 수 있음을 보일 것이다.

정리 5.3.2의 다른 증명: 유계성 정리. f가 I에서 연속이므로, 각 $t \in I$에 대하여 $x \in I$이고 $|x - t| \leq \delta(t)$이면 $|f(x) - f(t)| \leq 1$이 되는 $\delta(t) > 0$가 존재한다. 따라서 δ는 I에서 gauge이다. $\{(I_i, t_i)\}_{i=1}^n$를 I의 δ-미세 분할이라 하고 $K := \max\{|f(t_i)| : i = 1, \ldots, n\}$이라 하자. 보조정리 5.5.3에 의하면 주어진 임의의 $x \in I$에 대하여 $|x - t_i| \leq \delta(t_i)$인 i가 존재하고, 따라서

$$|f(x)| \leq |f(x) - f(t_i)| + |f(t_i)| \leq 1 + K$$

이다. $x \in I$는 임의이므로, f는 I에서 $1 + K$에 의하여 유계이다. Q.E.D.

정리 5.3.4의 다른 증명: 최대-최소 정리. x^*의 존재성을 증명할 것이다. $M := \sup\{f(x) : x \in I\}$이라 하고 모든 $x \in I$에 대하여 $f(x) < M$이라 가정하자. f는 I에서 연속이므로, 각 $t \in I$에 대하여 $x \in I$이고 $|x - t| \leq \delta(t)$이면 $f(x) < \frac{1}{2}(M + f(t))$가 되는 $\delta(t) > 0$가 존재한다. 따라서 δ는 I에서 gauge이고, $\{(I_i, t_i)\}_{i=1}^n$가 I에서 δ-미세 분할이면

$$\widetilde{M} := \tfrac{1}{2}\max\{M + f(t_1), \ldots, M + f(t_n)\}$$

으로 놓자. 보조정리 5.5.3에 의하면 주어진 임의의 $x \in I$에 대하여 $|x - t_i| \le \delta(t_i)$인 i가 존재하고, 따라서

$$f(x) < \tfrac{1}{2}(M + f(t_i)) \le \widetilde{M}$$

이다. $x \in I$는 임의이므로 $\widetilde{M}(< M)$이 I에서 f에 대한 상계가 되어, f의 상한으로서 M의 정의에 모순이다. Q.E.D.

정리 5.3.5의 다른 증명: 근의 위치정리. 모든 $t \in I$에 대하여 $f(t) \ne 0$이라 가정하자. f는 t에서 연속이므로, 연습문제 5.1.7에 의하여 $x \in I$이고 $|x - t| < \delta(t)$일 때 $f(t) < 0$이면 $f(x) < 0$이 되고 $f(t) > 0$이면 $f(x) > 0$이 되는 $\delta(t) > 0$가 존재한다. 그러면 δ는 I에서 gauge이고, $\{(I_i, t_i)\}_{i=1}^{n}$를 δ-미세 분할이라 하자. 각 i에 대하여 $x \in [x_{i-1}, x_i]$이면 $f(x) < 0$이거나 모든 그러한 값에 대하여 $f(x) > 0$임에 주목하라. $f(x_0) = f(a) < 0$이므로 $f(x_1) < 0$이고, 차례대로 하면 $f(x_2) < 0$이다. 이렇게 계속하여 $f(b) = f(x_n) < 0$를 얻는데, 이는 $f(b) > 0$이라는 가정에 모순이다. Q.E.D.

정리 5.4.3의 다른 증명: 균등연속성 정리. $\varepsilon > 0$이 주어졌다고 하자. f는 $t \in I$에서 연속이므로, $x \in I$이고 $|x - t| \le 2\delta(t)$이면 $|f(x) - f(t)| \le \frac{1}{2}\varepsilon$이 되는 $\delta(t) > 0$가 존재한다. 따라서 δ는 I에서 gauge이다. $\{(I_i, t_i)\}_{i=1}^{n}$가 I의 δ-미세 분할이면 $\delta_\varepsilon := \min\{\delta(t_1), \ldots, \delta(t_n)\}$이라 하자. 이제 $x, u \in I$이고 $|x - u| \le \delta_\varepsilon$이라 가정하고 $|x - t_i| \le \delta(t_i)$인 i를 선택하라.

$$|u - t_i| \le |u - x| + |x - t_i| \le \delta_\varepsilon + \delta(t_i) \le 2\delta(t_i)$$

이므로

$$|f(x) - f(u)| \le |f(x) - f(t_i)| + |f(t_i) - f(u)| \le \tfrac{1}{2}\varepsilon + \tfrac{1}{2}\varepsilon = \varepsilon$$

이다. 따라서 f는 I에서 균등연속이다. Q.E.D.

연습문제 5.5

1. δ를 $\delta(0) := \frac{1}{4}$이고 $t \in (0, 1]$에 대하여 $\delta(t) := \frac{1}{2}t$로 정의되는 $[0, 1]$에서 gauge라 하자.
 (a) $\dot{\mathcal{P}}_1 := \{([0, \frac{1}{4}], 0), ([\frac{1}{4}, \frac{1}{2}], \frac{1}{2}), ([\frac{1}{2}, 1], \frac{3}{4})\}$이 δ-미세함을 보여라.
 (b) $\dot{\mathcal{P}}_2 := \{([0, \frac{1}{4}], 0), ([\frac{1}{4}, \frac{1}{2}], \frac{1}{2}), ([\frac{1}{2}, 1], \frac{3}{5})\}$이 δ-미세하지 않음을 보여라.

2. δ_1을 $\delta_1(0) := \frac{1}{4}$이고 $t \in (0, 1]$에 대하여 $\delta_1(t) := \frac{3}{4}t$로 정의되는 gauge라 가정하자. 문제 1에서 주어진 분할들은 δ_1-미세한가? 모든 $t \in [0, 1]$에 대하여 $\delta(t) \le \delta_1(t)$임에 주목하라.

3. δ_2를 $\delta_2(0) := \frac{1}{10}$이고 $t \in (0, 1]$에 대하여 $\delta_2(t) := \frac{9}{10}t$로 정의되는 gauge라 가정하자. 문제 1에서 주어진 분할들은 δ_2-미세한가?

4. γ를 예 5.5.4(d)에 있는 gauge라 하자.

(a) $t \in \left(0, \frac{1}{2}\right]$이면 $[t - \gamma(t), t + \gamma(t)] = \left[\frac{1}{2}t, \frac{3}{2}t\right] \subseteq \left(0, \frac{3}{4}\right]$임을 보여라.

(b) $t \in \left(\frac{1}{2}, 1\right)$이면 $[t - \gamma(t), t + \gamma(t)] \subseteq \left(\frac{1}{4}, 1\right)$임을 보여라.

5. $a < c < b$라 하고 δ를 $[a, b]$에서 gauge라 하자. $\dot{\mathcal{P}}'$이 $[a, c]$의 δ-미세 분할이고 $\dot{\mathcal{P}}''$이 $[c, b]$의 δ-미세 분할이면, $\dot{\mathcal{P}}' \cup \dot{\mathcal{P}}''$이 c를 분할점으로 갖는 $[a, b]$의 δ-미세 분할임을 보여라.

6. $a < c < b$라 하고 δ'과 δ''을 각각 $[a, c]$와 $[c, b]$에서 gauge라 하자. δ가 $[a, b]$에서

$$\delta(t) := \begin{cases} t \in [a, c)\text{이면} & \delta'(t) \\ t = c\text{이면} & \min\{\delta'(c), \delta''(c)\} \\ t \in (c, b]\text{이면} & \delta''(t) \end{cases}$$

로 정의되면, δ는 $[a, b]$에서 gauge이다. 더욱이 $\dot{\mathcal{P}}'$이 $[a, c]$의 δ'-미세 분할이고 $\dot{\mathcal{P}}''$이 $[c, b]$의 δ''-미세 분할이면, $\dot{\mathcal{P}}' \cup \dot{\mathcal{P}}''$는 c를 분할점으로 갖는 $[a, b]$의 첨점분할이다. 왜 $\dot{\mathcal{P}}' \cup \dot{\mathcal{P}}''$가 δ-미세하지 않을 수도 있는지 설명하여라. 예를 들어라.

7. δ'과 δ''이 문제 6에서와 같고 δ^*가 다음과 같이 정의된다고 하자.

$$\delta^*(t) := \begin{cases} t \in [a, c)\text{이면} & \min\left\{\delta'(t), \frac{1}{2}(c - t)\right\} \\ t \quad c\text{이면} & \min\{\delta'(t), \delta''(c)\} \\ t \in (c, b]\text{이면} & \min\left\{\delta''(t), \frac{1}{2}(t - c)\right\} \end{cases}$$

δ^*가 $[a, b]$에서 gauge이고 c를 분할점으로 갖는 $[a, b]$의 모든 δ^*-미세 분할 $\dot{\mathcal{P}}$가 $\dot{\mathcal{P}} = \dot{\mathcal{P}}' \cup \dot{\mathcal{P}}''$이 되는 $[a, c]$의 δ'-미세 분할 $\dot{\mathcal{P}}'$과 $[c, b]$의 δ''-분할 $\dot{\mathcal{P}}''$을 생성함을 보여라.

8. δ를 $I := [a, b]$에서 gauge라 하고 I가 δ-미세 분할을 갖지 않는다고 가정하자.

(a) $c := \frac{1}{2}(a + b)$라 하자. 구간 $[a, c]$와 $[c, b]$의 적어도 하나는 δ-미세 분할을 갖지 않음을 보여라.

(b) I_n의 길이가 $(b - a)/2^n$이고 I_n이 δ-미세 분할을 갖지 않는 축소부분구간열 (I_n)을 구성해 보아라.

(c) $\xi \in \cap_{n=1}^{\infty} I_n$이라 하고 $(b - a)/2^p < \delta(\xi)$이 되는 $p \in \mathbb{N}$라 하자. $I_p \subseteq [\xi - \delta(\xi), \xi + \delta(\xi)]$임을 보이고, 따라서 쌍 (I_p, ξ)는 I_p의 δ-미세 분할이다.

9. $I := [a, b]$라 하고 $f : I \to \mathbb{R}$를 (반드시 연속은 아닌) 함수라 하자. f가 $I \cap [c - \delta(c),$

$c + \delta(c)]$에서 유계인 $\delta(c) > 0$가 존재하면, f는 $c \in I$에서 "국소적으로 유계이다(locally bounded)"라고 한다. f가 I의 모든 점에서 국소적으로 유계이면, f는 I에서 유계임을 증명하여라.

10. $I := [a, b]$이고 $f : I \to \mathbb{R}$라 하자. f가 $I \cap [c - \delta(c), c + \delta(c)]$에서 증가하는 $\delta(c) > 0$가 존재하면, f는 $c \in I$에서 "국소적으로 증가한다(locally increasing)"고 한다. f가 I의 모든 점에서 국소적으로 증가하면, f는 I에서 증가함을 증명하여라.

5.6 단조함수와 역함수

$A \subseteq \mathbb{R}$라 하자. $f : A \to \mathbb{R}$가 $x_1, x_2 \in A$이고 $x_1 \leq x_2$일 때 $f(x_1) \leq f(x_2)$를 만족하면, f는 **A에서 증가한다**(increasing on A)고 하였음을 상기하라. $x_1, x_2 \in A$이고 $x_1 < x_2$일 때 $f(x_1) < f(x_2)$이면, 함수 f는 **A에서 순증가한다**(strictly increasing on A)고 한다. 마찬가지로 $g : A \to \mathbb{R}$가 $x_1, x_2 \in A$이고 $x_1 \leq x_2$일 때 $g(x_1) \geq g(x_2)$가 되면, g는 **A에서 감소한다**(decreasing on A)고 한다. $x_1, x_2 \in A$이고 $x_1 < x_2$일 때 $g(x_1) > g(x_2)$이면, g는 **A에서 순감소한다**(strictly decreasing)고 한다.

함수가 A에서 증가하거나 감소하면, 그 함수는 A에서 **단조이다**(monotone)라고 한다. 만약 f가 A에서 순증가하거나 순감소하면, f는 A에서 **순단조이다**(strictly monotone)라고 한다.

$f : A \to \mathbb{R}$가 A에서 증가하면 $g := -f$는 A에서 감소하고, 마찬가지로 $\varphi : A \to \mathbb{R}$가 A에서 감소하면 $\psi := -\varphi$는 A에서 증가함에 주목하라.

이 절에서는 구간 $I \subseteq \mathbb{R}$에서 정의되는 단조함수를 다룰 것이다. 분명히 증가함수를 논할 것이지만, 감소함수들에 대해서도 대응되는 결과들이 존재함은 명백하다. 이 결과들을 증가함수에 대한 결과들로부터 직접적으로 얻거나 유사한 논의로 증명할 수 있다.

단조함수가 반드시 연속은 아니다. 예를 들어 $x \in [0, 1]$에 대하여 $f(x) := 0$이고 $x \in (1, 2]$에 대하여 $f(x) := 1$이면, f는 $[0, 2]$에서 증가하지만 $x = 1$에서 연속은 아니다. 그러나 다음의 결과는 단조함수가 정의역의 끝점이 아닌 모든 점에서 항상 두 편측극한을(정의 4.3.1을 보라) $\mathbb{R}$에서 갖는다는 것을 보여준다.

5.6.1 정리 $I \subseteq \mathbb{R}$를 구간이라 하고 $f : I \to \mathbb{R}$가 I에서 증가한다고 하자. $c \in I$가 I의 끝점이 아니라고 가정하자. 그러면 다음이 성립한다.

(i) $\lim_{x \to c-} f = \sup\{f(x) : x \in I, x < c\}$이다.

(ii) $\lim_{x \to c+} f = \inf\{f(x) : x \in I, x > c\}$이다.

증명 (i) 먼저 $x \in I$이고 $x < c$이면 $f(x) \le f(c)$임에 주목하라. 따라서 c가 I의 끝점이 아니므로, 공집합이 아닌 집합 $\{f(x) : x \in I, x < c\}$는 $f(c)$에 의하여 위로 유계이다. 그러므로 지정한 상한이 존재하고, 이를 L로 표기한다. $\varepsilon > 0$이 주어지면 $L - \varepsilon$은 이 집합의 상계가 아니다. 따라서 $L - \varepsilon < f(y_\varepsilon) \le L$이 되는 $y_\varepsilon \in I$, $y_\varepsilon < c$이 존재한다.

f가 증가하므로, $\delta_\varepsilon := c - y_\varepsilon$이고 $0 < c - y < \delta_\varepsilon$이면 $y_\varepsilon < y < c$가 되어

$$L - \varepsilon < f(y_\varepsilon) \le f(y) \le L$$

이다. 그러므로 $0 < c - y < \delta_\varepsilon$일 때 $|f(y) - L| < \varepsilon$이다. $\varepsilon > 0$은 임의이므로 (i)이 성립한다.

(ii)의 증명도 유사하다. Q.E.D.

다음 결과는 f가 정의되는 구간의 끝점이 아닌 점 c에서 증가하는 함수 f의 연속성에 대한 판정법을 제공해 준다.

5.6.2 따름정리 $I \subseteq \mathbb{R}$를 구간이라 하고 $f : I \to \mathbb{R}$가 I에서 증가한다고 하자. 또한 $c \in I$가 I의 끝점이 아니라고 가정하자. 그러면 다음 명제들은 동치이다.

(a) f가 c에서 연속이다.

(b) $\lim_{x \to c-} f = f(c) = \lim_{x \to c+} f$이다.

(c) $\sup\{f(x) : x \in I, x < c\} = f(c) = \inf\{f(x) : x \in I, x > c\}$이다.

이는 정리 4.3.3과 5.6.1로부터 쉽게 얻는다. 자세한 것은 독자에게 맡긴다.

I를 구간이라 하고 $f : I \to \mathbb{R}$를 증가함수라 하자. a가 I의 왼쪽 끝점이면, f가 a에서 연속이기 위한 필요충분조건은

$$f(a) = \inf\{f(x) : x \in I, a < x\},$$

또는 $f(a) = \lim_{x \to a+} f$임을 보이는 것은 연습문제이다. 유사한 조건을 오른쪽 끝점에서, 그리고 감소함수에 대해서도 적용할 수 있다.

$f : I \to \mathbb{R}$가 I에서 증가하고 c가 I의 끝점이 아니면, **c에서 f의 도약**(jump of f at c)을 $j_f(c) := \lim_{x \to c+} f - \lim_{x \to c-} f$로 정의한다(그림 5.6.1을 보라). 정리 5.6.1로부터 증가함수에 대하여

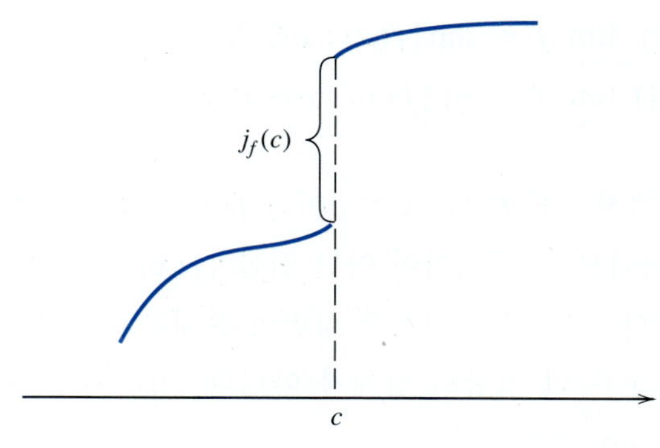

그림 5.6.1 c에서 f의 도약

$$j_f(c) = \inf\{f(x) : x \in I,\ x > c\} - \sup\{f(x) : x \in I,\ x < c\}$$

이다. 만약 I의 왼쪽 끝점 a가 I에 속하면, **a에서 f의 도약**(jump of f at a)을 $j_f(a) := \lim_{x \to a+} f - f(a)$로 정의한다. 또 I의 오른쪽 끝점 b가 I에 속하면, **b에서 f의 도약**(jump of f at b)을 $j_f(b) := f(b) - \lim_{x \to b-} f$로 정의한다.

5.6.3 정리 $I \subseteq \mathbb{R}$를 구간이라 하고 $f : I \to \mathbb{R}$가 I에서 증가한다고 하자. $c \in I$이면, f가 c에서 연속이기 위한 필요충분조건은 $j_f(c) = 0$이다.

증명 c가 끝점이 아니면 이는 직접적으로 따름정리 5.6.2에 의한다. $c \in I$가 I의 왼쪽 끝점이면 f가 c에서 연속이기 위한 필요충분조건은 $f(c) = \lim_{x \to c+} f$이고, 이는 $j_f(c) = 0$과 동치이다. 오른쪽 끝점의 경우에도 유사한 내용을 적용한다. Q.E.D.

이제 단조함수가 불연속이 되는 점들의 집합은 기껏해야 가산임을 보인다.

5.6.4 정리 $I \subseteq \mathbb{R}$를 구간이라 하고 $f : I \to \mathbb{R}$를 I에서 단조함수라 하자. 그러면 f가 불연속이 되는 점들의 집합 $D \subseteq I$는 가산집합이다.

증명 f가 I에서 증가한다고 가정하자. 정리 5.6.3에 의하여 $D = \{x \in I : j_f(x) \neq 0\}$이다. 유계폐구간인 $I := [a, b]$의 경우를 고찰할 것이고 임의의 구간인 경우는 독자에게 맡긴다.

먼저 f가 증가하므로 모든 $c \in I$에 대하여 $j_f(c) \geq 0$임에 주목한다. 더욱이 $a \leq x_1 < \cdots < x_n \leq b$이면

(1) $$f(a) \leq f(a) + j_f(x_1) + \cdots + j_f(x_n) \leq f(b)$$

이고(왜?), 따라서

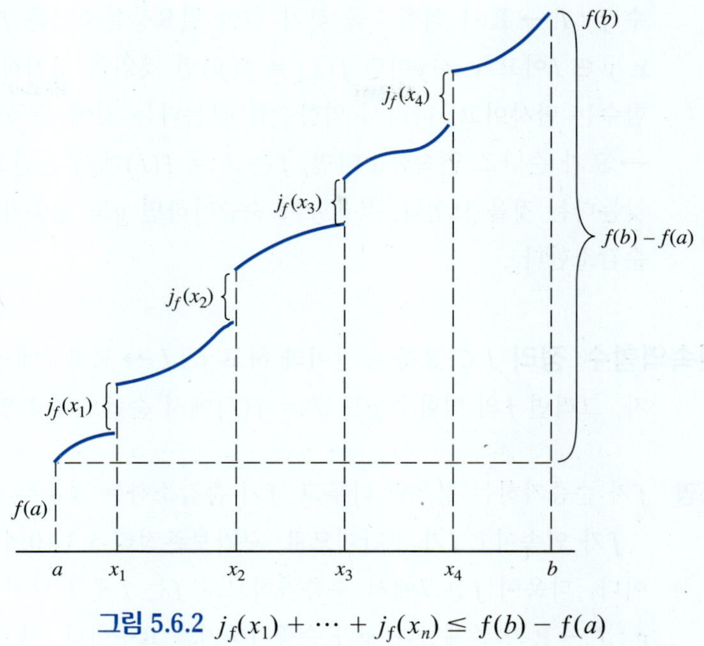

그림 5.6.2 $j_f(x_1) + \cdots + j_f(x_n) \leq f(b) - f(a)$

$$j_f(x_1) + \cdots + j_f(x_n) \leq f(b) - f(a)$$

이다(그림 5.6.2를 보라). 그러므로 $j_f(x) \geq (f(b) - f(a))/k$일 때 $I = [a, b]$에는 많아야 k개의 점이 존재할 수 있다. $j_f(x) = f(b) - f(a)$일 때 많아야 한 점 $x \in I$가 존재하고 $j_f(x) \geq (f(b) - f(a))/2$인 점은 I에 많아야 두 점이, $j_f(x) \geq (f(b) - f(a))/3$인 점은 I에 많아야 세 점이 존재하고, 그렇게 계속한다. 그러므로 $j_f(x) > 0$일 때 점 x들의 집합은 기껏해야 가산이다. 그러나 D의 모든 점이 이 집합에 포함되어야 하므로 D는 가산집합이다. Q.E.D.

정리 5.6.4의 유익한 활용이 몇 개 있다. 예를 들어 $h : \mathbb{R} \to \mathbb{R}$가 모든 $x, y \in \mathbb{R}$에 대하여 항등식

$$h(x + y) = h(x) + h(y) \tag{2}$$

를 만족하고 h가 한 점 x_0에서 연속이면, h는 $\mathbb{R}$의 모든 점에서 연속임을 연습문제 5.2.12에서 보였다. 따라서 h가 (2)를 만족하는 단조함수이면, h는 $\mathbb{R}$에서 연속이어야 한다. [이것으로부터 $C := h(1)$일 때 모든 $x \in \mathbb{R}$에 대하여 $h(x) = Cx$가 된다.]

역함수

이제 구간 $I \subseteq \mathbb{R}$에서 연속인 함수에 대한 역함수의 존재성을 다룰 것이다. 함

수 $f : I \to \mathbb{R}$가 역함수를 갖기 위한 필요충분조건은 f가 단사($= 1 - 1$)인, 즉 $x, y \in I$이고 $x \neq y$이면 $f(x) \neq f(y)$인 것임을 상기하라(1.1절을 보라). 순단조함수는 단사이고, 따라서 역함수를 갖는다는 것에 주목한다. 다음 정리에서 $f : I \to \mathbb{R}$가 순단조 **연속**함수이면, f는 $J := f(I)$에서 순단조이고 연속인 역함수 g를 갖는다는 것을 보인다. 특히 f가 순증가하면 g도 순증가하고 f가 순감소하면 g도 순감소한다.

5.6.5 연속역함수 정리 $I \subseteq \mathbb{R}$를 구간이라 하고 $f : I \to \mathbb{R}$를 I에서 순단조인 연속함수라 하자. 그러면 f의 역함수 g도 $J := f(I)$에서 순단조이고 연속이다.

증명 f가 순증가하는 경우만 다루고, f가 순감소하는 경우는 독자에게 맡긴다.

f가 연속이고 I가 구간이므로, 구간보존정리 5.3.10에 의하여 $J := f(I)$는 구간이다. 더욱이 f는 I에서 순증가하므로 f는 I에서 단사이고, 따라서 f의 역함수 $g : J \to \mathbb{R}$가 존재한다. g가 순증가하기를 요구한다. 사실 $y_1 < y_2$인 $y_1, y_2 \in J$이면, 어떤 $x_1, x_2 \in I$에 대하여 $y_1 = f(x_1)$이고 $y_2 = f(x_2)$이다. $x_1 < x_2$이어야 한다. 그렇지 않으면 $x_1 \geq x_2$이고 $y_1 = f(x_1) \geq f(x_2) = y_2$가 되어 $y_1 < y_2$라는 가정에 모순이다. 따라서 $g(y_1) = x_1 < x_2 = g(y_2)$이다. y_1과 y_2는 $y_1 < y_2$인 J의 임의의 원소이므로 g는 J에서 순증가한다.

g가 J에서 연속임을 보이는 것이 남았다. 그러나 이것은 $g(J) = I$가 구간이라는 사실의 결과이다. 사실 g가 한 점 $c \in J$에서 불연속이면 c에서 g의 도약은 0이 아니므로 $\lim_{y \to c-} g < \lim_{y \to c+} g$이다. $\lim_{x \to c-} g < x < \lim_{x \to c+} g$를 만족하는 임의의 수 $x \neq g(c)$를 택하면, x는 임의의 $y \in J$에 대하여 $x \neq g(y)$인 성질을 갖는다(그림 5.6.3을 보

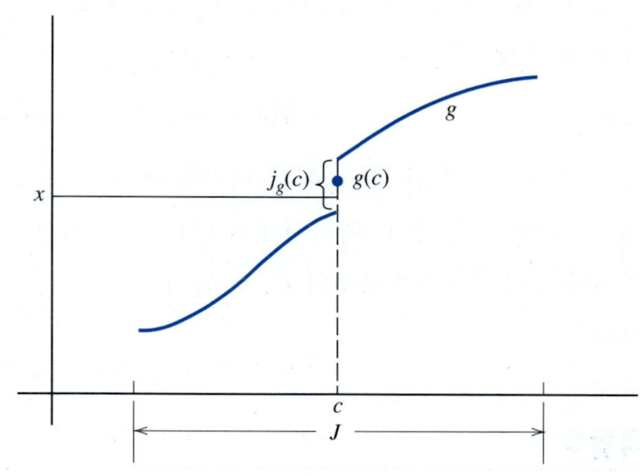

그림 5.6.3 $y \in J$에 대하여 $g(y) \neq x$

라). 따라서 $x \notin I$이고, 이는 I가 구간이라는 사실에 모순이다. 그러므로 g는 J에서 연속이다. Q.E.D.

n제곱근함수

연속역함수 정리 5.6.5를 n제곱함수에 적용할 것이다. (i) n이 짝수와 (ii) n이 홀수인 두 경우로 구분할 필요가 있다.

(i) n이 **짝수**인 경우. 순단조인 함수를 얻기 위하여 관심을 구간 $I := [0, \infty)$로 제한한다. 그러면 $x \in I$에 대하여 $f(x) := x^n$이라 하자(그림 5.6.4를 보라). (연습문제 2.1.23에서) $0 \le x < y$이면 $f(x) = x^n < y^n = f(y)$임을 보였고, 따라서 f는 I에서 순증가한다. 더구나 예 5.2.3(a)에 의하여 f는 I에서 연속이다. 그러므로 구간보존정리 5.3.10에 의하여 $J := f(I)$는 구간이다. $J = [0, \infty)$임을 보일 것이다. $y \ge 0$를 임의의 수라 하면, Archimedes의 성질에 의하여 $0 \le y < k$가 되는 $k \in \mathbb{N}$가 존재한다.

$$f(0) = 0 \le y < k \le k^n = f(k)$$

이므로, Bolzano의 중간값 정리 5.3.7에 의하여 $y \in J$이다. $y \ge 0$는 임의이므로 $J = [0, \infty)$임을 추론한다.

연속역함수 정리 5.6.5에 의하여 $I = [0, \infty)$에서 $f(x) = x^n$의 역함수 g는 $J = [0, \infty)$에서 순증가하고 연속이다(n이 짝수일 때). $x \ge 0$에 대하여 보통

$$g(x) = x^{1/n} \quad \text{또는} \quad g(x) = \sqrt[n]{x}$$

으로 쓰고 $x^{1/n} = \sqrt[n]{x}$을 $x \ge 0$의 **n제곱근**(nth root of $x \ge 0$)(n: 짝수)이라 한다. 함수 g를 **n제곱근함수**(nth root function)(n: 짝수)라 한다(그림 5.6.5를 보라).

g는 f의 역함수이므로, 모든 $x \in [0, \infty)$에 대하여

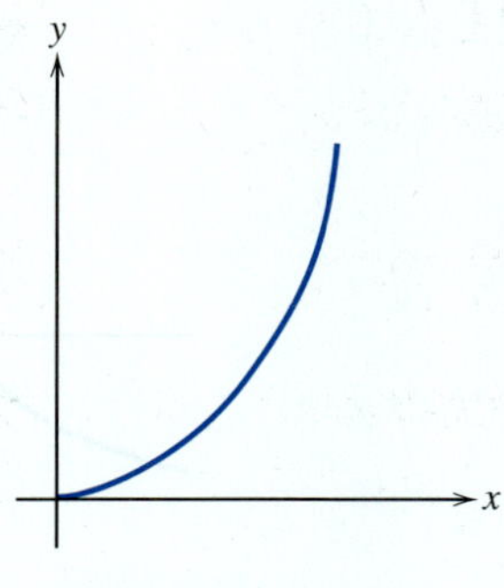

그림 5.6.4 $f(x) = x^n$ ($x \ge 0$, n: 짝수)의 그래프

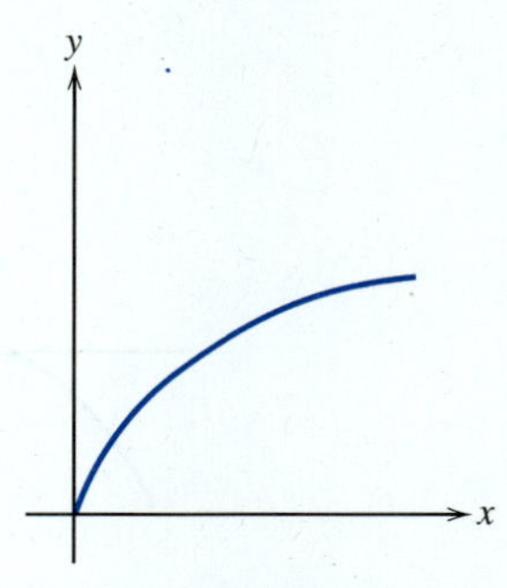

그림 5.6.5 $g(x) = x^{1/n}$ ($x \ge 0$, n: 짝수)의 그래프

$$g(f(x)) = x \quad \text{와} \quad f(g(x)) = x$$

가 된다. 이 식을 모든 $x \in [0, \infty)$와 짝수 n에 대하여 다음과 같이 쓸 수 있다.

$$(x^n)^{1/n} = x, \quad (x^{1/n})^n = x.$$

(ii) n이 **홀수**인 경우. 이 경우 모든 $x \in \mathbb{R}$에 대하여 $F(x) := x^n$이라 하자. 5.2.3(a)에 의하여 F는 $\mathbb{R}$에서 연속이다. F가 $\mathbb{R}$에서 순증가하고 $F(\mathbb{R}) = \mathbb{R}$임을 보이는 것은 독자에게 맡긴다(그림 5.6.6을 보라).

연속역함수 정리 5.6.5에 의하여 $x \in \mathbb{R}$에 대한 $F(x) = x^n$의 역함수 G는 $\mathbb{R}$에서 순증가하고 연속이다. $x \in \mathbb{R}$와 홀수 n에 대하여 보통

$$G(x) = x^{1/n} \quad \text{또는} \quad G(x) = \sqrt[n]{x}$$

으로 쓰고 $x^{1/n}$을 $x \in \mathbb{R}$의 **n제곱근**(nth root of $x \in \mathbb{R}$)이라 한다. 함수 G를 **n제곱근함수**(nth root function)(n: 홀수)라 한다(그림 5.6.7을 보라). 모든 $x \in \mathbb{R}$와 홀수 n에 대하여 다음이 성립한다.

$$(x^n)^{1/n} = x, \quad (x^{1/n})^n = x.$$

유리수 거듭제곱

이제 n제곱근함수들을 $n \in \mathbb{N}$에 대하여 정의하였으므로 유리수 거듭제곱을 정의하기는 쉽다.

5.6.6 정의 **(i)** $m, n \in \mathbb{N}$이고 $x \geq 0$이면 $x^{m/n} := (x^{1/n})^m$으로 정의한다.
(ii) $m, n \in \mathbb{N}$이고 $x > 0$이면 $x^{-m/n} := (x^{1/n})^{-m}$으로 정의한다.

따라서 r이 유리수이고 $x > 0$일 때 x^r을 정의하였다. $x \mapsto x^r$의 그래프는 $r > 1$,

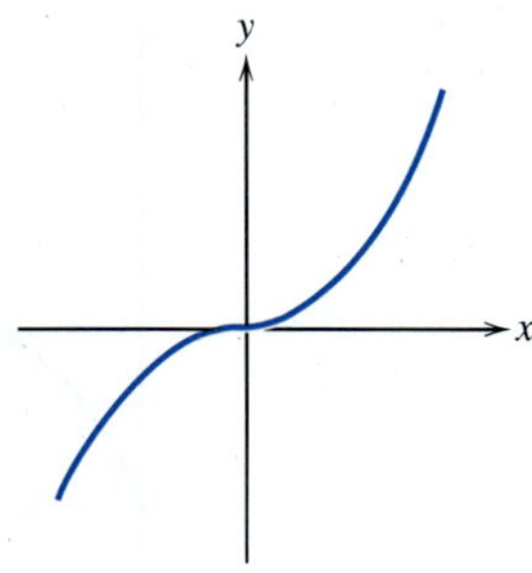

그림 5.6.6 $F(x) = x^n$ ($x \in \mathbb{R}$, n: 홀수)의 그래프

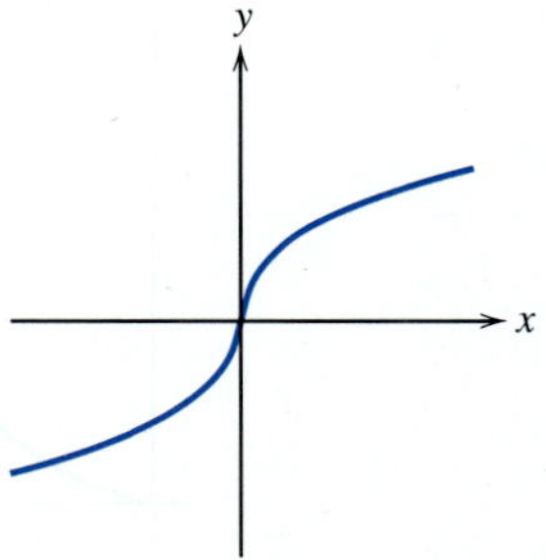

그림 5.6.7 $G(x) = x^{1/n}$ ($x \in \mathbb{R}$, n: 홀수)의 그래프

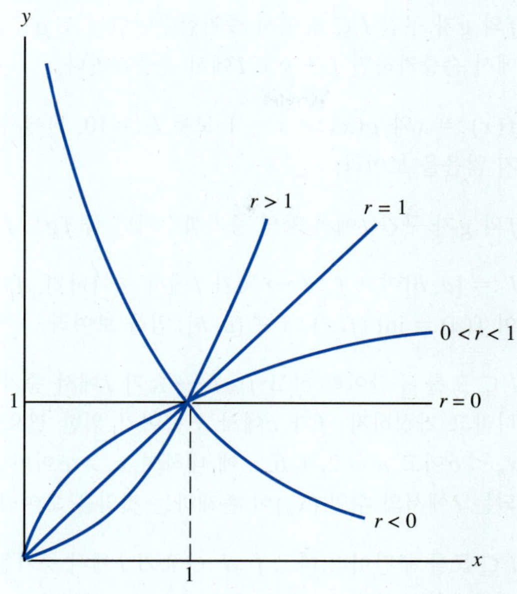

그림 5.6.8 $x \to x^r$ $(x \geq 0)$의 그래프

$r = 1$, $0 < r < 1$, $r = 0$, 또는 $r < 0$에 따라 달라진다(그림 5.6.8을 보라). 유리수 $r \in \mathbb{Q}$을 $m \in \mathbb{Z}$, $n \in \mathbb{N}$에 대하여 $r = m/n$인 여러 형태로 쓸 수 있으므로 정의 5.6.6이 모호하지 않음을 보여야 한다. 즉 $m, p \in \mathbb{Z}$과 $n, q \in \mathbb{N}$에 대하여 $r = m/n = p/q$이고 $x > 0$이면 $(x^{1/n})^m = (x^{1/q})^p$이다. 이 관계의 설정은 독자에게 연습문제로 넘긴다.

5.6.7 정리 $m \in \mathbb{Z}$, $n \in \mathbb{N}$이고 $x > 0$이면 $x^{m/n} = (x^m)^{1/n}$이다.

증명 $x > 0$이고 $m, n \in \mathbb{Z}$이면 $(x^m)^n = x^{mn} = (x^n)^m$이다. 이제 $y := x^{m/n} = (x^{1/n})^m > 0$이라 하면 $y^n = ((x^{1/n})^m)^n = ((x^{1/n})^n)^m = x^m$이다. 따라서 $y = (x^m)^{1/n}$이다. Q.E.D.

또한 독자는 연습문제로 $x > 0$이고 $r, s \in \mathbb{Q}$일 때

$$x^r x^s = x^{r+s} = x^s x^r \quad \text{이고} \quad (x^r)^s = x^{rs} = (x^s)^r$$

임을 보여야 한다.

연습문제 5.6

1. $I := [a, b]$가 구간이고 $f : I \to \mathbb{R}$가 증가함수이면, 점 a[또는 b]는 I에서 f에 대한 최소[또는 최대]점이다. f가 순증가하면, a는 I에서 f에 대한 유일한 최소점이다.

2. f와 g가 구간 $I \subseteq \mathbb{R}$에서 증가함수이면 $f + g$도 I에서 증가함수임을 보여라. 또 f가 I에서 순증가하면 $f + g$도 I에서 순증가한다.

3. $f(x) := x$와 $g(x) := x - 1$ 모두 $I := [0, 1]$에서 순증가하지만 곱 fg는 I에서 증가하지 않음을 보여라.

4. f와 g가 구간 I에서 양의 증가함수이면 곱 fg도 I에서 증가함을 보여라.

5. $I := [a, b]$이고 $f : I \to \mathbb{R}$가 I에서 증가하면, f가 a에서 연속이기 위한 필요충분조건이 $f(a) = \inf\{f(x) : x \in (a, b]\}$임을 보여라.

6. $I \subseteq \mathbb{R}$를 구간이라 하고 $f : I \to \mathbb{R}$가 I에서 증가한다고 하자. $c \in I$가 I의 끝점이 아니라고 가정하자. f가 c에서 연속이기 위한 필요충분조건은 $n = 1, 3, 5, \ldots$에 대하여 $x_n < c$이고 $n = 2, 4, 6, \ldots$에 대하여 $x_n > c$이며 $c = \lim(x_n)$과 $f(c) = \lim(f(x_n))$이 되는 I에서의 수열 (x_n)이 존재하는 것임을 보여라.

7. $I \subseteq \mathbb{R}$를 구간이라 하고 $f : I \to \mathbb{R}$가 I에서 증가한다고 하자. c가 I의 끝점이 아니면, c에서 f의 도약 $j_f(c)$가 $\inf\{f(y) - f(x) : x < c < y, x, y \in I\}$으로 주어짐을 보여라.

8. f, g가 구간 $I \subseteq \mathbb{R}$에서 증가한다고 하고 모든 $x \in I$에 대하여 $f(x) > g(x)$라 하자. $y \in f(I) \cap g(I)$이면 $f^{-1}(y) < g^{-1}(y)$임을 보여라. [**힌트**: 먼저 이 내용을 기하학적으로 이해하여라.]

9. $I := [0, 1]$이라 하고 $f : I \to \mathbb{R}$가 유리수 x에 대하여 $f(x) := x$로, 무리수 x에 대하여 $f(x) := 1 - x$로 정의된다고 하자. f가 I에서 단사이고 모든 $x \in I$에 대하여 $f(f(x)) = x$임을 보여라. (따라서 f는 그 자신의 역함수이다.) f가 단 한 점 $x = \frac{1}{2}$에서 연속임을 보여라.

10. $I := [a, b]$라 하고 $f : I \to \mathbb{R}$가 I에서 연속이라 하자. f가 I의 내점 c에서 최대값[또는 최소값]을 가지면, f는 I에서 단사함수가 아님을 보여라.

11. $x \in [0, 1]$에 대하여 $f(x) := x$이고 $x \in (1, 2]$에 대하여 $f(x) := 1 + x$라 하자. f와 f^{-1}가 순증가함을 보여라. f와 f^{-1}가 모든 점에서 연속인가?

12. $f : [0, 1] \to \mathbb{R}$를 어떠한 함수값도 두 번 취하지 않는 $f(0) < f(1)$인 연속함수라 하자. f가 $[0, 1]$에서 순증가함을 보여라.

13. $h : [0, 1] \to \mathbb{R}$가 각각의 함수값들을 정확히 두 번씩 취한다고 하자. h는 모든 점에서 연속이 될 수 없음을 보여라. [**힌트**: $c_1 < c_2$를 h가 상한이 되는 점들이라 하고 $c_1 = 0$, $c_2 = 1$임을 보여라. 이제 h가 하한이 되는 점들을 조사하라.]

14. $x \in \mathbb{R}$, $x > 0$라 하자. $m, p \in \mathbb{Z}$, $n, q \in \mathbb{N}$이고 $mq = np$이면 $(x^{1/n})^m = (x^{1/q})^p$임을 보여라.

15. $x \in \mathbb{R}$, $x > 0$이고 $r, s \in \mathbb{Q}$이면, $x^r x^s = x^{r+s} = x^s x^r$이고 $(x^r)^s = x^{rs} = (x^s)^r$임을 보여라.

Chapter 6

미분

17세기 이전에는 곡선을 일반적으로 기하학적인 조건을 만족하는 점들의 궤적으로 기술하였고 접선을 기하학적인 작도를 통하여 구하였다. 이러한 관점은 1630년대에 René Descartes(1596-1650)와 Pierre de Fermat(1601-1665)에 의한 해석기하학의 창시로 인해 극적으로 변하였다. 이러한 새로운 환경에서 기하학적인 문제들을 대수적 표현으로 수정하였고 새로운 곡선족들을 기하학적 조건보다는 대수적인 조건으로 정의하였다. 도함수의 개념도 이러한 새로운 환경에서 서서히 발전하였다. 접선을 구하는 문제와 외견상으로는 관계가 없어 보이는 최대값 또는 최소값을 구하는 문제가 서로 연관이 있다는 것을 1630년대에 Fermat가 처음으로 보였다. 그리고 곡선에 대한 접선과 움직이는 입자의 속도와의 관계를 1660년대 말 Isaac Newton이 발견하였다. 극한의 직관적인 개념에 기초한 Newton의 "유율(fluxions)"론은 일단 용어와 기호들을 조금 바꾸기만 하면 미분을 공부하는 요즈음 학생들에게도 친숙할 것이다. 그러나 Newton과 1960년대에 Gottfried Leibniz에 의하여 독자적으로 창안된 결정적인 관찰은 곡선 아래의 면적을 미분과정의 역으로 계산할 수 있다는 것이었다. 이전에는 어려웠던 면적 문제를 쉽게 푼 이러한 흥미로운 기술은 당시의 수학자들 사이에 대단한 관심을 불러일으켰고 미분학과 적분학으로 알려지게 된 연접이론을 이끌어 내었다.

이 장에서는 미분의 이론을 발전시킬 것이다. 미적분과 관련한 기본정리를 포함한 적분 이론이 다음 장의 주제가 될 것이다. 초등 미적분학 과정에서 기술했던 것으로서 함수의 도함수에 대한 기하학적이고 물리학적인 설명에 대하여 이미 독자들이 잘 알고 있다고 가정할 것이다. 따라서 도함수의 수학적 측면에 집중할 것이고 기하학, 물리학, 경제학 등에 대한 응용으로는 들어가지 않을 것이다.

첫 번째 절을 함수의 미분과 관련한 기초적인 결과들을 소개하는 데 할애한다. 6.2절에서는 중요한 평균값 정리와 이의 응용에 대하여 조금 논한다. 6.3절에서는 특정한 형태의 "부정형"에 대한 극한의 계산을 위한 중요한 L'Hospital의 법칙을 소개한다.

6.4절에서는 Taylor 정리의 간단한 논의와 이에 대한 약간의 활용–예를 들면, 볼록함수와 근의 위치에 관한 Newton의 방법–을 간단히 논한다.

Isaac Newton

Isaac Newton(1642–1727)은 영국 링컨셔의 울스도프에서 크리스마스 날에 태어났으며 농부였던 아버지는 그가 태어나기 3개월 전에 이미 세상을 떠났다. 3살 때 그의 어머니는 재혼하였고 Newton은 할머니에게로 브내졌다. 11살에 어머니에게로 돌아와 다음 해에 그랜트햄의 공립 초등학교에 입학했다. 다행히도 통찰력 있는 선생님이 그의 수학적 재능에 주목하였고 1661년 Newton은 캠브리지 대학교의 트리니티 칼리지에 들어가 Isaac Barrow에게 배웠다.

1665–1666년 선(腺)페스트가 강타하였을 때 런던에서 70,000명에 가까운 사람이 세상을 떠났고 대학은 문을 닫았으며 Newton은 울스도프로 돌아가 2년을 보냈다. 이 기간 동안 그는 광학, 인력, 그리고 나중에 "미적분학"으로 불리는 "유율"법에 관한 기초적인 개념을 공식화하였다. 1667년 캠브리지로 돌아왔으며 1669년 Lucas 교수로 임명되었다. 만유인력과 행성운동에 관한 그의 이론들을 **자연철학의 수학적 원리**(*Philosophies Naturalis Principia Mathematica*)라는 제하로 1687년 발표하였으며 세계가 환호하였다. 그러나 그는 넓이를 구하는 역접선법과 미적분법의 다른 연구들의 발표에 게을렀고, 이것이 Leibniz와 우선권에 관한 논쟁을 불러왔다.

병약했던 그는 캠브리지 대학에서 물러났으며 1696년 영국 조폐국의 임원에 임명되었다. 그러나 그는 과학과 수학의 발전에 계속 정진하였고 1703년부터 1727년 죽을 때까지 왕립협회의 회장으로 추대되었다. Newton의 장례식에서 그를 "역사상 최고의 천재"로 칭송하였다. 웨스트민스터 사원에 있는 그의 묘지는 인기 있는 관광명소이다.

6.1 도 함 수

이 절에서는 도함수에 관한 몇 개의 기초적인 성질들을 소개할 것이다. 함수에 대한 도함수의 정의로 시작한다.

6.1.1 정의 $I \subseteq \mathbb{R}$를 구간이라 하고 $f : I \to \mathbb{R}$라 하자. 그리고 $c \in I$라 하자. 주어진 임의의 $\varepsilon > 0$에 대하여 $x \in I$가 $0 < |x - c| < \delta(\varepsilon)$을 만족할 때

$$(1)\qquad \left|\frac{f(x)-f(c)}{x-c}-L\right|<\varepsilon$$

이 되는 $\delta(\varepsilon)>0$이 존재하면, 실수 L을 **c에서 f의 도함수**(derivative of f at c)라 한다. 이 경우 f는 c에서 **미분가능하다**(differentiable)하고 L을 $f'(c)$로 쓴다.

바꾸어 말하면 c에서 f의 도함수는 극한

$$(2)\qquad f'(c)=\lim_{x\to c}\frac{f(x)-f(c)}{x-c}$$

가 존재할 때, 이 극한으로 주어진다(c가 구간의 끝점일 때도 가능하다).

주의 (점 c가 단지 정의역의 원소인 동시에 정의역의 집적점이기만 하면 되므로) 구간보다 일반적인 정의역을 갖는 함수의 도함수를 정의할 수 있지만 개념의 의미는 당연히 구간에서 정의되는 함수에 대하여 가장 명백하다. 따라서 그러한 함수로 우리의 관심을 제한할 것이다.

점 $c\in I$에서 $f:I\to\mathbb{R}$의 도함수가 존재할 때마다 그의 값을 $f'(c)$로 표기한다. 이러한 방법으로 f의 정의역의 부분집합을 정의역으로 갖는 함수 f'을 얻는다. 함수 f'을 다룰 때, 이 역시 x의 함수로 생각하는 것이 편리하다. 예를 들어 $x\in\mathbb{R}$에 대하여 $f(x):=x^2$이면, $\mathbb{R}$의 임의의 점 c에서

$$f'(c)=\lim_{x\to c}\frac{f(x)-f(c)}{x-c}=\lim_{x\to c}\frac{x^2-c^2}{x-c}=\lim_{x\to c}(x+c)=2c$$

이다. 따라서 이 경우 함수 f'은 $\mathbb{R}$의 모든 점에서 정의되고 $x\in\mathbb{R}$에 대하여 $f'(x)=2x$이다.

이제 점 c에서 f의 연속성이 c에서 도함수의 존재성에 대한 (충분조건이 아닌) 필요조건임을 보인다.

6.1.2 정리 $f:I\to\mathbb{R}$가 $c\in I$에서 도함수를 가지면, f는 c에서 연속이다.

증명 모든 $x\in I$, $x\neq c$에 대하여

$$f(x)-f(c)=\left(\frac{f(x)-f(c)}{x-c}\right)(x-c)$$

이다. $f'(c)$가 존재하므로, 곱의 극한에 관한 정리 4.2.4를 이용하면

$$\lim_{x\to c}(f(x)-f(c)) = \lim_{x\to c}\left(\frac{f(x)-f(c)}{x-c}\right)\left(\lim_{x\to c}(x-c)\right)$$
$$= f'(c)\cdot 0 = 0$$

이다. 따라서 $\lim_{x \to c} f(x) = f(c)$가 되어 f는 c에서 연속이다. Q.E.D.

한 점에서 $f : I \to \mathbb{R}$의 연속성이 그 점에서 도함수의 존재성을 보장해 주지 않는다. 예를 들어 $x \in \mathbb{R}$에 대하여 $f(x) := |x|$이면 $x \neq 0$에 대하여 $(f(x) - f(0))/(x - 0) = |x|/x$이므로, $x > 0$이면 1이고 $x < 0$이면 -1이다. 따라서 0에서 극한이 존재하지 않으며[예 4.1.10(b)를 보라] 함수는 0에서 미분가능하지 않다. 따라서 점 c에서 연속성은 c에서 도함수가 존재하기 위한 충분조건이 아니다.

참고 $x \mapsto |x - c|$ 형태인 함수들을 간단히 대수적으로 결합하여 유한(또는 가산)개의 점에서 도함수를 갖지 않는 연속인 함수를 만들기는 어렵지 않다. 1872년 Karl Weierstrass는 모든 점에서 연속이지만 어떤 점에서도 도함수가 존재하지 않는 함수의 예를 소개하여 수학계를 놀라게 하였다. 그러한 함수는 곡선과 접선에 관한 기하학적 직관을 허용하지 않았고, 그 결과 실해석학의 개념으로 보다 깊이 있는 연구에 박차를 가하도록 하였다. 다음과 같이 급수로 정의된 함수 f가 앞에서 말한 성질을 가지고 있음을 보일 수 있다.

$$f(x) := \sum_{n=0}^{\infty} \frac{1}{2^n}\cos(3^n x).$$

이것과 연속이지만 미분가능하지 않는 함수의 다른 예들에 대한 매우 흥미로운 역사적 논의를 Kline의 저서 p.955–966과 역시 Hawkins의 저서 p.44–46에서 소개하고 있다. 약간 다른 예에 대한 상세한 증명을 부록 E에서 볼 수 있다.

다양하게 결합된 함수들의 도함수를 계산하는 데 매우 유용한 도함수의 기본적인 성질들이 있다. 이제 이 성질들의 일부를 정당화하는데, 이는 이전의 과정에서 독자들이 잘 알고 있을 것이다.

6.1.3 정리 $I \subseteq \mathbb{R}$를 구간이라 하고 $c \in I$라 하자. 그리고 $f : I \to \mathbb{R}$와 $g : I \to \mathbb{R}$를 c에서 미분가능함수라 하자.

(a) $\alpha \in \mathbb{R}$이면, 함수 αf는 c에서 미분가능하고 다음이 성립한다.

(3) $$(\alpha f)'(c) = \alpha f'(c).$$

(b) 함수 $f+g$는 c에서 미분가능하고 다음이 성립한다.

$$(f+g)'(c) = f'(c) + g'(c). \tag{4}$$

(c) (곱의 법칙) fg는 c에서 미분가능하고 다음이 성립한다.

$$(fg)'(c) = f'(c)g(c) + f(c)g'(c). \tag{5}$$

(d) (상의 법칙) $g(c) \neq 0$이면, 함수 f/g는 c에서 미분가능하고 다음이 성립한다.

$$\left(\frac{f}{g}\right)'(c) = \frac{f'(c)g(c) - f(c)g'(c)}{(g(c))^2}. \tag{6}$$

증명 (c)와 (d)를 증명하고 (a)와 (b)는 독자에게 연습문제로 넘긴다.

(c) $p := fg$라 하면 $x \in I$, $x \neq c$에 대하여 다음이 성립한다.

$$\begin{aligned}\frac{p(x)-p(c)}{x-c} &= \frac{f(x)g(x)-f(c)g(c)}{x-c} \\ &= \frac{f(x)g(x)-f(c)g(x)+f(c)g(x)-f(c)g(c)}{x-c} \\ &= \frac{f(x)-f(c)}{x-c}\cdot g(x) + f(c)\cdot\frac{g(x)-g(c)}{x-c}.\end{aligned}$$

g는 c에서 연속이므로, 정리 6.1.2에 의하여 $\lim_{x\to c} g(x) = g(c)$이다. f와 g가 c에서 미분가능하므로, 극한의 성질에 관한 정리 4.2.4로부터

$$\lim_{x\to c}\frac{p(x)-p(c)}{x-c} = f'(c)g(c) + f(c)g'(c)$$

임을 추론한다. 따라서 $p := fg$는 c에서 미분가능하고 (5)가 성립한다.

(d) $q := f/g$라 하자. g가 c에서 미분가능하므로 (정리 6.1.2에 의하여) 그 점에서 연속이다. 따라서 $g(c) \neq 0$이므로, 정리 4.2.9로부터 모든 $x \in J$에 대하여 $g(x) \neq 0$이고 $c \in J$인 구간 $J \subseteq I$가 존재함을 알고 있다. $x \in J$, $x \neq c$에 대하여

$$\begin{aligned}\frac{q(x)-q(c)}{x-c} &= \frac{f(x)/g(x)-f(c)/g(c)}{x-c} = \frac{f(x)g(c)-f(c)g(x)}{g(x)g(c)(x-c)} \\ &= \frac{f(x)g(c)-f(c)g(c)+f(c)g(c)-f(c)g(x)}{g(x)g(c)(x-c)} \\ &= \frac{1}{g(x)g(c)}\left[\frac{f(x)-f(c)}{x-c}\cdot g(c) - f(c)\cdot\frac{g(x)-g(c)}{x-c}\right]\end{aligned}$$

이다. c에서 g의 연속성과 c에서 f와 g의 미분가능성을 이용하여

$$q'(c) = \lim_{x\to c}\frac{q(x)-q(c)}{x-c} = \frac{f'(c)g(c)-f(c)g'(c)}{(g(c))^2}$$

를 얻는다. 따라서 $q = f/g$는 c에서 미분가능하고 식 (6)이 성립한다. Q.E.D.

다음과 같이 미분법칙들을 확장하기 위하여 수학적 귀납법을 이용할 수 있다.

6.1.4 따름정리 $f_1, f_2, \dots, f_n$이 구간 I에서 $\mathbb{R}$로의 함수이고 $c \in I$에서 미분가능하면:

(a) 함수 $f_1 + f_2 + \cdots + f_n$은 c에서 미분가능하고 다음이 성립한다.

(7) $$(f_1 + f_2 + \cdots + f_n)'(c) = f_1'(c) + f_2'(c) + \cdots + f_n'(c).$$

(b) 함수 $f_1 f_2 \cdots f_n$은 c에서 미분가능하고 다음이 성립한다.

(8) $$\begin{aligned}(f_1 f_2 \cdots f_n)'(c) &= f_1'(c) f_2(c) \cdots f_n(c) + f_1(c) f_2'(c) \cdots f_n(c)\\ &\quad + \cdots + f_1(c) f_2(c) \cdots f_n'(c).\end{aligned}$$

함수가 같으면 확장된 곱의 법칙 (8)에 대한 중요하고 특별한 경우가 발생한다. 즉 $f_1 = f_2 = \cdots = f_n = f$이면 (8)은 다음과 같이 된다.

(9) $$(f^n)'(c) = n(f(c))^{n-1} f'(c).$$

특히 $f(x) := x$를 취하면 $g(x) := x^n$의 도함수 $g'(x) = nx^{n-1}$, $n \in \mathbb{N}$을 구할 수 있다. 공식을 상의 법칙 6.1.3(d)를 적용하여 음의 정수까지 확장할 수 있다.

기호 $I \subseteq \mathbb{R}$가 구간이고 $f : I \to \mathbb{R}$이면, 정의역이 I의 부분집합이고 점 c에서 함수의 값이 c에서 f의 도함수 $f'(c)$인 함수를 표기하는 데 기호 f'을 사용하였다. f'을 대신하여 때때로 사용하는 다른 기호들이 있다. 예를 들면, f'을 종종 Df로 쓴다. 따라서 식 (4)와 (5)를 다음과 같이 쓸 수 있다.

$$D(f+g) = Df + Dg, \quad D(fg) = (Df)\cdot g + f\cdot(Dg).$$

x가 "독립변수"일 때 초등과정에서 f' 대신에 통상 df/dx로 쓴다. 따라서 식 (5)를 때때로 다음과 같은 형태로 쓸 수 있다.

$$\frac{d}{dx}(f(x)g(x)) = \left(\frac{df}{dx}(x)\right)g(x) + f(x)\left(\frac{dg}{dx}(x)\right).$$

Leibniz에 의한 마지막 기호는 어느 정도의 장점을 지니고 있다. 그러나 이는 단점도 갖고 있어 주의해서 사용해야 한다.

연쇄법칙

이제 "연쇄법칙(Chain rule)"으로 알려진 합성함수의 미분에 대한 정리로 돌아간다. 이는 g와 f의 도함수들로 합성함수 $g \circ f$의 도함수를 계산하는 공식을 제공한다.

연쇄법칙을 증명할 때 매우 유익한 방법을 제공해 주는 한 점에서 함수의 도함수에 관한 다음 정리를 먼저 수립한다. 또한 이를 역함수들의 미분에 대한 공식을 유도하는 데도 이용할 것이다.

6.1.5 Carathéodory의 정리 f가 점 c를 포함하는 구간 I에서 정의된다고 하자. 그러면 f가 c에서 미분가능하기 위한 필요충분조건은 c에서 연속이고 $x \in I$에 대하여 다음을 만족하는 I에서의 함수 φ가 존재하는 것이다.

(10) $$f(x) - f(c) = \varphi(x)(x - c).$$

이 경우 $\varphi(c) = f'(c)$이다.

증명 $(\Rightarrow)$ $f'(c)$가 존재하면 φ를 다음과 같이 정의할 수 있다.

$$\varphi(x) := \begin{cases} x \neq c, x \in I\text{에 대하여} & \dfrac{f(x) - f(c)}{x - c} \\ x = c\text{에 대하여} & f'(c). \end{cases}$$

φ의 연속성은 $\lim_{x \to c} \varphi(x) = f'(c)$라는 사실에 의한다. $x = c$일 때 (10)의 양변은 0인 반면, $x \neq c$일 때 $\varphi(x)$에 $x - c$를 곱하면 모든 다른 $x \in I$에 대하여 (10)이 된다.

$(\Leftarrow)$ 이제 c에서 연속이고 (10)을 만족하는 함수 φ가 존재한다고 가정하자. (10)을 $x - c \neq 0$로 나누면, φ의 연속성에 의하여

$$\varphi(c) = \lim_{x \to c} \varphi(x) = \lim_{x \to c} \frac{f(x) - f(c)}{x - c}$$

가 존재한다. 따라서 f는 c에서 미분가능하고 $f'(c) = \varphi(c)$이다. Q.E.D.

Carathéodory의 정리를 예증하기 위하여 $x \in \mathbb{R}$에 대하여 $f(x) := x^3$으로 정의되는 함수 f를 다룬다. $c \in \mathbb{R}$에 대하여 인수분해하면

$$x^3 - c^3 = (x^2 + cx + c^2)(x - c)$$

이고, $\varphi(x) := x^2 + cx + c^2$이 정리의 조건을 만족함을 알 수 있다. 따라서 f는

$c \in \mathbb{R}$에서 미분가능하고 $f'(c) = \varphi(c) = 3c^2$이라는 결론을 얻는다.

이제 연쇄법칙을 수립할 것이다. f가 c에서 미분가능하고 g가 $f(c)$에서 미분가능하면, 연쇄법칙은 c에서 합성함수 $g \circ f$의 도함수가 곱의 형태인 $(g \circ f)'(c) = g'(f(c)) \cdot f'(c)$라는 것이다. 이를 다음과 같이 쓸 수 있음에 주목하라.

$$(g \circ f)' = (g' \circ f) \cdot f'.$$

연쇄법칙에 대한 한 접근은 $f(x) \neq f(c)$일 때 차의 상을 다음과 같이 곱으로 쓸 수 있음을 관찰하는 것이다.

$$\frac{g(f(x)) - g(f(c))}{x - c} = \frac{g(f(x)) - g(f(c))}{f(x) - f(c)} \cdot \frac{f(x) - f(c)}{x - c}.$$

이는 정확한 극한값을 제시한다. 불행하게도 x의 값이 c 근처의 값일 때 분모 $f(x) - f(c)$가 0이면 우변에 있는 곱의 첫 번째 인자는 정의되지 않고, 이것이 문제를 일으킨다. 그러나 Carathéodory의 정리를 이용하면 이러한 어려움을 적절히 피할 수 있다.

6.1.6 연쇄법칙 I, J를 $\mathbb{R}$에서 구간이라 하고 $g : I \to \mathbb{R}$와 $f : J \to \mathbb{R}$를 $f(J) \subseteq I$인 함수라 하자. 또 $c \in J$라 하자. f가 c에서 미분가능하고 g가 $f(c)$에서 미분가능하면, 합성함수 $g \circ f$는 c에서 미분가능하고 다음이 성립한다.

$$(g \circ f)'(c) = g'(f(c)) \cdot f'(c). \tag{11}$$

증명 $f'(c)$가 존재하므로, Carathéodory의 정리 6.1.5에 의하여 φ는 c에서 연속이고 $x \in J$에 대하여 $f(x) - f(c) = \varphi(x)(x - c)$이며 $\varphi(c) = f'(c)$가 되는 함수 φ가 J에서 존재한다. 또한 $g'(f(c))$가 존재하므로, ψ는 $d := f(c)$에서 연속이고 $y \in I$에 대하여 $g(y) - g(d) = \psi(y)(y - d)$이며 $\psi(d) = g'(d)$가 되는 함수 ψ가 I에서 존재한다. $y = f(x)$와 $d = f(c)$로 치환하면 $f(x) \in I$가 되는 모든 $x \in J$에 대하여

$$g(f(x)) - g(f(c)) = \psi(f(x))(f(x) - f(c)) = [(\psi \circ f(x)) \cdot \varphi(x)](x - c)$$

가 된다. 함수 $(\psi \circ f) \cdot \varphi$가 c에서 연속이고 c에서 이의 값이 $g'(f(c)) \cdot f'(c)$가 되어, Carathéodory의 정리에 의하여 (11)이 된다. Q.E.D.

g가 I에서 미분가능하고 f가 J에서 미분가능하며 $f(J) \subseteq I$이면 연쇄법칙에 의하여 $(g \circ f)' = (g' \circ f) \cdot f'$이고, 이를 $D(g \circ f) = (Dg \circ f) \cdot Df$인 형태로도 쓸 수 있다.

6.1.7 예 **(a)** $f : I \to \mathbb{R}$가 I에서 미분가능하고 $y \in \mathbb{R}$와 $n \in \mathbb{N}$에 대하여 $g(y) := y^n$이면 $g'(y) = ny^{n-1}$이므로, 연쇄법칙 6.1.6에 의하면 $x \in I$에 대하여

$$(g \circ f)'(x) = g'(f(x)) \cdot f'(x)$$

이다. 따라서 (9)에서 보았듯이 모든 $x \in I$에 대하여 $(f^n)'(x) = n(f(x))^{n-1} f'(x)$를 얻는다.

(b) $f : I \to \mathbb{R}$가 I에서 미분가능하고 $x \in I$에 대하여 $f(x) \neq 0$이며 $f'(x) \neq 0$이라 가정하자. 만일 $y \neq 0$에 대하여 $h(y) := 1/y$이면, $y \in \mathbb{R}$, $y \neq 0$에 대하여 $h'(y) = -1/y^2$임을 보이는 것은 연습문제로 넘긴다. 따라서 $x \in I$에 대하여 다음을 얻는다.

$$\left(\frac{1}{f}\right)'(x) = (h \circ f)'(x) = h'(f(x))f'(x) = -\frac{f'(x)}{(f(x))^2}.$$

(c) 절대값 함수 $g(x) := |x|$은 모든 $x \neq 0$에서 미분가능하고 $x \neq 0$에 대하여 도함수로 $g'(x) := \operatorname{sgn}(x)$를 갖는다(부호함수를 예 4.1.10(b)에서 정의하였다). 비록 sgn이 모든 곳에서 정의되지만 $g'(0)$가 존재하지 않으므로, 이는 $x = 0$에서 g'과 같지 않다.

이제 f가 미분가능함수이면, 연쇄법칙에 의하여 함수 $g \circ f = |f|$ 역시 $f(x) \neq 0$인 모든 점 x에서 미분가능하고 도함수는 다음과 같이 주어진다.

$$|f|'(x) = \operatorname{sgn}(f(x)) \cdot f'(x) = \begin{cases} f(x) > 0\text{이면} & f'(x) \\ f(x) < 0\text{이면} & -f'(x). \end{cases}$$

만약 f가 $f(c) = 0$인 점 c에서 미분가능하면, $|f|$이 c에서 미분가능하기 위한 필요충분조건은 $f'(c) = 0$임을 보이는 것은 연습문제이다(연습문제 7을 보라).

예를 들어 $x \in \mathbb{R}$에 대하여 $f(x) := x^2 - 1$이면, 이의 절대값 함수 $|f|(x) = |x^2 - 1|$의 도함수는 $x \neq 1, -1$에 대하여 $|f|'(x) = \operatorname{sgn}(x^2 - 1) \cdot (2x)$이다. $|f|$의 그래프는 그림 6.1.1을 보라.

(d) 모든 $x \in \mathbb{R}$에 대하여 $S(x) := \sin x$이고 $C(x) := \cos x$이면, 모든 $x \in \mathbb{R}$에 대하여

$$S'(x) = \cos x = C(x), \quad C'(x) = -\sin x = -S(x)$$

가 성립함을 나중에 증명할 것이다. $x \neq (2k+1)\pi/2$, $k \in \mathbb{Z}$에 대하여

$$\tan x := \frac{\sin x}{\cos x}, \quad \sec x := \frac{1}{\cos x}$$

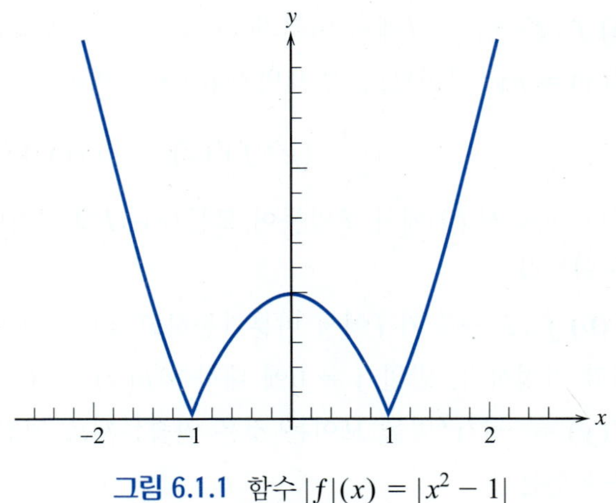

그림 6.1.1 함수 $|f|(x) = |x^2 - 1|$

로 정의된 것에 위의 사실과 상의 법칙 6.1.3(d)를 적용하면, $x \neq (2k+1)\pi/2$, $k \in \mathbb{Z}$에 대하여 다음을 얻는다.

$$D\tan x = \frac{(\cos x)(\cos x) - (\sin x)(-\sin x)}{(\cos x)^2} = (\sec x)^2,$$
$$D\sec x = \frac{0 - 1(-\sin x)}{(\cos x)^2} = \frac{\sin x}{(\cos x)^2} = (\sec x)(\tan x).$$

마찬가지로 $x \neq k\pi$, $k \in \mathbb{Z}$에 대하여

$$\cot x := \frac{\cos x}{\sin x}, \qquad \csc x := \frac{1}{\sin x}$$

이므로, $x \neq k\pi$, $k \in \mathbb{Z}$에 대하여 다음을 얻는다.

$$D\cot x = -(\csc x)^2, \quad D\csc x = -(\csc x)(\cot x).$$

(e) f가 다음과 같이 정의된다고 하자.

$$f(x) := \begin{cases} x \neq 0\text{에 대하여} & x^2\sin(1/x) \\ x = 0\text{에 대하여} & 0. \end{cases}$$

모든 $x \in \mathbb{R}$에 대하여 $D\sin x = \cos x$라는 사실을 이용하고, 곱의 법칙 6.1.3(c)와 연쇄법칙 6.1.6을 적용하면 $x \neq 0$에 대하여 다음을 얻는다(왜?).

$$f'(x) = 2x\sin(1/x) - \cos(1/x).$$

$x = 0$이면 적용할 계산법칙이 없다(왜?). 따라서 $x = 0$에서 f의 도함수는 도함수의 정의를 이용하여 다음과 같이 구하여야 한다.

$$f'(0) = \lim_{x\to 0}\frac{f(x)-f(0)}{x-0} = \lim_{x\to 0}\frac{x^2\sin(1/x)}{x} = \lim_{x\to 0} x\sin(1/x) = 0.$$

따라서 모든 $x \in \mathbb{R}$에서 f의 도함수 f'이 존재한다. 그러나 함수 f'은 $x = 0$에서 극한을 갖지 않고(왜?), 따라서 f'은 $x = 0$에서 불연속이다. 그러므로 $\mathbb{R}$에 속하는 모든 점에서 미분가능함수 f가 연속인 도함수 f'을 가질 필요는 없다. ■

역 함 수

이제 한 함수의 역함수가 존재할 때, 그 함수의 도함수와 역함수의 도함수와의 관계를 다룰 것이다. 우리의 관심을 연속인 순단조함수로 제한할 것이며, 연속인 역함수의 존재를 보장하기 위하여 연속역함수 정리 5.6.5를 이용할 것이다.

f가 구간 I에서 연속인 순단조함수이면, 이의 역함수 $g = f^{-1}$은 구간 $J := f(I)$에서 정의되고 $x \in I$에 대하여 다음 관계를 만족한다.

$$g(f(x)) = x.$$

$c \in I$이고 $d := f(c)$이며 만약 $f'(c)$와 $g'(d)$가 존재한다는 것을 알면 식의 양변을 미분할 수 있고, 좌변에 연쇄법칙을 적용하여 $g'(f(c)) \cdot f'(c) = 1$을 얻는다. 따라서 $f'(c) \neq 0$이면 다음을 얻는다.

$$g'(d) = \frac{1}{f'(c)}.$$

그러나 그러한 계산을 행하기 전에 f의 미분가능성을 가정하는 것으로부터 역함수 g의 미분가능성을 추론하는 것이 필요하다. 이는 Carathéodory의 정리를 이용하면 너끈히 해결된다.

6.1.8 정리 I를 $\mathbb{R}$에서 구간이라 하고 $f : I \to \mathbb{R}$가 I에서 순단조이고 연속이라 하자. $J := f(I)$라 하고 $g : J \to \mathbb{R}$를 f의 순단조이고 연속인 역함수라 하자. f가 $c \in I$에서 미분가능하고 $f'(c) \neq 0$이면, g는 $d := f(c)$에서 미분가능하고 다음이 성립한다.

$$g'(d) = \frac{1}{f'(c)} = \frac{1}{f'(g(d))}. \tag{12}$$

증명 주어진 $c \in \mathbb{R}$에 대하여, Carathéodory의 정리 6.1.5로부터 c에서 연속이고 $x \in I$에 대하여 $f(x) - f(c) = \varphi(x)(x - c)$이며 $\varphi(c) = f'(c)$인 성질을 갖는 I에서의 함수 φ를 얻는다. 가정에 의하여 $\varphi(c) \neq 0$이므로, 모든 $x \in V \cap I$에 대하여 $\varphi(x) \neq 0$

이 되는 근방 $V := (c - \delta, c + \delta)$가 존재한다(정리 4.2.9를 보라). $U := f(V \cap I)$이면 역함수 g는 모든 $y \in U$에 대하여 $f(g(y)) = y$를 만족하고, 따라서

$$y - d = f(g(y)) - f(c) = \varphi(g(y)) \cdot (g(y) - g(d))$$

이다. $y \in U$에 대하여 $\varphi(g(y)) \neq 0$이므로 나눌 수 있어 다음을 얻는다.

$$g(y) - g(d) = \frac{1}{\varphi(g(y))} \cdot (y - d).$$

함수 $1/(\varphi \circ g)$이 d에서 연속이므로, 정리 6.1.5를 적용하여 $g'(d)$가 존재하고 $g'(d) = 1/\varphi(g(d)) = 1/\varphi(c) = 1/f'(c)$이라는 결론을 얻는다. Q.E.D.

주의 정리 6.1.8의 가정 $f'(c) \neq 0$은 필수적이다. 사실 $f'(c) = 0$이면, 역함수 g는 **결코** $d = f(c)$에서 미분가능하지 **않다**. 그 이유는 $g'(d)$의 존재를 가정한 것이 $1 = f'(c)g'(d) = 0$을 유도하게 되는데, 이는 불가능하기 때문이다. $c = 0$일 때 함수 $f(x) := x^3$이 그러한 예이다.

6.1.9 정리 I를 구간이라 하고 $f : I \to \mathbb{R}$를 I에서 순단조함수라고 하자. 그리고 $J := f(I)$라 하고 $g : J \to \mathbb{R}$를 f의 역함수라 하자. f가 I에서 미분가능하고 $x \in I$에 대하여 $f'(x) \neq 0$이면, g는 J에서 미분가능하고 다음이 성립한다.

$$g' = \frac{1}{f' \circ g}. \tag{13}$$

증명 f가 I에서 미분가능하면, 정리 6.1.2에 의하여 f는 I에서 연속이고 연속역함수 정리 5.6.5에 의하여 역함수 g는 J에서 연속이다. 이제 식 (13)은 정리 6.1.8에 의한다. Q.E.D.

참고 f와 g가 정리 6.1.9에 있는 함수이고 $x \in I$와 $y \in J$가 $y = f(x)$이고 $x = g(y)$인 관계에 있으면 식 (13)을 $y \in J$ 또는 $x \in I$에 대하여 다음과 같이 쓸 수 있다.

$$g'(y) = \frac{1}{(f' \circ g)(y)}, \quad (g' \circ f)(x) = \frac{1}{f'(x)}.$$

또한 x와 y가 $y = f(x)$이고 $x = g(y)$인 관계를 염두에 두면 이 식은 $g'(y) = 1/f'(x)$로 쓸 수 있다.

6.1.10 예 **(a)** $f(x) := x^5 + 4x + 3$으로 정의된 함수 $f : \mathbb{R} \to \mathbb{R}$는 연속이고 (이 함수는 두

개의 순단조증가하는 함수들의 합이므로) 순단조증가한다. 더구나 $f'(x) = 5x^4 + 4$는 결코 0이 아니다. 따라서 정리 6.1.8에 의하여 역함수 $g = f^{-1}$은 모든 점에서 미분가능하다. 만약 $c = 1$을 취하면, $f(1) = 8$이므로 $g'(8) = g'(f(1)) = 1/f'(1) = 1/9$을 얻는다.

(b) $n \in \mathbb{N}$이 짝수이고 $I := [0, \infty)$이며 $x \in I$에 대하여 $f(x) := x^n$이라 하자. 5.6절의 끝에서 f는 I에서 순증가하고 연속임을 보였고, 따라서 $y \in J := [0, \infty)$에 대한 역함수 $g(y) := y^{1/n}$ 또한 J에서 순증가하고 연속이다. 더욱이 모든 $x \in I$에 대하여 $f'(x) = nx^{n-1}$이다. 따라서 $y > 0$이면 $g'(y)$가 존재하고

$$g'(y) = \frac{1}{f'(g(y))} = \frac{1}{n(g(y))^{n-1}} = \frac{1}{ny^{(n-1)/n}}$$

이다. 그러므로 $y > 0$에 대하여 다음이 된다.

$$g'(y) = \frac{1}{n}y^{(1/n)-1}.$$

그러나 g는 0에서 미분가능하지 않다(f와 g의 그래프에 대하여 그림 5.6.4와 5.6.5를 보라).

(c) $n \in \mathbb{N}$을 $n \neq 1$인 홀수라 하고 $x \in \mathbb{R}$에 대하여 $F(x) := x^n$이며, $G(y) := y^{1/n}$을 모든 $y \in \mathbb{R}$에서 정의되는 F의 역함수라 하자. (b)에서와 같이 $y \neq 0$에 대하여 G는 미분가능하고 $y \neq 0$에 대하여 $G'(y) = (1/n)y^{(1/n)-1}$이 됨을 알 수 있다. 그러나 비록 G가 모든 $y \neq 0$에 대하여 미분가능할지라도 G는 0에서 미분가능하지 않다(F와 G의 그래프에 대하여 그림 5.6.6과 5.6.7을 보라).

(d) $r := m/n$이 양의 유리수이고 $I := [0, \infty)$이며 $x \in I$에 대하여 $R(x) := x^r$이라 하자(정의 5.6.6을 상기하라). 그러면 R은 $x \in I$에 대하여 함수 $f(x) := x^m$과 함수 $g(x) := x^{1/n}$의 합성이다. 즉 $x \in I$에 대하여 $R(x) = f(g(x))$이다. 연쇄법칙 6.1.6과 (b)의 [또는 (c) n이 짝수냐 또는 홀수냐에 따라 좌우되는] 결과를 적용하면 모든 $x > 0$에 대하여 다음을 얻는다.

$$\begin{aligned} R'(x) &= f'(g(x))g'(x) = m\left(x^{1/n}\right)^{m-1} \cdot \frac{1}{n}x^{(1/n)-1} \\ &= \frac{m}{n}x^{(m/n)-1} = rx^{r-1}. \end{aligned}$$

만약 $r > 1$이면, $x = 0$에서 도함수가 존재하고 $R'(0) = 0$임을 보이는 것은 연습문제이다(R의 그래프에 대하여 그림 5.6.8을 보라).

(e) sine 함수는 구간 $I := [-\pi/2, \pi/2]$에서 순증가하고, 따라서 Arcsin으로 표기

하게 될 역함수가 $J := [-1, 1]$에서 존재한다. 즉 $x \in [-\pi/2, \pi/2]$이고 $y \in [-1, 1]$이면, $y = \sin x$이기 위한 필요충분조건은 $\text{Arcsin}\, y = x$이다. 예 6.1.7(d)에서 sin은 I에서 미분가능하고 $x \in I$에 대하여 $D \sin x = \cos x$임을 (증명 없이) 주장하였다. $(-\pi/2, \pi/2)$에 있는 x에 대하여 $\cos x \neq 0$이므로, 정리 6.1.8로부터 모든 $y \in (-1, 1)$에 대하여 다음을 얻는다.

$$\begin{aligned} D \,\text{Arcsin}\, y &= \frac{1}{D \sin x} = \frac{1}{\cos x} \\ &= \frac{1}{\sqrt{1-(\sin x)^2}} = \frac{1}{\sqrt{1-y^2}}. \end{aligned}$$

Arcsin의 도함수는 점 -1과 1에서 존재하지 않는다. ■

연습문제 6.1

1. 정의를 이용하여 다음 함수의 각각에 대한 도함수를 구하여라.

(a) $f(x) := x^3 \; (x \in \mathbb{R})$　　(b) $g(x) := 1/x \; (x \in \mathbb{R}, x \neq 0)$

(c) $h(x) := \sqrt{x} \; (x > 0)$　　(d) $k(x) := 1/\sqrt{x} \; (x > 0)$

2. $f(x) := x^{1/3}$, $x \in \mathbb{R}$이 $x = 0$에서 미분가능하지 않음을 보여라.

3. 정리 6.1.3(a), (b)를 증명하여라.

4. $f : \mathbb{R} \to \mathbb{R}$가 유리수 x에 대하여 $f(x) := x^2$으로, 무리수 x에 대하여 $f(x) := 0$으로 정의된다고 하자. f가 $x = 0$에서 미분가능함을 보이고 $f'(0)$을 구하여라.

5. 미분하여 간단히 하라.

(a) $f(x) := \dfrac{x}{1+x^2}$　　(b) $g(x) := \sqrt{5-2x+x^2}$

(c) $h(x) := (\sin x^k)^m \; (m, k \in \mathbb{N})$　　(d) $k(x) := \tan(x^2) \; (|x| < \sqrt{\pi/2})$

6. $n \in \mathbb{N}$이라 하고 $f : \mathbb{R} \to \mathbb{R}$가 $x \geq 0$에 대하여 $f(x) := x^n$으로, $x < 0$에 대하여 $f(x) := 0$으로 정의된다고 하자. n의 어떤 값에 대하여 f'이 0에서 연속인가? n의 어떤 값에 대하여 f'이 0에서 미분가능한가?

7. $f : \mathbb{R} \to \mathbb{R}$가 c에서 미분가능하고 $f(c) = 0$이라 가정하자. $g(x) := |f(x)|$이 c에서 미분가능하기 위한 필요충분조건이 $f'(c) = 0$임을 보여라.

8. 다음과 같은 $\mathbb{R}$에서 $\mathbb{R}$로의 함수 각각이 어디에서 미분가능한지 결정하고 도함수를 구하여라.

(a) $f(x) := |x| + |x+1|$　　(b) $g(x) := 2x + |x|$

(c) $h(x) := x|x|$ (d) $k(x) := |\sin x|$

9. f가 **우함수**(even function)[즉 모든 $x \in \mathbb{R}$에 대하여 $f(-x) = f(x)$]이고 모든 점에서 도함수를 가지면, 도함수 f'이 **기함수**(odd function)[즉 모든 $x \in \mathbb{R}$에 대하여 $f'(-x) = -f'(x)$]가 됨을 증명하여라. 또 $g : \mathbb{R} \to \mathbb{R}$가 미분가능한 기함수이면 g'이 우함수임을 증명하여라.

10. $g : \mathbb{R} \to \mathbb{R}$가 $x \neq 0$에 대하여 $g(x) := x^2 \sin(1/x^2)$로, 그리고 $g(0) := 0$으로 정의된다고 하자. g가 모든 $x \in \mathbb{R}$에 대하여 미분가능함을 보여라. 또 도함수 g'이 구간 $[-1, 1]$에서 유계가 아님을 보여라.

11. $x > 0$에 대하여 $L'(x) = 1/x$이 되는 함수 $L : (0, \infty) \to \mathbb{R}$이 존재한다고 가정하자. 다음 함수의 도함수를 구하여라.

(a) $f(x) := L(2x + 3)\ (x > 0)$ (b) $g(x) := (L(x^2))^3\ (x > 0)$
(c) $h(x) := L(ax)\ (a > 0,\ x > 0)$ (d) $k(x) := L(L(x))\ (L(x) > 0,\ x > 0)$

12. $r > 0$이 유리수이면 $f : \mathbb{R} \to \mathbb{R}$가 $x \neq 0$에 대하여 $f(x) := x^r \sin(1/x)$로, 그리고 $f(0) := 0$으로 정의된다고 하자. $f'(0)$이 존재하기 위한 r의 값들을 결정하여라.

13. $f : \mathbb{R} \to \mathbb{R}$가 $c \in \mathbb{R}$에서 미분가능하면 다음을 보여라.

$$f'(c) = \lim(n\{f(c + 1/n) - f(c)\}).$$

그러나 이 수열의 극한은 존재하지만 $f'(c)$가 존재하지 않음을 예로 들어라.

14. $x \in \mathbb{R}$에 대한 함수 $h(x) := x^3 + 2x + 1$이 $\mathbb{R}$에서 역함수 h^{-1}을 가지면, $x = 0, 1, -1$에 대응하는 점들에서 $(h^{-1})'(y)$의 값을 구하여라.

15. $I := [0, \pi]$로 cosine 함수 cos의 축소함수는 순감소하고 $\cos 0 = 1$, $\cos \pi = -1$이므로, $J := [-1, 1]$이라 하고 Arccos: $J \to \mathbb{R}$을 I로 cos의 축소함수에 대한 역함수라 하자. 그러면 Arccos이 $(-1, 1)$에서 미분가능함과 $y \in (-1, 1)$에 대하여 $D\,\mathrm{Arccos}\, y = (-1)/(1 - y^2)^{1/2}$임을 보여라. Arccos이 -1과 1에서 미분가능하지 않음을 보여라.

16. $I := (-\pi/2, \pi/2)$로 함수 tan의 축소함수는 순증가하고 $\tan(I) = \mathbb{R}$이므로, Arctan: $\mathbb{R} \to \mathbb{R}$를 I로 tan의 축소함수에 대한 역함수라 하자. Arctan가 $\mathbb{R}$에서 미분가능함과 $y \in \mathbb{R}$에 대하여 $D\,\mathrm{Arctan}(y) = (1 + y^2)^{-1}$임을 보여라.

17. $f : I \to \mathbb{R}$가 $c \in I$에서 미분가능하다고 하자. "주어진 $\varepsilon > 0$에 대하여 $u, v \in I$가 $c - \delta(\varepsilon) < u \le c \le v < c + \delta(\varepsilon)$을 만족하면 $|f(v) - f(u) - (v - u)f'(c)| \le \varepsilon(v - u)$이 되는 $\delta(\varepsilon) > 0$이 존재한다"는 **Straddle의 보조정리**를 설정하여라. [힌트: $\delta(\varepsilon)$은 정의 6.1.1로 주어진다. 좌변에서 $f(c) - cf'(c)$를 빼고 더하여 삼각부등식을 이용하라.]

6.2 평균값 정리

함수의 값들과 도함수의 값들이 관계하는 평균값 정리는 실해석학에서 가장 중요한 결과의 하나이다. 이 절에서는 이 중요한 정리를 설정하고, 이의 많은 결과들 중 몇 가지를 선별하여 다룬다.

함수의 극값과 이의 도함수의 값들 사이의 관계를 알아보는 것으로 시작한다. 모든 $x \in V \cap I$에 대하여 $f(x) \le f(c)$[또는 $f(c) \le (x)$]가 되는 c의 근방 $V := V_\delta(c)$가 존재하면, 함수 $f : I \to \mathbb{R}$는 $c \in I$에서 **극대값**(relative maximum)[또는 **극소값**(relative minimum)]을 갖는다고 하였음을 상기하라. c에서 f가 극대값이나 극소값을 가지면, f는 $c \in I$에서 **극값**(relative extremum)을 갖는다고 한다.

다음 결과는 도함수의 근을 판정함으로써 f가 극값을 갖는 점들을 구하는 잘 알고 있는 과정에 더한 이론적 당위성을 제공한다. 그러나 이 과정은 단지 구간의 내점들에서만 적용된다는 것을 알아야 한다. 예를 들어 구간 $I := [0, 1]$에서 $f(x) := x$이면, I의 끝점 $x = 0$에서 유일한 극소값과 끝점 $x = 1$에서 유일한 극대값을 갖지만 이 점들은 f의 도함수에 대한 근이 아니다.

6.2.1 내부극값 정리 $f : I \to \mathbb{R}$가 구간 I의 내점 c에서 극값을 갖는다고 하자. c에서 f의 도함수가 존재하면 $f'(c) = 0$이다.

증명 f가 c에서 극대값을 갖는 경우에 대해서만 결과를 증명할 것이다. 극소값에 대한 경우의 증명도 유사하다.

$f'(c) > 0$이면, 정리 4.2.9에 의하여 $x \in V, x \ne c$일 때

$$\frac{f(x) - f(c)}{x - c} > 0$$

이 되는 c의 근방 $V \subseteq I$가 존재한다. 만일 $x \in V$이고 $x > c$이면

$$f(x) - f(c) = (x - c) \cdot \frac{f(x) - f(c)}{x - c} > 0$$

을 얻는다. 그러나 이는 f가 c에서 극대값을 갖는다는 가정에 모순이다. 따라서 $f'(c) > 0$일 수 없다. 마찬가지로 $f'(c) < 0$일 수도 없다(왜?). 그러므로 $f'(c) = 0$이어야 한다. Q.E.D.

6.2.2 따름정리 $f : I \to \mathbb{R}$를 구간 I에서 연속인 함수라 하고 f가 I의 내점 c에서 극값을 갖는다고 가정하자. 그러면 c에서 f의 도함수가 존재하지 않거나 그것이 0이다.

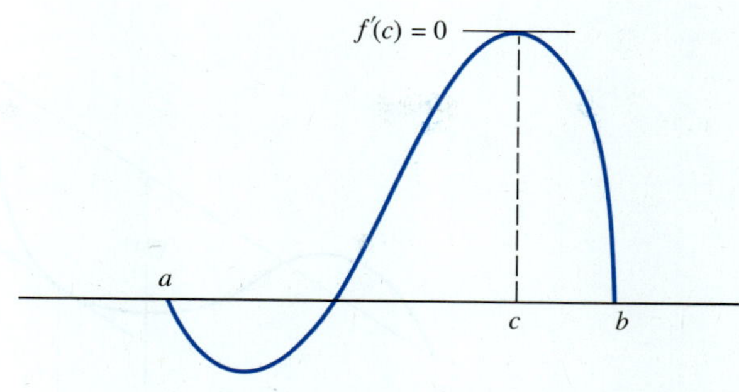

그림 6.2.1 Rolle의 정리

$I := [-1, 1]$에서 $f(x) := |x|$이면, f는 내점 $x = 0$에서 극소값을 갖는다. 그러나 f의 도함수는 $x = 0$에서 존재하지 않음에 주목하라.

6.2.3 Rolle의 정리 f가 폐구간 $I := [a, b]$에서 연속이고 개구간 (a, b)의 모든 점에서 도함수 f'이 존재하며 $f(a) = f(b) = 0$이라 가정하자. 그러면 $f'(c) = 0$이 되는 적어도 한 점 c가 (a, b)에 존재한다.

증명 f가 I에서 항등적으로 0이면 (a, b)에 있는 임의의 점 c는 이 정리의 결론을 만족할 것이다. 따라서 f는 항등적으로 0이 아니라고 가정하고, 필요하다면 f 대신 $-f$를 취하여 f가 어떤 양의 값을 갖는다고 가정한다. 극대-극소 정리 5.3.4에 의하여 함수 f는 I의 어떤 점 c에서 $\sup\{f(x) : x \in I\} > 0$이 된다. $f(a) = f(b) = 0$이므로 점 c는 (a, b)에 있어야 하고, 따라서 $f'(c)$가 존재한다. f가 c에서 극대값을 가지므로, 내부극값 정리 6.2.1로부터 $f'(c) = 0$이라는 결론을 얻는다(그림 6.2.1을 보라). Q.E.D.

Rolle의 정리의 한 결과로서 중요한 평균값 정리를 얻는다.

6.2.4 평균값 정리 f가 폐구간 $I := [a, b]$에서 연속이고 개구간 (a, b)에서 도함수를 갖는다고 가정하자. 그러면

$$f(b) - f(a) = f'(c)(b - a)$$

가 되는 적어도 한 점 c가 (a, b)에 존재한다.

증명 I에서 정의되는 다음과 같은 함수 φ를 고찰하자.

$$\varphi(x) := f(x) - f(a) - \frac{f(b) - f(a)}{b - a}(x - a).$$

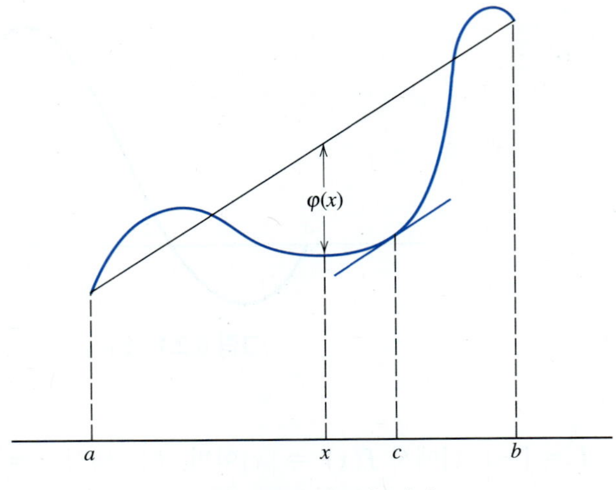

그림 6.2.2 평균값 정리

[함수 φ는 단순히 f와 그래프가 두 점 $(a, f(a))$와 $(b, f(b))$를 연결하는 선분인 함수와의 차이이다. 그림 6.2.2를 보라.] φ가 $[a, b]$에서 연속이고 (a, b)에서 미분가능하며 $\varphi(a) = \varphi(b) = 0$이므로, φ는 Rolle의 정리의 가정들을 만족한다. 따라서 다음을 만족하는 한 점 c가 (a, b)에 존재한다.

$$0 = \varphi'(c) = f'(c) - \frac{f(b) - f(a)}{b - a}.$$

그러므로 $f(b) - f(a) = f'(c)(b - a)$이다. Q.E.D.

참고 평균값 정리의 기하학적 개념은 곡선 $y = f(x)$의 어떤 점에서 접선이 두 점 $(a, f(a))$와 $(b, f(b))$를 연결하는 선분과 평행하게 되는 그러한 점이 존재한다는 것이다. 따라서 적당한 그림을 그려봄으로써 평균값 정리에 대한 명제를 쉽게 기억할 수 있다. 한편 이것이 방해는 되지 않지만 그의 중요성을 본질상 기하학적이라고 오해하기 쉽다. 사실 평균값 정리는 양의 탈을 쓴 늑대이며, 또한 미분학의 기본정리이다. 이 절의 나머지에서 이 정리의 몇 가지 결과들을 소개할 것이다. 다른 응용도 나중에 소개할 것이다.

평균값 정리는 그의 도함수 f'에 관한 정보로부터 함수 f의 성질에 관한 결론을 이끌어 낼 수 있게 해준다. 그렇게 하여 다음 결과를 얻었다.

6.2.5 정리 f가 폐구간 $I := [a, b]$에서 연속이고 개구간 (a, b)에서 미분가능하며 $x \in (a, b)$에 대하여 $f'(x) = 0$이라 가정하자. 그러면 f는 I에서 상수함수이다.

증명 모든 $x \in I$에 대하여 $f(x) = f(a)$임을 보일 것이다. 사실 $x \in I$, $x > a$가 주어지면 폐구간 $[a, x]$에서 f에 평균값 정리를 적용한다. $f(x) - f(a) = f'(c)(x - a)$가 되는 한 점 c(x에 종속되는)를 a와 x 사이에서 얻는다. (가정에 의하여) $f'(c) = 0$이므로 $f(x) - f(a) = 0$이다. 따라서 임의의 $x \in I$에 대하여 $f(x) = f(a)$이다.

Q.E.D.

6.2.6 따름정리 f와 g가 $I := [a, b]$에서 연속이고 (a, b)에서 미분가능하며 모든 $x \in (a, b)$에 대하여 $f'(x) = g'(x)$라 가정하자. 그러면 I에서 $f = g + C$가 되는 상수 C가 존재한다.

$f : I \to \mathbb{R}$가 구간 I에서 **증가한다**(increasing)는 것은 I에 있는 x_1, x_2가 $x_1 < x_2$를 만족하면 $f(x_1) \le f(x_2)$가 되는 것임을 상기하라. 또한 함수 $-f$가 I에서 증가하면 f는 I에서 **감소한다**(decreasing)는 것도 상기하라.

6.2.7 정리 $f : I \to \mathbb{R}$가 구간 I에서 미분가능하다고 하자.

(a) f가 I에서 증가하기 위한 필요충분조건은 모든 $x \in I$에 대하여 $f'(x) \ge 0$이다.

(b) f가 I에서 감소하기 위한 필요충분조건은 모든 $x \in I$에 대하여 $f'(x) \le 0$이다.

증명 (a) 모든 $x \in I$에 대하여 $f'(x) \ge 0$이라 가정하자. I에 있는 x_1, x_2가 $x_1 < x_2$를 만족하면, 폐구간 $J := [x_1, x_2]$에서 함수 f에 평균값 정리를 적용하여

$$f(x_2) - f(x_1) = f'(c)(x_2 - x_1)$$

이 되는 점 c를 (x_1, x_2)에서 얻는다. $f'(c) \ge 0$이고 $x_2 - x_1 > 0$이므로 $f(x_2) - f(x_1) \ge 0$이다(왜?). 따라서 $f(x_1) \le f(x_2)$이고 $x_1 < x_2$가 I에 있는 임의의 점이므로 f는 I에서 증가한다.

역을 증명하기 위하여 f가 I에서 미분가능하며 증가한다고 가정하자. 그러면 I에 속하는 임의의 점 $x \neq c$에 대하여 $(f(x) - f(c))/(x - c) \ge 0$을 얻는다(왜?). 따라서 정리 4.2.6에 의하여

$$f'(c) = \lim_{x \to c} \frac{f(x) - f(c)}{x - c} \ge 0$$

이다.

(b) 이의 증명도 유사하므로 생략할 것이다.

Q.E.D.

함수 f가 $x_1 < x_2$인 I에 속하는 임의의 점 x_1, x_2에 대하여 $f(x_1) < f(x_2)$이면,

함수 f는 구간 I에서 **순증가한다**(strictly increasing)고 한다. 정리 6.2.7의 증명과 동일한 선상의 논의에 의하여 구간에서 순양인 도함수를 갖는 함수는 그 구간에서 순증가함을 보일 수 있다(연습문제 13을 보라). 그러나 순증가하는 미분가능함수가 어떤 점에서 0인 도함수를 가질 수 있으므로 역은 참이 아니다. 예를 들면, $f(x) := x^3$으로 정의되는 함수 $f : \mathbb{R} \to \mathbb{R}$는 $\mathbb{R}$에서 순증가하지만 $f'(0) = 0$이다. 순감소함수들에 대한 상황도 유사하다.

참고 함수가 증가하는 점의 근방이 존재하면, 함수는 **그 점에서 증가한다**(increasing at a point)고 정의하는 것이 이치에 맞다. 만일 도함수가 한 점에서 순양이면 함수는 그 점에서 증가한다고 가정할 수 있을 것이다. 그러나 이 가정은 거짓이다. 사실

$$g(x) := \begin{cases} x \neq 0\text{이면} & x + 2x^2 \sin(1/x) \\ x = 0\text{이면} & 0 \end{cases}$$

으로 정의되는 미분가능함수는 $g'(0) = 1$이지만 $x = 0$의 어떤 근방에서도 증가하지 않음을 보일 수 있다(연습문제 10을 보라).

다음으로 함수가 구간의 내점에서 극값을 갖기 위한 충분조건을 얻는다.

6.2.8 극값에 대한 1계도함수 판정법 f가 구간 $I := [a, b]$에서 연속이라 하고 c를 I의 내점이라 하자. 또한 f가 (a, c)와 (c, b)에서 미분가능하다고 가정하자.

(a) $c - \delta < x < c$에 대하여 $f'(x) \geq 0$이고 $c < x < c + \delta$에 대하여 $f'(x) \leq 0$이 되는 근방 $(c - \delta, c + \delta) \subseteq I$가 존재하면, f는 c에서 극대값을 갖는다.

(b) $c - \delta < x < c$에 대하여 $f'(x) \leq 0$이고 $c < x < c + \delta$에 대하여 $f'(x) \geq 0$이 되는 근방 $(c - \delta, c + \delta) \subseteq I$가 존재하면, f는 c에서 극소값을 갖는다.

증명 (a) $x \in (c - \delta, c)$이면, 평균값 정리에 의하여 $f(c) - f(x) = (c - x)f'(c_x)$가 되는 점 $c_x \in (x, c)$가 존재한다. $f'(c_x) \geq 0$이므로 $x \in (c - \delta, c)$에 대하여 $f(x) \leq f(c)$이다. 마찬가지로 $x \in (c, c + \delta)$에 대하여 $f(x) \leq f(c)$이다(왜?). 따라서 모든 $x \in (c - \delta, c + \delta)$에 대하여 $f(x) \leq f(c)$가 되어, f는 c에서 극대값을 갖는다.

(b) 이의 증명도 유사하다. Q.E.D.

참고 1계도함수 판정법 6.2.8의 역은 참이 아니다. 예를 들면, $x = 0$에서 최소값을 갖지만 f'이 $x = 0$의 (임의로 가까운) 양쪽에서 양의 값과 음의 값을 모두 취하는 미분

가능함수 $f : \mathbb{R} \to \mathbb{R}$가 존재한다(연습문제 9를 보라).

평균값 정리의 추가적 응용

평균값 정리에 대한 다른 형태의 응용들을 계속해서 소개할 것이다. 그렇게 하기 위하여 독자의 과거 경험과 어느 정도 잘 알고 있는 함수의 도함수에 관한 지식에 근거하여 이전보다 더 자유롭게 접근할 것이다.

6.2.9 예 **(a)** 함수의 근의 위치에 대하여 Rolle의 정리를 이용할 수 있다. 이유는 함수 g가 함수 f의 도함수이면, f의 임의의 두 근 사이에 g의 근이 적어도 하나 존재한다. 예를 들어 $g(x) := \cos x$라 하면, g는 $f(x) := \sin x$의 도함수이다. 따라서 $\sin x$의 임의의 두 근 사이에 $\cos x$의 근이 적어도 하나 존재한다. 한편 $g'(x) = -\sin x = -f(x)$이므로, Rolle의 정리를 다시 이용하면 cos의 임의의 두 근 사이에 sin의 근이 적어도 하나 존재한다. 따라서 sin과 cos의 근들은 서로 교대로 놓인다. 아마도 이 결과가 독자에게 새로운 것은 아니지만 동일한 논의를 $x > 0$에 대하여 다음과 같은 관계를 이용하여 위수 $n = 0, 1, 2, \ldots$의 Bessel 함수 J_n에 적용할 수 있다.

$$[x^n J_n(x)]' = x^n J_{n-1}(x), \quad [x^{n-1} J_n(x)]' = -x^{-n} J_{n+1}(x).$$

이 논의의 세부적인 것은 독자가 해결해야 할 것이다.

(b) 근사값의 계산과 오차를 추정하는 데 평균값 정리를 이용할 수 있다. 예를 들어 $\sqrt{105}$의 값을 구하려 한다고 하자. $f(x) := \sqrt{x}$, $a = 100$, $b = 105$를 이용하여 평균값 정리를 적용하면 $100 < c < 105$인 어떤 수 c에 대하여 다음을 얻는다.

$$\sqrt{105} - \sqrt{100} = \frac{5}{2\sqrt{c}}.$$

$10 < \sqrt{c} < \sqrt{105} < \sqrt{121} = 11$이므로 다음을 주장할 수 있다.

$$\frac{5}{2(11)} < \sqrt{105} - 10 < \frac{5}{2(10)}.$$

따라서 $10.2272 < \sqrt{105} < 10.2500$이다. 이 추정은 요구한 정도로 정확하지 않을지 모른다. 추정 $\sqrt{c} < \sqrt{105} < \sqrt{121}$은 약간 소모적이며 $\sqrt{105} < 10.2500$이라는 결과를 이용하면 개선될 수 있음은 분명하다. 따라서 $\sqrt{c} < 10.2500$이고

$$0.2439 < \frac{5}{2(10.2500)} < \sqrt{105} - 10$$

임을 쉽게 결정한다. 개선된 추정은 $10.2439 < \sqrt{105} < 10.2500$이다. ■

부 등 식

평균값 정리의 중요한 활용의 하나는 정확한 부등식들을 얻는 것이다. 도함수의 치역에 대한 정보가 유용할 때마다 이 정보를 함수 자신의 어떤 성질을 추론하는 데 이용할 수 있다. 다음에서 이와 관련한 평균값 정리의 유익한 역할을 예증한다.

6.2.10 예 **(a)** 지수함수 $f(x) := e^x$은 모든 $x \in \mathbb{R}$에 대하여 도함수 $f'(x) = e^x$을 갖는다. 따라서 $x > 0$에 대하여 $f'(x) > 1$이고 $x < 0$에 대하여 $f'(x) < 1$이다. 이들 관계로부터 $x \in \mathbb{R}$에 대하여 부등식

(1) $$e^x \geq 1 + x$$

를 유도할 것이고, 등식이 성립하기 위한 필요충분조건은 $x = 0$이다.

$x = 0$이면 양변 모두 1인 등식이다. $x > 0$이면, 구간 $[0, x]$에서 함수 f에 평균값 정리를 적용한다. 그러면 $0 < c < x$인 어떤 c에 대하여 다음을 얻는다.

$$e^x - e^0 = e^c(x - 0).$$

$e^0 = 1$이고 $e^c > 1$이므로, 이는 $e^x - 1 > x$가 되어 $x > 0$에 대하여 $e^x > 1 + x$이다. $x < 0$에 대해서도 유사한 논의를 통하여 동일한 순부등식을 설정할 수 있다. 따라서 부등식 (1)은 모든 x에 대하여 성립하고 등식은 $x = 0$인 경우만 성립한다.

(b) 함수 $g(x) := \sin x$는 모든 $x \in \mathbb{R}$에 대하여 도함수 $g'(x) = \cos x$를 갖는다. 모든 $x \in \mathbb{R}$에 대하여 $-1 \leq \cos x \leq 1$이라는 사실에 기초해서 모든 $x \geq 0$에 대하여

(2) $$-x \leq \sin x \leq x$$

임을 보일 것이다. 사실 $x > 0$일 때, 구간 $[0, x]$에서 함수 g에 평균값 정리를 적용하면 0과 x 사이의 어떤 c에 대하여 다음을 얻는다.

$$\sin x - \sin 0 = (\cos c)(x - 0).$$

$\sin 0 = 0$이고 $-1 \leq \cos x \leq 1$이므로 $-x \leq \sin x \leq x$이다. $x = 0$에서 등식이 성립하고, 따라서 부등식 (2)가 수립된다.

(c) (Bernoulli의 부등식) $\alpha > 1$이면 모든 $x > -1$에 대하여

(3) $$(1 + x)^\alpha \geq 1 + \alpha x$$

이고, 등식이 성립하기 위한 필요충분조건은 $x = 0$이다.

이 부등식은 예 2.1.13(c)에서 수학적 귀납법을 이용하여 양의 정수 α에 대하여 이미 설정하였다. 이제 평균값 정리를 적용하여 보다 일반적인 형식을 유도한다.

$h(x) := (1 + x)^\alpha$이면, 모든 $x > -1$에 대하여 $h'(x) = \alpha(1 + x)^{\alpha-1}$이다[유리수 α에 대하여 이 도함수를 예 6.1.10(c)에서 설정하였다. 무리수로의 확장은 8.3절에서 논할 것이다]. $x > 0$일 때, 구간 $[0, x]$에서 함수 h에 평균값 정리를 적용하면 $h(x) - h(0) = h'(c)(x - 0)$이 되는 $0 < c < x$인 c가 존재한다. 따라서 다음을 얻는다.

$$(1 + x)^\alpha - 1 = \alpha(1 + c)^{\alpha-1}x.$$

$c > 0$이고 $\alpha - 1 > 0$이므로 $(1 + c)^{\alpha-1} > 1$이고, 따라서 $(1 + x)^\alpha > 1 + \alpha x$이다. $-1 < x < 0$이면, 구간 $[x, 0]$에서 유사하게 평균값 정리를 이용하여 동일한 순부등식을 얻는다. $x = 0$인 경우 등식이 성립하여 모든 $x > -1$에 대하여 (3)이 성립하고, 등식이 성립할 필요충분조건은 $x = 0$이다.

(d) α를 $0 < \alpha < 1$인 실수라 하고 $x \geq 0$에 대하여 $g(x) = \alpha x - x^\alpha$이라 하자. 그러면 $g'(x) = \alpha(1 - x^{\alpha-1})$이고, $0 < x < 1$에 대하여 $g'(x) < 0$이며 $x > 1$에 대하여 $g'(x) > 0$이다. 따라서 $x \geq 0$이면 $g(x) \geq g(1)$이고, $g(x) = g(1)$이기 위한 필요충분조건은 $x = 1$이다. 그러므로 $x \geq 0$이고 $0 < \alpha < 1$이면

$$x^\alpha \leq \alpha x + (1 - \alpha)$$

를 얻는다. $a > 0$, $b > 0$이면 $x = a/b$라 하고 b를 곱하여 부등식

$$a^\alpha b^{1-\alpha} \leq \alpha a + (1 - \alpha)b$$

를 얻고, 등식이 성립할 필요충분조건은 $a = b$이다. ■

도함수의 중간값 성질

흔히 Darboux의 정리로 불리는 흥미로운 결과로 이 절을 마친다. 이는 함수 f가 구간 I의 모든 점에서 미분가능하면 함수 f'이 중간값 성질을 갖는다는 것이다. 이는 f'이 값 A와 B를 취하면, 이 함수는 A와 B 사이의 모든 값을 취한다는 것을 의미한다. 독자는 정리 5.3.7에서 수립한 것과 같이 연속성에 대한 중요한 결과의 하나로서 이 성질을 인정하게 될 것이다. 연속함수가 아닌 도함수도 이러한 성질을 갖는 것은 주목할 만하다.

6.2.11 보조정리 $I \subseteq \mathbb{R}$를 구간이라 하고, $f : I \to \mathbb{R}$이며 $c \in I$라 하자. 또 f가 c에서 도함수를 갖는다고 가정하자.

(a) $f'(c) > 0$이면, $c < x < c + \delta$인 $x \in I$에 대하여 $f(x) > f(c)$가 되는 $\delta > 0$가 존재한다.

(b) $f'(c) < 0$이면, $c - \delta < x < c$인 $x \in I$에 대하여 $f(x) > f(c)$가 되는 $\delta > 0$가 존재한다.

증명 (a)

$$\lim_{x \to c} \frac{f(x) - f(c)}{x - c} = f'(c) > 0$$

이므로, 정리 4.2.9에 의하여 $x \in I$이고 $0 < |x - c| < \delta$이면

$$\frac{f(x) - f(c)}{x - c} > 0$$

이 되는 $\delta > 0$가 존재한다. 또한 $x \in I$가 $x > c$를 만족하면

$$f(x) - f(c) = (x - c) \cdot \frac{f(x) - f(c)}{x - c} > 0$$

을 얻는다. 따라서 $x \in I$이고 $c < x < c + \delta$이면 $f(x) > f(c)$이다.

(b)의 증명도 유사하다. Q.E.D.

6.2.12 Darboux의 정리 f가 $I = [a, b]$에서 미분가능하고 k가 $f'(a)$와 $f'(b)$ 사이의 수이면, $f'(c) = k$가 되는 적어도 한 점 c가 (a, b)에 존재한다.

증명 $f'(a) < k < f'(b)$라 가정하자. I에서 g를 $x \in I$에 대하여 $g(x) := kx - f(x)$로 정의한다. g가 연속이므로, 이는 I에서 최대값을 갖는다. $g'(a) = k - f'(a) > 0$이므로, 보조정리 6.2.11(a)에 의하여 g의 최대는 $x = a$에서 일어나지 않는다. 마찬가지로 $g'(b) = k - f'(b) < 0$이므로, 보조정리 6.2.11(b)에 의하여 최대는 $x = b$에서 일어나지 않는다. 따라서 g는 (a, b)의 어떤 c에서 최대가 된다. 그러면 정리 6.2.1로부터 $0 = g'(c) = k - f'(c)$를 얻는다. 따라서 $f'(c) = k$이다. Q.E.D.

6.2.13 예 함수 $g : [-1, 1] \to \mathbb{R}$가 다음과 같이 정의된다고 하자.

$$g(x) := \begin{cases} 0 < x \leq 1\text{에 대하여} & 1 \\ x = 0\text{에 대하여} & 0 \\ -1 \leq x < 0\text{에 대하여} & -1. \end{cases}$$

(이는 부호함수의 축소함수이다.) g는 구간 $[-1, 1]$에서 명백히 중간값 성질을 만족하지 않는다. 따라서 Darboux의 정리에 의하면 모든 $x \in [-1, 1]$에 대하여 $f'(x) = g(x)$가 되는 함수 f는 존재하지 않는다. 다시 말하면 g는 $[-1, 1]$에서 어떤 함수의 도함수도 아니다. ■

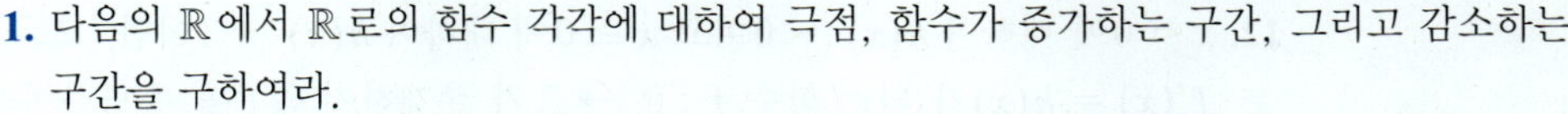

연습문제 6.2

1. 다음의 $\mathbb{R}$에서 $\mathbb{R}$로의 함수 각각에 대하여 극점, 함수가 증가하는 구간, 그리고 감소하는 구간을 구하여라.

(a) $f(x) := x^2 - 3x + 5$　　(b) $g(x) := 3x - 4x^2$

(c) $h(x) := x^3 - 3x - 4$　　(d) $k(x) := x^4 + 2x^2 - 4$

2. 다음 함수들의 극점, 함수가 증가하는 구간, 그리고 감소하는 구간을 구하여라.

(a) $f(x) := x + 1/x \ (x \neq 0)$　　(b) $g(x) := x/(x^2 + 1) \ (x \in \mathbb{R})$

(c) $h(x) := \sqrt{x} - 2\sqrt{x+2} \ (x > 0)$　　(d) $k(x) := 2x + 1/x^2 \ (x \neq 0)$

3. 지정한 정의역에서 다음 함수들의 극점을 구하여라.

(a) $f(x) := |x^2 - 1| \ (-4 \le x \le 4)$　　(b) $g(x) := 1 - (x - 1)^{2/3} \ (0 \le x \le 2)$

(c) $h(x) := x|x^2 - 12| \ (-2 \le x \le 3)$　　(d) $k(x) := x(x - 8)^{1/3} \ (0 \le x \le 9)$

4. $a_1, a_2, ..., a_n$을 실수라 하고 f를 $\mathbb{R}$에서 $x \in \mathbb{R}$에 대하여

$$f(x) := \sum_{i=1}^{n} (a_i - x)^2$$

으로 정의하자. f의 유일한 극소점을 구하여라.

5. $a > b > 0$이라 하고 $n \in \mathbb{N}$이 $n \ge 2$를 만족한다고 하자. $a^{1/n} - b^{1/n} < (a - b)^{1/n}$임을 증명하여라. [힌트: $f(x) := x^{1/n} - (x - 1)^{1/n}$이 $x \ge 1$에 대하여 증가함을 보이고, 1과 a/b에서 f의 값을 구하여라.]

6. $\mathbb{R}$의 모든 x, y에 대하여 $|\sin x - \sin y| \le |x - y|$임을 평균값 정리를 이용하여 증명하여라.

7. $x > 1$에 대하여 $(x - 1)/x < \ln x < x - 1$임을 평균값 정리를 이용하여 증명하여라. [힌트: $x > 0$에 대하여 $D \ln x = 1/x$이라는 사실을 이용하라.]

8. $f : [a, b] \to \mathbb{R}$가 $[a, b]$에서 연속이고 (a, b)에서 미분가능하다고 하자. $\lim_{x \to a} f'(x) = A$이면, $f'(a)$가 존재하고 그 값이 A임을 보여라. [힌트: $f'(a)$의 정의와 평균값 정리를 이용하여라.]

9. $f : \mathbb{R} \to \mathbb{R}$가 $x \neq 0$에 대하여 $f(x) := 2x^4 + x^4 \sin(1/x)$로, 그리고 $f(0) := 0$으로 정

의된다고 하자. f가 $x = 0$에서 최소값을 갖지만 이의 도함수는 0의 모든 근방에서 양의 값과 음의 값 모두를 가짐을 보여라.

10. $g : \mathbb{R} \to \mathbb{R}$가 $x \neq 0$에 대하여 $g(x) := x + 2x^2 \sin(1/x)$로, 그리고 $g(0) := 0$으로 정의된다고 하자. $g'(0) = 1$이지만 0의 모든 근방에서 도함수 $g'(x)$는 양의 값과 음의 값을 모두 취한다는 것을 보여라. 따라서 g는 0의 어떤 근방에서도 단조가 아니다.

11. $(0, 1)$에서 미분가능하지만 그의 도함수는 $(0, 1)$에서 유계가 아닌 $[0, 1]$에서 균등연속인 함수의 예를 들어라.

12. $x < 0$에 대하여 $h(x) := 0$이고 $x \geq 0$에 대하여 $h(x) := 1$이면, 모든 $x \in \mathbb{R}$에 대하여 $f'(x) = h(x)$가 되는 함수 $f : \mathbb{R} \to \mathbb{R}$가 존재하지 않음을 증명하여라. 모든 $x \neq 0$에 대하여 도함수가 $h(x)$이고 상수만큼 차이가 나는 두 함수의 예를 들어라.

13. I를 구간이라 하고 $f : I \to \mathbb{R}$가 I에서 미분가능하다고 하자. f'이 I에서 양이면, f는 I에서 증가함을 보여라.

14. I를 구간이라 하고 $f : I \to \mathbb{R}$가 I에서 미분가능하다고 하자. 도함수 f'이 I에서 결코 0이 아니면, 모든 $x \in I$에 대하여 $f'(x) > 0$이거나 모든 $x \in I$에 대하여 $f'(x) < 0$임을 보여라.

15. I를 구간이라 하자. f가 I에서 미분가능하고 도함수 f'이 I에서 유계이면, f가 I에서 Lipschitz 조건을 만족함을 증명하여라(정의 5.4.4를 보라).

16. $f : [0, \infty) \to \mathbb{R}$가 $(0, \infty)$에서 미분가능하고 $x \to \infty$일 때 $f'(x) \to b$라 가정하자.
(a) 임의의 $h > 0$에 대하여 $\lim_{x \to \infty} (f(x + h) - f(x))/h = b$임을 보여라.
(b) $x \to \infty$일 때 $f(x) \to a$이면 $b = 0$임을 보여라.
(c) $\lim_{x \to \infty} (f(x)/x) = b$임을 보여라.

17. f, g가 $\mathbb{R}$에서 미분가능하다고 하고, $f(0) = g(0)$이며 모든 $x \geq 0$에 대하여 $f'(x) \leq g'(x)$라 가정하자. 모든 $x \geq 0$에 대하여 $f(x) \leq g(x)$임을 보여라.

18. $I := [a, b]$라 하고 $f : I \to \mathbb{R}$가 $c \in I$에서 미분가능하다고 하자. 모든 $\varepsilon > 0$에 대하여 $0 < |x - y| < \delta$이고 $a \leq x \leq c \leq y \leq b$이면

$$\left| \frac{f(x) - f(y)}{x - y} - f'(c) \right| < \varepsilon$$

이 되는 $\delta > 0$가 존재함을 보여라.

19. 미분가능함수 $f : I \to \mathbb{R}$가 $I := [a, b]$에서 **균등미분가능하다**(uniformly differentiable)고 하는 것은 모든 $\varepsilon > 0$에 대하여 $0 < |x - y| < \delta$이고 $x, y \in I$이면

$$\left| \frac{f(x) - f(y)}{x - y} - f'(x) \right| < \varepsilon$$

이 되는 $\delta > 0$가 존재하는 것이다. f가 I에서 균등미분가능하면 f'이 I에서 연속임을 보여라.

20. $f : [0, 2] \to \mathbb{R}$가 $[0, 2]$에서 연속이고 $(0, 2)$에서 미분가능하며 $f(0) = 0$, $f(1) = 1$, $f(2) = 1$이라 가정하자.
(a) $f'(c_1) = 1$이 되는 $c_1 \in (0, 1)$이 존재함을 보여라.
(b) $f'(c_2) = 0$이 되는 $c_2 \in (1, 2)$가 존재함을 보여라.
(c) $f'(c) = 1/3$이 되는 $c \in (0, 2)$가 존재함을 보여라.

6.3 L'Hospital의 법칙

이 절에서는 이전의 극한정리들을 이용하여 결정할 수 없는 경우들과 관련한 극한정리들을 논할 것이다. 예를 들어 x가 a로 접근할 때 $f(x)$와 $g(x)$가 모두 0으로 접근하면 상 $f(x)/g(x)$는 a에서 극한을 가질 수도 있고 갖지 않을 수도 있는데, 이를 부정형 0/0을 갖는다고 한다. 이러한 경우에 대한 극한정리는 Johann Bernoulli에 의한 것이고 1696년 L'Hospital에 의하여 출판된 책에 처음으로 실렸다.

초기의 정리를 수정하고 확장하였으며, 그 다양한 결과들을 집합적으로 L'Hospital(또는 L'Hospital)의 법칙이라 한다. 이 절에서 이 결과들의 가장 기본적인 것을 설정하고 다른 것들이 어떻게 유도될 수 있는지를 기술한다.

Johann Bernoulli

Johann Bernoulli(1667–1748)는 스위스의 바젤에서 태어났다. Johann은 아버지의 향신료 사업에 1년 동안 종사하였으나 성공하지 못하였다. 그는 의학을 공부하기 위하여 바젤대학에 입학하였으나 12살 위이고 수학교수인 형 Jacob은 그를 수학으로 끌어들였다. 그들은 함께 미적분학의 새로운 주제에 대한 Leibniz의 논문들을 공부하였다. Johann은 바젤대학에서 박사학위를 받았으며 네덜란드에 있는 Groningen 대학의 교수가 되었으나 1705년 Jacob의 사망으로 바젤로 돌아와 수학에서 Jacob의 지위를 이어 받았다. 그 주제에서 이룬 많은 발전으로 Johann을 미적분학 창시자의 한사람으로 간주한다.

1692년 파리에 있는 동안 Johann은 Marquis Guillame Francois de L'Hospital을 만났으며 L'Hospital에게 새로운 미적분학을 가르치고 Bernoulli의 수업을 마음대로 이용할 수 있는 권리를 부여한다는 조건하에 재정적 합의에 동의하였다. 이 수업은 일련의 편지들을 통하여 순차적으로 이어졌다. 1696년 미분학에 관한 최초의 책 **무한소 해석**(L'Analyse des infiniment petits)이 L'Hospital에 의하여 출판되었다. 비록 L'Hospital이란 이름은 표지에 없었지만 그의 초상화가 속표지에 있었고 서문에서 "특별히 더 젊었지만 동료인 Bernoulli의 총명함에 은혜를 입었다"고 하였다. 그 책은 사실

Johann Bernoulli가 발견하였지만 나중에 L'Hospital의 법칙으로 알려진 극한들에 대한 정리를 포함하고 있다. 1922년 주로 Bernoulli의 수업으로 이루어진 책을 확인해 주는 원고가 발견되었고 1955년 L'Hospital-Bernoulli 서한집이 독일에서 출판되었다.

부 정 형

이전의 장들에서 극한을 구하는 방법에 대하여 자주 관심을 가졌었다. 정리 4.2.4(b)에서 $A := \lim_{x \to c} f(x)$이고 $B := \lim_{x \to c} g(x)$이며, $B \neq 0$이면 다음이 성립함을 보였다.

$$\lim_{x \to c} \frac{f(x)}{g(x)} = \frac{A}{B}.$$

그러나 $B = 0$이면 어떤 결론도 추론할 수 없다. 연습문제 2에서 $B = 0$이고 $A \neq 0$이면 극한이 (존재할 때) 무한대임을 보일 것이다.

$A = 0$이고 $B = 0$인 경우를 이전에는 다루지 않았다. 이 경우 상 f/g의 극한을 "부정형(indeterminate)"이라 한다. 이 경우의 극한은 특정한 함수 f와 g에 따라 존재하지 않을 수도 있고 어떤 실수값일 수도 있음을 보일 것이다. 이러한 상황을 나타내는 데 기호 $0/0$을 사용한다. 예를 들어 α가 임의의 실수이면 $f(x) := \alpha x$로, $g(x) := x$로 정의하면

$$\lim_{x \to 0} \frac{f(x)}{g(x)} = \lim_{x \to 0} \frac{\alpha x}{x} = \lim_{x \to 0} \alpha = \alpha$$

이다. 따라서 부정형 $0/0$은 극한으로 어떤 실수 α를 끌어낼 수 있다.

다른 부정형들은 기호 ∞/∞, $0 \cdot \infty$, 0^0, 1^∞, ∞^0, $\infty - \infty$로 표현된다. 이 기호들은 함수 f와 g에 대한 극한의 움직임과 이들의 순차적인 결합에 대응된다. 관심의 초점을 부정형 $0/0$와 ∞/∞에 맞출 것이다. 다른 부정형의 경우는 통상 로그 및 지수를 취하거나 대수적 조작을 통하여 $0/0$ 또는 ∞/∞의 형으로 변형할 수 있다.

예비결과

이와 같은 상황에서 미분의 이용이 자연스러운 것이며 놀랄만한 발전이 아니라는 것을 보이기 위하여 단순히 도함수의 정의에 기초한 기본적인 결과를 먼저 수립한다.

6.3.1 정리 f와 g가 $[a, b]$에서 정의되고 $f(a) = g(a) = 0$이며, $a < x < b$에 대하여 $g(x) \neq 0$

이라 하자. f와 g가 a에서 미분가능하고 $g'(a) \neq 0$이면, a에서 f/g의 극한이 존재하고 $f'(a)/g'(a)$와 같다. 따라서 다음이 성립한다.

$$\lim_{x \to a+} \frac{f(x)}{g(x)} = \frac{f'(a)}{g'(a)}.$$

증명 $f(a) = g(a) = 0$이므로, $a < x < b$에 대하여 상 $f(x)/g(x)$를

$$\frac{f(x)}{g(x)} = \frac{f(x) - f(a)}{g(x) - g(a)} = \frac{\dfrac{f(x) - f(a)}{x - a}}{\dfrac{g(x) - g(a)}{x - a}}$$

와 같이 쓸 수 있다. 정리 4.2.4(b)를 적용하여 다음을 얻는다.

$$\lim_{x \to a+} \frac{f(x)}{g(x)} = \frac{\displaystyle\lim_{x \to a+} \frac{f(x) - f(a)}{x - a}}{\displaystyle\lim_{x \to a+} \frac{g(x) - g(a)}{x - a}} = \frac{f'(a)}{g'(a)}.$$

Q.E.D.

주의 여기서 $f(a) = g(a) = 0$인 가정은 필수적이다. 예를 들어 $x \in \mathbb{R}$에 대하여 $f(x) := x + 17$이고 $g(x) := 2x + 3$이면

$$\lim_{x \to 0} \frac{f(x)}{g(x)} = \frac{17}{3} \text{ 인 반면, } \quad \frac{f'(0)}{g'(0)} = \frac{1}{2}$$

이다. 앞의 결과는 다음과 같은 극한을 다룰 수 있게 해 준다.

$$\lim_{x \to 0} \frac{x^2 + x}{\sin 2x} = \frac{2 \cdot 0 + 1}{2 \cos 0} = \frac{1}{2}.$$

f와 g가 점 a에서 미분가능하지 않을 때의 극한을 다루기 위하여 Cauchy에 의한 평균값 정리의 보다 일반적인 형식이 필요하다.

6.3.2 Cauchy의 평균값 정리 f와 g가 $[a, b]$에서 연속이고 (a, b)에서 미분가능하다고 하자. 그리고 (a, b)에 있는 모든 x에 대하여 $g'(x) \neq 0$이라 가정하자. 그러면

$$\frac{f(b) - f(a)}{g(b) - g(a)} = \frac{f'(c)}{g'(c)}$$

가 되는 c가 (a, b)에 존재한다.

증명 평균값 정리의 증명에서와 같이 Rolle의 정리를 적용할 함수를 도입한다. 먼저

(a, b)에 있는 모든 x에 대하여 $g'(x) \neq 0$이므로, Rolle의 정리에 의하여 $g(a) \neq g(b)$임에 주목한다. 이제 $[a, b]$에 있는 x에 대하여 다음과 같이 정의한다.

$$h(x) := \frac{f(b) - f(a)}{g(b) - g(a)}(g(x) - g(a)) - (f(x) - f(a)).$$

그러면 h는 $[a, b]$에서 연속이고 (a, b)에서 미분가능하며 $h(a) = h(b) = 0$이다. 따라서 Rolle의 정리 6.2.3에 의하여

$$0 = h'(c) = \frac{f(b) - f(a)}{g(b) - g(a)} g'(c) - f'(c)$$

가 되는 점 c가 (a, b)에 존재한다. $g'(c) \neq 0$이므로, $g'(c)$로 나누어 요구하는 결과를 얻는다. Q.E.D.

참고 앞의 정리는 평균값 정리 6.2.4와 유사한 기하학적 해석을 갖는다. 함수 f와 g를 $a \le t \le b$일 때 매개방정식 $x = f(t)$와 $y = g(t)$에 의하여 평면에서 곡선을 결정함으로써 관찰할 수 있다. 그렇게 하면 정리의 결론은 (a, b)에 있는 어떤 점 c에 대한 곡선 위의 점 $(f(c), g(c))$가 존재하여, 그 점에서 접선의 기울기 $g'(c)/ f'(c)$가 곡선의 끝점을 연결하는 선분의 기울기와 같다는 것이다.

$g(x) = x$이면, Cauchy의 평균값 정리는 평균값 정리 6.2.4로 환원됨에 주목하라.

L'Hospital의 법칙 I

이제 첫 번째 L'Hospital의 법칙을 수립할 것이다. 편의상 점 a에서 우극한을 고찰할 것이고 좌극한, 양측극한도 정확히 같은 방법으로 다룰 수 있다. 사실 이 정리는 $a = -\infty$일 때도 가능하다. 독자는 정리 6.3.1과는 달리 다음의 결과가 점 a에서 함수의 미분가능성을 가정하지 않았음을 관찰하여야 한다. 그 결과는 $x \to a+$일 때 $f(x)/g(x)$에 대한 극한의 움직임이 $x \to a+$일 때 $f'(x)/g'(x)$에 대한 극한의 움직임과 같은데, 이 극한이 무한대일 경우도 포함된다. 여기서 중요한 가정은 $x \to a+$일 때 f와 g 모두가 0으로 접근하는 것이다.

6.3.3 L'Hospital의 법칙 I $-\infty \le a < b \le \infty$라 하고, f, g가 (a, b)에서 미분가능하며 모든 $x \in (a, b)$에 대하여 $g'(x) \neq 0$이라 하자. 그리고

(1) $$\lim_{x \to a+} f(x) = 0 = \lim_{x \to a+} g(x)$$

라 가정하자.

(a) $\lim_{x \to a+} \dfrac{f'(x)}{g'(x)} = L \in \mathbb{R}$이면 $\lim_{x \to a+} \dfrac{f(x)}{g(x)} = L$이다.

(b) $\lim_{x \to a+} \dfrac{f'(x)}{g'(x)} = L \in \{-\infty, \infty\}$이면 $\lim_{x \to a+} \dfrac{f(x)}{g(x)} = L$이다.

증명 $a < \alpha < \beta < b$이면, Rolle의 정리에 의하여 $g(\beta) \neq g(\alpha)$이다. 더욱이 Cauchy의 평균값 정리 6.3.2에 의하여

(2)
$$\frac{f(\beta) - f(\alpha)}{g(\beta) - g(\alpha)} = \frac{f'(u)}{g'(u)}$$

가 되는 $u \in (\alpha, \beta)$가 존재한다.

(a)의 경우. $L \in \mathbb{R}$이고 $\varepsilon > 0$이 주어지면, $u \in (a, c)$에 대하여

$$L - \varepsilon < \frac{f'(u)}{g'(u)} < L + \varepsilon$$

이 되는 $c \in (a, b)$가 존재한다. 따라서 (2)로부터 $a < \alpha < \beta \leq c$에 대하여

(3)
$$L - \varepsilon < \frac{f(\beta) - f(\alpha)}{g(\beta) - g(\alpha)} < L + \varepsilon$$

이다. (3)에서 $\alpha \to a+$로 극한을 취하면 $\beta \in (a, c]$에 대하여

$$L - \varepsilon \leq \frac{f(\beta)}{g(\beta)} \leq L + \varepsilon$$

을 얻는다. $\varepsilon > 0$은 임의이므로 주장을 따른다.

(b)의 경우. $L = +\infty$이고 $M > 0$이 주어지면, $u \in (a, c)$에 대하여

$$\frac{f'(u)}{g'(u)} > M$$

이 되는 $c \in (a, b)$가 존재한다. 따라서 (2)로부터 $a < \alpha < \beta < c$에 대하여

(4)
$$\frac{f(\beta) - f(\alpha)}{g(\beta) - g(\alpha)} > M$$

이 된다. (4)에서 $\alpha \to a+$로 극한을 취하면 $\beta \in (a, c)$에 대하여

$$\frac{f(\beta)}{g(\beta)} \geq M$$

을 얻는다. $M > 0$은 임의이므로 주장을 따른다.

$L = -\infty$인 경우도 유사하게 논할 수 있다. Q.E.D.

좌극한에 대한 대응정리를 같은 방법으로 쉽게 증명할 수 있다. 그러면 두 편측 극한이 존재하여 그들이 같으면 양쪽극한에 대한 결과가 바로 나온다. 다음 예에서 필요하면 L'Hospital 법칙의 적절한 변형을 적용할 것이다.

6.3.4 예 **(a)** $\lim_{x\to 0+} \dfrac{\sin x}{\sqrt{x}} = \lim_{x\to 0+}\left[\dfrac{\cos x}{1/(2\sqrt{x})}\right] = \lim_{x\to 0+} 2\sqrt{x}\cos x = 0$이다.

분모가 $x = 0$에서 미분가능하지 않으므로 정리 6.3.1을 적용할 수 없음을 관찰하라. 그러나 $f(x) := \sin x$와 $g(x) := \sqrt{x}$는 $(0, \infty)$에서 미분가능하고 $x \to 0+$일 때 모두 0으로 접근한다. 더욱이 $(0, \infty)$에서 $g'(x) \neq 0$이 되어 6.3.3을 이용할 수 있다.

(b) $\lim_{x\to 0}\left[\dfrac{1-\cos x}{x^2}\right] = \lim_{x\to 0}\dfrac{\sin x}{2x}$이다.

여기서는 좌극한과 우극한을 모두 고찰할 필요가 있다. 두 번째 극한에 있는 상은 다시 0/0형인 부정형이다. 그렇지만 6.3.3의 가정을 다시 만족하므로 *L*'Hospital의 법칙을 다시 한 번 적용할 수 있다. 따라서 다음을 얻는다.

$$\lim_{x\to 0}\left[\frac{1-\cos x}{x^2}\right] = \lim_{x\to 0}\frac{\sin x}{2x} = \lim_{x\to 0}\frac{\cos x}{2} = \frac{1}{2}.$$

(c) $\lim_{x\to 0}\dfrac{e^x - 1}{x} = \lim_{x\to 0}\dfrac{e^x}{1} = 1$이다.

다시 좌극한과 우극한 모두를 고찰할 필요가 있다. 마찬가지로 다음을 얻는다.

$$\lim_{x\to 0}\left[\frac{e^x - 1 - x}{x^2}\right] = \lim_{x\to 0}\frac{e^x - 1}{2x} = \lim_{x\to 0}\frac{e^x}{2} = \frac{1}{2}.$$

(d) $\lim_{x\to 1}\left[\dfrac{\ln x}{x-1}\right] = \lim_{x\to 1}\dfrac{(1/x)}{1} = 1$이다.

L'Hospital의 법칙 II

$x \to a+$일 때 분모가 무한대가 되는 경우를 다루는 것을 제외하면 이 법칙은 처음 것과 매우 유사하다. 다시 우극한만을 다룰 것이고, 이는 $a = -\infty$일 때도 가능하다. 좌극한과 양측극한도 유사하게 다룰 수 있다.

6.3.5 L'Hospital의 법칙 II $-\infty \le a < b \le \infty$라 하고, f, g가 (a, b)에서 미분가능하며

모든 $x \in (a, b)$에 대하여 $g'(x) \neq 0$이라 하자. 그리고

(5) $$\lim_{x \to a+} g(x) = \pm\infty$$

라 가정하자.

(a) $\displaystyle\lim_{x \to a+} \frac{f'(x)}{g'(x)} = L \in \mathbb{R}$이면 $\displaystyle\lim_{x \to a+} \frac{f(x)}{g(x)} = L$이다.

(b) $\displaystyle\lim_{x \to a+} \frac{f'(x)}{g'(x)} = L \in \{-\infty, \infty\}$이면 $\displaystyle\lim_{x \to a+} \frac{f(x)}{g(x)} = L$이다.

증명 (5)의 극한이 ∞라고 가정할 것이다.

앞에서와 같이 $\alpha, \beta \in (a, b), \alpha < \beta$에 대하여 $g(\beta) \neq g(\alpha)$이다. 더욱이 6.3.3의 증명에 있는 식 (2)가 어떤 $u \in (\alpha, \beta)$에 대하여 성립한다.

(a)의 경우. $L \in \mathbb{R}, L > 0$이고 $\varepsilon > 0$이 주어지면, $a < \alpha < \beta \leq c$일 때 6.3.3의 증명에 있는 (3)을 만족하는 $c \in (a, b)$가 존재한다. $g(x) \to \infty$이므로 $g(c) > 0$으로 가정해도 좋다. (3)에서 $\beta = c$라 하면 $\alpha \in (a, c)$에 대하여 다음을 얻는다.

(6) $$L - \varepsilon < \frac{f(c) - f(\alpha)}{g(c) - g(\alpha)} < L + \varepsilon.$$

$\alpha \to a+$일 때 $g(c)/g(\alpha) \to 0$이므로, 모든 $\alpha \in (a, c)$에 대하여 $0 < g(c)/g(\alpha) < 1$로 가정할 수 있다. 따라서 $\alpha \in (a, c)$에 대하여

$$\frac{g(\alpha) - g(c)}{g(\alpha)} = 1 - \frac{g(c)}{g(\alpha)} > 0$$

이 된다. (6)에 $(g(\alpha) - g(c))/g(\alpha) > 0$를 곱하여

(7) $$(L - \varepsilon)\left(1 - \frac{g(c)}{g(\alpha)}\right) < \frac{f(\alpha)}{g(\alpha)} - \frac{f(c)}{g(\alpha)} < (L + \varepsilon)\left(1 - \frac{g(c)}{g(\alpha)}\right)$$

를 얻는다. 이제 $\alpha \to a+$일 때 $g(c)/g(\alpha) \to 0$이고 $f(c)/g(\alpha) \to 0$이므로, $0 < \delta < 1$인 임의의 δ이면 모든 $\alpha \in (a, d)$에 대하여 $0 < g(c)/g(\alpha) < \delta$이고 $|f(c)|/\ g(\alpha) < \delta$가 되는 $d \in (a, c)$가 존재한다. 따라서 (7)로부터 다음을 얻는다.

(8) $$(L - \varepsilon)(1 - \delta) - \delta < \frac{f(\alpha)}{g(\alpha)} < (L + \varepsilon) + \delta.$$

$\delta := \min\{1, \varepsilon, \varepsilon/(|L| + 1)\}$을 취하면,

$$L - 2\varepsilon \le \frac{f(\alpha)}{g(\alpha)} \le L + 2\varepsilon$$

이 됨을 보이는 것은 연습문제이다. $\varepsilon > 0$은 임의이므로 주장을 이끌어 낸다. $L = 0$과 $L < 0$인 경우도 유사하게 다룰 수 있다.

(b)의 경우. $L = +\infty$이면, $M > 1$이 주어지고 $c \in (a, b)$가 모든 $u \in (a, c)$에 대하여 $f'(u)/g'(u) > M$을 만족한다고 하자. 그러면 앞에서와 같이 $a < \alpha < \beta \le c$에 대하여 다음이 성립한다.

(9) $$\frac{f(\beta) - f(\alpha)}{g(\beta) - g(\alpha)} > M.$$

$x \to a+$일 때 $g(x) \to \infty$이므로, c 또한 $g(c) > 0$을 만족하고 $|f(c)|/g(\alpha) < \frac{1}{2}$이며 모든 $\alpha \in (a, c)$에 대하여 $0 < g(c)/g(\alpha) < \frac{1}{2}$이라 가정해도 좋다. (9)에서 $\beta = c$를 취하고 $1 - g(c)/g(\alpha) > \frac{1}{2}$을 곱하면

$$\frac{f(\alpha) - f(c)}{g(\alpha)} > M\left(1 - \frac{g(c)}{g(\alpha)}\right) > \tfrac{1}{2}M$$

을 얻고, 따라서 $\alpha \in (a, c)$에 대하여

$$\frac{f(\alpha)}{g(\alpha)} > \tfrac{1}{2}M + \frac{f(c)}{g(\alpha)} > \tfrac{1}{2}(M-1)$$

이 된다. $M > 1$은 임의이므로 $\lim_{\alpha \to a+} f(\alpha)/g(\alpha) = \infty$가 된다.

$L = -\infty$일 때도 유사하게 논한다. Q.E.D.

6.3.6 예 **(a)** $\lim_{x \to \infty} \dfrac{\ln x}{x}$를 고찰한다.

구간 $(0, \infty)$에서 $f(x) := \ln x$이고 $g(x) := x$이다. 6.3.5의 좌측 형식을 적용하면 $\lim_{x \to \infty} \dfrac{\ln x}{x} = \lim_{x \to \infty} \dfrac{1/x}{1} = 0$을 얻는다.

(b) $\lim_{x \to \infty} e^{-x}x^2$을 고찰한다.

$\mathbb{R}$에서 $f(x) := x^2$이고 $g(x) := e^x$이라 하자. 그러면 다음을 얻는다.

$$\lim_{x \to \infty} \frac{x^2}{e^x} = \lim_{x \to \infty} \frac{2x}{e^x} = \lim_{x \to \infty} \frac{2}{e^x} = 0.$$

(c) $\lim_{x \to 0+} \dfrac{\ln \sin x}{\ln x}$를 고찰한다.

$(0, \pi)$에서 $f(x) := \ln \sin x$와 $g(x) := \ln x$를 취한다. 6.3.5를 이용하여 다음을

얻는다.

$$\lim_{x\to 0+}\frac{\ln\sin x}{\ln x}=\lim_{x\to 0+}\frac{\cos x/\sin x}{1/x}=\lim_{x\to 0+}\left[\frac{x}{\sin x}\right]\cdot[\cos x].$$

$\lim_{x\to 0+}[x/\sin x]=1$이고 $\lim_{x\to 0+}\cos x=1$이므로 극한은 1이다.

(d) $\lim_{x\to\infty}\dfrac{x-\sin x}{x+\sin x}$를 고찰한다. 이는 부정형 ∞/∞를 갖는다. L'Hospital의 법칙을 이용하면

$$\lim_{x\to\infty}\frac{1-\cos x}{1+\cos x}$$

가 되어, 극한이 존재하지 않으므로 이는 쓸모가 없다(왜?). 그러나 원래의 극한을 다시 쓰면 직접적으로

$$\lim_{x\to\infty}\frac{1-\dfrac{\sin x}{x}}{1+\dfrac{\sin x}{x}}=\frac{1-0}{1+0}=1$$

을 얻는다. ■

그 밖의 부정형

$\infty-\infty$, $0\cdot\infty$, 1^∞, 0^0, ∞^0과 같은 부정형은 대수적 조작과 로그함수 및 지수함수를 이용하여 앞에서 다룬 경우들로 변형할 수 있다. 정리로서 이러한 변형을 공식화하는 대신 예들로 적절한 기법을 설명한다.

6.3.7 예 **(a)** $I:=(0,\pi/2)$라 하고 다음을 고찰하자.

$$\lim_{x\to 0+}\left(\frac{1}{x}-\frac{1}{\sin x}\right).$$

이는 $\infty-\infty$인 부정형이다. 다음을 얻는다.

$$\lim_{x\to 0+}\left(\frac{1}{x}-\frac{1}{\sin x}\right)=\lim_{x\to 0+}\frac{\sin x-x}{x\sin x}=\lim_{x\to 0+}\frac{\cos x-1}{\sin x+x\cos x}$$
$$=\lim_{x\to 0+}\frac{-\sin x}{2\cos x-x\sin x}=\frac{0}{2}=0.$$

(b) $I:=(0,\infty)$라 하고 $\lim_{x\to 0+}x\ln x$를 고찰하자. 이는 부정형 $0\cdot(-\infty)$를 갖는다.

$$\lim_{x\to 0+} x\ln x = \lim_{x\to 0+}\frac{\ln x}{1/x} = \lim_{x\to 0+}\frac{1/x}{-1/x^2} = \lim_{x\to 0+}(-x) = 0.$$

(c) $I := (0, \infty)$라 하고 $\lim_{x\to 0+} x^x$을 고찰하자. 이는 부정형 0^0을 갖는다. 미적분학에서 $x^x = e^{x\ln x}$임을 상기하라(또한 8.3절을 보라). (b)와 $y = 0$에서 함수 $y \mapsto e^y$의 연속성에 의하여 $\lim_{x\to 0+} x^x = e^0 = 1$이 된다.

(d) $I := (1, \infty)$라 하고 $\lim_{x\to\infty}(1 + 1/x)^x$을 고찰하자. 이는 부정형 1^∞을 갖는다.

$$(1 + 1/x)^x = e^{x\ln(1+1/x)} \tag{10}$$

임에 주목한다. 더욱이 다음을 얻는다.

$$\begin{aligned}\lim_{x\to\infty} x\ln(1+1/x) &= \lim_{x\to\infty}\frac{\ln(1+1/x)}{1/x}\\ &= \lim_{x\to\infty}\frac{(1+1/x)^{-1}(-x^{-2})}{-x^{-2}} = \lim_{x\to\infty}\frac{1}{1+1/x} = 1.\end{aligned}$$

$y \mapsto e^y$이 $y = 1$에서 연속이므로 $\lim_{x\to\infty}(1 + 1/x)^x = e$이다.

(e) $I := (0, \infty)$라 하고 $\lim_{x\to 0+}(1 + 1/x)^x$을 고찰하자. 이는 부정형 ∞^0을 갖는다. 식 (10)을 이용하여 다음과 같이 한다.

$$\lim_{x\to 0+} x\ln(1+1/x) = \lim_{x\to 0+}\frac{\ln(1+1/x)}{1/x} = \lim_{x\to 0+}\frac{1}{1+1/x} = 0.$$

따라서 $\lim_{x\to 0+}(1 + 1/x)^x = e^0 = 1$을 얻는다. ■

연습문제 6.3

1. f와 g가 $[a, b]$에서 연속이고 (a, b)에서 미분가능하며, $c \in [a, b]$이고 $x \in [a, b]$, $x \neq c$에 대하여 $g(x) \neq 0$이라 가정하자. 또한 $A := \lim_{x\to c} f$이고 $B := \lim_{x\to c} g$라 하자. $B = 0$이고 $\lim_{x\to c} f(x)/g(x)$가 $\mathbb{R}$에서 존재하면 $A = 0$이어야 함을 보여라. [**힌트:** $f(x) = \{f(x)/g(x)\}g(x)$.]

2. 앞 문제의 가정에 더하여 $x \in [a, b]$, $x \neq c$에 대하여 $g(x) > 0$이라 하자. $A > 0$이고 $B = 0$이면 $\lim_{x\to c} f(x)/g(x) = \infty$이어야 함을 증명하여라. $A < 0$이고 $B = 0$이면 $\lim_{x\to c} f(x)/g(x) = -\infty$가 되어야 함을 증명하여라.

3. $0 < x \leq 1$에 대하여 $f(x) := x^2\sin(1/x)$이고 $f(0) := 0$이라 하자. 또 $x \in [0, 1]$에 대하여 $g(x) := x^2$이라 하자. 그러면 f와 g 모두 $[0, 1]$에서 미분가능하고 $x \neq 0$에 대하여 $g(x) > 0$이다. $\lim_{x\to 0} f(x) = 0 = \lim_{x\to 0} g(x)$임을 보이고 $\lim_{x\to 0} f(x)/g(x)$가 존재하지 않음을 보여라.

4. 유리수 x에 대하여 $f(x) := x^2$이고 무리수 x에 대하여 $f(x) := 0$이라 하자. 그리고 $x \in \mathbb{R}$에 대하여 $g(x) := \sin x$라 하자. 정리 6.3.1을 이용하여 $\lim_{x \to 0} f(x)/g(x) = 0$임을 보여라. 왜 정리 6.3.3을 이용할 수 없는지 설명하여라.

5. $x \neq 0$에 대하여 $f(x) := x^2 \sin(1/x)$이고 $f(0) := 0$이라 하자. 또 $x \in \mathbb{R}$에 대하여 $g(x) := \sin x$라 하자. $\lim_{x \to 0} f(x)/g(x) = 0$이지만 $\lim_{x \to 0} f'(x)/g'(x)$가 존재하지 않음을 보여라.

6. 다음 극한을 구하여라.

(a) $\lim_{x \to 0} \dfrac{e^x + e^x - 2}{1 - \cos x}$ (b) $\lim_{x \to 0} \dfrac{x^2 - \sin^2 x}{x^4}$

7. 지정한 상함수의 정의역에서 다음 극한을 구하여라.

(a) $\lim_{x \to 0+} \dfrac{\ln(x+1)}{\sin x}$ $(0, \pi/2)$ (b) $\lim_{x \to 0+} \dfrac{\tan x}{x}$ $(0, \pi/2)$

(c) $\lim_{x \to 0+} \dfrac{\ln \cos x}{x}$ $(0, \pi/2)$ (d) $\lim_{x \to 0+} \dfrac{\tan x - x}{x^3}$ $(0, \pi/2)$

8. 다음 극한을 구하여라.

(a) $\lim_{x \to 0} \dfrac{\mathrm{Arc}\tan x}{x}$ $(-\infty, \infty)$ (b) $\lim_{x \to 0} \dfrac{1}{x(\ln x)^2}$ $(0, 1)$

(c) $\lim_{x \to 0+} x^3 \ln x$ $(0, \infty)$ (d) $\lim_{x \to \infty} \dfrac{x^3}{e^x}$ $(0, \infty)$

9. 다음 극한을 구하여라.

(a) $\lim_{x \to \infty} \dfrac{\ln x}{x^2}$ $(0, \infty)$ (b) $\lim_{x \to \infty} \dfrac{\ln x}{\sqrt{x}}$ $(0, \infty)$

(c) $\lim_{x \to 0} x \ln \sin x$ $(0, \pi)$ (d) $\lim_{x \to \infty} \dfrac{x + \ln x}{x \ln x}$ $(0, \infty)$

10. 다음 극한을 구하여라.

(a) $\lim_{x \to 0+} x^{2x}$ $(0, \infty)$ (b) $\lim_{x \to 0} (1 + 3/x)^x$ $(0, \infty)$

(c) $\lim_{x \to \infty} (1 + 3/x)^x$ $(0, \infty)$ (d) $\lim_{x \to 0+} \left(\dfrac{1}{x} - \dfrac{1}{\mathrm{Arctan}\, x} \right)$ $(0, \infty)$

11. 다음 극한을 구하여라.

(a) $\lim_{x \to \infty} x^{1/x}$ $(0, \infty)$ (b) $\lim_{x \to 0+} (\sin x)^x$ $(0, \pi)$

(c) $\lim_{x \to 0+} x^{\mathrm{sinx}}$ $(0, \infty)$ (d) $\lim_{x \to \pi/2-} (\sec x - \tan x)$ $(0, \pi/2)$

12. f가 $(0, \infty)$에서 미분가능하다고 하고 $\lim_{x \to \infty} (f(x) + f'(x)) = L$이라 가정하자. $\lim_{x \to \infty} f(x) = L$이고 $\lim_{x \to \infty} f'(x) = 0$임을 보여라. [힌트: $f(x) = e^x f(x)/e^x$.]

13. L'Hospital의 정리를 이용하여 $x \to (\pi/2)-$일 때 $\dfrac{\tan x}{\sec x}$의 극한을 구하여라. 그리고 sine과 cosine으로 교체하여 직접적으로 값을 구하여라.

14. $c > 0$이면 $\lim_{x \to c} \frac{x^c - c^x}{x^x - c^c} = \frac{1 - \ln c}{1 + \ln c}$임을 보여라.

6.4 Taylor 정리

실함수의 해석에서 매우 유용한 기법의 하나는 다항식들에 의한 함수의 근사이다. 이 절에서는 Brook Taylor(1685–1731)까지 거슬러 올라가 이 분야의 기본정리를 증명할 것이다. 그러나 나머지 항은 훨씬 나중에 Joseph-Louis Lagrange (1736–1813)에 의하여 제시되었다. Taylor 정리는 다양하게 응용할 수 있는 강력한 결과이다. Taylor 정리의 다양한 기능을 수치추정, 부등식, 함수의 극값, 그리고 볼록함수들에 대하여 그의 응용을 간단히 논함으로써 예증할 것이다.

Taylor 정리는 "고계"도함수로 평균값 정리를 확장한 것으로 생각할 수 있다. 평균값 정리는 함수의 값과 그의 1계도함수의 값과 관계가 있는 반면, Taylor 정리는 함수의 값과 그의 고계도함수의 값들 사이의 관계를 규정한다.

고계도함수는 미분과정의 자연스러운 확장에 의하여 얻어진다. 함수 f의 도함수 $f'(x)$가 점 c를 포함하는 구간 I에 있는 모든 점 x에서 존재하면, 점 c에서 함수 f'의 도함수에 대한 존재성을 고찰할 수 있다. f'이 점 c에서 도함수를 갖는 경우, 그 수를 c에서 f의 **2계도함수**(second derivative)라 하고 이 수를 $f''(c)$ 또는 $f^{(2)}(c)$로 표기한다. 유사한 방법으로 도함수들이 존재할 때 3계도함수 $f'''(c) = f^{(3)}(c), \ldots$, 그리고 n**계도함수**(nth derivative) $f^{(n)}(c)$를 정의할 수 있다. c에서 n계도함수의 존재는 c를 포함하는 구간에서 $(n-1)$계도함수의 존재성을 가정하고 있지만 c가 그러한 구간의 끝점일지라도 가능하다는 것에 주목하여야 한다.

함수 f가 한 점 x_0에서 n계도함수를 가질 때 $k = 1, 2, \ldots, n$에 대하여 $P_n(x_0) = f(x_0)$이고 $P_n^{(k)}(x_0) = f^{(k)}(x_0)$인 n차 다항식 P_n을 구성하기는 어렵지 않다. 사실 다항식

(1)
$$P_n(x) := f(x_0) + f'(x_0)(x - x_0) + \frac{f''(x_0)}{2!}(x - x_0)^2 + \cdots + \frac{f^{(n)}(x_0)}{n!}(x - x_0)^n$$

은 이 다항식 및 이의 n계까지의 도함수가 특정한 점 x_0에서 함수 f와 이의 n계까지의 도함수와 일치하는 성질을 갖는다. 이 다항식 P_n을 **x_0에서 f에 대한 n차 Taylor 다항식**(nth Taylor polynomial for f at x_0)이라 한다. 이 다항식이 x_0 근방의 점들에서 함수 f에게 상당한 근사를 제공하리라고 기대하는 것은 당연하지만

근사의 질을 측정하기 위하여 나머지 $R_n := f - P_n$에 관한 정보를 가지고 있어야 한다. 다음의 기초적인 결과가 그러한 정보를 제공한다.

6.4.1 Taylor 정리 $n \in \mathbb{N}$이고 $I := [a, b]$라 하자. 또 $f : I \to \mathbb{R}$와 그의 도함수 $f', f'', \ldots, f^{(n)}$가 I에서 연속이고 $f^{(n+1)}$가 (a, b)에서 존재한다고 하자. $x_0 \in I$이면, I에 있는 임의의 x에 대하여

$$f(x) = f(x_0) + f'(x_0)(x - x_0) + \frac{f''(x_0)}{2!}(x - x_0)^2 + \cdots + \frac{f^{(n)}(x_0)}{n!}(x - x_0)^n + \frac{f^{(n+1)}(c)}{(n+1)!}(x - x_0)^{n+1} \tag{2}$$

이 되는 점 c가 x와 x_0 사이에 존재한다.

증명 x_0와 x가 주어졌다고 하고 J를 x_0와 x를 끝점으로 하는 폐구간이라 하자. J에서 함수 F를 $t \in J$에 대하여 다음과 같이 정의한다.

$$F(t) := f(x) - f(t) - (x - t)f'(t) - \cdots - \frac{(x - t)^n}{n!}f^{(n)}(t).$$

그러면 어렵지 않게

$$F'(t) = -\frac{(x - t)^n}{n!}f^{(n+1)}(t)$$

를 얻는다. J에서 G를 $t \in J$에 대하여 다음과 같이 정의하자.

$$G(t) := F(t) - \left(\frac{x - t}{x - x_0}\right)^{n+1} F(x_0).$$

그러면 $G(x_0) = G(x) = 0$이다. Rolle의 정리 6.2.3을 이용하여 다음을 만족하는 x와 x_0 사이의 한 점 c를 얻는다.

$$0 = G'(c) = F'(c) + (n + 1)\frac{(x - c)^n}{(x - x_0)^{n+1}}F(x_0).$$

따라서

$$\begin{aligned} F(x_0) &= -\frac{1}{n+1}\frac{(x - x_0)^{n+1}}{(x - c)^n}F'(c) \\ &= \frac{1}{n+1}\frac{(x - x_0)^{n+1}}{(x - c)^n}\frac{(x - c)^n}{n!}f^{(n+1)}(c) = \frac{f^{(n+1)}(c)}{(n+1)!}(x - x_0)^{n+1} \end{aligned}$$

을 얻고, 이것은 언급한 결과이다. Q.E.D.

P_n을 f의 n차 Taylor 다항식 (1)을, R_n을 나머지를 나타내는 기호로 사용할 것이다. 따라서 x와 x_0 사이의 어떤 점 c에 대하여 R_n이 다음과 같이 주어지면, Taylor 정리에 대한 결론을 $f(x) = P_n(x) + R_n(x)$로 쓸 수 있을 것이다.

(3) $$R_n(x) := \frac{f^{(n+1)}(c)}{(n+1)!}(x - x_0)^{n+1}.$$

R_n에 대한 이 공식을 나머지에 대한 **Lagrange 형식**(Lagrange form) 또는 **도함수 형식**(derivative form)이라 한다. R_n에 대한 많은 다른 표현들이 알려져 있는데, 그 하나를 나중에 적분의 형식으로 소개할 것이다(정리 7.3.18을 보라).

Taylor 정리의 응용

Taylor 정리에서 함수를 그의 Taylor 다항식 P_n으로 근사할 때 오차를 추정하기 위하여 나머지 항 R_n을 이용할 수 있다. 만일 수 n을 지정하면 근사의 정확도에 대하여 의문이 생긴다. 한편 어떤 정확도를 정하면 n의 적절한 값을 구하는 문제와 밀접한 관계가 있다. 다음 예들이 이러한 의문에 어떻게 대처하는지를 보여준다.

6.4.2 예 **(a)** $n = 2$일 때, Taylor 정리를 이용하여 $x > -1$에 대하여 $\sqrt[3]{1+x}$을 근사하여라.

함수 $f(x) := (1+x)^{1/3}$, 점 $x_0 = 0$, 그리고 $n = 2$를 취한다. $f'(x) = \frac{1}{3}(1+x)^{-2/3}$이고 $f''(x) = \frac{1}{3}(-\frac{2}{3})(1+x)^{-5/3}$이므로 $f'(0) = \frac{1}{3}$과 $f''(0) = -2/9$가 된다. 따라서

$$f(x) = P_2(x) + R_2(x) = 1 + \tfrac{1}{3}x - \tfrac{1}{9}x^2 + R_2(x)$$

를 얻는다. 여기서 0과 x 사이의 어떤 c에 대하여 $R_2(x) = \frac{1}{3!}f'''(c)x^3 = \frac{5}{81}(1+c)^{-8/3}x^3$이다.

예를 들어 $x = 0.3$이라 하면, $\sqrt[3]{1.3}$에 대한 근사값 $P_2(0.3) = 1.09$를 얻는다. 더구나 이 경우 $c > 0$이므로, $(1+c)^{-8/3} < 1$이고 오차는 기껏해야

$$R_2(0.3) \le \frac{5}{81}\left(\frac{3}{10}\right)^3 = \frac{1}{600} < 0.17 \times 10^{-2}$$

이다. 따라서 $|\sqrt[3]{1.3} - 1.09| < 0.5 \times 10^{-2}$이고 소수 두 자리까지 정확하다.

(b) 수 e를 오차가 10^{-5}보다 작게 근사하여라.

Taylor 정리에서 함수 $g(x) := e^x$을 고려하여 $x_0 = 0$과 $x = 1$을 취할 것이다.

$|R_n(1)| < 10^{-5}$이 되도록 n을 결정하여야 한다. 그렇게 하기 위하여 $g'(x) = e^x$과 $0 \le x \le 1$에 대하여 초기경계가 $e^x \le 3$이라는 사실을 이용할 것이다.

$g'(x) = e^x$이므로 모든 $k \in \mathbb{N}$에 대하여 $g^{(k)}(x) = e^x$이고, 따라서 모든 $k \in \mathbb{N}$에 대하여 $g^{(k)}(0) = 1$이다. 그러므로 n차 Taylor 다항식은

$$P_n(x) := 1 + x + \frac{x^2}{2!} + \cdots + \frac{x^n}{n!}$$

으로 주어지고 $x = 1$에 대한 나머지는 $0 < c < 1$을 만족하는 어떤 c에 대하여 $R_n(1) = e^c/(n+1)!$으로 주어진다. $e^c < 3$이므로, $3/(n+1)! < 10^{-5}$이 되는 n의 값을 찾는다. 계산에 의하여 $9! = 362{,}880 > 3 \times 10^5$이므로 $n = 8$이 요구하는 정확도를 제공해 준다. 더욱이 $8! = 40{,}320$이므로 n의 더 작은 어떠한 값도 충분하지 않다. 따라서

$$e \approx P_8(1) = 1 + 1 + \frac{1}{2!} + \cdots + \frac{1}{8!} = 2.718\,28$$

을 얻고 오차는 10^{-5}보다 작다. ■

부등식들을 유도하는 데도 Taylor 정리를 이용할 수 있다.

6.4.3 예 **(a)** 모든 $x \in \mathbb{R}$에 대하여 $1 - \frac{1}{2}x^2 \le \cos x$이다.

Taylor 정리에서 $f(x) := \cos x$와 $x_0 = 0$을 이용하여

$$\cos x = 1 - \frac{1}{2}x^2 + R_2(x)$$

를 얻고, 여기서 0과 x 사이의 어떤 c에 대하여

$$R_2(x) = \frac{f'''(c)}{3!}x^3 = \frac{\sin c}{6}\ x^3$$

을 얻는다. $0 \le x \le \pi$이면 $0 \le c < \pi$이고, c와 x^3 모두 양이므로 $R_2(x) \ge 0$이다. 또한 $-\pi \le x \le 0$이면 $-\pi \le c \le 0$이고, $\sin c$와 x^3 모두 음이 되어 $R_2(x) \ge 0$이다. 따라서 $|x| \le \pi$에 대하여 $1 - \frac{1}{2}x^2 < \cos x$이다. $|x| \ge \pi$이면, $1 - \frac{1}{2}x^2 < -3 \le \cos x$이고 부등식은 명백히 타당하다. 그러므로 이 부등식은 모든 $x \in \mathbb{R}$에 대하여 성립한다.

(b) 임의의 $k \in \mathbb{N}$와 모든 $x > 0$에 대하여 다음을 얻는다.

$$x - \frac{1}{2}x^2 + \cdots - \frac{1}{2k}x^{2k} < \ln(1+x) < x - \frac{1}{2}x^2 + \cdots + \frac{1}{2k+1}x^{2k+1}.$$

$x > 0$에 대하여 $\ln(1+x)$의 도함수가 $1/(1+x)$이라는 사실을 이용하면 $\ln(1+x)$에 대하여 $x_0 = 0$인 n차 Taylor 다항식은

$$P_n(x) = x - \frac{1}{2}x^2 + \cdots + (-1)^{n-1}\frac{1}{n}x^n$$

이고, $0 < c < x$를 만족하는 어떤 c에 대하여 다음과 같은 나머지를 얻는다.

$$R_n(x) = \frac{(-1)^n c^{n+1}}{n+1}x^{n+1}.$$

따라서 임의의 $x > 0$에 대하여 $n = 2k$가 짝수이면 $R_{2k}(x) > 0$이고 $n = 2k+1$이 홀수이면 $R_{2k+1}(x) < 0$이다. 따라서 언급한 부등식을 바로 얻는다.

(c) $e^\pi > \pi^e$이다.

Taylor 정리가 $x > 0$에 대하여 부등식 $e^x > 1 + x$를 제공한다. 독자는 이를 입증하여야 할 것이다. $\pi > e$이므로 $x = \pi/e - 1 > 0$이고, 따라서

$$e^{(\pi/e-1)} > 1 + (\pi/e - 1) = \pi/e$$

이다. 그러면 $e^{\pi/e} > (\pi/e)e = \pi$이고, 따라서 부등식 $e^\pi > \pi^e$을 얻는다. ■

극 값

정리 6.2.1에서 함수 $f : I \to \mathbb{R}$가 I의 내점 c에서 미분가능할 때, f가 c에서 극값을 갖기 위한 필요조건이 $f'(c) = 0$임을 설정하였다. f가 c에서 극대값 또는 극소값을 갖는지[또는 둘 다 갖지 않는지]를 결정하는 한 방법은 1계도함수 판정법 6.2.8을 이용하는 것이다. 이제 보이겠지만 고계도함수가 존재하면, 이를 결정하는 데 그것들을 이용할 수 있다.

6.4.4 정리 I를 구간이라 하고 x_0를 I의 내점이라 하자. $n \geq 2$이라 하자. 도함수 $f', f'', \ldots, f^{(n)}$가 존재하고 x_0의 근방에서 연속이며 $f'(x_0) = \cdots = f^{(n-1)}(x_0) = 0$이지만 $f^{(n)}(x_0) \neq 0$이라 가정하자.

(i) n이 짝수이고 $f^{(n)}(x_0) > 0$이면, f는 x_0에서 극소값을 갖는다.

(ii) n이 짝수이고 $f^{(n)}(x_0) < 0$이면, f는 x_0에서 극대값을 갖는다.

(iii) n이 홀수이면, f는 x_0에서 극대값도 극소값도 갖지 않는다.

증명 x_0에서 Taylor 정리를 이용하면 $x \in I$에 대하여 c가 x_0와 x 사이의 어떤 점일 때 다음을 얻는다.

$$f(x) = P_{n-1}(x) + R_{n-1}(x) = f(x_0) + \frac{f^{(n)}(c)}{n!}(x - x_0)^n.$$

$f^{(n)}$가 연속이므로, $f^{(n)}(x_0) \neq 0$이면 $x \in U$에 대하여 $f^{(n)}(x)$가 $f^{(n)}(x_0)$와 같은 부호를 갖게 될 x_0를 포함하는 구간 U가 존재한다. $x \in U$이면 점 c 또한 U에 속하고, 따라서 $f^{(n)}(c)$와 $f^{(n)}(x_0)$가 같은 부호를 갖게 될 것이다.

(i) n이 짝수이고 $f^{(n)}(x_0) > 0$이면, $x \in U$에 대하여 $f^{(n)}(c) > 0$이고 $(x - x_0)^n \geq 0$이 되어 $R_{n-1}(x) \geq 0$이다. 그러므로 $x \in U$에 대하여 $f(x) \geq f(x_0)$이고, 따라서 f는 x_0에서 극소값을 갖는다.

(ii) n이 짝수이고 $f^{(n)}(x_0) < 0$이면 $x \in U$에 대하여 $R_{n-1}(x) \leq 0$이고, 따라서 $x \in U$에 대하여 $f(x) \leq f(x_0)$이다. 그러므로 f는 x_0에서 극대값을 갖는다.

(iii) n이 홀수일 때, $(x - x_0)^n$이 $x > x_0$이면 양이고 $x < x_0$이면 음이다. 따라서 $x \in U$이면 $R_{n-1}(x)$는 x_0의 좌측과 우측에서 반대부호를 가질 것이다. 그러므로 f는 x_0에서 극소값도 극대값도 가질 수 없다. Q.E.D.

볼록함수

볼록성의 개념은 많은 분야에서 중요한 역할을 하는데, 특히 최적화의 현대 이론에서 그러하다. 1변수인 볼록함수와 미분에 대한 그들의 관계를 간단히 고찰할 것이다. 기본적인 결과들을 적당히 수정하여 고차원 공간으로 확장할 수 있다.

6.4.5 정의 $I \subseteq \mathbb{R}$를 구간이라 하고 $f : I \to \mathbb{R}$라 하자. $0 \leq t \leq 1$을 만족하는 임의의 t와 I의 임의의 점들 x_1, x_2에 대하여

$$f((1 - t)x_1 + tx_2) \leq (1 - t)f(x_1) + tf(x_2)$$

가 성립하면, f는 I에서 **볼록하다**(convex)고 한다.

$x_1 < x_2$이면, t가 0에서 1까지 움직일 때 점 $(1 - t)x_1 + tx_2$는 x_1에서 x_2까지의 구간을 횡단함에 주목하라. 따라서 f가 I에서 볼록하고 $x_1, x_2 \in I$이면, f의 그래프에 있는 두 점 $(x_1, f(x_1))$과 $(x_2, f(x_2))$를 연결하는 현은 f의 그래프 위쪽에 놓이게 된다(그림 6.4.1을 보라).

볼록함수는 모든 점에서 미분가능할 필요는 없다. 예로 $f(x) := |x|, x \in \mathbb{R}$이

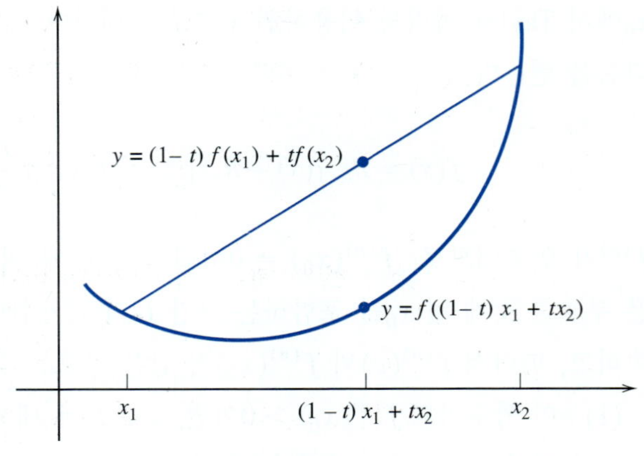

그림 6.4.1 볼록함수

있다. 그러나 I가 개구간이고 $f : I \to \mathbb{R}$가 I에서 볼록하면 I의 모든 점에서 f의 좌도함수와 우도함수가 존재함을 보일 수 있다. 한 결과로서 개구간에서 볼록함수는 필연적으로 연속이다. 이 주장을 입증하지는 않을 것이며 볼록함수에 대한 많은 흥미로운 성질들로 발전시키지도 않을 것이다. 보다 정확히 말하면 볼록함수 f와 이의 2계도함수가 존재할 때 f''과의 관계를 설정하는 것으로 제한할 것이다.

6.4.6 정리 I를 개구간이라 하고 $f : I \to \mathbb{R}$가 I에서 2계도함수를 갖는다고 하자. 그러면 f가 I에서 볼록함수이기 위한 필요충분조건은 모든 $x \in I$에 대하여 $f''(x) \geq 0$이다.

증명 ($\Rightarrow$) 각 $a \in I$에 대하여 2계도함수가 다음과 같은 극한으로 주어진다는 사실을 이용할 것이다(연습문제 16을 보라).

$$(4) \qquad f''(a) = \lim_{h \to 0} \frac{f(a+h) - 2f(a) + f(a-h)}{h^2}.$$

주어진 $a \in I$에 대하여 $a + h$와 $a - h$가 I에 속하게 하는 h라 하자. 그러면 $a = \frac{1}{2}((a + h) + (a - h))$이고, f가 I에서 볼록하므로 다음을 얻는다.

$$f(a) = f\left(\tfrac{1}{2}(a+h) + \tfrac{1}{2}(a-h)\right) \leq \tfrac{1}{2}f(a+h) + \tfrac{1}{2}f(a-h).$$

따라서 $f(a + h) - 2f(a) + f(a - h) \geq 0$이다. 모든 $h \neq 0$에 대하여 $h^2 > 0$이므로 (4)의 극한이 음이 아니어야 함을 알 수 있다. 따라서 임의의 $a \in I$에 대하여 $f''(a) \geq 0$을 얻는다.

($\Leftarrow$) Taylor 정리를 이용할 것이다. x_1, x_2를 I의 임의의 점이라 하고 $0 < t < 1$이며 $x_0 := (1 - t)x_1 + tx_2$라 하자. x_0에서 f에 Taylor 정리를 적용하여

$$f(x_1) = f(x_0) + f'(x_0)(x_1 - x_0) + \tfrac{1}{2}f''(c_1)(x_1 - x_0)^2$$

을 만족하는 x_0와 x_1 사이의 한 점 c_1을 얻고, 또한

$$f(x_2) = f(x_0) + f'(x_0)(x_2 - x_0) + \tfrac{1}{2}f''(c_2)(x_2 - x_0)^2$$

을 만족하는 x_0와 x_2 사이의 점 c_2를 얻는다. f''이 I에서 음이 아니면

$$R := \tfrac{1}{2}(1-t)f''(c_1)(x_1 - x_0)^2 + \tfrac{1}{2}tf''(c_2)(x_2 - x_0)^2.$$

역시 음이 아니다. 따라서 다음을 얻는다.

$$\begin{aligned}(1-t)f(x_1) + tf(x_2) &= f(x_0) + f'(x_0)((1-t)x_1 + tx_2 - x_0) \\ &\quad + \tfrac{1}{2}(1-t)f''(c_1)(x_1 - x_0)^2 + \tfrac{1}{2}tf''(c_2)(x_2 - x_0)^2 \\ &= f(x_0) + R \\ &\geq f(x_0) = f((1-t)x_1 + tx_2).\end{aligned}$$

그러므로 f는 I에서 볼록함수이다. Q.E.D.

Newton의 방법

방정식의 해를 고도의 정확도로 추정하는 것이 바람직할 때가 종종 있다. 근의 위치정리 5.3.5의 증명에서 사용한 이분법이 하나의 추정방법을 제공하기는 하지만, 이는 해에 너무 느리게 수렴한다는 단점을 갖고 있다. 대체로 보다 더 빠르게 수렴하는 결과를 얻는 한 방법은 접선에 의하여 곡선을 계속적으로 근사하는 기하학적 사고에 기초한 것이다. 이 방법은 발견자인 Isaac Newton의 이름을 따서 명명되었다.

f를 r에서 한 근을 갖는 미분가능함수라 하고 x_1을 r의 초기 추정값이라 하자. $(x_1, f(x_1))$에서 그래프에 대한 접선은 방정식은 $y = f(x_1) + f'(x_1)(x - x_1)$이고 점

$$x_2 := x_1 - \frac{f(x_1)}{f'(x_1)}$$

에서 x축을 지난다(그림 6.4.2를 보라). 만일 x_1을 2차 추정값 x_2로 대체하면 점 x_3를 얻고, 이를 계속한다. n번째 반복에서 점 x_n으로부터 다음 식으로 주어지는 점 x_{n+1}을 얻는다.

$$x_{n+1} := x_n - \frac{f(x_n)}{f'(x_n)}.$$

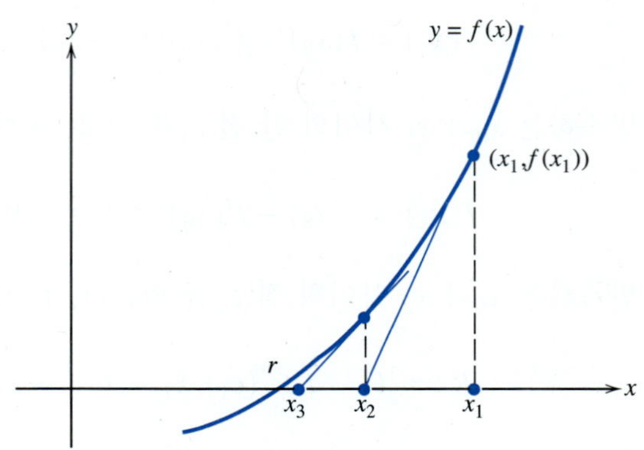

그림 6.4.2 Newton의 방법

적절한 가정 하에서 수열 (x_n)은 지금 보인 것과 같이 방정식 $f(x) = 0$의 근으로 빠르게 수렴할 것이다. 수렴에 대한 빠른 정도를 설정하는 데 결정적인 도구가 Taylor 정리이다.

6.4.7 Newton의 방법 $I := [a, b]$라 하고 $f : I \to \mathbb{R}$가 I에서 두 번 미분가능하다고 하자. $f(a)f(b) < 0$이고 모든 $x \in I$에 대하여 $|f'(x)| \geq m > 0$이며 $|f''(x)| \leq M$이 되는 상수 m, M이 존재한다고 가정하고, $K := M/2m$이라 하자. 그러면 f의 근 r을 포함하는 부분구간 I^*가 존재하여, 임의로 $x_1 \in I^*$을 택할 때 모든 $n \in \mathbb{N}$에 대하여 (5)로 정의되는 수열 (x_n)은 I^*에 있고 (x_n)은 r로 수렴한다.

(5) $$x_{n+1} := x_n - \frac{f(x_n)}{f'(x_n)}.$$

더욱이 모든 $n \in \mathbb{N}$에 대하여 다음이 성립한다.

(6) $$|x_{n+1} - r| \leq K|x_n - r|^2.$$

증명 $f(a)f(b) < 0$이므로 두 수 $f(a)$와 $f(b)$는 반대부호를 갖고, 따라서 정리 5.3.5에 의하여 $f(r) = 0$이 되는 $r \in I$이 존재한다. f'은 I에서 결코 0이 아니므로, Rolle의 정리 6.2.3에 의하여 I의 어떠한 다른 점에서도 f는 0이 아니다.

이제 $x' \in I$을 임의의 점이라 하면, Taylor 정리에 의하여

$$0 = f(r) = f(x') + f'(x')(r - x') + \tfrac{1}{2}f''(c')(r - x')^2$$

이 되는 한 점 c'이 x'과 r 사이에 존재하고 이로부터 다음을 얻는다.

$$-f(x') = f'(x')(r - x') + \tfrac{1}{2}f''(c')(r - x')^2.$$

x''이 "Newton의 순서식(Newton procedure)"

$$x'' := x' - \frac{f(x')}{f'(x')}$$

에 의하여 x'으로부터 정의된 수이면 초보적인 계산에 의하여

$$x'' = x' + (r - x') + \frac{1}{2}\frac{f''(c')}{f'(x')}(r - x')^2$$

이고, 따라서 다음이 된다.

$$x'' - r = \frac{1}{2}\frac{f''(c')}{f'(x')}(x' - r)^2.$$

$c' \in I$이므로 f'과 f''에 대하여 가정한 경계가 성립하고, $K := M/2m$으로 놓으면 다음 부등식을 얻는다.

(7) $$|x'' - r| \le K|x' - r|^2.$$

이제 $\delta < 1/K$이고 구간 $I^* := [r - \delta, r + \delta]$가 I에 포함되도록 $\delta > 0$를 작게 선택한다. $x_n \in I^*$이면 $|x_n - r| \le \delta$이고 (7)에 의하여 $|x_{n+1} - r| \le K|x_n - r|^2 \le K\delta^2 < \delta$이므로, $x_n \in I^*$이면 $x_{n+1} \in I^*$이다. 따라서 $x_1 \in I^*$이면 모든 $n \in \mathbb{N}$에 대하여 $x_n \in I^*$이다. 또한 $x_1 \in I^*$이면, (7)을 이용한 초보적인 귀납법 논의가 $n \in \mathbb{N}$에 대하여 $|x_{n+1} - r| < (K\delta)^n|x_1 - r|$임을 보여준다. 그러나 $K\delta < 1$이므로, 이것이 $\lim(x_n) = r$임을 증명한다. Q.E.D.

6.4.8 예 Newton의 방법을 이용하여 $\sqrt{2}$를 근사함으로써 그것을 예증할 것이다.

$x \in \mathbb{R}$에 대하여 $f(x) := x^2 - 2$라 하고 방정식 $f(x) = 0$의 양의 근을 구한다. $f'(x) = 2x$이므로 반복공식은 다음과 같다.

$$\begin{aligned} x_{n+1} &= x_n - \frac{f(x_n)}{f'(x_n)} \\ &= x_n - \frac{x_n^2 - 2}{2x_n} = \frac{1}{2}\left(x_n + \frac{2}{x_n}\right). \end{aligned}$$

초기 추정값으로 $x_1 := 1$을 취하면, 이어지는 값은 $x_2 = 3/2 = 1.5$이고 $x_3 = 17/12 = 1.416\,666\cdots$, $x_4 = 577/408 = 1.414215\cdots$, 그리고 $x_5 = 665857/470832 = 1.414213562374\cdots$을 얻는데, 이는 11 자리까지 정확하다.

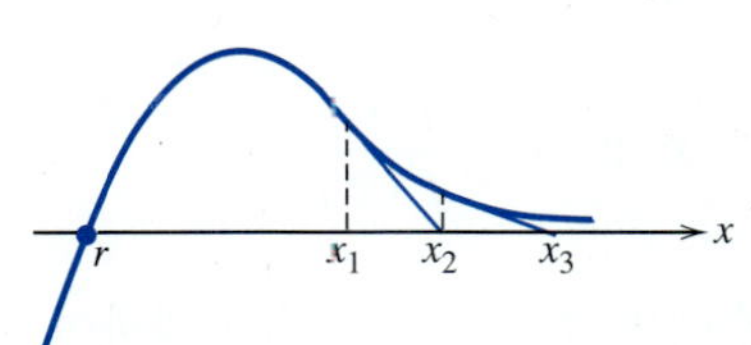

그림 6.4.3 $x_n \to \infty$

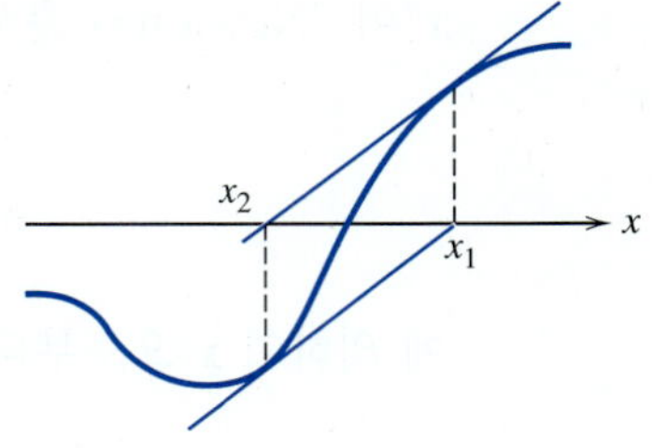

그림 6.4.4 x_n이 x_1과 x_2 사이에서 진동

참고 (a) $e_n := x_n - r$을 r의 근사에서 발생하는 오차라 하면, 부등식 (6)을 $|Ke_{n+1}| \le |Ke_n|^2$인 형태로 쓸 수 있다. 따라서 $|Ke_n| < 10^{-m}$이면 $|Ke_{n+1}| < 10^{-2m}$이 되어, Ke_n에 대한 유효자리의 수는 두 배가 된다. 이렇게 두 배가 되기 때문에 Newton의 방법에 의하여 생성된 수열은 "2차적으로" 수렴한다고 한다.

(b) 실제로 Newton의 방법이 컴퓨터를 위하여 프로그램될 때 초기 추정값을 x_1으로 하여 컴퓨터를 작동한다. 만약 x_1을 잘못 선택하거나 근이 I의 끝점에 너무 가까이 있으면 그 과정이 f의 근으로 수렴하지 않을 수도 있다. 일어날 수 있는 두 개의 난처한 경우를 그림 6.4.3과 6.4.4에 그려 놓았다. 한 가지 잘 알려진 전략은 이분법을 이용하여 근에 매우 가까운 추정값에 도달한 후 최후의 일격을 가하기 위하여 Newton의 방법으로 전환하는 것이다.

연습문제 6.4

1. $a \neq 0$일 때, $x \in \mathbb{R}$에 대하여 $f(x) := \cos ax$라 하자. $n \in \mathbb{N}$과 $x \in \mathbb{R}$에 대하여 $f^{(n)}(x)$를 구하여라.

2. $x \in \mathbb{R}$에 대하여 $g(x) := |x^3|$이라 하자. $x \in \mathbb{R}$에 대하여 $g'(x)$와 $g''(x)$를 구하고, $x \neq 0$에 대하여 $g'''(x)$를 구하여라. $g'''(0)$이 존재하지 않음을 보여라.

3. 귀납법을 이용하여 곱의 n계도함수에 대한 Leibniz의 법칙을 증명하여라.

$$(fg)^{(n)}(x) = \sum_{k=0}^{n} \binom{n}{k} f^{(n-k)}(x) g^{(k)}(x).$$

4. $x > 0$이면 $1 + \frac{1}{2}x - \frac{1}{8}x^2 \le \sqrt{1+x} \le 1 + \frac{1}{2}x$임을 보여라.

5. 앞의 문제를 이용하여 $\sqrt{1.2}$와 $\sqrt{2}$를 근사하여라. 이 부등식을 이용하여 확신할 수 있는 최상의 정확도는 어떻게 되는가?

6. $n = 2$인 Taylor 정리를 이용하여 $\sqrt{1.2}$와 $\sqrt{2}$의 보다 정확한 근사값을 구하여라.

7. $x > 0$이면 $|(1+x)^{1/3} - (1 + \frac{1}{3}x - \frac{1}{9}x^2)| \le (5/81)x^3$임을 보여라. 이 부등식을 이용하여 $\sqrt[3]{1.2}$과 $\sqrt[3]{2}$을 근사하여라.

8. $f(x) := e^x$이면, 각각 고정된 x_0와 x에 대하여 Taylor 정리의 나머지 항이 $n \to \infty$일 때 0으로 수렴함을 보여라. [힌트: 정리 3.2.11을 보라.]

9. $g(x) := \sin x$이면, 각각 고정된 x_0와 x에 대하여 Taylor 정리의 나머지 항이 $n \to \infty$일 때 0으로 수렴함을 보여라.

10. $x \neq 0$에 대하여 $h(x) := e^{-1/x^2}$이고 $h(0) := 0$이라 하자. 모든 $n \in \mathbb{N}$에 대하여 $h^{(n)}(0) = 0$임을 보여라. $x_0 = 0$에 대한 Taylor 정리의 나머지 항이 $x \neq 0$에 대하여 $n \to \infty$일 때 0으로 수렴하지 않음을 보여라. [힌트: L'Hospital의 법칙에 의하면 임의의 $k \in \mathbb{N}$에 대하여 $\lim_{x\to 0} h(x)/x^k = 0$이다. 문제 3을 이용하여 $x \neq 0$에 대하여 $h^{(n)}(x)$를 계산하라.]

11. $x \in [0, 1]$이고 $n \in \mathbb{N}$일 때 다음을 보여라.

$$\left|\ln(1+x) - \left(x - \frac{x^2}{2} + \frac{x^3}{3} + \cdots + (-1)^{n-1}\frac{x^n}{n}\right)\right| < \frac{x^{n+1}}{n+1}.$$

이를 이용하여 오차가 0.01보다 작게 ln 1.5를 근사하여라. 또 0.001보다 작게 근사하여라.

12. 오차가 0.001보다 작게 되도록 $[-1, 1]$에서 sin을 다항식에 의하여 근사하고자 한다. $|x| \le 1$에 대하여 다음을 보여라.

$$\left|\sin x\, 2\left(x\, 2\frac{x^3}{6}1\frac{x^5}{120}\right)\right| < \frac{1}{5040}.$$

13. e를 소수 일곱 자리까지 정확히 구하여라.

14. $x = 0$이 다음 함수들의 극점인지 아닌지를 결정하여라.

(a) $f(x) := x^3 + 2$ (b) $g(x) := \sin x - x$

(c) $h(x) := \sin x + \frac{1}{6}x^3$ (d) $k(x) := \cos x - 1 + \frac{1}{2}x^2$

15. f가 $[a, b]$에서 연속이고 2계도함수 f''이 (a, b)에서 존재하며, f의 그래프와 두 점 $(a, f(a))$와 $(b, f(b))$를 잇는 선분이 $a < x_0 < b$인 점 $(x_0, f(x_0))$에서 만난다고 가정하자. $f''(c) = 0$이 되는 점 $c \in (a, b)$가 존재함을 보여라.

16. $I \subseteq \mathbb{R}$가 개구간이고 $f : I \to \mathbb{R}$가 I에서 미분가능하다고 하자. 또 $a \in I$에서 $f''(a)$가 존재한다고 가정하자. 다음을 보여라.

$$f''(a) = \lim_{h\to 0}\frac{f(a+h) - 2f(a) + f(a-h)}{h^2}.$$

이 극한은 존재하지만 a에서 2계도함수를 갖지 않는 함수의 예를 들어라.

17. $I \subseteq \mathbb{R}$가 개구간이고 모든 $x \in I$에 대하여 $f''(x) \geq 0$이라 가정하자. $c \in I$이면, f의 그래프에서 I에 대한 부분은 결코 $(c, f(c))$에서 그래프에 대한 접선의 아래에 있지 않음을 보여라.

18. $I \subseteq \mathbb{R}$를 구간이라 하고 $c \in I$라 하자. f와 g가 I에서 정의되고, 도함수 $f^{(n)}$와 $g^{(n)}$가 존재하며 I에서 연속이라 가정하자. $k = 0, 1, ..., n-1$에 대하여 $f^{(k)}(c) = 0$이고 $g^{(k)}(c) = 0$이지만 $g^{(n)}(c) \neq 0$이면

$$\lim_{x \to c} \frac{f(x)}{g(x)} = \frac{f^{(n)}(c)}{g^{(n)}(c)}$$

임을 보여라.

19. 함수 $f(x) := x^3 - 2x - 5$가 구간 $I := [2, 2.2]$에서 근 r을 갖는다. 이를 보여라. $x_1 := 2$이고 Newton의 방법을 이용하여 수열 (x_n)을 정의하면 $|x_{n+1} - r| \leq (0.7)|x_n - r|^2$이 됨을 보여라. x_4가 소수 여섯 자리까지 정확함을 보여라.

20. $g(x) := x^4 - x - 3$의 실근을 근사하여라.

21. $h(x) := x^3 - x - 1$의 실근을 근사하여라. 초기선택을 (a) $x_1 := 2$, (b) $x_1 := 0$, (c) $x_1 := -2$로 하여 Newton의 방법을 이용하여라. 무슨 일이 일어나는지 설명하여라.

22. 방정식 $\ln x = x - 2$는 두 개의 근을 갖는다. Newton의 방법을 이용하여 그들을 근사하여라. $x_1 := \frac{1}{2}$이 초기점이면 어떤 일이 일어나는가?

23. 함수 $f(x) = 8x^3 - 8x^2 + 1$은 $[0, 1]$에서 두 개의 근을 갖는데, 초기점을 (a) $x_1 := \frac{1}{8}$, (b) $x_1 := \frac{1}{4}$로 하고 Newton의 방법을 이용하여 그들을 근사하여라. 어떤 일이 일어나는지 설명하라.

24. 방정식 $x = \cos x$의 해를 소수 여섯 자리까지 정확히 근사하여라.

Chapter 7

RIEMANN 적분

1630년대에 Fermat와 Descartes가 선도한 해석기하학과 도함수의 이론에 대한 발전을 이미 언급하였다. 그러나 미적분학으로 알고 있는 주제는 Isaac Newton이 "유율(fluxion)"론을 창안하고 곡선 아래의 넓이를 구하기 위하여 "역접선"법을 고안한 1660년대 후반까지 모양을 갖추기 위한 엄두도 내지 못하였다. 한편 넓이를 구하기 위하여 접선들을 구하는 과정에 대한 전도를 1680년대에 Gottfried Leibniz가 발견하였는데, 그는 발표되지 않은 Newton의 연구를 알지 못하였고 전혀 다른 방법으로 발견하였다. Leibniz는 "calculus differentialis(차를 구하는 계산)"와 "calculus intergralis(통합하는 계산)"라는 용어를 소개하였는데, 이유는 접선을 구하는 데 차분들(differences)이 관련되고 넓이를 구하는 데 합분들(summations)이 관련되기 때문이다. 따라서 합분의 과정인 적분은 미분연산의 역이라는 것을 발견하였다.

한세기 반 동안의 발전과 개선을 통하여 미적분학은 이러한 한 쌍의 연산과 응용들로 구성되었는데, 주로 물리학의 문제였다. 1850년대에 Bernhard Riemann은 새롭고 다른 견해를 채택하였다. 그는 적분의 개념을 상대인 미분으로부터 분리하였고 자체적으로 넓이를 구하는 데 동기가 된 합분과 극한과정을 조사하였다. 그는 이러한 "적분"의 과정이 정의될 수 있는 구간에서 모든 함수를 고찰함으로써 적분가능함수족의 범위를 확장하였으며, 미적분학의 기본정리는 단지 한정된 적분가능함수족에서만 성립하는 결과가 되었다. Riemann의 견해는 다른 사람들로 하여금 새로운 적분이론을 창안하도록 하였으며 Lebesgue의 적분이론이 가장 중요한 것이다. 그러나 Lebesgue 이론을 상당한 범위로 확장시키는 약간의 진전들이 근래에 있었다. 10장에서 이 결과들을 간단히 소개할 것이다.

미적분학에서 독자가 잘 알고 있는 Riemann 합을 이용하여 $\mathbb{R}$의 유계폐구간에서 정의되는 실가함수의 Riemann 적분가능성에 대한 개념을 정의하는 것으로 시작한다. 이 방법은 함수의 값들을 복소수, 또는 공간 $\mathbb{R}^n$에서 벡터인 경우로 당장 확장할 수 있다는 이점을 지니고 있다. 7.2절에서 여러 중요한 함수족인 계단함수, 연속함수, 단조함수들에 대한 Riemann 적분가능성을 설정할 것이다. 그러나 Riemann 적분가능하지 **않는** 함수들이 존재하는 것도 또한 보일 것이다. 미적분학의 기본정리는 7.3절에서 제일 중요한 결과이다. 통상적이기보다는 약간 더 일반적이고 구간의 모든 점에서 함수가 도함수이기를 요구하지 않는 형태에서 이를 소개할 것이다. 기본정리에 대한 약간의 중요한 결과도 얻는다. 또한 7.3절에서는 Riemann 적분가능성에 대한 확실한 Lebesgue의 판정법에 관한 내용을 소개한다. 이 유명한 결과의 (부록 C에 제시된) 증명은 다소 복잡하므로 보통 이러한 수준의 책에서는 소개되지 않는다. 그러나 그 내용은 학생들의 공부에 도움이 될 것이고 이 결과의 강력함도 이해하게 될 것이다. 7.4절에서는 상적분과 하적분의 개념을 이용한 Gaston Darboux에 의한 Riemann 적분과는 다른 접근을 논한다. 두 접근법이 전혀 다르게 보이지만 사실 그들이 동치임을 보인다. 마지막 절은 고속 컴퓨터 시대에 그 중요성이 증가하고 있는 주제인 근사적분의 여러 가지 방법을 소개한다. 한편 이들 결과의 증명들은 특별히 어렵지 않으나 그들을 부록 D로 미룬다.

Riemann 적분에 관한 한 개의 장(chapter)을 포함하는 적분론의 흥미 있는 역사를 참고문헌에 인용한 Hawkins의 책에서 소개하고 있다.

Bernard Riemann

(Georg Friedrich) Bernard Riemann(1826-1866)은 독일 하노버 근처에서 가난한 루터교 목사의 아들로 태어났다. 아버지의 희망에 따라 그는 1846년 신학과 철학을 공부하기 위하여 괴팅겐대학에 입학하였으나 곧 수학으로 전환하였다. 베를린에서 C. G. J. Jacobi, P. G. J. Dirichlet, 그리고 F. G. Eisenstein의 문하에서 수학하기 위하여 괴팅겐에서의 연구를 중단하였으나 Gauss의 문하에서 논문을 완성하기 위하여 1849년 괴팅겐으로 돌아왔다. 그의 논문은 현재 "Riemann 곡면"이라 불리는 주제를 다루었다. Gauss는 1854년 Riemann이 괴팅겐 대학의 객원강사(privatdozent)가 되기 위하여 준비하고 있는 Riemann의 연구에 대하여 매우 열성적이었다. 객원강사로 임용됨에 있어 그는 전 교수단 앞에서 시범강의를 하는 것으로 자신을 증명하도록 요구 받았다. 전통에 따라 그는 세 가지 주제를 제출하였고 우선 두 가지는 논할 준비를 충분히 하였으나 Gauss는 세 번째 주제를 강의하도록 하여 Riemann을 놀라게 하였다. 세 번째 주제는 "기하학의 기초를 이루는 가설에 관하여"였다. 이 가

설이 발표된 후 이 강의는 현대기하학에 지대한 영향을 미쳤다.

Riemann은 폐결핵에 걸려 39세의 나이에 세상을 떠났음에도 불구하고 많은 분야에서 중요한 공헌을 하였는데, 기하학 기초론, 수론, 실해석학과 복소해석학, 위상수학, 그리고 수리물리학이다.

7.1 Riemann 적분

미적분학 과정에서 일반적으로 이용되는 절차를 따를 것이며 분할의 norm이 0으로 접근할 때 일종의 Riemann 합들의 극한으로서 Riemann 적분을 정의할 것이다. 적어도 비공식적이나마 독자는 미적분학 과정에서 적분을 잘 알고 있다고 가정할 것이므로, 적분에 관한 동기를 부여하거나 "그래프 아래의 넓이"로서 이의 해석을 논하지 않을 것이며 물리, 공학, 경제학 등에 대한 많은 응용도 논하지 않을 것이다. 대신 적분의 순수 수학적 양상에 초점을 맞출 것이다.

그러나 자주 사용할 몇 가지 기본적인 용어들을 먼저 정의한다.

분할과 첨점분할

$I := [a, b]$가 $\mathbb{R}$에서 유계폐구간일 때, I의 **분할**(partition)은 I에 있는 점들로

$$a = x_0 < x_1 < \cdots < x_{n-1} < x_n = b$$

가 되는 유계순서집합 $\mathcal{P} := (x_0, x_1, \ldots, x_{n-1}, x_n)$이다(그림 7.1.1을 보라). $\mathcal{P}$의 점들은 $I = [a, b]$를 다음과 같이 겹치지 않는 부분구간으로 나누는 데 이용된다.

$$I_1 := [x_0, x_1], \quad I_2 := [x_1, x_2], \ldots, \quad I_n := [x_{n-1}, x_n].$$

분할 $\mathcal{P}$를 자주 기호 $\mathcal{P} = \{[x_{i-1}, x_i]\}_{i=1}^{n}$로 표기할 것이다. $\mathcal{P}$의 **norm**을(또는 **mesh**를) 다음과 같이 정의한다.

$$\text{(1)} \qquad \|\mathcal{P}\| := \max\{x_1 - x_0, x_2 - x_1, \ldots, x_n - x_{n-1}\}.$$

따라서 분할의 norm은 단지 분할이 $[a, b]$를 나눈 최대 부분구간의 길이이다. 명백히 많은 분할이 동일한 norm을 가지며, 따라서 분할은 norm의 함수가 아니다.

점 t_i가 $i = 1, 2, \ldots, n$에 대하여 각 부분구간 $I_i = [x_{i-1}, x_i]$에서 선택될 때, 이

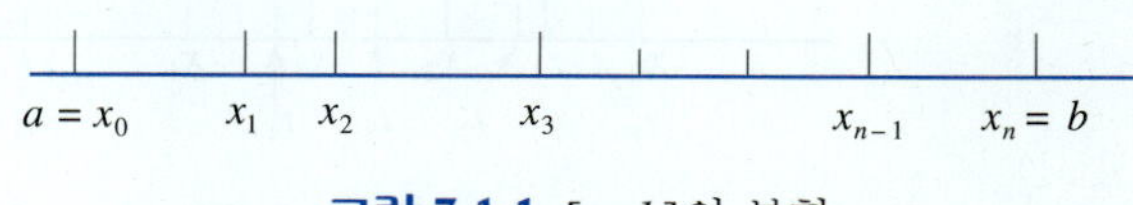

그림 7.1.1 $[a, b]$의 분할

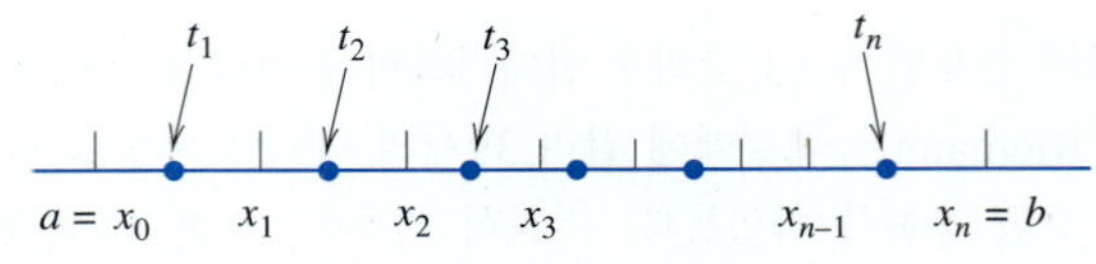

그림 7.1.2 $[a, b]$의 첨점분할

점을 부분구간 I_i의 **첨점**(tag)이라 한다. 부분구간과 대응되는 첨점의 순서쌍들로 구성된 집합

$$\dot{\mathcal{P}} := \{([x_{i-1}, x_i], t_i)\}_{i=1}^{n}$$

를 I의 **첨점분할**(tagged partition of I)이라 한다(그림 7.1.2를 보라). ($\mathcal{P}$ 위의 점은 각 부분구간에서 첨점이 선택되었음을 나타낸다.) 첨점은 전적으로 임의의 방식으로 선택된다. 예를 들면, 첨점을 부분구간의 왼쪽 끝점, 오른쪽 끝점, 또는 중간점 등으로 선택할 수 있다. 부분구간의 한 끝점이 이웃한 두 구간에 대한 첨점으로 이용될 수 있음에 주목하라. 각 첨점은 무수히 많은 방식으로 선택될 수 있으므로 각 분할에 무수히 많은 방식으로 첨점을 덧붙일 수 있다. 첨점분할의 norm은 원래의 분할에서와 같이 정의되며 첨점들의 선택과는 무관하다.

$\dot{\mathcal{P}}$가 위에서 주어진 첨점분할일 때, $\dot{\mathcal{P}}$에 대응하는 함수 $f : [a, b] \to \mathbb{R}$의 **Riemann 합**(Riemann sum)을 다음과 같이 정의한다.

$$(2) \qquad S(f; \dot{\mathcal{P}}) := \sum_{i=1}^{n} f(t_i)(x_i - x_{i-1}).$$

$\dot{\mathcal{P}}$가 분할의 **부분집합**이고 전체가 아닌 분할을 나타낼 때도 이 기호를 사용할 것이다.

독자는 함수 f가 $[a, b]$에서 양이면, Riemann 합 (2)는 밑변이 부분구간 $I_i = [x_{i-1}, x_i]$이고 높이가 $f(t_i)$인 n개의 직사각형 넓이의 합임을 이해할 것이다(그림 7.1.3을 보라).

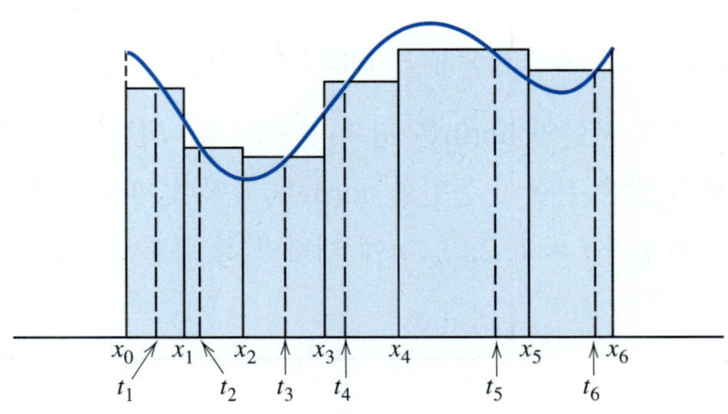

그림 7.1.3 Riemann 합

Riemann 적분의 정의

이제 구간 $[a, b]$에서 함수 f의 Riemann 적분을 정의한다.

7.1.1 정의 $f:[a, b] \to \mathbb{R}$라 하자. $L \in \mathbb{R}$이 존재하여, 모든 $\varepsilon > 0$에 대하여 $\dot{\mathcal{P}}$가 $\|\dot{\mathcal{P}}\| < \delta_\varepsilon$인 $[a, b]$의 첨점분할일 때

$$|S(f; \dot{\mathcal{P}}) - L| < \varepsilon$$

이 되는 $\delta_\varepsilon > 0$이 존재하면, f는 $[a, b]$에서 **Riemann 적분가능하다**(Riemann integrable)고 한다.

$[a, b]$에서 모든 Riemann 적분가능함수족을 $\mathcal{R}[a, b]$로 표기할 것이다.

참고 때때로 적분 L을 $\|\dot{\mathcal{P}}\| \to 0$일 때 Riemann 합들 $S(f; \dot{\mathcal{P}})$의 "극한"이라 한다. 그러나 $S(f; \dot{\mathcal{P}})$는 $\|\dot{\mathcal{P}}\|$의 함수가 아니므로 이 **극한**은 앞에서 공부한 형태가 아니다.

먼저 $f \in \mathcal{R}[a, b]$이면, 수 L이 유일하게 결정됨을 보일 것이다. 이를 $[a, b]$에서 **f의 Riemann 적분**(Riemann integral of f)이라 할 것이다. 일반적으로 L 대신 다음과 같이 쓴다.

$$L = \int_a^b f, \quad \int_a^b f(x)\,dx.$$

위의 오른쪽 표현에서 어떤 혼란의 원인이 되지 않는 한 x 대신 어떤 다른 문자를 사용할 수 있음을 이해해야 한다.

7.1.2 정리 $f \in \mathcal{R}[a, b]$이면, 그 적분의 값은 유일하게 결정된다.

증명 L'과 L'' 모두 정의를 만족한다고 가정하고 $\varepsilon > 0$이라 하자. 그러면 $\dot{\mathcal{P}}_1$이 $\|\dot{\mathcal{P}}_1\| < \delta'_{\varepsilon/2}$인 임의의 첨점분할이면

$$|S(f; \dot{\mathcal{P}}_1) - L'| < \varepsilon/2$$

이 되는 $\delta'_{\varepsilon/2} > 0$이 존재한다. 또 $\dot{\mathcal{P}}_2$가 $\|\dot{\mathcal{P}}_2\| < \delta''_{\varepsilon/2}$인 임의의 첨점분할이면

$$|S(f; \dot{\mathcal{P}}_2) - L''| < \varepsilon/2$$

이 되는 $\delta''_{\varepsilon/2} > 0$이 존재한다. 이제 $\delta_\varepsilon := \min\{\delta'_{\varepsilon/2}, \delta''_{\varepsilon/2}\} > 0$이라 하고 $\dot{\mathcal{P}}$를 $\|\dot{\mathcal{P}}\| < \delta_\varepsilon$인 첨점분할이라 하자. $\|\dot{\mathcal{P}}\| < \delta'_{\varepsilon/2}$이고 $\|\dot{\mathcal{P}}\| < \delta''_{\varepsilon/2}$이므로

$$|S(f; \dot{\mathcal{P}}) - L'| < \varepsilon/2 \quad \text{이고} \quad |S(f; \dot{\mathcal{P}}) - L''| < \varepsilon/2$$

이 되어, 삼각부등식에 의하여 다음을 얻는다.

$$\begin{aligned}|L' - L''| &= |L' - S(f; \dot{\mathcal{P}}) + S(f; \dot{\mathcal{P}}) - L''| \\ &\le |L' - S(f; \dot{\mathcal{P}})| + |S(f; \dot{\mathcal{P}}) - L''| \\ &< \varepsilon/2 + \varepsilon/2 = \varepsilon.\end{aligned}$$

$\varepsilon > 0$은 임의이므로 $L' = L''$이다. Q.E.D.

유한개의 점에서 함수를 변경하더라도 그의 적분가능성이나 적분의 값에 영향을 미치지 않음을 다음 결과가 보여준다.

7.1.3 정리 g가 $[a, b]$에서 Riemann 적분가능하고 $[a, b]$에 있는 유한개의 점을 제외한 모든 점에서 $f(x) = g(x)$이면, f는 Riemann 적분가능하고 $\int_a^b f = \int_a^b g$이다.

증명 한 점을 제외한 경우에 대한 주장을 증명하면 유한개 점들로의 확장은 표준적인 귀납법 논의에 의하여 달성되는데, 이는 독자에게 넘긴다.

c를 그 구간에 있는 한 점이라 하고 $L = \int_a^b g$라 하자. 모든 $x \ne c$에서 $f(x) = g(x)$라 가정한다. 임의의 첨점분할 $\dot{\mathcal{P}}$에 대하여 두 합 $S(f; \dot{\mathcal{P}})$와 $S(g; \dot{\mathcal{P}})$에 있는 항들은 많아야 ($c = x_i = x_{i-1}$가 끝점인 경우에) 두 개의 항을 제외하면 일치한다. 따라서

$$|S(f; \dot{\mathcal{P}}) - S(g; \dot{\mathcal{P}})| = |\Sigma(f(x_i) - g(x_i)(x_i - x_{i-1})| \le 2(|g(c)| + |f(c)|)\|\dot{\mathcal{P}}\|$$

을 얻는다. 이제 주어진 $\varepsilon > 0$에 대하여 $\delta_1 > 0$이 $\delta_1 < \varepsilon/(4(|f(c)| + |g(c)|))$을 만족한다고 하고 $\delta_2 > 0$가 $\|\dot{\mathcal{P}}\| < \delta_2$이면 $|S(g; \dot{\mathcal{P}}) - L| < \varepsilon/2$을 만족한다고 하자. 이제 $\delta := \min\{\delta_1, \delta_2\}$라 하자. $\|\dot{\mathcal{P}}\| < \delta$이면

$$|S(f; \dot{\mathcal{P}}) - L| \le |S(f; \dot{\mathcal{P}}) - S(g; \dot{\mathcal{P}})| + |S(g; \dot{\mathcal{P}}) - L| < \varepsilon/2 + \varepsilon/2 = \varepsilon$$

을 얻는다. 따라서 f는 적분이 L인 적분가능함수이다. Q.E.D.

몇 가지 예

단순히 정의만 이용하면 함수 f가 Riemann 적분가능함을 보이기 위하여 (i) 적분의 값 L을 알아야 (또는 정확히 추정하여야) 하고 (ii) 임의의 $\varepsilon > 0$에 대하여 충분할 δ_ε을 설정하여야 한다. L의 결정은 때때로 Riemann 합을 계산하여 L이 얼마이어야 하는지를 추정함으로써 이루어진다. δ_ε의 결정은 어려울 것 같다.

실제로 보통은 나중에 제시되는 약간의 정리들을 이용하여 $f \in \mathcal{R}[a, b]$임을 보인다.

7.1.4 예 **(a)** $[a, b]$에서 모든 상수함수는 $\mathcal{R}[a, b]$에 속한다.

모든 $x \in [a, b]$에 대하여 $f(x) := k$라 하자. $\dot{\mathcal{P}} := \{([x_{i-1}, x_i], t_i)\}_{i=1}^n$가 $[a, b]$의 임의의 첨점분할이면 다음이 되는 것은 명백하다.

$$S(f; \dot{\mathcal{P}}) := \sum_{i=1}^{n} k(x_i - x_{i-1}) = k(b - a).$$

따라서 임의의 $\varepsilon > 0$에 대하여 $\delta_\varepsilon := 1$을 택할 수 있고, $\|\dot{\mathcal{P}}\| < \delta_\varepsilon$이면

$$|S(f; \dot{\mathcal{P}}) - k(b - a)| = 0 < \varepsilon$$

이다. $\varepsilon > 0$은 임의이므로, $f \in \mathcal{R}[a, b]$이고 $\int_a^b f = k(b - a)$이다.

(b) $g : [0, 3] \to \mathbb{R}$가 $0 \le x \le 1$에서 $g(x) := 2$로, $1 < x \le 3$에서 $g(x) := 3$으로 정의된다고 하자. g의 그래프에 기초하여 예비적인 조사가 $\int_0^3 g = 8$이기를 기대하도록 암시한다(그림 7.1.4를 보라).

$\dot{\mathcal{P}}$를 norm이 $< \delta$인 $[0, 3]$의 첨점분할이라 하고 $|S(g; \dot{\mathcal{P}}) - 8| < \varepsilon$임을 확인하기 위하여 δ를 어떻게 결정하는지를 보일 것이다. $\dot{\mathcal{P}}_1$을 $g(x) = 2$일 때 $[0, 1]$에서 $\dot{\mathcal{P}}$의 첨점을 갖는 $\dot{\mathcal{P}}$의 부분집합이라 하고 $\dot{\mathcal{P}}_2$를 $g(x) = 3$일 때 $(1, 3]$에서 $\dot{\mathcal{P}}$의 첨점을 갖는 $\dot{\mathcal{P}}$의 부분집합이라 하자. 다음이 성립함은 분명하다.

(3) $$S(g; \dot{\mathcal{P}}) = S(g; \dot{\mathcal{P}}_1) + S(g; \dot{\mathcal{P}}_2).$$

U_1이 $\dot{\mathcal{P}}_1$에 있는 부분구간들의 합을 나타내면 다음을 쉽게 보일 수 있다.

(4) $$[0, 1 - \delta] \subset U_1 \subset [0, 1 + \delta].$$

예를 들어 처음 포함관계를 증명하기 위하여 $u \in [0, 1 - \delta]$라 하자. 그러면 u는 $\dot{\mathcal{P}}_1$의 한 구간 $I_k := [x_{k-1}, x_k]$에 놓여 있고, $\|\dot{\mathcal{P}}\| < \delta$이므로 $x_k - x_{k-1} < \delta$를 얻는다. 따라서 $x_{k-1} \le u \le 1 - \delta$이면 $x_k \le x_{k-1} + \delta \le (1 - \delta) + \delta \le 1$이다. 그래서 I_k에 있는 첨점 t_k는 $t_k \le 1$을 만족하고, 따라서 u는 첨점이 $[0, 1]$에 있는 한 부분구간에 속한다. 즉 $u \in U_1$이다. 이것은 (4)의 첫 번째 포함관계를 증명한 것

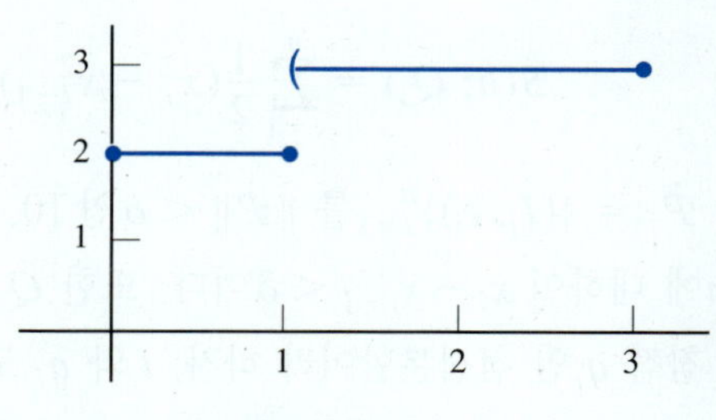

그림 7.1.4 g의 그래프

이고, 두 번째 포함관계도 같은 방법으로 보일 수 있다. $\dot{\mathcal{P}}_1$의 첨점들에 대하여 $g(t_k) = 2$이고 (4)에 있는 구간들의 길이는 각각 $1 - \delta$와 $1 + \delta$이므로 다음을 얻는다.

$$2(1 - \delta) \le S(g; \dot{\mathcal{P}}_1) \le 2(1 + \delta).$$

유사한 논의로 첨점이 $t_i \in (1, 3]$인 모든 부분구간들의 합집합은 길이가 $2 - \delta$인 구간 $[1 + \delta, 3]$을 포함하고 길이가 $2 + \delta$인 $[1 - \delta, 3]$에 포함된다. 따라서 다음이 성립한다.

$$3(2 - \delta) \le S(g; \dot{\mathcal{P}}_2) \le 3(2 + \delta).$$

이 부등식들을 더하고 식 (3)을 이용하여

$$8 - 5\delta \le S(g; \dot{\mathcal{P}}) = S(g; \dot{\mathcal{P}}_1) + S(g; \dot{\mathcal{P}}_2) \le 8 + 5\delta$$

를 얻는다. 따라서

$$|S(g; \dot{\mathcal{P}}) - 8| \le 5\delta$$

가 된다. 마지막 항이 $< \varepsilon$이 되게 하기 위하여 $\delta_\varepsilon < \varepsilon/5$을 취하도록 한다.

이렇게 선택하여 (예를 들어 $\delta_\varepsilon := \varepsilon/10$을 취하면) 논의를 거슬러 올라갈 수 있고, $\|\dot{\mathcal{P}}\| < \delta_\varepsilon$일 때 $|S(g : \dot{\mathcal{P}}) - 8| < \varepsilon$임을 보일 수 있다. $\varepsilon > 0$은 임의이므로, $g \in \mathcal{R}[0, 3]$이고 예견했듯이 $\int_0^3 g = 8$임을 증명하였다.

(c) $x \in [0, 1]$에 대하여 $h(x) := x$라 하고 $h \in \mathcal{R}[0, 1]$임을 보일 것이다.

첨점들을 특별히 선택함으로써 적분값을 추측할 수 있게 해 주는 "묘책"을 채택할 것이다. 사실 $\{I_i\}_{i=1}^n$가 $[0, 1]$의 임의의 분할이고 구간 $I_i = [x_{i-1}, x_i]$의 첨점을 중점 $q_i := \frac{1}{2}(x_{i-1} + x_i)$로 택하여, 첨점분할 $\dot{\mathcal{Q}} := \{(I_i, q_i)\}_{i=1}^n$에 대응되는 Riemann 합에 이 항을 적용하면

$$h(q_i)(x_i - x_{i-1}) = \frac{1}{2}(x_i + x_{i-1})(x_i - x_{i-1}) = \frac{1}{2}(x_i^2 - x_{i-1}^2)$$

이 된다. 이 항들을 더하면 앞뒤 항이 삭제되는 합이 되어 다음을 얻는다.

$$S(h; \dot{\mathcal{Q}}) = \sum_{i=1}^n \frac{1}{2}(x_i^2 - x_{i-1}^2) = \frac{1}{2}(1^2 - 0^2) = \frac{1}{2}.$$

이제 $\dot{\mathcal{P}} := \{(I_i, t_i)\}_{i=1}^n$를 $\|\dot{\mathcal{P}}\| < \delta$인 $[0, 1]$의 임의의 첨점분할이라 하면 $i = 1, \ldots, n$에 대하여 $x_i - x_{i-1} < \delta$이다. 또한 $\dot{\mathcal{Q}}$를 동일한 분할점을 갖지만 구간 I_i의 중점이 첨점 q_i인 첨점분할이라 하자. t_i와 q_i 모두 이 구간에 속하므로 $|t_i - q_i| < \delta$이다. 삼각부등식을 이용하여 다음을 추론한다.

$$|S(h;\dot{\mathcal{P}}) - S(h;\dot{\mathcal{Q}})| = \left|\sum_{i=1}^{n} t_i(x_i - x_{i-1}) - \sum_{i=1}^{n} q_i(x_i - x_{i-1})\right|$$
$$\leq \sum_{i=1}^{n}|t_i - q_i|(x_i - x_{i-1}) < \delta\sum_{i=1}^{n}(x_i - x_{i-1}) = \delta(x_n - x_0) = \delta.$$

$S(h;\dot{\mathcal{Q}}) = \frac{1}{2}$이므로, $\dot{\mathcal{P}}$가 $\|\dot{\mathcal{P}}\| < \delta$인 임의의 첨점분할이면 다음이 성립한다.

$$|S(h;\dot{\mathcal{P}}) - \tfrac{1}{2}| < \delta.$$

따라서 $\delta_\varepsilon \leq \varepsilon$을 취하도록 한다. $\delta_\varepsilon := \varepsilon$으로 선택하면, $h \in \mathcal{R}[0, 1]$인 결론을 얻기 위하여 논의를 거슬러 올라갈 수 있고 $\int_0^1 h = \int_0^1 x\,dx = \frac{1}{2}$이다.

(d) $x = 1/n(n \in \mathbb{N})$에서 $G(x) := 1/n$이고 $[0, 1]$의 다른 점에서는 $G(x) := 0$이라 하자.

주어진 $\varepsilon > 0$에 대하여 집합 $E := \{x : G(x) \geq \varepsilon\}$는 유한집합이다(예를 들어 $\varepsilon = 1/10$이면 $E = \{1, 1/2, 1/3, \ldots, 1/10\}$이다). n을 E에 있는 점들의 수라 하고 한 첨점이 끝점이면, 이를 두 번 셀 수 있는 가능성을 인정하여 $\delta := \varepsilon/2n$이라 하자. $\|\dot{\mathcal{P}}\| < \delta$인 주어진 첨점분할 $\dot{\mathcal{P}}$에 대하여, $\dot{\mathcal{P}}_0$를 E의 외부에서 첨점을 갖는 $\dot{\mathcal{P}}$의 부분집합이고 $\dot{\mathcal{P}}_1$을 E에 속하는 하나 또는 더 많은 첨점을 갖는 $\dot{\mathcal{P}}$의 부분집합이라 하자. E의 외부에 있는 각 x에 대하여 $G(x) < \varepsilon$이고 $[0, 1]$에 속하는 모든 x에 대하여 $G(x) \leq 1$이므로 다음을 얻는다.

$$0 \leq S(G;\dot{\mathcal{P}}) = S(G;\dot{\mathcal{P}}_0) + S(G;\dot{\mathcal{P}}_1) < \varepsilon + (2n)\delta = 2\varepsilon.$$

$\varepsilon > 0$은 임의이므로, G는 Riemann 적분가능하고 적분은 0이라는 결론을 얻는다. ■

적분의 몇 가지 성질

적분의 값과 δ_ε의 값을 결정하는 데 따르는 어려움이 몇 개의 일반적인 정리를 갖는 것이 매우 유용할 것임을 시사한다. 이러한 측면에서 처음 결과는 적분가능한 함수들의 어떤 대수적 결합을 가능하게 해준다.

7.1.5 정리 f와 g가 $\mathcal{R}[a, b]$에 속한다고 가정하자.

(a) $k \in \mathbb{R}$이면, 함수 kf는 $\mathcal{R}[a, b]$에 속하고 다음이 성립한다.

$$\int_a^b kf = k\int_a^b f.$$

(b) 함수 $f + g$는 $\mathcal{R}[a, b]$에 속하고 다음이 성립한다.

$$\int_a^b (f+g) = \int_a^b f + \int_a^b g.$$

(c) 모든 $x \in [a, b]$에 대하여 $f(x) \leq g(x)$이면 다음이 성립한다.

$$\int_a^b f \leq \int_a^b g.$$

증명 $\dot{\mathcal{P}} = \{([x_{i-1}, x_i], t_i)\}_{i=1}^n$가 $[a, b]$의 첨점분할이면 다음을 보이는 것은 쉬운 연습문제이다.

$$S(kf; \dot{\mathcal{P}}) = kS(f; \dot{\mathcal{P}}), \quad S(f+g; \dot{\mathcal{P}}) = S(f; \dot{\mathcal{P}}) + S(g; \dot{\mathcal{P}})$$
$$S(f; \dot{\mathcal{P}}) \leq S(g; \dot{\mathcal{P}}).$$

첫 번째 등식으로부터 (a)를 보이는 것은 독자에게 맡긴다. 예로서 (b)와 (c)의 증명을 완성할 것이다.

주어진 $\varepsilon > 0$에 대하여, 유일성 정리 7.1.2의 증명에 있는 논의를 이용하면 $\dot{\mathcal{P}}$가 $\|\dot{\mathcal{P}}\| < \delta_\varepsilon$인 첨점분할일 때

$$(5) \qquad \left| S(f; \dot{\mathcal{P}}) - \int_a^b f \right| < \varepsilon/2, \quad \left| S(g; \dot{\mathcal{P}}) - \int_a^b g \right| < \varepsilon/2$$

을 만족하는 수 $\delta_\varepsilon > 0$을 설정할 수 있다.

(b)를 증명하기 위하여 다음에 주목하라.

$$\begin{aligned} \left| S(f+g; \dot{\mathcal{P}}) - \left(\int_a^b f + \int_a^b g \right) \right| &= \left| S(f; \dot{\mathcal{P}}) + S(g; \dot{\mathcal{P}}) - \int_a^b f - \int_a^b g \right| \\ &\leq \left| S(f; \dot{\mathcal{P}}) - \int_a^b f \right| + \left| S(g; \dot{\mathcal{P}}) - \int_a^b g \right| \\ &< \varepsilon/2 + \varepsilon/2 = \varepsilon. \end{aligned}$$

$\varepsilon > 0$은 임의이므로, $f + g \in \mathcal{R}[a, b]$이고 이의 적분은 f와 g의 적분들의 합이다.

(c)를 증명하기 위하여 (5)에 삼각부등식을 적용하면

$$\int_a^b f - \varepsilon/2 < S(f; \dot{\mathcal{P}}), \qquad S(g; \dot{\mathcal{P}}) < \int_a^b g + \varepsilon/2$$

이 됨에 주목한다. $S(f; \dot{\mathcal{P}}) \leq S(g; \dot{\mathcal{P}})$라는 사실을 이용하여

$$\int_a^b f \leq \int_a^b g + \varepsilon$$

을 얻는다. 그러나 $\varepsilon > 0$은 임의이므로 $\int_a^b f \leq \int_a^b g$이다. Q.E.D.

유계성 정리

이제 유계가 아닌 함수는 Riemann 적분가능하지 않음을 보인다.

7.1.6 정리 $f \in \mathcal{R}[a, b]$이면, f는 $[a, b]$에서 유계이다.

증명 f가 $\mathcal{R}[a, b]$에 속하고 유계가 아닌 함수로 적분이 L이라 가정하자. 그러면 $\dot{\mathcal{P}}$가 $\|\dot{\mathcal{P}}\| < \delta$인 $[a, b]$의 첨점분할일 때 $|S(f; \dot{\mathcal{P}}) - L| < 1$이 되는 $\delta > 0$가 존재하고, 따라서

$$|S(f; \dot{\mathcal{P}})| < |L| + 1 \tag{6}$$

이다. 이제 $\mathcal{Q} = \{[x_{i-1}, x_i]\}_{i=1}^{n}$를 $\|\mathcal{Q}\| < \delta$인 $[a, b]$의 분할이라 하자. $|f|$이 $[a, b]$에서 유계가 아니므로, $|f|$이 유계가 아닌 적어도 하나의 부분구간이 $\mathcal{Q}$에 존재한다. 이를 $[x_{k-1}, x_k]$라 하자. 왜냐하면 $|f|$이 각 부분구간 $[x_{i-1}, x_i]$에서 M_i에 의하여 유계일 때 $|f|$은 $\max\{M_1, \ldots, M_n\}$에 의하여 $[a, b]$에서 유계이기 때문이다.

이제 (6)에 모순이 되도록 $\mathcal{Q}$에 대한 첨점을 선택할 것이다. $i \neq k$이면 $\mathcal{Q}$에 $t_i := x_i$인 첨점을 붙이고 다음이 성립하도록 $t_k \in [x_{k-1}, x_k]$를 뽑는다.

$$|f(t_k)(x_k - x_{k-1})| > |L| + 1 + \left| \sum_{i \neq k} f(t_i)(x_i - x_{i-1}) \right|.$$

삼각부등식으로부터 ($|A + B| \geq |A| - |B|$인 형태로)

$$\left| S(f; \dot{\mathcal{Q}}) \right| \geq |f(t_k)(x_k - x_{k-1})| - \left| \sum_{i \neq k} f(t_i)(x_i - x_{i-1}) \right| > |L| + 1$$

을 얻는데, 이는 (6)에 모순이다. Q.E.D.

모든 유리수에서 불연속이고 단조도 아니지만 Riemann 적분가능한 함수의 예로 이 절을 마무리 할 것이다.

7.1.7 예 예 5.1.6(h)에서와 같이 $x \in [0, 1]$가 무리수이면 $h(x) := 0$이고 $h(0) := 1$로, 그리고 $m, n \in \mathbb{N}$이 1이외의 공통인수를 갖지 않을 때 $x \in [0, 1]$가 $x = m/n$인 유리수이면 $h(x) := 1/n$로 정의된 Thomae의 함수 $h : [0, 1] \to \mathbb{R}$를 고찰한다. 5.1.6(h)에서 h는 $[0, 1]$의 모든 무리수에서 연속이고 모든 유리수에서 불연속임을 보였다(그림 5.1.2를 보라). 이제 $h \in [0, 1]$임을 보일 것이다.

$\varepsilon > 0$에 대하여 집합 $E := \{x \in [0, 1] : h(x) \geq \varepsilon/2\}$는 유한집합이다(예를 들어 $\varepsilon/2 = 1/5$이면 $h(x) \geq 1/5$이 되는 x의 값이 11개 존재하는데, $E = \{0, 1, 1/2,$

1/3, 2/3, 1/4, 3/4, 1/5, 2/5, 3/5, 4/5}이다. 그래프를 그려 보아라). n을 E에 속하는 원소의 개수라 하고 $\delta := \varepsilon/(4n)$이라 하자. $\dot{\mathcal{P}}$가 $\|\dot{\mathcal{P}}\| < \delta$인 주어진 첨점분할이면, $\dot{\mathcal{P}}$를 두 개의 부분집합으로 나눈다. $\dot{\mathcal{P}}_1$을 E에서 그들의 첨점을 갖는 $\dot{\mathcal{P}}$에 있는 첨점구간들의 집합이라 하고 $\dot{\mathcal{P}}_2$를 [0, 1]의 다른 점에서 그들의 첨점을 갖는 $\dot{\mathcal{P}}$에 있는 첨점구간들의 부분집합이라 하자. $\dot{\mathcal{P}}_1$의 한 첨점이 인접한 구간들의 끝점일 가능성을 허용하여 $\dot{\mathcal{P}}_1$은 많아야 $2n$개의 구간들을 갖고, 이 구간들의 총길이는 기껏해야 $2n\delta = \varepsilon/2$이다. 또한 $\dot{\mathcal{P}}_1$에 속하는 각 첨점 t_i에 대하여 $0 < h(t_i) \le 1$이다. 따라서 $S(h; \dot{\mathcal{P}}_1) \le 1 \cdot 2n\delta \le \varepsilon/2$을 얻는다. $\dot{\mathcal{P}}_2$에 속하는 첨점들 t_i에 대하여 $h(t_i) < \varepsilon/2$이고 $\dot{\mathcal{P}}_2$에 있는 부분구간들의 총 길이는 명백히 1보다 작다. 따라서 $S(h; \dot{\mathcal{P}}_2) < (\varepsilon/2) \cdot 1 = \varepsilon/2$이다. 이 결과들을 결합하여

$$0 \le S(h; \dot{\mathcal{P}}) = S(h; \dot{\mathcal{P}}_1) + S(h; \dot{\mathcal{P}}_2) < \varepsilon/2 + \varepsilon/2 = \varepsilon$$

을 얻는다. $\varepsilon > 0$은 임의이므로 적분이 0인 $h \in \mathcal{R}[0, 1]$이다. ■

연습문제 7.1

1. $I := [0, 4]$일 때, 다음 분할들의 norm을 계산하여라.

(a) $\mathcal{P}_1 := (0, 1, 2, 4)$
(b) $\mathcal{P}_2 := (0, 2, 3, 4)$
(c) $\mathcal{P}_3 := (0, 1, 1.5, 2, 3.4, 4)$
(d) $\mathcal{P}_4 := (0, .5, 2.5, 3.5, 4)$

2. $x \in [0, 4]$에 대하여 $f(x) := x^2$이면, $\dot{\mathcal{P}}_i$가 문제 1과 같은 분할점을 갖고 첨점을 다음과 같이 선택할 때 Riemann 합들을 계산하여라.

(a) 첨점들이 부븐구간들의 왼쪽 끝점인 $\mathcal{P}_1$
(b) 첨점들이 부분구간들의 오른쪽 끝점인 $\mathcal{P}_1$
(c) 첨점들이 부븐구간들의 왼쪽 끝점인 $\mathcal{P}_2$
(d) 첨점들이 부분구간들의 오른쪽 끝점인 $\mathcal{P}_2$

3. $f : [a, b] \to \mathbb{R}$가 $[a, b]$에서 Riemann 적분가능하기 위한 필요충분조건은 $L \in \mathbb{R}$이 존재하여, 모든 $\varepsilon > 0$에 대하여 $\dot{\mathcal{P}}$가 norm이 $\|\dot{\mathcal{P}}\| \le \delta_\varepsilon$인 임의의 첨점분할이면 $|S(f; \dot{\mathcal{P}}) - L| \le \varepsilon$이 되는 $\delta_\varepsilon > 0$이 존재하는 것임을 보여라.

4. $\dot{\mathcal{P}}$를 [0, 3]의 첨점분할이라 하자.

(a) [0, 1]에서 첨점을 갖는 $\dot{\mathcal{P}}$의 모든 부분구간들의 합집합 U_1이 $[0, 1 - \|\dot{\mathcal{P}}\|] \subseteq U_1 \subseteq [0, 1 + \|\dot{\mathcal{P}}\|]$을 만족함을 보여라.
(b) [1, 2]에서 첨점을 갖는 $\dot{\mathcal{P}}$의 모든 부분구간들의 합집합 U_2가 $[1 + \|\dot{\mathcal{P}}\|, 2 - \|\dot{\mathcal{P}}\|] \subseteq U_2 \subseteq [1 - \|\dot{\mathcal{P}}\|, 2 + \|\dot{\mathcal{P}}\|]$을 만족함을 보여라.

5. $\dot{\mathcal{P}} := \{(I_i, t_i)\}_{i=1}^n$를 $[a, b]$의 첨점분할이라 하고 $c_1 < c_2$라 하자.

(a) u가 $c_1 \le t_i \le c_2$를 만족하는 첨점을 갖는 부분구간 I_i에 속하면 $c_1 - \|\dot{\mathcal{P}}\| \le u \le c_2 + \|\dot{\mathcal{P}}\|$임을 보여라.

(b) $v \in [a, b]$이고 $c_1 + \|\dot{\mathcal{P}}\| \le v \le c_2 - \|\dot{\mathcal{P}}\|$을 만족하면, v를 포함하는 임의의 부분구간 I_i의 첨점 t_i가 $t_i \in [c_1, c_2]$를 만족함을 보여라.

6. (a) $0 \le x < 1$이면 $f(x) := 2$이고 $1 \le x \le 2$이면 $f(x) := 1$이라 하자. $f \in \mathcal{R}[0, 2]$임을 보이고 그 적분의 값을 구하여라.

(b) $0 \le x < 1$이면 $h(x) := 2$이고 $h(1) := 3$이며, $1 < x \le 2$이면 $h(x) := 1$이라 하자. $h \in \mathcal{R}[0, 2]$임을 보이고 그 적분의 값을 구하여라.

7. 수학적 귀납법과 정리 7.1.5를 이용하여 $f_1, \ldots, f_n$이 $\mathcal{R}[a, b]$에 속하고 $k_1, \ldots, k_n \in \mathbb{R}$이면, 1차결합 $f = \Sigma_{i=1}^{n} k_i f_i$가 $\mathcal{R}[a, b]$에 속하는 것과 $\int_a^b f = \Sigma_{i=1}^{n} k_i \int_a^b f_i$임을 보여라.

8. $f \in \mathcal{R}[a, b]$이고 모든 $x \in [a, b]$에 대하여 $|f(x)| \le M$이면 $|\int_a^b f| \le M(b - a)$임을 보여라.

9. $f \in \mathcal{R}[a, b]$이고 $(\dot{\mathcal{P}}_n)$이 $\|\dot{\mathcal{P}}_n\| \to 0$인 $[a, b]$의 첨점분할열이면 $\int_a^b f = \lim_n S(f; \dot{\mathcal{P}}_n)$임을 보여라.

10. $x \in [0, 1]$가 유리수이면 $g(x) := 0$이고 $x \in [0, 1]$가 무리수이면 $g(x) := 1/x$이라 하자. 왜 $g \notin \mathcal{R}[0, 1]$인지 설명하여라. 그러나 $\|\dot{\mathcal{P}}_n\| \to 0$이고 $\lim_n S(g; \dot{\mathcal{P}}_n)$이 존재하는 $[a, b]$의 첨점분할열 $(\dot{\mathcal{P}}_n)$이 존재함을 보여라.

11. f가 $[a, b]$에서 유계이고 $\|\dot{\mathcal{P}}_n\| \to 0$이며 $\|\dot{\mathcal{Q}}_n\| \to 0$이지만 $\lim_n S(f; \dot{\mathcal{P}}_n) \ne \lim_n S(f; \dot{\mathcal{Q}}_n)$이 되는 $[a, b]$의 두 첨점분할열이 존재한다고 가정하자. f가 $\mathcal{R}[a, b]$에 속하지 않음을 보여라.

12. 예 5.1.6(g)에서 소개한 유리수 $x \in [0, 1]$에 대하여 $f(x) := 1$로, 무리수 $x \in [0, 1]$에 대하여 $f(x) := 0$으로 정의되는 Dirichlet의 함수를 고찰하자. 앞의 문제를 이용하여 f가 $[0, 1]$에서 Riemann 적분가능하지 않음을 보여라.

13. $c \le d$가 $[a, b]$에 있는 점이라 가정하자. $\varphi : [a, b] \to \mathbb{R}$가 $x \in [c, d]$에 대하여 $\varphi(x) = \alpha > 0$이고 $[a, b]$에 있는 다른 점에서 $\varphi(x) = 0$이면, $\varphi \in \mathcal{R}[a, b]$이고 $\int_a^b \varphi = \alpha(d - c)$임을 증명하여라. [힌트: 주어진 $\varepsilon > 0$에 대하여 $\delta_\varepsilon := \varepsilon / 4\alpha$이라 하고 $\|\dot{\mathcal{P}}\| < \delta_\varepsilon$이면 $\alpha(d - c - 2\delta_\varepsilon) \le S(\varphi; \dot{\mathcal{P}}) \le \alpha(d - c + 2\delta_\varepsilon)$이 됨을 보여라.]

14. $0 \le a < b$라 하자. $x \in [a, b]$에 대하여 $Q(x) := x^2$이라 하고 $\mathcal{P} := \{[x_{i-1}, x_i]\}_{i=1}^{n}$를 $[a, b]$의 분할이라 하자. 각 i에 대하여 q_i를

$$\tfrac{1}{3}(x_i^2 + x_i x_{i-1} + x_{i-1}^2)$$

의 양의 제곱근이라 하자.

(a) q_i가 $0 \le x_{i-1} \le q_i \le x_i$를 만족함을 보여라.

(b) $Q(q_i)(x_i - x_{i-1}) = \tfrac{1}{3}(x_i^3 - x_{i-1}^3)$임을 보여라.

(c) $\dot{\mathcal{Q}}$가 $\mathcal{P}$와 동일한 부분구간이고 첨점이 q_i인 첨점분할이면 $S(Q; \dot{\mathcal{Q}}) = \frac{1}{3}(b^3 - a^3)$임을 보여라.

(d) 예 7.1.4(c)에 있는 논의를 이용하여 $Q \in \mathcal{R}[a, b]$이고 다음이 됨을 보여라.

$$\int_a^b Q = \int_a^b x^2\, dx = \tfrac{1}{3}(b^3 - a^3).$$

15. $f \in \mathcal{R}[a, b]$이고 $c \in \mathbb{R}$이면 $[a + c, b + c]$에서 g를 $g(y) := f(y - c)$로 정의한다. $g \in \mathcal{R}[a + c, b + c]$이고 $\int_{a+c}^{b+c} g = \int_a^b f$임을 증명하여라. 함수 g를 f의 c-**이동**(translate)이라 한다.

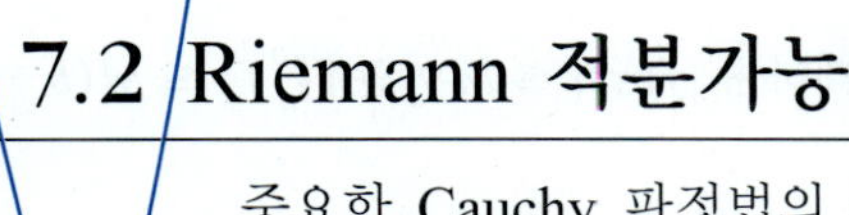

7.2 Riemann 적분가능함수

중요한 Cauchy 판정법의 증명으로 시작한다. 그리고 조임정리를 증명할 것이다. 이는 다양한 함수족(계단함수, 연속함수, 단조함수)들의 Riemann 적분가능성을 수립하는 데 이용된다. 마지막으로 가법정리를 수립할 것이다.

정의의 직접적인 이용은 적분의 값을 알도록 요구한다는 것을 이미 알고 있다. Cauchy 판정법은 그러한 필요성을 제거해 주지만 하나가 아닌 두개의 Riemann 합을 고찰해야 하는 대가를 치른다.

7.2.1 Cauchy 판정법 함수 $f : [a, b] \to \mathbb{R}$가 $\mathcal{R}[a, b]$에 속하기 위한 필요충분조건은 모든 $\varepsilon > 0$에 대하여 $\dot{\mathcal{P}}$와 $\dot{\mathcal{Q}}$가 $\|\dot{\mathcal{P}}\| < \eta_\varepsilon$이고 $\|\dot{\mathcal{Q}}\| < \eta_\varepsilon$인 $[a, b]$의 임의의 첨점분할이면

$$|S(f; \dot{\mathcal{P}}) - S(f; \dot{\mathcal{Q}})| < \varepsilon$$

이 되는 $\eta_\varepsilon > 0$이 존재하는 것이다.

증명 ($\Rightarrow$) 적분이 L인 $f \in \mathbb{R}[a, b]$이면, $\eta_\varepsilon := \delta_\varepsilon/2 > 0$을 $\dot{\mathcal{P}}$와 $\dot{\mathcal{Q}}$가 $\|\dot{\mathcal{P}}\| < \eta_\varepsilon$이고 $\|\dot{\mathcal{Q}}\| < \eta_\varepsilon$인 첨점분할일 때

$$|S(f; \dot{\mathcal{P}}) - L| < \varepsilon/2 \quad \text{과} \quad |S(f; \dot{\mathcal{Q}}) - L| < \varepsilon/2$$

을 만족하는 수라 하자. 따라서 다음을 얻는다.

$$\begin{aligned} |S(f; \dot{\mathcal{P}}) - S(f; \dot{\mathcal{Q}})| &\le |S(f; \dot{\mathcal{P}}) - L + L - S(f; \dot{\mathcal{Q}})| \\ &\le |S(f; \dot{\mathcal{P}}) - L| + |L - S(f; \dot{\mathcal{Q}})| \\ &< \varepsilon/2 + \varepsilon/2 = \varepsilon. \end{aligned}$$

($\Leftarrow$) 각 $n \in \mathbb{N}$에 대하여 $\dot{\mathcal{P}}$와 $\dot{\mathcal{Q}}$가 norm들이 $< \delta_n$인 첨점분할이면

$$|S(f; \dot{\mathcal{P}}) - S(f; \dot{\mathcal{Q}})| < 1/n$$

이 되는 $\delta_n > 0$이라 하자. 명백히 $n \in \mathbb{N}$에 대하여 $\delta_n \geq \delta_{n+1}$이라 가정해도 되고, 그렇지 않으면 δ_n을 $\delta_n' := \min\{\delta_1, \ldots, \delta_n\}$으로 대체한다.

각 $n \in \mathbb{N}$에 대하여 $\dot{\mathcal{P}}_n$을 $\|\dot{\mathcal{P}}_n\| < \delta_n$인 첨점분할이라 하자. 명백히 $m > n$이면 $\dot{\mathcal{P}}_m$과 $\dot{\mathcal{P}}_n$ 모두 $< \delta_n$인 norm을 가지며, 따라서 $m > n$에 대하여 다음이 성립한다.

(1) $$|S(f; \dot{\mathcal{P}}_n) - S(f; \dot{\mathcal{P}}_m)| < 1/n.$$

그러므로 수열 $(S(f; \dot{\mathcal{P}}_m))_{m=1}^{\infty}$은 $\mathbb{R}$에서 Cauchy 수열이다. 따라서 (정리 3.5.5에 의하여) 이 수열은 $\mathbb{R}$에서 수렴하고 $A := \lim_m S(f; \dot{\mathcal{P}}_m)$라 하자.

(1)에 $m \to \infty$로 극한을 취하면 모든 $n \in \mathbb{N}$에 대하여

$$|S(f; \dot{\mathcal{P}}_n) - A| \leq 1/n$$

이다. A가 f의 Riemann 적분임을 보이기 위하여 주어진 $\varepsilon > 0$에 대하여 $K \in \mathbb{N}$가 $K > 2/\varepsilon$를 만족한다고 하자. $\dot{\mathcal{Q}}$가 $\|\dot{\mathcal{Q}}\| < \delta_K$인 임의의 첨점분할이면 다음이 성립한다.

$$\begin{aligned}|S(f; \dot{\mathcal{Q}}) - A| &\leq |S(f; \dot{\mathcal{Q}}) - S(f; \dot{\mathcal{P}}_K)| + |S(f; \dot{\mathcal{P}}_K) - A| \\ &\leq 1/K + 1/K < \varepsilon.\end{aligned}$$

$\varepsilon > 0$은 임의이므로, $f \in \mathcal{R}[a, b]$이고 적분은 A이다. Q.E.D.

이제 Cauchy 판정법을 이용한 두 예를 소개할 것이다.

7.2.2 예 **(a)** $g : [0, 3] \to \mathbb{R}$를 예 7.1.4(b)에서 다룬 함수라 하자. 그 예에서 $\dot{\mathcal{P}}$가 $\|\dot{\mathcal{P}}\| < \delta$인 $[0, 3]$의 첨점분할이면 다음이 성립함을 알았다.

$$8 - 5\delta \leq S(g; \dot{\mathcal{P}}) \leq 8 + 5\delta.$$

따라서 $\dot{\mathcal{Q}}$가 $\|\dot{\mathcal{Q}}\| < \delta$인 또 다른 첨점분할이면 다음이 성립한다.

$$8 - 5\delta \leq S(g; \dot{\mathcal{Q}}) \leq 8 + 5\delta.$$

두 부등식을 빼면 다음을 얻는다.

$$|S(g; \dot{\mathcal{P}}) - S(g; \dot{\mathcal{Q}})| \leq 10\delta.$$

마지막 항이 $< \varepsilon$이기 위하여 $\eta_\varepsilon := \varepsilon/20$으로 Cauchy 판정법을 이용한다(상술하는 것은 독자에게 맡긴다).

(b) Cauchy 판정법을 함수 $f : [a, b] \to \mathbb{R}$가 Riemann 적분가능하지 않음을 보이는 데도 이용할 수 있다. 그렇게 하기 위하여 다음을 보여야 한다. $\varepsilon_0 > 0$가 존재하여, 임의의 $\eta > 0$에 대하여 $|S(f; \dot{\mathcal{P}}) - S(f; \dot{\mathcal{Q}})| \geq \varepsilon_0$가 되는 $\|\dot{\mathcal{P}}\| < \eta$이고 $\|\dot{\mathcal{Q}}\| < \eta$인 첨점분할 $\dot{\mathcal{P}}$와 $\dot{\mathcal{Q}}$가 존재한다.

5.1.6(g)에서 다룬 $x \in [0, 1]$가 유리수이면 $f(x) := 1$이고 $x \in [0, 1]$가 무리수이면 $f(x) := 0$으로 정의된 Dirichlet 함수에 이러한 내용들을 적용할 것이다.

여기서 $\varepsilon_0 := \frac{1}{2}$을 취한다. $\dot{\mathcal{P}}$의 모든 첨점이 유리수인 임의의 분할이면 $S(f; \dot{\mathcal{P}}) = 1$인 반면, $\dot{\mathcal{Q}}$의 모든 첨점이 무리수인 임의의 분할이면 $S(f; \dot{\mathcal{Q}}) = 0$이다. 임의로 작은 norm을 갖는 그러한 첨점분할을 취할 수 있으므로 Dirichlet 함수는 Riemann 적분가능하지 않다. ■

조임정리

Riemann 적분의 정의를 공부할 때 두 가지 형태의 어려움과 마주쳤었다. 첫째는 각 분할에 대하여 첨점들의 무한히 많은 선택이 있고, 둘째는 일정한 값보다 작은 norm을 갖는 무한히 많은 분할들이 존재한다. 예들과 정리의 증명들에서 이러한 어려움들에 관한 경험을 이미 하였다. 이제 적분가능성의 증명에서 그러한 어려움을 약간은 경감해 줄 조임정리라는 중요한 도구를 설정할 것이다. 이는 주어진 함수가 충분한 정확도로 Riemann 적분가능함을 알고 있는 두 함수 사이에서 "조여지거나" 묶여지면 주어진 함수 역시 Riemann 적분가능하다는 것이다. 정확한 조건은 정리의 명제에 있다(적분가능성을 설정하기 위하여 함수를 조이는 것이라는 생각이 프랑스 수학자 Gaston Darboux로 하여금 상적분과 하적분으로 적분에 대한 한 접근법을 발전시키도록 하였다. 이 접근법을 7.4절에서 소개한다).

7.2.3 조임정리 $f : [a, b] \to \mathbb{R}$라 하자. 그러면 $f \in \mathcal{R}[a, b]$이기 위한 필요충분조건은 모든 $\varepsilon > 0$에 대하여 $x \in [a, b]$이면

$$\alpha_\varepsilon(x) \leq f(x) \leq \omega_\varepsilon(x) \tag{2}$$

이고

$$\int_a^b (\omega_\varepsilon - \alpha_\varepsilon) < \varepsilon \tag{3}$$

이 되는 α_ε과 ω_ε이 $\mathcal{R}[a, b]$에 존재하는 것이다.

증명 ($\Rightarrow$) 모든 $\varepsilon > 0$에 대하여 $\alpha_\varepsilon = \omega_\varepsilon = f$를 취한다.

(⟸) $\varepsilon > 0$이라 하자. α_ε과 ω_ε이 $\mathcal{R}[a, b]$에 속하므로, $\dot{\mathcal{P}}$가 $\|\dot{\mathcal{P}}\| < \delta_\varepsilon$인 첨점분할이면

$$\left|S(\alpha_\varepsilon; \dot{\mathcal{P}}) - \int_a^b \alpha_\varepsilon\right| < \varepsilon \quad \text{이고} \quad \left|S(\omega_\varepsilon; \dot{\mathcal{P}}) - \int_a^b \omega_\varepsilon\right| < \varepsilon$$

이 되는 $\delta_\varepsilon > 0$이 존재한다. 이들 부등식에 의하여

$$\int_a^b \alpha_\varepsilon - \varepsilon < S(\alpha_\varepsilon; \dot{\mathcal{P}}) \quad \text{이고} \quad S(\omega_\varepsilon; \dot{\mathcal{P}}) < \int_a^b \omega_\varepsilon + \varepsilon$$

이 된다. 부등식 (2)에 의하여 $S(\alpha_\varepsilon; \dot{\mathcal{P}}) \le S(f; \dot{\mathcal{P}}) \le S(\omega_\varepsilon; \dot{\mathcal{P}})$이고, 따라서

$$\int_a^b \alpha_\varepsilon - \varepsilon < S(f; \dot{\mathcal{P}}) < \int_a^b \omega_\varepsilon + \varepsilon$$

이다. $\dot{\mathcal{Q}}$가 $\|\dot{\mathcal{Q}}\| < \delta_\varepsilon$인 또 다른 첨점분할이면 역시 다음을 얻는다.

$$\int_a^b \alpha_\varepsilon - \varepsilon < S(f; \dot{\mathcal{Q}}) < \int_a^b \omega_\varepsilon + \varepsilon.$$

이들 부등식을 빼고 (3)을 이용하면 다음을 얻는다.

$$\begin{aligned}|S(f; \dot{\mathcal{P}}) - S(f; \dot{\mathcal{Q}})| &< \int_a^b \omega_\varepsilon - \int_a^b \alpha_\varepsilon + 2\varepsilon \\ &= \int_a^b (\omega_\varepsilon - \alpha_\varepsilon) + 2\varepsilon < 3\varepsilon.\end{aligned}$$

$\varepsilon > 0$은 임의이므로, Cauchy 판정법에 의하여 $f \in \mathcal{R}[a, b]$이다. Q.E.D.

Riemann 적분가능함수족

조임정리를 계단함수족과 연계하여 자주 이용한다. 정의 5.4.9로부터 함수 $\varphi : [a, b] \to \mathbb{R}$가 **계단함수**(step function)라는 것은 이 함수가 유한개의 서로 다른 값을 갖고 각각의 값을 $[a, b]$의 하나 또는 더 많은 부분구간에서 취할 수 있음을 상기하게 될 것이다. 계단함수의 예로 그림 5.4.3과 7.1.4를 보라.

7.2.4 보조정리 J가 끝점이 $c < d$인 $[a, b]$의 부분구간이고 $x \in J$에 대하여 $\varphi_J(x) := 1$이며 $[a, b]$의 그 밖의 점에서 $\varphi_J(x) := 0$이면, $\varphi_J \in \mathcal{R}[a, b]$이고 $\int_a^b \varphi_J = d - c$이다.

증명 $c \le d$인 $J = [c, d]$이면, 이는 연습문제 7.1.13이고 $\delta_\varepsilon := \varepsilon/4$을 취할 수 있다. 동일한 끝점 c와 d를 갖는 세 개의 다른 구간들 J가 존재하는데, 이들은 $[c, d)$, $(c, d]$, 그리고 (c, d)이다. 정리 7.1.3에 의하여 적분을 변경하지 않고 유한개의 많은 점들

에서 함수의 값을 바꿀 수 있으므로, 다른 이들 세 개의 부분구간에 대하여 동일한 결과를 얻는다. 따라서 모두 네 개의 함수 φ_J는 적분가능하고 적분은 $d - c$와 같다는 결론을 얻는다. Q.E.D.

임의의 계단함수가 Riemann 적분가능하다는 것은 중요한 사실이다.

7.2.5 정리 $\varphi : [a, b] \to \mathbb{R}$가 계단함수이면 $\varphi \in \mathcal{R}[a, b]$이다.

증명 7.2.4에 나오는 형태의 계단함수를 "초등계단함수"라 한다. 연습문제 5에서 임의의 계단함수 φ를 다음과 같이 그러한 초등계단함수들의 일차결합으로 표현할 수 있음을 보여준다.

$$\varphi = \sum_{j=1}^{m} k_j \varphi J_j. \tag{4}$$

여기서 J_j는 $c_j < d_j$를 끝점으로 갖는다. 보조정리와 정리 7.1.5(a,b)에 의하여 $\varphi \in \mathcal{R}[a, b]$이고 적분은 다음과 같다.

$$\int_a^b \varphi = \sum_{j=1}^{m} k_j (d_j - c_j). \tag{5}$$

Q.E.D.

다음 두 예에서 계단함수와 조임정리의 이용을 예증한다. 먼저 원래 복잡한 계산을 요구하였던 함수를 다시 다룬다.

7.2.6 예 **(a)** 예 7.1.4(b)에 있는 함수 g는 $0 \le x \le 1$에 대하여 $g(x) = 2$로, $1 < x \le 3$에 대하여 $g(x) = 3$으로 정의된다. 이제 g는 계단함수이고, 따라서 이의 적분을 $\int_0^3 g = 2 \cdot (1 - 0) + 3 \cdot (3 - 1) = 2 + 6 = 8$로 계산한다는 것을 알 수 있다.

(b) $[0, 1]$에서 $h(x) := x$라 하고 $P_n := (0, 1/n, 2/n, \dots, (n-1)/n, n/n = 1)$이라 하자. 서로 소인 부분구간들 $[0, 1/n), [1/n, 2/n), \dots, [(n-2)/n, (n-1)/n), [(n-1)/n, 1]$에서 계단함수 α_n과 ω_n을 다음과 같이 정의한다. $k = 1, 2, \dots, n-1$에 대한 $[(k-1)/n, k/n)$에 속하는 x에 대하여 $\alpha_n(x) := h((k-1)/n) = (k-1)/n$으로, $[(n-1)/n, 1]$에 속하는 x에 대하여 $\alpha_n(x) := h((n-1)/n) = (n-1)/n$로 정의한다. 즉 α_n은 각 부분구간에서 h의 최소값을 갖는다. 마찬가지로 ω_n을 각 구간에서 h의 최대값으로 정의한다. 즉 $k = 1, 2, \dots, n-1$에 대한 $[(k-1)/n, k/n)$에 속하는 x에 대하여 $\omega_n(x) := k/n$로, $[(n-1)/n, 1]$에 속하는 x에 대하여 $\omega_n(x) := 1$로 정의한다. (독자는 $n = 4$인 경우를 그림으로 그려 보아야 할 것이다.) 그러면

$$\begin{aligned}\int_0^1 \alpha_n &= \frac{1}{n}(0 + 1/n + 2/n + \cdots + (n-1)/n) \\ &= \frac{1}{n^2}(1 + 2 + \cdots + (n-1)) \\ &= \frac{1}{n^2}\frac{(n-1)n}{2} = \frac{1}{2}(1 - 1/n)\end{aligned}$$

을 얻는다. 유사한 방법으로 $\int_0^1 \omega_n = \frac{1}{2}(1 + 1/n)$도 얻는다. 그러면 $x \in [0, 1]$에 대하여

$$\alpha_n(x) \le h(x) \le \omega_n(x)$$

이고

$$\int_0^1 (\omega_n - \alpha_n) = \frac{1}{n}$$

이다. 주어진 $\varepsilon > 0$에 대하여 $\frac{1}{n} < \varepsilon$이 되는 n을 선택할 수 있으므로, 조임정리로부터 h는 적분가능하다. 또 h의 적분이 모든 n에 대하여 α_n과 ω_n의 적분들 사이에 놓여 있고, 따라서 $\frac{1}{2}$이라는 값을 얻는다. ■

이제 조임정리를 이용하여 임의의 연속함수가 Riemann 적분가능함을 보일 것이다.

7.2.7 정리 $f : [a, b] \to \mathbb{R}$가 $[a, b]$에서 연속이면 $f \in \mathcal{R}[a, b]$이다.

증명 정리 5.4.3에 의하여 f는 $[a, b]$에서 균등연속이다. 그러므로 주어진 $\varepsilon > 0$에 대하여 $u, v \in [a, b]$이고 $|u - v| < \delta_\varepsilon$이면 $|f(u) - f(v)| < \varepsilon/(b - a)$이 되는 $\delta_\varepsilon > 0$이 존재한다.

$P = \{I_i\}_{i=1}^n$를 $\|P\| < \delta_\varepsilon$인 분할이라 하자. 정리 5.3.4를 적용하여 $u_i \in I_i$를 f가 I_i에서 최소값이 되는 점이라 하고 $v_i \in I_i$를 f가 I_i에서 최대값이 되는 점이라 하자.

α_ε을 $i = 1, \ldots, n-1$인 $x \in [x_{i-1}, x_i)$에 대하여 $\alpha_\varepsilon(x) := f(u_i)$로, $x \in [x_{n-1}, x_n]$에 대하여 $\alpha_\varepsilon(x) := f(u_n)$으로 정의되는 계단함수라 하자. ω_ε도 u_i 대신 점들 v_i를 이용하여 유사하게 정의하자. 그러면 모든 $x \in [a, b]$에 대하여

$$\alpha_\varepsilon(x) \le f(x) \le \omega_\varepsilon(x)$$

를 얻는다. 더구나

$$0 \le \int_a^b (\omega_\varepsilon - \alpha_\varepsilon) = \sum_{i=1}^{n} (f(v_i) - f(u_i))(x_i - x_{i-1})$$
$$< \sum_{i=1}^{n} \left(\frac{\varepsilon}{b-a}\right)(x_i - x_{i-1}) = \varepsilon$$

임은 명백하다. 따라서 조임정리에 의하여 $f \in \mathcal{R}[a, b]$이다. Q.E.D.

단조함수는 모든 점에서 필연적으로 연속은 아니지만 그들 또한 Riemann 적분가능하다.

7.2.8 정리 $f : [a, b] \to \mathbb{R}$가 $[a, b]$에서 단조함수이면 $f \in \mathcal{R}[a, b]$이다.

증명 f가 $I = [a, b]$에서 증가한다고 가정하자. 구간을 n개로 등분한 부분구간들 $I_k = [x_{k-1}, x_k]$로 나누면 $k = 1, 2, \ldots, n$에 대하여 $x_k - x_{k-1} = (b - a)/n$이다. f가 I_k에서 증가하므로, 이의 최소값을 좌측 끝점 x_{k-1}에서 얻고 최대값을 우측 끝점 x_k에서 얻는다. 따라서 계단함수 α와 ω를 $k = 1, 2, \ldots, n - 1$인 $x \in [x_{k-1}, x_k)$에 대하여 $\alpha(x) := f(x_{k-1})$과 $\omega(x) := f(x_k)$로, $x \in [x_{n-1}, x_n]$에 대하여 $\alpha(x) := f(x_{n-1})$과 $\omega(x) := f(x_n)$으로 정의한다. 그러면 모든 $x \in I$에 대하여 $\alpha(x) \le f(x) \le \omega(x)$이고

$$\int_a^b \alpha = \frac{b-a}{n}(f(x_0) + f(x_1) + \cdots + f(x_{n-1}))$$
$$\int_a^b \omega = \frac{b-a}{n}(f(x_1) + \cdots + f(x_{n-1}) + f(x_n))$$

이다. 빼고 많은 항들을 소거하면 다음을 얻는다.

$$\int_a^b (\omega - \alpha) = \frac{b-a}{n}(f(x_n) - f(x_0)) = \frac{b-a}{n}(f(b) - f(a)).$$

그러면 주어진 $\varepsilon > 0$에 대하여 $n > (b - a)(f(b) - f(a))/\varepsilon$이 되는 n을 선택한다. 따라서 $\int_a^b (\omega - \alpha) < \varepsilon$을 얻고, 조임정리에 의하여 f는 I에서 적분가능하다. Q.E.D.

가법정리

이제 임의의 Riemann 적분가능함수로 돌아간다. 다음 결과는 함수가 적분되는 구간에서 적분이 "가법함수"임을 보여준다. 이 성질이 놀라운 것은 아니지만 이의 증명은 약간 복잡하여 처음 공부할 때는 생략해도 좋다.

7.2.9 가법정리 $f : [a, b] \to \mathbb{R}$이고 $c \in (a, b)$라 하자. 그러면 $f \in \mathcal{R}[a, b]$이기 위한 필요충분조건은 $[a, c]$와 $[c, b]$로 f의 축소함수가 모두 Riemann 적분가능한 것이다. 이 경우 다음이 성립한다.

$$\int_a^b f = \int_a^c f + \int_c^b f. \tag{6}$$

증명 ($\Leftarrow$) $[a, c]$로 f의 축소함수 f_1과 $[c, b]$로 f의 축소함수 f_2를 각각의 적분값이 L_1과 L_2인 Riemann 적분가능함수라 가정하자. 그러면 주어진 $\varepsilon > 0$에 대하여 $\dot{\mathcal{P}}_1$이 $\|\dot{\mathcal{P}}_1\| < \delta'$인 $[a, c]$의 첨점분할이면 $|S(f_1; \dot{\mathcal{P}}_1) - L_1| < \varepsilon/3$이 되는 $\delta' > 0$이 존재한다. 또한 $\dot{\mathcal{P}}_2$가 $\|\dot{\mathcal{P}}_2\| < \delta''$인 $[c, b]$의 첨점분할이면 $|S(f_2; \dot{\mathcal{P}}_2) - L_2| < \varepsilon/3$이 되는 $\delta'' > 0$이 존재한다. M이 $|f|$에 대한 경계이면 $\delta := \min\{\delta', \delta'', \varepsilon/6M\}$으로 정의하고, $\dot{\mathcal{Q}}$를 $\|\dot{\mathcal{Q}}\| < \delta$인 $[a, b]$의 첨점분할이라 하자.

$$|S(f; \dot{\mathcal{Q}}) - (L_1 + L_2)| < \varepsilon \tag{7}$$

임을 증명할 것이다.

(i) c가 $\dot{\mathcal{Q}}$의 분할점이면, $\dot{\mathcal{Q}}$를 $[a, c]$의 분할 $\dot{\mathcal{Q}}_1$과 $[c, b]$의 분할 $\dot{\mathcal{Q}}_2$로 나눈다. $S(f; \dot{\mathcal{Q}}) = S(f; \dot{\mathcal{Q}}_1) + S(f; \dot{\mathcal{Q}}_2)$이고, $\dot{\mathcal{Q}}_1$의 norm이 $< \delta'$이며 $\dot{\mathcal{Q}}_2$의 norm이 $< \delta''$이므로 부등식 (7)은 자명하다.

(ii) c가 $\dot{\mathcal{Q}} = \{(I_k, t_k)\}_{k=1}^m$에 있는 분할점이 아니면 $c \in (x_{k-1}, x_k)$가 되는 $k \le m$가 존재한다. $\dot{\mathcal{Q}}_1$을

$$\dot{\mathcal{Q}}_1 := \{(I_1, t_1), \ldots, (I_{k-1}, t_{k-1}), ([x_{k-1}, c], c)\}$$

로 정의되는 $[a, c]$의 첨점분할이라 하고 $\dot{\mathcal{Q}}_2$를

$$\dot{\mathcal{Q}}_2 := \{([c, x_k], c), (I_{k+1}, t_{k+1}), \ldots, (I_m, t_m)\}$$

으로 정의되는 $[c, b]$의 첨점분할이라 하자. 계산에 의하여

$$\begin{aligned} S(f; \dot{\mathcal{Q}}) - S(f; \dot{\mathcal{Q}}_1) - S(f; \dot{\mathcal{Q}}_2) &= f(t_k)(x_k - x_{k-1}) - f(c)(x_k - x_{k-1}) \\ &= (f(t_k) - f(c)) \cdot (x_k - x_{k-1}) \end{aligned}$$

이고, 따라서 다음이 성립한다.

$$|S(f; \dot{\mathcal{Q}}) - S(f; \dot{\mathcal{Q}}_1) - S(f; \dot{\mathcal{Q}}_2)| \le 2M(x_k - x_{k-1}) < \varepsilon/3.$$

그러나 $\|\dot{\mathcal{Q}}_1\| < \delta \le \delta'$이고 $\|\dot{\mathcal{Q}}_2\| < \delta \le \delta''$이므로

$$|S(f; \dot{\mathcal{Q}}_1) - L_1| < \varepsilon/3, \quad |S(f; \dot{\mathcal{Q}}_2) - L_2| < \varepsilon/3$$

이고, 이로부터 (7)을 얻는다. $\varepsilon > 0$은 임의이므로, $f \in \mathcal{R}[a, b]$이고 (6)이 성립한다.

($\Rightarrow$) $f \in \mathcal{R}[a, b]$라 가정하고, 주어진 $\varepsilon > 0$에 대하여 $\eta_\varepsilon > 0$이 Cauchy 판정법 7.2.1을 만족한다고 하자. f_1을 $[a, c]$로 f의 축소함수라 하고 $\dot{\mathcal{P}}_1$과 $\dot{\mathcal{Q}}_1$을 $\|\dot{\mathcal{P}}_1\| < \eta_\varepsilon$이고 $\|\dot{\mathcal{Q}}_1\| < \eta_\varepsilon$인 $[a, c]$의 첨점분할이라 하자. $[c, b]$에서 추가적인 분할점과 첨점들을 합하여 $\dot{\mathcal{P}}_1$과 $\dot{\mathcal{Q}}_1$을 $\|\dot{\mathcal{P}}\| < \eta_\varepsilon$과 $\|\dot{\mathcal{Q}}\| < \eta_\varepsilon$을 만족하는 $[a, b]$의 첨점분할 $\dot{\mathcal{P}}$와 $\dot{\mathcal{Q}}$로 확장할 수 있다. $\dot{\mathcal{P}}$와 $\dot{\mathcal{Q}}$ 모두에 대하여 $[c, b]$에 속하는 **동일한** 추가적인 점들과 첨점들을 이용하면

$$S(f_1; \dot{\mathcal{P}}_1) - S(f_1; \dot{\mathcal{Q}}_1) = S(f; \dot{\mathcal{P}}) - S(f; \dot{\mathcal{Q}})$$

가 된다. $\dot{\mathcal{P}}$와 $\dot{\mathcal{Q}}$ 모두의 norm이 $< \eta_\varepsilon$이므로 $|S(f_1; \dot{\mathcal{P}}_1) - S(f_1; \dot{\mathcal{Q}}_1)| < \varepsilon$이다. 따라서 Cauchy 판정법은 $[a, c]$로 f의 축소함수 f_1이 $\mathcal{R}[a, c]$에 속함을 보여준다. 같은 방법으로 $[c, b]$로 f의 축소함수 f_2도 $\mathcal{R}[c, d]$에 속한다.

이제 등식 (6)은 정리의 첫 번째 부분에 의한다. Q.E.D.

7.2.10 따름정리 $f \in \mathcal{R}[a, b]$이고 $[c, d] \subseteq [a, b]$이면, $[c, d]$로 f의 축소함수는 $\mathcal{R}[c, d]$에 속한다.

증명 $f \in \mathcal{R}[a, b]$이고 $c \in [a, b]$이므로, 정리에 의하여 $[c, b]$로 축소함수는 $\mathcal{R}[c, b]$에 속한다. 그러나 $d \in [c, b]$이면, 정리를 다시 적용하여 $[c, d]$로 f의 축소함수는 $[c, d]$에 속함을 보일 수 있다. Q.E.D.

7.2.11 따름정리 $f \in \mathcal{R}[a, b]$이고 $a = c_0 < c_1 < \cdots < c_m = b$이면, 각 부분구간 $[c_{i-1}, c_i]$로 f의 축소함수는 Riemann 적분가능하고 다음이 성립한다.

$$\int_a^b f = \sum_{i=1}^m \int_{c_{i-1}}^{c_i} f.$$

지금까지 $a < b$인 구간 $[a, b]$에서 Riemann 적분을 고찰하였다. 보다 더 일반적으로 정의된 적분을 알고 있는 것이 편리하다.

7.2.12 정의 $f \in \mathcal{R}[a, b]$이고 $\alpha, \beta \in [a, b]$에 대하여 $\alpha < \beta$이면 다음과 같이 정의한다.

$$\int_\beta^\alpha f := -\int_\alpha^\beta f, \quad \int_\alpha^\alpha f := 0.$$

7.2.13 정리 $f \in \mathcal{R}[a, b]$이고 α, β, γ가 $[a, b]$에 있는 임의의 수일 때, (8)의 적분들 중 임의의 두 개가 존재하면 제3의 하나도 존재하고

$$\int_{\alpha}^{\beta} f = \int_{\alpha}^{\gamma} f + \int_{\gamma}^{\beta} f \tag{8}$$

이다.

증명 세 수 α, β, γ 중 임의의 두 수가 같다면 (8)이 성립한다. 따라서 이들 세 수 모두 다르다고 가정해도 좋다.

대칭을 고려하여 다음과 같은 표현을 소개한다.

$$L(\alpha, \beta, \gamma) := \int_{\alpha}^{\beta} f + \int_{\beta}^{\gamma} f + \int_{\gamma}^{\alpha} f.$$

(8)이 성립하기 위한 필요충분조건이 $L(\alpha, \beta, \gamma) = 0$임은 명백하다. 따라서 주장을 수립하기 위하여 α, β와 γ에 대한 여섯 개 모든 순열에 대하여 $L = 0$임을 보여야 한다.

가법정리 7.2.9에 의하여 $\alpha < \gamma < \beta$이면 $L(\alpha, \beta, \gamma) = 0$임에 주목하라. 그러나 $L(\beta, \gamma, \alpha)$와 $L(\gamma, \alpha, \beta)$ 모두 $L(\alpha, \beta, \gamma)$와 같음을 쉽게 보일 수 있다. 더구나 세 수

$$L(\beta, \alpha, \gamma), \quad L(\alpha, \gamma, \beta), \quad L(\gamma, \beta, \alpha)$$

는 모두 $-L(\alpha, \beta, \gamma)$와 같다. 따라서 L은 이 세 점의 가능한 모든 배열에 대하여 0이다. Q.E.D.

연습문제 7.2

1. $f : [a, b] \to \mathbb{R}$라 하자. $f \notin \mathcal{R}[a, b]$이기 위한 필요충분조건은 $\varepsilon_0 > 0$가 존재하여, 모든 $n \in \mathbb{N}$에 대하여 $|S(f; \dot{\mathcal{P}}_n) - S(f; \dot{\mathcal{Q}}_n)| \geq \varepsilon_0$가 되는 $\|\dot{\mathcal{P}}_n\| < 1/n$이고 $\|\dot{\mathcal{Q}}_n\| < 1/n$인 첨점분할 $\dot{\mathcal{P}}_n$과 $\dot{\mathcal{Q}}_n$이 존재하는 것임을 보여라.

2. 유리수 $x \in [0, 1]$에 대하여 $h(x) := x + 1$이고 무리수 $x \in [0, 1]$에 대하여 $h(x) := 0$인 함수 h를 고찰하자. h가 Riemann 적분가능함을 보여라.

3. $x = 1/k (k \in \mathbb{N})$에 대하여 $H(x) := k$이고 $[0, 1]$의 다른 점에서 $H(x) := 0$이라 하자. 문제 1 또는 7.2.2(b)의 논의를 이용하여 H가 Riemann 적분가능하지 않음을 보여라.

4. $\alpha(x) := -x$이고 $\omega(x) := x$이며 모든 $x \in [0, 1]$에 대하여 $\alpha(x) \leq f(x) \leq \omega(x)$이면, 조임정리 7.2.3에 의하여 $f \in \mathcal{R}[0, 1]$인가?

5. J가 $[a, b]$의 임의의 부분구간일 때 $x \in J$에 대하여 $\varphi_J(x) := 1$이고 $[a, b]$의 다른 점에서 $\varphi_J(x) := 0$이면, φ_J를 $[a, b]$에서 **초등계단함수**(elementary step function)라 한다. 모든 계단함수는 초등계단함수의 일차결합임을 보여라.

6. $\psi : [a, b] \to \mathbb{R}$가 단지 유한개의 서로 다른 값을 취하면, ψ는 계단함수인가?

7. $S(f; \dot{\mathcal{P}})$가 $f : [a, b] \to \mathbb{R}$의 임의의 Riemann 합이면 $\int_a^b \varphi = S(f; \dot{\mathcal{P}})$가 되는 계단함수 $\varphi : [a, b] \to \mathbb{R}$가 존재함을 보여라.

8. f가 $[a, b]$에서 연속이고 모든 $x \in [a, b]$에 대하여 $f(x) \geq 0$이며 $\int_a^b f = 0$이라 가정하자. 모든 $x \in [a, b]$에 대하여 $f(x) = 0$임을 증명하여라.

9. 앞의 문제에서 연속이라는 가정이 생략될 수 없음을 보여라.

10. f와 g가 $[a, b]$에서 연속이고 $\int_a^b f = \int_a^b g$이면, $f(c) = g(c)$가 되는 $c \in [a, b]$가 존재함을 증명하여라.

11. f가 $[a, b]$에서 M에 의하여 유계이고 $c \in (a, b)$인 모든 구간 $[c, b]$로 f의 축소함수가 Riemann 적분가능하면, $f \in \mathcal{R}[a, b]$이고 $c \to a+$일 때 $\int_c^b f \to \int_a^b f$임을 보여라. [힌트: $x \in [a, c)$에 대하여 $\alpha_c(x) := -M$이고 $\omega_c(x) := M$이며, $x \in [c, b]$에 대하여 $\alpha_c(x) := \omega_c(x) := f(x)$라 하자. a에 충분히 접근하는 c에 대하여 조임정리 7.2.3을 적용하라.]

12. $x \in (0, 1]$에 대하여 $g(x) := \sin(1/x)$이고 $g(0) := 0$인 g가 $\mathcal{R}[0, 1]$에 속함을 보여라.

13. 모든 $c \in (a, b)$에 대하여 $\mathcal{R}[c, b]$에는 속하지만 $\mathcal{R}[a, b]$에는 속하지 않는 함수 $f : [a, b] \to \mathbb{R}$의 예를 들어라.

14. $f : [a, b] \to \mathbb{R}$이고 $a = c_0 < c_1 < \cdots < c_m = b$이며, $i = 1, \ldots, m$에 대하여 $[c_{i-1}, c_i]$로 f의 축소함수가 $\mathcal{R}[c_{i-1}, c_i]$에 속한다고 가정하자. $f \in \mathcal{R}[a, b]$임을 증명하고 따름정리 7.2.11의 식이 성립함을 증명하여라.

15. f가 유계이고 유한집합 E가 존재하여 f가 $[a, b] \setminus E$의 모든 점에서 연속이면 $f \in \mathcal{R}[a, b]$임을 보여라.

16. f가 $[a, b], a < b$에서 연속이면 $\int_a^b f = f(c)(b - a)$가 되는 $c \in [a, b]$가 존재함을 보여라. 이 결과를 **적분에 대한 평균값 정리**(Mean Value Theorem for integrals)라 한다.

17. f와 g가 $[a, b]$에서 연속이고 모든 $x \in [a, b]$에 대하여 $g(x) > 0$이면, $\int_a^b fg = f(c)\int_a^b g$가 되는 $c \in [a, b]$가 존재함을 보여라. $g(x) > 0$이 아니면 이 결론이 거짓임을 보여라(이 결과가 앞 문제의 확장임에 주목하라).

18. f가 $[a, b]$에서 연속이고 $x \in [a, b]$에 대하여 $f(x) \geq 0$이며 $M_n := (\int_a^b f^n)^{1/n}$이라 하자. $\lim(M_n) = \sup\{f(x) : x \in [a, b]\}$임을 보여라.

19. $a > 0$이고 $f \in \mathcal{R}[-a, a]$라 가정하자.

(a) f가 **우함수**이면(즉 모든 $x \in [0, a]$에 대하여 $f(-x) = f(x)$이면) $\int_{-a}^{a} f = 2\int_{0}^{a} f$임을 보여라.

(b) f가 **기함수**이면(즉 모든 $x \in [0, a]$에 대하여 $f(-x) = -f(x)$이면) $\int_{-a}^{a} f = 0$임을 보여라.

20. f가 $[-a, a]$에서 연속이면 $\int_{-a}^{a} f(x^2)\,dx = 2\int_{0}^{a} f(x^2)\,dx$임을 보여라.

7.3 기본정리

이제 도함수와 적분에 대한 개념들 사이의 관계를 탐구할 것이다. 실제로 이 문제와 관련한 **두** 개의 정리가 있다. 하나는 도함수를 적분해야 하는 것이고 다른 하나는 적분을 미분해야 하는 것이다. 이 정리들을 함께 미적분학의 기본정리라 한다. 간단히 말하면 그 정리들에 의하여 미분과 적분의 연산은 서로 역의 관계에 있다. 그러나 간과해서는 안 될 약간의 난해함이 있다.

기본정리(제1형식)

기본정리의 첫 번째 형식은 독자가 미적분학에서 배운 적분을 계산하는 방법에 대한 이론적인 기초를 제공한다. 이는 함수 f가 함수 F의 도함수이고 f가 $\mathcal{R}[a, b]$에 속하면 적분 $\int_{a}^{b} f$를 $F|_{a}^{b} := F(b) - F(a)$로 계산할 수 있다고 주장한다. 모든 $x \in [a, b]$에 대하여 $F'(x) = f(x)$인 함수 F를 $[a, b]$에서 f의 **역도함수**(anti-derivative) 또는 **원시함수**(primitive)라 한다. 따라서 f가 역도함수를 가지면, 이의 적분을 계산하는 것은 매우 간단한 문제이다.

실제로 $F'(c)$가 $\mathbb{R}$에서 존재하지 않거나 $f(c)$와 같지 않은 약간의 예외적인 점 c들을 인정하면 편리하다. **유한**개의 그러한 예외적인 점들을 허용할 수 있는 것으로 알려져 있다.

7.3.1 미적분학의 기본정리(제1형식) 다음을 만족하는 $[a, b]$에 포함되는 **유한**집합 E와 함수 $f, F := [a, b] \to \mathbb{R}$가 존재한다고 가정하자.

(a) F는 $[a, b]$에서 연속이다.

(b) 모든 $x \in [a, b] \setminus E$에 대하여 $F'(x) = f(x)$이다.

(c) f가 $\mathcal{R}[a, b]$에 속한다.

그러면 다음이 된다.

(1) $$\int_a^b f = F(b) - F(a).$$

증명 이 정리를 $E := \{a, b\}$인 경우만 증명할 것이다. 일반적인 경우는 구간을 유한개 구간들의 합집합으로 분할함으로써 얻을 수 있다(연습문제 1을 보라).

$\varepsilon > 0$이 주어졌다고 하자. 가정 (c)에 의하여 $f \in \mathcal{R}[a, b]$이므로, $\dot{\mathcal{P}}$가 $\|\dot{\mathcal{P}}\| < \delta_\varepsilon$인 임의의 첨점분할이면

(2) $$\left| S(f; \dot{\mathcal{P}}) - \int_a^b f \right| < \varepsilon$$

이 되는 $\delta_\varepsilon > 0$이 존재한다. $\dot{\mathcal{P}}$의 부분구간들이 $[x_{i-1}, x_i]$일 때, $[x_{i-1}, x_i]$에서 F에 평균값 정리 6.2.4를 적용하면 $i = 1, \ldots, n$에 대하여 다음을 만족하는 $u_i \in (x_{i-1}, x_i)$가 존재한다.

$$F(x_i) - F(x_{i-1}) = F'(u_i)(x_i - x_{i-1}).$$

이 항들을 더하여 합에서 앞뒤 항들이 삭제되는 것에 주목하고 $F'(u_i) = f(u_i)$인 사실을 이용하여

$$F(b) - F(a) = \sum_{i=1}^{n} (F(x_i) - F(x_{i-1})) = \sum_{i=1}^{n} f(u_i)(x_i - x_{i-1})$$

을 얻는다. 이제 $\dot{\mathcal{P}}_u := \{([x_{i-1}, x_i], u_i\}_{i=1}^{n}$라 하면 우변의 합이 $S(f; \dot{\mathcal{P}}_u)$와 같다. (2)에 $F(b) - F(a) = S(f; \dot{\mathcal{P}}_u)$를 치환하면

$$\left| F(b) - F(a) - \int_a^b f \right| < \varepsilon$$

이 된다. 그러나 $\varepsilon > 0$은 임의이므로 식 (1)이 성립한다. Q.E.D.

참고 함수 F가 $[a, b]$의 모든 점에서 미분가능하면 (정리 6.1.2에 의하여) 가정 (a)를 자동적으로 만족한다. 만일 f가 어떤 점 $c \in E$에서 정의되지 않으면 $f(c) := 0$을 취한다. 비록 F가 $[a, b]$의 모든 점에서 미분가능할지라도 조건 (c)를 자동적으로 만족하지는 않는다. 왜냐하면 F'이 Riemann 적분가능하지 않는 함수들 F가 존재하기 때문이다(예 7.3.2(e)를 보라).

7.3.2 예 **(a)** 모든 $x \in [a, b]$에 대하여 $F(x) := \frac{1}{2}x^2$이면, 모든 $x \in [a, b]$에 대하여 $F'(x) = x$이다. 더욱이 $f = F'$이 연속이고, 따라서 $\mathcal{R}[a, b]$에 속한다. 그러므로 ($E = \emptyset$인) 기본정리에 의하여 다음이 된다.

$$\int_a^b x\,dx = F(b) - F(a) = \tfrac{1}{2}(b^2 - a^2).$$

(b) $x \in [a, b]$에 대하여 $G(x) := \text{Arctan}\,x$이면, 모든 $x \in [a, b]$에 대하여 $G'(x) = 1/(x^2 + 1)$이고 G'이 연속이므로 $\mathcal{R}[a, b]$에 속한다. 그러므로 ($E = \emptyset$인) 기본정리에 의하여 다음이 된다.

$$\int_a^b \frac{1}{x^2+1}\,dx = \text{Arctan}\,b - \text{Arctan}\,a.$$

(c) $x \in [-10, 10]$에 대하여 $A(x) := |x|$이면, $x \in [-10, 0)$일 때 $A'(x) = -1$이고 $x \in (0, 10]$일 때 $A'(x) = +1$이다. (4.1.10(b)에 있는) 부호함수의 정의를 상기하면 모든 $x \in [-10, 10] \setminus \{0\}$에 대하여 $A'(x) = \text{sgn}(x)$를 얻는다. 부호함수는 계단함수이므로 $\mathcal{R}[-10, 10]$에 속한다. 따라서 ($E = \{0\}$인) 기본정리에 의하여 다음이 된다.

$$\int_{-10}^{10} \text{sgn}(x)\,dx = A(10) - A(-10) = 10 - 10 = 0.$$

(d) $x \in [0, b]$에 대하여 $H(x) := 2\sqrt{x}$이면, H는 $[0, b]$에서 연속이고 $x \in (0, b]$에 대하여 $H'(x) = 1/\sqrt{x}$이다. $h := H'$이 $(0, b]$에서 유계가 아니므로 $h(0)$을 어떻게 정의하건 $\mathcal{R}[0, b]$에 속하지 않는다. 따라서 기본정리 7.3.1을 적용할 수 없다(그러나 예 10.1.10(a)에서 h는 $[0, b]$에서 일반 Riemann 적분가능함을 보일 것이다).

(e) $x \in (0, 1]$에 대하여 $K(x) := x^2 \cos(1/x^2)$이고 $K(0) := 0$이라 하자. 곱의 법칙 6.1.3(c)와 연쇄법칙 6.1.6으로부터 $x \in (0, 1]$에 대하여

$$K'(x) = 2x\cos(1/x^2) + (2/x)\sin(1/x^2)$$

이다. 더욱이 예 6.1.7(e)에서와 같이 $K'(0) = 0$임을 보일 수 있다. 따라서 K는 $[0, 1]$의 모든 점에서 연속이고 미분가능하다. 함수 K'이 $[0, 1]$에서 유계가 아님을 보일 수 있으므로, 이는 $\mathcal{R}[0, 1]$에 속하지 않고 기본정리 7.3.1을 K'에 적용할 수 없다(그러나 정리 10.1.9로부터 K'이 $[0, 1]$에서 일반 Riemann 적분가능함을 보일 것이다). ■

기본정리(제2형식)

이제 상한이 변수인 적분을 미분하고자 하는 기본정리(제2형식)로 돌아간다.

7.3.3 정의 $f \in \mathcal{R}[a, b]$이면, $z \in [a, b]$에 대하여

$$F(z) := \int_a^z f \tag{3}$$

로 정의되는 함수를 **기점**(basepoint)이 a인 f의 **부정적분**(indefinite integral)이라 한다(때때로 a와 다른 점을 기점으로 이용하기도 한다. 연습문제 6을 보라).

먼저 $f \in \mathcal{R}[a, b]$이면 이의 부정적분 F가 Lipschitz 조건을 만족함을 보인다. 따라서 F가 $[a, b]$에서 연속이다.

7.3.4 정리 (3)으로 정의된 부정적분 F는 $[a, b]$에서 연속이다. 사실 모든 $x \in [a, b]$에 대하여 $|f(x)| \le M$이면 모든 $z, w \in [a, b]$에 대하여 $|F(z) - F(w)| \le M|z - w|$이다.

증명 $z, w \in [a, b]$이고 $w \le z$이면, 가법정리 7.2.9에 의하여

$$F(z) = \int_a^z f = \int_a^w f + \int_w^z f = F(w) + \int_w^z f$$

이다. 따라서

$$F(z) - F(w) = \int_w^z f$$

를 얻는다. 이제 모든 $x \in [a, b]$에 대하여 $-M \le f(x) \le M$이면, 정리 7.1.5(c)에 의하여

$$-M(z - w) \le \int_w^z f \le M(z - w)$$

이다. 따라서 주장한대로 다음이 된다.

$$|F(z) - F(w)| \le \left| \int_w^z f \right| \le M|z - w|.$$ Q.E.D.

이제 f가 연속인 임의의 점에서 부정적분 F가 미분가능함을 보일 것이다.

7.3.5 미적분학의 기본정리(제2형식) $f \in \mathcal{R}[a, b]$이고 f가 점 $c \in [a, b]$에서 연속이라 하자. 그러면 (3)으로 정의된 부정적분은 c에서 미분가능하고 $F'(c) = f(c)$이다.

증명 $c \in [a, b)$라 가정하고 c에서 F의 우도함수(right-hand derivative)를 고찰할 것이다. f가 c에서 연속이므로, 주어진 $\varepsilon > 0$에 대하여 $c \le x < c + \eta_\varepsilon$이면

$$f(c) - \varepsilon < f(x) < f(c) + \varepsilon \tag{4}$$

이 되는 $\eta_\varepsilon > 0$이 존재한다. h가 $0 < h < \eta_\varepsilon$을 만족한다고 하자. 가법정리 7.2.9에 의하여 f는 구간 $[a, c]$, $[a, c+h]$, 그리고 $[c, c+h]$에서 적분가능하고

$$F(c+h) - F(c) = \int_c^{c+h} f$$

이다. 이제 구간 $[c, c+h]$에서 함수 f가 부등식 (4)를 만족하므로 다음을 얻는다.

$$(f(c) - \varepsilon) \cdot h \le F(c+h) - F(c) = \int_c^{c+h} f \le (f(c) + \varepsilon) \cdot h.$$

$h > 0$로 나누고 $f(c)$를 빼면

$$\left| \frac{F(c+h) - F(c)}{h} - f(c) \right| \le \varepsilon$$

을 얻는다. 그러나 $\varepsilon > 0$은 임의이므로 우극한은 다음과 같이 주어진다.

$$\lim_{h \to 0+} \frac{F(c+h) - F(c)}{h} = f(c).$$

차에 대한 상의 좌극한이 $c \in (a, b]$일 때 $f(c)$가 되는 것도 같은 방법으로 증명할 수 있다. 따라서 이 주장을 따른다. Q.E.D.

f가 $[a, b]$ 모두에서 연속이면 다음 결과를 얻는다.

7.3.6 정리 f가 $[a, b]$에서 연속이면, (3)으로 정의된 부정적분 F는 $[a, b]$에서 미분가능하고 모든 $x \in [a, b]$에 대하여 $F'(x) = f(x)$이다.

정리 7.3.6을 다음과 같이 요약할 수 있다. f가 $[a, b]$에서 연속이면, 이의 부정적분은 f의 역도함수이다. 이제 일반적으로 부정적분이 역도함수일 필요가 없음을 보일 것이다(이유는 부정적분의 도함수가 존재하지 않거나 $f(x)$와 같지 않기 때문이다).

7.3.7 예 **(a)** $[-1, 1]$에서 $f(x) := \operatorname{sgn} x$이면, $f \in \mathcal{R}[-1, 1]$이고 기점이 -1인 부정적분 $F(x) := |x| - 1$을 갖는다. 그러나 $F'(0)$이 존재하지 않으므로 F는 $[-1, 1]$에서 f의 역도함수가 아니다.

(b) h가 예 7.1.7에서 다룬 Thomae의 함수이면, 이의 부정적분 $H(x) := \int_0^x h$는 $[0, 1]$에서 항등적으로 0이다. 여기서 이 부정적분의 도함수는 모든 점에서 존재하고 $H'(x) = 0$이다. 그러나 $x \in \mathbb{Q} \cap [0, 1]$이면 $H'(x) \neq h(x)$가 되어, H는 $[0, 1]$에서 h의 역도함수가 아니다.

치환정리

다음 정리는 적분값을 구할 때 흔히 이용되는 "변수의 변환" 방법에 대한 정당성을 제공한다. 이 정리는 보통 초등과정에서 "미분(differentials)"의 조작을 수반하는 절차에 의하여 적분을 구하는 데 (통상 은연 중에) 이용된다.

7.3.8 치환정리 $J := [\alpha, \beta]$이고 $\varphi : J \to \mathbb{R}$가 J에서 연속인 도함수를 갖는다고 하자. $f : I \to \mathbb{R}$가 $\varphi(J)$를 포함하는 구간 I에서 연속이면 다음이 성립한다.

$$(5) \qquad \int_\alpha^\beta f(\varphi(t)) \cdot \varphi'(t)\,dt = \int_{\varphi(\alpha)}^{\varphi(\beta)} f(x)\,dx.$$

이 정리의 증명은 연쇄법칙 6.1.6에 기초하며 이를 연습문제 17에서 간단히 다룰 것이다. f와 φ'이 연속이라는 가정들이 이의 활용을 제한하지만 (5)의 좌변에 있는 Riemann 적분의 존재를 확인하는 데 이용된다.

7.3.9 예 **(a)** 적분 $\int_1^4 \frac{\sin\sqrt{t}}{\sqrt{t}}\,dt$를 고찰하라.

여기서 $t \in [1, 4]$에 대하여 $\varphi(t) := \sqrt{t}$로 치환하면 $\varphi'(t) = 1/(2\sqrt{t})$은 $[1, 4]$에서 연속이다. $f(x) := 2\sin x$라 하면 피적분함수는 $(f \circ \varphi) \cdot \varphi'$의 형태를 취하며, 치환정리 7.3.8에 의하여 적분은 $\int_1^2 2\sin x\,dx = -2\cos x|_1^2 = 2(\cos 1 - \cos 2)$가 된다.

(b) 적분 $\int_0^4 \frac{\sin\sqrt{t}}{\sqrt{t}}\,dt$를 고찰하라.

$\varphi(t) := \sqrt{t}$는 $[0, 4]$에서 연속인 도함수를 갖지 않으므로, 이 치환에서는 적어도 치환정리 7.3.8을 적용할 수 없다(사실 이 적분이 존재한다는 것은 명확하지 않다. 그러나 연습문제 7.2.11을 적용하여 이러한 결론을 얻을 수 있다. 그러면 $E := \{0\}$인 $F(t) := -2\cos\sqrt{t}$에 기본정리 7.3.1을 적용하여 이 적분을 구할 수 있다). ■

10.1절에서 일반 Riemann 적분에 대한 보다 강력한 치환정리를 소개할 것이다.

Lebesgue의 적분가능성 판정법

이제 함수가 Riemann 적분가능하기 위한 필요충분조건에 대하여 Henri Lebesgue(1875-1941)가 제시한 결정적인 정리의 명제를 소개하고, 이 정리의 활용도 몇 개 소개할 것이다. 이 결과를 기술하기 위하여 중요한 영집합의 개념을 소개할 필요가 있다.

주의. 일부 사람들은 “영집합”이라는 용어를 $\emptyset$(= 원소를 갖지 않는 집합)에 적용하는 “공집합”이라는 용어들과 동의어로 사용한다. 그러나 적분론에서는 관습적으로 다음 정의에 의한 용어 “영집합”을 항상 사용할 것이다.

7.3.10 정의 **(a)** $Z \subset \mathbb{R}$라 하자. 모든 $\varepsilon > 0$에 대하여

(6) $$Z \subseteq \bigcup_{k=1}^{\infty}(a_k, b_k) \quad \text{이고} \quad \sum_{k=1}^{\infty}(b_k - a_k) \le \varepsilon$$

이 되는 개구간들의 가산족 $\{(a_k, b_k)\}_{k=1}^{\infty}$가 존재하면, Z를 **영집합**(null set)이라 한다.

(b) $Q(x)$가 점 $x \in I$에 관한 명제라 하자. 모든 $x \in I \setminus Z$에 대하여 $Q(x)$가 성립하는 영집합 $Z \subset I$가 존재하면, $Q(x)$는 I의 **거의 모든 점**[(almost everywhere on I) 또는 **거의 모든** $x \in I$(almost every x in I)]에서 성립한다고 한다. 이 경우 다음과 같이 쓸 것이다.

$$Q(x) \quad \text{a.e.} \quad x \in I.$$

영집합의 임의의 부분집합 또한 영집합임은 자명하다. 그리고 두 영집합의 합집합이 영집합임을 보이는 것은 쉽다. 이제 매우 놀랄만한 예를 소개할 것이다.

7.3.11 예 $[0, 1]$에 있는 유리수들의 집합 $\mathbb{Q}_1$은 영집합이다.

$\mathbb{Q}_1 = \{r_1, r_2, ...\}$으로 열거한다. 주어진 $\varepsilon > 0$에 대하여, 개구간 $J_1 := (r_1 - \varepsilon/4, r_1 + \varepsilon/4)$은 r_1을 포함하고 길이가 $\varepsilon/2$이며 개구간 $J_2 := (r_2 - \varepsilon/8, r_2 + \varepsilon/8)$은 r_2를 포함하고 길이는 $\varepsilon/4$임에 주목하라. 일반적으로 개구간

$$J_k := \left(r_k - \frac{\varepsilon}{2^{k+1}}, r_k + \frac{\varepsilon}{2^{k+1}}\right)$$

은 점 r_k를 포함하고 길이는 $\varepsilon/2^k$이다. 따라서 이러한 개구간들의 합집합 $\bigcup_{k=1}^{\infty} J_k$는 $\mathbb{Q}_1$의 모든 점을 포함하고, 더욱이 길이들의 합은 $\sum_{k=1}^{\infty}(\varepsilon/2^k) = \varepsilon$이다. $\varepsilon > 0$은 임의이므로 $\mathbb{Q}_1$은 영집합이다. ■

다음을 보이기 위하여 지금 소개한 논의를 수정할 수 있다: **모든 가산집합은 영집합이다.** 그러나 $\mathbb{R}$에는 비가산인 영집합이 존재함을 보일 수 있다. 예를 들면, 정의 11.1.10에서 소개되는 Cantor 집합이 있다.

이제 Lebesgue의 적분가능성 판정법을 기술한다. 이는 한 구간에서 유계인 함수가 Riemann 적분가능하기 위한 필요충분조건은 이 함수의 불연속인 점들이 영

집합의 형태를 이룬다고 주장한다.

7.3.12 Lebesgue의 적분가능성 판정법 유계함수 $f : [a, b] \to \mathbb{R}$가 Riemann 적분가능하기 위한 필요충분조건은 이 함수가 $[a, b]$의 거의 모든 점에서 연속인 것이다.

이 결과의 증명은 부록 C에 있다. 하지만 여기서는 Lebesgue의 정리를 어떤 특정함수들에만 적용할 것이고, 이전의 정리들 몇 개가 직접적으로 이것에 의한다는 것을 보일 것이다. 또한 이 정리를 이용하여 중요한 합성정리와 곱의 정리를 얻을 것이다.

7.3.13 예 **(a)** 예 7.1.4(b)에 있는 계단함수 g는 점 $x = 1$을 제외한 모든 점에서 연속이다. 따라서 Lebesgue의 적분가능성 판정법에 의하여 g는 Riemann 적분가능하다.

사실 모든 계단함수는 불연속인 점들의 집합이 기껏해야 유한이므로, $[a, b]$에서 모든 계단함수는 Riemann 적분가능하다.

(b) 단조함수의 불연속인 점들의 집합이 가산이라는 것을 정리 5.6.4에서 보였으므로, $[a, b]$에서 모든 단조함수는 Riemann 적분가능하다.

(c) 예 7.1.4(d)에 있는 함수 G는 정확히 $D := \{1, 1/2, \ldots, 1/n, \ldots\}$의 점들에서 불연속이다. 이는 가산집합이므로 영집합이고, Lebesgue의 판정법에 의하여 G는 Riemann 적분가능하다.

(d) Dirichlet 함수는 예 7.2.2(b)에서 Riemann 적분가능하지 않음을 보였다.

이 함수는 $[0, 1]$의 모든 점에서 불연속임에 주목하라. 구간 $[0, 1]$이 영집합이 아님을 보일 수 있으므로 Lebesgue의 판정법이 같은 결론을 이끌어 낸다.

(e) $h : [0, 1] \to \mathbb{R}$를 예 5.1.6(h)와 7.1.7에서 정의된 Thomae의 함수라 하자.

예 5.1.6(h)에서 h가 $[0, 1]$의 모든 무리수에서 연속이고 모든 유리수에서 불연속임을 보였다. 예 7.3.11에 의하여 이는 영집합에서 불연속이고, 따라서 Lebesgue의 판정법에 의하여 Thomae의 함수는 예 7.1.7에서 이미 보인 것과 같이 $[0, 1]$에서 Riemann 적분가능하다. ■

이제 Riemann 적분가능함수들의 또 다른 결합을 취할 수 있게 해줄 한 결과를 얻는다.

7.3.14 합성정리 $f([a, b]) \subseteq [c, d]$인 $f \in \mathcal{R}[a, b]$라 하고 $\varphi : [c, d] \to \mathbb{R}$가 연속이라 하자. 그러면 합성함수 $\varphi \circ f$는 $\mathcal{R}[a, b]$에 속한다.

증명. f가 점 $u \in [a, b]$에서 연속이면 $\varphi \circ f$ 또한 u에서 연속이다. f의 불연속인 점들의 집합 D는 영집합이므로, $\varphi \circ f$의 불연속인 점들의 집합 $D_1 \subseteq D$ 또한 영집합이다. 따라서 합성함수 $\varphi \circ f$ 역시 $\mathcal{R}[a, b]$에 속한다. Q.E.D.

연습문제 22에서 φ가 연속이라는 가정을 생략할 수 없음을 보일 것이다. 다음 결과는 합성정리의 따름정리이다.

7.3.15 따름정리 $f \in \mathcal{R}[a, b]$라 가정하자. 그러면 절대값 함수 $|f|$은 $\mathcal{R}[a, b]$에 속하고 모든 $x \in [a, b]$에 대하여 $|f(x)| \leq M$일 때 다음이 성립한다.

$$\left|\int_a^b f\right| \leq \int_a^b |f| \leq M(b-a).$$

증명 f가 적분가능하면, 모든 $x \in [a, b]$에 대하여 $|f(x)| \leq M$이 되는 M이 존재함을 정리 7.1.6에서 보였다. $t \in [-M, M]$에 대하여 $\varphi(t) := |t|$이라 하면, 합성정리에 의하여 $|f| = \varphi \circ f \in \mathcal{R}[a, b]$이다. 첫 번째 부등식은 $-|f| \leq f \leq |f|$과 7.1.5(c)에 의한 것이고 두 번째 부등식은 $|f(x)| \leq M$이라는 사실에 의한다. Q.E.D.

7.3.16 곱의 정리 f와 g가 $\mathcal{R}[a, b]$에 속하면 곱 fg도 $\mathcal{R}[a, b]$에 속한다.

증명 $t \in [-M, M]$에 대하여 $\varphi(t) := t^2$이면, 합성정리에 의하여 $f^2 = \varphi \circ f$는 $\mathcal{R}[a, b]$에 속한다. 마찬가지로 $(f+g)^2$과 g^2도 $\mathcal{R}[a, b]$에 속한다. 한편 곱을

$$fg = \frac{1}{2}[(f+g)^2 - f^2 - g^2]$$

으로 쓸 수 있으므로 $fg \in \mathcal{R}[a, b]$이다. Q.E.D.

부분적분법

Riemann 적분에 대한 부분적분법의 보다 일반적인 형식과 나머지를 포함하는 Taylor 정리로 이 절을 마무리 할 것이다.

7.3.17 부분적분법 F, G가 $[a, b]$에서 미분가능하고 $f := F'$과 $g := G'$이 $\mathcal{R}[a, b]$에 속한다고 하자. 그러면 다음이 된다.

$$\int_a^b fG = FG\Big|_a^b - \int_a^b Fg. \tag{7}$$

증명 정리 6.1.3(c)에 의하여 도함수 $(FG)'$이 $[a, b]$에서 존재하고

$$(FG)' = F'G + FG' = fG + Fg$$

이다. F, G가 연속이고 f, g가 $\mathcal{R}[a, b]$에 속하므로, 곱의 정리 7.3.16에 의하여 fG와 Fg는 적분가능하다. 따라서 기본정리 7.3.1에 의하여

$$FG\Big|_a^b = \int_a^b (FG)' = \int_a^b fG + \int_a^b Fg$$

이고, 이에 의하여 (7)이 된다. Q.E.D.

이 정리의 특수하지만 유용한 경우는 f와 g가 $[a, b]$에서 연속이고 F, G가 이들의 부정적분 $F(x) := \int_a^x f$와 $G(x) := \int_a^x g$일 때이다.

Riemann 적분에 대한 Taylor 정리의 변형으로 이 절을 맺는다.

7.3.18 나머지 항을 포함하는 Taylor 정리 $f', \ldots, f^{(n)}, f^{(n+1)}$가 $[a, b]$에서 존재하고 $f^{(n+1)} \in \mathcal{R}[a, b]$라 가정하자. 그러면

$$f(b) = f(a) + \frac{f'(a)}{1!}(b-a) + \cdots + \frac{f^{(n)}(a)}{n!}(b-a)^n + R_n \tag{8}$$

이고, 이때 나머지는 다음과 같이 주어진다.

$$R_n = \frac{1}{n!}\int_a^b f^{(n+1)}(t) \cdot (b-t)^n \, dt. \tag{9}$$

증명 $F(t) := f^{(n)}(t)$와 $G(t) := (b-t)^n/n!$으로 식 (9)에 부분적분법을 적용한다. $g(t) = -(b-t)^{n-1}/(n-1)!$이 되어

$$\begin{aligned} R_n &= \frac{1}{n!} f^{(n)}(t) \cdot (b-t)^n \Big|_{t=a}^{t=b} + \frac{1}{(n-1)!}\int_a^b f^{(n)}(t) \cdot (b-t)^{n-1}\, dt \\ &= -\frac{f^{(n)}(a)}{n!} \cdot (b-a)^n + \frac{1}{(n-1)!}\int_a^b f^{(n)}(t) \cdot (b-t)^{n-1}\, dt \end{aligned}$$

를 얻는다. 이와 같은 방법으로 부분적분을 계속하면 (8)을 얻는다. Q.E.D.

연습문제 7.3

1. 기본정리 7.3.1의 증명을 임의의 유한집합 E의 경우로 확장하여라.

2. $n \in \mathbb{N}$이고 $x \in [a, b]$에 대하여 $H_n(x) := x^{n+1}/(n+1)$이면, 기본정리 7.3.1에 의하여 $\int_a^b x^n\, dx = (b^{n+1} - a^{n+1})/(n+1)$임을 보여라. 여기서 집합 E는 무엇인가?

3. $|x| \geq 1$에 대하여 $g(x) := x$이고 $|x| < 1$에 대하여 $g(x) := -x$이며, $G(x) := \frac{1}{2}|x^2 - 1|$이면 $\int_{-2}^{3} g(x)\,dx = G(3) - G(-2) = 5/2$임을 보여라.

4. $x < 0$에 대하여 $B(x) := -\frac{1}{2}x^2$이고 $x \geq 0$에 대하여 $B(x) := \frac{1}{2}x^2$이라 하자. $\int_a^b |x|\,dx = B(b) - B(a)$임을 보여라.

5. $f : [a, b] \to \mathbb{R}$이고 $C \in \mathbb{R}$라 하자.

(a) $\Phi : [a, b] \to \mathbb{R}$가 $[a, b]$에서 f의 역도함수이면, $\Phi_C(x) := \Phi(x) + C$ 또한 $[a, b]$에서 f의 역도함수임을 보여라.

(b) Φ_1과 Φ_2가 $[a, b]$에서 f의 역도함수이면, $\Phi_1 - \Phi_2$가 $[a, b]$에서 상수함수임을 보여라.

6. $f \in \mathcal{R}[a, b]$이고 $c \in [a, b]$이면, $z \in [a, b]$에 대하여 $F_c(z) := \int_c^z f$로 정의되는 함수를 **기점**(basepoint)이 c인 f의 **부정적분**(indefinite integral)이라 한다. F_a와 F_c 사이의 관계를 구하여라.

7. 예 7.1.7에서 Thomae의 함수는 적분이 0으로 $\mathcal{R}[0, 1]$에 속하는 것을 보였다. 기본정리 7.3.1을 이용하여 이 결론을 얻을 수 있는가? 자신의 답을 설명하여라.

8. $F(x)$가 $x \geq 0$에 대하여 $x \in [n-1, n)$, $n \in \mathbb{N}$일 때 $F(x) := (n-1)x - (n-1)n/2$으로 정의된다고 하자. F가 연속임을 보이고 이의 도함수가 존재하는 점에서 $F'(x)$를 구하여라. 이 결과를 이용하여 연습문제 5.1.4에서 정의한 것과 같이 $[\![x]\!]$가 x에 있는 최대정수일 때, $0 \leq a < b$에 대하여 $\int_a^b [\![x]\!]\,dx$의 값을 구하여라.

9. $f \in \mathcal{R}[a, b]$이고 $x \in [a, b]$에 대하여 $F(x) := \int_a^x f$로 정의하자.

(a) $c \in [a, b]$일 때 $G(x) := \int_c^x f$를 F에 관하여 구하여라.

(b) $H(x) := \int_x^b f$를 F에 관하여 구하여라.

(c) $S(x) := \int_x^{\sin x} f$를 F에 관하여 구하여라.

10. $f : [a, b] \to \mathbb{R}$가 $[a, b]$에서 연속이고 $v : [c, d] \to \mathbb{R}$가 $v([c, d]) \subseteq [a, b]$인 $[c, d]$에서 미분가능하다고 하자. $G(x) := \int_a^{v(x)} f$로 정의하면, 모든 $x \in [c, d]$에 대하여 $G'(x) = f(v(x)) \cdot v'(x)$임을 보여라.

11. F가 $[0, 1]$에서 다음과 같이 정의될 때 $F'(x)$를 구하여라.

(a) $F(x) := \int_0^{x^2} (1 + t^3)^{-1}\,dt$ (b) $F(x) := \int_{x^2}^{x} \sqrt{1 + t^2}\,dt$

12. $f : [0, 3] \to \mathbb{R}$가 $0 \leq x < 1$에 대하여 $f(x) := x$로, $1 \leq x < 2$에 대하여 $f(x) := 1$로, $2 \leq x \leq 3$에 대하여 $f(x) := x$로 정의된다고 하자. $F(x) := \int_0^x f$에 대한 공식을 구하고 f와 F의 그래프를 그려라. 어디에서 F가 미분가능한가? 그러한 모든 점에서 $F'(x)$의 값을 구하여라.

13. 함수 g를 $[0, 3]$에서 $0 \leq x < 2$이면 $g(x) := -1$로, $2 \leq x \leq 3$이면 $g(x) := 1$로 정의하자. $0 \leq x \leq 3$에 대하여 부정적분 $G(x) = \int_0^x g$를 구하고 g와 G의 그래프를 그려라. $[0, 3]$에 있는 모든 x에 대하여 $G'(x) = g(x)$인가?

14. $f(0) = -1$, $f(2) = 4$이고 $0 \le x \le 2$에 대하여 $f'(x) \le 2$가 되는 $[0, 2]$에서 연속적으로 미분가능한 함수 f가 존재하지 않음을 보여라(기본정리를 활용하라).

15. $f : \mathbb{R} \to \mathbb{R}$가 연속이고 $c > 0$이면 $g : \mathbb{R} \to \mathbb{R}$를 $g(x) := \int_{x-c}^{x+c} f(t)\,dt$로 정의하라. g가 $\mathbb{R}$에서 미분가능함을 보이고 $g'(x)$를 구하여라.

16. $f : [0, 1] \to \mathbb{R}$가 연속이고 모든 $x \in [0, 1]$에 대하여 $\int_0^x f = \int_x^1 f$이면, 모든 $x \in [0, 1]$에 대하여 $f(x) = 0$임을 보여라.

17. 다음의 논의를 이용하여 치환정리 7.3.8을 증명하여라. $u \in I$에 대하여 $F(u) := \int_{\varphi(\alpha)}^{u} f(x)\,dx$로, $t \in J$에 대하여 $H(t) := F(\varphi(t))$로 정의하자. $t \in J$에 대하여 $H'(t) = f(\varphi(t))\,\varphi'(t)$임을 보이고 다음도 보여라.

$$\int_{\varphi(\alpha)}^{\varphi(\beta)} f(x)\,dx = F(\varphi(\beta)) = H(\beta) = \int_{\alpha}^{\beta} f(\varphi(t))\,\varphi'(t)\,dt.$$

18. 치환정리 7.3.8을 이용하여 다음 적분을 구하여라.

(a) $\int_0^1 t\sqrt{1+t^2}\,dt$ (b) $\int_0^2 t^2(1+t^3)^{-1/2}\,dt = 4/3$

(c) $\int_1^4 \frac{\sqrt{1+\sqrt{t}}}{\sqrt{t}}\,dt$ (d) $\int_1^4 \frac{\cos\sqrt{t}}{\sqrt{t}}\,dt = 2(\sin 2 - \sin 1)$

19. 지정한 치환을 이용하여 다음 적분을 구할 때 왜 정리 7.3.8과/또는 문제 17을 적용할 수 없는지 설명하여라.

(a) $\int_0^4 \frac{\sqrt{t}\,dt}{1+\sqrt{t}}$ $\varphi(t) = \sqrt{t}$ (b) $\int_0^4 \frac{\cos\sqrt{t}\,dt}{\sqrt{t}}$ $\varphi(t) = \sqrt{t}$

(c) $\int_{-1}^1 \sqrt{1+2|t|}\,dt$ $\varphi(t) = |t|$ (d) $\int_0^1 \frac{dt}{\sqrt{1-t^2}}$ $\varphi(t) = \operatorname{Arcsin} t$

20. (a) Z_1과 Z_2가 영집합이면 $Z_1 \cup Z_2$도 영집합임을 보여라.

(b) 보다 일반적으로 각 $n \in \mathbb{N}$에 대하여 Z_n이 영집합이면 $\bigcup_{n=1}^{\infty} Z_n$도 영집합임을 보여라. [힌트: 주어진 $\varepsilon > 0$과 $n \in \mathbb{N}$에 대하여 $\{J_k^n : k \in \mathbb{N}\}$을 합집합이 Z_n을 포함하고 길이의 합이 $\le \varepsilon/2^n$인 개구간들의 가산족이라 하자. 이제 가산족 $\{J_k^n : n, k \in \mathbb{N}\}$을 고찰하라.]

21. $f, g \in \mathcal{R}[a, b]$라 하자.

(a) $t \in \mathbb{R}$이면 $\int_a^b (tf \pm g)^2 \ge 0$임을 보여라.

(b) (a)를 이용하여 $t > 0$에 대하여 $2|\int_a^b fg| \le t\int_a^b f^2 + (1/t)\int_a^b g^2$임을 보여라.

(c) $\int_a^b f^2 = 0$이면 $\int_a^b fg = 0$임을 보여라.

(d) 이제 $|\int_a^b fg|^2 \le (\int_a^b |fg|)^2 \le (\int_a^b f^2)\cdot(\int_a^b g^2)$임을 증명하여라. 이 부등식을 **Cauchy-Bunyakovsky-Schwarz의 부등식** 또는 간단히 **Schwarz의 부등식**이라 한다.

22. $h : [0, 1] \to \mathbb{R}$를 Thomae의 함수라 하고 sgn을 부호함수라 하자. 합성함수 $\operatorname{sgn} \circ h$가 $[0, 1]$에서 Riemann 적분가능하지 않음을 보여라.

7.4 Darboux 적분

적분에 대한 다른 접근은 프랑스 수학자 Gaston Darboux(1842-1917)에 의한 것이다. Darboux는 Riemann의 적분에 대한 연구물을 프랑스의 정기간행물에 싣기 위하여 프랑스어로 번역하였고 Riemann의 견해에서 영감을 얻어 상적분과 하적분에 의한 적분의 논의를 발전시켰으며, 이를 1875년에 출판하였다. 이 접근에서 근사합을 부분구간에서 함수값들의 상한과 하한을 이용한 분할로부터 얻는데, 상한과 하한을 함수값들로서 얻을 필요도 없고 따라서 근사합들이 Riemann 합일 필요도 없다.

이러한 접근은 무한히 많이 있을 수 있는 첨점의 선택들을 다루어야 하는 까다로움을 피한다는 관점에서 기술적으로 보다 간단하다. 그러나 하한과 상한을 이용하는 것 또한 이러한 값들의 합산이 충분하지 않다는 어려움을 갖는다. 더욱이 실수의 순서성질에 대한 믿음이 Darboux 적분을 고차원으로 확장하는 데 있어 어려움의 원인이 되고, 더 중요한 것은 다양체와 같은 보다 추상적인 곡면으로의 일반화를 방해한다. 또한 10장에서 소개할 적분에 대한 강력한 Henstock-Kurzweil의 접근법이 7.1절에 있는 Riemann의 정의에 기초하고 있으며, 이는 Lebesgue 적분을 포함한다.

이 절에서는 구간에서 유계인 함수의 상적분과 하적분을 소개하고, 이들의 값이 같으면 그 함수는 Darboux 적분가능하다고 정의한다. 그런 후 예를 찾아보고 Darboux 적분에 대한 Cauchy와 닮은 적분가능성 판정법을 수립할 것이다. 적분에 대한 Riemann과 Darboux의 접근이 사실상 동치라는, 즉 유계폐구간에서 함수가 Riemann 적분가능하기 위한 필요충분조건은 Darboux 적분가능하다는 것을 증명하는 것으로 이 절을 마친다. 책의 나중에 나오는 주제들은 Darboux 정의에 의한 적분이 아니므로 이 절을 선택적으로 고려할 수 있다.

상합과 하합

$f: I \to \mathbb{R}$를 $I = [a, b]$에서 유계함수라 하고 $\mathcal{P} = (x_0, x_1, \ldots, x_n)$를 I의 분할이라 하자. $k = 1, 2, \ldots, n$에 대하여

$$m_k := \inf\{f(x) : x \in [x_{k-1}, x_k]\}, \quad M_k := \sup\{f(x) : x \in [x_{k-1}, x_k]\}$$

라 하자. 분할 $\mathcal{P}$에 대응하는 f의 **하합**(lower sum)을

$$L(f; \mathcal{P}) := \sum_{k=1}^{n} m_k (x_k - x_{k-1})$$

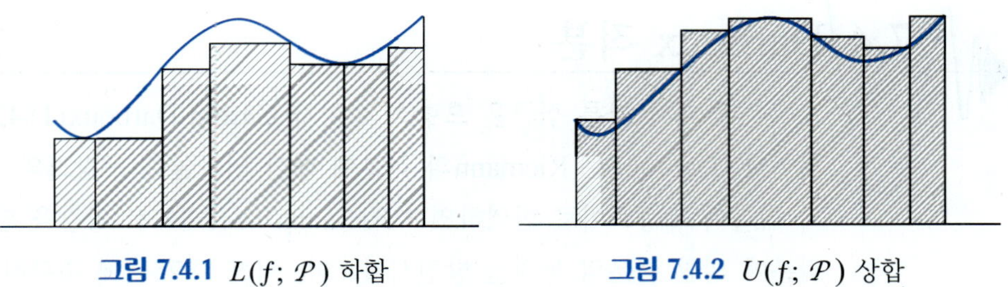

그림 7.4.1 $L(f;\mathcal{P})$ 하합　　그림 7.4.2 $U(f;\mathcal{P})$ 상합

로 정의하고 $\mathcal{P}$에 대응하는 f의 **상합**(upper sum)을

$$U(f;\mathcal{P}) := \sum_{k=1}^{n} M_k(x_k - x_{k-1})$$

로 정의한다.

만일 f가 양함수이면, 하합 $L(f;\mathcal{P})$를 밑변이 $[x_{k-1}, x_k]$이고 높이가 m_k인 직사각형들의 합의 넓이로 해석할 수 있다(그림 7.4.1을 보라). 마찬가지로 상합 $U(f;\mathcal{P})$를 밑변이 $[x_{k-1}, x_k]$이고 높이가 M_k인 직사각형들의 합의 넓이로 해석할 수 있다(그림 7.4.2를 보라). 기하학적인 해석이 주어진 분할에 대하여 하합이 상합보다 작거나 갈음을 연상시킨다. 이제 이것이 그러한 경우임을 보인다.

7.4.1 보조정리 $f : I \to \mathbb{R}$가 유계이고 $\mathcal{P}$가 I의 임의의 분할이면 $L(f;\mathcal{P}) \le U(f;\mathcal{P})$이다.

증명 $\mathcal{P} := (x_0, x_1, \ldots, x_n)$이라 하자. $k = 1, 2, \ldots, n$에 대하여 $m_k \le M_k$이고 $k = 1, 2, \ldots, n$에 대하여 $x_k - x_{k-1} > 0$이므로

$$L(f;\mathcal{P}) = \sum_{k=1}^{n} m_k(x_k - x_{k-1}) \le \sum_{k=1}^{n} M_k(x_k - x_{k-1}) = U(f;\mathcal{P})$$

이다. Q.E.D.

$\mathcal{P} := (x_0, x_1, \ldots, x_n)$와 $\mathcal{Q} := (y_0, y_1, \ldots, y_m)$가 I의 분할이고 각 분할점 $x_k \in \mathcal{P}$ 역시 $\mathcal{Q}$에 속하면(즉 $\mathcal{P} \subseteq \mathcal{Q}$이면), $\mathcal{Q}$를 $\mathcal{P}$의 **세분**(refinement)이라 한다. 분할 $\mathcal{P}$의 세분 $\mathcal{Q}$를 $\mathcal{P}$에 유한개의 점들을 첨가하여 얻을 수 있다. 이 경우 I를 $\mathcal{P}$로 나눈 구간들 $[x_{k-1}, x_k]$의 각각을 끝점들이 $\mathcal{Q}$에 속하는 구간들의 합집합으로 쓸 수 있다. 즉

$$[x_{k-1}, x_k] = [y_{j-1}, y_j] \cup [y_j, y_{j+1}] \cup \cdots \cup [y_{h-1}, y_h]$$

이다. 이제 분할의 세분이 하합들을 증가시키고 상합들을 감소시킨다는 것을 보인다.

7.4.2 보조정리 $f: I \to \mathbb{R}$가 유계이고 $\mathcal{P}$가 I의 분할이며 $\mathcal{Q}$가 $\mathcal{P}$의 세분이면,

$$L(f;\mathcal{P}) \le L(f;\mathcal{Q}) \quad \text{이고} \quad U(f;\mathcal{Q}) \le U(f;\mathcal{P})$$

이다.

증명 $\mathcal{P} = (x_0, x_1, \ldots, x_n)$이라 하자. 먼저 $\mathcal{P}$에 한 점을 첨가한 결과를 조사한다. $z \in I$가 $x_{k-1} < z < x_k$를 만족한다고 하고 $\mathcal{P}'$을 $\mathcal{P}$에 z를 첨가하여 $\mathcal{P}$로부터 얻은

$$\mathcal{P}' := (x_0, x_1, \ldots, x_{k-1}, z, x_k, \ldots, x_n)$$

인 분할이라 하자. m_k'과 m_k''을

$$m_k' = \inf\{f(z) : x \in [x_{k-1}, z]\}, \quad m_k'' = \inf\{f(z) : x \in [z, x_k]\}$$

인 수라 하자. 그러면 $m_k \le m_k'$, $m_k \le m_k''$이고(왜?), 따라서

$$m_k(x_k - x_{k-1}) = m_k(z - x_{k-1}) + m_k(x_k - z) \le m_k'(z - x_{k-1}) + m_k''(x_k - z)$$

이다. $j \ne k$에 대한 항들 $m_j(x_j - x_{j-1})$을 위의 부등식에 더하면 $L(f;\mathcal{P}) \le L(f;\mathcal{P}')$을 얻는다.

이제 $\mathcal{Q}$가 $\mathcal{P}$의 세분이면(즉 $\mathcal{P} \subseteq \mathcal{Q}$이면), $\mathcal{Q}$를 한 번에 하나씩 유한개의 점들을 $\mathcal{P}$에 첨가하여 얻을 수 있다. 따라서 앞의 논의를 반복하여 $L(f;\mathcal{P}) \le L(f;\mathcal{Q})$임을 추론한다.

상합도 유사하게 다룬다. 상술하는 것은 연습문제로 넘긴다. Q.E.D.

이제 이 두 결과를 결합하여 비록 그들이 다른 분할들에 대응되더라도 하합은 항상 상합보다 작다는 결론을 얻는다.

7.4.3 보조정리 $f: I \to \mathbb{R}$를 유계함수라 하자. $\mathcal{P}_1$, $\mathcal{P}_2$가 I의 임의의 두 분할이면 $L(f;\mathcal{P}_1) \le U(f;\mathcal{P}_2)$이다.

증명 $\mathcal{Q} := \mathcal{P}_1 \cup \mathcal{P}_2$를 $\mathcal{P}_1$과 $\mathcal{P}_2$의 점들을 결합하여 얻은 분할이라 하자. 그러면 $\mathcal{Q}$는 $\mathcal{P}_1$과 $\mathcal{P}_2$ 모두의 세분이다. 따라서 보조정리 7.4.1과 7.4.2에 의하여

$$L(f;\mathcal{P}_1) \le L(f;\mathcal{Q}) \le U(f;\mathcal{Q}) \le U(f;\mathcal{P}_2)$$

라는 결론을 얻는다. Q.E.D.

상적분과 하적분

구간 I의 모든 분할들의 집합을 $\mathscr{P}(I)$로 나타낼 것이다. $f: I \to \mathbb{R}$가 유계이면,

$\mathcal{P}(I)$에 속하는 각 $\mathcal{P}$는 두 개의 수 $L(f;\mathcal{P})$와 $U(f;\mathcal{P})$를 결정한다. 따라서 집합 $\mathcal{P}(I)$는 두 개의 수들의 집합을 결정한다. 그들은 $\mathcal{P}\in\mathcal{P}(I)$에 대한 하합 $L(f;\mathcal{P})$들의 집합과 $\mathcal{P}\in\mathcal{P}(I)$에 대한 상합 $U(f;\mathcal{P})$들의 집합이다. 따라서 다음의 정의로 우리를 이끈다.

7.4.4 정의 $I := [a, b]$라 하고 $f : I \to \mathbb{R}$를 유계함수라 하자. **I에서 f의 하적분**(lower integral of f on I)은 수

$$L(f) := \sup\{L(f;\mathcal{P}) : \mathcal{P}\in\mathcal{P}(I)\}$$

이고 **I에서 f의 상적분**(upper integral of f on I)은 수

$$U(f) := \inf\{U(f;\mathcal{P}) : \mathcal{P}\in\mathcal{P}(I)\}$$

이다.

f가 유계함수이므로 다음 수들의 존재성이 보장된다.

$$m_I := \inf\{f(x) : x\in I\},\quad M_I := \sup\{f(x) : x\in I\}.$$

임의의 $\mathcal{P}\in\mathcal{P}(I)$에 대하여

$$m_I(b-a)\le L(f;\mathcal{P})\le U(f;\mathcal{P})\le M_I(b-a)$$

임을 쉽게 보일 수 있다. 따라서

(1) $$m_I(b-a)\le L(f) \quad \text{이고} \quad U(f)\le M_I(b-a)$$

이다. 다음 부등식도 예상할 수 있다.

7.4.5 정리 $I = [a, b]$라 하고 $f : I \to \mathbb{R}$를 유계함수라 하자. 그러면 I에서 f의 하적분 $L(f)$와 상적분 $U(f)$가 존재한다. 더구나 다음이 성립한다.

(2) $$L(f)\le U(f).$$

증명 $\mathcal{P}_1$과 $\mathcal{P}_2$가 I의 임의의 분할이면, 보조정리 7.4.3에 의하여 $L(f;\mathcal{P}_1)\le U(f;\mathcal{P}_2)$이다. 따라서 수 $U(f;\mathcal{P}_2)$는 집합 $\{L(f;\mathcal{P}) : \mathcal{P}\in\mathcal{P}(I)\}$에 대한 한 상계이다. 그러면 이 집합의 상한인 $L(f)$는 $L(f)\le U(f;\mathcal{P}_2)$를 만족한다. $\mathcal{P}_2$는 I의 임의의 분할이므로, $L(f)$는 집합 $\{U(f;\mathcal{P}) : \mathcal{P}\in\mathcal{P}(I)\}$에 대한 한 하계이다. 따라서 이 집합의 하한 $U(f)$는 부등식 (2)를 만족한다.

Darboux 적분

I가 유계폐구간이고 $f : I \to \mathbb{R}$가 유계함수이면, 정리 7.4.5에서 하적분 $L(f)$와

상적분 $U(f)$가 항상 존재한다는 것을 이미 보였다. 더욱이 언제나 $L(f) \le U(f)$이다. 그러나 예 7.4.7(d)에서 보이겠지만 $L(f) < U(f)$가 가능하다. 한편 $L(f) = U(f)$가 되는 큰 함수족이 존재한다.

7.4.6 정의 $I = [a, b]$라 하고 $f : I \to \mathbb{R}$를 유계함수라고 하자. $L(f) = U(f)$이면, f는 I**에서 Darboux 적분가능하다**(Darboux integrable on I)고 한다. 이 경우 I**에서** f**의 Darboux 적분**(Darboux integral of f over I)을 $L(f) = U(f)$로 정의한다.

따라서 구간에서 함수의 Darboux 적분이 존재하면, 그 적분은 하합과 상합의 사이에 놓여 있는 **유일한** 실수임을 알 수 있다.

Darboux와 Riemann 적분의 동치성을 곧 수립할 것이므로 $[a, b]$에서 함수 f의 Darboux 적분에 대하여 표준기호 $\int_a^b f$ 또는 $\int_a^b f(x)\,dx$를 사용할 것이다. 전후 관계가 발생할 수 있는 어떠한 혼란도 막아줄 것이다.

7.4.7 예 **(a)** 상수함수는 Darboux 적분가능하다.

$x \in I := [a, b]$에 대하여 $f(x) := c$라 하자. $\mathcal{P}$가 I의 임의의 분할이면 $L(f; \mathcal{P}) = c(b - a) = U(f; \mathcal{P})$임을 보이는 것은 쉽다(연습문제 7.4.2를 보라). 그러면 하적분과 상적분은 $L(f) = c(b - a) = U(f)$이다. 따라서 f는 I에서 적분가능하고 $\int_a^b f = \int_a^b c\,dx = c(b - a)$이다.

(b) $[0, 3]$에서 g를 $0 \le x \le 1$이면 $g(x) := 2$로, $2 < x \le 3$이면 $g(x) := 3$으로 정의하자(예 7.1.4(b)를 보라). 임의의 $\varepsilon > 0$에 대하여 분할을 $\mathcal{P}_\varepsilon := (0, 1, 1 + \varepsilon, 3)$으로 정의하면 상합

$$U(g; \mathcal{P}_\varepsilon) = 2 \cdot (1 - 0) + 3(1 + \varepsilon - 1) + 3(2 - \varepsilon) = 2 + 3\varepsilon + 6 - 3\varepsilon = 8$$

을 얻는다. 따라서 상적분은 $U(g) \le 8$을 만족한다($U(g)$가 $[0, 3]$의 모든 분할에서 하한이므로 아직 등식을 요구할 수 없음에 주목하라). 마찬가지로 하합

$$L(g; \mathcal{P}_\varepsilon) = 2 + 2\varepsilon + 3(2 - \varepsilon) = 8 - \varepsilon$$

을 얻고, 따라서 하적분은 $L(g) \ge 8$을 만족한다. 그래서 $8 \le L(g) \le U(g) \le 8$을 얻고, 따라서 $L(g) = U(g) = 8$이다. 그러면 g의 Darboux 적분은 $\int_0^3 g = 8$이다.

(c) 함수 $h(x) := x$는 $[0, 1]$에서 적분가능하다.

$\mathcal{P}_n$을 $I := [a, b]$를 n개의 부분구간들로 나누는 다음과 같은 분할이라 하자.

$$\mathcal{P}_n := \left(0, \frac{1}{n}, \frac{2}{n}, \ldots, \frac{n-1}{n}, \frac{n}{n} = 1\right).$$

h가 증가함수이므로, 부분구간 $[(k-1)/n, k/n]$에서 하한과 상한은 각각 좌측과 우측 끝점에서 얻는다. 따라서 이들은 $m_k = (k-1)/n$과 $M_k = k/n$로 주어진다. 더욱이 모든 $k = 0, 1, 2, \ldots, n$에 대하여 $x_k - x_{k-1} = 1/n$이므로

$$L(h; \mathcal{P}_n) = (0 + 1 + \cdots + (n-1))/n^2, \quad U(h; \mathcal{P}_n) = (1 + 2 + \cdots + n)/n^2$$

을 얻는다. $m \in \mathbb{N}$에 대하여 공식 $1 + 2 + \cdots + m = m(m+1)/2$을 이용하면

$$L(h; \mathcal{P}_n) = \frac{(n-1)n}{2n^2} = \frac{1}{2}\left(1 - \frac{1}{n}\right), \quad U(h; \mathcal{P}_n) = \frac{n(n+1)}{2n^2} = \frac{1}{2}\left(1 + \frac{1}{n}\right)$$

을 얻는다. 분할 $\{\mathcal{P}_n : n \in \mathbb{N}\}$들의 집합은 I의 모든 분할들의 집합 $\mathcal{P}(I)$의 부분집합이므로,

$$\frac{1}{2} = \sup\{L(h; \mathcal{P}_n) : n \in \mathbb{N}\} \le \sup\{L(h; \mathcal{P}) : \mathcal{P} \in \mathcal{P}(I)\} = L(h)$$

이고 또

$$U(h) = \inf\{U(h; \mathcal{P}) : \mathcal{P} \in \mathcal{P}(I)\} \le \inf\{U(h; \mathcal{P}_n) : n \in \mathbb{N}\} = \frac{1}{2}$$

이다. $\frac{1}{2} \le L(h) \le U(h) \le \frac{1}{2}$이므로, $L(h) = U(h) = \frac{1}{2}$이라는 결론을 얻는다. 따라서 h는 $I = [a, b]$에서 Darboux 적분가능하고 $\int_0^1 h = \int_0^1 x\,dx = \frac{1}{2}$이다.

(d) 적분불가능함수

$I := [a, b]$라 하고 $f : I \to \mathbb{R}$를 다음과 같이 주어지는 Dirichlet 함수라 하자.

$$f(x) := \begin{cases} \text{유리수 } x\text{에 대하여 } 1 \\ \text{무리수 } x\text{에 대하여 } 0. \end{cases}$$

$\mathcal{P} := (x_0, x_1, \ldots, x_n)$가 $[0, 1]$의 임의의 분할이면, $\mathcal{P}$에 의한 모든 임의의 구간은 유리수와 무리수 모두를 포함하므로 $m_k = 0$과 $M_k = 1$을 얻는다(조밀성 정리 2.4.8과 그의 따름정리를 보라). 그러므로 모든 $\mathcal{P} \in \mathscr{P}(I)$에 대하여 $L(f; \mathcal{P}) = 0$과 $U(f; \mathcal{P}) = 1$을 얻고, 따라서 $L(f) = 0$과 $U(f) = 1$을 얻는다. $L(f) \ne U(f)$이므로, 함수 f는 $[0, 1]$에서 Darboux 적분가능하지 않다. ■

이제 적분의 존재성에 대한 약간의 조건들을 설정한다.

7.4.8 적분가능성 판정법 $I := [a, b]$라 하고 $f : I \to \mathbb{R}$를 I에서 유계함수라 하자. 그러면 f가 I에서 Darboux 적분가능하기 위한 필요충분조건은 각 $\varepsilon > 0$에 대하여

$$U(f; \mathcal{P}_\varepsilon) - L(f; \mathcal{P}_\varepsilon) < \varepsilon \tag{3}$$

이 되는 I의 분할 $\mathcal{P}_\varepsilon$이 존재하는 것이다.

증명 f가 적분가능하면 $L(f) = U(f)$이다. $\varepsilon > 0$이 주어지면, 상한으로서 하적분의 정의로부터 $L(f) - \varepsilon/2 < L(f; \mathcal{P}_1)$이 되는 I의 분할 $\mathcal{P}_1$이 존재한다. 마찬가지로 $U(f; \mathcal{P}_2) < U(f) + \varepsilon/2$이 되는 I의 분할 $\mathcal{P}_2$가 존재한다. $\mathcal{P}_\varepsilon = \mathcal{P}_1 \cup \mathcal{P}_2$라 하면, $\mathcal{P}_\varepsilon$은 $\mathcal{P}_1$과 $\mathcal{P}_2$ 모두의 세분이다. 그러면 보조정리 7.4.1과 7.4.2에 의하여

$$\begin{aligned} L(f) - \varepsilon/2 &< L(f; \mathcal{P}_1) \le L(f; \mathcal{P}_\varepsilon) \\ &\le U(f; \mathcal{P}_\varepsilon) \le U(f; \mathcal{P}_2) < U(f) + \varepsilon/2 \end{aligned}$$

을 얻는다. $L(f) = U(f)$이므로 (3)이 성립한다는 결론을 얻는다.

역을 수립하기 위하여 임의의 분할 $\mathcal{P}$에 대하여 $L(f; \mathcal{P}) \le L(f)$임과 $U(f) \le U(f; \mathcal{P})$임을 먼저 관찰한다. 따라서 다음이 된다.

$$U(f) - L(f) \le U(f; \mathcal{P}) - L(f; \mathcal{P}).$$

이제 각 $\varepsilon > 0$에 대하여 (3)이 성립하는 분할 $\mathcal{P}_\varepsilon$이 존재한다고 가정하자. 그러면

$$U(f) - L(f) \le U(f; \mathcal{P}_\varepsilon) - L(f; \mathcal{P}_\varepsilon) < \varepsilon$$

을 얻고, $\varepsilon > 0$은 임의이므로 $U(f) \le L(f)$라는 결론을 얻는다. 부등식 $L(f) \le U(f)$가 항상 참이므로 $L(f) = U(f)$이다. 따라서 f는 Darboux 적분가능하다. Q.E.D.

7.4.9 따름정리 $I = [a, b]$라 하고 $f : I \to \mathbb{R}$를 유계함수라 하자. $\{P_n : n \in N\}$이

$$\lim_n (U(f; P_n) - L(f; P_n)) = 0$$

인 I의 분할열이면, f는 적분가능하고 $\lim_n (f; \mathcal{P}_n) = \int_a^b f = \lim_n U(f; \mathcal{P}_n)$이다.

증명 $\varepsilon > 0$이 주어지면, $n \ge K$일 때 $U(f; \mathcal{P}_n) - L(f\text{: } \mathcal{P}_n) < \varepsilon$이 되는 K가 존재한다는 가정으로부터 f의 적분가능성은 적분가능성 판정법을 따른다. 증명의 나머지는 연습문제로 넘긴다. Q.E.D.

따름정리의 중요성은 비록 Darboux 적분의 정의가 구간의 모든 가능한 분할들과 관계하지만 주어진 함수에 대하여 종종 적분의 존재성과 적분의 값은 특정한 분할열에 의하여 결정될 수 있다는 사실이다.

예를 들면, 예 7.4.7(c)에서와 같이 [0, 1]에서 $h(x) = x$이고 $\mathcal{P}_n$이 분할이면

$$\lim(U(h; \mathcal{P}_n) - L(h; \mathcal{P}_n)) = \lim 1/n = 0$$

이고, 따라서 $\int_0^1 x\,dx = \lim U(h; \mathcal{P}_n) = \lim \frac{1}{2}(1 + 1/n) = \frac{1}{2}$이다.

연속함수와 단조함수

유계폐구간에서 연속이거나 단조인 함수들이 Riemann 적분가능하다는 것을 7.2절에서 보였다(정리 7.2.7과 7.2.8을 보라). 증명들은 주요 도구로 계단함수와 조임정리 7.2.3에 의한 근사를 채택하였다. 두 증명은 본질적으로 연속함수와 단조함수들 모두 유계폐구간에서 최대값과 최소값을 얻는다는 사실을 이용하였다. 즉 f가 $[a, b]$에서 연속이거나 단조이면, 분할 $\mathcal{P} = (x_0, x_1, \ldots, x_n)$에 대하여 $k = 1, 2, \ldots, n$에 대한 수들 $M_k = \sup\{f(x) : x \in I_k\}$와 $m_k = \inf\{f(x) : x \in I_k\}$를 함수의 값들로 얻는다. 연속함수에 대하여 이것은 정리 5.3.4이고 단조함수에 대하여 이 값들은 구간의 우측과 좌측 끝점에서 얻는다.

구간 $[a, b]$에서 계단함수 ω를 $k = 1, 2, \ldots, n-1$에 대한 $x \in [x_{k-1}, x_k)$에 대하여 $\omega(x) := M_k$로, $x \in [x_{n-1}, x_n]$에 대하여 $\omega(x) := M_n$으로 정의하면, ω의 Riemann 적분은 $\int_a^b \omega = \sum_{k=1}^{n} M_k(x_k - x_{k-1})$로 주어진다는 것을 관찰하자(정리 7.2.5를 보라). 이제 우변에 있는 합이 Darboux의 상합 $U(f; \mathcal{P})$임을 알면

$$\int_a^b \omega = \sum_{k=1}^{n} M_k(x_k - x_{k-1}) = U(f; \mathcal{P})$$

이다. 마찬가지로 계단함수 α를 $k = 1, 2, \ldots, n-1$에 대한 $x \in [x_{k-1}, x_k)$에 대하여 $\alpha(x) := m_k$로, $x \in [x_{n-1}, x_n]$에 대하여 $\alpha(x) := m_n$으로 정의하면, α의 Riemann 적분

$$\int_a^b \alpha = \sum_{k=1}^{n} m_k(x_k - x_{k-1}) = L(f; \mathcal{P})$$

를 얻는다. 빼면

$$\int_a^b (\omega - \alpha) = \sum_{k=1}^{n} (M_k - m_k)(x_k - x_{k-1}) = U(f; \mathcal{P}) - L(f; \mathcal{P})$$

가 된다. 따라서 적분가능성 판정법 7.4.8은 Riemann 적분에 대한 조임정리 7.2.3의 Darboux 적분에 대한 대응성질임을 알 수 있다.

그러므로 연속함수와 단조함수 각각의 Riemann 적분가능성을 수립한 정리 7.2.7과 7.2.8의 증명을 조사하고 계단함수의 적분을 대응하는 상합과 하합으로 대체하면 Darboux 적분에 대한 정리들의 증명을 얻는다(예를 들면, 연속함수에 대한 정리 7.2.7에서 $\alpha_\varepsilon(x) = f(u_i) = m_i$와 $\omega_\varepsilon(x) = f(v_i) = M_i$라 하고 $\omega_\varepsilon - \alpha_\varepsilon$의 적분을 $U(f; \mathcal{P}) - L(f; \mathcal{P})$로 대체한다).

그러면 다음 정리를 얻는다. 증명은 독자가 기술하도록 연습문제로 넘긴다.

7.4.10 정리 함수 f가 구간 $I = [a, b]$에서 연속이거나 단조이면, f는 I에서 Darboux 적분가능하다.

Riemann과 Darboux의 적분에 관한 앞의 관찰이 적분에 대한 두 접근법의 동치성 증명에서 일정한 역할을 한다. 이제 논한다. 물론 일단 동치성이 수립되면, 앞의 정리는 이의 직접적인 결과일 것이다.

동 치 성

유계폐구간에서 함수가 Riemann 적분가능하기 위한 필요충분조건은 그것이 Darboux 적분가능한 것이고 또 그들의 적분이 같다는 관점에서 적분에 대한 Riemann과 Darboux 정의가 동치라는 것을 증명하는 것으로 이 절을 마친다. 이것을 당장 알 수 있는 것은 아니다. Riemann 적분은 분할에서 부분구간들의 길이에 기초한 극한과정과 함께 함수값들을 (첨점들을) 이용한 합으로 정의한다. 반면 Darboux 적분은 함수값일 필요가 없는 함수값들의 하한과 상한, 그리고 분할에서 부분구간의 크기가 아닌 분할의 세분에 기초한 극한과정을 이용한 합으로 정의한다. 그럼에도 불구하고 둘은 동치이다.

동치성을 증명하기 위하여 필요한 배경이 가까이 있다. 예를 들어 함수가 Darboux 적분가능하면 Darboux의 상합과 하합이 계단함수의 Riemann 적분들임을 알아야 한다. 따라서 Darboux 적분에 대한 적분가능성 판정법 7.4.8이 이의 활용에서 Riemann 적분에 대한 조임정리 7.2.3에 대응된다. 역으로 함수가 Riemann 적분가능하면 상한과 하한의 정의가 Darboux의 상합과 하합에 원하는 만큼 가까운 Riemann 합을 얻기 위한 첨점을 선택할 수 있게 해 준다. 이렇게 하면 Riemann 적분을 Darboux의 상적분과 하적분과 연관시킬 수 있다. 자세한 것은 증명에 있다.

7.4.11 동치성 정리 $I = [a, b]$에서 함수 f가 Darboux 적분가능하기 위한 필요충분조건은 이것이 Riemann 적분가능한 것이다.

증명 f가 Darboux 적분가능하다고 가정하고 $\varepsilon > 0$에 대하여 $\mathcal{P}_\varepsilon$을 $U(f; \mathcal{P}_\varepsilon) - L(f; \mathcal{P}_\varepsilon) < \varepsilon$이 되는 $[a, b]$의 분할이라 하자. 이 분할에 대하여 앞의 논의에서와 같이 $[a, b]$에서 계단함수 α_ε과 ω_ε을 $k = 1, 2, \ldots, n-1$에 대한 $x \in [x_{k-1}, x_k)$에 대하여 $\alpha_\varepsilon(x) := m_k$와 $\omega_\varepsilon(x) := M_k$로, $x \in [x_{n-1}, x_n]$에 대하여 $\alpha_\varepsilon(x) := m_n$과

$\omega_\varepsilon(x) := M_n$으로 정의한다. 여기서 평소와 마찬가지로 M_k는 $I_k = [x_{k-1}, x_k]$에서 f의 상한이고 m_k는 하한이다. 명백히 $[a, b]$에 속하는 모든 x에 대하여

(4) $$\alpha_\varepsilon(x) \leq f(x) \leq \omega_\varepsilon(x)$$

이다. 더욱이 정리 7.2.5에 의하여 이들 함수는 Riemann 적분가능하고 그들의 적분은

(5) $$\int_a^b \omega_\varepsilon = \sum_{k=1}^n M_k(x_k - x_{k-1}) = U(f; \mathcal{P}_\varepsilon), \int_a^b \alpha_\varepsilon = \sum_{k=1}^n m_k(x_k - x_{k-1}) = L(f; \mathcal{P}_\varepsilon)$$

과 같다. 따라서 다음을 얻는다.

$$\int_a^b (\omega_\varepsilon - \alpha_\varepsilon) = U(f; \mathcal{P}_\varepsilon) - L(f; \mathcal{P}_\varepsilon) < \varepsilon.$$

조임정리 7.2.3에 의하여 f는 Riemann 적분가능하다. 더구나 (4)와 (5)가 임의의 분할 $\mathcal{P}$에 대하여 타당하고, 그래서 f의 Riemann 적분이 임의의 분할 $\mathcal{P}$에 대하여 $L(f; \mathcal{P})$와 $U(f; \mathcal{P})$ 사이에 놓여 있음에 주목한다. 그러므로 f의 Riemann 적분은 f의 Darboux 적분과 같다.

이제 f가 Riemann 적분가능하다고 가정하고 $A = \int_a^b f$를 적분의 값이라 하자. 그러면 정리 7.1.6에 의하여 f는 유계이고, $\varepsilon > 0$이 주어지면 $\|\dot{\mathcal{P}}\| < \delta$인 임의의 첨점분할 $\dot{\mathcal{P}}$에 대하여 $|S(f; \dot{\mathcal{P}}) - A| < \varepsilon$이 되는 $\delta > 0$가 존재한다. 이를

(6) $$A - \varepsilon < S(f; \dot{\mathcal{P}}) < A + \varepsilon$$

으로 다시 쓸 수 있다. $\mathcal{P} = (x_0, x_1, \ldots, x_n)$이면, $M_k = \sup\{f(x) : x \in I_k\}$가 상한이므로 $f(t_k) > M_k - \varepsilon/(b-a)$가 되는 첨점 t_k를 I_k에서 택할 수 있다. 더하고 $\sum_{k=1}^n (x_k - x_{k-1}) = b - a$임에 주목하면 다음을 얻는다.

(7) $$S(f; \dot{\mathcal{P}}) = \sum_{k=1}^n f(t_k)(x_k - x_{k-1}) > \sum_{k=1}^n M_k(x_k - x_{k-1}) - \varepsilon = U(f; \mathcal{P}) - \varepsilon \geq U(f) - \varepsilon.$$

부등식 (6)과 (7)을 결합하면

$$A + \varepsilon > S(f; \dot{\mathcal{P}}) \geq U(f) - \varepsilon$$

을 얻고, 따라서 $U(f) < A + 2\varepsilon$이다. $\varepsilon > 0$은 임의이므로, 이에 의하여 $U(f) \leq A$이다.

같은 방법으로 Riemann 합들에 의하여 하합을 근사할 수 있고, 임의의 $\varepsilon > 0$에 대하여 $L(f) > A - 2\varepsilon$임을 보일 수 있다. 그러므로 $L(f) \geq A$이다. 그러면 부등식 $A \leq L(f) \leq U(f) \leq A$를 얻고, 그래서 $L(f) = U(f) = A = \int_a^b f$이다. 따라서

함수 f는 Darboux 적분가능하고 Riemann 적분과 같은 값을 갖는다. Q.E.D.

연습문제 7.4

1. $-1 \le x \le 2$에 대하여 $f(x) := |x|$이라 하자. 다음 분할에 대하여 $L(f; \mathcal{P})$와 $U(f; \mathcal{P})$를 계산하여라.

(a) $\mathcal{P}_1 := (-1, 0, 1, 2)$ (b) $\mathcal{P}_2 := (-1, -1/2, 0, 1/2, 1, 3/2, 2)$

2. $x \in [a, b]$에 대하여 $f(x) := c$이면, 이의 Darboux 적분이 $c(b-a)$와 같음을 증명하여라.

3. f와 g를 $I := [a, b]$에서 유계함수라 하자. 모든 $x \in I$에 대하여 $f(x) \le g(x)$이면, $L(f) \le L(g)$이고 $U(f) \le U(g)$임을 보여라.

4. f가 $[a, b]$에서 유계이고 $k > 0$이라 하자. $L(kf) = kL(f)$이고 $U(kf) = kU(f)$임을 보여라.

5. $I := [a, b]$에서 f, g, h를 모든 $x \in I$에 대하여 $f(x) \le g(x) \le h(x)$인 함수라 하자. f와 h가 Darboux 적분가능하고 $\int_a^b f = \int_a^b h$이면, g 또한 $\int_a^b g = \int_a^b f$인 Darboux 적분가능 함수임을 보여라.

6. f를 $[0, 2]$에서 $x \ne 1$이면 $f(x) := 1$이고 $f(1) := 0$으로 정의하자. Darboux 적분가능함을 보이고 그것의 값을 구하여라.

7. (a) $0 \le x \le \frac{1}{2}$에 대하여 $g(x) := 0$이고 $\frac{1}{2} < x \le 1$에 대하여 $g(x) := 1$이면, $[0, 1]$에서 g의 Darboux 적분이 $\frac{1}{2}$임을 증명하여라.

(b) g의 값을 점 $\frac{1}{2}$에서 13으로 변경하면 (a)의 결론이 성립하는가?

8. f가 $I := [a, b]$에서 연속이라 하고 모든 $x \in I$에 대하여 $f(x) \ge 0$이라 가정하자. $L(f) = 0$이면 모든 $x \in I$에 대하여 $f(x) = 0$임을 증명하여라.

9. f_1과 f_2를 $[a, b]$에서 유계함수라 하자. $L(f_1) + L(f_2) \le L(f_1 + f_2)$임을 보여라.

10. 앞의 문제에서 순부등식이 성립할 수 있음을 보이는 예를 들어라.

11. f가 $[a, b]$에서 유계함수이고 $[a, b]$에 포함되는 $\{c_1, c_2, \dots, c_n\}$에 있는 점들 x를 제외한 모든 점에서 $f(x) = 0$이면 $U(f) = L(f) = 0$임을 보여라.

12. $0 \le x \le 1$에 대하여 $f(x) = x^2$이라 하자. 분할 $\mathcal{P}_n := (0, 1/n, 2/n, \dots, (n-1)/n, 1)$에 대하여 $L(f; \mathcal{P}_n)$과 $U(f; \mathcal{P}_n)$을 계산하고 $L(f) = U(f) = \frac{1}{3}$임을 보여라(공식 $1^2 + 2^2 + \cdots + m^2 = \frac{1}{6}m(m+1)(2m+1)$을 이용하라).

13. $\mathcal{P}_\varepsilon$을 적분가능성 판정법 7.4.8에서 존재성이 확인된 분할이라 하자. $\mathcal{P}$가 $\mathcal{P}_\varepsilon$의 임의의 세분이면 $U(f; \mathcal{P}) - L(f; \mathcal{P}) < \varepsilon$임을 보여라.

14. $[a, b]$에서 함수 f가 (a) 연속이거나 (b) 단조이면, f는 $[a, b]$에서 Darboux 적분가능하다. 이의 증명들을 기술하라.

15. $I := [a, b]$에서 정의되는 f가 Lipschitz 조건인 모든 $x, y \in I$에 대하여 $|f(x) - f(y)| \le K|x - y|$을 만족한다고 가정하자. $\mathcal{P}_n$이 I를 n등분하는 분할이면 $0 \le U(f; \mathcal{P}_n) - \int_a^b f \le K(b - a)^2/n$임을 보여라.

7.5 근사적분

미적분학의 기본정리 7.3.1은 $x \in [a, b]$일 때 $F'(x) = f(x)$인 역도함수 F를 구할 수 있으면 적분 $\int_a^b f$의 값을 구하는 효과적인 방법을 제시하고 있다. 그러나 그러한 F를 찾을 수 없을 때는 기본정리를 사용할 수 없을지 모른다. 그렇지만 f가 연속일 때 Riemann 합들과 닮은 합들을 이용하여 Riemann 적분 $\int_a^b f$를 근사하는 몇 가지 기술이 있다.

정리 7.1.5(c)에 기초하여 $\int_a^b f$의 빠른 추정값들을 얻기 위한 매우 초등적인 과정의 하나는 모든 $x \in [a, b]$에 대하여 $g(x) \le f(x) \le h(x)$이면

$$\int_a^b g \le \int_a^b f \le \int_a^b h$$

임에 주목하는 것이다. g와 h의 적분을 계산할 수 있으면 $\int_a^b f$에 대한 경계를 얻는다. 때때로 이러한 경계들이 우리의 요구에 대하여 만족할 만큼 정확하다.

예를 들어 $\int_0^1 e^{-x^2}\,dx$의 값을 추정하려 한다고 가정하자. $x \in [0, 1]$에 대하여 $e^{-x} \le e^{-x^2} \le 1$임을 보이는 것은 쉽고, 따라서 다음이 성립한다.

$$\int_0^1 e^{-x}\,dx \le \int_0^1 e^{-x^2}\,dx \le \int_0^1 1\,dx.$$

그러므로 $1 - 1/e \le \int_0^1 e^{-x^2}\,dx \le 1$을 얻는다. 앞의 부등식에서 양쪽 끝항 값들의 평균을 이용하면 $1/2e < 0.184$보다 작은 오차를 갖는 적분에 대한 추정값 $1 - 1/2e \approx 0.816$을 얻는다. 미흡하지만 이 추정값을 매우 빨리 구하였고 우리의 요구를 만족시키기에 충분할 것이다. 만약 보다 나은 근사를 원한다면 더욱 가깝게 근사하는 함수 g와 h를 구하기 위한 시도를 할 수 있다.

Taylor 정리 6.4.1을 다항식으로 e^{-x^2}을 근사하는 데 이용할 수 있다. Taylor 정리의 이용에서 의미 있는 계산을 위하여 나머지 항에 대한 경계를 구하여야 한다. 예를 들어 $0 \le y \le 1$에 대하여 e^{-y}에 Taylor 정리를 적용하면

$$e^{-y} = 1 - y + \frac{1}{2}y^2 - \frac{1}{6}y^3 + R_3$$

를 얻고, 여기서 $0 \le c \le 1$인 어떤 수 c에 대하여 $R_3 = y^4 e^{-c}/24$이다. c의 위치에 대한 보다 좋은 정보를 갖고 있지 않으므로 $0 \le R_3 \le y^4/24$을 추정함으로써 만족하여야 한다. 따라서

$$e^{-x^2} = 1 - x^2 + \frac{1}{2}x^4 - \frac{1}{6}x^6 + R_3$$

를 얻고, 여기서 $x \in [0, 1]$에 대하여 $0 \le R_3 \le x^8/24$이다. 그러므로 다음을 얻는다.

$$\begin{aligned}\int_0^1 e^{-x^2}\,dx &= \int_0^1\left(1 - x^2 + \frac{1}{2}x^4 - \frac{1}{6}x^6\right)dx + \int_0^1 R_3\,dx \\ &= 1 - \frac{1}{3} + \frac{1}{10} - \frac{1}{42} + \int_0^1 R_3\,dx.\end{aligned}$$

$0 \le \int_0^1 R_3\,dx \le \dfrac{1}{9 \cdot 24} = \dfrac{1}{216} < 0.005$이므로

$$\int_0^1 e^{-x^2}\,dx \approx \frac{26}{35}\,(\approx 0.7429)$$

이 되고 오차는 0.005보다 작다.

등분할

$f : [a, b] \to \mathbb{R}$가 연속이면, 이의 Riemann 적분이 존재한다는 것을 알고 있다. 최소한의 계산으로 이 적분에 대한 근사값을 구하기 위하여 $[a, b]$를 **동일한** 길이 $h_n := (b - a)/n$를 갖는 n개의 부분구간으로 된 분할 $\mathcal{P}_n$을 다루는 것이 편리하다. 따라서 $\mathcal{P}_n$은 다음과 같은 분할이다.

$$a < a + h_n < a + 2h_n < \cdots < a + nh_n = b.$$

만약 분할점으로 부분구간의 **좌측 끝점**과 **우측 끝점**을 택하면, **제n좌근사**(nth left approximation)는

$$L_n(f) := h_n \sum_{k=0}^{n-1} f(a + kh_n)$$

으로 주어지고 **제n우근사**(nth right approximation)는

$$R_n(f) := h_n \sum_{k=0}^{n} f(a + kh_n)$$

으로 주어진다. 두 근사값을 구하는 것이 이들 중 꼭 하나의 값을 구하는 것만큼 쉽다는 것에 주목하여야 한다. 이유는 그들은 단지 $f(a)$와 $f(b)$에 의한 차이만 나기 때문이다.

$L_n(f)$ 또는 $R_n(f)$ 중 하나가 다른 하나보다 적분의 실제값에 더 가깝다는 것을 믿게 하는 이유가 있지 않는 한 일반적으로 이들의 평균

$$\frac{1}{2}(L_n(f) + R_n(f))$$

를 취하는데, 이는 $\int_a^b f$에 대한 적절한 근사값으로서 다음과 같음을 당장 보일 수 있다.

$$\text{(1)} \qquad T_n(f) := h_n\Big(\frac{1}{2}f(a) + \sum_{k=1}^{n-1} f(a + kh_n) + \frac{1}{2}f(b)\Big).$$

그러나 f가 $[a, b]$에서 **증가하면**, f의 그래프로부터

$$\text{(2)} \qquad L_n(f) \le \int_a^b f \le R_n(f)$$

가 명백하다는 것에 주목하라. 이 경우 다음을 쉽게 알 수 있다.

$$\begin{aligned}\left|\int_a^b f - T_n(f)\right| &\le \frac{1}{2}(R_n(f) - L_n(f)) \\ &= \frac{1}{2}h_n(f(b) - f(a)) = (f(b) - f(a)) \cdot \frac{(b-a)}{2n}.\end{aligned}$$

이와 같은 오차의 추정은 유용하다. 왜냐하면 이것이 최초에 알고 있는 양들을 이용하여 근사의 오차에 대한 상계를 제시하기 때문이다. 특히 지정한 오차 $\varepsilon > 0$ 이내로 정확한 근사를 얻기 위하여 얼마나 큰 n을 선택해야 하는지를 결정하는 데 이를 이용할 수 있다.

위의 논의는 f가 $[a, b]$에서 증가하는 경우에 타당하다. f가 감소하면 (2)의 부등식은 반대가 되어야 한다. 두 경우를 다음과 같은 명제로 요약할 수 있다.

7.5.1 정리 $f : [a, b] \to \mathbb{R}$가 단조함수이고 $T_n(f)$가 식 (1)로 주어지면 다음이 성립한다.

$$\text{(3)} \qquad \left|\int_a^b f - T_n(f)\right| \le |f(b) - f(a)| \cdot \frac{(b-a)}{2n}.$$

7.5.2 예 $[0, 1]$에서 $f(x) := e^{-x^2}$이면, f는 감소한다. (3)에 의하여 $n = 8$이면 $|\int_0^1 e^{-x^2}\,dx - T_8(f)| \le (1 - e^{-1})/16 < 0.04$이고 $n = 16$이면 $|\int_0^1 e^{-x^2}\,dx - T_{16}(f)| \le (1 - e^{-1})/32 < 0.02$이다. 실제로 더 유력한 근사가 있는데 예 7.5.5에서 보일 것이다. ■

사다리꼴 공식

"사다리꼴 공식(Trapezoidal Rule)"이라 하는 수치적분법은 연속함수 $f : [a, b]$

$\to \mathbb{R}$를 구분적 선형인 연속함수로 근사하는 데 기초하고 있다. $n \in \mathbb{N}$이라 하고 앞에서와 같이 $h_n := (b-a)/n$라 하여 분할 $\mathcal{P}_n$을 고찰한다. $k = 0, 1, \ldots, n$에 대한 점들 $(a + kh_n, f(a + kh_n))$을 지나는 구분적 선형함수 g_n에 의하여 f를 근사한다. (f가 상당히 매끄럽다는 것이 보장되면) 적분 $\int_a^b f$가 n이 충분히 클 때 적분 $\int_a^b g_n$과 "근사적으로 같게 된다"는 것이 적절해 보인다.

수평인 밑변이 h이고 수직인 변들이 l_1과 l_2인 사다리꼴의 넓이는 $\frac{1}{2}h(l_1 + l_2)$이므로 $k = 0, 1, \ldots, n-1$에 대하여 다음을 얻는다.

$$\int_{a+kh_n}^{a+(k+1)h_n} g_n = \frac{1}{2}h_n \cdot [f(a + kh_n) + f(a + (k+1)h_n)].$$

이 항들을 더하여 a와 b를 제외한 $\mathcal{P}_n$에 있는 각 분할점이 이웃한 두 부분구간에 속한다는 것에 주목하면 다음을 얻는다.

$$\int_a^b g_n = h_n\left(\frac{1}{2}f(a) + f(a + h_n) + \cdots + f(a + (k-1)h_n) + \frac{1}{2}f(b)\right).$$

그러나 우변에 있는 항은 $L_n(f)$와 $R_n(f)$의 평균으로서 (1)에서 구한 정확히 $T_n(f)$이다. $T_n(f)$를 f의 **제n 사다리꼴 근사**(nth Trapezoidal Approximation)라 한다.

정리 7.5.1에서 f가 단조인 경우에 대하여 오차의 추정값을 얻었다. 이제 f에 대하여 이 같은 제한이 없는 정리를 기술하지만 f의 2계도함수 f''에 의한다.

7.5.3 정리 f, f'과 f''이 $[a, b]$에서 연속이고 $T_n(f)$를 제n 사다리꼴 근사 (1)이라 하자. 그러면

$$T_n(f) - \int_a^b f = \frac{(b-a)h_n^2}{12} \cdot f''(c) \tag{4}$$

가 되는 $c \in [a, b]$가 존재한다.

이 결과의 증명은 부록 D에 있으며 5장과 6장에서 얻은 몇 개의 결과들에 의한다.

식 (4)는 차 $T_n(f) - \int_a^b f$에 대한 상계와 하계 모두를 제시할 수 있다는 것이 흥미롭다. 예를 들면, 모든 $x \in [a, b]$에 대하여 $f''(x) \geq A > 0$이면 이 차는 (4)에 의하여 항상 $\frac{1}{12}A(b-a)h_n^2$을 초과한다. $x \in [a, b]$에 대하여 단지 $f''(x) \geq 0$이면 f가 **볼록한**(= **위로 오목한**) 경우인데, 그렇게 하면 사다리꼴 근사는 항상 너무 크다. 독자는 이를 확인하기 위하여 그림을 그려보는 것이 좋다.

그러나 보다 더 큰 관심은 보통 상계에 있다.

7.5.4 따름정리 f, f'과 f''이 연속이고 모든 $x \in [a, b]$에 대하여 $|f''(x)| \leq B_2$라 하자. 그러면 다음이 성립한다.

$$(5) \qquad \left| T_n(f) - \int_a^b f \right| \le \frac{(b-a)h_n^2}{12} \cdot B_2 = \frac{(b-a)^3}{12n^2} \cdot B_2.$$

한 상계 B_2를 구하고 나면 요구하는 정확도를 분명히 하기 위하여 얼마나 큰 n을 선택해야 하는지를 결정하는 데 (5)를 이용할 수 있다.

7.5.5 예 $[0, 1]$에서 $f(x) := e^{-x^2}$이면, $f''(x) = 2e^{-x^2}(2x^2 - 1)$이므로 $B_2 = 2$를 취할 수 있다. 따라서 $n = 8$이면

$$\left| T_8(f) - \int_0^1 f \right| \le \frac{2}{12 \cdot 64} = \frac{1}{384} < 0.003$$

이다. 한편 $n = 16$이면

$$\left| T_{16}(f) - \int_0^1 f \right| \le \frac{2}{12 \cdot 256} = \frac{1}{1536} < 0.00066$$

을 얻는다. 따라서 정확도는 예 7.5.2에서 예견한 것보다 상당히 더 높다. ■

중점 공식

f의 적분을 근사하는 하나의 명확한 방법은 부분구간들의 **중점**에서 계산한 Riemann 합들을 취하는 것이다. 따라서 $\mathcal{P}_n$이 앞에서 제시한 등분할이면 f의 **중점 근사**(Midpoint Approximation)는 다음과 같이 주어진다.

$$(6) \qquad M_n(f) := h_n\left(f\left(a+\frac{1}{2}h_n\right) + f\left(a+\frac{3}{2}h_n\right) + \cdots + f\left(a\left(n-\frac{1}{2}\right)h_n\right)\right)$$
$$= h_n \sum_{k=1}^{n} f\left(a+\left(k-\frac{1}{2}\right)h_n\right).$$

또 다른 방법은 이들 부분구간의 중점에서 f의 그래프에 **접선**인 구분적 선형함수들을 이용하는 것이다. 언뜻 보기에 중점 $a + (k - \frac{1}{2}h_n)(k = 1, 2, \dots, n)$의 각각에서 f의 그래프에 대한 접선의 기울기를 알아야 할 것처럼 보인다. 그러나 윗변이 중점 $a + (k - \frac{1}{2})h_n$에서 접선인 사다리꼴의 **넓이**는 높이가 $f(a + (k - \frac{1}{2})h_n)$인 직사각형의 **넓이**와 같다는 것을 기하학에서 보이는 것은 연습문제이다(그림 7.5.1을 보라). 따라서 이 넓이는 (6)으로 주어지고 "접사다리꼴 공식(Tangent Trapezoid Rule)"은 "중점 공식"과 같게 된다. 이제 중점 공식이 인수 2에 의하여 사다리꼴 공식보다 정확도가 더 높음을 보이는 정리를 기술한다.

7.5.6 정리 f, f'과 f''이 $[a, b]$에서 연속이고 $M_n(f)$를 제n 중점 근사 (6)이라 하자. 그러면

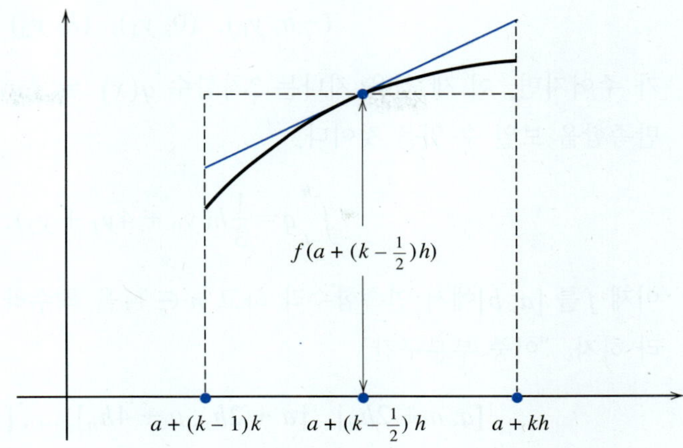

그림 7.5.1 접선사다리꼴

$$\int_a^b f - M_n(f) = \frac{(b-a)h_n^2}{24} \cdot f''(\gamma) \tag{7}$$

이 되는 $\gamma \in [a, b]$가 존재한다.

이 결과의 증명은 부록 D에 있다.

정리 7.5.3인 경우에서와 같이 식 (7)이 차 $\int_a^b f - M_n(f)$에 대한 상계와 하계 모두를 제시하는 데 이용될 수 있지만 일반적으로 더 큰 관심은 상계에 있다. 함수가 **볼록하면** 사다리꼴 공식에 비하여 중점 근사는 항상 너무 작다.

다음 결과는 따름정리 7.5.4와 유사하다.

7.5.7 따름정리 f, f'과 f''이 연속이고 모든 $x \in [a, b]$에 대하여 $|f''(x)| \le B_2$라 하자. 그러면 다음이 성립한다.

$$\left| M_n(f) - \int_a^b f \right| \le \frac{(b-a)h_n^2}{24} \cdot B_2 = \frac{(b-a)^3}{24n^2} \cdot B_2. \tag{8}$$

Simpson의 공식

우리가 다룰 마지막 근사 과정은 보통 사다리꼴이나 중점 공식보다 더 나은 근사를 제공하면서 본질적으로 어떠한 추가적인 계산도 요구하지 않는다. 하지만 f의 볼록성(또는 오목성)은 이 방법에 관한 오차에 대하여 어떠한 정보도 제공하지 못한다.

사다리꼴과 중점 공식이 구분적 선형함수들에 의한 f의 근사에 기초하는 반면, Simpson의 공식은 포물선인 호들(arcs)에 의하여 f의 그래프를 근사한다. 공식의 유도를 돕기 위하여 독자는 세 점

$$(-h, y_0),\ (0, y_1),\ (h, y_2)$$

가 주어지면, 이 세 점을 지나는 2차함수 $q(x) := Ax^2 + Bx + C$가 다음 성질을 만족함을 보일 수 있을 것이다.

$$\int_{-h}^{h} q = \frac{1}{3}h(y_0 + 4y_1 + y_2).$$

이제 f를 $[a, b]$에서 연속함수라 하고 $n \in \mathbb{N}$을 **짝수**라 하자. 또 $h_n := (b - a)/n$라 하자. "이중 부분구간"

$$[a, a + 2h_n],\ [a + 2h_n, a + 4h_n], \ldots, [b - 2h_n, b]$$

각각에 대하여 점들

$$y_0 := f(a),\ y_1 := f(a + h_n),\ y_2 := f(a + 2h_n), \ldots, y_n := f(b)$$

에서 f와 일치하는 $n/2$개의 2차함수들에 의하여 f를 근사한다. 이러한 논의들이 다음과 같이 정의되는 **제n Simpson 근사**(nth Simpson Approximation)를 이끌어 낸다.

$$\text{(9)} \quad \begin{aligned} S_n(f) := \frac{1}{3}h_n(&f(a) + 4f(a + h_n) + 2f(a + 2h_n) + 4f(a + 3h_n) \\ &+ 2f(a + 4h_n) + \cdots + 2f(b - 2h_n) + 4f(b - h_n) + f(b)). \end{aligned}$$

$n + 1$개의 분할점들에서 f의 값들에 대한 계수들이 1, 4, 2, 4, 2, ... , 4, 2, 4, 1임에 주목하라.

이제 Simpson 근사의 정확도를 추정하는 정리를 기술한다. 이는 f의 **4계도함수**와 관련이 있다.

7.5.8 정리 $f, f', f'', f^{(3)}, f^{(4)}$가 $[a, b]$에서 연속이라 하고 $n \in \mathbb{N}$을 짝수라 하자. $S_n(f)$가 제n Simpson 근사 (9)이면

$$\text{(10)} \qquad S_n(f) - \int_a^b f = \frac{(b-a)h_n^4}{180} \cdot f^{(4)}(c)$$

가 되는 $c \in [a, b]$가 존재한다.

이 결과의 증명은 부록 D에 있다.

다음 결과는 따름정리 7.5.4와 따름정리 7.5.7과 매우 유사하다.

7.5.9 따름정리 $f, f', f'', f^{(3)}, f^{(4)}$가 $[a, b]$에서 연속이고 모든 $x \in [a, b]$에 대하여 $|f^{(4)}(x)|$

$\le B_4$라 하자. 그러면

(11) $$\left| S_n(f) - \int_a^b f \right| \le \frac{(b-a)h_n^4}{180} \cdot B_4 = \frac{(b-a)^5}{180n^4} \cdot B_4$$

이다.

추정 (11)의 성공적인 이용은 4계도함수에 대한 상계를 찾을 수 있느냐에 달려 있다.

7.5.10 예 $[0, 1]$에서 $f(x) := 4e^{-x^2}$이면,

$$f^{(4)}(x) = 4e^{-x^2}(4x^4 - 12x^2 + 3)$$

이고 $x \in [0, 1]$에 대하여 $|f^{(4)}(x)| \le 20$이므로 $B_4 = 20$을 취할 수 있다. 식 (11)에 의하여 $n = 8$이면

$$\left| S_8(f) - \int_0^1 f \right| \le \frac{1}{180 \cdot 8^4} \cdot 20 = \frac{1}{36,864} < 0.000\,03$$

이고 $n = 16$이면

$$\left| S_{16}(f) - \int_0^1 f \right| \le \frac{1}{589,824} < 0.000\,0017$$

이다. ■

참고 연습문제에 있는 다음 공식을 이용하여 제n 중점 근사 $M_n(f)$를 제$(2n)$ 사다리꼴과 Simpson 근사를 "수립하는 데" 이용할 수 있다.

$$T_{2n}(f) = \frac{1}{2}M_n(f) + \frac{1}{2}T_n(f), \quad S_{2n}(f) = \frac{2}{3}M_n(f) + \frac{1}{3}T_n(f).$$

따라서 일단 최초의 사다리꼴 근사 $T_1 = T_1(f)$가 계산되면 단지 중점 근사 $M_n = M_n(f)$만 구하면 된다. 다시 말하면 다음과 같은 계산열을 채택하는 것이다.

$$T_1 = \frac{1}{2}(b-a)(f(a)+f(b));$$

$$M_1 = (b-a)f\left(\frac{1}{2}(a+b)\right), \quad T_2 = \frac{1}{2}M_1 + \frac{1}{2}T_1, \quad S_2 = \frac{2}{3}M_1 + \frac{1}{3}T_1;$$

$$M_2, \quad T_4 = \frac{1}{2}M_2 + \frac{1}{2}T_2, \quad S_4 = \frac{2}{3}M_2 + \frac{1}{3}T_2;$$

$$M_4, \quad T_8 = \frac{1}{2}M_4 + \frac{1}{2}T_4, \quad S_8 = \frac{2}{3}M_4 + \frac{1}{3}T_4;$$

$$\cdots \quad \cdots \quad \cdots \quad \cdots \quad \cdots.$$

연습문제 7.5

1. $n = 4$인 사다리꼴 근사를 이용하여 $\ln 2 = \int_1^2 (1/x)\,dx$의 값을 구하여라. $0.6866 \le \ln 2 \le 0.6958$임과 다음을 보여라.

$$0.0013 < \frac{1}{768} \le T_4 - \ln 2 \le \frac{1}{96} < 0.0105.$$

2. $n = 4$인 Simpson 근사를 이용하여 $\ln 2 = \int_1^2 (1/x)\,dx$의 값을 구하여라. $0.6927 \le \ln 2 \le 0.6933$임과 다음을 보여라.

$$0.000016 < \frac{1}{2^5}\cdot\frac{1}{1920} \le S_4 - \ln 2 \le \frac{1}{1920} < 0.000521.$$

3. $x \in [0, 1]$에 대하여 $f(x) := (1 + x^2)^{-1}$이라 하자. $f''(x) = 2(3x^2 - 1)(1 + x^2)^{-3}$과 $x \in [0, 1]$에 대하여 $|f''(x)| \le 2$임을 보여라. $n = 4$인 사다리꼴 근사를 이용하여 $\pi/4 = \int_0^1 f(x)\,dx$의 값을 구하여라. $|T_4(f) - (\pi/4)| \le 1/96 < 0.0105$임을 보여라.

4. 문제 3에서와 같이 $\pi/4$를 근사하는 데 사다리꼴 근사 $T_n(f)$를 이용하면 오차가 10^{-6}보다 작게 됨을 확인하기 위하여 $n \ge 409$이어야 함을 보여라.

5. f가 문제 3에서와 같다고 하자. $f^{(4)}(x) = 24(5x^4 - 10x^2 + 1)(1 + x^2)^{-5}$이고 $x \in [0, 1]$에 대하여 $|f^{(4)}(x)| \le 96$임을 보여라. $n = 4$인 Simpson 근사를 이용하여 $\pi/4$의 값을 구하여라. $|S_4(f) - (\pi/4)| \le 1/480 < 0.0021$임을 보여라.

6. 문제 5에서와 같이 Simpson 근사 $S_n(f)$를 이용하여 $\pi/4$를 근사하면 오차가 10^{-6}보다 작게 됨을 확인하기 위하여 $n \ge 28$을 취하여야 함을 보여라.

7. p가 기껏해야 3차인 다항식이면 Simpson 근사가 정확함을 보여라.

8. $[a, b]$에서 $f''(x) \ge 0$이면(즉 f가 $[a, b]$에서 볼록하면) 임의의 자연수 m, n에 대하여 $M_n(f) \le \int_a^b f(x)\,dx \le T_m(f)$임을 보여라. $[a, b]$에서 $f''(x) \le 0$이면 이 부등식은 반대가 된다.

9. $T_{2n}(f) = \frac{1}{2}[M_n(f) + T_n(f)]$임을 보여라.

10. $S_{2n}(f) = \frac{2}{3}M_n(f) + \frac{1}{3}T_n(f)$임을 보여라.

11. 모든 $x \in [a, b]$에 대하여 $B_2 \ge |f''(x)|$일 때, 추정 $|S_n(f) - \int_a^b f(x)\,dx| \le [(b - a)^2/18n^2]B_2$를 얻을 수 있음을 보여라.

12. $\int_0^1 (1 - x^2)^{1/2}\,dx = \pi/4$임에 주목하라. 왜 식 (4), (7), 그리고 (10)으로 주어진 오차의 추정들을 이용할 수 없는지 설명하여라. $[0, 1]$에 있는 x에 대하여 $h(x) = (1 - x^2)^{1/2}$이면 $T_n(h) \le \pi/4 \le M_n(h)$임을 보여라. $M_8(h)$와 $T_8(h)$를 계산하여라.

13. h가 문제 12에서와 같으면 왜 $K := \int_0^{1/\sqrt{2}} h(x)\,dx = \pi/8 + 1/4$인지 설명하여라. 그리

고 $x \in [0, 1/\sqrt{2}]$에 대하여 $|h''(x)| \le 2^{3/2}$이고 $|h^{(4)}(x)| \le 9 \cdot 2^{7/2}$임을 보여라. 또 $|K - T_n(h)| \le 1/12n^2$과 $|K - S_n(h)| \le 1/10n^4$임을 보여라. 이 결과를 이용하여 π를 계산하여라.

문제 14-20에서 오차에 대한 추정값을 지정하여 다음 적분들을 근사하여라. 고도의 정확도를 얻기 위하여 계산기를 이용하여라.

14. $\int_0^2 (1 + x^4)^{1/2}\,dx$ **15.** $\int_0^2 (4 + x^3)^{1/2}\,dx$ **16.** $\int_0^1 \frac{dx}{1+x^3}$

17. $\int_0^\pi \frac{\sin x}{x}\,dx$ **18.** $\int_0^{\pi/2} \frac{dx}{1+\sin x}$ **19.** $\int_0^{\pi/2} \sqrt{\sin x}\,dx$

20. $\int_0^1 \cos(x^2)\,dx$

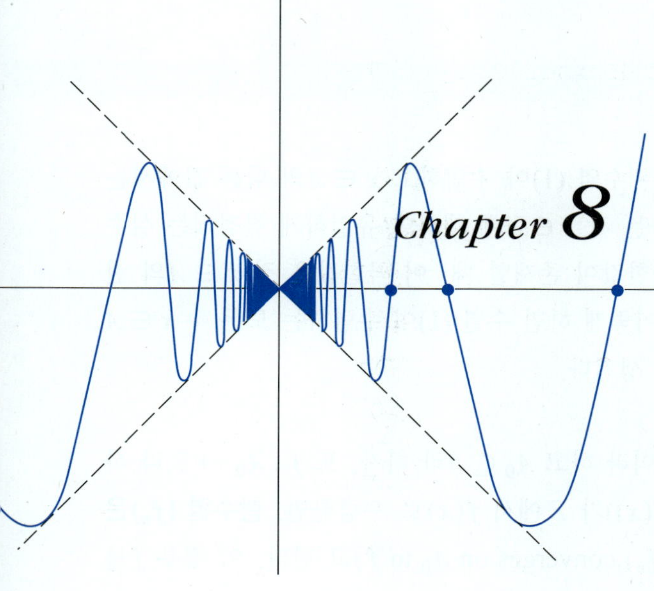

함 수 열

이전의 장들에서는 실수열들을 자주 이용하였다. 이 장에서는 항들이 실수가 아닌 함수들의 열을 고찰할 것이다. 함수열은 실해석학에서 자연스럽게 나타나며 주어진 함수에 대한 근사를 얻거나 알고 있는 함수들로부터 새로운 함수를 정의하는 데 특히 유용하다.

8.1절에서 함수열의 수렴에 대한 두 가지의 다른 개념인 점별수렴과 균등수렴을 소개할 것이다. 균등수렴은 매우 중요하며 관심의 주요 초점이 될 것이다. 이것이 초점이 되는 이유는 8.2절에서 보이겠지만 균등수렴하는 함수열의 각 항이 어떤 성질을 가지면 극한함수도 그 성질들을 갖는다는 의미로 균등수렴은 어떤 성질들을 "보존한다"는 사실 때문이다.

8.3절에서는 지수함수와 로그함수를 정의하고 기본성질들을 유도하는 데 균등수렴의 개념을 이용할 것이다. 8.4절을 삼각함수의 유사한 논의에 할당한다.

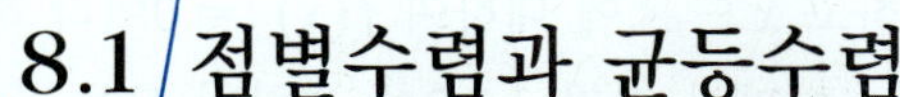

8.1 점별수렴과 균등수렴

$A \subseteq \mathbb{R}$가 주어지고 각 $n \in \mathbb{N}$에 대하여 함수 $f_n : A \to \mathbb{R}$이 존재한다고 가정하면, (f_n)을 A에서 $\mathbb{R}$로의 **함수열**(sequence of functions)이라 할 것이다. 명백히 각 $x \in A$에 대하여 그러한 함수열은 실수열을 만들어 내는데, 다시 말하면 점 x에서 각 함수들의 값을 구하여 얻은 수열

(1) $$(f_n(x))$$

이다. $x \in A$의 어떤 값에 대해서는 수열 (1)이 수렴하고 $x \in A$의 다른 값에서는 발산할 수 있다. 수열 (1)이 수렴하는 각 $x \in A$에 대하여 유일하게 결정되는 실수 $\lim(f_n(x))$가 존재한다. 대개는 극한값이 존재할 때, 이 극한값은 점 $x \in A$의 선택에 따라 결정될 것이다. 따라서 이렇게 하면 수열 (1)이 수렴하는 모든 수 $x \in A$로 구성되는 정의역을 갖는 함수가 생긴다.

8.1.1 정의 (f_n)을 $A \subseteq \mathbb{R}$에서 $\mathbb{R}$로의 함수열이라 하고 $A_0 \subseteq A$라 하자. 또 $f : A_0 \to \mathbb{R}$라 하자. 각 $x \in A_0$에 대하여 수열 $(f_n(x))$가 $\mathbb{R}$에서 $f(x)$로 수렴하면, **함수열 (f_n)은 A_0에서 f로 수렴한다**(sequence (f_n) converges on A_0 to f)고 한다. 이 경우 f를 **A_0에서 함수열 (f_n)의 극한**(limit on A_0 of the sequence (f_n))이라 한다. 그러한 함수 f가 존재할 때, **함수열 (f_n)은 A_0에서 수렴한다**(sequence (f_n) is convergent on A_0) 또는 **(f_n)은 A_0에서 점별수렴한다**((f_n) converges pointwise on A_0)고 한다.

정의역 A_0의 있을 수 있는 수정을 제외하면 정리 3.1.4에 의하여 극한함수는 유일하게 결정된다. 보통 가능한 최대 집합을 A_0로 선택한다. 즉 함수열 (1)이 $\mathbb{R}$에서 수렴하는 모든 $x \in A$의 집합을 A_0로 취한다.

함수열 (f_n)이 A_0에서 f로 수렴한다는 것을 때때로

$$A_0\text{에서} \quad f = \lim(f_n) \quad \text{또는} \quad A_0\text{에서 } f_n \to f$$

로 쓴다. 또한 f_n과 f가 식으로 주어지면

$$x \in A_0\text{에 대하여 } f(x) = \lim f_n(x) \text{ 또는 } x \in A_0\text{에 대하여 } f_n(x) \to f(x)$$

로 쓰기도 한다.

8.1.2 예 **(a)** $x \in \mathbb{R}$에 대하여 $\lim(x/n) = 0$이다.

$n \in \mathbb{N}$에 대하여 $f_n(x) := x/n$라 하고 $x \in \mathbb{R}$에 대하여 $f(x) := 0$이라 하자. 예 3.1.6(a)에 의하여 $\lim(1/n) = 0$이다. 따라서 정리 3.2.3에 의하면 모든 $x \in \mathbb{R}$에 대하여

$$\lim(f_n(x)) = \lim(x/n) = x \lim(1/n) = x \cdot 0 = 0$$

이다(그림 8.1.1을 보라).

(b) $\lim(x^n)$을 살펴보자.

$x \in \mathbb{R}$와 $n \in \mathbb{N}$에 대하여 $g_n(x) := x^n$이라 하자(그림 8.1.2를 보라). 명백히 $x = 1$이면 수열 $(g_n(1)) = (1)$은 1로 수렴한다. 예 3.1.11(b)에 의하여 $0 \le x < 1$

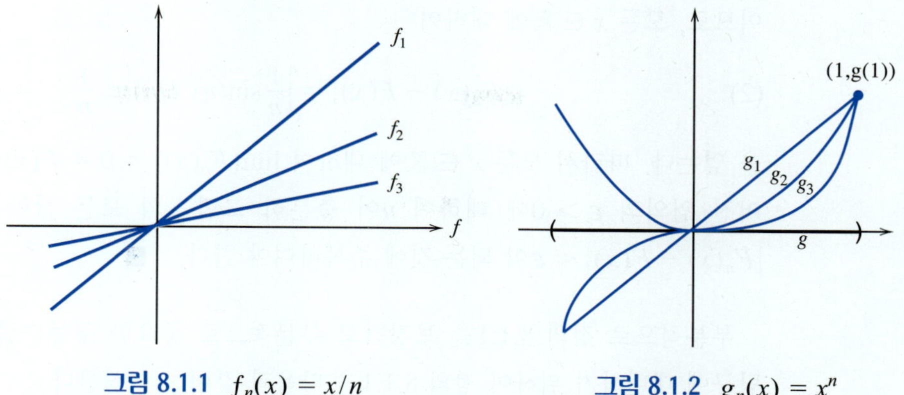

그림 8.1.1 $f_n(x) = x/n$ 그림 8.1.2 $g_n(x) = x^n$

이면 $\lim(x^n) = 0$이고, 또한 $-1 < x < 0$에 대해서도 이것이 참임을 쉽게 보일 수 있다. $x = -1$이면 $g_n(-1) = (-1)^n$이고, 예 3.2.8(b)에서 그 수열이 발산함을 보였다. 마찬가지로 $|x| > 1$이면 수열 (x^n)은 유계가 아니고, 따라서 $\mathbb{R}$에서 수렴하지 않는다.

$$g(x) := \begin{cases} -1 < x < 1\text{에 대하여} & 0 \\ x = 1\text{에 대하여} & 1 \end{cases}$$

이면, 함수열 (g_n)은 집합 $(-1, 1]$에서 g로 수렴한다는 결론을 얻는다.

(c) $x \in \mathbb{R}$에 대하여 $\lim((x^2 + nx)/n) = x$이다.

$x \in \mathbb{R}$와 $n \in \mathbb{N}$에 대하여 $h_n(x) := (x^2 + nx)/n$라 하고 $x \in \mathbb{R}$에 대하여 $h(x) := x$라 하자(그림 8.1.3을 보라). $h_n(x) = (x^2/n) + x$이므로, 예 3.1.6(a)와 정리 3.2.3에 의하면 모든 $x \in \mathbb{R}$에 대하여 $h_n(x) \to x = h(x)$가 된다.

(d) $x \in \mathbb{R}$에 대하여 $\lim((1/n)\sin(nx + n)) = 0$이다.

$x \in \mathbb{R}$와 $n \in \mathbb{N}$에 대하여 $F_n(x) := (1/n)\sin(nx + n)$이라 하고 $x \in \mathbb{R}$에 대하여 $F(x) := 0$이라 하자(그림 8.1.4를 보라). 모든 $y \in \mathbb{R}$에 대하여 $|\sin y| \leq 1$

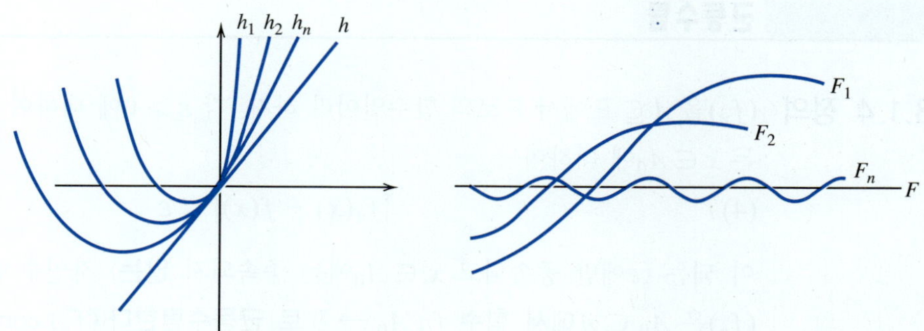

그림 8.1.3 $h_n(x) = (x^2 + nx)/n$ 그림 8.1.4 $F_n(x) = \sin(nx + n)/n$

이므로, 모든 $x \in \mathbb{R}$에 대하여

(2) $$|F_n(x) - F(x)| = \left|\frac{1}{n}\sin(nx+n)\right| \le \frac{1}{n}$$

을 얻는다. 따라서 모든 $x \in \mathbb{R}$에 대하여 $\lim(F_n(x)) = 0 = F(x)$이다. 독자는 주어진 임의의 $\varepsilon > 0$에 대하여 n이 충분히 크면 x의 모든 값에 대하여 동시에 $|F_n(x) - F(x)| < \varepsilon$이 되는 것에 주목하여야 한다. ■

부분적으로 정의 8.1.1을 보강하고 부분적으로 중요한 균등수렴의 개념에 대한 탐구에 대비하기 위하여 정의 8.1.1을 다음과 같이 재구성한다.

8.1.3 보조정리 $A \subseteq \mathbb{R}$에서 $\mathbb{R}$로의 함수열 (f_n)이 A_0에서 함수 $f : A_0 \to \mathbb{R}$로 수렴하기 위한 필요충분조건은 각 $\varepsilon > 0$과 각 $x \in A_0$에 대하여 $n \ge K(\varepsilon, x)$이면 (3)을 만족하는 자연수 $K(\varepsilon, x)$가 존재하는 것이다.

(3) $$|f_n(x) - f(x)| < \varepsilon.$$

이것이 정의 8.1.1과 동치임을 보이는 것은 독자에게 맡긴다. $K(\varepsilon, x)$의 값은 일반적으로 $\varepsilon > 0$과 $x \in A_0$ **모두**에 종속될 것임을 강조하고자 한다. 독자는 예 8.1.2(a–c)에서 (3)과 같은 부등식을 얻기 위하여 요구되는 $K(\varepsilon, x)$의 값이 $\varepsilon > 0$과 $x \in A_0$ **모두**에 종속된다는 사실을 확인해야 한다. 이것에 대한 직관적인 이유는 함수열의 수렴이 어떤 점에서는 다른 점에서 보다 "의미있을 정도로 더 빠르기" 때문이다. 그러나 부등식 (2)에서 보았던 것과 같이 예 8.1.2(d)에서 n을 충분히 크게 택하면 $x \in \mathbb{R}$의 **모든** 값에 대하여 $|F_n(x) - F(x)| < \varepsilon$이 되게 할 수 있다. 정확히 이것이 (정의 8.1.1에서 정의한) 함수열에 대한 "점별수렴"의 개념과 "균등수렴"의 개념을 구분하는 미묘한 차이이다.

균등수렴

8.1.4 정의 (f_n)을 $A \subseteq \mathbb{R}$에서 $\mathbb{R}$로의 함수열이라 하자. 각 $\varepsilon > 0$에 대하여 $n \ge K(\varepsilon)$이면 모든 $x \in A_0$에 대하여

(4) $$|f_n(x) - f(x)| < \varepsilon$$

이 되는 (ε에만 종속되고 $x \in A_0$에는 종속되지 **않는**) 자연수 $K(\varepsilon)$이 존재하면, (f_n)은 $A_0 \subseteq A$**에서 함수** $f : A_0 \to \mathbb{R}$**로 균등수렴한다**((f_n) converges uniformly on $A_0 \subseteq A$ to *a* function $f : A_0 \to \mathbb{R}$)고 한다. 이 경우 함수열 (f_n)은 A_0**에서 균**

등수렴한다(uniformly convergent on A_0)고 하고 때때로

$$A_0\text{에서 } f_n \rightrightarrows f \quad \text{또는 } x \in A_0\text{에 대하여 } f_n(x) \rightrightarrows f(x)$$

로 쓴다.

정의들의 직접적인 결과로서 함수열 (f_n)이 A_0에서 f로 균등수렴하면, 정의 8.1.1의 의미로 이 수열 또한 A_0에서 f로 점별수렴한다. 그 역이 항상 참이 아니라는 것은 예 8.1.2(a–c)를 주의깊게 살펴보면 알 수 있다. 다른 예들을 아래에서 소개할 것이다.

때때로 함수열 (f_n)이 A_0에서 f로 균등수렴하지 **않기** 위한 다음의 필요충분조건을 알고 있으면 유익하다.

8.1.5 보조정리 $A \subseteq \mathbb{R}$에서 $\mathbb{R}$로의 함수열 (f_n)이 $A_0 \subseteq A$에서 함수 $f : A_0 \to \mathbb{R}$로 균등수렴하지 않기 위한 필요충분조건은 어떤 $\varepsilon_0 > 0$에 대하여 $k \in \mathbb{N}$이면

$$|f_{n_k}(x_k) - f(x_k)| \geq \varepsilon_0 \tag{5}$$

가 되는 (f_n)의 부분수열 (f_{n_k})와 A_0에서의 수열 (x_k)가 존재하는 것이다.

이 결과의 증명은 정의 8.1.4를 부정하기만 하면 되는데, 이를 독자에게 중요한 연습문제로 넘긴다. 이제 이 결과가 어떻게 이용되는지를 보인다.

8.1.6 예 **(a)** 예 8.1.2(a)를 고찰해 보자. $n_k := k$이고 $x_k := k$라 하면, $f_{n_k}(x_k) = 1$이 되어 $|f_{n_k}(x_k) - f(x_k)| = |1 - 0| = 1$이다. 그러므로 함수열 (f_n)은 $\mathbb{R}$에서 f로 균등수렴하지 않는다.

(b) 예 8.1.2(b)를 고찰하자. $n_k := k$이고 $x_k := \left(\frac{1}{2}\right)^{1/k}$이면

$$|g_{n_k}(x_k) - g(x_k)| = |\tfrac{1}{2} - 0| = \tfrac{1}{2}$$

이다. 따라서 함수열 (g_n)은 $(-1, 1]$에서 g로 균등수렴하지 않는다.

(c) 예 8.1.2(c)를 고찰하자. $n_k := k$이고 $x_k := -k$이면, $h_{n_k}(x_k) = 0$이고 $h(x_k) = -k$가 되어 $|h_{n_k}(x_k) - h(x_k)| = k$이다. 그러므로 함수열 (h_n)은 $\mathbb{R}$에서 h로 균등수렴하지 않는다. ■

균등 Norm

균등수렴을 논함에 있어 균등 norm의 개념을 유계함수족에 적용하면 편리할 때가 있다.

8.1.7 정의 $A \subseteq \mathbb{R}$이고 $\varphi : A \to \mathbb{R}$가 함수일 때 집합 $\varphi(A)$가 $\mathbb{R}$의 유계부분집합이면, φ는 A**에서 유계이다**(bounded on A)라고 한다. φ가 유계일 때, A**에서** φ**의 균등 norm**(uniform norm of φ on A)을 다음과 같이 정의한다.

(6) $$\|\varphi\|_A := \sup\{|\varphi(x)| : x \in A\}.$$

$\varepsilon > 0$이면, 모든 $x \in A$에 대하여 다음이 성립함에 주목하라.

(7) $$\|\varphi\|_A \le \varepsilon \iff |\varphi(x)| \le \varepsilon.$$

8.1.8 보조정리 $A \subseteq \mathbb{R}$에서 유계인 함수열 (f_n)이 A에서 f로 균등수렴하기 위한 필요충분조건은 $\|f_n - f\|_A \to 0$이다.

증명 $(\Rightarrow)$ (f_n)이 A에서 f로 균등수렴하면, 정의 8.1.4에 의하여 임의의 $\varepsilon > 0$이 주어질 때 $n \ge K(\varepsilon)$이고 $x \in A$이면

$$|f_n(x) - f(x)| \le \varepsilon$$

이 되는 $K(\varepsilon)$이 존재한다. 상한의 정의로부터 $n \ge K(\varepsilon)$이면 언제나 $\|f_n - f\|_A \le \varepsilon$이다. $\varepsilon > 0$은 임의이므로 $\|f_n - f\|_A \to 0$이다.

$(\Leftarrow)$ $\|f_n - f\|_A \to 0$이면, 주어진 $\varepsilon > 0$에 대하여 $n \ge H(\varepsilon)$이면 $\|f_n - f\|_A \le \varepsilon$이 되는 자연수 $H(\varepsilon)$이 존재한다. (7)에 의하면 모든 $n \ge H(\varepsilon)$과 $x \in A$에 대하여 $|f_n(x) - f(x)| \le \varepsilon$이다. 따라서 (f_n)은 A에서 f로 균등수렴한다. Q.E.D.

유계함수열의 균등수렴성을 조사하는 도구로서 보조정리 8.1.8의 이용을 예증한다.

8.1.9 예 **(a)** 예 8.1.2(a)에 있는 함수열에 보조정리 8.1.8을 적용할 수 없다. 이유는 함수 $f_n(x) - f(x) = x/n$가 $\mathbb{R}$에서 유계가 아니기 때문이다.

예증하기 위하여 $A := [0, 1]$이라 하자. 비록 함수열 (x/n)가 $\mathbb{R}$에서 0-함수로 균등수렴하지 않지만 A에서 균등수렴함을 보일 것이다. 이를 보이기 위하여

$$\|f_n - f\|_A = \sup\{|x/n - 0| : 0 \le x \le 1\} = \frac{1}{n}$$

임을 관찰하면 $\|f_n - f\|_A \to 0$이다. 따라서 (f_n)은 A에서 f로 균등수렴한다.

(b) $x \in A := [0, 1]$와 $n \in \mathbb{N}$에 대하여 $g_n(x) := x^n$이라 하고, $0 \le x < 1$에 대하여 $g(x) := 0$이고 $g(1) := 1$이라 하자. 함수 $g_n(x) - g(x)$는 A에서 유계이고 임의의 $n \in \mathbb{N}$에 대하여

$$\|g_n - g\|_A = \sup\left\{\begin{matrix} 0 \le x < 1\text{에 대하여} & x^n \\ x = 1\text{에 대하여} & 0 \end{matrix}\right\} = 1$$

이다. $\|g_n - g\|_A$가 0으로 수렴하지 않으므로, 함수열 (g_n)은 A에서 g로 균등수렴하지 않는다.

(c) 보조정리 8.1.8을 예 8.1.2(c)에 있는 함수열에는 적용할 수 없다. 왜냐하면 함수 $h_n(x) - h(x) = x^2/n$이 $\mathbb{R}$에서 유계가 아니기 때문이다.

대신 $A := [0, 8]$이라 하고 다음을 살펴보자.

$$\|h_n - h\|_A = \sup\{x^2/n : 0 \le x \le 8\} = 64/n.$$

따라서 함수열 (h_n)은 A에서 h로 균등수렴한다.

(d) 예 8.1.2(d)에 의하면 (2)로부터 $\|F_n - F\|_{\mathbb{R}} \le 1/n$임을 알 수 있다. 따라서 (F_n)은 $\mathbb{R}$에서 F로 균등수렴한다.

(e) $x \in A := [0, 1]$에 대하여 $G_n(x) := x^n(1-x)$라 하자. 그러면 함수열 $(G_n(x))$는 각 $x \in A$에 대하여 $G(x) := 0$으로 수렴한다. A에서 $G_n - G = G_n$의 균등 norm을 계산하기 위하여 도함수를 구하고

$$G_n'(x) = x^{n-1}(n - (n+1)x) = 0$$

을 풀어서 점 $x_n := n/(n+1)$을 얻는다. 이는 [0, 1]의 내점이고, 1계도함수 판정법 6.2.8을 이용하여 [0, 1]에서 G_n의 최대값을 x_n에서 얻는다는 것을 쉽게 입증할 수 있다. 그러므로

$$\|G_n\|_A = G_n(x_n) = (1 + 1/n)^{-n} \cdot \frac{1}{n+1}$$

을 얻고 $(1/e) \cdot 0 = 0$으로 수렴한다. 따라서 이 함수열은 A에서 균등수렴한다. ■

균등 norm을 이용하여 때때로 유익한 균등수렴에 대한 필요충분조건을 얻을 수 있다.

8.1.10 균등수렴에 대한 Cauchy 판정법 (f_n)을 $A \subseteq \mathbb{R}$에서 유계인 함수열이라 하자. 그러면 이 함수열이 A에서 유계함수 f로 균등수렴하기 위한 필요충분조건은 각 $\varepsilon > 0$에 대하여 $m, n \ge H(\varepsilon)$이면 $\|f_m - f_n\|_A \le \varepsilon$이 되는 자연수 $H(\varepsilon)$이 존재하는 것이다.

증명 $(\Rightarrow)$ A에서 $f_n \rightrightarrows f$이면, 주어진 $\varepsilon > 0$에 대하여 $n \ge K(\frac{1}{2}\varepsilon)$일 때 $\|f_n - f\|_A \le \frac{1}{2}\varepsilon$이 되는 자연수 $K(\frac{1}{2}\varepsilon)$이 존재한다. 따라서 $m, n \ge K(\frac{1}{2}\varepsilon)$이면 모든 $x \in A$에 대하여

$$|f_m(x) - f_n(x)| \le |f_m(x) - f(x)| + |f_n(x) - f(x)| \le \tfrac{1}{2}\varepsilon + \tfrac{1}{2}\varepsilon = \varepsilon$$

을 얻는다. 그러므로 $m, n \ge K(\frac{1}{2}\varepsilon) =: H(\varepsilon)$에 대하여 $\|f_m - f_n\|_A \le \varepsilon$이다.

($\Leftarrow$) 역으로, $\varepsilon > 0$에 대하여 $m, n \ge H(\varepsilon)$이면 $\|f_m - f_n\|_A \le \varepsilon$이 되는 $H(\varepsilon)$이 존재한다. 그러므로 각 $x \in A$에 대하여 $m, n \ge H(\varepsilon)$이면 다음이 성립한다.

$$(8) \qquad |f_m(x) - f_n(x)| \le \|f_m - f_n\|_A \le \varepsilon.$$

$(f_n(x))$는 $\mathbb{R}$에서 Cauchy 수열이고, 따라서 정리 3.5.5에 의하여 이 수열은 수렴한다. $f : A \to \mathbb{R}$를 $x \in A$에 대하여 다음과 같이 정의한다.

$$f(x) := \lim(f_n(x)).$$

(8)에 $n \to \infty$를 취하면, 정리 3.2.6으로부터 각 $x \in A$에 대하여 $m \ge H(\varepsilon)$이면

$$|f_m(x) - f(x)| \le \varepsilon$$

이 된다. 따라서 함수열 (f_n)은 A에서 f로 균등수렴한다. Q.E.D.

연습문제 8.1

1. 모든 $x \in \mathbb{R}, x \ge 0$에 대하여 $\lim(x/(x+n)) = 0$임을 보여라.

2. 모든 $x \in \mathbb{R}$에 대하여 $\lim(nx/(1+n^2x^2)) = 0$임을 보여라.

3. $x \in \mathbb{R}, x \ge 0$에 대하여 $\lim(nx/(1+nx))$를 구하여라.

4. $x \in \mathbb{R}, x \ge 0$에 대하여 $\lim(x^n/(1+x^n))$을 구하여라.

5. $x \in \mathbb{R}, x \ge 0$에 대하여 $\lim((\sin nx)/(1+nx)$를 구하여라.

6. $x \in \mathbb{R}$에 대하여 $\lim(\operatorname{Arctan} nx) = (\pi/2)\operatorname{sgn}(x)$임을 보여라.

7. $x \in \mathbb{R}, x \ge 0$에 대하여 $\lim(e^{-nx})$을 구하여라.

8. $x \in \mathbb{R}, x \ge 0$에 대하여 $\lim(xe^{-nx}) = 0$임을 보여라.

9. $x \in \mathbb{R}, x \ge 0$에 대하여 $\lim(x^2e^{-nx}) = 0$과 $\lim(n^2x^2e^{-nx}) = 0$임을 보여라.

10. 모든 $x \in \mathbb{R}$에 대하여 $\lim((\cos \pi x)^{2n})$이 존재함을 보여라. 그 극한은 무엇인가?

11. $a > 0$이면, 문제 1에 있는 함수열이 구간 $[0, a]$에서 균등수렴하지만 구간 $[0, \infty)$에서는 균등수렴하지 않음을 보여라.

12. $a > 0$이면, 문제 2에 있는 함수열이 구간 $[a, \infty)$에서 균등수렴하지만 구간 $[0, \infty)$에서는 균등수렴하지 않음을 보여라.

13. $a > 0$이면, 문제 3에 있는 함수열이 구간 $[a, \infty)$에서 균등수렴하지만 구간 $[0, \infty)$에서는 균등수렴하지 않음을 보여라.

14. $0 < b < 1$이면, 문제 4에 있는 함수열이 구간 $[0, b]$에서 균등수렴하지만 구간 $[0, 1]$에서는 균등수렴하지 않음을 보여라.

15. $a > 0$이면, 문제 5에 있는 함수열이 구간 $[a, \infty)$에서 균등수렴하지만 구간 $[0, \infty)$에서 균등수렴하지 않음을 보여라.

16. $a > 0$이면, 문제 6에 있는 함수열이 구간 $[a, \infty)$에서 균등수렴하지만 구간 $[0, \infty)$에서 균등수렴하지 않음을 보여라.

17. $a > 0$이면, 문제 7에 있는 함수열이 구간 $[a, \infty)$에서 균등수렴하지만 구간 $[0, \infty)$에서 균등수렴하지 않음을 보여라.

18. 문제 8에 있는 함수열이 $[0, \infty)$에서 균등수렴함을 보여라.

19. 함수열 (x^2e^{-nx})이 $[0, \infty)$에서 균등수렴함을 보여라.

20. $a > 0$이면, 함수열 $(n^2x^2e^{-nx})$이 구간 $[a, \infty)$에서 균등수렴하지만 구간 $[0, \infty)$에서 균등수렴하지 않음을 보여라.

21. (f_n), (g_n)이 집합 A에서 각각 f, g로 균등수렴하면 $(f_n + g_n)$도 A에서 $f + g$로 균등수렴함을 보여라.

22. $x \in \mathbb{R}$에 대하여 $f_n(x) := x + 1/n$이고 $f(x) := x$이면, (f_n)은 $\mathbb{R}$에서 f로 균등수렴하지만 수열 (f_n^2)은 $\mathbb{R}$에서 균등수렴하지 않음을 보여라(따라서 균등수렴하는 함수열들의 곱은 균등수렴하지 않을 수도 있다).

23. (f_n), (g_n)을 A에서 각각 f, g로 균등수렴하는 A에서 정의되는 유계함수열이라 하자. (f_ng_n)이 A에서 fg로 균등수렴함을 보여라.

24. (f_n)을 A에서 f로 균등수렴하고 모든 $n \in \mathbb{N}$과 모든 $x \in A$에 대하여 $|f_n(x)| \leq M$을 만족하는 함수열이라 하자. g가 구간 $[-M, M]$에서 연속이면, 함수열 $(g \circ f_n)$이 A에서 $g \circ f$로 균등수렴함을 보여라.

8.2 극한의 교환

함수열의 극한이 연속함수인지, 미분가능함수인지 또는 Riemann 적분가능함수인지를 알아야 할 때가 종종 있다. 불행히도 함수열의 극한이 이런 유익한 성질들을 항상 갖는 것은 아니다.

8.2.1 예 **(a)** $x \in [0, 1]$와 $n \in \mathbb{N}$에 대하여 $g_n(x) := x^n$이라 하자. 그러면 예 8.1.2(b)에서 주목했던 것처럼 함수열 (g_n)은 다음 함수로 점별수렴한다.

$$g(x) := \begin{cases} 0 \le x < 1\text{에 대하여} & 0 \\ x = 1\text{에 대하여} & 1. \end{cases}$$

비록 모든 함수들 g_n은 $x = 1$에서 연속이지만 극한함수 g는 $x = 1$에서 연속이 아니다. 예 8.1.6(b)에서 이 수열이 $[0, 1]$에서 g로 균등수렴하지 않았음을 상기하라.

(b) (a)에 있는 함수들 $g_n(x) = x^n$의 각각은 $[0, 1]$에서 도함수를 갖는다. 그러나 극한함수 g는 $x = 1$에서 도함수를 갖지 않는다. 왜냐하면 이는 $x = 1$에서 연속이 아니기 때문이다.

(c) $n \ge 2$에 대하여 $f_n : [0, 1] \to \mathbb{R}$이 다음과 같이 정의된다고 하자(그림 8.2.1을 보라).

$$f_n(x) := \begin{cases} 0 \le x \le 1/n\text{에 대하여} & n^2 x \\ 1/n \le x \le 2/n\text{에 대하여} & -n^2(x - 2/n) \\ 2/n \le x \le 1\text{에 대하여} & 0. \end{cases}$$

함수들 f_n의 각각이 $[0, 1]$에서 연속임은 명백하고, 따라서 이들은 Riemann 적분가능하다. 직접 계산에 의하거나 면적으로서 적분의 의미에 의하여 $n \ge 2$이면 다음을 얻는다.

$$\int_0^1 f_n(x)\,dx = 1.$$

독자는 모든 $x \in [0, 1]$에 대하여 $f_n(x) \to 0$임을 보일 수 있을 것이고, 따라서 극한함수 f는 항등적으로 0이고 연속이며 (따라서 적분가능하고) $\int_0^1 f(x)\,dx = 0$

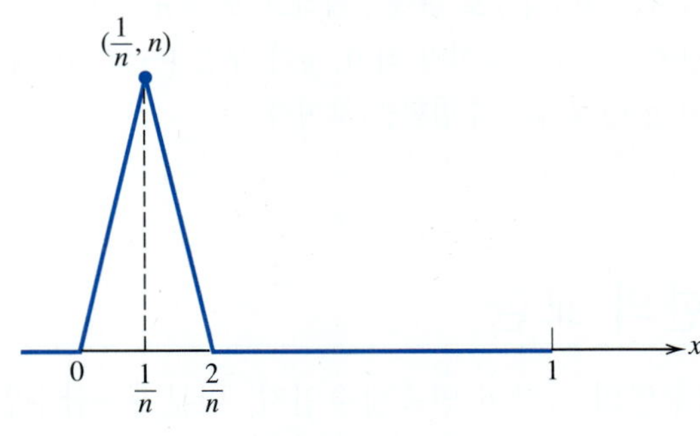

그림 8.2.1 예 8.2.1(c)

이다. 그러므로 다음과 같은 난처한 상황을 맞는다.

$$\int_0^1 f(x)\,dx = 0 \neq 1 = \lim \int_0^1 f_n(x)\,dx.$$

(d) (c)에 있는 함수 f_n이 "인위적"이라 생각되면 $x \in [0, 1]$와 $n \in \mathbb{N}$에 대하여 $h_n(x) := 2nxe^{-nx^2}$으로 정의되는 함수열 (h_n)을 고찰하는 것이 나을 것이다. $H_n(x) := -e^{-nx^2}$일 때 $h_n = H_n'$이므로, 정리 7.3.1에 의하여 다음을 얻는다.

$$\int_0^1 h_n(x)\,dx = H_n(1) - H_n(0) = 1 - e^{-n}.$$

모든 $x \in [0, 1]$에 대하여 $h(x) := \lim(h_n(x)) = 0$임을 보이는 것은 연습문제이고, 따라서 다음이 된다.

$$\int_0^1 h(x)\,dx \neq \lim \int_0^1 h_n(x)\,dx. \quad \blacksquare$$

비록 예 8.2.1(a)에 있는 극한함수에 대한 불연속성의 정도가 그렇게 대단하지는 않지만 보다 광범위하게 불연속을 만들어 내는 더 복잡한 예들을 설정할 수 있음은 자명하다. 어떤 경우든 수렴하는 연속[또는 미분가능, 적분가능]함수열의 극한이 연속이길[또는 미분가능하길, 적분가능하길] 기대하는 것은 포기하여야 한다.

이제 균등수렴이라는 추가적인 가정이 연속함수열의 극한이 연속임을 보장하기 위한 충분조건임을 보일 것이다. 유사한 결과를 미분가능함수열과 적분가능함수열에 대해서도 수립할 것이다.

극한과 연속성의 교환

8.2.2 정리 (f_n)을 집합 $A \subseteq \mathbb{R}$에서 연속인 함수열이라 하고 (f_n)이 A에서 함수 $f : A \to \mathbb{R}$로 균등수렴한다고 가정하자. 그러면 f는 A에서 연속이다.

증명 가정에 의하여 $\varepsilon > 0$이 주어지면, $n \geq H$일 때 모든 $x \in A$에 대하여 $|f_n(x) - f(x)| < \frac{1}{3}\varepsilon$이 되는 자연수 $H := H(\frac{1}{3}\varepsilon)$이 존재한다. $c \in A$를 임의의 점이라 하고 f가 c에서 연속임을 보일 것이다. 삼각부등식에 의하여 다음을 얻는다.

$$\begin{aligned} |f(x) - f(c)| &\leq |f(x) - f_H(x)| + |f_H(x) - f_H(c)| + |f_H(c) - f(c)| \\ &\leq \tfrac{1}{3}\varepsilon + |f_H(x) - f_H(c)| + \tfrac{1}{3}\varepsilon. \end{aligned}$$

f_H가 c에서 연속이므로, $|x - c| < \delta$이고 $x \in A$이면 $|f_H(x) - f_H(c)| < \frac{1}{3}\varepsilon$이 되는 수 $\delta := \delta(\frac{1}{3}\varepsilon, c, f_H) > 0$가 존재한다. 따라서 $|x - c| < \delta$이고 $x \in A$이면

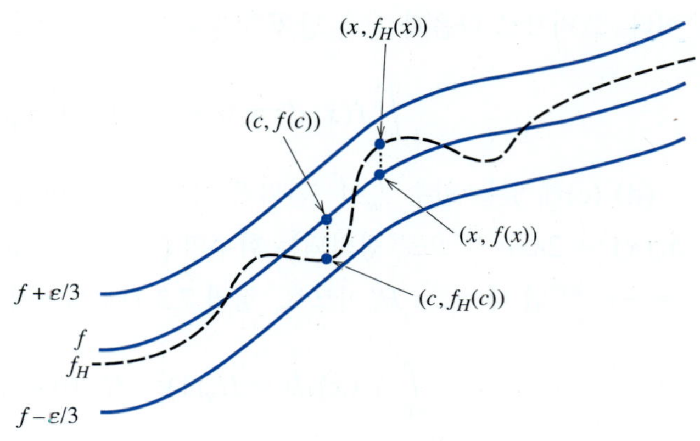

그림 8.2.2 $|f(x) - f(c)| < \varepsilon$

$|f(x) - f(c)| < \varepsilon$이다. $\varepsilon > 0$은 임의이므로, 임의의 점 $c \in A$에서 f의 연속성을 수립하였다(그림 8.2.2를 보라). Q.E.D.

참고 비록 연속함수열의 균등수렴이 극한함수의 연속성을 보장하기 위한 충분조건이지만 필요조건은 아니다(연습문제 2를 보라).

극한과 도함수의 교환

급수

$$f(x) := \sum_{k=0}^{\infty} 2^{-k} \cos(3^k x)$$

로 정의되는 함수는 $\mathbb{R}$의 모든 점에서 연속이지만 어느 점에서도 도함수를 갖지 않음을 Weierstrass가 보인 것에 대하여 6.1절에서 언급하였다. 이 급수의 부분합들을 고찰함으로써 모든 점에서 도함수를 갖고 f로 균등수렴하는 함수열 (f_n)을 얻는다. 따라서 비록 미분가능함수열 (f_n)이 균등수렴하지만 그의 극한함수가 미분가능한 것은 아니다(연습문제 9와 10을 보라).

이제 **도함수열** (f_n')이 균등수렴하면 (f_n)의 극한함수도 미분가능함을 보일 것이다. 도함수들이 연속이라는 조건을 추가하면 적분에 기초하여 간단히 증명할 수 있다(연습문제 11을 보라). 도함수들이 연속이라고 가정하지 않으면 다소 복잡한 논의가 필요하다.

8.2.3 정리 $J \subseteq \mathbb{R}$를 유계구간이라 하고 (f_n)을 J에서 $\mathbb{R}$로의 함수열이라 하자. $(f_n(x_0))$가 수렴하는 $x_0 \in J$가 존재하고, J에서 도함수열 (f_n')이 존재하여 J에서 함수 g로 균등

수렴한다고 가정하자.

그러면 함수열 (f_n)은 J의 모든 점에서 도함수를 갖고 J에서 $f' = g$인 함수 f로 균등수렴한다.

증명 $a < b$를 J의 끝점이라 하고 $x \in J$를 임의의 점이라 하자. $m, n \in \mathbb{N}$이면, 끝점이 x_0와 x인 구간에서 차 $f_m - f_n$에 평균값 정리 6.2.4를 적용한다. 그러면

$$f_m(x) - f_n(x) = f_m(x_0) - f_n(x_0) + (x - x_0)\{f_m'(y) - f_n'(y)\}$$

가 되는 (m, n에 종속되는) y가 존재한다. 따라서 다음을 얻는다.

$$(1) \qquad \|f_m - f_n\|_J \le |f_m(x_0) - f_n(x_0)| + (b - a)\|f_m' - f_n'\|_J.$$

정리 8.1.10으로부터 (1)과 $(f_n(x_0))$가 수렴하고 (f_n')이 J에서 균등수렴한다는 가정에 의하여 (f_n)이 J에서 균등수렴한다. 함수열 (f_n)의 극한을 f로 표기한다. 모든 f_n이 연속이고 (f_n)이 균등수렴하므로, 정리 8.2.2에 의하여 f는 J에서 연속이다.

점 $c \in J$에서 f의 도함수에 대한 존재성을 수립하기 위하여 끝점이 c와 x인 구간에서 $f_m - f_n$에 평균값 정리 6.2.4를 적용한다. 그러면

$$\{f_m(x) - f_n(x)\} - \{f_m(c) - f_n(c)\} = (x - c)\{f_m'(z) - f_n'(z)\}$$

가 되는 (m, n에 종속되는) 점 z가 존재한다. 따라서 $x \neq c$이면 다음을 얻는다.

$$\left|\frac{f_m(x) - f_m(c)}{x - c} - \frac{f_n(x) - f_n(c)}{x - c}\right| \le \|f_m' - f_n'\|_J.$$

(f_n')이 J에서 균등수렴하므로, $\varepsilon > 0$이 주어지면 $m, n \ge H(\varepsilon)$이고 $x \neq c$일 때

$$(2) \qquad \left|\frac{f_m(x) - f_m(c)}{x - c} - \frac{f_n(x) - f_n(c)}{x - c}\right| \le \varepsilon$$

이 되는 $H(\varepsilon)$이 존재한다. (2)에서 m에 관하여 극한을 취하고 정리 3.2.6을 응용하면 $x \neq c, n \ge H(\varepsilon)$일 때 다음을 얻는다.

$$\left|\frac{f(x) - f(c)}{x - c} - \frac{f_n(x) - f_n(c)}{x - c}\right| \le \varepsilon.$$

$g(c) = \lim(f_n'(c))$이므로, $n \ge N(\varepsilon)$이면 $|f_n'(c) - g(c)| < \varepsilon$이 되는 $N(\varepsilon)$이 존재한다. 이제 $K := \sup\{H(\varepsilon), N(\varepsilon)\}$이라 하자. $f_K'(c)$가 존재하므로, $0 < |x - c| < \delta_K(\varepsilon)$이면

$$\left|\frac{f_K(x)-f_K(c)}{x-c}-f'_K(c)\right|<\varepsilon$$

이 되는 $\delta_K(\varepsilon)>0$이 존재한다. 이 부등식들을 결합하여 $0<|x-c|<\delta_K(\varepsilon)$이면

$$\left|\frac{f(x)-f(c)}{x-c}-g(c)\right|<3\varepsilon$$

이라는 결론을 얻는다. $\varepsilon>0$은 임의이므로, 이것이 $f'(c)$가 존재하고 $g(c)$와 같음을 보여준다. $c\in J$가 임의이므로 J에서 $f'=g$이다. Q.E.D.

극한과 적분의 교환

예 8.2.1(c)에서 $\mathcal{R}[a,b]$에서의 함수열 (f_n)이 $[a,b]$에서 $\mathcal{R}[a,b]$의 함수 f로 수렴할 때 다음이 성립해야 할 필요는 없음을 이미 보였다.

$$\int_a^b f=\lim_{n\to\infty}\int_a^b f_n. \tag{3}$$

이제 함수열의 **균등수렴**이 식 (3)이 성립함을 보증하는 충분조건임을 보일 것이다.

8.2.4 정리 (f_n)을 $\mathcal{R}[a,b]$에서의 함수열이라 하고 (f_n)이 $[a,b]$에서 f로 **균등**수렴한다고 가정하자. 그러면 $f\in\mathcal{R}[a,b]$이고 (3)이 성립한다.

증명 Cauchy 판정법 8.1.10에 의하면, 주어진 $\varepsilon>0$에 대하여 $m>n\geq H(\varepsilon)$일 때 $x\in[a,b]$에 대하여

$$-\varepsilon\leq f_m(x)-f_n(x)\leq\varepsilon$$

이 되는 $H(\varepsilon)$이 존재한다. 정리 7.1.5에 의하여 다음이 성립한다.

$$-\varepsilon(b-a)\leq\int_a^b f_m-\int_a^b f_n\leq\varepsilon(b-a).$$

$\varepsilon>0$은 임의이므로 수열 $(\int_a^b f_m)$은 $\mathbb{R}$에서 Cauchy 수열이고, 따라서 $A\in\mathbb{R}$라는 어떤 수로 수렴한다.

이제 적분이 A인 $f\in\mathcal{R}[a,b]$임을 보일 것이다. $\varepsilon>0$이 주어지면, $K(\varepsilon)$을 $m>K(\varepsilon)$일 때 모든 $x\in[a,b]$에 대하여 $|f_m(x)-f(x)|<\varepsilon$이 되는 수라 하자. $\dot{\mathcal{P}}:=\{([x_{i-1},x_i],t_i)\}_{i=1}^n$가 $[a,b]$의 임의의 첨점분할이고 $m>K(\varepsilon)$이면 다음이 성립한다.

$$\begin{aligned}|S(f_m;\dot{\mathcal{P}}) - S(f;\dot{\mathcal{P}})| &= \left|\sum_{i=1}^{n}\{f_m(t_i) - f(t_i)\}(x_i - x_{i-1})\right| \\ &\le \sum_{i=1}^{n}|f_m(t_i) - f(t_i)|(x_i - x_{i-1}) \\ &\le \sum_{i=1}^{n}\varepsilon(x_i - x_{i-1}) = \varepsilon(b-a).\end{aligned}$$

이제 $|\int_a^b f_r - A| < \varepsilon$이 되는 $r \ge K(\varepsilon)$을 택하고 $\delta_{r,\varepsilon} > 0$이 $\|\dot{\mathcal{P}}\| < \delta_{r,\varepsilon}$이면 언제나 $|\int_a^b f_r - S(f_r;\dot{\mathcal{P}})| < \varepsilon$을 만족한다고 하자. 그러면 다음을 얻는다.

$$\begin{aligned}|S(f;\dot{\mathcal{P}}) - A| &\le |S(f;\dot{\mathcal{P}}) - S(f_r;\dot{\mathcal{P}})| + \left|S(f_r;\dot{\mathcal{P}}) - \int_a^b f_r\right| + \left|\int_a^b f_r - A\right| \\ &\le \varepsilon(b-a) + \varepsilon + \varepsilon = \varepsilon(b-a+2).\end{aligned}$$

그러나 $\varepsilon > 0$은 임의이므로 $f \in \mathcal{R}[a,b]$이고 $\int_a^b f = A$이다. Q.E.D.

균등수렴이라는 가정은 매우 강력하여 이 결과의 활용을 제한한다. 10.4절에서 광범위하게 영향을 미치는 정리 8.2.4를 일반화한 정리를 얻을 것이다. 현재로서는 균등수렴을 요구하지 않지만 극한함수가 Riemann 적분가능함을 요구하는 결과를 기술할 것이다. 증명은 생략한다.

8.2.5 유계수렴정리 $\mathcal{R}[a,b]$에서의 함수열 (f_n)이 $[a,b]$에서 함수 $f \in \mathcal{R}[a,b]$로 수렴한다고 하자. 또한 모든 $x \in [a,b]$와 $n \in \mathbb{N}$에 대하여 $|f_n(x)| \le B$가 되는 $B > 0$가 존재한다고 가정하자. 그러면 식 (3)이 성립한다.

Dini의 정리

수열이 단조일 때, 정리 8.2.2의 부분적 역을 제공하는 Ulisse Dini(1845–1918)에 의한 유명한 정리로 이 절을 마칠 것이다. 상수가 아닌 guage를 이용한 증명을 소개할 것이다(5.5절을 보라).

8.2.6 Dini의 정리 (f_n)이 $I := [a,b]$에서 연속인 단조함수열로서 I에서 연속함수 f로 수렴한다고 가정하자. 그러면 이 함수열은 균등수렴한다.

증명 함수열 (f_n)이 감소한다고 가정하고 $g_m := f_m - f$라 하자. 그러면 (g_m)은 I에서 0-함수로 수렴하는 감소하는 연속함수열이다. 이 수렴이 I에서 균등임을 보일 것이다.

주어진 $\varepsilon > 0$과 $t \in I$에 대하여 $0 \le g_{m_{\varepsilon,t}}(t) < \varepsilon/2$이 되는 $m_{\varepsilon,t} \in \mathbb{N}$가 존재한다. $g_{m_{\varepsilon,t}}$가 t에서 연속이므로, $|x - t| \le \delta_\varepsilon(t)$를 만족하는 모든 $x \in I$에 대하여 $0 \le g_{m_{\varepsilon,t}}(x) < \varepsilon$가 되는 $\delta_\varepsilon(t) > 0$가 존재한다. 따라서 δ_ε은 I에서 gauge이고, $\dot{\mathcal{P}} = \{(I_i, t_i)\}_{i=1}^n$가 δ_ε-미세 분할이면 $M_\varepsilon := \max\{m_{\varepsilon,t_1}, ..., m_{\varepsilon,t_n}\}$으로 놓는다. $m \ge M_\varepsilon$이고 $x \in I$이면 (보조정리 5.5.3에 의하여) $|x - t_i| \le \delta_\varepsilon(t_i)$인 첨수 i가 존재하고, 따라서 다음이 성립한다.

$$0 \le g_m(x) \le g_{m,t_i}(x) < \varepsilon.$$

그러므로 함수열 (g_m)은 0-함수로 균등수렴한다. Q.E.D.

연습문제에서 다음의 세 과정 중 어느 하나도 생략할 수 없음을 보일 것이다. (i) 함수들 f_n은 연속이다 (ii) 극한함수 f는 연속이다 (iii) I는 유계폐구간이다.

연습문제 8.2

1. 함수열 $((x^n/(1 + x^n))$의 극한함수가 $[0, 2]$에서 연속이 아님을 보임으로써 이 함수열이 $[0, 2]$에서 균등수렴하지 않음을 보여라.

2. 예 8.2.1(c)에 있는 함수열이 연속인 극한으로 수렴하나 균등수렴하지 않는 연속함수열의 한 예임을 증명하여라.

3. 각각이 $[0, 1]$의 모든 점에서 불연속이고 모든 점에서 연속인 함수로 균등수렴하는 $[0, 1]$에서 함수열의 예를 들어라.

4. (f_n)을 구간 I에서 함수 f로 균등수렴하는 연속인 함수열이라 가정하자. $(x_n) \subseteq I$이 $x_0 \in I$로 수렴하면 $\lim(f_n(x_n)) = f(x_0)$임을 보여라.

5. $f : \mathbb{R} \to \mathbb{R}$가 $\mathbb{R}$에서 균등연속이고 $x \in \mathbb{R}$에 대하여 $f_n(x) := f(x + 1/n)$이라 하자. (f_n)이 $\mathbb{R}$에서 f로 균등수렴함을 보여라.

6. $x \in [0, 1]$에 대하여 $f_n(x) := 1/(1 + x)^n$이라 하자. $[0, 1]$에서 함수열 (f_n)의 점별극한 f를 구하여라. (f_n)은 $[0, 1]$에서 f로 균등수렴하는가?

7. 각 f_n이 A에서 유계인 함수열 (f_n)이 집합 A에서 f로 균등수렴한다고 가정하자(즉 각 n에 대하여 $x \in A$이면 $|f_n(x)| \le M_n$이 되는 상수 M_n이 존재한다). 함수 f가 A에서 유계임을 보여라.

8. $x \in A := [0, \infty)$에 대하여 $f_n(x) := nx/(1 + nx^2)$라 하자. 각 f_n은 A에서 유계이지만 함수열의 점별극한 f는 A에서 유계가 아님을 보여라. (f_n)이 A에서 f로 균등수렴하는가?

9. $x \in [0, 1]$에 대하여 $f_n(x) := x^n/n$이라 하자. 미분가능함수열 (f_n)이 $[0, 1]$에서 미분가능함수 f로 균등수렴함을 보이고 함수열 (f_n')이 $[0, 1]$에서 함수 g로 수렴하지만 $g(1) \neq f'(1)$임을 보여라.

10. $x \geq 0$와 $n \in \mathbb{N}$에 대하여 $g_n(x) := e^{-nx}/n$이라 하자. $\lim(g_n)$과 $\lim(g_n')$ 사이의 관계를 조사하여라.

11. $I := [a, b]$라 하고 (f_n)을 I에서 f로 수렴하는 I에서 $\mathbb{R}$로의 함수열이라 하자. 각 도함수 f_n'이 I에서 연속이고 함수열 (f_n')이 I에서 g로 균등수렴한다고 가정하자. $f(x) - f(a) = \int_a^x g(t)\,dt$이고 모든 $x \in I$에 대하여 $f'(x) = g(x)$임을 증명하여라.

12. $\lim \int_1^2 e^{-nx^2}\,dx = 0$임을 보여라.

13. $a > 0$이면 $\lim \int_a^\pi (\sin nx)/(nx)\,dx = 0$임을 보여라. $a = 0$이면 어떻게 되나?

14. $x \in [0, 1]$에 대하여 $f_n(x) := nx/(1 + nx)$라 하자. (f_n)이 적분가능함수 f로 균등수렴하지 않음과 $\int_0^1 f(x)\,dx = \lim \int_0^1 f_n(x)\,dx$임을 보여라.

15. $x \in [0, 1]$와 $n \in \mathbb{N}$에 대하여 $g_n(x) := nx(1 - x)^n$이라 하자. (g_n)과 $(\int_0^1 g_n\,dx)$의 수렴에 대하여 논하라.

16. $\{r_1, r_2, \ldots, r_n, \ldots\}$을 $I := [0, 1]$에 있는 유리수의 나열이라 하고 $f_n : I \to \mathbb{R}$을 $x = r_1, \ldots, r_n$이면 1로, 그 외의 값이면 0으로 정의하자. 각 $n \in \mathbb{N}$에 대하여 f_n이 Riemann 적분가능함과 $f_1(x) \leq f_2(x) \leq \cdots \leq f_n(x) \leq \cdots$임을 보이고, 또 $f(x) := \lim(f_n(x))$가 Dirichlet 함수임을 보여라. 이는 $[0, 1]$에서 Riemann 적분가능하지 않다.

17. $x \in (0, 1/n)$에 대하여 $f_n(x) := 1$이고 $[0, 1]$의 다른 값에서 $f_n(x) := 0$이라 하자. (f_n)이 연속인 극한함수로 수렴은 하지만 $[0, 1]$에서 균등수렴하지 않는 감소하는 불연속함수열임을 보여라.

18. $x \in [0, 1]$와 $n \in \mathbb{N}$에 대하여 $f_n(x) := x^n$이라 하자. (f_n)이 연속이 아닌 함수로 수렴하지만 $[0, 1]$에서 균등수렴하지 않는 감소하는 연속함수열임을 보여라.

19. $x \in [0, \infty)$와 $n \in \mathbb{N}$에 대하여 $f_n(x) := x/n$라 하자. (f_n)이 연속인 극한함수로 수렴하지만 $[0, \infty)$에서 균등수렴하지 않는 감소하는 연속함수열임을 보여라.

20. $[0, 1)$에서 연속인 극한함수로 수렴하지만 균등수렴하지 않는 감소하는 연속함수열 (f_n)의 예를 들어라.

8.3 지수함수와 로그함수

이제 지수함수와 로그함수를 소개하고 이들에 대한 중요한 성질 몇 가지를 유도할 것이다. 이 책의 앞 절들에서는 예를 논할 목적으로 함수들을 대체로 잘 알고 있다고 가정하였다. 그러나 그들의 존재성을 수립하고 기본적인 성질들을 결정하기 위하여 확고한 토대 위에 이런 중요한 함수들을 올려놓는 것이 어떤 점에서는 필요하다. 여기서 그렇게 할 것이다. 이러한 목적을 달성하기 위하여 취할 수 있는 여러 가지 다른 접근방법들이 있다. 먼저 도함수를 자신으로 갖는 함수의 존재성을 증명하는 것으로 진행할 것이다. 이 기본적인 결과로부터 지수함수의 주된 성질들을 얻는다. 로그함수를 지수함수의 역함수로서 소개하고, 이 역의 관계를 로그함수의 성질들을 유도하는 데 이용한다.

지수함수

중요한 지수함수의 존재성을 수립하는 것으로 시작한다.

8.3.1 정리 다음을 만족하는 함수 $E : \mathbb{R} \to \mathbb{R}$가 존재한다.

(i) 모든 $x \in \mathbb{R}$에 대하여 $E'(x) = E(x)$이다.

(ii) $E(0) = 1$이다.

증명 연속함수열 (E_n)을 모든 $n \in \mathbb{N}$과 $x \in \mathbb{R}$에 대하여 다음과 같이 귀납적으로 정의한다.

(1) $$E_1(x) := 1 + x$$

(2) $$E_{n+1}(x) := 1 + \int_0^x E_n(t)\,dt.$$

명백히 E_1은 $\mathbb{R}$에서 연속이고, 따라서 임의의 유계구간에서 적분가능하다. 만일 E_n이 정의되어 있고 $\mathbb{R}$에서 연속이면 임의의 유계구간에서 적분가능하고, 따라서 위 식에 의하여 E_{n+1}이 잘 정의된다. 더욱이 기본정리 7.3.5(제2형식)에 의하여 E_{n+1}은 임의의 점 $x \in \mathbb{R}$에서 미분가능하고 $n \in \mathbb{N}$에 대하여 다음이 성립한다.

(3) $$E'_{n+1}(x) = E_n(x).$$

귀납법 논의로 $x \in \mathbb{R}$에 대하여 다음이 됨을 보일 수 있다(이는 독자에게 맡긴다).

(4) $$E_n(x) = 1 + \frac{x}{1!} + \frac{x^2}{2!} + \cdots + \frac{x^n}{n!}.$$

$A > 0$가 주어졌다고 하고, $|x| \le A$이고 $m > n > 2A$이면 다음을 얻는다.

(5) $$\begin{aligned} |E_m(x) - E_n(x)| &= \left| \frac{x^{n+1}}{(n+1)!} + \cdots + \frac{x^m}{m!} \right| \\ &\le \frac{A^{n+1}}{(n+1)!}\left[1 + \frac{A}{n} + \cdots + \left(\frac{A}{n}\right)^{m-n-1}\right] \\ &< \frac{A^{n+1}}{(n+1)!}2. \end{aligned}$$

$\lim(A^n/n!) = 0$이므로, $A > 0$가 임의의 수일 때 (E_n)은 구간 $[-A, A]$에서 균등수렴한다. 특히 이는 $(E_n(x))$가 각 $x \in \mathbb{R}$에 대하여 수렴함을 의미한다. $E : \mathbb{R} \to \mathbb{R}$를 $x \in \mathbb{R}$에 대하여 다음과 같이 정의한다.

$$E(x) := \lim E_n(x).$$

각 $x \in \mathbb{R}$는 어떤 구간 $[-A, A]$의 내부에 속하므로, 정리 8.2.2에 의하여 E는 x에서 연속이다. 더욱이 (1)과 (2)로부터 모든 $n \in \mathbb{N}$에 대하여 $E_n(0) = 1$임은 자명하다. 따라서 $E(0) = 1$이고 (ii)가 증명되었다.

임의의 구간 $[-A, A]$에서 함수열 (E_n)은 균등수렴한다. (3)에 의하여 도함수열 (E_n') 역시 균등수렴한다. 정리 8.2.3에 의하여 극한함수 E는 $[-A, A]$에서 미분가능하고 모든 $x \in [-A, A]$에 대하여 다음이 성립한다.

$$E'(x) = \lim(E_n'(x)) = \lim(E_{n-1}(x)) = E(x).$$

$A > 0$는 임의이므로 명제 (i)이 수립된다. Q.E.D.

8.3.2 따름정리 함수 E는 모든 계수들의 도함수를 가지며, 모든 $n \in \mathbb{N}$과 $x \in \mathbb{R}$에 대하여 $E^{(n)}(x) = E(x)$이다.

증명 $n = 1$이면, 명제는 단순히 성질 (i)이다. 임의의 $n \in \mathbb{N}$에 대해서는 귀납법에 의한다. Q.E.D.

8.3.3 따름정리 $x > 0$이면 $1 + x < E(x)$이다.

증명 $x > 0$이면, (4)로부터 함수열 $(E_n(x))$가 순증가하는 것이 자명하다. 따라서 모든 $x > 0$에 대하여 $E_1(x) < E(x)$이다. Q.E.D.

다음으로 정리 8.3.1에서 존재성이 수립된 함수 E가 유일함을 보인다.

8.3.4 정리 정리 8.3.1의 (i)과 (ii)를 만족하는 함수 $E : \mathbb{R} \to \mathbb{R}$는 유일하다.

증명 E_1과 E_2를 정리 8.3.1의 성질 (i)과 (ii)를 만족하는 $\mathbb{R}$에서 $\mathbb{R}$로의 함수라 하고 $F := E_1 - E_2$라 하자. 그러면 모든 $x \in \mathbb{R}$에 대하여

$$F'(x) = E_1'(x) - E_2'(x) = E_1(x) - E_2(x) = F(x)$$

이고

$$F(0) = E_1(0) - E_2(0) = 1 - 1 = 0$$

이다. (귀납법에 의하여) F는 모든 계수의 도함수를 가지며, 사실 $n \in \mathbb{N}$과 $x \in \mathbb{R}$에 대하여 $F^{(n)}(x) = F(x)$임은 자명하다.

$x \in \mathbb{R}$가 임의의 점이라 하고 I_x를 끝점이 $0, x$인 폐구간이라 하자. F가 I_x에서 연속이므로, 모든 $t \in I_x$에 대하여 $|F(t)| \le K$가 되는 $K > 0$가 존재한다. Taylor 정리 6.4.1을 구간 I_x에서 함수 F에 적용하고 모든 $k \in \mathbb{N}$에 대하여 $F^{(k)}(0) = F(0) = 0$이라는 사실을 이용하면, 각 $n \in \mathbb{N}$에 대하여

$$\begin{aligned} F(x) &= F(0) + \frac{F'(0)}{1!}x + \cdots + \frac{F^{(n-1)}(0)}{(n-1)!}x^{n-1} + \frac{F^{(n)}(c_n)}{n!}x^n \\ &= \frac{F(c_n)}{n!}x^n \end{aligned}$$

이 되는 $c_n \in I_x$이 존재한다. 따라서 모든 $n \in \mathbb{N}$에 대하여 다음을 얻는다.

$$|F(x)| \le \frac{K|x|^n}{n!}.$$

그러나 $\lim(|x|^n/n!) = 0$이므로 $F(x) = 0$이다. $x \in \mathbb{R}$는 임의이므로, 모든 $x \in \mathbb{R}$에 대하여 $E_1(x) - E_2(x) = F(x) = 0$임을 추론한다. Q.E.D.

(존재성과 유일성을 알고 있는) 함수 E에 대한 표준적인 용어 및 기호를 다음 정의에서 설정한다.

8.3.5 정의 모든 $x \in \mathbb{R}$에 대하여 $E'(x) = E(x)$이고 $E(0) = 1$인 유일한 함수 $E : \mathbb{R} \to \mathbb{R}$를 **지수함수**(exponential function)라 하고 수 $e := E(1)$를 **Euler의 수**(Euler's number)라 한다. $x \in \mathbb{R}$에 대하여 이것을 흔히 다음과 같이 쓴다.

$$\exp(x) := E(x), \quad e^x := E(x).$$

수 e를 여러 가지 다른 방법에 의한 극한으로서 얻을 수 있고, 이를 이용하여 e를 근사할 수 있다[연습문제 1과 10, 그리고 3.3.6을 보라].

다음 정리의 성질 (v)가 $E(x)$에 대한 기호 e^x의 사용을 정당화하는데, r이 유리수이면 $E(r)$과 e^r이 일치하는 것에 주목한다(유리수 거듭제곱을 5.6절에서 논하였다). 따라서 함수 E를 유리수에서 임의의 실수로 지수의 개념을 확장하는 것으로 볼 수 있다. $a > 0$와 임의의 $x \in \mathbb{R}$에 대한 a^x을 정의하려면 정의 8.3.10을 보라.

8.3.6 정리 지수함수는 다음 성질들을 만족한다.

(iii) 모든 $x \in \mathbb{R}$에 대하여 $E(x) \neq 0$이다.

(iv) 모든 $x, y \in \mathbb{R}$에 대하여 $E(x + y) = E(x)E(y)$이다.

(v) 모든 $r \in \mathbb{Q}$에 대하여 $E(r) = e^r$이다.

증명 (iii) $E(\alpha) = 0$을 만족하는 $\alpha \in \mathbb{R}$라 하고 J_α를 끝점이 $0, \alpha$인 폐구간이라 하자. 또 모든 $t \in J_\alpha$에 대하여 $K \geq |E(t)|$이라 하자. Taylor 정리 6.4.1에 의하면 각 $n \in \mathbb{N}$에 대하여

$$1 = E(0) = E(\alpha) + \frac{E'(\alpha)}{1!}(-\alpha) + \cdots + \frac{E^{(n-1)}(\alpha)}{(n-1)!}(-\alpha)^{n-1} + \frac{E^{(n)}(\alpha)}{(n)!}(-\alpha)^n = \frac{E(c_n)}{n!}(-\alpha)^n$$

이 되는 점 $c_n \in J_\alpha$이 존재한다. 따라서 $n \in \mathbb{N}$에 대하여 $0 < 1 \leq (K/n!)\,|\alpha|^n$을 얻는다. 그러나 $\lim(|\alpha|^n/n!) = 0$이므로 이는 모순이다.

(iv) y를 고정하자. (iii)에 의하여 $E(y) \neq 0$이다. $G : \mathbb{R} \to \mathbb{R}$를 $x \in \mathbb{R}$에 대하여 다음과 같이 정의하자.

$$G(x) := \frac{E(x+y)}{E(y)}.$$

명백히 모든 $x \in \mathbb{R}$에 대하여 $G'(x) = E'(x+y)/E(y) = E(x+y)/E(y) = G(x)$이고 $G(0) = E(0+y)/E(y) = 1$이다. 정리 8.3.4에서 증명한 E의 유일성에 의하면 모든 $x \in \mathbb{R}$에 대하여 $G(x) = E(x)$이다. 따라서 모든 $x \in \mathbb{R}$에 대하여 $E(x+y) = E(x)E(y)$이다. $y \in \mathbb{R}$는 임의이므로 (iv)를 얻는다.

(v) (iv)와 귀납법에 의하여 $n \in \mathbb{N}$이고 $x \in \mathbb{R}$이면

$$E(nx) = (E(x))^n$$

이 된다. $x = 1/n$이라 하면 이러한 관계에 의하여

$$e = E(1) = E\left(n \cdot \frac{1}{n}\right) = \left(E\left(\frac{1}{n}\right)\right)^n$$

이고, 따라서 $E(1/n) = e^{1/n}$이다. 또한 $m \in \mathbb{N}$에 대하여 $E(-m) = 1/E(m) = 1/e^m = e^{-m}$을 얻는다. 그러므로 $m \in \mathbb{Z}$, $n \in \mathbb{N}$이면

$$E(m/n) = (E(1/n))^m = (e^{1/n})^m = e^{m/n}$$

이다. 이것이 (v)를 수립한다. Q.E.D.

8.3.7 정리 지수함수 E는 $\mathbb{R}$에서 순증가하고 $\{y \in \mathbb{R} : y > 0\}$인 치역을 갖는다. 더구나

(vi) $\lim_{x \to -\infty} E(x) = 0$이고 $\lim_{x \to \infty} E(x) = \infty$이다.

증명 $E(0) = 1 > 0$이고 모든 $x \in \mathbb{R}$에 대하여 $E(x) \neq 0$임을 알고 있다. E가 $\mathbb{R}$에서 연속이므로, Bolzano의 중간값 정리 5.3.7에 의하면 모든 $x \in \mathbb{R}$에 대하여 $E(x) > 0$이 된다. 그러므로 $x \in \mathbb{R}$에 대하여 $E'(x) = E(x) > 0$이고, 따라서 E는 $\mathbb{R}$에서 순증가한다.

따름정리 8.3.3에 의하여 $2 < e$이고 $\lim_{x \to \infty} E(x) = \infty$이다. 또한 $z > 0$이면, $0 < E(-z) = 1/E(z)$이므로 $\lim_{x \to -\infty} E(x) = 0$이다. 따라서 중간값 정리 5.3.7에 의하여 $y > 0$인 모든 $y \in \mathbb{R}$가 E의 치역에 속한다. Q.E.D.

로그함수

지수함수 E가 정의역이 $\mathbb{R}$이고 치역이 $\{y \in \mathbb{R} : y > 0\}$인 순증가하는 미분가능함수임을 알았다(그림 8.3.1을 보라). 따라서 E는 역함수를 갖는다.

8.3.8 정의 $E : \mathbb{R} \to \mathbb{R}$의 역함수를 **로그**(logarithm(또는 **자연로그**(natural logarithm))라 한다(그림 8.3.2를 보라). 이를 L 또는 ln으로 표기할 것이다.

E와 L은 서로 역함수이므로, 모든 $x \in \mathbb{R}$에 대하여

$$(L \circ E)(x) = x$$

이고 모든 $y \in \mathbb{R}$, $y > 0$에 대하여

$$(E \circ L)(y) = y$$

이다. 또한 이 식들을 다음과 같이 쓸 수 있다.

$$\ln e^x = x, \quad e^{\ln y} = y.$$

8.3.9 정리 로그는 정의역이 $\{x \in \mathbb{R} : x > 0\}$이고 치역이 $\mathbb{R}$인 순증가함수 L이다. L의 도함

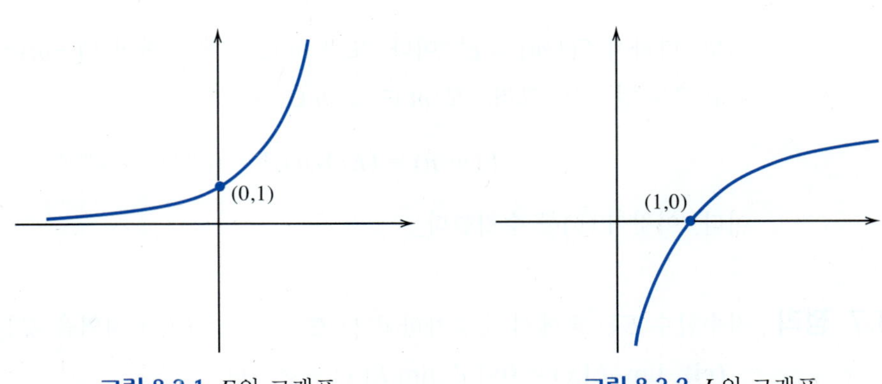

그림 8.3.1 E의 그래프

그림 8.3.2 L의 그래프

수는 다음과 같이 주어진다.

(vii) $x > 0$에 대하여 $L'(x) = 1/x$이다.

로그는 $x > 0$, $y > 0$에 대하여 다음 함수방정식을 만족한다.

(viii) $L(xy) = L(x) + L(y)$이다.

더욱이 다음이 성립한다.

(ix) $L(1) = 0$이고 $L(e) = 1$이다.

(x) $x > 0$와 $r \in \mathbb{Q}$에 대하여 $L(x^r) = rL(x)$이다.

(xi) $\lim_{x \to 0+} L(x) = -\infty$이고 $\lim_{x \to \infty} L(x) = \infty$이다.

증명 E가 정의역이 $\mathbb{R}$이고 치역이 $\{y \in \mathbb{R} : y > 0\}$인 순증가함수라는 사실에 의하여 L은 정의역이 $\{x \in \mathbb{R} : x > 0\}$이고 치역이 $\mathbb{R}$인 순증가함수이다.

(vii) $E'(x) = E(x) > 0$이므로, 정리 6.1.9에 의하여 L이 $(0, \infty)$에서 미분가능하고 $x \in (0, \infty)$에 대하여 다음과 같이 된다.

$$L'(x) = \frac{1}{(E' \circ L)(x)} = \frac{1}{(E \circ L)(x)} = \frac{1}{x}.$$

(viii) $x > 0$, $y > 0$이면 $u := L(x)$이고 $v := L(y)$라 하자. 그러면 $x = E(u)$이고 $y = E(v)$이다. 정리 8.3.6의 성질 (iv)에 의하여

$$xy = E(u)E(v) = E(u + v)$$

가 되고, 따라서 $L(xy) = (L \circ E)(u + v) = u + v = L(x) + L(y)$이다. 이것이 (viii)을 수립한다.

(ix)의 성질들은 $E(0) = 1$과 $E(1) = e$에 의한다.

(x) 이 결과는 (viii)과 $n \in \mathbb{N}$에 대한 수학적 귀납법에 의하여 당연한 것이고, 8.3.6(v)의 증명에 있는 것과 유사한 논의에 의하여 $r \in \mathbb{Q}$로 확장된다.

성질 (xi)을 수립하기 위하여 먼저 $2 < e$이므로 $\lim(e^n) = \infty$이고 $\lim(e^{-n}) = 0$임에 주목한다. $L(e^n) = n$이고 $L(e^{-n}) = -n$이므로, L이 순증가함수라는 사실에 의하여 다음을 얻는다.

$$\lim_{x \to \infty} L(x) = \lim L(e^n) = \infty, \quad \lim_{x \to 0+} L(x) = \lim L(e^{-n}) = -\infty. \qquad \text{Q.E.D.}$$

거듭제곱함수

정의 5.6.6에서 r이 유리수일 때 거듭제곱함수 $x \mapsto x^r$, $x > 0$을 논하였다. 지수

함수와 로그함수를 이용하여 거듭제곱함수의 개념을 유리수에서 임의의 실수 거듭제곱으로 확장할 수 있다.

8.3.10 정의 $\alpha \in \mathbb{R}$이고 $x > 0$이면 수 x^α을 다음과 같이 정의한다.

$$x^\alpha := e^{\alpha \ln x} = E(\alpha L(x)).$$

$x > 0$에 대한 함수 $x \mapsto x^\alpha$을 지수가 α인 **거듭제곱함수**(power function)라 한다.

주의 $x > 0$이고 $m \in \mathbb{Z}$, $n \in \mathbb{N}$일 때 $\alpha = m/n$이면 5.6절에서 $x^\alpha := (x^m)^{1/n}$로 정의하였다. 따라서 $\ln x^\alpha = \alpha \ln x$를 얻고 $x^\alpha = e^{\ln x^\alpha} = e^{\alpha \ln x}$이다. 그러므로 정의 8.3.10은 5.6절에서 얻은 정의와 일치한다.

이제 거듭제곱함수의 몇 가지 성질을 기술한다. 그들의 증명은 지수함수와 로그함수의 직접적인 결과들이고 독자에게 맡길 것이다.

8.3.11 정리 $\alpha \in \mathbb{R}$이고 x, y가 $(0, \infty)$에 속하면 다음이 성립한다.

(a) $1^\alpha = 1$ **(b)** $x^\alpha > 0$

(c) $(xy)^\alpha = x^\alpha y^\alpha$ **(d)** $(x/y)^\alpha = x^\alpha / y^\alpha$

8.3.12 정리 $\alpha, \beta \in \mathbb{R}$이고 $x \in (0, \infty)$이면 다음이 성립한다.

(a) $x^{\alpha+\beta} = x^\alpha x^\beta$ **(b)** $(x^\alpha)^\beta = x^{\alpha\beta} = (x^\beta)^\alpha$

(c) $x^{-\alpha} = 1/x^\alpha$ **(d)** $x^\alpha < x^\beta$ $(\alpha < \beta, x > 1)$

다음 결과는 거듭제곱함수의 미분가능성에 관한 것이다.

8.3.13 정리 $\alpha \in \mathbb{R}$라 하자. 그러면 $(0, \infty)$에서 $\mathbb{R}$로의 함수 $x \mapsto x^\alpha$은 연속이고 미분가능하며 $x \in (0, \infty)$에 대하여 다음이 된다.

$$Dx^\alpha = \alpha x^{\alpha-1}.$$

증명 연쇄법칙을 이용하면 $x \in (0, \infty)$에 대하여 다음을 얻는다.

$$\begin{aligned} Dx^\alpha &= De^{\alpha \ln x} = e^{\alpha \ln x} \cdot D(\alpha \ln x) \\ &= x^\alpha \cdot \frac{\alpha}{x} = \alpha x^{\alpha-1}. \end{aligned}$$

Q.E.D.

$\alpha > 0$이면 $(0, \infty)$에서 $\mathbb{R}$로의 거듭제곱함수 $x \mapsto x^\alpha$은 순증가하고 $\alpha < 0$이면 함수 $x \mapsto x^\alpha$이 순감소함을 연습문제에서 보일 것이다. ($\alpha = 0$이면 어떻게 되는가?)

$(0, \infty)$에서 $\mathbb{R}$로의 함수 $x \mapsto x^{\alpha}$의 그래프는 그림 5.6.8의 그래프와 비슷하다.

함수 $\log_a$

$a > 0$, $a \neq 1$일 때 함수 $\log_a$를 정의해 두는 것이 때로는 유익하다.

8.3.14 정의 $a > 0$, $a \neq 1$이라 하자. $x \in (0, \infty)$에 대하여 다음과 같이 정의한다.

$$\log_a(x) := \frac{\ln x}{\ln a}.$$

$x \in (0, \infty)$에 대하여 수 $\log_a(x)$를 **밑이 a인 x의 로그**(logarithm of x to the base a)라 한다. $a = e$인 경우는 정의 8.3.8의 로그(또는 자연로그)함수가 된다. $a = 10$인 경우는 계산에서 자주 사용되는 밑이 10인 로그(또는 상용로그)함수 $\log_{10}$이다. 함수 $\log_a$에 관한 성질들은 연습문제에 있다.

연습문제 8.3

1. $x > 0$이고 $n > 2x$이면 다음을 보여라.

$$\left| e^x - \left(1 + \frac{x}{1} + \cdots + \frac{x^n}{n!}\right) \right| < \frac{2x^{n+1}}{(n+1)!}.$$

이 식을 이용하여 $2\frac{2}{3} < e < 2\frac{3}{4}$임을 보여라. 따라서 e는 정수가 아니다.

2. e를 소수 다섯 자리까지 정확히 계산하여라.

3. $0 \leq x \leq a$이고 $n \in \mathbb{N}$이면 다음을 보여라.

$$1 + \frac{x}{1!} + \cdots + \frac{x^n}{n!} \leq e^x \leq 1 + \frac{x}{1!} + \cdots + \frac{x^{n-1}}{(n-1)!} + \frac{e^a x^n}{n!}.$$

4. $n \geq 2$이면 다음을 보여라.

$$0 < en! - \left(1 + 1 + \frac{1}{2!} + \cdots + \frac{1}{n!}\right)n! < \frac{e}{n+1} < 1.$$

이 부등식을 이용하여 e가 유리수가 아님을 증명하여라.

5. $x \geq 0$이고 $n \in \mathbb{N}$이면 다음을 보여라.

$$\frac{1}{x+1} = 1 - x + x^2 - x^3 + \cdots + (-x)^{n-1} + \frac{(-x)^n}{1+x}.$$

이를 이용하여

$$\ln(x+1) = x - \frac{x^2}{2} + \frac{x^3}{3} - \cdots + (-1)^{n-1}\frac{x^n}{n} + \int_0^x \frac{(-t)^n}{1+t}\,dt$$

이고

$$\left|\ln(x+1) - \left(x - \frac{x^2}{2} + \frac{x^3}{3} - \cdots + (-1)^{n-1}\frac{x^n}{n}\right)\right| \le \frac{x^{n+1}}{n+1}$$

임을 보여라.

6. 앞 문제의 공식을 이용하여 $\ln 1.1$과 $\ln 1.4$를 소수 네 자리까지 정확히 계산하여라. $\ln 2$를 소수 네 자리까지 정확히 계산하기 위하여 얼마나 큰 n을 선택해야 하는가?

7. $\ln(e/2) = 1 - \ln 2$임을 보여라. 이 결과를 이용하여 $\ln 2$를 소수 네 자리까지 정확히 계산하여라.

8. $f : \mathbb{R} \to \mathbb{R}$가 모든 $x \in \mathbb{R}$에 대하여 $f'(x) = f(x)$라 하자. 모든 $x \in \mathbb{R}$에 대하여 $f(x) = Ke^x$이 되는 $K \in \mathbb{R}$가 존재함을 보여라.

9. $k = 1, ..., n$에 대하여 $a_k > 0$이라 하고 $A := (a_1 + \cdots + a_n)/n$을 이 수들의 산술평균이라 하자. 각 k에 대하여 부등식 $1 + x \le e^x$에서 $x_k := a_k/A - 1$로 놓아라. 이렇게 한 항들을 곱하여 다음의 산술-기하평균 부등식을 증명하여라.

$$(a_1 \cdots a_n)^{1/n} \le \frac{1}{n}(a_1 + \cdots + a_n). \tag{6}$$

또 (6)의 등식이 성립하기 위한 필요충분조건이 $a_1 = a_2 = \cdots = a_n$임을 보여라.

10. 수열 $(1 + 1/n)$과 $e = \lim((1 + 1/n)^n)$인 사실을 이용하여 $L'(1)$을 구하여라.

11. 정리 8.3.11에 있는 주장들을 확증하여라.

12. 정리 8.3.12에 있는 주장들을 확증하여라.

13. (a) $\alpha > 0$이면, $(0, \infty)$에서 $\mathbb{R}$로의 함수 $x \mapsto x^\alpha$이 순증가하는 것과 $\lim_{x \to 0+} x^\alpha = 0$이고 $\lim_{x \to \infty} x^\alpha = \infty$임을 보여라.

(b) $\alpha < 0$이면, $(0, \infty)$에서 $\mathbb{R}$로의 함수 $x \mapsto x^\alpha$이 순증가하는 것과 $\lim_{x \to 0+} x^\alpha = \infty$이고 $\lim_{x \to \infty} x^\alpha = 0$임을 보여라.

14. $a > 0$이고 $a \ne 1$이면, 모든 $x \in (0, \infty)$에 대하여 $a^{\log_a x} = x$이고 모든 $y \in \mathbb{R}$에 대하여 $\log_a(a^y) = y$임을 증명하여라. 따라서 $(0, \infty)$에서 $\mathbb{R}$로의 함수 $x \mapsto \log_a x$는 $\mathbb{R}$에서 함수 $y \mapsto a^y$의 역함수이다.

15. $a > 0$이고 $a \ne 1$이면, 함수 $x \mapsto \log_a x$는 $(0, \infty)$에서 미분가능함과 $x \in (0, \infty)$에 대하여 $D \log_a x = 1/(x \ln a)$임을 보여라.

16. $a > 0$, $a \ne 1$이고 x와 y가 $(0, \infty)$에 속하면 $\log_a(xy) = \log_a x + \log_a y$임을 증명하여라.

17. $a > 0$, $a \ne 1$이고 $b > 0$, $b \ne 1$이면 $x \in (0, \infty)$에 대하여 다음이 성립함을 보여라.

$$\log_a x = \left(\frac{\ln b}{\ln a}\right) \log_b x.$$

특히 $x \in (0, \infty)$에 대하여 $\log_{10} x = (\ln e / \ln 10) \ln x = (\log_{10} e) \ln x$임을 보여라.

8.4 삼각함수

지수함수와 로그함수에 더하여 "삼각함수"로 알려진 또 다른 매우 중요한 초월 함수족이 있다. 이들은 sine, cosine, tangent, cotangent, secant, 그리고 cosecant 함수이다. 초등과정에서 보통 그들을 삼각형이나 단위원에 의한 기하학적 기초 위에서 소개하였다. 이 절에서는 삼각함수를 해석학적 방법으로 소개한 후, 그들의 기본성질 몇 개를 수립한다. 특히 이 책의 앞 일부에서 예들로 이용한 삼각함수의 다양한 성질들을 이 절에서 정밀하게 유도할 것이다.

sine과 cosine 함수만 다루면 충분하다. 왜냐하면 다른 네 개의 삼각함수는 이 두 가지에 의하여 정의되기 때문이다. sine과 cosine에 대한 접근은 미분성질들을 만족하는 함수의 존재성을 먼저 수립한 지수함수의 접근과 유사하다.

8.4.1 정리 다음을 만족하는 함수들 $C : \mathbb{R} \to \mathbb{R}$와 $S : \mathbb{R} \to \mathbb{R}$가 존재한다.

(i) 모든 $x \in \mathbb{R}$에 대하여 $C''(x) = -C(x)$이고 $S''(x) = -S(x)$이다.

(ii) $C(0) = 1$, $C'(0) = 0$이고 $S(0) = 0$, $S'(0) = 1$이다.

증명 연속함수열 (C_n)과 (S_n)을 모든 $n \in \mathbb{N}$과 $x \in \mathbb{R}$에 대하여 귀납적으로 다음과 같이 정의한다.

$$C_1(x) := 1, \quad S_1(x) := x \tag{1}$$

$$S_n(x) := \int_0^x C_n(t)\, dt \tag{2}$$

$$C_{n+1}(x) := 1 - \int_0^x S_n(t)\, dt. \tag{3}$$

귀납법에 의하여 함수 C_n과 S_n은 $\mathbb{R}$에서 연속이고, 따라서 이들은 임의의 유계 구간에서 적분가능하므로 위 식에 의하여 잘 정의된다. 더욱이 기본정리 7.3.5에 의하여 S_n과 C_{n+1}은 모든 점에서 미분가능하고 $n \in \mathbb{N}$과 $x \in \mathbb{R}$에 대하여 다음이 성립한다.

$$S_n'(x) = C_n(x), \quad C_{n+1}'(x) = -S_n(x). \tag{4}$$

귀납법 논의에 의하여 다음을 보일 수 있다(이는 독자에게 맡긴다).

$$C_{n+1}(x) = 1 - \frac{x^2}{2!} + \frac{x^4}{4!} - \cdots + (-1)^n \frac{x^{2n}}{(2n)!}$$
$$S_{n+1}(x) = x - \frac{x^3}{3!} + \frac{x^5}{5!} - \cdots + (-1)^n \frac{x^{2n+1}}{(2n+1)!}.$$

$A > 0$가 주어졌다고 하자. 따라서 $|x| \le A$이고 $m > n > 2A$이면 ($A/2n < 1/4$이므로) 다음을 얻는다.

$$(5) \qquad |C_m(x) - C_n(x)| = \left|\frac{x^{2n}}{(2n)!} - \frac{x^{2n+2}}{(2n+2)!} + \cdots \pm \frac{x^{2m-2}}{(2m-2)!}\right|$$
$$\le \frac{A^{2n}}{(2n)!}\left[1 + \left(\frac{A}{2n}\right)^2 + \cdots + \left(\frac{A}{2n}\right)^{2m-2n-2}\right]$$
$$< \frac{A^{2n}}{(2n)!}\left(\frac{16}{15}\right).$$

$\lim(A^{2n}/(2n)!) = 0$이므로, 함수열 (C_n)은 임의의 $A > 0$에 대한 구간 $[-A, A]$에서 균등수렴한다. 특히 이것은 $(C_n(x))$가 각 $x \in \mathbb{R}$에 대하여 수렴함을 뜻한다. $C : \mathbb{R} \to \mathbb{R}$를 $x \in \mathbb{R}$에 대하여 다음과 같이 정의한다.

$$C(x) := \lim C_n(x).$$

정리 8.2.2에 의하여 C는 $\mathbb{R}$에서 연속이고, 모든 $n \in \mathbb{N}$에 대하여 $C_n(0) = 1$이므로 $C(0) = 1$이다.

$|x| \le A$이고 $m \ge n > 2A$이면 (2)에 의하여 다음이 된다.

$$S_m(x) - S_n(x) = \int_0^x \{C_m(t) - C_n(t)\}\, dt.$$

(5)와 따름정리 7.3.15를 이용하면

$$|S_m(x) - S_n(x)| \le \frac{A^{2n}}{(2n)!}\left(\frac{16}{15}A\right)$$

를 얻고, 따라서 함수열 (S_n)은 $[-A, A]$에서 균등수렴한다. $S : \mathbb{R} \to \mathbb{R}$를 $x \in \mathbb{R}$에 대하여 다음과 같이 정의하자.

$$S(x) := \lim S_n(x).$$

정리 8.2.2에 의하여 S는 $\mathbb{R}$에서 연속이고, 모든 $n \in \mathbb{N}$에 대하여 $S_n(0) = 0$이므로 $S(0) = 0$이다.

$n > 1$에 대하여 $C_n'(x) = -S_{n-1}(x)$이므로, 위로부터 함수열 (C_n')이 $[-A, A]$에서 균등수렴한다. 따라서 정리 8.2.3에 의하여 극한함수 C는 $[-A, A]$에서 미분가능하고 $x \in [-A, A]$에 대하여

$$C'(x) = \lim C_n'(x) = \lim(-S_{n-1}(x)) = -S(x)$$

가 된다. $A > 0$는 임의이므로 $x \in \mathbb{R}$에 대하여 다음을 얻는다.

$$(6) \qquad C'(x) = -S(x).$$

$S_n'(x) = C_n(x)$라는 사실에 기초한 유사한 논의로 S는 $\mathbb{R}$에서 미분가능하고 모든 $x \in \mathbb{R}$에 대하여

$$(7) \qquad S'(x) = C(x)$$

이다. (6)과 (7)에 의하면 모든 $x \in \mathbb{R}$에 대하여

$$C''(x) = -(S(x))' = -C(x) \quad \text{이고} \quad S''(x) = (C(x))' = -S(x)$$

이다. 더욱이

$$C'(0) = -S(0) = 0, \quad S'(0) = C(0) = 1$$

을 얻는다. 따라서 명제 (i)과 (ii)가 증명되었다. Q.E.D.

8.4.2 따름정리 C, S가 정리 8.4.1의 함수이면,

(iii) $x \in \mathbb{R}$에 대하여 $C'(x) = -S(x)$이고 $S'(x) = C(x)$이다.

더욱이 이 함수들은 모든 계수의 도함수를 갖는다.

증명 공식 (iii)을 (6)과 (7)에서 설정하였다. 고계도함수의 존재성은 귀납법에 의한다. Q.E.D.

8.4.3 따름정리 함수 C와 S는 다음의 Pythagoras 항등식을 만족한다.

(iv) $x \in \mathbb{R}$에 대하여 $(C(x))^2 + (S(x))^2 = 1$이다.

증명 $x \in \mathbb{R}$에 대하여 $f(x) := (C(x))^2 + (S(x))^2$이라 하면 $x \in \mathbb{R}$에 대하여

$$f'(x) = 2C(x)(-S(x)) + 2S(x)(C(x)) = 0$$

이다. 따라서 $f(x)$는 모든 $x \in \mathbb{R}$에 대하여 상수이다. 그러나 $f(0) = 1 + 0 = 1$이므로 모든 $x \in \mathbb{R}$에 대하여 $f(x) = 1$이다. Q.E.D.

다음으로 함수 C와 S의 유일성을 수립한다.

8.4.4 정리 정리 8.4.1의 성질 (i)과 (ii)를 만족하는 함수 C와 S는 유일하다.

증명 C_1과 C_2를 모든 $x \in \mathbb{R}$와 $j = 1, 2$에 대하여 $C_j''(x) = -C_j(x)$, $C_j(0) = 1$, 그리고

$C_j'(0) = 0$을 만족하는 $\mathbb{R}$에서 $\mathbb{R}$로의 함수라 하자. $D := C_1 - C_2$라 하면 $x \in \mathbb{R}$에 대하여 $D''(x) = -D(x)$이고 $D(0) = 0$이며, 모든 $k \in \mathbb{N}$에 대하여 $D^{(k)}(0) = 0$이다.

이제 $x \in \mathbb{R}$가 임의이고 I_x를 끝점이 0, x인 구간이라 하자. $D = C_1 - C_2$와 $T := S_1 - S_2 = C_2' - C_1'$이 I_x에서 연속이므로, 모든 $t \in I_x$에 대하여 $|D(t)| \le K$이고 $|T(t)| \le K$인 $K > 0$가 존재한다. Taylor 정리 6.4.1을 I_x에서 D에 적용하고 $k \in \mathbb{N}$에 대하여 $D(0) = 0$, $D^{(k)}(0) = 0$인 사실을 이용하면, 각 $n \in \mathbb{N}$에 대하여

$$\begin{aligned} D(x) &= D(0) + \frac{D'(0)}{1!}x + \cdots + \frac{D^{(n-1)}(0)}{(n-1)!}x^{n-1} + \frac{D^{(n)}(c_n)}{n!}x^n \\ &= \frac{D^{(n)}(c_n)}{n!}x^n \end{aligned}$$

이 되는 $c_n \in I_x$이 존재한다. 이제 $D^{(n)}(c_n) = \pm D(c_n)$이거나 $D^{(n)}(c_n) = \pm T(c_n)$이다. 어느 경우든 다음을 얻는다.

$$|D(x)| \le \frac{K|x|^n}{n!}.$$

그러나 $\lim(|x|^n/n!) = 0$이므로 $D(x) = 0$이다. $x \in \mathbb{R}$는 임의이므로, 모든 $x \in \mathbb{R}$에 대하여 $C_1(x) - C_2(x) = 0$이다.

유사한 논의로 S_1과 S_2가 모든 $x \in \mathbb{R}$와 $j = 1, 2$에 대하여 $S_j''(x) = -S_j(x)$이고 $S_j(0) = 0$, $S_j'(0) = 1$이 되는 $\mathbb{R}$에서 $\mathbb{R}$로의 두 함수이면, 모든 $x \in \mathbb{R}$에 대하여 $S_1(x) = S_2(x)$임을 보일 수 있다. Q.E.D.

함수 C와 S에 대한 존재성과 유일성이 수립되었으므로 이제 이들 함수에 잘 알고 있는 이름을 부여할 것이다.

8.4.5 정의 모든 $x \in \mathbb{R}$에 대하여 $C''(x) = -C(x)$이고 $S''(x) = -S(x)$이며, $C(0) = 1$, $C'(0) = 0$, $S(0) = 0$, $S'(0) = 1$을 만족하는 유일한 함수 $C : \mathbb{R} \to \mathbb{R}$와 $S : \mathbb{R} \to \mathbb{R}$를 각각 **cosine 함수**(cosine function)와 **sine 함수**(sine function)라 한다. 보통 $x \in \mathbb{R}$에 대하여 다음과 같이 쓴다.

$$\cos x := C(x), \quad \sin x := S(x).$$

정리 8.4.1의 (i)에 있는 미분성질 그 자체로서 유일하게 결정되는 함수를 끌어내지 못한다. 다음 관계를 얻는다.

8.4.6 정리 $f : \mathbb{R} \to \mathbb{R}$가 $x \in \mathbb{R}$에 대하여

$$f''(x) = -f(x)$$

인 함수이면, $x \in \mathbb{R}$에 대하여

$$f(x) = \alpha C(x) + \beta S(x)$$

를 만족하는 실수 α, β가 존재한다.

증명 $x \in \mathbb{R}$에 대하여 $g(x) := f(0)C(x) + f'(0)S(x)$라 하자. $g''(x) = -g(x)$와 $g(0) = f(0)$임을 쉽게 보일 수 있고,

$$g'(x) = -f(0)S(x) + f'(0)C(x)$$

이므로 $g'(0) = f'(0)$이다. 따라서 함수 $h := f - g$는 모든 $x \in \mathbb{R}$에 대하여 $h''(x) = -h(x)$이고 $h(0) = 0$, $h'(0) = 0$이다. 그러므로 앞 정리의 증명에 의하면 모든 $x \in \mathbb{R}$에 대하여 $h(x) = 0$이다. 따라서 모든 $x \in \mathbb{R}$에 대하여 $f(x) = g(x)$이다. Q.E.D.

이제 cosine과 sine 함수의 몇 가지 기본성질을 유도할 것이다.

8.4.7 정리 다음과 같은 의미로 함수 C는 우함수이고 S는 기함수이다.

(v) $x \in \mathbb{R}$에 대하여 $C(-x) = C(x)$이고 $S(-x) = -S(x)$이다.

$x, y \in \mathbb{R}$이면 다음과 같은 "덧셈공식"을 얻는다.

(vi) $C(x+y) = C(x)C(y) - S(x)S(y)$, $S(x+y) = S(x)C(y) + C(x)S(y)$

증명 (v) $x \in \mathbb{R}$에 대하여 $\varphi(x) := C(-x)$이면 $x \in \mathbb{R}$에 대하여 $\varphi''(x) = -\varphi(x)$임을 계산에 의하여 보일 수 있다. 더욱이 $\varphi(0) = 1$이고 $\varphi'(0) = 0$이 되어 $\varphi = C$이다. 따라서 모든 $x \in \mathbb{R}$에 대하여 $C(-x) = C(x)$이다. 유사한 방법으로 모든 $x \in \mathbb{R}$에 대하여 $S(-x) = -S(x)$임을 보일 수 있다.

(vi) $y \in \mathbb{R}$를 주고 $x \in \mathbb{R}$에 대하여 $f(x) := C(x+y)$라 하자. 계산하면 $x \in \mathbb{R}$에 대하여 $f''(x) = -f(x)$이다. 따라서 정리 8.4.6에 의하면 $x \in \mathbb{R}$에 대하여

$$f(x) = C(x+y) = \alpha C(x) + \beta S(x)$$

이고

$$f'(x) = -S(x+y) = -\alpha S(x) + \beta C(x)$$

가 되는 실수 α, β가 존재한다. $x = 0$이라 하면 $C(y) = \alpha$와 $-S(y) = \beta$를 얻고, 따라서 (vi)의 첫 번째 식이 된다. 두 번째 식도 유사하게 증명할 수 있다. Q.E.D.

다음 부등식들을 앞에서 이미 (예를 들면, 4.2.8에서) 사용하였다.

8.4.8 정리 $x \in \mathbb{R}$이고 $x \geq 0$이면 다음을 얻는다.

(vii) $-x \leq S(x) \leq x$ **(viii)** $1 - \frac{1}{2}x^2 \leq C(x) \leq 1$

(ix) $x - \frac{1}{6}x^3 \leq S(x) \leq x$ **(x)** $1 - \frac{1}{2}x^2 \leq C(x) \leq 1 - \frac{1}{2}x^2 + \frac{1}{24}x^4$

증명 따름정리 8.4.3에 의하면 $t \in \mathbb{R}$에 대하여 $-1 \leq C(t) \leq 1$이고, 따라서 $x \geq 0$이면

$$-x \leq \int_0^x C(t)\,dt \leq x$$

이므로 (vii)을 얻는다. (vii)을 적분하면

$$-\frac{1}{2}x^2 \leq \int_0^x S(t)\,dt \leq \frac{1}{2}x^2$$

을 얻고, 따라서 다음을 얻는다.

$$-\frac{1}{2}x^2 \leq -C(x) + 1 \leq \frac{1}{2}x^2.$$

그러면 $1 - \frac{1}{2}x^2 \leq C(x)$이고 (viii)이 된다.

부등식 (ix)는 (viii)을 적분하면 되고 (x)은 (ix)를 적분하면 된다. Q.E.D.

수 π를 다음 보조정리를 통하여 얻는다.

8.4.9 보조정리 구간 $(\sqrt{2}, \sqrt{3})$에서 cosine 함수의 근 γ가 존재한다. 더욱이 $x \in [0, \gamma)$에 대하여 $C(x) > 0$이다. 수 2γ는 S의 최소 양근이다.

증명 정리 8.4.8의 부등식 (x)에 의하여 C는 $x^2 - 2 = 0$의 양근 $\sqrt{2}$와 $x^4 - 12x^2 + 24 = 0$의 최소 양근 사이에서 한 근을 갖는데, $\sqrt{6-2\sqrt{3}} < \sqrt{3}$이다. γ를 C의 그러한 최소근이라 하자.

(vi)의 두 번째 식에서 $x = y$라 하면 $S(2x) = 2S(x)C(x)$가 된다. 이 관계에 의하여 $S(2\gamma) = 0$이고, 따라서 2γ는 S의 양근이다. 동일한 관계에 의하여 $2\delta > 0$가 S의 최소 양근이면 $C(\delta) = 0$이고, γ는 C의 최소 양근이므로 $\delta = \gamma$이다. Q.E.D.

8.4.10 정의 $\pi := 2\gamma$를 S의 최소 양근으로 표기하자.

주의 부등식 $\sqrt{2} < \gamma < \sqrt{6-2\sqrt{3}}$에 의하여 $2.828 < \pi < 3.185$이다.

8.4.11 정리 함수 C와 S는 다음과 같은 의미로 주기 2π를 갖는다.

(xi) $x \in \mathbb{R}$에 대하여 $C(x + 2\pi) = C(x)$이고 $S(x + 2\pi) = S(x)$이다.

더욱이 모든 $x \in \mathbb{R}$에 대하여 다음을 얻는다.

(xii) $S(x) = C(\frac{1}{2}\pi - x) = -C(x + \frac{1}{2}\pi)$, $C(x) = S(\frac{1}{2}\pi - x) = S(x + \frac{1}{2}\pi)$

증명 (xi) $S(2x) = 2S(x)C(x)$이고 $S(\pi) = 0$이므로 $S(2\pi) = 0$이다. 더구나 (vi)에서 $x = y$이면 $C(2x) = (C(x))^2 - (S(x))^2$을 얻는다. 따라서 $C(2\pi) = 1$이다. 그러므로 (vi)에서 $y = 2\pi$라 하면 다음이 된다.

$$C(x + 2\pi) = C(x)C(2\pi) - S(x)S(2\pi) = C(x)$$
$$S(x + 2\pi) = S(x)C(2\pi) + C(x)S(2\pi) = S(x).$$

(xii) $C(\frac{1}{2}\pi) = 0$임에 주목하고 $S(\frac{1}{2}\pi) = 1$임을 보이는 것은 연습문제이다. 이들과 공식 (vi)에 의하여 요구하는 관계를 얻는다. Q.E.D.

연습문제 8.4

1. cos(.2), sin(.2), 그리고 cos 1, sin 1을 소수 네 자리까지 정확히 계산하여라.

2. 모든 $x \in \mathbb{R}$에 대하여 $|\sin x| \le 1$이고 $|\cos x| \le 1$임을 보여라.

3. $x < 0$이면 정리 8.4.8의 성질 (vii)이 성립하지 않지만 모든 $x \in \mathbb{R}$에 대하여 $|\sin x| \le |x|$이 됨을 보여라. 또 모든 $x \in \mathbb{R}$에 대하여 $|\sin x - x| \le |x|^3/6$임을 보여라.

4. $x > 0$이면 다음이 성립함을 보여라.

$$1 - \frac{x^2}{2} + \frac{x^4}{24} - \frac{x^6}{720} \le \cos x \le 1 - \frac{x^2}{2} + \frac{x^4}{24}.$$

이 부등식을 이용하여 π에 대한 하계를 설정하여라.

5. sin의 최소 양근을 근사하여 π를 계산하여라(구간을 이등분하거나 6.4절의 Newton 방법을 이용하라).

6. 수열 (c_n)과 (s_n)을 귀납적으로 모든 $n \in \mathbb{N}$과 $x \in \mathbb{R}$에 대하여 $c_1(x) := 1$, $s_1(x) := x$, 그리고

$$s_n(x) := \int_0^x c_n(t)\,dt, \quad c_{n+1}(x) := 1 + \int_0^x s_n(t)\,dt$$

로 정의하라. 정리 8.4.1에서와 같이 추론하여 (j) 모든 $x \in \mathbb{R}$에 대하여 $c''(x) = c(x)$, $s''(x) = s(x)$이고 (jj) $c(0) = 1$, $c'(0) = 0$이며 $s(0) = 0$이고 $s'(0) = 1$이 되는 함수 $c : \mathbb{R} \to \mathbb{R}$와 $s : \mathbb{R} \to \mathbb{R}$가 존재함을 추정하여라. 또한 모든 $x \in \mathbb{R}$에 대하여 $c'(x) = s(x)$이고 $s'(x) = c(x)$이다.

7. 앞 문제에 있는 함수 c, s가 모든 계수의 도함수를 갖는 것과 그들이 모든 $x \in \mathbb{R}$에 대하여 항등식 $(c(x))^2 - (s(x))^2 = 1$을 만족함을 보여라. 더욱이 그들은 (j)와 (jj)를 만족하는 유일한 함수이다[함수 c, s를 각각 **쌍곡 cosine 함수**(hyperbolic cosine function)와

쌍곡 sine 함수(hyperbolic sine function)라 한다].

8. $f:\mathbb{R}\to\mathbb{R}$가 모든 $x\in\mathbb{R}$에 대하여 $f''(x)=f(x)$인 함수이면, 모든 $x\in\mathbb{R}$에 대하여 $f(x)=\alpha c(x)+\beta s(x)$가 되는 실수 α, β가 존재함을 보여라. 이를 $x\in\mathbb{R}$에 대한 함수 $f_1(x):=e^x$와 $f_2(x):=e^{-x}$에 적용하여라. $x\in\mathbb{R}$에 대하여 $c(x)=\frac{1}{2}(e^x+e^{-x})$이고 $s(x)=\frac{1}{2}(e^x-e^{-x})$임을 보여라.

9. 앞 문제들에 있는 함수 c와 s가 각각 우함수와 기함수임을 보이고, 모든 $x, y\in\mathbb{R}$에 대하여

$$c(x+y)=c(x)c(y)+s(x)s(y), \quad s(x+y)=s(x)c(y)+c(x)s(y)$$

가 성립함을 보여라.

10. 모든 $x\in\mathbb{R}$에 대하여 $c(x)\geq 1$임을 보이고, c와 s가 모두 $(0,\infty)$에서 순증가하는 것과 $\lim_{x\to\infty}c(x)=\lim_{x\to\infty}s(x)=\infty$임을 보여라.

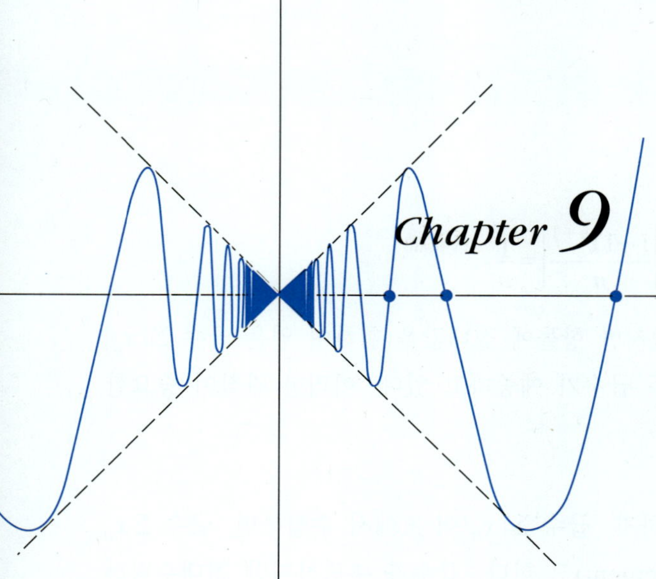

무한급수

3.7절에서 무한급수의 이론을 간단히 소개하였다. 거기서 소개한 정의나 결과들을 다시 반복하지 않을 것이므로 독자는 지금 그 절을 대충 훑어보는 것이 좋을 것이다.

대신 9.1절에서는 급수의 "절대수렴"이라는 중요한 개념을 소개할 것이다. 9.2절에서는 아마도 미적분학에서 독자들이 잘 알고 있을 절대수렴에 대한 몇 가지 "판정법"을 소개할 것이다. 세 번째 절은 절대수렴하지 않는 급수에 대한 논의를 제공한다. 마지막 절에서는 함수의 급수를 공부하고 응용에서 매우 중요한 거듭제곱급수의 기본성질들을 수립할 것이다.

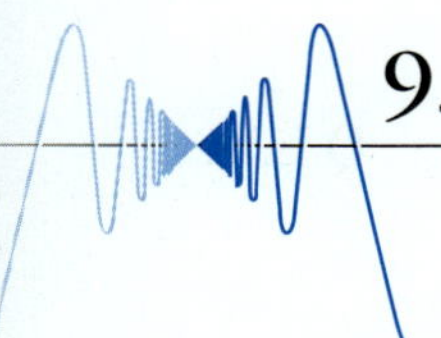

9.1 절대수렴

이미 다수의 수렴하는 무한급수와 수렴하지 않는 다른 급수들을 (3.7절에서) 다루었다. 예를 들면, 예 3.7.6(b)에서 **조화급수**(harmonic series)

$$\sum_{n=1}^{\infty} \frac{1}{n}$$

은 부분합 $s_n := \frac{1}{1} + \frac{1}{2} + \cdots + \frac{1}{n} \, (n \in \mathbb{N})$의 수열이 유계가 아니므로 발산함을 알았다. 반면 예 3.7.6(f)에서 **교대조화급수**(alternating harmonic series)

$$\sum_{n=1}^{\infty} \frac{(-1)^{n+1}}{n}$$

은 뺄셈이 나타나서 수렴하였다.

$$\left|\frac{(-1)^{n+1}}{n}\right| = \frac{1}{n}$$

이므로, 급수 Σx_n은 수렴할 수 있지만 항들에 절대값을 취하여 얻은 급수 $\Sigma|x_n|$은 발산할 수 있다는 사실을 이 두 급수가 예증하고 있다. 이러한 관찰이 중요한 정의로 이끈다.

9.1.1 정의 $X := (x_n)$을 $\mathbb{R}$에서의 수열이라 하자. 급수 $\Sigma|x_n|$이 $\mathbb{R}$에서 수렴하면, 급수 Σx_n은 **절대수렴한다**(absolutely convergent)고 한다. 급수가 수렴하지만 절대수렴하지 않으면, 그 급수는 **조건**[conditionally (또는 **비절대**(nonabsolutely)]**수렴한다**(convergent)고 한다.

양항들의 급수가 절대수렴하기 위한 필요충분조건은 이 급수가 수렴하는 것임은 자명하다. 위에서 교대조화급수가 조건수렴한다는 것에 주목하였다.

9.1.2 정리 $\mathbb{R}$에서의 급수가 절대수렴하면, 그 급수는 수렴한다.

증명 $\Sigma|x_n|$이 수렴하므로, Cauchy 판정법 3.7.4로부터 주어진 $\varepsilon > 0$에 대하여 $m > n \geq M(\varepsilon)$이면 다음이 성립하는 $M(\varepsilon) \in \mathbb{N}$이 존재한다.

$$|x_{n+1}| + |x_{n+2}| + \cdots + |x_m| < \varepsilon.$$

그러나 삼각부등식에 의하여 이 표현의 좌변이 다음을 지배한다.

$$|s_m - s_n| = |x_{n+1} + x_{n+2} + \cdots + x_m|.$$

$\varepsilon > 0$은 임의이므로, Cauchy 판정법에 의하여 Σx_n은 수렴한다. Q.E.D.

급수의 군화

주어진 급수 Σx_n에 대하여 항들 x_n의 정해진 순서를 유지하면서 유한개 항들을 묶는 괄호를 삽입하여 많은 다른 급수 Σy_k를 만들 수 있다. 예를 들면, 교대조화급수에 있는 항들을 **군화**(grouping)함으로써 급수

$$1-\frac{1}{2}+\left(\frac{1}{3}-\frac{1}{4}\right)+\left(\frac{1}{5}-\frac{1}{6}+\frac{1}{7}\right)-\frac{1}{8}+\left(\frac{1}{9}-\cdots+\frac{1}{13}\right)-\cdots$$

을 얻는다. 그러한 군화가 수렴성이나 수렴급수의 값에 영향을 미치지 않는다는 사실이 흥미롭다.

9.1.3 정리 급수 Σx_n이 수렴하면, 이 급수의 항들을 군화하여 얻은 어떠한 급수 또한 같은 값으로 수렴한다.

증명 다음과 같이 가정하자.

$$y_1 := x_1 + \cdots + x_{k_1}, \quad y_2 := x_{k_1+1} + \cdots + x_{k_2}, \cdots.$$

s_n이 Σx_n의 n번째 부분합을 나타내고 t_k가 Σy_k의 k번째 부분합을 나타내면

$$t_1 = y_1 = s_{k_1}, \quad t_2 = y_1 + y_2 = s_{k_2}, \cdots$$

을 얻는다. 따라서 군화한 급수 Σy_k의 부분합의 수열 (t_k)는 Σx_n의 부분합의 수열 (s_n)의 부분수열이다. Σx_n이 수렴한다고 가정하였으므로 군화한 급수 Σy_k도 수렴한다. Q.E.D.

이 정리의 역은 참이 아님이 명백하다. 사실 군화한 급수

$$(1-1)+(1-1)+(1-1)+\cdots$$

은 $\sum_{n=0}^{\infty}(-1)^n$으로부터 수렴하는 급수를 만들어 내지만 예 3.7.2(b)에서 항들이 0으로 접근하지 않으므로 발산하였다.

급수의 재배열

간단히 말하면 급수의 "재배열"은 주어진 급수로부터 모든 항들을 정확히 한번만 사용하고 항들이 갖고 있는 순서를 뒤섞어서 얻은 또 다른 급수이다. 예를 들면, 조화급수는 다음과 같은 재배열을 갖는다.

$$\frac{1}{2}+\frac{1}{1}+\frac{1}{4}+\frac{1}{3}+\cdots+\frac{1}{2n}+\frac{1}{2n-1}+\cdots$$
$$\frac{1}{1}+\frac{1}{2}+\frac{1}{4}+\frac{1}{3}+\frac{1}{5}+\frac{1}{7}+\cdots.$$

첫 번째 재배열은 첫 번째 항과 두 번째 항을 바꾸고, 세 번째 항과 네 번째 항을 바꾸고, 이와 같이 계속하여 얻는다. 두 번째 재배열은 조화급수로부터 "하나의 홀수 항"을, "두 개의 짝수 항"을, "세 개의 홀수 항"을, 이와 같이 계속적으로 취하여 얻는다. 조화급수의 무한히 많은 재배열이 존재한다는 것은 명백하다.

9.1.4 정의 Σx_n과 Σy_k를 $\mathbb{R}$에서의 급수라 하자. 모든 $k \in \mathbb{N}$에 대하여 $y_k = x_{f(k)}$인 $\mathbb{N}$에서 $\mathbb{N}$위로의 전단사함수 f가 존재하면, Σy_k를 Σx_n의 **재배열**(rearrangement)이라 한다.

한편 군화한 급수는 급수의 수렴성에 영향을 미치지 않지만 재배열하면 영향을 미칠

지 모른다. 사실 Riemann에 의한 주목할 만한 결과가 있는데, Σx_n이 $\mathbb{R}$에서 조건수렴 급수이고 $c \in \mathbb{R}$가 임의의 수이면 c로 수렴하는 Σx_n의 재배열이 존재한다는 것이다.

이 주장을 증명하기 위하여 먼저 조건수렴하는 급수는 무한히 많은 양항과 무한히 많은 음항을 포함하여야 하고(연습문제 1을 보라.) 양항급수와 음항급수가 모두 발산함에 주목하여야 한다(연습문제 2를 보라). c로 수렴하는 급수를 만들기 위하여 부분합이 c보다 크게 될 때까지 양항을 취한 다음 부분합이 c보다 작게 될 때까지 음항을 취하고, 다시 부분합이 c보다 크게 될 때까지 양항을 취한 다음 다시 음항을 취하는 등이다.

급수의 조작에서 일반적으로 재배열이 수렴이나 급수의 값에 영향을 미치지 않는 것을 확인하고 싶어 한다. 이것이 다음 결과가 중요한 이유이다.

9.1.5 재배열정리 Σx_n을 $\mathbb{R}$에서 절대수렴하는 급수라 하자. 그러면 Σx_n의 임의의 재배열 Σy_k도 같은 값으로 수렴한다.

증명 Σx_n이 $x \in \mathbb{R}$로 수렴한다고 가정하자. 그러면 $\varepsilon > 0$에 대하여, N이 $n, q > N$이고 $s_n := x_1 + \cdots + x_n$이면

$$|x - s_n| < \varepsilon \quad \text{과} \quad \sum_{k=N+1}^{q} |x_k| < \varepsilon$$

을 만족한다고 하자. $M \in \mathbb{N}$을 $x_1, \ldots, x_N$의 모든 항이 가수로서 $t_M := y_1 + \cdots + y_M$에 포함되게 하는 수라고 하자. 그래서 $m \geq M$이면, $t_m - s_n$은 첨수가 $k > N$인 유한개의 항 x_k들의 합이다. 따라서 어떤 $q > N$에 대하여

$$|t_m - s_n| \leq \sum_{k=N+1}^{q} |x_k| < \varepsilon$$

이 된다. 그러므로 $m \geq M$이면 다음을 얻는다.

$$|t_m - x| \leq |t_m - s_n| + |s_n - x| < \varepsilon + \varepsilon = 2\varepsilon.$$

$\varepsilon > 0$은 임의이므로, Σy_k도 x로 수렴한다. Q.E.D.

연습문제 9.1

1. 수렴급수가 단지 유한개의 음항을 포함하면, 그 급수가 절대수렴함을 보여라.
2. 급수가 조건수렴하면, 이 급수의 양항들로부터 얻은 급수는 발산하고 음항들로부터 얻은 급수도 발산함을 보여라.

3. Σa_n이 조건수렴하면, 부분합이 ∞로 발산하는 재배열이 존재함을 보이는 논의를 하여라.

4. 9.1.5의 증명 어디에서 급수 Σx_n이 절대수렴한다는 사실이 이용되는가?

5. Σa_n이 절대수렴하면, Σa_n의 모든 재배열 또한 절대수렴하는 것이 참인가?

6. $\sum_{n=2}^{\infty} \ln(1 - 1/n^2)$의 n번째 부분합에 대한 명확한 표현을 구하여 이 급수가 $-\ln 2$로 수렴함을 보여라. 이는 절대수렴인가?

7. (a) Σa_n이 절대수렴하고 (b_n)이 유계수열이면 $\Sigma a_n b_n$이 절대수렴함을 보여라.

(b) Σa_n이 조건수렴하고 (b_n)이 유계수열일 때, $\Sigma a_n b_n$이 발산함을 보이는 예를 들어라.

8. Σa_n^2이 수렴하지 않는 수렴급수 Σa_n의 예를 들어라(이를 연습문제 3.7.11과 비교하여라).

9. (a_n)이 순양의 감소수열이고 Σa_n이 수렴하면 $\lim(na_n) = 0$임을 보여라.

10. (a_n)이 감소하고 $\lim(na_n) = 0$이 되는 발산급수 Σa_n의 예를 들어라.

11. (a_n)이 수열이고 $\lim(n^2 a_n)$이 $\mathbb{R}$에서 존재하면 Σa_n이 절대수렴함을 보여라.

12. $a > 0$이라 하자. 급수 $\Sigma(1 + a^n)^{-1}$이 $0 < a \le 1$이면 발산하고 $a > 1$이면 수렴함을 보여라.

13. (a) 급수 $\displaystyle\sum_{n=1}^{\infty}\left(\frac{\sqrt{n+1}-\sqrt{n}}{\sqrt{n}}\right)$은 수렴하는가?

(b) 급수 $\displaystyle\sum_{n=1}^{\infty}\left(\frac{\sqrt{n+1}-\sqrt{n}}{n}\right)$은 수렴하는가?

14. (a_{n_k})가 (a_n)의 부분수열이면, 급수 Σa_{n_k}를 Σa_n의 **부분급수**(subseries)라 한다. Σa_n이 절대수렴하기 위한 필요충분조건은 이 급수의 모든 부분급수가 수렴하는 것임을 보여라.

15. $a : \mathbb{N} \times \mathbb{N} \to \mathbb{R}$라 하고 $a_{ij} := a(i, j)$로 쓰자. 각 $i \in \mathbb{N}$에 대하여 $A_i := \sum_{j=1}^{\infty} a_{ij}$이고 $A := \sum_{i=1}^{\infty} A_i$이면, A를 a_{ij}의 **반복합**(iterated sum)이라 하고 $A = \sum_{i=1}^{\infty}\sum_{j=1}^{\infty} a_{ij}$로 쓴다. 유사한 방법으로 $\sum_{j=1}^{\infty}\sum_{i=1}^{\infty} a_{ij}$로 표기하는 다른 반복합을 정의한다. $i, j \in \mathbb{N}$에 대하여 $a_{ij} \ge 0$이라 가정하자. (c_k)가 $\{a_{ij} : i, j \in \mathbb{N}\}$의 임의의 나열이면 다음 명제가 동치임을 보여라.

(i) 반복합 $\sum_{i=1}^{\infty}\sum_{j=1}^{\infty} a_{ij}$가 B로 수렴한다.

(ii) 급수 $\sum_{k=1}^{\infty} c_k$가 C로 수렴한다.

이 경우 $B = C$이다.

16. 앞의 문제는 항들이 양수가 아니면 거짓일 수도 있다. 예를 들어 $i - j = 1$이면 $a_{ij} := +1$이고 $i - j = -1$이면 $a_{ij} := -1$이며, 다른 값에서는 $a_{ij} := 0$이라 하자. 반복합 $\sum_{i=1}^{\infty}\sum_{j=1}^{\infty} a_{ij}$와 $\sum_{j=1}^{\infty}\sum_{i=1}^{\infty} a_{ij}$가 모두 존재하지만 같지 않음을 보여라.

9.2 절대수렴에 대한 판정법

3.7절에서 무한급수의 수렴과 관련한 몇 개의 결과를 소개하였다. 이를테면 n항 판정법, 양항급수가 수렴하기 위한 필요충분조건은 이의 부분합의 수열이 유계이어야 한다는 사실, Cauchy 판정법, 그리고 비교판정법과 극한비교판정법이다.

이제 미적분학에서 잘 알고 있는 몇 개의 추가적인 결과를 소개할 것이다. 그 결과들은 절대수렴을 수립하는 데 특히 유용하다.

9.2.1 극한비교판정법 II $X := (x_n)$과 $Y := (y_n)$이 0이 아닌 실수열이고 다음 극한이 $\mathbb{R}$에서 존재한다고 가정하자.

$$r := \lim \left| \frac{x_n}{y_n} \right|. \tag{1}$$

(a) $r \neq 0$이면, Σx_n이 절대수렴하기 위한 필요충분조건은 Σy_n이 절대수렴하는 것이다.

(b) $r = 0$이고 Σy_n이 절대수렴하면, Σx_n도 절대수렴한다.

증명 이 결과는 정리 3.7.8로부터 직접적으로 얻는다. Q.E.D.

근판정법과 비판정법

다음 판정법은 Cauchy에 의한 것이다.

9.2.2 근판정법 $X := (x_n)$을 실수열이라 하자.

(a) $n \geq K$이면

$$|x_n|^{1/n} \leq r \tag{2}$$

이 되는 $r < 1$인 $r \in \mathbb{R}$과 $K \in \mathbb{N}$가 존재하면, 급수 Σx_n은 절대수렴한다.

(b) $n \geq K$에 더하여

$$|x_n|^{1/n} \geq 1 \tag{3}$$

이 되는 $K \in \mathbb{N}$가 존재하면, 급수 Σx_n은 발산한다.

증명 (a) (2)가 성립하면 $n \geq K$에 대하여 $|x_n| \leq r^n$을 얻는다. $0 \leq r < 1$에 대하여 기하급수 Σr^n이 수렴하므로, 비교판정법 3.7.7에 의하여 $\Sigma |x_n|$은 수렴한다.

(b) (3)이 성립하면 $n \geq K$에 대하여 $|x_n| \geq 1$이고, 따라서 항들이 0으로 접근하지 않으므로 n항 판정법 3.7.3을 적용한다. Q.E.D.

미적분학 과정에서 근판정법에 관하여 종종 다음과 같은 형식과 마주하게 된다.

9.2.3 따름정리 $X := (x_n)$을 실수열이라 하고 극한

(4) $$r := \lim|x_n|^{1/n}$$

이 $\mathbb{R}$에 존재한다고 가정하자. 그러면 Σx_n은 $r < 1$일 때 절대수렴하고 $r > 1$일 때 발산한다.

증명 (4)의 극한이 존재하고 $r < 1$이면, $n > K$에 대하여 $|x_n|^{1/n} \le r_1$이 되는 $r < r_1 < 1$인 r_1과 $K \in \mathbb{N}$가 존재한다. 이 경우 9.2.2(a)를 적용할 수 있다.

$r > 1$이면, $n \ge K$에 대하여 $|x_n|^{1/n} > 1$인 $K \in \mathbb{N}$가 존재하여 n항 판정법을 적용한다. Q.E.D.

주의 $r = 1$일 때는 수렴하거나 발산할 수 있으므로 따름정리 9.2.3에서 어떤 결론도 내릴 수 없다. 예 9.2.7(b)를 보라.

다음 판정법은 D'Alembert에 의한 것이다.

9.2.4 비판정법 $X := (x_n)$을 0이 아닌 실수열이라 하자.

(a) $n \ge K$에 대하여

(5) $$\left|\frac{x_{n+1}}{x_n}\right| \le r$$

을 만족하는 $0 < r < 1$인 $r \in \mathbb{R}$과 $K \in \mathbb{N}$가 존재하면, 급수 Σx_n은 절대수렴한다.

(b) $n \ge K$에 대하여

(6) $$\left|\frac{x_{n+1}}{x_n}\right| \ge 1$$

을 만족하는 $K \in \mathbb{N}$가 존재하면, 급수 Σx_n은 발산한다.

증명 (a) (5)가 성립하면 귀납법 논의가 $m \in \mathbb{N}$에 대하여 $|x_{K+m}| \le |x_K| r^m$이 됨을 보여준다. 따라서 $n \ge K$에 대하여 $\Sigma|x_n|$의 항들은 $0 < r < 1$인 기하급수 Σr^m에 있는 항들의 일정 배(multiple)에 의하여 지배된다. 그러면 비교판정법 3.7.7에 의하여 $\Sigma|x_n|$은 수렴한다.

(b) (6)이 성립하면 귀납법 논의가 $m \in \mathbb{N}$이면 $|x_{K+m}| \ge |x_K|$임을 보여주고 n항 판정법을 적용한다. Q.E.D.

다시 미적분학에서 잘 알고 있는 결과를 얻는다.

9.2.5 따름정리 $X := (x_n)$을 0이 아닌 실수열이라 하고 다음 극한이 $\mathbb{R}$에 존재한다고 가정하자.

$$r := \lim\left|\frac{x_{n+1}}{x_n}\right|. \tag{7}$$

그러면 Σx_n은 $r < 1$일 때 절대수렴하고 $r > 1$일 때 발산한다.

증명 $r < 1$이고 $r < r_1 < 1$이면 $n \geq K$에 대하여 $|x_{n+1}/x_n| < r_1$이 되는 $K \in \mathbb{R}$가 존재한다. 따라서 Σx_n의 절대수렴성을 보이는 데 정리 9.2.4(a)를 적용한다.

$r > 1$이면 $n \geq K$에 대하여 $|x_{n+1}/x_n| > 1$이 되는 $K \in \mathbb{N}$가 존재하므로, $|x_k|$은 0으로 수렴하지 않고 n항 판정법을 적용한다. Q.E.D.

주의 $r = 1$일 때는 수렴하거나 발산할 수 있으므로 따름정리 9.2.5에서 어떠한 결론도 내릴 수 없다. 예 9.2.7(c)를 보라.

적분판정법

매우 강력한 다음 판정법은 이상적분의 개념을 이용한다: f가 모든 $b > a$에 대하여 $\mathcal{R}[a, b]$에 속하고 극한 $\lim_{b\to\infty}\int_a^b f(t)\,dt$가 $\mathbb{R}$에 존재하면 **이상적분**(improper integral) $\int_a^\infty f(t)\,dt$를 이 극한으로 정의한다.

9.2.6 적분판정법 f를 $\{t : t \geq 1\}$에서 양인 감소함수라 하자. 그러면 급수 $\sum_{k=1}^{\infty} f(k)$가 수렴하기 위한 필요충분조건은 이상적분

$$\int_1^\infty f(t)\,dt = \lim_{b\to\infty}\int_1^b f(t)\,dt$$

가 존재하는 것이다. 수렴하는 경우, 부분합 $s_n = \sum_{k=1}^{n} f(k)$과 합 $s = \sum_{k=1}^{\infty} f(k)$는 다음을 만족한다.

$$\int_{n+1}^\infty f(t)\,dt \leq s - s_n \leq \int_n^\infty f(t)\,dt. \tag{8}$$

증명 f가 구간 $[k-1, k]$에서 양이고 감소하므로

$$f(k) \leq \int_{k-1}^k f(t)\,dt \leq f(k-1) \tag{9}$$

을 얻는다. $k = 2, 3, \dots, n$에 대하여 이 부등식을 더하면

$$s_n - f(1) \leq \int_1^n f(t)\,dt \leq s_{n-1}$$

을 얻는데, 이는 다음의 극한이 둘 다 존재하거나 둘 다 존재하지 않음을 보여준다.

$$\lim_{n\to\infty} s_n, \quad \lim_{n\to\infty}\int_1^n f(t)\,dt.$$

만약 그들이 존재하면 $k = n+1, ..., m$에 대하여 (9)를 더하면

$$s_m - s_n \le \int_n^m f(t)\,dt \le s_{m-1} - s_{n-1}$$

을 얻고, 따라서

$$\int_{n+1}^{m+1} f(t)\,dt \le s_m - s_n \le \int_n^m f(t)\,dt$$

가 된다. 이 마지막 부등식에 $m\to\infty$로 극한을 취하면 (8)을 얻는다. Q.E.D.

이제 정리 9.2.1-9.2.6의 결과들이 예 3.7.6(d, e)에서 소개한 p-급수에 어떻게 적용되는지를 보일 것이다.

9.2.7 예 **(a)** $p = 2$인 경우, 즉 급수 $\Sigma 1/n^2$을 고찰하라. 이 급수를 예 3.7.2(c)의 수렴급수 $\Sigma 1/(n(n+1))$과 비교한다.

$$\left|\frac{1}{n^2} \div \frac{1}{n(n+1)}\right| = \frac{n+1}{n} = 1 + \frac{1}{n} \to 1$$

이므로, 극한비교판정법 9.2.1에 의하여 $\Sigma 1/n^2$은 수렴한다.

(b) p-급수에 근판정법을 적용할 수 없음을 논증한다. 다음에 주목하라.

$$\left|\frac{1}{n^p}\right|^{1/n} = \frac{1}{(n^p)^{1/n}} = \frac{1}{(n^{1/n})^p}.$$

$n^{1/n} \to 1$임을 알고 있으므로(예 3.1.11(d)를 보라) $r = 1$을 얻어, 따름정리 9.2.3은 어떤 정보도 제공하지 못한다.

(c) p-급수에 비판정법을 적용한다.

$$\left|\frac{1}{(n+1)^p} \div \frac{1}{n^p}\right| = \frac{n^p}{(n+1)^p} = \frac{1}{(1+1/n)^p} \to 1$$

이므로, 따름정리 9.2.5의 형태로서 비판정법은 어떠한 정보도 제공하지 못한다.

(d) 마지막으로 p-급수에 적분판정법을 적용한다. $t \ge 1$에 대하여 $f(t) := 1/t^p$이라 하면

$$\int_1^n \frac{1}{t}\,dt = \ln n - \ln 1$$

이고, $p \neq 1$에 대하여

$$\int_1^n \frac{1}{t^p}\,dt = \frac{1}{1-p}\left(\frac{1}{n^{p-1}} - 1\right)$$

임을 상기하라. 이러한 관계들로부터 앞의 3.7.6(d, e)에서 보인 것과 같이 p-급수는 $p > 1$이면 수렴하고 $p \leq 1$이면 발산한다. ■

Raabe의 판정법

따름정리 9.2.3과 9.2.5에서 이용한 극한 $\lim|x_n|^{1/n}$과 $\lim(|x_{n+1}/x_n|)$이 1이면 이 판정법들이 급수의 수렴이나 발산에 대한 어떤 정보도 제공하지 않았음을 알고 있다. 이런 경우에 보다 정교한 판정법을 채택하는 것이 유용할 때가 종종 있다. 자주 이용되는 유익한 하나가 여기에 있다.

9.2.8 Raabe의 판정법 $X := (x_n)$을 0이 아닌 실수열이라 하자.

(a) $n \geq K$에 대하여

(10)
$$\left|\frac{x_{n+1}}{x_n}\right| \leq 1 - \frac{a}{n}$$

를 만족하는 수 $a > 1$와 $K \in \mathbb{N}$가 존재하면, Σx_n은 절대수렴한다.

(b) $n \geq K$에 대하여

(11)
$$\left|\frac{x_{n+1}}{x_n}\right| \geq 1 - \frac{a}{n}$$

를 만족하는 수 $a \leq 1$와 $K \in \mathbb{N}$가 존재하면, Σx_n은 절대수렴하지 않는다.

증명 (a) 부등식 (10)이 성립하면 $k \geq K$에 대하여 (n을 k로 대체하고 곱하여) 다음을 얻는다.

$$k|x_{k+1}| \leq (k-1)|x_k| - (a-1)|x_k|.$$

이 부등식을 재구성하면 $k \geq K$에 대하여

(12)
$$(k-1)|x_k| - k|x_{k+1}| \geq (a-1)|x_k| > 0$$

을 얻는데, 이로부터 수열 $(k|x_{k+1}|)$이 $k \geq K$에 대하여 감소함을 추론한다. $k = K, \ldots, n$에 대하여 (12)를 더하고 좌변의 앞뒤 항이 삭제되는 것에 주목하면 다음을 얻는다.

$$(K-1)|x_K| - n|x_{n+1}| \geq (a-1)(|x_K| + \cdots + |x_n|).$$

이것이 $\Sigma|x_n|$의 부분합이 유계임을 보여주고 급수의 절대수렴을 수립한다(왜?).

(b) $n \geq K$에 대하여 (11)인 관계가 성립하면, $a \leq 1$이므로 $n \geq K$에 대하여 다음을 얻는다.

$$n|x_{n+1}| \geq (n-a)|x_n| \geq (n-1)|x_n|.$$

그러므로 $n \geq K$에 대하여 수열 $(n|x_{n+1}|)$은 증가하고, $n \geq K$에 대하여 $|x_{n+1}| > c/n$가 되는 수 $c > 0$가 존재한다. 그러나 조화급수 $\Sigma 1/n$이 발산하므로 급수 $\Sigma|x_n|$ 역시 발산한다. Q.E.D.

Raabe 판정법의 적용에서 다음의 극한형을 이용하는 것이 편리하다.

9.2.9 따름정리 $X := (x_n)$을 0이 아닌 실수열이라 하고 다음 극한이 존재한다고 하자.

$$\text{(13)} \qquad a := \lim\left(n\left(1 - \left|\frac{x_{n+1}}{x_n}\right|\right)\right).$$

그러면 $a > 1$일 때 Σx_n은 절대수렴하고 $a < 1$일 때 절대수렴하지 않는다.

증명 (13)의 극한이 존재하고 $a > 1$이라 가정하자. a_1이 $a > a_1 > 1$인 어떤 수이면 $n > K$에 대하여 $a_1 < n(1 - |x_{n+1}/x_n|)$이 되는 $K \in \mathbb{N}$가 존재한다. 따라서 $n \geq K$에 대하여 $|x_{n+1}/x_n| < 1 - a_1/n$이고 Raabe의 판정법 9.2.8(a)를 적용한다.

$a < 1$인 경우도 유사하고 독자에게 맡긴다. Q.E.D.

주의 $a = 1$일 때 독자는 수렴하거나 발산하는 것을 보일 수 있으므로 어떠한 결론도 존재하지 않는다.

9.2.10 예 **(a)** p-급수를 Raabe 판정법의 관점에서 다시 고찰해 보자. $p \geq 1$일 때, L'Hospital의 법칙을 적용하여 다음을 얻는다(왜?).

$$\begin{aligned} a &= \lim\left(n\left[1 - \frac{n^p}{(n+1)^p}\right]\right) = \lim\left(n\left[\frac{(n+1)^p - n^p}{(n+1)^p}\right]\right) \\ &= \lim\left(\frac{(1+1/n)^p - 1}{1/n}\right) \cdot \lim\left(\frac{1}{(1+1/n)^p}\right) = p \cdot 1 = p. \end{aligned}$$

$p > 1$이면 (항들이 양이므로) p-급수는 수렴하고 $0 < p < 1$이면 급수는 발산한다는 결론을 얻는다. 그러나 $p = 1$이면(조화함수!) 따름정리 9.2.9는 어떤 정보도 이끌어 내지 못한다.

(b) 이제 $\sum_{n=1}^{\infty} \frac{n}{n^2+1}$을 고찰한다.

쉬운 계산에 의하여 $\lim(x_{n+1}/x_n) = 1$임을 보일 수 있고, 따라서 따름정리 9.2.5를 적용할 수 없다. 또 $\lim(n(1 - x_{n+1}/x_n)) = 1$이므로 따름정리 9.2.9 또한 적용할 수 없다. 그러나 부등식 $x_{n+1}/x_n \geq (n-1)/n$을 수립하는 것은 연습문제이고, 따라서 Raabe의 판정법 9.2.8(b)에 의하여 급수는 발산한다. (물론 여기서 적분판정법 또는 $(y_n) = (1/n)$로 극한비교판정법을 이용할 수 있다.) ■

비록 Raabe 판정법의 극한형 9.2.9가 적용하기에는 매우 쉽지만 예 9.2.10(b)가 9.2.9보다 9.2.8인 형식이 더 강력하다는 것을 보여준다.

참고 무한급수 분야의 연구를 포함하는 Leonard Euler의 계산과정은 주목할 만하다. 그의 방법을 이 책에서 다루지는 않겠지만 유명한 결과의 하나를 기술하려고 한다. 급수 $\frac{1}{1^2}+\frac{1}{2^2}+\frac{1}{3^2}+\cdots+\frac{1}{n^2}+\cdots$이 수렴한다는 것은 알고 있지만(예 9.2.7(a)를 보라) 이의 정확한 값을 결정하는 문제는 매우 어렵다. 이 문제는 스위스에 있는 Basel 대학의 이름을 따서 명명된 Basel 문제로 알려져 있으며 Euler는 1735년에 이를 풀어 $\sum_{n=1}^{\infty}\frac{1}{n^2} = \frac{\pi^2}{6}$이라는 놀라운 결과를 얻었다. 또한 그는 $1/n$의 더 높은 짝수 거듭제곱으로 된 급수들의 값을 유도하기 위한 과정도 기술하였다. 예를 들면, $\sum_{n=1}^{\infty}\frac{1}{n^4} = \frac{\pi^4}{90}$이고 $\sum_{n=1}^{\infty}\frac{1}{n^6} = \frac{\pi^6}{945}$임을 보였다. 그러나 $1/n$의 **홀수** 거듭제곱에 대응하는 급수들의 값을 발견하지 못하였고 오늘날까지 미해결로 남아 있다.

또 다른 유명한 문제는 다음과 같이 정의되는 수에 관한 것이다. 조화급수가 발산한다는 것은 알고 있었지만 Euler는

$$c_n := 1 + \frac{1}{2} + \frac{1}{3} + \cdots + \frac{1}{n} - \ln n$$

으로 정의되는 수열 (c_n)이 수렴한다는 것을 알게 되었다(연습문제 15를 보라.). 수열의 극한 $\gamma := \lim(c_n)$를 **Euler의 상수**(Euler's constant)라 하고 이는 근사적으로 $0.5772156649\cdots$이다. γ가 유리수인지 무리수인지에 관한 문제는 유명한 미해결 문제이다. 컴퓨터가 소수 2조 자리까지 계산하였으며 유력한 견해는 γ가 무리수라는 것이지만 어떠한 증명도 아직 발견되지 않고 있다.

연습문제 9.2

1. 제n항이 다음과 같은 급수의 수렴과 발산을 판정하여라.

(a) $\frac{1}{(n+1)(n+2)}$ (b) $\frac{n}{(n+1)(n+2)}$

(c) $2^{-1/n}$ (d) $n/2^n$

2. 제n항이 다음과 같은 급수의 수렴과 발산을 판정하여라.
(a) $(n(n+1))^{-1/2}$ (b) $(n^2(n+1))^{-1/2}$
(c) $n!/n^n$ (d) $(-1)^n n/(n+1)$

3. (충분히 큰 n에 대하여) 제n항이 다음과 같이 주어지는 급수의 수렴과 발산을 논하라.
(a) $(\ln n)^{-p}$ (b) $(\ln n)^{-n}$
(c) $(\ln n)^{-\ln n}$ (d) $(\ln n)^{-\ln \ln n}$
(e) $(n \ln n)^{-1}$ (f) $(n(\ln n)(\ln \ln n)^2)^{-1}$

4. 제n항이 다음과 같은 급수의 수렴과 발산을 논하여라.
(a) $2^n e^{-n}$ (b) $n^n e^{-n}$
(c) $e^{-\ln n}$ (d) $(\ln n) e^{-\sqrt{n}}$
(e) $n! e^{-n}$ (f) $n! e^{-n^2}$

5. 급수 $1/1^2 + 1/2^3 + 1/3^2 + 1/4^3 + \cdots$은 수렴하지만 비판정법이나 근판정법을 적용할 수 없음을 보여라.

6. a와 b가 양수이면, $\Sigma(an+b)^{-p}$은 $p > 1$일 때 수렴하고 $p \le 1$일 때 발산한다.

7. 제n항이 다음과 같은 급수를 논하라.
(a) $\dfrac{n!}{3 \cdot 5 \cdot 7 \cdots (2n+1)}$ (b) $\dfrac{(n!)^2}{(2n)!}$
(c) $\dfrac{2 \cdot 4 \cdots (2n)}{3 \cdot 5 \cdots (2n+1)}$ (d) $\dfrac{2 \cdot 4 \cdots (2n)}{5 \cdot 7 \cdots (2n+3)}$

8. $0 < a < 1$이라 하고 다음 급수를 고찰한다.

$$a^2 + a + a^4 + a^3 + \cdots + a^{2n} + a^{2n-1} + \cdots.$$

근판정법은 적용할 수 있지만 비판정법은 적용할 수 없음을 보여라.

9. $r \in (0, 1)$이 근판정법 9.2.2의 (2)를 만족하면, Σx_n의 부분합 s_n이 $n \ge K$일 때 추정 $|s - s_n| \le r^{n+1}/(1-r)$에 의하여 부분합의 극한 s를 근사함을 보여라.

10. $r \in (0, 1)$이 비판정법 9.2.4의 (5)를 만족하면 $n \ge K$에 대하여 $|s - s_n| \le r|x_n|/(1-r)$임을 보여라.

11. $a > 1$가 Raabe 판정법 9.2.8의 (10)을 만족하면 $n \ge K$에 대하여 $|s - s_n| \le n|x_n|/(a-1)$임을 보여라.

12. 문제 1에 있는 수렴하는 급수 각각에 대하여 단 네 개의 항을 취하고 난 나머지를 추정하여라. 꼭 열 개의 항만 취하면 어떤가? 1/1000 이내로 급수를 결정하려고 하면 얼마나 많은 항을 취하여야 하는가?

13. 문제 2에 주어진 급수들에 대하여 문제 12에서 취한 질문에 답하여라.

14. 급수 $1+\frac{1}{2}-\frac{1}{3}+\frac{1}{4}+\frac{1}{5}-\frac{1}{6}++-\cdots$이 발산함을 보여라.

15. $n \in \mathbb{N}$에 대하여 c_n이 $c_n := \frac{1}{1}+\frac{1}{2}+\cdots+1/n-\ln n$으로 정의된다고 하자. (c_n)이 감소하는 양의 수열임을 보여라. 또

$$b_n := \frac{1}{1}-\frac{1}{2}+\frac{1}{3}-\cdots-\frac{1}{2n}$$

로 놓고 급수 (b_n)이 $\ln 2$로 수렴함을 보여라. [힌트: $b_n = c_{2n} - c_n + \ln 2$.]

16. $\{n_1, n_2, ...\}$이 10진법 전개에서 숫자 6을 쓰지 않은 자연수족을 나타낸다고 하자. $\Sigma 1/n_k$이 80보다 작은 수로 수렴함을 보여라. $\{m_1, m_2, ...\}$이 6으로 끝나는 수의 집합이면 $\Sigma 1/m_k$은 발산한다. $\{p_1, p_2, ...\}$이 6으로 끝나지 않는 수의 집합이면 $\Sigma 1/p_k$은 발산한다.

17. $p>0,\ q>0$이면, 급수

$$\Sigma \frac{(p+1)(p+2)\cdots(p+n)}{(q+1)(q+2)\cdots(q+n)}$$

이 $q>p+1$에 대하여 수렴하고 $q \le p+1$에 대하여 발산함을 보여라.

18. a, b, c의 어느 것도 음이거나 0이 아니라고 가정하자. **초기하급수**(hypergeometric series)

$$\frac{ab}{1!c}-\frac{a(a+1)b(b+1)}{2!c(c+1)}+\frac{a(a+1)(a+2)b(b+1)(b+2)}{3!c(c+1)(c+2)}+\cdots$$

이 $c>a+b$에 대하여 절대수렴하고 $c<a+b$에 대하여 발산함을 보여라.

19. $a_n>0$이라 하고 Σa_n이 수렴한다고 가정하자. $\lim(a_n/b_n)=0$이 되는 $b_n>0$인 수렴급수 Σb_n을 설정하여라. 따라서 Σb_n이 Σa_n보다 덜 빠르게 수렴한다. [힌트: (A_n)을 Σa_n의 부분합이라 하고 A를 이의 극한이라 하자. $b_1 := \sqrt{A}-\sqrt{A-A_1}$이고 $n \ge 1$에 대하여 $b_n := \sqrt{A-A_{n-1}}-\sqrt{A-A_n}$으로 정의하라.]

20. (a_n)을 0으로 수렴하고 감소하는 실수열이라 하고 Σa_n이 발산한다고 가정하자. $\lim(b_n/a_n)=0$이 되는 $b_n>0$인 발산급수 Σb_n을 설정하여라. 따라서 Σb_n이 Σa_n보다 덜 빨리 발산한다. [힌트: A_n이 Σa_n의 n번째 부분합일 때 $b_n := a_n/\sqrt{A_n}$이라 하라.]

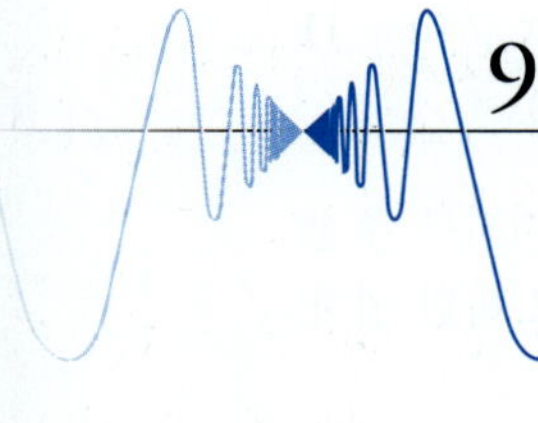

9.3 절대수렴하지 않는 급수에 대한 판정법

앞 절에서 논의한 수렴판정법들은 급수의 절대수렴을 설정하는 것이 일차적인 것이었다. 한편

$$(1) \qquad \sum_{n=1}^{\infty}\frac{(-1)^{n+1}}{n}, \quad \sum_{n=1}^{\infty}\frac{(-1)^{n+1}}{\sqrt{n}}$$

과 같이 수렴은 하지만 절대수렴하지 않는 급수들이 많이 있으므로 이러한 현상에 대한 어떤 판정법을 갖도록 요구한다. 이 소절에서는 먼저 교대급수에 대한 판정법을 소개하고 Dirichlet와 Abel에 의한 보다 일반적인 급수에 대한 판정법을 소개할 것이다.

교대급수

절대수렴하지 않는 급수에 대한 가장 잘 알려진 판정법은 다음과 같은 "교대"급수에 적용할 수 있는 Leibniz에 의한 것이다.

9.3.1 정의 0이 아닌 실수열 $X := (x_n)$에 대하여 항들 $(-1)^{n+1}x_n$, $n \in \mathbb{N}$이 모두 양(또는 모두 음)의 실수이면, X는 **교대적이다**(alternating)라고 한다. 수열 $X = (x_n)$이 교대적이면, 이 수열이 생성한 급수 Σx_n을 **교대급수**(alternating series)라 한다.

교대급수의 경우, 모든 $n \in \mathbb{N}$에 대하여 $z_n > 0$일 때 $x_n = (-1)^{n+1}z_n$(또는 $x_n = (-1)^n z_n$)으로 놓는 것이 편리하다.

9.3.2 교대급수판정법 $Z := (z_n)$을 $\lim(z_n) = 0$인 감소하는 순양의 수열이라 하자. 그러면 교대급수 $\Sigma(-1)^{n+1}z_n$은 수렴한다.

증명

$$s_{2n} = (z_1 - z_2) + (z_3 - z_4) + \cdots + (z_{2n-1} - z_{2n})$$

이고 $z_k - z_{k+1} \geq 0$이므로 부분합의 부분수열 (s_{2n})은 증가한다. 또

$$s_{2n} = z_1 - (z_2 - z_3) - \cdots - (z_{2n-2} - z_{2n-1}) - z_{2n}$$

이므로 모든 $n \in \mathbb{N}$에 대하여 $s_{2n} \leq z_1$이다. 단조수렴정리 3.3.2에 의하여 부분수열 (s_{2n})은 어떤 수 $s \in \mathbb{R}$로 수렴한다.

이제 전체 수열 (s_n)이 s로 수렴함을 보인다. 사실 $\varepsilon > 0$이면, K가 $n \geq K$일 때 $|s_{2n} - s| \leq \frac{1}{2}\varepsilon$과 $|z_{2n+1}| \leq \frac{1}{2}\varepsilon$을 만족한다고 하자. 만약 $n \geq K$이면 다음이 성립한다.

$$\begin{aligned} |s_{2n+1} - s| &= |s_{2n} + z_{2n+1} - s| \\ &\leq |s_{2n} - s| + |z_{2n+1}| \leq \tfrac{1}{2}\varepsilon + \tfrac{1}{2}\varepsilon = \varepsilon. \end{aligned}$$

그래서 홀수개 항의 모든 부분합 또한 n이 충분히 크면 s의 ε 범위 안에 있다. $\varepsilon > 0$은 임의이므로 (s_n)은 수렴하고, 따라서 $\Sigma(-1)^{n+1}z_n$의 수렴성이 수립된다. Q.E.D.

주의 s가 교대급수의 합이고 s_n이 n번째 부분합일 때

(2) $$|s - s_n| \le z_{n+1}$$

임을 보이는 것은 연습문제이다. 이 교대급수판정법은 이미 (1)에서 언급한 두 급수의 수렴성을 수립한다는 것이 명백하다.

Dirichlet와 Abel의 판정법

이제 폭넓게 활용하는 두 가지의 다른 판정법을 소개할 것이다. 그것들은 다음의 보조정리에 기초하는데, 이는 부분적분법의 유사한 공식에 대응되므로 때때로 **부분합공식**(partial summation formula)으로 불린다.

9.3.3 Abel의 보조정리 $X := (x_n)$과 $Y := (y_n)$을 실수열이라 하고, Σy_n의 부분합들의 수열을 $s_0 := 0$인 (s_n)이라 하자. 만약 $m > n$이면 다음이 성립한다.

(3) $$\sum_{k=n+1}^{m} x_k y_k = (x_m s_m - x_{n+1} s_n) + \sum_{k=n+1}^{m-1} (x_k - x_{k+1}) s_k.$$

증명 $k = 1, 2, \ldots$에 대하여 $y_k = s_k - s_{k-1}$이므로 (3)의 좌변은 $\sum_{k=n+1}^{m} x_k(s_k - s_{k-1})$이 된다. $s_n, s_{n+1}, \ldots, s_m$을 곱한 항들을 모으면 (3)의 우변을 얻는다. Q.E.D.

이제 $\Sigma x_n y_n$ 형태인 급수의 수렴성에 대한 판정법을 얻기 위하여 Abel의 보조정리를 이용한다.

9.3.4 Dirichlet의 판정법 $X := (x_n)$이 $\lim x_n = 0$인 감소수열이고 Σy_n의 부분합들 (s_n)이 유계이면, 급수 $\Sigma x_n y_n$은 수렴한다.

증명 모든 $n \in \mathbb{N}$에 대하여 $|s_n| \le B$라 하자. $m > n$이면, Abel의 보조정리 9.3.3과 $x_k - x_{k+1} \ge 0$이라는 사실에 의하여 다음을 얻는다.

$$\begin{aligned} \left| \sum_{k=n+1}^{m} x_k y_k \right| &\le (x_m + x_{n+1})B + \sum_{k=n+1}^{m-1} (x_k - x_{k+1})B \\ &= [(x_m + x_{n+1}) + (x_{n+1} - x_m)]B \\ &= 2x_{n+1}B. \end{aligned}$$

$\lim(x_k) = 0$이므로, $\Sigma x_k y_k$의 수렴성은 Cauchy의 수렴판정법 3.7.4에 의한다.

Q.E.D.

9.3.5 Able의 판정법 $X := (x_n)$이 수렴하는 단조수열이고 급수 Σy_n이 수렴하면, 급수 $\Sigma x_n y_n$은 수렴한다.

증명 (x_n)이 극한이 x인 감소수열이면 $n \in \mathbb{N}$에 대하여 $u_n := x_n - x$라 하자. 따라서 (u_n)은 0으로 감소한다. 그러면 $x_n = x + u_n$이 되어 $x_n y_n = xy_n + u_n y_n$이다. Dirichlet의 판정법 9.3.4에 의하여 $\Sigma u_n y_n$은 수렴하고, (급수 Σy_n의 수렴을 가정하였으므로) Σxy_n이 수렴하여 $\Sigma x_n y_n$도 수렴한다.

(x_n)이 극한이 x인 증가수열이면 $n \in \mathbb{N}$에 대하여 $v_n := x - x_n$이라 하자. 그러면 (v_n)은 0으로 감소한다. 여기서 $x_n = x - v_n$이라 하면 $x_n y_n = xy_n - v_n y_n$이고, 논의는 앞과 같이 진행된다. Q.E.D.

9.3.6 예 **(a)**

$$2(\sin\tfrac{1}{2}x)(\cos x + \cdots + \cos nx) = \sin(n + \tfrac{1}{2})x - \sin\tfrac{1}{2}x$$

이므로, $x \neq 2k\pi (k \in \mathbb{N})$이면 다음이 성립한다.

$$|\cos x + \cdots + \cos nx| = \frac{\left|\sin\left(n+\frac{1}{2}\right)x - \sin\frac{1}{2}x\right|}{\left|2\sin\frac{1}{2}x\right|} \leq \frac{1}{\left|\sin\frac{1}{2}x\right|}.$$

따라서 Dirichlet의 판정법에 의하여 (a_n)이 $\lim(a_n) = 0$인 감소수열이면 급수 $\sum_{n=1}^{\infty} a_n \cos nx$는 $x \neq 2k\pi$에서 수렴한다.

(b)

$$2(\sin\tfrac{1}{2}x)(\sin x + \cdots + \sin nx) = \cos\tfrac{1}{2}x - \cos(n + \tfrac{1}{2})x$$

이므로, $x \neq 2k\pi (k \in \mathbb{N})$이면 다음이 성립한다.

$$|\sin x + \cdots + \sin nx| \leq \frac{1}{|\sin\frac{1}{2}x|}.$$

앞에서와 같이 (a_n)이 감소하고 $\lim(a_n) = 0$이면 급수 $\sum_{n=1}^{\infty} a_n \sin nx$는 $x \neq 2k\pi$에 대하여 수렴한다(또한 이 급수는 이러한 값들에 대해서도 역시 수렴한다). ■

연습문제 9.3

1. 다음 급수의 수렴과 절대수렴을 판정하여라.

(a) $\sum_{n=1}^{\infty} \frac{(-1)^{n+1}}{n^2+1}$　　(b) $\sum_{n=1}^{\infty} \frac{(-1)^{n+1}}{n+1}$

(c) $\sum_{n=1}^{\infty} \frac{(-1)^{n+1}n}{n+2}$　　(d) $\sum_{n=1}^{\infty} (-1)^{n+1}\frac{\ln n}{n}$

2. s_n이 교대급수 $\sum_{n=1}^{\infty}(-1)^{n+1}z_n$의 n번째 부분합이고 s가 이 급수의 합이면 $|s-s_n|\le z_{n+1}$임을 보여라.

3. (z_n)이 감소수열이 아니면 교대급수판정법 9.3.2가 거짓이 될 수도 있음을 보이는 예를 들어라.

4. 교대급수판정법이 Dirichlet의 판정법 9.3.4의 결과임을 보여라.

5. 부호가 쌍으로 나오는 다음 급수는 발산하는가?

$$1-\frac{1}{2}-\frac{1}{3}+\frac{1}{4}+\frac{1}{5}-\frac{1}{6}-\frac{1}{7}++--\cdots.$$

6. $n\in\mathbb{N}$에 대하여 $a_n\in\mathbb{R}$ 이고 $p<q$ 라 하자. 급수 $\Sigma a_n/n^p$이 수렴하면 급수 $\Sigma a_n/n^q$도 수렴함을 보여라.

7. p와 q가 양수이면 $\Sigma a_n(-1)^n(\ln n)^p/n^q$이 수렴하는 급수임을 보여라.

8. 제n항이 다음과 같은 급수를 논하여라.

(a) $(-1)^n\dfrac{n^n}{(n+1)^{n+1}}$ (b) $\dfrac{n^n}{(n+1)^{n+1}}$

(c) $(-1)^n\dfrac{(n+1)^n}{n^n}$ (d) $\dfrac{(n+1)^n}{n^{n+1}}$

9. Σa_n의 부분합이 유계이면, $t>0$에 대하여 급수 $\sum_{n=1}^{\infty}a_ne^{-nt}$이 수렴함을 보여라.

10. $\sum_{n=1}^{\infty}a_n$의 부분합 s_n이 유계이면, 급수 $\sum_{n=1}^{\infty}a_n/n$이 $\sum_{n=1}^{\infty}s_n/n(n+1)$으로 수렴함을 보여라.

11. 각 "묶음"에서 부호의 수가 하나씩 증가하는 다음 급수의 수렴성을 판정하는 데 Dirichlet의 판정법을 쓸 수 있는가?

$$1-\frac{1}{2}-\frac{1}{3}+\frac{1}{4}+\frac{1}{5}+\frac{1}{6}-\cdots.$$

그렇지 않으면 이 급수의 수렴성을 판정하기 위한 다른 방법을 이용하라.

12. Dirichlet의 판정법 9.3.4에서 수열 $X:=(x_n)$이 감소한다는 가정을 $\sum_{n=1}^{\infty}|x_n-x_{n+1}|$이 수렴한다는 가정으로 대체할 수 있음을 보여라.

13. (a_n)이 유계감소수열이고 (b_n)이 유계증가수열이며 $n\in\mathbb{N}$에 대하여 $x_n:=a_n+b_n$이면 $\sum_{n=1}^{\infty}|x_n-x_{n+1}|$이 수렴함을 보여라.

14. 급수 $\sum_{k=1}^{\infty}a_k$의 부분합 s_n이 어떤 $r<1$에 대하여 $|s_n|\le Mn^r$을 만족하면 급수 $\sum_{n=1}^{\infty}a_n/n$이 수렴함을 보여라.

15. Σa_n이 수렴하는 실수의 급수라 가정하자. b_n이 다음과 같이 정의될 때 Σb_n이 수렴함을 증명하거나 반례를 들어라.

(a) a_n/n (b) $\sqrt{a_n}/n \quad (a_n \geq 0)$
(c) $a_n \sin n$ (d) $\sqrt{a_n/n} \quad (a_n \geq 0)$
(e) $n^{1/n}a_n$ (f) $a_n/(1+|a_n|)$

9.4 함수의 급수

이제 빈번히 나오는 중요한 함수들의 무한급수를 논한다. 무한급수의 수렴성은 부분합의 수열을 조사하여 논하므로 함수의 급수에 관한 문제는 함수열에서 대응되는 문제를 조사하면 해결된다. 이런 이유로 이 절의 한 부분은 함수열에 관하여 이미 수립한 사실들을 급수에 대한 용어로의 단순한 전환이다. 그러나 거듭제곱급수를 논하는 이 절의 두 번째 부분에서는 함수들이 갖는 특별한 성질로 인하여 어떤 새로운 특징이 나타난다.

9.4.1 정의 (f_n)이 $\mathbb{R}$의 부분집합 D에서 정의되고 $\mathbb{R}$에서 값들을 갖는 함수열이면, 무한급수 Σf_n의 **부분합**(partial sums)의 열 (s_n)은 D에 속하는 x에 대하여 다음과 같이 정의된다.

$$
\begin{aligned}
s_1(x) &:= f_1(x) \\
s_2(x) &:= s_1(x) + f_2(x) \\
&\cdots\cdots\cdots\cdots\cdots \\
s_{n+1}(x) &:= s_n(x) + f_{n+1}(x) \\
&\cdots\cdots\cdots\cdots\cdots .
\end{aligned}
$$

함수열 (s_n)이 D에서 함수 f로 수렴할 경우, 함수들의 무한급수 Σf_n은 D에서 f로 **수렴한다**(converges)고 한다. 그러한 급수나 극한함수가 존재할 때, 그것을 흔히 다음과 같이 표기한다.

$$\sum f_n, \quad \sum_{n=1}^{\infty} f_n.$$

급수 $\Sigma|f_n(x)|$이 D의 각 x에 대하여 수렴하면, Σf_n은 D에서 **절대수렴한다**(absolutely convergent)고 한다. 부분합의 수열 (s_n)이 D에서 f로 균등수렴하면, Σf_n은 D에서 **균등수렴한다**(uniformly convergent) 또는 **D에서 f로 균등수렴한다**(converges to f uniformly on D)고 한다.

균등수렴하는 함수들의 급수에 관심을 갖는 주요 이유 중의 하나는 주어진 조건들이 총합과 다른 극한 연산들에 대한 순서의 교환을 정당화시켜 준다는 결과의 타당성 때문이다.

9.4.2 정리 각 $n \in \mathbb{N}$에 대하여 $D \subseteq \mathbb{R}$에서 $\mathbb{R}$로의 함수 f_n이 연속이고 Σf_n이 D에서 f로 균등수렴하면, f는 D에서 연속이다.

이는 급수에 대한 정리 8.2.2의 직접적인 변환이고 다음 결과는 정리 8.2.4의 직접적인 변환이다.

9.4.3 정리 실가함수 $f_n, n \in \mathbb{N}$이 구간 $J := [a, b]$에서 Riemann 적분가능하다고 가정하자. 급수 Σf_n이 J에서 f로 균등수렴하면, f는 Riemann 적분가능하고 다음이 성립한다.

(1) $$\int_a^b f = \sum_{n=1}^{\infty} \int_a^b f_n.$$

이번에는 미분에 관한 대응정리로 돌아간다. 여기서 주어진 급수를 항별 미분하여 얻은 급수의 균등수렴성을 가정한다. 결과는 정리 8.2.3의 직접적인 결과이다.

9.4.4 정리 각 $n \in \mathbb{N}$에 대하여 f_n이 $J := [a, b]$에서 실가함수로서 J에서 도함수 f_n'을 갖는다고 하자. 급수 Σf_n이 J의 적어도 한 점에서 수렴하고 도함수의 급수 $\Sigma f_n'$이 J에서 균등수렴한다고 가정하자.

그러면 Σf_n이 J에서 f로 균등수렴하는 J에서 실가함수 f가 존재한다. 아울러 f는 J에서 도함수를 가지며 $f' = \Sigma f_n'$이다.

균등수렴에 대한 판정법

급수의 균등수렴성에 관한 몇 가지 결과를 언급하였으므로, 이제 균등수렴성을 수립하는 데 이용할 수 있는 몇 개의 판정법을 소개할 것이다.

9.4.5 Cauchy의 판정법 (f_n)을 $D \subseteq \mathbb{R}$에서 $\mathbb{R}$로의 함수열이라 하자. 급수 Σf_n이 D에서 균등수렴하기 위한 필요충분조건은 모든 $\varepsilon > 0$에 대하여 $m > n \geq M(\varepsilon)$이면 모든 $x \in D$에 대하여 다음을 만족하는 $M(\varepsilon)$이 존재하는 것이다.

$$|f_{n+1}(x) + \cdots + f_m(x)| < \varepsilon.$$

9.4.6 Weierstrass M-판정법 (M_n)을 $x \in D$와 $n \in \mathbb{N}$에 대하여 $|f_n(x)| \leq M_n$인 양의 실수열이라 하자. 만일 ΣM_n이 수렴하면, Σf_n은 D에서 균등수렴한다.

증명 $m > n$이면 $x \in D$에 대하여 다음을 얻는다.

$$|f_{n+1}(x) + \cdots + f_m(x)| \le M_{n+1} + \cdots + M_m.$$

이제 3.7.4와 9.4.5, 그리고 ΣM_n의 수렴성을 적용한다. Q.E.D.

부록 E에서 두 개의 흥미로운 예를 설정하는 데 Weierstrass M-판정법을 이용할 것이다.

거듭제곱급수

이제 거듭제곱급수의 논의로 돌아갈 것이다. 거듭제곱급수는 중요한 함수의 급수족이고 일반 함수들의 급수에 대해서는 유효하지 않는 성질들을 가지고 있다.

9.4.7 정의 a_n과 c가 $\mathbb{R}$에 속하고 $n = 0, 1, 2, \ldots$일 때 함수 f_n이

$$f_n(x) = a_n(x - c)^n$$

의 형을 갖는 실가함수의 급수 Σf_n을 $x = c$에 관한 **거듭제곱급수**(power series around $x = c$)라 한다.

기호의 단순화를 위하여 $c = 0$인 경우만 다룰 것이다. 그러나 변환 $x' = x - c$가 c에 관한 거듭제곱급수를 0에 관한 거듭제곱급수로 변환시켜주므로 그렇게 해도 일반성을 잃지 않는다. 따라서 거듭제곱급수에 관한 한 다음과 같은 형태의 급수를 의미할 것이다.

$$\sum_{n=0}^{\infty} a_n x^n = a_0 + a_1 x + \cdots + a_n x^n + \cdots. \tag{2}$$

비록 (2)에 나타난 함수들이 $\mathbb{R}$ 전체에서 정의되더라도 급수 (2)가 $\mathbb{R}$의 모든 x에 대하여 수렴할 것이라고 기대할 수는 없다. 예를 들면, 비판정법 9.2.4를 이용하여 다음 급수

$$\sum_{n=0}^{\infty} n!x^n, \quad \sum_{n=0}^{\infty} x^n, \quad \sum_{n=0}^{\infty} x^n/n!$$

각각이 다음 집합

$$\{0\}, \quad \{x \in \mathbb{R} : |x| < 1\}, \quad \mathbb{R}$$

각각에 속하는 x에 대하여 수렴하는 것을 보일 수 있다. 따라서 거듭제곱급수가 수렴하는 집합은 작거나 중간이거나 클 수 있다. 그러나 앞으로 보이겠지만 $\mathbb{R}$의 임의의 부분집합이 거듭제곱급수가 수렴하는 바로 그 집합이 될 수는 없다.

(b_n)이 음이 아닌 실수의 유계수열이면, (b_n)의 **상극한**(limit superior)을 충분히 큰 모든 $n \in \mathbb{N}$에 대하여 $b_n \le v$가 되는 수 v들의 하한으로 정의한다. 이 하한은 유일하게 결정되고 $\limsup(b_n)$으로 표기한다. 우리가 알아야 할 사실들은 다음과 같다. (i) $v > \limsup(b_n)$이면 충분히 큰 모든 $n \in \mathbb{N}$에 대하여 $b_n \le v$이고 (ii) $w < \limsup(b_n)$이면 무한히 많은 $n \in \mathbb{N}$에 대하여 $w \le b_n$이다(정의 3.4.10과 정리 3.4.11을 보라).

9.4.8 정의 $\Sigma a_n x^n$을 거듭제곱급수라 하자. 수열 $(|a_n|^{1/n})$이 유계이면 $\rho := \limsup(|a_n|^{1/n})$으로 놓고, 이 수열이 유계가 아니면 $\rho = +\infty$로 놓는다. 그러면 $\Sigma a_n x^n$의 **수렴반경**(radius of convergence)을 다음과 같이 정의한다.

$$R := \begin{cases} \rho = +\infty\text{이면} & 0 \\ 0 < \rho < +\infty\text{이면} & 1/\rho \\ \rho = 0\text{이면} & +\infty. \end{cases}$$

수렴구간(interval of convergence)은 개구간 $(-R, R)$이다.

이제 "수렴반경"이란 용어를 정당화할 것이다.

9.4.9 Cauchy-Hadamard의 정리 R이 거듭제곱급수 $\Sigma a_n x^n$의 수렴반경일 때, 그 급수는 $|x| < R$이면 수렴하고 $|x| > R$이면 발산한다.

증명 $0 < R < +\infty$인 경우만 다루고 $R = 0$과 $R = +\infty$인 경우는 연습문제로 넘긴다. $0 < |x| < R$이면 $|x| < cR$인 양수 $c < 1$가 존재한다. 그러므로 $\rho < c/|x|$이고, 따라서 n이 충분히 크면 $|a_n|^{1/n} \le c/|x|$이다. 이는 충분히 큰 n에 대하여

(3) $$|a_n x^n| \le c^n$$

인 명제와 동치이다. $c < 1$이므로, $\Sigma a_n x^n$의 절대수렴성은 비교판정법 3.7.7에 의한다.

$|x| > R = 1/\rho$이면 $|a_n|^{1/n} > 1/|x|$이 되는 무한히 많은 $n \in \mathbb{N}$이 존재한다. 그러므로 무한히 많은 n에 대하여 $|a_n x^n| > 1$이고, 따라서 수열 $(a_n x^n)$은 0으로 수렴하지 않는다. Q.E.D.

참고 Cauchy-Hadamard의 정리는 $|x| = R$일 때 그 거듭제곱급수가 수렴하는지에 대한 어떠한 명제도 만들 수 없음에 주목해야 할 것이다. 사실 다음 예들이 어느 것이나 일어날 수 있음을 보여준다.

$$\sum x^n, \quad \sum \frac{1}{n} x^n, \quad \sum \frac{1}{n^2} x^n.$$

$\lim(n^{1/n}) = 1$이므로, 이 거듭제곱급수들의 각각은 수렴반경이 1이다. 첫 번째 거듭제곱급수는 두 점 $x = -1$과 $x = +1$ 모두에서 수렴하지 않고, 두 번째 급수는 $x = -1$에서는 수렴하지만 $x = +1$에서는 발산하고, 세 번째 거듭제곱급수는 $x = -1$과 $x = +1$ 모두에서 수렴한다. ($x = +1$에서 수렴하고 $x = -1$에서 발산하는 $R = 1$인 거듭제곱급수를 찾아보아라.)

급수 $\Sigma a_n x^n$에 대하여 다음 극한이 존재하면, 이것이 그 급수의 수렴반경이 됨을 보이는 것은 연습문제이다.

$$\lim \left| \frac{a_n}{a_{n+1}} \right|. \tag{4}$$

흔히 정의 9.4.8 보다 (4)를 이용하는 것이 더 편리하다.

Cauchy-Hadamard 정리의 증명에서 이용된 논의가 수렴구간 $(-R, R)$에 포함되는 임의의 고정된 유계폐구간에서 거듭제곱급수의 균등수렴성을 이끌어 낸다.

9.4.10 정리 R을 $\Sigma a_n x^n$의 수렴반경이라 하고 K를 수렴구간 $(-R, R)$에 포함되는 유계폐구간이라 하자. 그러면 그 거듭제곱급수는 K에서 균등수렴한다.

증명 $K \subseteq (-R, R)$에 대한 가정에 의하여 모든 $x \in K$에 대하여 $|x| < cR$이 되는 양의 상수 $c < 1$가 존재한다(왜?). 9.4.9의 논의에 의하여 n이 충분히 클 때 모든 $x \in K$에 대하여 추정 (3)이 성립한다. $c < 1$이므로, K에서 $\Sigma a_n x^n$의 균등수렴성은 $M_n := c^n$인 Weierstrass M-판정법의 직접적인 결과이다. Q.E.D.

9.4.11 정리 거듭제곱급수의 극한은 수렴구간에서 연속이다. 거듭제곱급수는 수렴구간에 포함되는 임의의 유계폐구간에서 항별로 적분될 수 있다.

증명 $|x_0| < R$이면, 앞의 결과는 $\Sigma a_n x^n$이 $(-R, R)$에 포함되는 x_0의 임의의 유계폐근방에서 균등수렴함을 주장한다. 그러면 x_0에서의 연속성은 정리 9.4.2에 의하고 항별 적분은 정리 9.4.3에 의하여 정당화된다. Q.E.D.

이제 거듭제곱급수가 항별로 미분될 수 있음을 보인다. 일반적인 급수에 대한 상황과는 다르게 미분된 급수가 균등수렴한다는 가정이 필요하지 않다. 따라서 이 결과는 정리 9.4.4보다 더 강력하다.

9.4.12 미분정리 거듭제곱급수는 수렴구간 내에서 항별로 미분될 수 있다. 사실

$$f(x) = \sum_{n=0}^{\infty} a_n x^n \text{이면 } |x| < R\text{에 대하여 } f'(x) = \sum_{n=1}^{\infty} n a_n x^{n-1}$$

이다. 그리고 두 급수는 같은 수렴반경을 갖는다.

증명 $\lim(n^{1/n}) = 1$이므로, 수열 $(|na_n|^{1/n})$이 유계이기 위한 필요충분조건은 수열 $(|a_n|^{1/n})$이 유계인 것이다. 더욱이 다음을 쉽게 보일 수 있다.

$$\limsup(|na_n|^{1/n}) = \limsup(|a_n|^{1/n}).$$

그러므로 두 급수의 수렴반경은 같고, 따라서 공식적으로 미분된 급수는 수렴구간에 포함되는 각 유계폐구간에서 균등수렴한다. 그러면 공식적으로 미분된 급수가 주어진 급수의 도함수로 수렴함을 보이는 데 정리 9.4.4를 적용할 수 있다. Q.E.D.

참고 이 정리는 수렴구간의 끝점에 대하여 어떤 주장도 하지 않았음을 관찰하여야 한다. 급수가 한 끝점에서 수렴하면 미분된 급수는 이 점에서 수렴할 수도 수렴하지 않을 수도 있다. 예를 들면, 급수 $\sum_{n=1}^{\infty} x^n/n^2$은 양 끝점 $x = -1$과 $x = +1$ 모두에서 수렴한다. 그러나 $\sum_{n=1}^{\infty} x^{n-1}/n$으로 주어지는 미분된 급수는 $x = -1$에서는 수렴하지만 $x = +1$에서는 발산한다.

앞의 결과를 반복하여 적용하면 $k \in \mathbb{N}$일 때

$$\sum_{n=k}^{\infty} \frac{n!}{(n-k)!} a_n x^{n-k} \tag{5}$$

을 얻기 위하여 $\sum_{n=0}^{\infty} a_n x^n$을 항별로 k번 미분할 수 있다. 더욱이 이 급수는 $|x| < R$에 대하여 $f^{(k)}(x)$로 절대수렴하고 수렴구간에 있는 임의의 유계폐구간에서 균등수렴한다. (5)에서 $x = 0$을 대입하면 다음과 같은 중요한 공식을 얻는다.

$$f^{(k)}(0) = k!\,a_k.$$

9.4.13 유일성 정리 $\Sigma a_n x^n$과 $\Sigma b_n x^n$이 어떤 구간 $(-r, r)$, $r > 0$에서 같은 함수 f로 수렴하면 모든 $n \in \mathbb{N}$에 대하여 다음이 성립한다.

$$a_n = b_n$$

증명 앞의 참고에 의하면 모든 $n \in \mathbb{N}$에 대하여 $n!\,a_n = f^{(n)}(0) = n!\,b_n$이다. Q.E.D.

Taylor 급수

함수 f가 $\mathbb{R}$에 있는 점 c에서 모든 계수의 도함수를 가지면 $a_0 := f(c)$와 $n \in \mathbb{N}$에 대한 $a_n := f^{(n)}(c)/n!$에 의하여 Taylor 계수를 계산할 수 있고, 이런 방법으로 그러한 계수들을 갖는 거듭제곱급수를 얻을 수 있다. 그러나 이렇게 해서 얻은 거듭제곱급수가 c에 관한 구간에서 함수 f로 수렴한다는 것이 필연적으로 참은 아니다(예로 연습문제 12를 보라). 수렴의 문제는 Taylor 정리 6.4.1의 나머지 항 R_n에 의하여 결정된다. $|x - c| < R$에 대하여

$$f(x) = \sum_{n=0}^{\infty} \frac{f^{(n)}(c)}{n!}(x-c)^n \tag{6}$$

으로 쓰기 위한 필요충분조건은 나머지의 열 $(R_n(x))$가 어떤 구간 $\{x : |x - c| < R\}$의 각 점 x에 대하여 0으로 수렴하는 것이다. 이 경우 거듭제곱급수 (6)을 c에서 f의 **Taylor 전개**(Taylor expansion)라 한다. 6.4절에서 논한 f에 대한 Taylor 다항식이 곧 f의 Taylor 전개 (6)의 부분합임을 관찰하라($0! := 1$임을 상기하라).

9.4.14 예 **(a)** $x \in \mathbb{R}$에 대하여 $f(x) := \sin x$이면, $n \in \mathbb{N}$과 $x \in \mathbb{R}$에 대하여 $f^{(2n)}(x) = (-1)^n \sin x$이고 $f^{(2n+1)}(x) = (-1)^n \cos x$이다. $c = 0$에서 계산하면 $n \in \mathbb{N}$에 대하여 Taylor 계수 $a_{2n} = 0$과 $a_{2n+1} = (-1)^n/(2n+1)!$을 얻는다. 모든 x에 대하여 $|\sin x| \le 1$이고 $|\cos x| \le 1$이므로 $n \in \mathbb{N}$과 $x \in \mathbb{R}$에 대하여 $|R_n(x)| \le |x|^n/n!$이다. 각 $x \in \mathbb{R}$에 대하여 $\lim(R_n(x)) = 0$이므로 모든 $x \in \mathbb{R}$에 대하여 다음과 같은 Taylor 전개를 얻는다.

$$\sin x = \sum_{n=0}^{\infty} \frac{(-1)^n}{(2n+1)!} x^{2n+1}.$$

정리 9.4.12를 적용하면 모든 $x \in \mathbb{R}$에 대하여 다음과 같은 Taylor 전개를 얻는다.

$$\cos x = \sum_{n=0}^{\infty} \frac{(-1)^n}{(2n)!} x^{2n}.$$

(b) $x \in \mathbb{R}$에 대하여 $g(x) := e^x$이면 모든 $n \in \mathbb{N}$에 대하여 $g^{(n)}(x) = e^x$이고, 따라서 Taylor 계수는 $n \in \mathbb{N}$에 대하여 $a_n = 1/n!$이 된다. 주어진 $x \in \mathbb{R}$에 대하여 $|R_n(x)| \le e^{|x|}|x|^n/n!$을 얻고, 따라서 $n \to \infty$일 때 $(R_n(x))$는 0으로 접근한다. 그러므로 모든 $x \in \mathbb{R}$에 대하여 Taylor 전개

$$e^x = \sum_{n=0}^{\infty} \frac{1}{n!} x^n \tag{7}$$

을 얻는다. (7)에서 x를 $x - c$로 대체하고 $x \in \mathbb{R}$에 대하여 다음 식에 유의하면,

임의의 $c \in \mathbb{R}$에서 Taylor 전개를 얻을 수 있다.

$$e^x = e^c \cdot e^{x-c} = e^c \sum_{n=0}^{\infty} \frac{1}{n!}(x-c)^n = \sum_{n=0}^{\infty} \frac{e^c}{n!}(x-c)^n.$$

연습문제 9.4

1. $f_n(x)$가 다음과 같이 주어질 때, 급수 Σf_n의 수렴성과 균등수렴성을 논하라.

(a) $(x^2+n^2)^{-1}$ (b) $(nx)^{-2} \quad (x \neq 0)$

(c) $\sin(x/n^2)$ (d) $(x^n+1)^{-1} \quad (x \neq 0)$

(e) $x^n/(x^n+1) \quad (x \geq 0)$ (f) $(-1)^n(n+x)^{-1} \quad (x \geq 0)$

2. Σa_n이 절대수렴하는 급수이면, 급수 $\Sigma a_n \sin nx$가 절대수렴하고 또 균등수렴함을 보여라.

3. (c_n)을 감소하는 양수열이라 하자. $\Sigma c_n \sin nx$가 균등수렴하면 $\lim(nc_n) = 0$임을 보여라.

4. Cauchy-Hadamard의 정리 9.4.9에서 $R = 0$, $R = +\infty$인 경우를 논하라.

5. 거듭제곱급수 $\Sigma a_n x^n$에 대하여 $\lim(|a_n/a_{n+1}|)$이 존재할 때, 수렴반경 R은 이 극한으로 주어짐을 보여라. 이 극한이 존재하지 않는 거듭제곱급수의 예를 들어라.

6. a_n이 다음과 같이 주어지는 급수 $\Sigma a_n x^n$의 수렴반경을 결정하여라.

(a) $1/n^n$ (b) $n^\alpha/n!$

(c) $n^n/n!$ (d) $(\ln n)^{-1}, \ n \geq 2$

(e) $(n!)^2/(2n)!$ (f) $n^{-\sqrt{n}}$

7. n이 자연수의 제곱이면 $a_n := 1$이고 다른 수이면 $a_n := 0$일 때, 급수 $\Sigma a_n x^n$의 수렴반경을 구하여라. $m \in \mathbb{N}$에 대하여 $n = m!$이면 $b_n := 1$이고 다른 값이면 $b_n := 0$일 때, 급수 $\Sigma b_n x^n$의 수렴반경을 구하여라.

8. $\limsup(|na_n|^{1/n}) = \limsup(|a_n|^{1/n})$임을 상세히 증명하여라.

9. 모든 $n \in \mathbb{N}$에 대하여 $0 < p \leq |a_n| \leq q$이면 $\Sigma a_n x^n$의 수렴반경을 구하여라.

10. $|x| < R$에 대하여 $f(x) = \Sigma a_n x^n$이라 하자. 모든 $|x| < R$에 대하여 $f(x) = f(-x)$이면 모든 홀수 n에 대하여 $a_n = 0$임을 보여라.

11. f가 $|x| < r$에서 정의되고 모든 $|x| < r$와 $n \in \mathbb{N}$에 대하여 $|f^{(n)}(x)| \leq B$가 되는 상수 B가 존재하면, Taylor 급수전개

$$\sum_{n=0}^{\infty} \frac{f^{(n)}(0)}{n!} x^n$$

이 $|x| < r$에서 $f(x)$로 수렴함을 증명하여라.

12. $x \neq 0$에 대하여 $f(x) := e^{-1/x^2}$과 $f(0) := 0$으로 주어지는 함수는 모든 점에서 모든 계수의 도함수를 갖는다는 것과 이들 도함수 모두가 $x = 0$에서 0임을 귀납법으로 증명하여라. 따라서 이 함수는 $x = 0$에 대한 그의 Taylor 전개가 존재하지 않는다.

13. $x = 0$에 대한 Taylor 급수전개가 $x \geq 0$에 대해서는 함수와 같고 $x < 0$에 대해서는 이 전개와 같지 않는 함수의 예를 들어라.

14. 나머지에 대한 Lagrange 형식을 이용하여 $0 \leq x < 1$에 대한 일반적인 이항전개

$$(1+x)^m = \sum_{n=0}^{\infty} \binom{m}{n} x^n$$

을 정당화하여라.

15. (기하급수) $|x| < 1$이면 $1/(1-x) = \sum_{n=0}^{\infty} x^n$임을 직접적으로 보여라.

16. $1/(1+x)$에 대한 급수를 적분하여 $|x| < 1$이면 다음이 됨을 보여라.

$$\ln(1+x) = \sum_{n=1}^{\infty} \frac{(-1)^{n+1}}{n} x^n.$$

17. $|x| < 1$이면 $\operatorname{Arctan} x = \sum_{n=0}^{\infty} \frac{(-1)^n}{2n+1} x^{2n+1}$임을 보여라.

18. $|x| < 1$이면 $\operatorname{Arcsin} x = \sum_{n=0}^{\infty} \frac{1 \cdot 3 \cdots (2n-1)}{2 \cdot 4 \cdots 2n} \cdot \frac{x^{2n+1}}{2n+1}$임을 보여라.

19. $x \in \mathbb{R}$에 대한 $\int_0^x e^{-t^2}\,dt$의 급수전개를 구하여라.

20. $\alpha \in \mathbb{R}$이고 $|k| < 1$이면, 적분 $F(\alpha, k) := \int_0^{\alpha} (1 - k^2(\sin x)^2)^{-1/2}\,dx$를 **제1종 타원적분**(elliptic integral of first kind)이라 한다. $|k| < 1$에 대하여 다음을 보여라.

$$F\left(\frac{\pi}{2}, k\right) = \frac{\pi}{2} \sum_{n=0}^{\infty} \left(\frac{1 \cdot 3 \cdots (2n-1)}{2 \cdot 4 \cdots 2n}\right)^2 k^{2n}.$$

Chapter 10

일반 RIEMANN 적분

7장에서 함수에 대한 Riemann 합들의 극한으로서 적분을 정의하는 것으로 유계 폐구간에서 함수의 Riemann 적분을 보다 완벽하게 논하였다. 이것이 독자가 미적분학 과정에서 만났던 적분(그리고 접근법)이고, 또 이것이 공학과 다른 분야의 응용에 가장 자주 이용되는 적분이다. $[a, b]$에서 연속인 함수들과 단조인 함수들이 Riemann 적분가능하다는 것을 보였고, 미적분학에 나오는 대부분의 함수들 역시 이 범위에 포함된다.

그러나 19세기 말에 적분에 대한 Riemann 이론에서 약간의 불완전한 점들이 나타나게 되었다. 이러한 결점들은 수학이 발전할수록 Riemann 적분가능함수족을 불편하게 축소시킨다는 사실로부터 근본적으로 드러났다. 예를 들면, Newton-Leibniz 공식

$$\int_a^b F' = F(b) - F(a)$$

가 성립하는 함수족이 모든 미분가능함수들을 포함하지는 않는다. 또한 Riemann 적분가능한 함수열의 극한이 반드시 Riemann 적분가능한 것도 아니다. 이러한 불완전한 점들이 다른 사람들로 하여금 다른 적분이론을 발견하도록 하였고, Henri Lebesgue(1875-1941)에 의한 것이 최고로 알려졌으며 20세기의 벽두에 발전하였다(Lebesgue 적분의 발전에 대한 역사적 가치에 대하여 독자는 참고문헌에 소개한 Hawkins의 책을 참고하면 될 것이다).

사실 적분에 관한 Lebesgue 이론은 보다 큰 함수족을 적분할 수 있게 해주고 보

다 자유스럽게 극한들을 취할 수 있게 해주므로 현대수학의 연구에서 탁월한 이론이 되었다. 그러나 Lebesgue 적분 역시 다음과 같은 여러 불완전한 점들과 어려움을 갖고 있다. (1) $[a, b]$에서 미분가능하지만 F'이 Lebesgue 적분가능하지 않는 함수 F가 존재한다. (2) 중요한 Dirichlet 적분

$$\int_0^\infty \frac{\sin x}{x}\,dx$$

와 같은 몇 개의 "이상적분"들은 Lebesgue 적분으로서 존재하지 않는다. (3) Lebesgue 적분에 대한 대부분의 논의는 상당한 선행조건들이 필요해서 수학을 공부하는 학부생들이 다루기는 쉽지 않다.

Lebesgue 적분만큼 중요하고 보다 포괄적인 적분이론들이 있다. 그 하나가 1950년대 말 체코 수학자 Jaroslav Kurzweil(1926년 출생)과 영국 수학자 Ralph Henstock(1923년 출생)에 의하여 독자적으로 발전하였다. 놀랍게도 그들의 접근법은 Riemann에 의한 접근법과 아주 조그만 차이밖에 없지만, 이 접근법은 특수한 경우로서 Riemann 적분과 Lebesgue 적분 모두를 포함하는 (일반 Riemann 적분으로 부를) 적분을 탄생시켰다. 접근법이 Riemann의 그것과 매우 유사하므로 보통의 Lebesgue 적분보다 기술적으로 훨씬 간단하다. 그럼에도 이 적분의 영역은 상당히 광범위한데, 특히 도함수인 함수들을 포함하고 또한 모든 "이상적분"들을 포함한다.

이 장에서 일반 Riemann 적분을 상술한다. 10.1절에서 기본이론이 보통의 Riemann 적분에 대한 이론과 거의 정확히 같다는 것을 보일 것이다. 그러나 증명이 과도하게 복잡한 극소수의 결과에 대한 증명은 생략하였다. 짧은 10.2절에서는 $[a, b]$에서 이상적분이 일반화된 이론에 포함된다는 것을 보인다. 절대값 함수 $|f|$을 일반 적분가능함수로 갖는 일반 적분가능함수들 f로서 Lebsegue 적분가능함수족을 소개할 것이다. 이것은 보통과는 아주 다른 Lebesgue 적분으로의 접근이지만 동일한 함수족을 제시한다. 10.3절에서는 유계가 아닌 폐구간에서 함수들을 적분할 것이다. 마지막 절에서는 일반 Riemann 적분과 Lebesgue 적분에 대하여 성립하는 극한정리들을 논하고, 이러한 정리들에 대한 몇 개의 흥미로운 응용을 소개할 것이다. 또 "가측함수"를 정의하고 이 개념을 일반 적분가능성과 관련시켜 설명할 것이다.

여기서 생략된 증명들을 공부하고자 하는 독자는 [MTI]로 나타낼 저자의 첫 번째 책 *A Modern Theory of Integration* 또는 참고문헌에 있는 DePree와 Swartz, Gordon, 그리고 McLeod의 책을 참고하면 된다.

Ralph Henstock과 Jaroslav Kurzweil

Ralph Henstock(1923-2007. 사진 왼쪽)은 영국의 노팅엄셔에서 광부의 아들로 태어났다. 유년기에 그는 수학과 과학에서 뛰어난 학생이었다. 1941년 J. D. Bernal, G. H. Hardy, 그리고 J. C. Burkhill과 함께 수학하기 위하여 케임브리지 대학의 세인트 존스 칼리지에 입학하였고, 1943년 우등졸업 시험의 II부에서 1급합격자로 분류되었다. 1944년 케임브리지에서 B.A.를, 1948년 런던 대학에서 Ph.D.를 취득하였다. 그의 연구는 총합가능성 이론, 선형해석학, 그리고 적분론에 있다. 그의 교육 대부분은 북 아일랜드에서 이루어지고 있다.

Jaroslav Kurzweil(사진 오른쪽)은 1926년 5월 7일 프라하에서 태어났다. V. Jarnik의 문하생인 그는 미분방정식론과 적분론에서 상당한 연구성과를 거두었으며 수학교육에도 지대한 관심을 갖고 있다. 1964년 Klement Gottwald State Prize와 1981년 체코슬로바키아 과학원의 Bolzano medal을 수상하였다. 1989년 이래로 프라하에 있는 체코 과학원의 수학학회 이사로 있으며 그곳의 수학자들에게 지대한 영향을 미치고 있다. 2006년 체코 공화국의 최고 과학상인 "Czech Mind"를 수상하였다.

10.1 정의와 주요성질

정의 5.5.2에서 $[a, b]$에서 **gauge**를 순양의 함수 $\delta : [a, b] \to (0, \infty)$로 정의하였다. 더욱이 $[a, b]$의 첨점분할 $\dot{\mathcal{P}} := \{(I_i, t_i)\}_{i=1}^{n}$가 $i = 1, ..., n$에 대하여

$$t_i \in I_i \subseteq [t_i - \delta(t_i), t_i + \delta(t_i)] \tag{1}$$

를 만족하면, $\dot{\mathcal{P}}$는 **δ-미세하다**(fine)고 하였다. 여기서 $I_i := [x_{i-1}, x_i]$이다. 이를 그림 5.5.1에서 보였다. 다음에 주목하라. (i) 첨점분할이면 δ-미세할 수 있고 (ii) 첨점분할의 δ-미세는 첨점 t_i와 $\delta(t_i)$ 값의 선택에 따라 좌우된다.

예 5.5.4에서 gauge에 대한 약간의 특이한 예들을 소개하였고, 정리 5.5.5에서 δ가 $[a, b]$에서 임의의 gauge이면 $[a, b]$의 δ-미세 첨점분할이 존재함을 보였다.

일반 Riemann (또는 "Henstock-Kurzweil") 적분을 정의할 것이다. 정의가 보통의 Riemann 적분에 대한 정의와 **매우 유사하고** 많은 증명들이 본질적으로 동일하다는 것을 알게 될 것이다. 사실 이 적분들에 대한 정의의 차이점은 단지 첨점분할에 대한 미소(smallness)의 개념이 이의 norm보다는 gauge에 의하여 지정되는 것이다. 언뜻 보기에는 심각하지 않은 이 차이가 매우 큰 적분가능함수족에서 결과로 나타난다는 것을 알게 될 것이다. 복잡함을 피하기 위하여 약간의 증명은 생

략할 것인데, 그것들은 [MTI]에서 볼 수 있다.

공부를 시작하기 전에 다음과 같이 질문하는 것이 적절해 보인다. 왜 gauge들이 norm들보다 더 유용한가? 간단히, 이유는 분할의 norm이 분할에서 최대구간의 길이이므로 분할의 미세함에 비하여 더 열등한 수단이기 때문이다. 한편 함수가 급히 변하고 있으면 작은 부분구간을 이용하도록 요구하고 거의 상수에 가까운 함수이면 보다 큰 부분구간을 이용하도록 허용하여 gauge들은 분할들에 있는 부분구간들을 보다 미세하게 조절할 수 있다. 더구나 gauge를 특정한 점이 첨점이 되도록 하는 데도 이용할 수 있는데, 이는 그러한 점에서 특이한 움직임이 발생할 때 종종 유용하다. gauge들은 norm들보다 적응성이 더 좋아 그들의 이용은 보다 큰 함수족을 적분가능하게 해준다.

10.1.1 정의 $f:[a,b]\to\mathbb{R}$라 하자. 수 $L\in\mathbb{R}$이 존재하여, 모든 $\varepsilon>0$에 대하여 $\dot{\mathcal{P}}$가 $[a,b]$의 임의의 δ_ε-미세 분할일 때

$$|S(f\,;\dot{\mathcal{P}})-L|<\varepsilon$$

이 되는 $[a,b]$에서 gauge δ_ε이 존재하면, 함수 f는 $[a,b]$에서 **일반 Riemann 적분가능하다**(generalized Riemann integrable)고 한다.

모든 일반 Riemann 적분가능함수족을 $\mathcal{R}^*[a,b]$로 나타낼 것이다.

$f\in\mathcal{R}^*[a,b]$이면 수 L이 유일하게 결정됨을 보일 것이고, 이를 $[a,b]$에서 f**의 일반 Riemann 적분**(generalized Riemann integral of f)이라 할 것이다. 또 $f\in\mathcal{R}[a,b]$이면 $f\in\mathcal{R}^*[a,b]$이고 두 적분의 값이 동일함도 보일 것이다. 따라서 $f\in\mathcal{R}^*[a,b]$의 일반 Riemann 적분을 다음과 같이 표기하여도 어떤 혼란의 원인은 되지 않을 것이다.

$$\int_a^b f,\qquad \int_a^b f(x)\,dx.$$

첫 번째 결과는 일반 Riemann 적분값의 유일성이다. 비록 이의 증명이 정리 7.1.2의 증명과 거의 동일하지만 gauge가 분할의 norm 대신에 어떻게 이용되는지를 보여주기 위하여 이를 기술할 것이다.

10.1.2 유일성 정리 $f\in\mathcal{R}^*[a,b]$이면, 적분값은 유일하게 결정된다.

증명 L'과 L'' 모두 정의를 만족한다고 하고 $\varepsilon>0$이라 하자. 그러면 $\dot{\mathcal{P}}_1$이 임의의 $\delta'_{\varepsilon/2}$-미세 분할이면

$$|S(f\,;\dot{\mathcal{P}}_1)-L'|<\varepsilon/2$$

이 되는 gauge $\delta'_{\varepsilon/2}$이 존재한다. 또 $\dot{\mathcal{P}}_2$가 임의의 $\delta''_{\varepsilon/2}$-미세 분할이면

$$|S(f; \dot{\mathcal{P}}_2) - L''| < \varepsilon/2$$

이 되는 gauge $\delta''_{\varepsilon/2}$이 존재한다. δ_ε을 $t \in [a, b]$에 대하여 $\delta_\varepsilon(t) := \min\{\delta'_{\varepsilon/2}(t), \delta''_{\varepsilon/2}(t)\}$로 정의하면, δ_ε은 $[a, b]$에서 gauge이다. $\dot{\mathcal{P}}$가 δ_ε-미세 분할이면, 분할 $\dot{\mathcal{P}}$는 $\delta'_{\varepsilon/2}$-미세하고 또 $\delta''_{\varepsilon/2}$-미세하여

$$|S(f; \dot{\mathcal{P}}) - L'| < \varepsilon/2, \quad |S(f; \dot{\mathcal{P}}) - L''| < \varepsilon/2$$

을 만족한다. 따라서

$$\begin{aligned} |L' - L''| &\leq |L' - S(f; \dot{\mathcal{P}})| + |S(f; \dot{\mathcal{P}}) - L''| \\ &< \varepsilon/2 + \varepsilon/2 = \varepsilon \end{aligned}$$

이다. $\varepsilon > 0$은 임의이므로 $L' = L''$이다. Q.E.D.

이제 모든 Riemann 적분가능함수 f 역시 일반 Riemann 적분가능하고 동일한 적분값을 갖는다는 것을 보인다. 이는 **상수함수**인 gauge를 이용하면 된다.

10.1.3 일관성 정리 적분이 L인 $f \in \mathcal{R}[a, b]$이면, 역시 적분이 L인 $f \in \mathcal{R}^*[a, b]$이다.

증명 주어진 $\varepsilon > 0$에 대하여 $[a, b]$에서 적절한 gauge의 설정이 필요하다. $f \in \mathcal{R}[a, b]$이므로, $\dot{\mathcal{P}}$가 $\|\dot{\mathcal{P}}\| < \delta_\varepsilon$인 임의의 첨점분할이면 $|S(f ; \dot{\mathcal{P}}) - L| < \varepsilon$이 되는 수 $\delta_\varepsilon > 0$이 존재한다. $t \in [a, b]$에 대하여 함수를 $\delta^*_\varepsilon(t) := \frac{1}{4}\delta_\varepsilon$으로 정의하면, δ^*_ε는 $[a, b]$에서 gauge이다.

$I_i := [x_{i-1}, x_i]$일 때 $\dot{\mathcal{P}} = \{(I_i, t_i)\}_{i=1}^n$가 δ^*_ε-미세 분할이면,

$$I_i \subseteq [t_i - \delta^*_\varepsilon(t_i), t_i + \delta^*_\varepsilon(t_i)] = \left[t_i - \frac{1}{4}\delta_\varepsilon, t_i + \frac{1}{4}\delta_\varepsilon\right]$$

이므로 모든 $i = 1, ..., n$에 대하여 $0 < x_i - x_{i-1} \leq \frac{1}{2}\delta_\varepsilon < \delta_\varepsilon$임을 쉽게 보일 수 있다. 그러므로 이 분할 또한 $\|\dot{\mathcal{P}}\| < \delta_\varepsilon$을 만족하고, 따라서 $|S(f ; \dot{\mathcal{P}}) - L| < \varepsilon$이다.

그래서 모든 δ^*_ε-미세 분할 $\dot{\mathcal{P}}$ 역시 $|S(f ; \dot{\mathcal{P}}) - L| < \varepsilon$을 만족한다. $\varepsilon > 0$은 임의이므로, f는 L로 일반 Riemann 적분가능하다. Q.E.D.

정리 7.2.5와 7.2.7, 그리고 7.2.8로부터 다음과 같은 결론을 얻는다. **모든 계단함수와 모든 연속함수, 그리고 모든 단조함수는 $\mathcal{R}^*[a, b]$에 속한다.** 이제 7.2.2(b)와 7.3.13(d)에서 Riemann 적분가능하지 않음을 보인 Dirichlet 함수가 일반 Riemann 적분가능함을 보일 것이다.

10.1.4 예 **(a)** Dirichlet 함수 f는 $\mathcal{R}^*[0, 1]$에 속하고 그 적분은 0이다.

[0, 1]에 있는 유리수들을 $\{r_k\}_{k=1}^{\infty}$와 같이 열거한다. 주어진 $\varepsilon > 0$에 대하여 $\delta_\varepsilon(r_k) := \varepsilon/2^{k+2}$으로, x가 무리수이면 $\delta_\varepsilon(x) := 1$로 정의한다. 따라서 δ_ε은 [0, 1]에서 gauge이고 분할 $\dot{\mathcal{P}} := \{(I_i, t_i)\}_{i=1}^{n}$가 δ_ε-미세하면 $x_i - x_{i-1} \le 2\delta_\varepsilon(t_i)$이다. 오로지 $S(f; \dot{\mathcal{P}})$에 0이 되지 않도록 기여하는 경우는 유리수인 첨수 $t_i = r_k$일 때이고

$$0 < f(r_k)(x_i - x_{i-1}) = 1 \cdot (x_i - x_{i-1}) \le \frac{2\varepsilon}{2^{k+2}} = \frac{\varepsilon}{2^{k+1}}$$

이며, 각각의 그러한 첨점은 많아야 두 개의 부분구간들에서 일어날 수 있으므로

$$0 \le S(f; \dot{\mathcal{P}}) < \sum_{k=1}^{\infty} \frac{2\varepsilon}{2^{k+1}} = \sum_{k=1}^{\infty} \frac{\varepsilon}{2^k} = \varepsilon$$

을 얻는다. $\varepsilon > 0$은 임의이므로, $f \in \mathcal{R}^*[0, 1]$이고 $\int_0^1 f = 0$이다.

(b) $H : [0, 1] \to \mathbb{R}$가 $k \in \mathbb{N}$에 대하여 $H(1/k) := k$로, [0, 1]의 다른 점이면 $H(x) := 0$으로 정의된다고 하자.

H는 [0, 1]에서 유계가 아니므로, 유계성 정리 7.1.6에 의하여 [0, 1]에서 Riemann 적분가능하지 않다. 이제 H가 0으로 일반 Riemann 적분가능함을 보일 것이다.

사실 주어진 $\varepsilon > 0$에 대하여 $\delta_\varepsilon(1/k) := \varepsilon/(k2^{k+2})$으로 정의하고 [0, 1]의 다른 점에서 $\delta_\varepsilon(x) := 1$로 놓으면, δ_ε은 [0, 1]에서 gauge이다. $\dot{\mathcal{P}}$가 [0, 1]의 δ_ε-미세 분할이면 $x_i - x_{i-1} \le 2\delta_\varepsilon(t_i)$이다. 단지 $S(H; \dot{\mathcal{P}})$가 0이 되지 않도록 기여하는 경우는 첨점이 $t_i = 1/k$일 때이고

$$0 < H(1/k)(x_i - x_{i-1}) = k \cdot (x_i - x_{i-1}) \le k \cdot \frac{2\varepsilon}{k2^{k+2}} = \frac{\varepsilon}{2^{k+1}}$$

이며, 각각의 그러한 첨점은 많아야 두 개의 부분구간에서 일어날 수 있으므로

$$0 \le S(H; \dot{\mathcal{P}}) < \sum_{k=1}^{\infty} \frac{\varepsilon}{2^k} = \varepsilon$$

을 얻는다. $\varepsilon > 0$은 임의이므로, $H \in \mathcal{R}^*[0, 1]$이고 $\int_0^1 H = 0$이다. ■

다음 결과는 정리 7.1.5와 정확히 닮았다.

10.1.5 정리 f와 g가 $\mathcal{R}^*[a, b]$에 속한다고 가정하자.

(a) $k \in \mathbb{R}$이면, 함수 kf는 $\mathcal{R}^*[a, b]$에 속하고 다음이 성립한다.

$$\int_a^b kf = k\int_a^b f.$$

(b) 함수 $f+g$는 $\mathcal{R}^*[a,b]$에 속하고 다음이 성립한다.

$$\int_a^b (f+g) = \int_a^b f + \int_a^b g.$$

(c) 만일 모든 $x \in [a,b]$에 대하여 $f(x) \le g(x)$이면 다음이 성립한다.

$$\int_a^b f \le \int_a^b g.$$

증명 (b) 주어진 $\varepsilon > 0$에 대하여 $\dot{\mathcal{P}}$가 $[a,b]$의 임의의 δ_ε-미세 분할이면

$$\left| S(f\,;\dot{\mathcal{P}}) - \int_a^b f \right| < \varepsilon/2, \quad \left| S(g;\dot{\mathcal{P}}) - \int_a^b g \right| < \varepsilon/2$$

을 만족하는 $[a,b]$에서 gauge δ_ε을 설정하기 위하여 유일성 정리 10.1.2의 증명에 있는 논의를 이용할 수 있다. $S(f+g;\dot{\mathcal{P}}) = S(f;\dot{\mathcal{P}}) + S(g;\dot{\mathcal{P}})$이므로, 정리 7.1.5(b)의 증명에서와 같이

$$\begin{aligned} \left| S(f+g;\dot{\mathcal{P}}) - \left(\int_a^b f + \int_a^b g\right) \right| &\le \left| S(f\,;\dot{\mathcal{P}}) - \int_a^b f \right| + \left| S(g;\dot{\mathcal{P}}) - \int_a^b g \right| \\ &< \varepsilon/2 + \varepsilon/2 = \varepsilon \end{aligned}$$

이 된다. $\varepsilon > 0$은 임의이므로, $f+g \in \mathcal{R}^*[a,b]$이고 이의 적분은 f와 g 적분들의 합이다.

(a)와 (c)의 증명도 유사하므로 독자에게 맡긴다. Q.E.D.

정리 7.1.6에서 주어진 것과 유사한 논의를 이용하여 $\mathcal{R}^*[a,b]$에 있는 함수가 반드시 유계이어야 함을 보일 수 있을 것으로 기대할지 모른다. 그러나 그것은 그 경우가 아니다. 사실 예 10.1.4(b)에서 $\mathcal{R}^*[0,1]$에 속하는 유계가 아닌 함수를 이미 보였고 나중에 다른 것과도 만날 것이다. 그러나 정리 7.1.6의 증명이 $\mathcal{R}^*[a,b]$에 속하는 함수에 대하여 어디에서 실패하는지를 정확히 결정하는 것은 독자에게 유익한 연습문제이다.

Cauchy 판정법

$\mathcal{R}^*[a,b]$에 속하는 함수들에 대하여 Cauchy 판정법과 유사한 형식이 존재한다. 이는 적분값을 알아야 할 필요가 없으므로 중요하다. 이의 증명은 근본적으로 7.2.1의 증명과 같다.

10.1.6 Cauchy 판정법 함수 $f:[a,b]\to\mathbb{R}$가 $\mathcal{R}^*[a,b]$에 속하기 위한 필요충분조건은 모

든 $\varepsilon > 0$에 대하여 $\dot{\mathcal{P}}$와 $\dot{\mathcal{Q}}$가 η_ε-미세한 $[a, b]$의 임의의 분할들이면

$$|S(f; \dot{\mathcal{P}}) - S(f; \dot{\mathcal{Q}})| < \varepsilon$$

이 되는 $[a, b]$에서 gauge η_ε이 존재하는 것이다.

증명 ($\Rightarrow$) 적분이 L인 $f \in \mathcal{R}^*[a, b]$일 때, $\delta_{\varepsilon/2}$을 $\dot{\mathcal{P}}$와 $\dot{\mathcal{Q}}$가 $[a, b]$의 $\delta_{\varepsilon/2}$-미세 분할이면

$$|S(f; \dot{\mathcal{P}}) - L| < \varepsilon/2, \quad |S(f; \dot{\mathcal{Q}}) - L| < \varepsilon/2$$

을 만족하는 $[a, b]$에서 gauge라 하자. $t \in [a, b]$에 대하여 $\eta_\varepsilon(t) := \delta_{\varepsilon/2}(t)$로 놓으면, $\dot{\mathcal{P}}$와 $\dot{\mathcal{Q}}$가 η_ε-미세할 때 다음이 성립한다.

$$\begin{aligned} |S(f; \dot{\mathcal{P}}) - S(f; \dot{\mathcal{Q}})| &\le |S(f; \dot{\mathcal{P}}) - L| + |L - S(f; \dot{\mathcal{Q}})| \\ &< \varepsilon/2 + \varepsilon/2 = \varepsilon. \end{aligned}$$

($\Leftarrow$) 각 $n \in \mathbb{N}$에 대하여 δ_n을 $\dot{\mathcal{P}}$와 $\dot{\mathcal{Q}}$가 δ_n-미세 분할들이면

$$|S(f; \dot{\mathcal{P}}) - S(f; \dot{\mathcal{Q}})| < 1/n$$

을 만족하는 $[a, b]$에서 gauge라 하자. 모든 $t \in [a, b]$와 $n \in \mathbb{N}$에 대하여 $\delta_n(t) \ge \delta_{n+1}(t)$로 가정해도 되고, 그렇지 않으면 δ_n을 모든 $t \in [a, b]$에 대하여 gauge $\delta_n'(t) := \min\{\delta_1(t), ..., \delta_n(t)\}$로 대체한다.

각 $n \in \mathbb{N}$에 대하여 $\dot{\mathcal{P}}_n$을 δ_n-미세 분할이라 하자. 명백히 $m > n$이면 $\dot{\mathcal{P}}_m$과 $\dot{\mathcal{P}}_n$ 모두 δ_n-미세하고, 따라서 $m > n$에 대하여 다음이 성립한다.

$$(2) \qquad |S(f; \dot{\mathcal{P}}_n) - S(f; \dot{\mathcal{P}}_m)| < 1/n.$$

그러므로 수열 $(S(f; \dot{\mathcal{P}}_m))_{m=1}^{\infty}$은 $\mathbb{R}$에서 Cauchy 수열이고, 따라서 이는 어떤 수 A로 수렴한다. $m \to \infty$로 (2)에서 극한으로 전환하면 모든 $n \in \mathbb{N}$에 대하여

$$|S(f; \dot{\mathcal{P}}_n) - A| \le 1/n$$

을 얻는다. A가 f의 일반 Riemann 적분임을 보이기 위하여 주어진 $\varepsilon > 0$에 대하여 $K \in \mathbb{N}$가 $K > 2/\varepsilon$를 만족한다고 하자. $\dot{\mathcal{Q}}$가 δ_K-미세 분할이면

$$\begin{aligned} |S(f; \dot{\mathcal{Q}}) - A| &\le |S(f; \dot{\mathcal{Q}}) - S(f; \dot{\mathcal{P}}_K)| + |S(f; \dot{\mathcal{P}}_K) - A| \\ &\le 1/K + 1/K < \varepsilon \end{aligned}$$

이다. $\varepsilon > 0$은 임의이므로, 적분이 A인 $f \in \mathcal{R}^*[a, b]$이다. Q.E.D.

10.1.7 조임정리 $f : [a, b] \to \mathbb{R}$라 하자. 그러면 $f \in \mathcal{R}^*[a, b]$이기 위한 필요충분조건은 모든 $\varepsilon > 0$에 대하여 모든 $x \in [a, b]$에서

$$\alpha_\varepsilon(x) \le f(x) \le \omega_\varepsilon(x)$$

이고

$$\int_a^b (\omega_\varepsilon - \alpha_\varepsilon) \le \varepsilon$$

이 되는 함수 α_ε과 ω_ε이 $\mathcal{R}^*[a, b]$에 존재하는 것이다.

이 결과의 증명은 정리 7.2.3의 증명과 정확히 닮았고 독자에게 맡길 것이다.

가법정리

이제 정리 7.2.9와 완전히 닮은 결과를 소개한다. 이의 증명은 그 정리의 증명에 대한 변형이지만 약간 기교적이므로 독자가 처음 공부할 때는 증명을 생략해도 좋다.

10.1.8 가법정리 $f : [a, b] \to \mathbb{R}$이고 $c \in (a, b)$라 하자. 그러면 $f \in \mathcal{R}^*[a, b]$이기 위한 필요충분조건은 $[a, c]$와 $[c, b]$로 f의 축소함수들이 일반 Riemann 적분가능한 것이다. 이 경우 다음이 성립한다.

(3)
$$\int_a^b f = \int_a^c f + \int_c^b f.$$

증명 ($\Leftarrow$) $[a, c]$로 f의 축소함수 f_1과 $[c, b]$로 f의 축소함수 f_2가 각각 L_1과 L_2로 일반 Riemann 적분가능하다고 가정하자. 그러면 주어진 $\varepsilon > 0$에 대하여 $\dot{\mathcal{P}}_1$이 $[a, c]$의 δ'-미세 분할이면 $|S(f_1; \dot{\mathcal{P}}_1) - L_1| < \varepsilon/2$이 되는 $[a, c]$에서 gauge δ'이 존재한다. 또한 $\dot{\mathcal{P}}_2$가 $[c, b]$의 δ''-미세 분할이면 $|S(f_2; \dot{\mathcal{P}}_2) - L_2| < \varepsilon/2$이 되는 $[c, b]$에서 gauge δ''이 존재한다.

이제 $[a, b]$에서 gauge δ_ε을 다음과 같이 정의한다.

$$\delta_\varepsilon(t) := \begin{cases} t \in [a, c)\text{에 대하여} & \min\{\delta'(t), \frac{1}{2}(c - t)\} \\ t = c\text{에 대하여} & \min\{\delta'(c), \delta''(c)\} \\ t \in (c, b]\text{에 대하여} & \min\{\delta''(t), \frac{1}{2}(t - c)\}. \end{cases}$$

(이 gauge는 임의의 δ_ε-미세 분할이 점 c를 포함하는 임의의 부분구간에 대한 첨점으로 c를 가져야 하는 성질을 갖는다.)

$\dot{\mathcal{Q}}$가 $[a, b]$의 임의의 δ_ε-미세 분할이면, 다음을 만족하는 $[a, c]$의 δ'-미세 분할 $\dot{\mathcal{Q}}_1$과 $[c, b]$의 δ''-미세 분할 $\dot{\mathcal{Q}}_2$가 존재함을 보일 것이다.

(4)
$$S(f; \dot{\mathcal{Q}}) = S(f_1; \dot{\mathcal{Q}}_1) + S(f_2; \dot{\mathcal{Q}}_2).$$

경우 (i) c가 $\dot{\mathcal{Q}}$의 분할점이면, 이는 $\dot{\mathcal{Q}}$의 두 부분구간에 속하고 이 부분구간들 모두에 대한 첨점이다. $\dot{\mathcal{Q}}_1$이 $[a, c]$에서 부분구간들을 갖는 $\dot{\mathcal{Q}}$의 일부분으로 구성되면, $\dot{\mathcal{Q}}_1$은 δ'-미세하다. 마찬가지로 $\dot{\mathcal{Q}}_2$가 $[c, b]$에서 부분구간들을 갖는 $\dot{\mathcal{Q}}$의 일부분으로 구성되면, $\dot{\mathcal{Q}}_2$는 δ''-미세하다. 이제 관계식 (4)는 명백하다.

경우 (ii) c가 $\dot{\mathcal{Q}} = \{(I_i, t_i)\}_{i=1}^m$에 있는 분할점이 아니면, 이는 $[x_{k-1}, x_k]$라고 하는 어떤 부분구간의 첨점이다. 쌍 $([x_{k-1}, x_k], c)$를 두 개의 쌍 $([x_{k-1}, c], c)$와 $([c, x_k], c)$로 대체하고, $\dot{\mathcal{Q}}_1$과 $\dot{\mathcal{Q}}_2$를 그렇게 한 $[a, c]$와 $[c, b]$의 첨점분할이라 하자. $f(c)(x_k - x_{k-1}) = f(c)(c - x_{k-1}) + f(c)(x_k - c)$이므로 관계식 (4) 역시 성립함을 보여준다.

어떤 경우든 식 (4)와 삼각부등식에 의하여 다음이 성립한다.

$$\begin{aligned} |S(f; \dot{\mathcal{Q}}) - (L_1 + L_2)| &= |(S(f; \dot{\mathcal{Q}}_1) + S(f; \dot{\mathcal{Q}}_2)) - (L_1 + L_2)| \\ &\le |S(f; \dot{\mathcal{Q}}_1) - L_1| + |S(f; \dot{\mathcal{Q}}_2) - L_2|. \end{aligned}$$

$\dot{\mathcal{Q}}_1$은 δ'-미세하고 $\dot{\mathcal{Q}}_2$는 δ''-미세하므로 다음과 같은 결론을 얻는다.

$$|S(f; \dot{\mathcal{Q}}) - (L_1 + L_2)| < \varepsilon.$$

$\varepsilon > 0$은 임의이므로, $f \in \mathcal{R}^*[a, b]$이고 (3)이 성립한다.

($\Rightarrow$) $f \in \mathcal{R}^*[a, b]$라 가정하고, 주어진 $\varepsilon > 0$에 대하여 gauge η_ε이 Cauchy 판정법을 만족한다고 하자. f_1을 $[a, c]$로 f의 축소함수라 하고 $\dot{\mathcal{P}}_1$과 $\dot{\mathcal{Q}}_1$을 $[a, c]$의 η_ε-미세 분할들이라 하자. 추가적인 분할점과 $[c, b]$의 첨점들을 더하여 $\dot{\mathcal{P}}_1$과 $\dot{\mathcal{Q}}_1$을 $[a, b]$의 η_ε-미세 분할 $\dot{\mathcal{P}}$와 $\dot{\mathcal{Q}}$로 확장할 수 있다. 만일 동일한 추가점과 $[c, b]$에 있는 $\dot{\mathcal{P}}$와 $\dot{\mathcal{Q}}$에 대한 첨점들을 이용하면 다음이 성립한다.

$$S(f; \dot{\mathcal{P}}) - S(f; \dot{\mathcal{Q}}) = S(f_1; \dot{\mathcal{P}}_1) - S(f_1; \dot{\mathcal{Q}}_1).$$

$\dot{\mathcal{P}}$와 $\dot{\mathcal{Q}}$가 모두 η_ε-미세하므로 $|S(f_1; \dot{\mathcal{P}}_1) - S(f_1; \dot{\mathcal{Q}}_1)| < \varepsilon$ 역시 성립한다. 따라서 Cauchy 판정법이 $[a, c]$로 f의 축소함수 f_1이 $\mathcal{R}^*[a, c]$에 속함을 보여준다. 마찬가지로 $[c, d]$로 f의 축소함수 f_2도 $\mathcal{R}^*[c, d]$에 속한다.

이제 정리의 첫 번째 부분으로부터 식 (3)이 된다. Q.E.D.

7.2.10−7.2.13과 정확히 닮은 결과들이 일반 Riemann 적분에 대해서도 성립함을 보이는 것은 쉽다. 그 명제들은 독자에게 맡기지만 결과들을 자유롭게 이용할 것이다.

기본정리(제1형식)

이제 일반 Riemann 적분에 대한 기본정리의 형식을 소개할 것이다. 제1형식이

(보통의) Riemann 적분에 대해서보다 **의미심장할 정도로** 더 강함을 알게 될 것이다. 사실 임의의 함수의 도함수가 자동적으로 $\mathcal{R}^*[a, b]$에 속하는 것을 보일 것이다. 따라서 함수의 적분가능성이 가정이라기보다는 결론이 된다.

10.1.9 미적분학의 기본정리(제1형식) $[a, b]$에 포함되는 **가산**집합 E가 존재하고 함수 $f, F : [a, b] \to \mathbb{R}$가 다음을 만족한다고 가정하자.

(a) F는 $[a, b]$에서 연속이다.

(b) 모든 $x \in [a, b] \setminus E$에 대하여 $F'(x) = f(x)$이다.

그러면 f는 $\mathcal{R}^*[a, b]$에 속하고 다음이 성립한다.

$$\int_a^b f = F(b) - F(a). \tag{5}$$

증명 $E = \emptyset$인 경우에 대하여 정리를 증명할 것이고 일반적인 경우는 연습문제에서 다루도록 남겨둔다.

따라서 모든 $x \in [a, b]$에 대하여 (b)가 성립한다고 가정하자. $f \in \mathcal{R}^*[a, b]$임을 보이고자 하므로 주어진 $\varepsilon > 0$에 대하여 gauge δ_ε의 설정이 필요한데, 이를 $[a, b]$에서 F의 미분가능성을 이용하여 설정할 것이다. 만일 $t \in [a, b] \setminus E$이면 도함수 $f(t) = F'(t)$가 존재하므로, $0 < |z - t| \le \delta_\varepsilon(t)$, $z \in [a, b]$이면 다음이 성립하는 $\delta_\varepsilon(t) > 0$가 존재한다.

$$\left| \frac{F(z) - F(t)}{z - t} - f(t) \right| < \tfrac{1}{2}\varepsilon.$$

이 부등식에 $|z - t|$을 곱하여 $z \in [t - \delta_\varepsilon(t), t + \delta_\varepsilon(t)] \cap [a, b]$이기만 하면

$$|F(z) - F(t) - f(t)(z - t)| \le \tfrac{1}{2}\varepsilon|z - t|$$

을 얻는다. 함수 δ_ε이 요구하는 gauge이다.

이제 $u < v$인 $u, v \in [a, b]$가 $t \in [u, v] \subseteq [t - \delta_\varepsilon(t), t + \delta_\varepsilon(t)]$를 만족한다고 하자. 항 $F(t) - f(t) \cdot t$를 빼고 더하여 삼각부등식과 $v - t \ge 0$이고 $t - u \ge 0$인 사실을 이용하여

$$\begin{aligned} &|F(v) - F(u) - f(t)(v - u)| \\ &\le |F(v) - F(t) - f(t)(v - t)| + |F(t) - F(u) - f(t)(t - u)| \\ &\le \tfrac{1}{2}\varepsilon(v - t) + \tfrac{1}{2}\varepsilon(t - u) = \tfrac{1}{2}\varepsilon(v - u) \end{aligned}$$

를 얻는다. 따라서 $t \in [u, v] \subseteq [t - \delta_\varepsilon(t), t + \delta_\varepsilon(t)]$이면 다음이 된다.

$$|F(v) - F(u) - f(t)(v - u)| \le \tfrac{1}{2}\varepsilon(v - u). \tag{6}$$

적분이 다음과 같이 앞뒤 항이 서로 삭제되는 합으로 주어지는 $f \in \mathcal{R}^*[a, b]$임을 보일 것이다.

$$(7) \qquad F(b) - F(a) = \sum_{i=1}^{n} \{F(x_i) - F(x_{i-1})\}.$$

분할 $\dot{\mathcal{P}} := \{([x_{i-1}, x_i], t_i)\}_{i=1}^{n}$가 δ_ε-미세하면 $i = 1, ..., n$에 대하여

$$t_i \in [x_{i-1}, x_i] \subseteq [t_i - \delta_\varepsilon(t_i), t_i + \delta_\varepsilon(t_i)]$$

이고, 따라서 (7)과 삼각부등식, 그리고 (6)을 이용하여 다음을 얻을 수 있다.

$$\begin{aligned} |F(b) - F(a) - S(f; \dot{\mathcal{P}})| &= \left| \sum_{i=1}^{n} \{F(x_i) - F(x_{i-1}) - f(t_i)(x_i - x_{i-1})\} \right| \\ &\le \sum_{i=1}^{n} |F(x_i) - F(x_{i-1}) - f(t_i)(x_i - x_{i-1})| \\ &\le \sum_{i=1}^{n} \tfrac{1}{2}\varepsilon(x_i - x_{i-1}) < \varepsilon(b - a). \end{aligned}$$

$\varepsilon > 0$은 임의이므로, $f \in \mathcal{R}^*[a, b]$이고 (5)가 성립한다. Q.E.D.

10.1.10 예 **(a)** $x \in [0, b]$에 대하여 $H(x) := 2\sqrt{x}$이면, H는 $[0, b]$에서 연속이고 $x \in (0, b]$에 대하여 $H'(x) = 1/\sqrt{x}$이다. $x \in (0, b]$에 대하여 $h(x) := H'(x)$로, $h(0) := 0$으로 정의한다. $E := \{0\}$이면, 기본정리 10.1.9에 의하여 h는 $\mathcal{R}^*[0, b]$에 속하고 $\int_0^b h = H(b) - H(0) = H(b)$이며 이를 다음과 같이 쓴다.

$$\int_0^b \frac{1}{\sqrt{x}}\, dx = 2\sqrt{b}.$$

(b) 보다 더 일반적으로 $\alpha > 0$이면, $x \in (0, b]$에 대하여 $H_\alpha(x) := x^\alpha/\alpha = e^{\alpha \ln x}/\alpha$이라 하고 $H_\alpha(0) := 0$이라 하자. 그러면 H_α는 $[0, b]$에서 연속이고 모든 $x \in (0, b]$에 대하여 $H'_\alpha(x) = x^{\alpha-1}$이다. 8.3.10과 8.3.13을 보라. $x \in (0, b]$에 대하여 $h_\alpha(x) := H'_\alpha(x)$로, $h_\alpha(0) := 0$으로 정의하자.

그러면 정리 10.1.9에 의하여 $h_\alpha \in \mathcal{R}^*[0, b]$이고 $\int_0^b h_\alpha = H_\alpha(b) - H_\alpha(0) = H_\alpha(b)$이며, 이를 다음과 같이 쓴다.

$$\int_0^b x^{\alpha-1}\, dx = \frac{b^\alpha}{\alpha}.$$

(c) $x \in (0, b]$에 대하여 $L(x) := x \ln x - x$이고 $L(0) := 0$이라 하자. 그러면 L은 $[0, b]$에서 연속이고($x = 0$에서 L'Hospital의 법칙을 이용하라) $x \in (0, b]$에 대하여 $L'(x) = \ln x$임을 알 수 있다.

정리 10.1.9에 의하여 $E = \{0\}$이면, $x \in (0, b]$에 대하여 $l(x) := \ln x$이고 $l(0) := 0$인 유계가 아닌 함수 $l(x)$는 $\mathcal{R}^*[0, b]$에 속하고 $\int_0^b l = L(b) - L(0)$이며, 이를 다음과 같이 쓴다.

$$\int_0^b \ln x \, dx = b \ln b - b.$$

(d) $x \in [-1, 1]$에 대하여 $A(x) := \text{Arcsin}\, x$라 하면, A는 $[-1, 1]$에서 연속이고 $x \in (-1, 1)$에 대하여 $A'(x) = 1/\sqrt{1-x^2}$ 이다. $x \in (-1, 1)$에 대하여 $s(x) := A'(x)$로 정의하고 $s(-1) = s(1) := 0$이라 하자.

그러면 정리 10.1.9에 의하여 $E = \{-1, 1\}$이면 $s \in \mathcal{R}^*[-1, 1]$이고 $\int_{-1}^1 s = A(1) - A(-1) = \pi$이며, 이를 다음과 같이 쓴다.

$$\int_{-1}^1 \frac{dx}{\sqrt{1-x^2}} = \text{Arcsin}\, 1 - \text{Arcsin}(-1) = \pi.$$ ■

기본정리(제2형식)

이제 기본정리의 제2형식으로 돌아간다. 여기서 $z \in [a, b]$에 대하여

$$F(z) := \int_a^z f(x)\, dx \tag{8}$$

로 정의되는 f의 **부정적분**(indefinite integral) F를 미분하고자 한다.

10.1.11 미적분의 기본정리(제2형식) f가 $\mathcal{R}^*[a, b]$에 속한다고 하고 F를 f의 부정적분이라 하자. 그러면 다음을 얻는다.

(a) F는 $[a, b]$에서 연속이다.

(b) F가 $x \in [a, b] \setminus Z$에서 미분가능하고 $F'(x) = f(x)$인 영집합 Z가 존재한다.

(c) f가 $c \in [a, b]$에서 연속이면 $F'(c) = f(c)$이다.

증명 (a)와 (b)의 증명을 [MTI]에서 볼 수 있다. (c)의 증명은 정리 10.1.5(c)와 10.1.8을 이용하는 것을 제외하면 정리 7.3.5의 증명과 꼭 같다. Q.E.D.

결론 (b)를 다음과 같이 다시 기술할 수 있다. f의 부정적분 F는 $[a, b]$의 거의 모든 점에서 f로 미분가능하다.

치환정리

기본정리 10.1.9의 단순화를 고려하여 "치환공식"이 정당화되도록 정리를 개선할

수 있다. 다음 결과는 정리 7.3.8의 상당한 강화이다. 독자는 $E_f = E_\varphi = E = \emptyset$인 경우에 그 가설들을 다 써 보아야 할 것이다.

10.1.12 치환정리 **(a)** $I := [a, b]$, $J := [\alpha, \beta]$라 하고 $F : I \to \mathbb{R}$와 $\varphi : J \to \mathbb{R}$를 $\varphi(J) \subseteq I$인 연속함수라 하자.

(b) $x \in I \setminus E_f$에 대하여 $f(x) = F'(x)$이고 $t \in J \setminus E_\varphi$에 대하여 $\varphi'(t)$가 존재하며, $E := \varphi^{-1}(E_f) \cup E_\varphi$가 가산이 되는 집합 $E_f \subset I$와 $E_\varphi \subset J$가 존재한다고 가정하자.

(c) $x \in E_f$에 대하여 $f(x) := 0$으로 놓고 $t \in E_\varphi$에 대하여 $\varphi'(t) := 0$으로 놓아라.

그러면 $f \in \mathcal{R}^*(\varphi(J))$이고 $(f \circ \varphi) \cdot \varphi' \in \mathcal{R}^*(J)$이며 다음이 성립한다.

$$\int_\alpha^\beta (f \circ \varphi) \cdot \varphi' = F \circ \varphi \Big|_\alpha^\beta = \int_{\varphi(\alpha)}^{\varphi(\beta)} f. \tag{9}$$

증명 φ가 J에서 연속이므로, 정리 5.3.9에 의하여 $\varphi(J)$는 I에 포함되는 폐구간이다. 또한 $\varphi^{-1}(E_f)$가 가산이므로 $E_f \cap \varphi(J) = \varphi(\varphi^{-1}(E_f))$ 역시 가산이다. 모든 $x \in \varphi(J) \setminus E_f$에 대하여 $f(x) = F'(x)$이므로, 기본정리 10.1.9에 의하여 $f \in \mathcal{R}^*(\varphi(J))$이고 다음이 성립한다.

$$\int_{\varphi(\alpha)}^{\varphi(\beta)} f = F \Big|_{\varphi(\alpha)}^{\varphi(\beta)} = F(\varphi(\beta)) - F(\varphi(\alpha)).$$

$t \in J \setminus E$이면, $t \in J \setminus E\varphi$이고 $\varphi(t) \in I \setminus E_f$이다. 따라서 연쇄법칙 6.1.6에 의하면 $t \in J \setminus E$에 대하여

$$(F \circ \varphi)'(t) = f(\varphi(t)) \cdot \varphi'(t)$$

이다. E가 가산이므로, 기본정리에 의하여 $(f \circ \varphi) \cdot \varphi' \in \mathcal{R}^*(J)$이고 다음이 성립한다.

$$\int_\alpha^\beta (f \circ \varphi) \cdot \varphi' = F \circ \varphi \Big|_\alpha^\beta = F(\varphi(\beta)) - F(\varphi(\alpha)).$$

결론은 이들 두 항을 식으로 나타내면 된다. Q.E.D.

10.1.13 예 **(a)** 적분 $\displaystyle\int_0^4 \frac{\cos\sqrt{t}}{\sqrt{t}}\, dt$를 고찰하자.

$t \to 0+$일 때 피적분함수는 유계가 아니므로 적분의 존재에 대한 어떤 의구심이 생긴다. 또한 연습문제 7.3.19(b)에서 $\varphi(t) := \sqrt{t}$로는 정리 7.3.8을 이용할 수 없음을 보였다. 그렇지만 정리 10.1.12를 적용한다.

사실 이 치환은 $t \in (0, 4]$에 대하여 $\varphi'(t) = 1/(2\sqrt{t})$이고, $\varphi'(0) := 0$으로 놓는다. $F(x) := 2\sin x$로 두면 $f(x) = F'(x) = 2\cos x$이고 피적분함수는 $t \neq 0$에 대하여 다음과 같은 형식을 갖는다.

$$f(\varphi(t)) \cdot \varphi'(t) = (2\cos\sqrt{t})\left(\frac{1}{2\sqrt{t}}\right).$$

따라서 $E_\varphi := \{0\}$, $E_f := \emptyset$, $E := \{0\}$이면 치환적분 10.1.12에 의하여 다음이 된다.

$$\int_{t=0}^{t=4} \frac{\cos\sqrt{t}}{\sqrt{t}}\,dt = \int_{x=0}^{x=2} 2\cos x\,dx = 2\sin 2.$$

(b) 적분 $\int_0^1 \frac{dt}{\sqrt{t-t^2}} = \int_0^1 \frac{dt}{\sqrt{t}\sqrt{1-t}}$를 고찰하자.

피적분함수가 $t \to 0+$이고 $t \to 1-$이면 유계가 아님에 주목하라. (a)에서와 같이 $t \in [0, 1]$에 대하여 $x = \varphi(t) := \sqrt{t}$라 하면 $t \in (0, 1]$에 대하여 $\varphi'(t) = 1/(2\sqrt{t})$이다. $\sqrt{1-t} = \sqrt{1-x^2}$이므로 피적분함수는

$$\frac{2}{\sqrt{1-t}} \cdot \frac{1}{2\sqrt{t}} = \frac{2}{\sqrt{1-x^2}} \cdot \varphi'(t)$$

의 형태를 취하고, 이는 $x \neq 1$에 대하여 $f(x) = 2/\sqrt{1-x^2}$이기를 제안한다. 그래서 $x \in [0, 1)$에 대하여

$$\frac{2}{\sqrt{1-x^2}} = F'(x) = (2\,\mathrm{Arcsin}\,x)'$$

이 되어, $x \in [0, 1]$에 대하여 $F(x) := 2\,\mathrm{Arcsin}\,x$를 택하게 해준다. 그러므로 $E_\varphi = \{0\}$과 $E_f = \{1\}$을 얻고, 따라서 $E = \{0, 1\}$이며 치환정리에 의하여 다음을 얻는다.

$$\int_{t=0}^{t=1} \frac{dt}{\sqrt{t}\sqrt{1-t}} = \int_{x=0}^{x=1} \frac{2dx}{\sqrt{1-x^2}} = 2\,\mathrm{Arcsin}\,x\Big|_0^1 = 2\,\mathrm{Arc}\sin 1 = \pi.$$ ■

치환정리의 다른 공식들이 [MTI]에 소개되어 있다.

곱의 정리

정리 7.3.16에서 두 Riemann 적분가능함수의 곱이 Riemann 적분가능함을 알았다. 그러한 결과는 일반 Riemann 적분가능함수들에 대해서는 참이 아니다. 연습문제 18과 20을 보라. 그러나 정리를 종종 유용한 방향으로 기술할 것이다. 이의 증명은 [MTI]에서 볼 수 있다.

10.1.14 곱의 정리 $f \in \mathcal{R}^*[a, b]$이고 g가 $[a, b]$에서 단조함수이면, 곱 $f \cdot g$는 $\mathcal{R}^*[a, b]$에 속한다.

부분적분법

부분적분법에 대한 다음과 같은 공식화가 유익하다.

10.1.15 부분적분법 정리 F와 G가 $[a, b]$에서 미분가능하다고 하자. 그러면 $F'G$가 $\mathcal{R}^*[a, b]$에 속하기 위한 필요충분조건은 FG'이 $\mathcal{R}^*[a, b]$에 속하는 것이다. 이 경우 다음을 얻는다.

$$\int_a^b F'G = FG\Big|_a^b - \int_a^b FG'. \tag{10}$$

증명은 정리 6.1.3(c)를 이용하는데, 이는 독자에게 맡긴다. 응용들에서 보통은 모든 $x \in [a, b]$에 대하여 $F'(x) = f(x)$이고 $G'(x) = g(x)$이다. 함수 $fG = F'G$와 $Fg = FG'$ 중 하나가 $\mathcal{R}^*[a, b]$에 속한다는 가정이 필요하다는 것에 주목해야 할 것이다.

독자는 정리 7.3.18과 다음 결과를 대조해야 할 것이다. $f^{(n+1)}$의 적분가능성을 가정할 필요가 없음에 주목하라.

10.1.16 Taylor 정리 $f, f', f'', ..., f^{(n)}$와 $f^{(n+1)}$가 $[a, b]$에서 존재한다고 가정하자. 그러면

$$f(b) = f(a) + \frac{f'(a)}{1!}(b-a) + \cdots + \frac{f^{(n)}(a)}{n!}(b-a)^n + R_n \tag{11}$$

이고, 여기서 나머지는 다음과 같이 주어진다.

$$R_n = \frac{1}{n!}\int_a^b f^{(n+1)}(t) \cdot (b-t)^n \, dt. \tag{12}$$

증명 $f^{(n+1)}$가 도함수이므로, 이는 $\mathcal{R}^*[a, b]$에 속한다. 더욱이 $t \mapsto (b-t)^n$이 $[a, b]$에서 단조이므로, 곱의 정리 10.1.14에 의하여 (12)에 있는 적분이 존재한다. 부분적분법을 반복적으로 시행하여 (11)을 얻는다. Q.E.D.

연습문제 10.1

1. δ를 $[a, b]$에서 gauge라 하고 $\dot{\mathcal{P}} = \{([x_{i-1}, x_i], t_i)\}_{i=1}^n$를 $[a, b]$의 δ-미세 분할이라 하자.

(a) $i = 1, \cdots, n$에 대하여 $0 < x_i - x_{i-1} \le 2\delta(t_i)$임을 보여라.

(b) $\delta^* := \sup\{\delta(t) : t \in [a, b]\} < \infty$이면 $\|\dot{\mathcal{P}}\| \le 2\delta^*$임을 보여라.

(c) $\delta_* := \inf\{\delta(t) : t \in [a, b]\}$가 $\delta_* > 0$을 만족하고 $\dot{\mathcal{Q}}$가 $\|\dot{\mathcal{Q}}\| \le \delta_*$인 $[a, b]$의 첨점 분할이면, $\dot{\mathcal{Q}}$가 δ-미세함을 보여라.

(d) $\varepsilon = 1$이면, 예 10.1.4(a)의 gauge δ_1이 $\inf\{\delta_1(t) : t \in [0, 1]\} = 0$인 성질을 갖는다. 이를 보여라.

2. (a) $\dot{\mathcal{P}}$가 $[a, b]$의 첨점분할이면, 각 첨점이 기껏해야 $\dot{\mathcal{P}}$의 두 부분구간에 속할 수 있음을 보여라.

(b) 모든 첨점이 정확히 두 부분구간에 속하는 첨점분할이 존재하는가?

3. δ를 $[a, b]$에서 gauge라 하고 $\dot{\mathcal{P}}$를 $[a, b]$의 δ-미세 분할이라 하자.

(a) (i) 어떤 첨점도 $\dot{\mathcal{Q}}_1$의 두 부분구간에 속하지 않고 (ii) $[a, b]$에서 임의의 함수 f에 대하여 $S(f; \dot{\mathcal{Q}}_1) = S(f; \dot{\mathcal{P}})$가 되는 δ-미세 분할 $\dot{\mathcal{Q}}_1$이 존재함을 보여라.

(b) (j) 모든 첨점이 $\dot{\mathcal{Q}}_2$의 모든 두 부분구간에 속하고 (jj) $[a, b]$에서 임의의 함수 f에 대하여 $S(f; \dot{\mathcal{Q}}_2) = S(f; \dot{\mathcal{P}})$가 되는 δ-미세 분할 $\dot{\mathcal{Q}}_2$가 존재하는가?

(c) (k) 모든 첨점이 부분구간의 끝점이고 (kk) $[a, b]$에서 임의의 함수 f에 대하여 $S(f; \dot{\mathcal{Q}}_3) = S(f; \dot{\mathcal{P}})$가 되는 δ-미세 분할 $\dot{\mathcal{Q}}_3$가 존재함을 보여라.

4. $[0, 2]$에서 δ가 $t \ne 1$에 대하여 $\delta(t) := \frac{1}{2}|t - 1|$으로, $\delta(1) := 0.01$로 정의되면, $[0, 2]$의 모든 δ-미세 분할 $\dot{\mathcal{P}}$는 적어도 하나의 부분구간에 대한 첨점으로 $t = 1$을 가지는 것과 첨점으로 1을 갖는 $\dot{\mathcal{P}}$의 부분구간의 총 길이가 ≤ 0.02임을 보여라.

5. (a) 수 1, 2, 3을 구간 $[0, 4]$의 임의의 δ-미세 분할의 첨점이 되게 하는 $[0, 4]$에서 gauge δ를 설정하여라.

(b) $[0, 4]$에서 주어진 gauge δ_1에 대하여 $[0, 4]$의 모든 δ_2-미세 분할이 (i) 그의 첨점의 집합에서 수 1, 2, 3을 갖고 (ii) δ_1-미세한 gauge δ_2를 설정하여라.

6. 적분이 L로 $f \in \mathcal{R}^*[a, b]$이기 위한 필요충분조건은 모든 $\varepsilon > 0$에 대하여 $\dot{\mathcal{P}} = \{([x_{i-1}, x_i], t_i)\}_{i=1}^{n}$가 $i = 1, ..., n$에 대하여 $0 < x_i - x_{i-1} \le \gamma_\varepsilon(t_i)$인 임의의 첨점분할이면 $|S(f; \dot{\mathcal{P}}) - L| < \varepsilon$이 되는 $[a, b]$에서 gauge γ_ε이 존재하는 것임을 보여라(이는 일반 Riemann 적분을 정의하는 다른 −그러나 동치인−방법을 제공한다).

7. $[0, 1]$에서 연속이고 어떤 유한집합 E_k에 대한 $x \in [0, 1] \setminus E_k$에 대하여 $F_k'(x) = f_k(x)$가 되는 함수 F_k를 구함으로써 다음 함수들이 $\mathcal{R}^*[0, 1]$에 속함을 보여라.

(a) $x \in (0, 1]$에 대하여 $f_1(x) := (x + 1)/\sqrt{x}$이고 $f_1(0) := 0$이다.

(b) $x \in [0, 1)$에 대하여 $f_2(x) := x/\sqrt{1 - x}$이고 $f_2(1) := 0$이다.

(c) $x \in (0, 1]$에 대하여 $f_3(x) := \sqrt{x}\ln x$이고 $f_3(0) := 0$이다.

(d) $x \in (0, 1]$에 대하여 $f_4(x) := (\ln x)/\sqrt{x}$이고 $f_4(0) := 0$이다.

(e) $x \in [0, 1)$에 대하여 $f_5(x) := \sqrt{(1 + x)/(1 - x)}$이고 $f_5(1) := 0$이다.

(f) $x \in (0, 1]$에 대하여 $f_6(x) := 1/(\sqrt{x}\sqrt{2 - x})$이고 $f_6(0) := 0$이다.

8. $\mathcal{R}^*[a, b]$의 함수가 유계임을 보이는 데 왜 정리 7.1.6의 논의를 적용하지 않는지 설명하여라.

9. $x \in (0, 1]$에 대하여 $f(x) := 1/x$이고 $f(0) := 0$이라 하면 f는 $x = 0$을 제외한 모두에서 연속이다. f가 $\mathcal{R}^*[0, 1]$에 속하지 않음을 보여라. [힌트: f를 $(1/2, 1]$에서 $s_n(x) := 1$, $(1/3, 1/2]$에서 $s_n(x) := 2$, $(1/4, 1/3]$에서 $s_n(x) := 3$, ..., $[0, 1/n]$에서 $s_n(x) := n$과 비교하여라.]

10. $k : [0, 1] \to \mathbb{R}$가 $x \in [0, 1]$가 0 또는 무리수이면 $k(x) := 0$으로, $m, n \in \mathbb{N}$이 1 이외의 공통인수를 갖지 않으면 $k(m/n) := n$으로 정의된다고 하자. 적분이 0인 $k \in \mathcal{R}^*[0, 1]$임을 보여라. 또한 k가 임의의 점에서 연속이 아니고 $c < d$인 임의의 부분구간 $[c, d]$에서 유계가 아님을 보여라.

11. f를 $[0, 1]$에서 Dirichlet의 함수라 하고 모든 $x \in [0, 1]$에 대하여 $F(x) := 0$이라 하자. 모든 $x \in [0, 1] \setminus \mathbb{Q}$에 대하여 $F'(x) = f(x)$이므로, 기본정리 10.1.9에 의하여 $f \in \mathcal{R}^*[0, 1]$임을 보여라.

12. $x \neq 0$에 대하여 $M(x) := \ln|x|$이고 $M(0) := 0$이라 하자. 모든 $x \neq 0$에 대하여 $M'(x) = 1/x$임을 보여라. 왜 이에 의하여 $\int_{-2}^{2}(1/x)\,dx = \ln|-2| - \ln 2 = 0$이 되지 않는지를 설명하여라.

13. $x \neq 0$에 대하여 $L_1(x) := x\ln|x| - x$이고 $L_1(0) := 0$이며, $x \neq 0$이면 $l_1(x) := \ln|x|$이고 $l_1(0) := 0$이라 하자. $[a, b]$가 구간이면, $l_1 \in \mathcal{R}^*[a, b]$이고 $\int_a^b \ln|x|\,dx = L_1(b) - L_1(a)$임을 보여라.

14. $E := \{c_1, c_2, ...\}$이라 하자. 또 F가 $[a, b]$에서 연속이고 $x \in [a, b] \setminus E$에 대하여 $F'(x) = f(x)$이며 $f(c_k) := 0$이라 하자. $f \in \mathcal{R}^*[a, b]$이고 식 (5)가 성립함을 보이고자 한다.

(a) 주어진 $\varepsilon > 0$과 $t \in [a, b] \setminus E$에 대하여 $\delta_\varepsilon(t)$를 10.1.9의 증명에서와 같이 정의하자. $|z - c_k| < \delta_\varepsilon(c_k)$이고 $z \in [a, b]$이면 $|F(z) - F(c_k)| < \varepsilon/2^{k+2}$이 되도록 $\delta_\varepsilon(c_k) > 0$를 선택하라.

(b) 분할 $\dot{\mathcal{P}}$가 δ_ε-미세하고 첨점 $t_i = c_k$를 가지면 $|F(x_i) - F(x_{i-1}) - f(c_k)(x_i - x_{i-1})| < \varepsilon/2^{k+1}$임을 보여라.

(c) $|S(f; \dot{\mathcal{P}}) - (F(b) - F(a))| < \varepsilon(b - a + 1)$을 얻기 위하여 10.1.9의 논의를 이용하라.

15. $x \in (0, 1]$에 대하여 $g_1(x) := x^{-1/2}\sin(1/x)$이고 $g_1(0) := 0$인 함수가 $\mathcal{R}^*[0, 1]$에 속함을 보여라. [힌트: $x \in (0, 1]$에 대한 $C_1(x) := x^{3/2}\cos(1/x)$을 미분하고, 그리고 $C_1(0) := 0$이다.]

16. $x \in (0, 1]$에 대하여 $g_2(x) := (1/x)\sin(1/x)$이고 $g_2(0) := 0$인 함수는 $\mathcal{R}^*[0, 1]$에 속함을 보여라. [힌트: $x \in (0, 1]$에 대하여 $C_2(x) := x\cos(1/x)$을 미분하고 $C_2(0) := 0$이며, 그리고 연습문제 7.2.12에 대응되는 cosine 함수에 대한 결과를 이용하라.]

17. 치환정리 10.1.12를 이용하여 다음 적분들을 계산하여라.

(a) $\int_{-3}^{3}(2t+1)\,\text{sgn}(t^2+t-2)\,dt = 6$ (b) $\int_0^4 \frac{\sqrt{t}\,dt}{1+\sqrt{t}}$

(c) $\int_1^5 \frac{dt}{t\sqrt{t-1}} = 2\,\text{Arctan}\,2$ (d) $\int_0^1 \sqrt{1-t^2}\,dt$

18. f^2이 $\mathcal{R}^*[0, 1]$에 속하지 않는 함수 $f \in \mathcal{R}^*[0, 1]$의 예를 들어라.

19. $x \in (0, 1]$에 대하여 $F(x) := x\cos(\pi/x)$이고 $F(0) := 0$이라 하자. $f := F' \in \mathcal{R}^*[0, 1]$이지만 $|f| = |F'| \notin \mathcal{R}^*[0, 1]$임을 보일 것이다(여기서 $f(0) := 0$이다).

(a) F'과 $|F'|$이 임의의 구간 $[c, 1]$, $0 < c < 1$에서 연속이고 $f \in \mathcal{R}^*[0, 1]$임을 보여라.

(b) $k \in \mathbb{N}$에 대하여 $a_k := 2/(2k+1)$이고 $b_k := 1/k$이면, 구간들 $[a_k, b_k]$는 겹치지 않고 $1/k \le \int_{a_k}^{b_k}|f|$이다.

(c) 급수 $\sum_{k=1}^{\infty} 1/k$이 발산하므로 $|f| \notin \mathcal{R}^*[0, 1]$이다.

20. f가 문제 19에서와 같다고 하고, $x \in [a_k, b_k]$$(k \in \mathbb{N})$에 대하여 $m(x) := (-1)^k$이며 $[0, 1]$의 다른 점에서는 $m(x) := 0$이라 하자. $m \cdot f = |m \cdot f|$임을 보여라. 연습문제 7.2.11을 이용하여 유계함수 m과 $|m|$이 $\mathcal{R}[0, 1]$에 속함을 보여라. $\mathcal{R}^*[0, 1]$에 속하는 한 함수와 $\mathcal{R}[0, 1]$에 속하는 유계함수와의 곱이 $\mathcal{R}^*[0, 1]$에 속하지 않을 수도 있음을 추정하여라.

21. $x \in (0, 1]$에 대하여 $\Phi(x) := x|\cos(\pi/x)|$이고 $\Phi(0) := 0$이라 하자. 그러면 Φ는 $[0, 1]$에서 연속이고 $a_k := 2/(2k+1)$일 때 $x \notin E := \{0\} \cup \{a_k : k \in \mathbb{N}\}$에 대하여 $\Phi'(x)$가 존재한다. $x \notin E$에 대하여 $\varphi(x) := \Phi'(x)$이고 $x \in E$에 대하여 $\varphi(x) := 0$이라 하자. φ가 $[0, 1]$에서 유계가 아님을 보여라. E가 가산일 때, 기본정리 10.1.9를 이용하여 $\varphi \in \mathcal{R}^*[0, 1]$이고 $a, b \in [0, 1]$에 대하여 $\int_a^b \varphi = \Phi(b) - \Phi(a)$임을 추정하여라. 문제 19에서와 같이 $|\varphi| \notin \mathcal{R}^*[0, 1]$임을 보여라.

22. $x \in (0, 1]$에 대하여 $\Psi(x) := x^2|\cos(\pi/x)|$이고 $\Psi(0) := 0$이라 하자. 그러면 Ψ가 $[0, 1]$에서 연속이고 $x \notin E_1 := \{a_k\}$에 대하여 $\Psi'(x)$가 존재한다. $x \notin E_1$에 대하여 $\psi(x) := \Psi'(x)$로, $x \in E_1$에 대하여 $\psi(x) := 0$으로 정의하자. ψ가 $[0, 1]$에서 유계이고 (연습문제 7.2.11을 이용하여) $\psi \in \mathcal{R}[0, 1]$임을 보여라. $a, b \in [0, 1]$에 대하여 $\int_a^b \psi = \Psi(b) - \Psi(a)$임을 보여라. 또 $|\psi| \in \mathcal{R}[0, 1]$임을 보여라.

23. $f : [a, b] \to \mathbb{R}$가 연속이고 $p \in \mathcal{R}^*[a, b]$가 $[a, b]$에서 부호가 바뀌지 않으며 $fp \in \mathcal{R}^*[a, b]$이면, $\int_a^b fp = f(\xi)\int_a^b p$가 되는 $\xi \in [a, b]$가 존재한다(이는 연습문제 7.2.16의 일반화이다. 이를 적분에 대한 **제1평균값 정리**라 한다).

24. $f \in \mathcal{R}^*[a, b]$라 하고 g를 $[a, b]$에서 단조함수라 하자. 그리고 $f \ge 0$이라 가정하자. 그러면 $\int_a^b fg = g(a)\int_a^{\xi} f + g(b)\int_{\xi}^b f$가 되는 $\xi \in [a, b]$가 존재한다(이는 적분에 대한 **제2평균값 정리**의 형태이다).

10.2 이상적분과 Lebesgue 적분

정리 7.1.6에서 $\mathcal{R}[a, b]$에 속하는 함수 f는 $[a, b]$에서 유계이어야 한다는 것을 알았다(비록 $\mathcal{R}^*[a, b]$에 속하는 함수인 경우는 유계일 필요가 없지만). $[a, b]$에 속하는 점 c에서 무한극한을 갖거나 그런 점에서 심하게 진동하는 어떤 함수를 적분하기 위하여 끝점이 점 c로 접근하는 부분구간에서 적분의 극한을 취하는 것을 미적분학에서 배웠다.

예를 들면, $x \in (0, 1]$에 대하여 $h(x) := 1/\sqrt{x}$이고 $h(0) := 0$인 함수는 $[0, 1]$의 **왼쪽** 끝점 근방에서 유계가 아니다. 그러나 이것은 모든 $\gamma \in (0, 1]$에 대하여 $\mathcal{R}[\gamma, 1]$에 속하고 $[0, 1]$에서 h의 "이상 Riemann 적분(improper Riemann integral)"을 다음과 같은 극한으로 정의한다.

$$\int_0^1 \frac{1}{\sqrt{x}}\, dx := \lim_{\gamma \to 0+} \int_\gamma^1 \frac{1}{\sqrt{x}}\, dx.$$

같은 방법으로 $x \in (0, 1]$에 대하여 $k(x) := \sin(1/x)$이고 $k(0) := 0$인 진동하는 함수도 다룰 수 있다.

구간의 **오른쪽** 끝점에서 유계가 아니거나 심하게 진동하는 함수도 유사한 방법으로 다룬다. 더욱이 함수 g가 어떤 $c \in (a, b)$의 근방에서 유계가 아니거나 심하게 진동하면 "이상 Riemann 적분"을 다음과 같이 정의한다.

$$(1) \qquad \int_a^b g := \lim_{\alpha \to c-} \int_a^\alpha g + \lim_{\beta \to c+} \int_\beta^b g.$$

이러한 극한 과정들이 일반 Riemann 적분을 다룰 때는 필수적이지 않다.

예를 들어 예 10.1.10(a)에서 $x \in [0, 1]$에 대하여 $H(x) := 2\sqrt{x}$이면 $x \in (0, 1]$에 대하여 $H'(x) = 1/\sqrt{x} =: h(x)$이고, 기본정리 10.1.9에 의하여 $h \in \mathcal{R}^*[0, 1]$이며 다음이 됨을 보였다.

$$\int_0^1 \frac{1}{\sqrt{x}}\, dx = H(1) - H(0) = 2.$$

이는 Heinrich Hake에 의한 주목할 만한 정리의 한 예인데, 함수가 구간의 **오른쪽** 끝점 근처에서 유계가 아니거나 진동하는 경우에 대한 언급이다.

10.2.1 Hake의 정리 $f : [a, b] \to \mathbb{R}$이면, $f \in \mathcal{R}^*[a, b]$이기 위한 필요충분조건은 모든 $\gamma \in (a, b)$에 대하여 $[\alpha, \gamma]$로 f의 축소함수가 $\mathcal{R}^*[\alpha, \gamma]$에 속하고

$$(2) \qquad \lim_{\gamma \to b-} \int_a^\gamma f = A \in \mathbb{R}$$

이다. 이 경우 $\int_a^b f = A$이다.

이 결과의 ($\Leftarrow$) 부분에 대한 증명의 개념은 b로 수렴하는 증가수열 (γ_n)을 취하여 $f \in \mathcal{R}^*[a, \gamma_n]$이고 $\lim_n \int_a^{\gamma_n} f = A$가 되도록 하는 것이다. $f \in \mathcal{R}^*[a, b]$임을 보이기 위하여 $[a, b]$에서 gauge를 설정하여야 한다. 이는 구간 $[\gamma_{i-1}, \gamma_i]$에서 작용하는 gauge들을 면밀히 "이어 맞추어" $[a, b]$에서 gauge를 얻는 것으로 완성된다. 그 세부적인 것은 다소 어렵고 특별히 유익하지도 않으므로 여기서는 다루지 않고 독자가 [MTI]를 참고하도록 할 것이다.

Hake 정리의 중요성을 이해하는 것이 중요하다.

- 이에 의하여 일반 Riemann 적분을 (2)에서와 같이 극한을 취함으로써 확장할 수 없다. 사실 함수 f가 $\gamma \in (a, b)$일 때 모든 부분구간 $[a, \gamma]$로의 축소함수가 일반 Riemann 적분가능하고 (2)가 성립하는 성질을 갖는 함수이면, f는 이미 $\mathcal{R}^*[a, b]$에 속한다.
- 이 사실을 다르게 표현하면 일반 Riemann 적분은 그러한 극한을 취하여 확장할 필요가 없다는 것이다.
- $\gamma < b$인 부분구간들 $[a, \gamma]$에서 함수의 성질을 조사함으로써 $[a, b]$에서 이의 적분가능성을 판정할 수 있다. 정의 10.1.1을 이용하여 함수가 $\mathcal{R}^*[a, b]$에 속함을 보이는 것이 일반적으로 어려우므로 이러한 사실은 함수가 $[a, b]$에서 일반 Riemann 적분가능함을 보이기 위한 또 다른 도구를 제공해 준다.
- (2)를 이용하여 함수의 적분을 구하는 것이 유용할 때가 종종 있다.

일반 Riemann 적분가능함수족에 대한 통찰력을 갖도록 하는 중요한 예들을 소개하는 데 이러한 관찰들을 이용할 것이다.

10.2.2 예 **(a)** $\sum_{k=1}^{\infty} a_k$를 $A \in \mathbb{R}$로 수렴하는 임의의 실수의 급수라 하자. 다음이 되는 함수 $\varphi \in \mathcal{R}^*[0, 1]$를 수립할 것이다.

$$\int_0^1 \varphi = \sum_{k=1}^{\infty} a_k = A.$$

사실 $\varphi : [0, 1] \to \mathbb{R}$를 구간 $[0, \frac{1}{2})$, $[\frac{1}{2}, \frac{3}{4})$, $[\frac{3}{4}, \frac{7}{8})$, ...에서 값 $2a_1, 2^2a_2, 2^3a_3, \ldots$을 취하는 함수가 되도록 정의하자(그림 10.2.1을 보라). 편의상 $k = 0, 1, \ldots$에 대하여 $c_k := 1 - 1/2^k$이라 하면

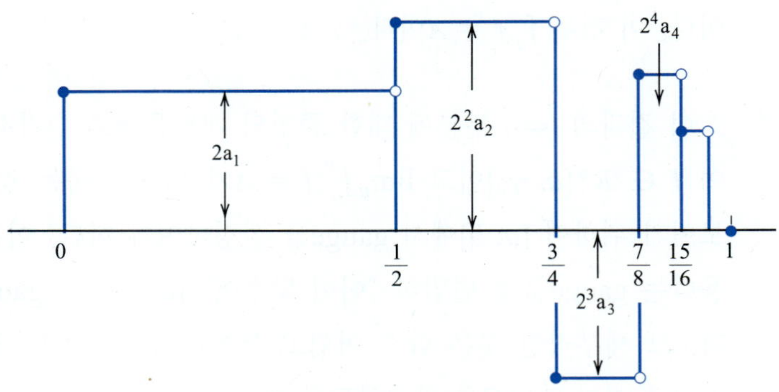

그림 10.2.1 φ의 그래프

$$\varphi(x) := \begin{cases} c_{k-1} \le x < c_k (k \in \mathbb{N})\text{에 대하여} & 2^k a_k \\ x = 1\text{에 대하여} & 0 \end{cases}$$

이다.

명백히 $\gamma \in (0, 1)$에 대한 각 구간 $[0, \gamma]$로 φ의 축소함수는 계단함수이고, 따라서 적분가능하다. 사실 $\gamma \in [c_n, c_{n+1})$이면

$$\int_0^\gamma \varphi = (2a_1)\cdot\left(\frac{1}{2}\right) + (2^2 a_2)\cdot\left(\frac{1}{2^2}\right) + \cdots + (2^n a_n)\cdot\left(\frac{1}{2^n}\right) + r_\gamma$$
$$= a_1 + a_2 + \cdots + a_n + r_\gamma$$

이고, 여기서 $|r_\gamma| \le |a_{n+1}|$이다. 그러나 급수가 수렴하므로 $r_\gamma \to 0$이고, 따라서

$$\lim_{\gamma \to 1-} \int_0^\gamma \varphi = \lim_{n \to \infty} \sum_{k=1}^{\infty} a_k = A$$

이다.

(b) 급수 $\sum_{k=1}^{\infty} a_k$가 정의 9.1.1의 의미로 **절대수렴하면**, (a)에서와 같이 함수 $|\varphi|$ 역시 $\mathcal{R}^*[0, 1]$에 속하고

$$\int_0^1 |\varphi| = \sum_{k=1}^{\infty} |a_k|$$

이다. 그러나 급수 $\sum_{k=1}^{\infty} |a_k|$이 수렴하지 않으면 함수 $|\varphi|$은 $\mathcal{R}^*[0, 1]$에 속하지 않는다.

절대수렴하지 않는 많은 수렴급수들이 존재하므로(예를 들어 $\sum_{k=1}^{\infty} (-1)^k/k$), $\mathcal{R}^*[0, 1]$에 속하지만 그의 절대값 함수가 $\mathcal{R}^*[0, 1]$에 속하지 않는 함수들의 예를 갖게 된다. 연습문제 10.1.19와 10.1.21에서 그러한 함수들을 이미 만났다. ■

절대값 함수가 일반 Riemann 적분가능하지 않는 일반 Riemann 적분가능함수들이 존재한다는 사실은 일반 Riemann 적분이 "절대적분(absolute integral)"이 아니라고 하는 것으로 요약된다. 따라서 일반 Riemann 적분을 취하면 (보통의) Riemann 적분의 중요한 성질을 잃는다. 그러나 그것은 보다 큰 함수족을 적분할 수 있도록 하기 위하여 지불해야 하는 대가이다.

Lebesgue 적분가능함수

절대값 함수 역시 $\mathcal{R}^*[a, b]$에 속하는 $\mathcal{R}^*[a, b]$의 부분함수족의 중요성 때문에 다음 정의를 소개할 것이다.

10.2.3. 정의 $|f| \in \mathcal{R}^*[a, b]$인 $f \in \mathcal{R}^*[a, b]$이면, 함수 f는 $[a, b]$에서 **Lebesgue 적분가능하다**(Lebesgue integrable)고 한다. $[a, b]$에서 모든 Lebesgue 적분가능함수족을 $\mathcal{L}[a, b]$로 표기한다.

주의 Lebesgue 적분가능함수족은 보통은 전혀 다른 방식으로 소개된다. 일반 Riemann 적분의 이점 중 하나는 이것이 특별한–그리고 쉽게 확인할 수 있는–함수족으로서 Lebesgue 적분가능함수족을 포함하는 것이다.

$f \in \mathcal{R}^*[a, b]$이고 모든 $x \in [a, b]$에 대하여 $f(x) \geq 0$이면 $|f| = f \in \mathcal{R}^*[a, b]$이고, 따라서 $f \in \mathcal{L}[a, b]$임은 자명하다. 즉 음이 아닌 함수 $f \in \mathcal{R}^*[a, b]$는 $\mathcal{L}[a, b]$에 속한다. 다음 결과는 $\mathcal{R}^*[a, b]$에 있는 함수가 $\mathcal{L}[a, b]$에 속하는 것을 판단하는 보다 강력한 판정법을 제공한다.

10.2.4 비교판정법 $f, \omega \in \mathcal{R}^*[a, b]$이고 모든 $x \in [a, b]$에 대하여 $|f(x)| \leq \omega(x)$이면, $f \in \mathcal{L}[a, b]$이고 다음이 성립한다.

$$\left|\int_a^b f\right| \leq \int_a^b |f| \leq \int_a^b \omega. \tag{3}$$

부분증명 $|f| \in \mathcal{R}^*[a, b]$인 사실은 [MTI]에 증명되어 있다. $|f| \geq 0$이므로, 이에 의하여 $f \in \mathcal{L}[a, b]$이다.

(3)을 수립하기 위하여 $-|f| \leq f \leq |f|$임에 주목하면 10.1.5(c)에 의하여

$$-\int_a^b |f| \leq \int_a^b f \leq \int_a^b |f|$$

이고, 따라서 (3)의 첫 번째 부등식이 성립한다. 두 번째 부등식은 10.1.5(c)의 또 다른 응용에 의한다. Q.E.D.

다음 결과가 $\mathcal{L}[a, b]$에 있는 함수들의 상수 배와 합 역시 $\mathcal{L}[a, b]$에 속함을 보인다.

10.2.5 정리 $f, g \in \mathcal{L}[a, b]$이고 $c \in \mathbb{R}$이면 cf와 $f + g$ 역시 $\mathcal{L}[a, b]$에 속한다. 더욱이 다음이 성립한다.

$$(4) \qquad \int_a^b cf = c\int_a^b f, \quad \int_a^b |f+g| \le \int_a^b |f| + \int_a^b |g|.$$

증명 모든 $x \in [a, b]$에 대하여 $|cf(x)| = |c||f(x)|$이므로, $|f|$가 $\mathcal{R}^*[a, b]$에 속한다는 가정에 의하여 cf와 $|cf|$ 역시 $\mathcal{R}^*[a, b]$에 속한다. 따라서 $cf \in \mathcal{L}[a, b]$이다.

삼각부등식에 의하면 $x \in [a, b]$에 대하여 $|f(x) + g(x)| \le |f(x)| + |g(x)|$이다. 그러나 $\omega := |f| + |g|$이 $\mathcal{R}^*[a, b]$에 속하므로, 비교판정법 10.2.4에 의하여 $f + g$도 $\mathcal{L}[a, b]$에 속하고 다음이 성립한다.

$$\int_a^b |f + g| \le \int_a^b (|f| + |g|) = \int_a^b |f| + \int_a^b |g|. \qquad \text{Q.E.D.}$$

다음 결과는 함수 $f \in \mathcal{R}^*[a, b]$가 실제로 $\mathcal{L}[a, b]$에 속하는 것을 보이기 위하여 단지 한쪽 부등식을 수립하는 것이 필요하다고 주장한다.

10.2.6 정리 $f \in \mathcal{R}^*[a, b]$이면 다음 주장들은 동치이다.

(a) $f \in \mathcal{L}[a, b]$이다.

(b) 모든 $x \in [a, b]$에 대하여 $f(x) \le \omega(x)$가 되는 $\omega \in \mathcal{L}[a, b]$가 존재한다.

(c) 모든 $x \in [a, b]$에 대하여 $\alpha(x) \le f(x)$가 되는 $\alpha \in \mathcal{L}[a, b]$가 존재한다.

증명 (a) $\Rightarrow$ (b) $\omega := f$라 하자.

(b) $\Rightarrow$ (a) $f = \omega - (\omega - f)$임에 주목하라. $\omega - f \ge 0$이고 $\omega - f$가 $\mathcal{R}^*[a, b]$에 속하므로 $\omega - f \in \mathcal{L}[a, b]$이다. 이제 정리 10.2.5를 적용하라.

(a) $\Leftrightarrow$ (c)의 증명은 독자에게 맡긴다. Q.E.D.

10.2.7 정리 $f, g \in \mathcal{L}[a, b]$이면, 함수 $\max\{f, g\}$와 $\min\{f, g\}$ 역시 $\mathcal{L}[a, b]$에 속한다.

증명 연습문제 2.2.18에 의하면 $x \in [a, b]$에 대하여 다음이 성립한다.

$$\max\{f(x), g(x)\} = \tfrac{1}{2}(f(x) + g(x) + |f(x) - g(x)|)$$
$$\min\{f(x), g(x)\} = \tfrac{1}{2}(f(x) + g(x) - |f(x) - g(x)|).$$

주장은 이 식들과 정리 10.2.5에 의한다. Q.E.D.

사실 앞의 결과는 $\mathcal{R}^*[a, b]$에 있는 두 함수의 최대와 최소에 관한 유용한 결론을 제공한다.

10.2.8 정리 f, g, α와 ω가 $\mathcal{R}^*[a, b]$에 속한다고 가정하자.

$$f \le \omega,\ g \le \omega \quad \text{또는} \quad \alpha \le f,\ \alpha \le g$$

이면, $\max\{f, g\}$와 $\min\{f, g\}$ 역시 $\mathcal{R}^*[a, b]$에 속한다.

증명 $f \le \omega$이고 $g \le \omega$라 가정하면 $\max\{f, g\} \le \omega$이다. 정리 10.2.7의 증명에 있는 첫 번째 식에 의하여 다음이 된다.

$$0 \le |f - g| = 2\max\{f, g\} - f - g \le 2\omega - f - g.$$

$2\omega - f - g \ge 0$이므로, 이 함수는 $\mathcal{L}[a, b]$에 속한다. 비교판정법 10.2.4에 의하여 $2\max\{f, g\} - f - g$는 $\mathcal{L}[a, b]$에 속하고, 따라서 $\max\{f, g\}$는 $\mathcal{R}^*[a, b]$에 속한다.

주장의 두 번째 부분도 유사하게 증명할 수 있다. Q.E.D.

$\mathcal{L}[a, b]$에서 반 norm

이제 $\mathcal{L}[a, b]$에 속하는 함수의 "반 norm"과 그러한 두 함수들 "사이의 거리"를 정의할 것이다.

10.2.9 정의 $f \in \mathcal{L}[a, b]$이면, f의 **반 norm**(seminorm)을 다음과 같이 정의한다.

$$\|f\| := \int_a^b |f|.$$

$f, g \in \mathcal{L}[a, b]$이면, f와 g **사이의 거리**(distance between f and g)를 다음과 같이 정의한다.

$$\text{dist}(f, g) := \|f - g\| = \int_a^b |f - g|.$$

이제 반 norm과 거리함수들에 관한 몇 가지 성질들을 수립한다.

10.2.10 정리 반 norm 함수는 다음을 만족한다.

(i) 모든 $f \in \mathcal{L}[a, b]$에 대하여 $\|f\| \ge 0$이다.

(ii) $x \in [a, b]$에 대하여 $f(x) = 0$이면 $\|f\| = 0$이다.

(iii) $f \in \mathcal{L}[a, b]$이고 $c \in \mathbb{R}$이면 $\|cf\| = |c| \cdot \|f\|$이다.

(iv) $f, g \in \mathcal{L}[a, b]$이면 $\|f + g\| \le \|f\| + \|g\|$이다.

증명 (i)−(iii)을 쉽게 보일 수 있다. (iv)는 $|f + g| \le |f| + |g|$와 정리 10.1.5(c)에 의한다. Q.E.D.

10.2.11 정리 거리함수는 다음을 만족한다.

(i) 모든 $f, g \in \mathcal{L}[a, b]$에 대하여 $\mathrm{dist}(f, g) \ge 0$이다.

(ii) $x \in [a, b]$에 대하여 $f(x) = g(x)$이면 $\mathrm{dist}(f, g) = 0$이다.

(iii) 모든 $f, g \in \mathcal{L}[a, b]$에 대하여 $\mathrm{dist}(f, g) = \mathrm{dist}(g, f)$이다.

(iv) 모든 $f, g, h \in \mathcal{L}[a, b]$에 대하여 $\mathrm{dist}(f, h) \le \mathrm{dist}(f, g) + \mathrm{dist}(g, h)$이다.

이 주장들은 정리 10.2.10의 대응되는 내용들에 의한다. 그들의 증명은 연습문제로 독자에게 넘길 것이다.

반 norm을 (또는 거리함수를) 이용하여 $\mathcal{L}[a, b]$에서의 함수열 (f_n)이 함수 $f \in \mathcal{L}[a, b]$로 수렴한다는 것을 정의할 수 있다. 즉 주어진 임의의 $\varepsilon > 0$에 대하여 $n \ge K(\varepsilon)$이면

$$\|f_n - f\| = \mathrm{dist}(f_n, f) < \varepsilon$$

이 되는 $K(\varepsilon)$이 존재한다. 수렴에 대한 이 개념을 실수열의 수렴에 대하여 $\mathbb{R}$에서 거리함수를 이용한 것처럼 그대로 이용할 수 있다.

$\mathcal{L}[a, b]$에 대한 완비성 정리(또는 Riesz-Fischer의 정리로 불리는)의 명제로 이 절을 마칠 것이다. 이것은 $\mathbb{R}$에서 완비성과 동일한 역할을 공간 $\mathcal{L}[a, b]$에서 한다.

10.2.12 완비성 정리 $\mathcal{L}[a, b]$의 함수열 (f_n)이 함수 $f \in \mathcal{L}[a, b]$로 수렴하기 위한 필요충분조건은 (f_n)이 다음과 같은 성질을 갖는 것이다.

모든 $\varepsilon > 0$에 대하여 $m, n \ge H(\varepsilon)$이면

$$\|f_m - f_n\| = \mathrm{dist}(f_m, f_n) < \varepsilon$$

을 만족하는 $H(\varepsilon)$이 존재한다.

($\Rightarrow$) 이 방향은 증명하기가 매우 쉬우므로 연습문제로 넘긴다. ($\Leftarrow$) 방향의 증명은 보다 복잡하지만 다음의 개념에 기초할 수 있다. $\|g_{k+1} - g_k\| < 1/2^k$이 되는 (f_n)의 부분수열 $(g_k) := (f_{n_k})$를 구하고, 급수가 절대수렴하는 점에서는 $f(x) :=$

$g_1(x) + \sum_{k=1}^{\infty} (g_{k+1}(x) - g_k(x))$로, 그 외의 점에서는 $f(x) := 0$으로 정의하자. 그러면 $f \in \mathcal{L}[a, b]$이고 $\|f_n - f\| \to 0$임을 보일 수 있다(자세한 것은 [MTI]에 있다).

연습문제 10.2

1. Hake의 정리 10.2.1이 다음과 같은 수열공식으로 주어질 수 있음을 보여라. 함수 $f \in \mathcal{R}^*[a, b]$이기 위한 필요충분조건은 $c_n \to b$인 (a, b)에서 임의의 증가수열 (c_n)에 대하여 $f \in \mathcal{R}^*[a, c_n]$이고 $\int_a^{c_n} f \to A$가 되는 $A \in \mathbb{R}$가 존재하는 것이다.

2. (a) Hake의 정리를 이용하여 $x \in (0, 1]$에 대하여 $g(x) := 1/x^{2/3}$이고 $g(0) := 0$인 함수가 $\mathcal{R}^*[0, 1]$에 속함을 추정하여라.

(b) $x \in (0, 1]$에 대하여 $f(x) := 1/x$이고 $f(0) := 0$인 함수에 왜 Hake의 정리를 적용하지 않는지 설명하여라(이는 $\mathcal{R}^*[0, 1]$에 속하지 않는다).

3. $x \in [0, 1)$에 대하여 $g(x) := (1 - x)^{-1/2}$이고 $g(1) := 0$인 함수에 Hake의 정리를 적용하라.

4. 모든 $c \in (a, b)$에 대하여 $f \in \mathcal{R}^*[a, c]$이고 $x \in [\gamma, b]$에 대하여 $|f(x)| \le \omega(x)$가 되는 $\gamma \in (a, b)$와 $\omega \in \mathcal{L}[a, b]$가 존재한다고 가정하자. $f \in \mathcal{R}^*[a, b]$임을 보여라.

5. $x \in (0, 1]$에 대하여 $g_1(x) := x^{-1/2} \sin(1/x)$이고 $g_1(0) := 0$인 함수가 $\mathcal{L}[0, 1]$에 속함을 보여라(이 함수를 연습문제 10.1.15에서도 다루었다).

6. (필요에 따라 적절히 정의하여) 다음 함수들이 $\mathcal{L}[0, 1]$에 속함을 보여라.

(a) $\dfrac{x \ln x}{1 + x^2}$ (b) $\dfrac{\sin \pi x}{\ln x}$

(c) $(\ln x)(\ln(1 - x))$ (d) $\dfrac{\ln x}{\sqrt{1 - x^2}}$

7. 다음 적분이 수렴하는지 발산하는지를 결정하여라(피적분함수가 미리 정의되지 않으면 0으로 정의하라).

(a) $\displaystyle\int_0^1 \frac{\sin x \, dx}{x^{3/2}}$ (b) $\displaystyle\int_0^1 \frac{\cos x \, dx}{x^{3/2}}$

(c) $\displaystyle\int_0^1 \frac{\ln x \, dx}{x\sqrt{1 - x^2}}$ (d) $\displaystyle\int_0^1 \frac{\ln x \, dx}{1 - x}$

(e) $\displaystyle\int_0^1 (\ln x)(\sin(1/x)) \, dx$ (f) $\displaystyle\int_0^1 \frac{dx}{\sqrt{x}(1 - x)}$

8. $f \in \mathcal{R}[a, b]$이면 $f \in \mathcal{L}[a, b]$임을 보여라.

9. $f \in \mathcal{L}[a, b]$일 때, f^2이 반드시 $\mathcal{L}[a, b]$에 속하는 것이 아님을 보여라.

10. $f, g \in \mathcal{L}[a, b]$이고 g가 유계이고 단조이면 $fg \in \mathcal{L}[a, b]$임을 보여라. 보다 정확히

$|g(x)| \le B$이면 $\|fg\| \le B\,\|f\|$임을 보여라.

11. (a) $\max\{f, 0\}$이 $\mathcal{R}^*[0, 1]$에 속하지 않는 함수 $f \in \mathcal{R}^*[0, 1]$의 예를 들어라.
(b) $\max\{f, 0\} \notin \mathcal{L}[0, 1]$이 되는 $f \in \mathcal{L}[0, 1]$의 예를 보일 수 있는가?

12. $\alpha \le f$이고 $\alpha \le g$일 때, 정리 10.2.8의 $\min\{f, g\} \in \mathcal{R}^*[a, b]$에 대한 증명을 상세히 기술하여라.

13. 정리 10.2.11의 증명을 상세히 기술하라.

14. f가 항등적으로 0은 아니지만 $\|f\| = 0$이 되는 $f \in \mathcal{L}[a, b]$를 제시하여라.

15. $f, g \in \mathcal{L}[a, b]$이면 $|\,\|f\| - \|g\|\,| \le \|f \pm g\|$임을 보여라.

16. 완비성 정리 10.2.12의 쉬운 부분을 수립하여라.

17. $n \in \mathbb{N}$에 대하여 $f_n(x) := x^n$이면 $f_n \in \mathcal{L}[0, 1]$이고 $\|f_n\| \to 0$임을 보여라. 따라서 θ가 항등적으로 0인 함수를 나타낼 때 $\|f_n - \theta\| \to 0$이다.

18. $x \in [-1, -1/n)$에 대하여 $g_n(x) := -1$이고 $x \in [-1/n, 1/n]$에 대하여 $g_n(x) := nx$이며, $x \in (1/n, 1]$에 대하여 $g_n(x) := 1$이라 하자. $m, n \to \infty$일 때 $\|g_m - g_n\| \to 0$임을 보이고, 따라서 완비성 정리 10.2.12에 의하여 $\mathcal{L}[-1,1]$에서 (g_n)이 g로 수렴하는 $g \in \mathcal{L}[-1, 1]$가 존재한다. 그러한 함수 g를 구하여라.

19. $x \in (0, 1/n)$에 대하여 $h_n(x) := n$이고 $[0, 1]$의 다른 점에서 $h_n(x) := 0$이라 하자. 그러면 $\|h_n - h\| \to 0$이 되는 $h \in \mathcal{L}[0, 1]$가 존재하는가?

20. $x \in (0, 1/n^2)$에 대하여 $k_n(x) := n$이고 $[0, 1]$의 다른 점에서 $k_n(x) := 0$이라 하자. 그러면 $\|k_n - k\| \to 0$이 되는 $k \in \mathcal{L}[0, 1]$가 존재하는가?

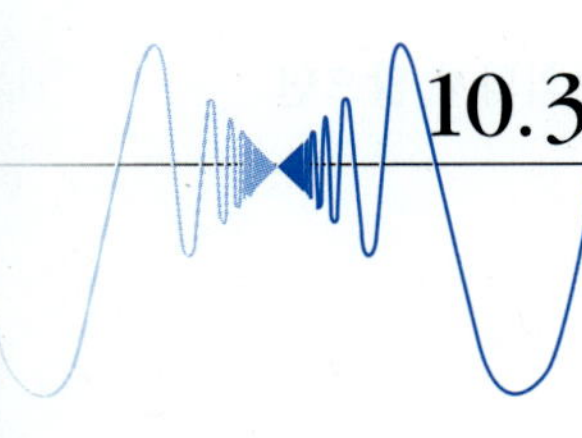

10.3 무한구간

앞의 두 절에서 유계폐구간 $[a, b]$에서 정의된 함수의 적분을 논하였다. 그러나 응용들에서 다음과 같은 유계가 아닌 폐구간에서 정의된 함수를 적분하고자 할 때가 종종 있다.

$$[a, \infty), \quad (-\infty, b], \quad (-\infty, \infty).$$

미적분학에서 표준적인 접근은 $[a, \infty)$에서 적분을

$$\int_a^\infty f := \lim_{\gamma \to \infty} \int_\alpha^\gamma f$$

와 같은 극한으로 정의하고 다른 무한구간들에서의 적분도 유사하게 정의한다. 이

절에서는 무한구간에서 정의된 일반 Riemann 적분가능한 (그리고 Lebesgue 적분가능한) 함수들을 다룰 것이다.

$[a, \infty)$에서 함수 f의 일반 Riemann 적분을 정의하는 데 미적분학에서 하는 것과 약간 다른 과정을 채택할 것이다. $\dot{Q} := \{([x_0, x_1], t_1), ..., ([x_{n-1}, x_n], t_n), ([x_n, \infty], t_{n+1})\}$이 $[a, \infty]$의 첨점분할이면, $x_0 = a$이고 $x_{n+1} = \infty$이며 $\dot{Q}$에 대응되는 Riemann 합은 다음과 같은 형태를 갖는다는 것에 주목한다.

(1) $$f(t_1)(x_1 - x_0) + \cdots + f(t_n)(x_n - x_{n-1}) + f(t_{n+1})(\infty - x_n).$$

(1)의 마지막 항 $f(t_{n+1})(\infty - x_n)$은 무의미하므로, 이 항을 삭제하고자 한다. 그렇게 할 수 있는 두 가지 다른 방법이 있다. **(i)** Riemann 합이 단지 처음 n개의 항만을 포함하도록 정의하거나 **(ii)** (1)의 마지막 항을 소거하기 위한 그러한 과정에 있는 계산에서 기호 $\pm\infty$를 다룰 수 있게 해 줄 절차를 갖는 것이다.

방법 (i)을 채택하도록 하여 유한개의 겹치지 않는 구간들로 (이들의 하나는 필연적으로 무한길이를 갖는) $[a, \infty)$의 분할들을 다루는 대신에 $[a, \infty)$의 어떤 **부분분할**(subpartitions)을 다루는데, 이는 합집합이 $[a, \infty)$에 정확히 포함되는 유한길이를 갖는 유한개의 겹치지 않는 구간족이다.

$[a, \infty]$에서 **gauge**는 $[a, \infty)$에서 정의되는 순양의 함수 δ와 수 $d^* > 0$로 구성되는 순서쌍으로 정의한다. 첨점부분분할 $\dot{\mathcal{P}} := \{([x_0, x_1], t_1), ..., ([x_{n-1}, x_n], t_n)\}$가 (δ, d^*)-**미세하다**(fine)고 하는 것은 다음과 같은 의미이다.

(2) $$[a, \infty) = \bigcup_{i=1}^{n} [x_{i-1}, x_i] \cup [x_n, \infty)$$

이고 $i = 1, ..., n$에 대하여

(3) $$[x_{i-1}, x_i] \subseteq [t_i - \delta(t_i), t_i + \delta(t_i)]$$

이며,

(4) $$[x_n, \infty) \subseteq [1/d^*, \infty)$$

이거나 동치로

(4′) $$1/d^* \le x_n$$

이다.

주의 보통 $[a, \infty]$에서 gauge는 $\delta(\infty) := d^*$일 때 정의역이 $[a, \infty] := [a, \infty) \cup \{\infty\}$인 순양의 함수 δ로 생각한다.

이제 $[a, \infty)$에서 일반 Riemann 적분을 정의할 것이다.

10.3.1 정의 **(a)** $f : [a, \infty) \to \mathbb{R}$라 하자. $A \in \mathbb{R}$가 존재하여, 모든 $\varepsilon > 0$에 대하여 $\dot{\mathcal{P}}$가 $[a, \infty)$의 임의의 δ_ε-미세 첨점부분분할일 때 $|S(f; \dot{\mathcal{P}}) - A| \le \varepsilon$이 되는 $[a, \infty]$에서 gauge δ_ε이 존재하면, f는 **일반 Riemann 적분가능하다**(generalized Riemann integrable)고 한다. 이 경우 $f \in \mathcal{R}^*[a, \infty)$와

$$\int_a^\infty f := A$$

로 쓴다.

(b) $f : [a, \infty) \to \mathbb{R}$라 하자. f와 $|f|$이 $\mathcal{R}^*[a, \infty)$에 속하면, 함수 f는 **Lebesgue 적분가능하다**(Lebesgue integrable)고 한다. 이 경우 $f \in \mathcal{L}[a, \infty)$로 쓴다.

특별히 중요한 것은 $\mathcal{R}^*[a, \infty)$에 있는 함수에 대한 Hake 정리의 형식이다. $\mathcal{L}[a, \infty)$에 있는 함수들에 대한 다른 결과들은 연습문제에 있다.

10.3.2 Hake의 정리 $f : [a, \infty) \to \mathbb{R}$이면, $f \in \mathcal{R}^*[a, \infty)$이기 위한 필요충분조건은 모든 $\gamma \in (a, \infty)$에 대하여 $[a, \gamma]$로 f의 축소함수가 $\mathcal{R}^*[a, \gamma]$에 속하고

$$\lim_{\gamma \to \infty} \int_a^\gamma f = A \in \mathbb{R} \tag{5}$$

이다. 이 경우 $\int_a^\infty f = A$이다.

Hake 정리의 증명에 대한 개념은 앞에서와 같고 세부적인 것은 [MTI]에 있다.

유계가 아닌 구간 $[a, \infty)$에서 일반 Riemann 적분이 10.1절에서 증명한 유계구간 $[a, b]$에서 이 적분이 갖는 것과 동일한 성질들을 갖는다. 그것들은 거기에 있는 증명을 수정하거나 Hake의 정리를 이용하여 얻을 수 있다. 두 예를 소개한다.

10.3.3 예 **(a)** $f, g \in \mathcal{R}^*[a, \infty)$이면 $f + g \in \mathcal{R}^*[a, \infty)$이고 다음이 성립한다.

$$\int_a^\infty (f + g) = \int_a^\infty f + \int_a^\infty g.$$

$\varepsilon > 0$이 주어지면, δ_f를 $\dot{\mathcal{P}}$가 δ_f-미세하면 $|S(f; \dot{\mathcal{P}}) - \int_a^\infty f| \le \varepsilon/2$이 되는 $[a, \infty]$에서 gauge라 하고 $\dot{\mathcal{P}}$가 δ_g-미세하면 $|S(g; \dot{\mathcal{P}}) - \int_a^\infty g| \le \varepsilon/2$이 되는 gauge δ_g가 존재한다고 하자. 이제 $t \in [a, \infty]$에 대하여 $\delta_\varepsilon(t) := \min\{\delta_f(t), \delta_g(t)\}$라 하고 10.1.5(b)의 증명에서와 같이 논하라.

(b) $f : [a, \infty) \to \mathbb{R}$이고 $c \in (a, \infty)$라 하자. 그러면 $f \in \mathcal{R}^*[a, \infty)$이기 위한 필요충분조건은 $[a, c]$와 $[c, \infty)$로 f의 축소함수들이 적분가능한 것이다. 이 경우 다

음이 성립한다.

$$\int_a^\infty f = \int_a^c f + \int_c^\infty f. \tag{6}$$

Hake의 정리를 이용하여 ($\Leftarrow$)를 증명할 것이다. 가정에 의하여 $[c, \infty)$로 f의 축소함수는 적분가능하다. 따라서 Hake의 정리에 의하면 모든 $\gamma \in (c, \infty)$에 대하여 $[c, \gamma]$로 f의 축소함수는 적분가능하고 다음이 성립한다.

$$\int_c^\infty f = \lim_{\gamma \to \infty} \int_c^\gamma f.$$

가법정리 10.1.8을 구간 $[a, \gamma] = [a, c] \cup [c, \gamma]$에 적용하면 $[a, \gamma]$로 f의 축소함수는 적분가능하고

$$\int_a^\gamma f = \int_a^c f + \int_c^\gamma f$$

이며, 따라서

$$\lim_{\gamma \to \infty} \int_a^\gamma f = \int_a^c f + \lim_{\gamma \to \infty} \int_c^\gamma f = \int_a^c f + \int_c^\infty f$$

가 된다. Hake 정리의 또 다른 응용이 (6)을 수립한다. ■

10.3.4 예 **(a)** $\alpha > 1$이고 $x \in [1, \infty)$에 대하여 $f_\alpha(x) := 1/x^\alpha$이라 하자. $f_\alpha \in \mathcal{R}^*[1, \infty)$임을 보일 것이다.

사실 $\gamma \in (1, \infty)$이면 $[1, \gamma]$로 f_α의 축소함수는 연속이고, 따라서 $\mathcal{R}^*[1, \gamma]$에 속한다. 더욱이 다음을 얻는다.

$$\int_1^\gamma \frac{1}{x^\alpha} dx = \frac{1}{1-\alpha} \cdot x^{1-\alpha} \Big|_1^\gamma = \frac{1}{\alpha - 1} \cdot \left[1 - \frac{1}{\gamma^{\alpha-1}}\right].$$

그러나 마지막 항은 $\gamma \to \infty$일 때 $1/(\alpha - 1)$로 접근하므로, Hake의 정리에 의하여 $f_\alpha \in \mathcal{R}^*[1, \infty)$이고 $\alpha > 1$일 때 다음이 된다.

$$\int_1^\infty \frac{1}{x^\alpha} dx = \frac{1}{\alpha - 1}.$$

(b) $\sum_{k=1}^{\infty} a_k$를 $A \in \mathbb{R}$로 수렴하는 실수의 급수라 하자. 다음이 되는 함수 $s \in \mathcal{R}^*[0, \infty)$를 설정할 것이다.

$$\int_0^\infty s = \sum_{k=1}^\infty a_k = A.$$

사실 $x \in [k-1, k)$, $k \in \mathbb{N}$에 대하여 $s(x) := a_k$로 정의한다. 모든 부분구간

$[0, \gamma]$로 s의 축소함수는 계단함수이고, 따라서 $\mathcal{R}^*[0, \gamma]$에 속하는 것이 명백하다. 더욱이 $\gamma \in [n, n+1)$이면

$$\int_0^\gamma s = a_1 + \cdots + a_n + r_\gamma$$

이고, 여기서 $|r_\gamma| \le |a_{n+1}|$이다. 그러나 급수가 수렴하므로 $r_\gamma \to 0$이고, 따라서 Hake의 정리 10.3.2에 의하여 다음이 된다.

$$\lim_{\gamma \to \infty} \int_0^\gamma s = \lim_{n \to \infty} \sum_{k=1}^n a_k = A.$$

(c) 함수 s가 (b)에서와 같이 정의되면 $|s|$은 구간 $[k-1, k)$, $k \in \mathbb{N}$에서 값 $|a_k|$을 갖는다. 따라서 s가 $\mathcal{L}[0, \infty)$에 속하기 위한 필요충분조건은 급수 $\sum_{k=1}^{\infty} |a_k|$이 수렴하는 것이다. 즉 필요충분조건은 $\sum_{k=1}^{\infty} a_k$가 **절대수렴**하는 것이다.

(d) $x \in (0, \infty)$에 대하여 $D(x) := (\sin x)/x$이고 $D(0) := 1$이라 하자. 다음과 같은 **Dirichlet 적분**(Dirichlet integral)을 살펴보자.

$$\int_0^\infty D(x)\,dx = \int_0^\infty \frac{\sin x}{x}\,dx.$$

모든 구간 $[0, \gamma]$로 D의 축소함수는 연속이므로, 이 축소함수는 $\mathcal{R}^*[0, \gamma]$에 속한다. $\gamma \to \infty$일 때 $\int_0^\gamma D(x)\,dx$가 극한을 갖는다는 것을 보이기 위하여 $0 < \beta < \gamma$라 하자. 부분적분법에 의하여 다음이 된다.

$$\begin{aligned}\int_0^\gamma D(x)\,dx - \int_0^\beta D(x)\,dx &= \int_\beta^\gamma \frac{\sin x}{x}\,dx \\ &= -\frac{\cos x}{x}\Big|_\beta^\gamma - \int_\beta^\gamma \frac{\cos x}{x^2}\,dx.\end{aligned}$$

그러나 $|\cos x| \le 1$이므로, $\beta < \gamma$가 모두 ∞로 접근할 때 위의 항들이 0으로 접근함을 보이는 것은 연습문제이다. 따라서 Cauchy 조건을 이용하고 Hake의 정리에 의하여 $D \in \mathcal{R}^*[0, \infty)$이다.

그렇지만 연습문제 13에서 $|D|$이 $\mathcal{R}^*[0, \infty)$에 속하지 않음을 보일 것이다. 따라서 함수 D는 $\mathcal{L}[0, \infty)$에 속하지 않는다. ■

기본정리(제1형식)의 변형으로 $[a, \infty)$에서의 적분에 대한 논의를 마감한다.

10.3.5 기본정리 E가 $[a, \infty)$의 가산부분집합이고 $f, F : [a, \infty) \to \mathbb{R}$가 다음을 만족한다고 가정하자.

(a) F는 $[a, \infty)$에서 연속이고 $\lim_{x \to \infty} F(x)$가 존재한다.

(b) 모든 $x \in (a, \infty)$, $x \notin E$에 대하여 $F'(x) = f(x)$이다.

그러면 f는 $\mathcal{R}^*[a, \infty)$에 속하고 다음이 성립한다.

$$\int_a^\infty f = \lim_{x \to \infty} F(x) - F(a). \tag{7}$$

증명 γ가 (a, ∞)에 있는 임의의 수이면, 기본정리 10.1.9를 구간 $[a, \gamma]$에 적용하여 f가 $\mathcal{R}^*[a, \gamma]$에 속하고

$$\int_a^\gamma f = F(\gamma) - F(a)$$

임을 보일 수 있다. $\gamma \to \infty$로 놓으면, Hake의 정리로부터 $f \in \mathcal{R}^*[a, \infty)$이고 식 (7)이 성립한다는 결론을 얻는다. Q.E.D.

$(-\infty, b]$에서 적분

이제 아래로 유계가 아닌 폐구간들에서 적분을 논한다.

$b \in \mathbb{R}$라 하고 $g : (-\infty, b] \to \mathbb{R}$를 무한구간 $(-\infty, b]$에서 적분되는 함수라 하자. $[-\infty, b]$에서 **gauge**는 수 $d_* > 0$와 $(-\infty, b)$에서 순양의 함수 δ로 구성된 순서쌍을 의미한다. $(-\infty, b)$의 첨점부분분할 $\dot{\mathcal{P}} := \{([x_0, x_1], t_1), ([x_1, x_2], t_2), \ldots, ([x_{n-1}, b], t_n)\}$가 (d_*, δ)**-미세하다**(fine)는 것은 다음과 같은 경우이다.

$$(-\infty, b] = (-\infty, x_0] \cup \bigcup_{i=1}^{n} [x_{i-1}, x_i]$$

이고 $i = 1, \ldots, n$에 대하여

$$[x_{i-1}, x_i] \subseteq [t_i - \delta(t_i), t_i + \delta(t_i)]$$

이며,

$$(-\infty, x_0] \subseteq (-\infty, -1/d_*]$$

이거나 동치로

$$x_0 \leq -1/d_*$$

이다.

주의 통상적으로 $[-\infty, b]$에서 gauge는 $\delta(-\infty) := d_*$일 때, 정의역이 $[-\infty, b] := \{-\infty\} \cup (-\infty, b]$인 순양의 함수 δ로 생각한다.

여기서 $\dot{\mathcal{P}}$에 대한 g의 Riemann 합은 $S(g; \dot{\mathcal{P}}) = \sum_{i=1}^{n} g(t_i)(x_i - x_{i-1})$이다.

끝으로 $g:(-\infty, b] \to \mathbb{R}$라 하자. $B \in \mathbb{R}$가 존재하여, 모든 $\varepsilon > 0$에 대하여 $\dot{\mathcal{P}}$가 $(-\infty, b]$의 임의의 δ_ε-미세 부분분할일 때 $|S(g; \dot{\mathcal{P}}) - B| \le \varepsilon$이 되는 $(-\infty, b]$에서 gauge δ_ε이 존재하면, g를 **일반 Riemann 적분가능하다**(generalized Riemann integrable)고 한다. 이 경우 $g \in \mathcal{R}^*(-\infty, b]$와

$$\int_{-\infty}^{b} g = B$$

로 쓴다. 마찬가지로 함수 g와 $|g|$이 $\mathcal{R}^*(-\infty, b]$에 속하면, g는 **Lebesgue 적분가능하다**(Lebesgue integrable)고 한다. 이 경우 $g \in \mathcal{L}(-\infty, b]$로 쓸 것이다.

$[a, \infty]$에서 적분에 대한 타당한 정리들을 이 경우에도 마찬가지로 얻는다. 그들의 공식화는 독자에게 맡길 것이다.

$(-\infty, \infty)$에서 적분

$h:(-\infty, \infty) \to \mathbb{R}$를 무한구간 $(-\infty, \infty)$에서 적분하고자 하는 함수라 하자. $(-\infty, \infty)$에서 **gauge**는 $(-\infty, \infty)$에서 순양의 함수 δ와 두 순양수 d_*와 d^*로 구성되는 세 쌍을 의미한다. 첨점부분분할 $\dot{\mathcal{P}} := \{([x_0, x_1], t_1), ([x_1, x_2], t_2), \ldots, ([x_{n-1}, x_n], t_n)\}$가 (d_*, δ, d^*)-**미세하다**(fine)는 것은 다음인 경우이다.

$$(-\infty, \infty) = (-\infty, x_0] \cup \bigcup_{i=1}^{n} [x_{i-1}, x_i] \cup [x_n, \infty)$$

이고 $i = 1, \ldots, n$에 대하여

$$[x_{i-1}, x_i] \subseteq [t_i - \delta(t_i), t_i + \delta(t_i)]$$

이며,

$$(-\infty, x_0] \subseteq (-\infty, -1/d_*] \quad \text{이고} \quad [x_n, \infty) \subseteq [1/d^*, \infty)$$

이거나 동치로

$$x_0 \le -1/d_* \quad \text{이고} \quad 1/d^* \le x_n$$

이다.

주의 보통 $[-\infty, \infty]$에서 gauge는 $\delta(-\infty) := d_*$ 이고 $\delta(\infty) := d^*$일 때 정의역이 $[-\infty, \infty] := \{-\infty\} \cup (-\infty, \infty) \cup \{\infty\}$인 순양의 함수 δ로 생각한다.

여기서 $\dot{\mathcal{P}}$에 대한 h의 Riemann 합은 $S(h; \dot{\mathcal{P}}) = \sum_{i=1}^{n} h(t_i)(x_i - x_{i-1})$이다.

끝으로 $h : (-\infty, \infty) \to \mathbb{R}$라 하자. $C \in \mathbb{R}$가 존재하여, 모든 $\varepsilon > 0$에 대하여 $\dot{\mathcal{P}}$가 $(-\infty, \infty)$의 임의의 δ_ε-미세 부분분할일 때 $|S(h; \dot{\mathcal{P}}) - C| \le \varepsilon$이 되는 $[-\infty, \infty]$에서 gauge δ_ε이 존재하면, h는 **일반 Riemann 적분가능하다**(generalized Riemann integrable)고 한다. 이 경우 $h \in \mathcal{R}^*(-\infty, \infty)$와

$$\int_{-\infty}^{\infty} h = C$$

로 쓴다. 마찬가지로 h와 $|h|$이 $\mathcal{R}^*(-\infty, \infty)$에 속하면, h는 **Lebesgue 적분가능하다**(Lebesgue integrable)고 한다. 이 경우 $h \in \mathcal{L}(-\infty, \infty)$로 쓴다.

이의 중요성을 고려하여 $(-\infty, \infty)$에서 적분에 타당한 Hake 정리의 변형을 기술할 것이다.

10.3.6 Hake의 정리 $h : (-\infty, \infty) \to \mathbb{R}$이면, $h \in \mathcal{R}^*(-\infty, \infty)$이기 위한 필요충분조건은 $(-\infty, \infty)$에 있는 모든 $\beta < \gamma$에 대하여 $[\beta, \gamma]$로 h의 축소함수는 $\mathcal{R}^*[\beta, \gamma]$에 속하고

$$\lim_{\substack{\beta \to -\infty \\ \gamma \to +\infty}} \int_{\beta}^{\gamma} h = C \in \mathbb{R}$$

이다. 이 경우 $\int_{-\infty}^{\infty} h = C$이다.

앞에서와 같이 유한구간 $[a, b]$에서 타당한 정리들의 대부분은 참이다. 그들을 앞에서와 같이 하거나 Hake의 정리를 이용하여 증명한다. 다음으로 이 경우에 대한 기본정리의 제1형식을 기술한다.

10.3.7 기본정리 E가 $(-\infty, \infty)$의 가산부분집합이고 $h, H : (-\infty, \infty) \to \mathbb{R}$가 다음을 만족한다고 가정하자.

(a) H는 $(-\infty, \infty)$에서 연속이고 극한 $\lim_{x \to \pm\infty} H(x)$가 존재한다.

(b) 모든 $x \in (-\infty, \infty)$, $x \notin E$에 대하여 $H'(x) = h(x)$이다.

그러면 h는 $\mathcal{R}^*(-\infty, \infty)$에 속하고 다음이 성립한다.

$$(8) \qquad \int_{-\infty}^{\infty} h = \lim_{x \to \infty} H(x) - \lim_{y \to -\infty} H(y).$$

10.3.8 예 **(a)** $x \in (-\infty, \infty)$에 대하여 $h(x) := 1/(x^2 + 1)$이라 하자. 만일 $H(x) := \operatorname{Arctan} x$라 하면 모든 $x \in (-\infty, \infty)$에 대하여 $H'(x) = h(x)$이다. 더욱이 $\lim_{x \to \infty} H(x) = \frac{1}{2}\pi$

와 $\lim_{x \to -\infty} H(x) = -\frac{1}{2}\pi$를 얻는다. 그러므로 다음이 된다.

$$\int_{-\infty}^{\infty} \frac{1}{x^2+1}\,dx = \frac{1}{2}\pi - \left(-\frac{1}{2}\pi\right) = \pi.$$

(b) $x \in (-\infty, \infty)$에 대하여 $k(x) := |x|e^{-x^2}$이라 하자. 만약 $x \geq 0$에 대하여 $K(x) := \frac{1}{2}(1 - e^{-x^2})$이고 $x < 0$에 대하여 $K(x) := -\frac{1}{2}(1 - e^{-x^2})$이라 하면, K는 $(-\infty, \infty)$에서 연속이고 $x \neq 0$에 대하여 $K'(x) = k(x)$임을 보일 수 있다. 더욱이 $\lim_{x \to \infty} K(x) = \frac{1}{2}$이고 $\lim_{x \to -\infty} K(x) = -\frac{1}{2}$이다. 그러므로 다음이 된다.

$$\int_{-\infty}^{\infty} |x|e^{-x^2}\,dx = \frac{1}{2} - \left(-\frac{1}{2}\right) = 1.$$

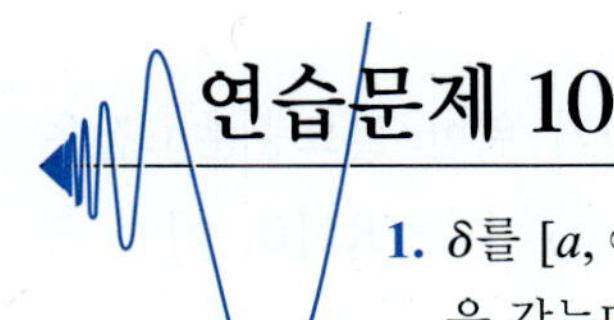

연습문제 10.3

1. δ를 $[a, \infty]$에서 gauge라 하자. 정리 5.5.5로부터 모든 유계부분구간 $[a, b]$는 δ-미세분할을 갖는다. 이제 $[a, \infty]$가 δ-미세 분할을 가짐을 보여라.

2. 모든 $\gamma \geq a$에 대하여 $f \in \mathcal{R}^*[a, \gamma]$라 하자. $f \in \mathcal{R}^*[a, \infty)$이기 위한 필요충분조건은 모든 $\varepsilon > 0$에 대하여 $q > p \geq K(\varepsilon)$이면 $|\int_p^q f| < \varepsilon$이 되는 $K(\varepsilon) \geq a$이 존재하는 것임을 보여라.

3. f와 $|f|$이 모든 $\gamma \geq a$에 대하여 $\mathcal{R}^*[a, \gamma]$에 속한다고 하자. $f \in \mathcal{L}[a, \infty)$이기 위한 필요충분조건은 모든 $\varepsilon > 0$에 대하여 $q > p > K(\varepsilon)$이면 $\int_p^q |f| < \varepsilon$이 되는 $K(\varepsilon) \geq a$이 존재하는 것임을 보여라.

4. f와 $|f|$이 모든 $\gamma \geq a$에 대하여 $\mathcal{R}^*[a, \gamma]$에 속한다고 하자. $f \in \mathcal{L}[a, \infty)$이기 위한 필요충분조건은 집합 $V := \{\int_a^x |f| : x \geq a\}$가 $\mathbb{R}$에서 유계인 것임을 보여라.

5. $f, g \in \mathcal{L}[a, \infty)$이면 $f + g \in \mathcal{L}[a, \infty)$임을 보여라. 더욱이 임의의 $h \in \mathcal{L}[a, \infty)$에 대하여 $\|h\| := \int_a^\infty |h|$이면 $\|f + g\| \leq \|f\| + \|g\|$임을 보여라.

6. $x \in [1, \infty)$에 대하여 $f(x) := 1/x$이면 $f \notin \mathcal{R}^*[1, \infty)$임을 보여라.

7. f가 $[1, \infty)$에서 연속이고 $x \in [1, \infty)$에 대하여 $|f(x)| \leq K/x^2$이면 $f \in \mathcal{L}[1, \infty)$임을 보여라.

8. $x \in [0, \infty)$에 대하여 $f(x) := \cos x$라 하자. $f \notin \mathcal{R}^*[0, \infty)$임을 보여라.

9. $s > 0$이면, $x \in [0, \infty)$에 대하여 $g(x) := e^{-sx}$이라 하자.
   (a) Hake의 정리를 이용하여 $g \in \mathcal{L}[0, \infty)$이고 $\int_0^\infty e^{-sx}\,dx = 1/s$임을 보여라.
   (b) 기본정리 10.3.5를 이용하라.

10. (a) 부분적분법과 Hake의 정리를 이용하여 $s > 0$에 대하여 $\int_0^\infty xe^{-sx}\,dx = 1/s^2$임을 보여라.

(b) 기본정리 10.3.5를 이용하라.

11. $n \in \mathbb{N}$이고 $s > 0$이면 $\int_0^\infty x^n e^{-sx}\,dx = n!/s^{n+1}$임을 보여라.

12. (a) 적분 $\int_1^\infty x^{-1} \ln x\, dx$가 수렴하지 않음을 보여라.

(b) $\alpha > 1$이면 $\int_1^\infty x^{-\alpha} \ln x\, dx = 1/(\alpha - 1)^2$임을 보여라.

13. (a) $\int_{n\pi}^{(n+1)\pi} |x^{-1} \sin x|\, dx > 1/4(n+1)$임을 보여라.

(b) D가 예 10.3.4(d)에서와 같을 때 $|D| \notin \mathcal{R}^*[0, \infty)$임을 보여라.

14. 적분 $\int_0^\infty (1/\sqrt{x}) \sin x\, dx$가 수렴함을 보여라. [힌트: 부분적분법으로 적분하라.]

15. **Fresnel의 적분** $\int_0^\infty \sin(x^2)\, dx$에 대한 수렴성을 수립하여라. [힌트: 치환정리 10.1.12를 이용하여라.]

16. 다음 적분의 수렴과 발산을 판정하여라.

(a) $\displaystyle\int_0^\infty \frac{\ln x\, dx}{x^2+1}$ (b) $\displaystyle\int_0^\infty \frac{\ln x\, dx}{\sqrt{x^2+1}}$

(c) $\displaystyle\int_0^\infty \frac{dx}{x(x+1)}$ (d) $\displaystyle\int_0^\infty \frac{x\, dx}{(x+1)^3}$

(e) $\displaystyle\int_0^\infty \frac{dx}{\sqrt[3]{1+x^3}}$ (f) $\displaystyle\int_0^\infty \frac{\operatorname{Arctan} x\, dx}{x^{3/2}+1}$

17. $f, \varphi : [a, \infty) \to \mathbb{R}$라 하자. **Abel 판정법**은 다음과 같이 주장한다. $f \in \mathcal{R}^*[a, \infty)$이고 φ가 $[a, \infty)$에서 유계이고 단조이면 $f\varphi \in \mathcal{R}^*[a, \infty)$이다.

(a) $\varphi(x) := 1/x$을 취하여 $\int_0^\infty (1/x) \sin x\, dx$의 수렴성을 수립하는데 Abel 판정법이 적절하지 않음을 보여라. 그러나 $\varphi(x) := 1/\sqrt{x}$을 취하고 문제 14를 이용하면 이를 적용할 수 있다.

(b) Abel 판정법과 문제 15를 이용하여 $\int_0^\infty (x/(x+1)) \sin(x^2)\, dx$가 수렴함을 보여라.

(c) Abel 판정법과 문제 14를 이용하여 $\int_0^\infty x^{-3/2}(x+1) \sin x\, dx$가 수렴함을 보여라.

(d) Abel 판정법을 이용하여 문제 16(f)가 수렴함을 보여라.

18. 문제 17에서와 같은 기호로 **Chartier-Dirichlet 판정법**은 다음과 같이 주장한다. 모든 $\gamma \ge a$에 대하여 $f \in \mathcal{R}^*[a, \gamma]$이고 $F(x) := \int_a^x f$가 $[a, \infty)$에서 유계이며, φ가 단조이고 $\lim_{x\to\infty} \varphi(x) = 0$이면 $f\varphi \in \mathcal{R}^*[a, \infty)$이다.

(a) 적분 $\int_0^\infty (1/x) \sin x\, dx$가 수렴함을 보여라.

(b) $\int_2^\infty (1/\ln x) \sin x\, dx$가 수렴함을 보여라.

(c) $\int_0^\infty (1/\sqrt{x}) \cos x\, dx$가 수렴함을 보여라.

(d) $f(x) := \sin(x^2)$을 취하여 $\int_0^\infty (x/(x+1)) \sin(x^2)\, dx$의 수렴성을 수립하는 데 Chartier-Dirichlet 판정법이 적절하지 않음을 보여라.

19. 적분 $\int_0^\infty \sqrt{x} \cdot \sin(x^2)\,dx$가 $x \to \infty$일 때 피적분함수는 유계가 아니지만 수렴함을 보여라. [힌트: 치환하라.]

20. 다음 적분이 수렴함을 보여라.

(a) $\int_{-\infty}^{\infty} e^{-|x|}\,dx$ (b) $\int_{-\infty}^{\infty} (x-2)e^{-|x|}\,dx$

(c) $\int_{-\infty}^{\infty} e^{-x^2}\,dx$ (d) $\int_{-\infty}^{\infty} \frac{2x\,dx}{e^x - e^{-x}}$

10.4 수렴정리

일반 Riemann 적분에 대한 논의를 이것에 유용한 수렴정리를 서술하는 것으로 끝낼 것이다. 그 결과들이 (보통의) Riemann 적분에 대하여 8.2절에서 소개한 것들보다 훨씬 더 강력함을 보일 것이다. 마지막으로 거의 모든 점에서 계단함수열의 극한으로서 $[a, b]$에서 "가측"함수를 소개할 것이다. 모든 적분가능함수는 가측이고, $[a, b]$에서 가측함수가 일반 Riemann 적분가능하기 위한 필요충분조건은 이것이 양측 유계성 조건을 만족하는 것임을 보인다.

예 8.2.1(c)에서 (f_k)가 $[a, b]$에서 함수 $f \in \mathcal{R}[a, b]$로 수렴하는 $\mathcal{R}[a, b]$에서의 함수열일 때 다음이 성립하여야 할 필요가 없음을 증명하였다.

$$(1) \qquad \int_a^b f = \lim_{k \to \infty} \int_a^b f_k.$$

그러나 정리 8.2.4에서 함수열의 **균등수렴**이 이 등식이 성립함을 보증해 주는 충분조건임을 보였다. 사실 이제 일반 Riemann 적분가능함수열에 대해서도 이것이 참임을 보일 것이다.

10.4.1 균등수렴정리 (f_k)를 $\mathcal{R}^*[a, b]$에서의 함수열이라 하고 (f_k)가 $[a, b]$에서 f로 **균등수렴**한다고 가정하자. 그러면 $f \in \mathcal{R}^*[a, b]$이고 (1)이 성립한다.

증명 주어진 $\varepsilon > 0$에 대하여 $k \geq K(\varepsilon)$이고 $x \in [a, b]$이면 $|f_k(x) - f(x)| < \varepsilon$이 되는 $K(\varepsilon)$이 존재한다. 따라서 $h, k \geq K(\varepsilon)$이면 $x \in [a, b]$에 대하여

$$-2\varepsilon < f_k(x) - f_h(x) < 2\varepsilon$$

이다. 정리 10.1.5에 의하여 다음이 성립한다.

$$-2\varepsilon(b-a) < \int_a^b f_k - \int_a^b f_h < 2\varepsilon(b-a).$$

$\varepsilon > 0$은 임의이므로, 수열 $(\int_a^b f_k)$는 $\mathbb{R}$에서 Cauchy 수열이고 어떤 수로 수렴한다. 이 수를 $A \in \mathbb{R}$라 하자. 이제 적분이 A인 $f \in \mathcal{R}^*[a, b]$임을 보일 것이다. $\varepsilon > 0$이 주어지면 $K(\varepsilon)$을 위에서와 같다고 하자. $\dot{\mathcal{P}} := \{([x_{i-1}, x_i], t_i)\}_{i=1}^n$가 $[a, b]$의 임의의 첨점분할이고 $k \geq K(\varepsilon)$이면 다음이 성립한다.

$$\begin{aligned} |S(f_k; \dot{\mathcal{P}}) - S(f; \dot{\mathcal{P}})| &= \left| \sum_{i=1}^n \{f_k(t_i) - f(t_i)\}(x_i - x_{i-1}) \right| \\ &\leq \sum_{i=1}^n |f_k(t_i) - f(t_i)|(x_i - x_{i-1}) \\ &< \sum_{i=1}^n \varepsilon(x_i - x_{i-1}) = \varepsilon(b - a). \end{aligned}$$

이제 $|\int_a^b f_r - A| < \varepsilon$이 되도록 $r \geq K(\varepsilon)$을 고정시키고 $\delta_{r,\varepsilon}$을 $\dot{\mathcal{P}}$가 $\delta_{\gamma,\varepsilon}$-미세하면 언제나 $|\int_a^b f_r - S(f_r; \dot{\mathcal{P}})| < \varepsilon$이 되는 $[a, b]$에서 gauge라 하자. 그러면 다음을 얻는다.

$$\begin{aligned} |S(f; \dot{\mathcal{P}}) - A| &\leq |S(f; \dot{\mathcal{P}}) - S(f_r; \dot{\mathcal{P}})| + \left| S(f_r; \dot{\mathcal{P}}) - \int_a^b f_r \right| + \left| \int_a^b f_r - A \right| \\ &< \varepsilon(b - a) + \varepsilon + \varepsilon = \varepsilon(b - a + 2). \end{aligned}$$

그러나 $\varepsilon > 0$은 임의이므로, $f \in \mathcal{R}^*[a, b]$이고 $\int_a^b f = A$이다. Q.E.D.

예 10.4.6(a)에서 10.4.1의 결론이 무한구간에서는 참이 아님을 보일 것이다.

등적분가능성

정리 10.4.1에 있는 균등수렴이라는 가정이 매우 절대적인 것이어서 이 결과의 실용성을 제한한다. 따라서 이제 요구하는 극한을 얻는 데 또 다른 형태의 균등성 조건이 이용될 수 있음을 보인다. 이 개념은 정리 10.4.3에 있는 것과 함께 Jaroslav Kurzweil에 의한 것이다.

10.4.2 정의 (f_k)를 $\mathcal{R}^*(I)$에서의 함수열이라 하자. 모든 $\varepsilon > 0$에 대하여 $\dot{\mathcal{P}}$가 I의 임의의 δ_ε-미세 분할이고 $k \in \mathbb{N}$일 때 $|S(f_k; \dot{\mathcal{P}}) - \int_I f_k| < \varepsilon$이 되는 I에서 gauge δ_ε이 존재하면, (f_k)는 **등적분가능하다**(equi-integrable)고 한다.

10.4.3 등적분가능성 정리 $(f_k) \subseteq \mathcal{R}^*(I)$가 I에서 등적분가능하고 모든 $x \in I$에 대하여 $f(x) = \lim f_k(x)$이면, $f \in \mathcal{R}^*(I)$이고 다음이 성립한다.

(2) $$\int_I f = \lim_{k \to \infty} \int_I f_k.$$

증명 $I = [a, b]$인 경우만 다룰 것이고 일반적인 경우는 [MTI]에서 볼 수 있다.

주어진 $\varepsilon > 0$에 대하여, 등적분가능성 가정으로 부터 $\dot{\mathcal{P}} := \{([x_{i-1}, x_i], t_i)\}_{i=1}^n$가 I의 δ_ε-미세 분할이면 모든 $k \in \mathbb{N}$에 대하여 $|S(f_k; \dot{\mathcal{P}}) - \int_I f_k| < \varepsilon$이 되는 I에서 gauge δ_ε이 존재한다. $\dot{\mathcal{P}}$는 단지 유한개의 첨점을 가지며 $t \in [a, b]$에 대하여 $f_k(t) \to f(t)$이므로, $h, k \ge K_\varepsilon$이면

(3) $$|S(f_k; \dot{\mathcal{P}}) - S(f_h; \dot{\mathcal{P}})| \le \sum_{i=1}^n |f_k(t_i) - f_h(t_i)|(x_i - x_{i-1}) \le \varepsilon(b - a)$$

가 되는 K_ε이 존재한다. (3)에서 $h \to \infty$라 하면 $k \ge K_\varepsilon$에 대하여

(4) $$|S(f_k; \dot{\mathcal{P}}) - S(f; \dot{\mathcal{P}})| \le \varepsilon(b - a)$$

를 얻는다. 더욱이 $h, k \ge K_\varepsilon$이면 등적분가능성 가정과 (3)으로부터 다음이 된다.

$$\begin{aligned} \left|\int_I f_k - \int_I f_h\right| &\le \left|\int_I f_k - S(f_k; \dot{\mathcal{P}})\right| + |S(f_k; \dot{\mathcal{P}}) - S(f_h; \dot{\mathcal{P}})| \\ &\quad + \left| S(f_h; \dot{\mathcal{P}}) - \int_I f_h\right| \le \varepsilon + \varepsilon(b - a) + \varepsilon = \varepsilon(2 + b - a). \end{aligned}$$

$\varepsilon > 0$은 임의이므로, $(\int_I f_k)$는 Cauchy 수열이고 어떤 수 $A \in \mathbb{R}$로 수렴한다. 이 마지막 부등식에 $h \to \infty$를 취하면 $k \ge K_\varepsilon$에 대하여 다음을 얻는다.

(5) $$\left|\int_I f_k - A\right| \le \varepsilon(2 + b - a).$$

이제 적분이 A인 $f \in \mathcal{R}^*(I)$임을 보인다. 사실 주어진 $\varepsilon > 0$에 대하여 $\dot{\mathcal{P}}$가 I의 δ_ε-미세 분할이고 $k \ge K_\varepsilon$이면

$$\begin{aligned} |S(f; \dot{\mathcal{P}}) - A| &\le |S(f; \dot{\mathcal{P}}) - S(f_k; \dot{\mathcal{P}})| + \left|S(f_k; \dot{\mathcal{P}}) - \int_I f_k\right| + \left|\int_I f_k - A\right| \\ &\le \varepsilon(b - a) + \varepsilon + \varepsilon(2 + b - a) = \varepsilon(3 + 2b - 2a) \end{aligned}$$

이고, 여기서 첫 번째 항에 대하여 (4)를, 두 번째 항에 대하여 등적분가능성을, 그리고 세 번째 항에 대해서는 (5)를 이용하였다. $\varepsilon > 0$은 임의이므로, 적분이 A인 $f \in \mathcal{R}^*(I)$이다. Q.E.D.

단조수렴정리와 지배수렴정리

비록 등적분가능성 정리가 흥미롭기는 하지만 gauge δ_ε을 설정하기가 쉽지 않아, 이를 적용하기가 쉽지 않다. 이제 적분에 대하여 가장 중요한 수렴정리를 요약

한 자주 이용되는 두 개의 대단히 중요한 정리를 기술한다. McLeod[pp.96-101]가 이들 정리 모두를 등적분가능성 정리를 이용하여 증명할 수 있음을 보였다. 그러나 그 증명들은 gauge 함수의 정교한 설정을 요구한다. 이 결과들의 직접적인 증명은 [MTI]에서 볼 수 있다. 그러나 이 증명들 역시 이 책에서 다루지 않은 결과들을 이용하고 있어, 이들의 증명을 생략할 것이다.

구간 $I \subseteq \mathbb{R}$에서 모든 $k \in \mathbb{N}$와 $x \in I$에 대하여 함수열이 $f_1(x) \le f_2(x) \le \cdots \le f_k(x) \le f_{k+1}(x) \le \cdots$을 만족하면, 이 함수열은 **단조증가한다**(monotone increasing)고 한다. 함수열이 반대의 부등식열을 만족하면 **단조감소한다**(monotone decreasing)고 하고, 단조증가하거나 단조감소하면 **단조이다**(monotone)라고 한다.

10.4.4 단조수렴정리 (f_k)를 I의 거의 모든 점에서 $f(x) = \lim f_k(x)$가 되는 $\mathcal{R}^*(I)$에서의 단조함수열이라 하자. 그러면 $f \in \mathcal{R}^*(I)$이기 위한 필요충분조건은 적분열 $(\int_I f_k)$가 $\mathbb{R}$에서 유계인 것이다. 이 경우 다음이 성립한다.

(6)
$$\int_I f = \lim_{k\to\infty}\int_I f_k.$$

다음 결과는 적분가능함수들의 수렴성에 관한 가장 중요한 정리이다. 그것은 유명한 "Lebesgue 지배수렴정리(Lebesgue Dominated Convergence Theorem)"로부터 증명할 수 있는 이 정리의 확장이다.

10.4.5 지배수렴정리 (f_n)을 $\mathcal{R}^*(I)$에서의 함수열이라 하고 I의 거의 모든 점에서 $f(x) = \lim f_k(x)$라 하자. 만약 거의 모든 $x \in I$에 대하여

(7)
$$\alpha(x) \le f_k(x) \le \omega(x)$$

를 만족하는 $\mathcal{R}^*(I)$에 속하는 함수 α, ω가 존재하면, $f \in \mathcal{R}^*(I)$이고 다음이 성립한다.

(8)
$$\int_I f = \lim_{k\to\infty}\int_I f_k.$$

더욱이 α와 ω가 $\mathcal{L}(I)$에 속하면 f_k와 f도 $\mathcal{L}(I)$에 속하고 다음이 된다.

(9)
$$\|f_k - f\| = \int_I |f_k - f| \to 0.$$

주의 α와 ω가 $\mathcal{L}(I)$에 속하고 $\varphi := \max\{|\alpha|, |\omega|\}$으로 놓으면, $\varphi \in \mathcal{L}(I)$이고 조건 (7)을 거의 모든 $x \in I$에 대하여

(7′) $$|f_k(x)| \le \varphi(x)$$

인 조건으로 대체할 수 있다.

몇 가지 예

10.4.6 예 **(a)** $k \in \mathbb{N}$이면, $x \in [0, k]$에 대하여 $f_k(x) := 1/k$이고 $[0, \infty)$의 다른 점에서는 $f_k(x) := 0$이라 하자.

그러면 함수열은 $[0, \infty)$에서 0-함수로 균등수렴한다. 그렇지만 모든 $k \in \mathbb{N}$에 대하여 $\int_0^\infty f_k = 1$인 반면, 0-함수의 적분은 0이다. 함수 $\sup\{f_k(x) : k \in \mathbb{N}\}$가 $\mathcal{R}^*[0, \infty)$에 속하지 않는다는 것을 보이는 것은 연습문제이고, 따라서 지배조건 (7)을 만족하지 않는다.

(b) $\lim_{k \to \infty} \int_0^1 \dfrac{x^k + 1}{x^k + 3}\, dx = \dfrac{1}{3}$이다.

$g_k(x) := (x^k + 1)/(x^k + 3)$이면, $x \in [0, 1)$에 대하여 $0 \le g_k(x) \le 1$이고 $g_k(x) \to 1/3$이다. 따라서 지배수렴정리 10.4.5를 적용한다.

(c) $a > 1$이면 $\lim_{k \to \infty} \int_0^k \left(1 + \dfrac{x}{k}\right)^k e^{-ax}\, dx = \dfrac{1}{a-1}$이다.

$x \in [0, k]$에 대하여 $h_k(x) := \{(1 + x/k)\}^k e^{-ax}$이고 $[0, \infty)$의 다른 점에서 $h_k(x) := 0$이라 하자. 예 3.3.6에서의 논의가 $[0, \infty)$에서 (h_k)가 증가함수열이고 $e^x e^{-ax} = e^{(1-a)x}$로 수렴함을 보여준다. $a > 1$이면 이 극한함수는 $\mathcal{L}[0, \infty)$에 속한다. 더욱이 $F(x) := e^{(1-a)x}/(1 - a)$이면 $F'(x) = e^{(1-a)x}$이고, 따라서 단조수렴정리 10.4.4와 기본정리 10.3.5에 의하여 다음이 된다.

$$\lim_{k \to \infty} \int_0^\infty h_k = \int_0^\infty e^{(1-a)x}\, dx = F(x)\Big|_0^\infty = \frac{1}{a-1}.$$

(d) f가 $[0, \infty)$에서 유계이고 연속이며 $a > 0$이면 $L(t) := \int_0^\infty e^{-tx} f(x)\, dx$로 정의된 함수는 $t \in J_a := (a, \infty)$에서 연속이다.

$t \in J_a$에 대하여 $|e^{-tx} f(x)| \le Me^{-ax}$이므로, (t_k)가 $t_0 \in J_a$로 수렴하는 J_a에서의 임의의 수열이면 지배수렴정리에 의하여 $L(t_k) \to L(t_0)$이다. 그러나 t_0로 수렴하는 수열 (t_k)는 임의이므로 L은 t_0에서 연속이다.

(e) (d)에 있는 적분은 $t > a$에 대하여 미분가능하고

(10) $$L'(t) = \int_0^\infty (-x) e^{-tx} f(x)\, dx$$

인데, 이는 t에 관하여 “적분기호의 안을 미분하여” 얻은 결과이다.

수 $t_0 \in J_a$를 고정하자. $t \in J_a$이면, 함수 $t \mapsto e^{-tx}$에 평균값 정리를 적용하여 $e^{-tx} - e^{-t_0 x} = -xe^{-t_x x}(t - t_0)$가 되는 t_0와 t 사이의 점 t_x를 얻는다. 따라서

$$\left|\frac{e^{-tx} - e^{-t_0 x}}{t - t_0}\right| \le xe^{-t_x x} \le xe^{-ax}$$

이다. $\omega(x) := xe^{-ax}f(x)$가 $\mathcal{L}[0, \infty)$에 속하므로, $t_0 \neq t_k \to t_0$인 J_a에서의 임의의 수열 (t_k)에 대하여 지배수렴정리를 적용하면

$$\begin{aligned}\lim_{k\to\infty}\left[\frac{L(t_k) - L(t_0)}{t_k - t_0}\right] &= \int_0^\infty \lim_{k\to\infty}\left[\frac{e^{-t_k x} - e^{-t_0 x}}{t_k - t_0}\right] f(x)\,dx \\ &= \int_0^\infty (-x)e^{-t_0 x} f(x)\,dx\end{aligned}$$

를 얻는다. (t_k)는 임의의 수열이므로 $L'(t_0)$가 존재하고 (10)이 증명된다.

(f) $k \in \mathbb{N}$와 $t \ge 0$에 대하여 $D_k(t) := \int_0^k e^{-tx}\left(\frac{\sin x}{x}\right)dx$라 하자.

$t \ge 0$와 $x \ge 0$에 대하여 $|(e^{-tx}\sin x)/x| \le e^{-tx} \le 1$이므로 D_k로 정의한 적분이 존재한다. 특히 다음을 얻는다.

$$D_k(0) = \int_0^k \frac{\sin x}{x}\,dx.$$

이제 $k \to \infty$일 때 $D_k(0) \to \frac{1}{2}\pi$임을 보이고자 한다. 예 10.3.4(d)에 의하여 이것이 $\int_0^\infty (\sin x)/x\,dx = \frac{1}{2}\pi$임을 보일 것이다. 논의는 보다 복잡하며 지배수렴정리를 여러 차례 이용한다.

$t \ge 0$와 $x \ge 0$에 대하여 편도함수가 $\left|\frac{\partial}{\partial t}\left(\frac{e^{-tx}\sin x}{x}\right)\right| = |-e^{-tx}\sin x| \le 1$을 만족하므로, (e)에서와 같은 논의와 지배수렴정리로부터 $k \in \mathbb{N}$와 $t \ge 0$에 대하여 다음이 된다.

$$D_k'(t) = -\int_0^k e^{-tx}\sin x\,dx.$$

일상적인 계산에 의하면 $\frac{\partial}{\partial x}\left(\frac{e^{-tx}(t\sin x + \cos x)}{t^2+1}\right) = -e^{-tx}\sin x$이고, 기본정리를 적용하면 다음이 된다.

$$D_k'(t) = \frac{e^{-tk}(t\sin k + \cos k)}{t^2+1} - \frac{1}{t^2+1}.$$

$0 \le t \le k$에 대하여 $g_k(t) := \frac{e^{-tk}(t\sin k + \cos k)}{t^2+1}$로, $t > k$에 대하여 $g_k(t) := 0$으로 놓으면 기본정리를 다시 적용하여 다음을 얻는다.

$$(11) \qquad D_k(k) - D_k(0) = \int_0^k D_k'(t)\,dt = \int_0^k g_k(t)\,dt - \int_0^k \frac{dt}{t^2+1}$$
$$= \int_0^k g_k(t)\,dt - \text{Arctan}\,k.$$

$k \to \infty$일 때, $t > 0$에 대하여 $g_k(t) \to 0$이고 $t \geq 0$에 대하여 ($k \geq 1$이므로)

$$|g_k(t)| \leq \frac{e^{-tk}(t+1)}{t^2+1} \leq 2e^{-t}$$

임에 주목하면 지배수렴정리에 의하여 $\int_0^\infty g_k(t)\,dt \to 0$이다.

더구나 $|(\sin x)/x| \leq 1$이므로 다음을 얻는다.

$$|D_k(k)| = \left|\int_0^k e^{-kx}\frac{\sin x}{x}\,dx\right| \leq \int_0^k e^{-kx}\,dx = \frac{e^{-kx}}{-k}\Bigg|_{x=0}^{x=k}$$
$$= \frac{1-e^{-k^2}}{k} \leq \frac{1}{k} \to 0.$$

따라서 $k \to \infty$일 때 식 (11)은 다음과 같이 된다.

$$0 - \lim_{k\to\infty} D_k(0) = 0 - \lim_{k\to\infty} \text{Arctan}\,k = -\tfrac{1}{2}\pi.$$

앞에서 주목했듯이 이것이 **Dirichlet의 적분**(Dirichlet's integral)을 구하게 해준다.

$$(12) \qquad \int_0^\infty \frac{\sin x}{x}\,dx = \frac{1}{2}\pi. \qquad ■$$

가측함수

$\mathcal{R}^*(I)$에 있는 함수족을 특성화하고자 한다. 극히 소수의 보다 덜 중요한 설명들을 피하기 위하여 논의를 $I := [a, b]$인 경우로 제한할 것이다. "가측함수"의 개념을 소개할 필요가 있는데, 이 함수족은 독자가 언젠가는 만났을 모든 함수들을 포함한다. 가측함수는 종종 "가측집합(measurable set)"의 개념에 의하여 정의된다. 그러나 우리가 이용할 접근법은 조금 더 간단하고 먼저 발전시킨 가측집합의 이론을 요구하지 않을 것이다(사실 측도론은 적분의 성질들로부터 유도될 수 있다. 연습문제 15와 16을 보라).

정의 5.4.9로부터 함수 $s : [a, b] \to \mathbb{R}$가 **계단함수**(step function)라는 것은 이것이 유한개의 함수값들을 갖고 각 값을 $[a, b]$의 유한개의 부분구간들에서 취하는 것임을 상기하자.

10.4.7 정의 $f : [a, b] \to \mathbb{R}$라 하자. 거의 모든 $x \in [a, b]$에 대하여

(13) $$f(x) = \lim_{k \to \infty} s_k(x)$$

를 만족하는 $[a, b]$에서 계단함수열 (s_k)가 존재하면, f는 **Lebesgue 가측이다** (measurable)라고 한다.

$[a, b]$에서 가측인 모든 함수족을 $\mathcal{M}[a, b]$로 나타낸다.

정의를 다음과 같이 재공식화할 수 있다. 함수 f가 $\mathcal{M}[a, b]$에 속한다는 것은 모든 $x \in [a, b] \setminus Z$에 대하여

(14) $$f(x) = \lim_{k \to \infty} s_k(x)$$

를 만족하는 영집합 $Z \subset [a, b]$와 계단함수열 (s_k)가 존재하는 것이다.

$[a, b]$에서 계단함수 모두가 가측함수임은 자명하다. 정리 5.4.10에 의하여 $[a, b]$에서 연속함수는 계단함수열의 균등극한이고, 따라서 구간 $[a, b]$에서 모든 연속함수는 가측이다. 마찬가지로 $[a, b]$에서 모든 단조함수는 계단함수의 균등극한이고 (정리 7.2.8의 증명을 보라), 따라서 구간에서 모든 단조함수는 가측이다.

첫눈에는 가측함수족이 그렇게 크지 않은 것처럼 보일런지 모른다. 그러나 극한 (13)이 성립하기 위하여 필요로 하는 단지 **거의 모든 점**에서라는 (그리고 모든 점이 아닌) 요구조건은 더 많은 일반적인 함수들을 얻을 수 있게 해 준다. 이제 몇 개의 예들을 소개한다.

10.4.8 예 **(a)** $x \in [0, 1]$인 유리수에 대하여 $f(x) := 1$이고 $x \in [0, 1]$인 무리수에 대하여 $f(x) := 0$인 Dirichlet 함수는 가측함수이다.

$\mathbb{Q} \cap [0, 1]$이 영집합이므로 각 s_k를 0-함수로 취할 수 있다. 그러면 $x \in [0, 1] \setminus \mathbb{Q}$에 대하여 $s_k(x) \to f(x)$를 얻는다.

(b) Thomae의 함수 h는(예 5.1.6(h)와 7.1.7을 보라) 가측함수이다. 다시 s_k를 0-함수로 취하라. 그러면 $x \in [0, 1] \setminus \mathbb{Q}$에 대하여 $s_k(x) \to h(x)$이다.

(c) $x \in (0, 1]$에 대하여 $g(x) := 1/x$이고 $g(0) := 0$인 함수는 가측함수이다.

이를 $x \in [0, 1/k)$에 대하여 $s_k(x) := 0$이고 (5.4.10을 이용하여) $x \in [1/k, 1]$에 대하여 $|s_k(x) - 1/x| < 1/k$인 계단함수를 취함으로써 보일 수 있다. 그러면 모든 $x \in [0, 1]$에 대하여 $s_k(x) \to g(x)$이다.

(d) $f \in \mathcal{M}[a, b]$이고 $\psi : [a, b] \to \mathbb{R}$가 $\psi(x) = f(x)$ a.e.를 만족하면 $\psi \in \mathcal{M}[a, b]$이다.

$x \in [a, b] \setminus Z_1$에 대하여 $f(x) = \lim s_k(x)$이고 모든 $x \in [a, b] \setminus Z_2$에 대하여

$\psi(x) = f(x)$이면, 모든 $x \in [a, b] \setminus (Z_1 \cup Z_2)$에 대하여 $\psi(x) = \lim s_k(x)$이다. Z_1과 Z_2가 영집합일 때 $Z_1 \cup Z_2$도 영집합이므로 결론을 얻는다. ■

다음 결과는 가측함수의 초등적인 결합들이 가측함수임을 보인다.

10.4.9 정리 f와 g가 $\mathcal{M}[a, b]$에 속한다고 하고 $c \in \mathbb{R}$라 하자.

(a) 그러면 함수 cf, $|f|$, $f + g$, $f - g$, 그리고 $f \cdot g$ 역시 $\mathcal{M}[a, b]$에 속한다.

(b) $\varphi : \mathbb{R} \to \mathbb{R}$가 연속이면, 합성함수 $\varphi \circ f$도 $\mathcal{M}[a, b]$에 속한다.

(c) (f_n)이 $\mathcal{M}[a, b]$에서의 함수열이고 I의 거의 모든 점에서 $f(x) = \lim f_n(x)$이면 $f \in \mathcal{M}[a, b]$이다.

증명 (a) $|f|$이 가측임을 증명할 것이다. $Z \subset [a, b]$를 (14)가 성립하는 영집합이라 하자. $|s_k|$이 계단함수이므로, 삼각부등식에 의하면 모든 $x \in [a, b] \setminus Z$에 대하여

$$0 \le ||f(x)| - |s_k(x)|| \le |f(x) - s_k(x)| \to 0$$

이다. 따라서 $|f| \in M[a, b]$이다.

(a)의 다른 주장들은 극한의 기초적인 성질들에 의한다.

(b) s_k가 $[a, b]$에서 계단함수이면 $\varphi \circ s_k$ 역시 $[a, b]$에서 계단함수임을 쉽게 보일 수 있다. φ가 $\mathbb{R}$에서 연속이고 모든 $x \in [a, b] \setminus Z$에 대하여 $f(x) = \lim s_k(x)$이므로, 모든 $x \in [a, b] \setminus Z$에 대하여 $(\varphi \circ f)(x) = \varphi(f(x)) = \lim \varphi(s_k(x)) = \lim(\varphi \circ s_k)(x)$이다. 따라서 $\varphi \circ f$는 가측이다.

(c) 이 결론은 명백하지 않다. 증명을 연습문제 14에서 개설한다. Q.E.D.

다음 결과는 정의 10.4.7의 계단함수를 연속함수로 대체할 수 있다는 것이다. 이 결과의 한 부분만 이용할 것이므로 다른 부분의 증명은 개략적인 서술로 만족하자.

10.4.10 정리 함수 $f : [a, b] \to \mathbb{R}$가 $\mathcal{M}[a, b]$에 속하기 위한 필요충분조건은 거의 모든 $x \in [a, b]$에 대하여

$$f(x) = \lim_{k \to \infty} g_k(x) \tag{15}$$

가 되는 연속함수열 (g_k)가 존재하는 것이다.

증명 $(\Leftarrow)$ $Z \subset [a, b]$를 영집합이라 하고 (g_k)를 $x \in [a, b] \setminus Z$에 대하여 $f(x) = \lim g_k(x)$가 되는 연속함수열이라 하자. g_k가 연속이므로, 5.4.10으로부터 모든 $x \in [a, b]$에 대하여

$$|g_k(x) - s_k(x)| \le 1/k$$

이 되는 계단함수 s_k가 존재한다. 그러므로

$$0 \le |f(x) - s_k(x)| \le |f(x) - g_k(x)| + |g_k(x) - s_k(x)|$$
$$\le |f(x) - g_k(x)| + 1/k$$

을 얻고, 따라서 모든 $x \in [a, b] \setminus Z$에 대하여 $f(x) = \lim g_k(x)$이다.

($\Rightarrow$)의 개요. Z를 영집합이라 하고 (s_k)를 모든 $x \in [a, b] \setminus Z$에 대하여 $f(x) = \lim s_k(x)$인 계단함수열이라 하자. 각 s_k가 끝점 a, b에서 연속이라 가정해도 일반성을 잃지 않을 것이다. s_k는 (a, b)의 단지 유한개의 점에서만 불연속이므로, 이를 총 길이가 $\le 1/k$인 구간들의 유한합집합 J_k로 둘러쌀 수 있고 $[a, b] \setminus J_k$에서 s_k와 일치하는 구분적 선형이고 연속인 함수 g_k를 설정할 수 있다. 이제 I에서 $g_k \to f(x)$ a.e.임을 보일 수 있다(자세한 것은 [MTI]를 보라). Q.E.D.

$\mathcal{R}^*[a, b]$에 속하는 함수들은 가측이다.

이제 일반 Riemann 적분가능함수가 가측인 것을 보인다.

10.4.11 가측성 정리 $f \in \mathcal{R}^*[a, b]$이면 $f \in \mathcal{M}[a, b]$이다.

증명 $F : [a, b+1] \to \mathbb{R}$를 $x \in [a, b]$에 대하여 부정적분

$$F(x) := \int_a^x f$$

라 하고 $x \in (b, b+1]$에 대하여 $F(x) := F(b)$라 하자. 기본정리(제2형식) 10.1.11(a)에 의하여 F는 $[a, b]$에서 연속이다. 10.1.11(c)로부터 $x \in [a, b] \setminus Z$에 대하여 도함수 $F'(x) = f(x)$가 존재하는 영집합 Z가 존재한다. 따라서 $x \in [a, b)$와 $k \in \mathbb{N}$에 대하여

$$g_k(x) := \frac{F(x+1/k) - F(x)}{1/k}$$

이면, 모든 $x \in [a, b] \setminus Z$에 대하여 $g_k(x) \to f(x)$이다. g_k가 연속이므로, 정리 10.4.10의 ($\Leftarrow$)에 의하여 $f \in \mathcal{M}[a, b]$임을 증명하였다. Q.E.D.

가측함수들은 적분가능한가?

가측함수 모두가 일반 Riemann 적분가능한 것은 아니다. 예를 들면, $x \in (0, 1]$에 대하여 $g(x) := 1/x$이고 $g(0) := 0$인 함수가 가측임을 예 10.4.8(c)에서 보였

다. 그러나 이는 ($x \to +0$일 때) "너무 커서" $\mathcal{R}^*[a, b]$에 속하지 않는다. 그러나 $[a, b]$에서 가측함수의 그래프가 $\mathcal{R}^*[a, b]$에 있는 두 함수 사이에 놓여 있으면, 이 역시 $\mathcal{R}^*[a, b]$에 속한다.

10.4.12 적분가능성 정리 $f \in \mathcal{M}[a, b]$라 하자. 그러면 $f \in \mathcal{R}^*[a, b]$이기 위한 필요충분조건은 거의 모든 $x \in [a, b]$에 대하여

$$\alpha(x) \le f(x) \le \omega(x) \tag{16}$$

인 함수 $\alpha, \omega \in \mathcal{R}^*[a, b]$가 존재하는 것이다. 더욱이 α 또는 ω가 $\mathcal{L}[a, b]$에 속하면 $f \in \mathcal{L}[a, b]$이다.

증명 ($\Rightarrow$) $\alpha = \omega = f$로 취할 수 있으므로 이 관계는 자명하다.

($\Rightarrow$) $f \in \mathcal{M}[a, b]$이므로 (13)이 성립하는 계단함수열 (s_k)가 $[a, b]$에서 존재한다. $k \in \mathbb{N}$에 대하여 $\bar{s}_k := \text{mid}\{\alpha, s_k, \omega\}$로 정의하면 각 $x \in [a, b]$에 대하여 $\bar{s}_k(x)$는 수 $\alpha(x)$, $s_k(x)$, 그리고 $\omega(x)$의 중앙값이다. 정리 10.2.8과

$$\text{mid}\{a, b, c\} = \min\{\max\{a, b\}, \max\{b, c\}, \max\{c, a\}\}$$
$$\min\{a', b', c'\} = \min\{\min\{a', b'\}, c'\}$$

이라는 사실에 의하여 $\bar{s}_k \in \mathcal{R}^*[a, b]$이고 $\alpha \le \bar{s}_k \le \omega$이다. $f = \lim s_k = \lim \bar{s}_k$ a.e.이므로, 지배수렴정리에 의하여 $f \in \mathcal{R}^*[a, b]$이다.

α 또는 ω가 $\mathcal{L}[a, b]$에 속하면, 정리 10.2.6을 이용하여 f가 $\mathcal{L}[a, b]$에 속한다는 결론을 얻을 수 있다. Q.E.D.

맺음말

이 장에서 우리는 구간 I에서 Lebesgue 적분가능한 함수들에 대하여 자주 언급하였는데, 이를 $\mathcal{R}^*(I)$에 속하고 그의 절대값 역시 $\mathcal{R}^*(I)$에 속하는 함수로서 소개하였다. Lebesgue 적분에 대한 유일한 "표준적인 접근"이 있는 것은 아니지만 우리의 접근은 통상적인 어떤 것과는 매우 다르다. 비판적인 사람은 우리의 접근이 $\mathcal{L}(I)$에 있는 함수의 정의가 표준적이 아니므로 유용하지 않을 뿐 아니라 틀렸을 것이라고 말할지도 모른다.

어쨌든 특정한 함수가 Lebesgue 적분가능하다는 것을 확증하기 위하여 드물긴 하지만 이 정의를 이용하기도 한다. 그보다는 (계단함수, 다항함수, 연속함수, 유계인 가측함수들과 같은) 어떤 보다 단순한 함수들이 $\mathcal{L}(I)$에 속하고, 대수적 결합이나 (Hake의 정리 또는 지배수렴정리와 같은) 다양한 극한 연산들을 취함으로써

보다 복잡한 함수들이 $\mathcal{L}(I)$에 속한다는 사실을 이용한다. 이전에 유명한 해석학자는 “어느 누구도 결코 Lebesgue 적분을 계산하지 않고, 대신에 Riemann 적분을 계산하고 극한을 취한다”고 하였다.

실수들도 마찬가지이다. $\mathbb{R}$에 대하여 공리처럼 어떤 성질들을 나열한 후 종종 극한을 취하여 실수들을 매우 효율적으로 다룰 수 있게 해주는 이러한 성질들에 대한 결과들을 유도하였다.

연습문제 10.4

1. 지정한 정의역에서 다음 함수열을 고찰하라. 함수열은 수렴하는가? 그렇다면 무엇으로? 수렴은 균등인가? 유계인가? 유계가 아니면 지배되는가? 단조인가? 적분열의 극한을 구하여라.

(a) $\dfrac{kx}{1+kx}$ $[0, 1]$　　(b) $\dfrac{x^k}{1+x^k}$ $[0, 2]$

(c) $\dfrac{1}{1+x^k}$ $[0, 1]$　　(d) $\dfrac{1}{1+x^k}$ $[0, 2]$

2. 다음 함수열에 대하여 (정확히 정의하여) 문제 1에서 취한 질문에 답하여라.

(a) $\dfrac{kx}{1+k\sqrt{x}}$ $[0, 1]$　　(b) $\dfrac{1}{\sqrt{x}(1+x^k)}$ $[0, 1]$

(c) $\dfrac{1}{\sqrt{x}(1+x^k)}$ $[1, 2]$　　(d) $\dfrac{1}{\sqrt{x}(2-x^k)}$ $[0, 1]$

3. $[0, 1]$에서 다음 함수열과 그들의 적분을 논하라. 가능하다면 적분의 극한을 구하여라.

(a) e^{-kx}　　(b) e^{-kx}/x

(c) kxe^{-kx}　　(d) k^2xe^{-kx}

(e) $kxe^{-k^2x^2}$　　(f) kxe^{-kx^2}

4. (a) $\displaystyle\lim_{k\to\infty}\int_0^1 \frac{x^k\,dx}{(1+x)^2} = 0$임을 보여라.　　(b) $\displaystyle\lim_{k\to\infty}\int_0^1 \frac{kx^k\,dx}{1+x} = \frac{1}{2}$임을 보여라.

5. $x \in [1/k, 2/k]$에 대하여 $f_k(x) := k$이고 $[0, 2]$의 다른 점에서 $f_k(x) := 0$이면, $f_k(x) \to 0$이지만 $\int_0^2 f_k = 1$임을 보여라.

6. (f_k)를 f_k가 $[a, b]$에서 미분가능하고 모든 $x \in [a, b]$에 대하여 $|f_k'(x)| \le K$이며 $f_k'(x) \to g(x)$가 되는 $[a, b]$에서의 함수열이라 하자. 함수열 $(f_k(x))$가 모든 $x \in [a, b]$에 대하여 수렴하거나 모든 $x \in [a, b]$에 대하여 발산함을 보여라.

7. f_k가 예 10.4.6(a)에서와 같은 함수이면 $\sup\{f_k\}$가 $\mathcal{R}^*[0, \infty)$에 속하지 않음을 보여라.

8. $t > 0$에 대하여 $\int_0^\infty e^{-tx}\,dx = 1/t$이고 $\int_0^\infty xe^{-tx}\,dx = 1/t^2$임을 직접적으로 보여라. 그래서 $f(x) := 1$일 때 예 10.4.6(d, e)의 결과를 확인해 준다.

9. 10.4.6(f)의 미분공식을 이용하여 $\int_0^\infty e^{-tx}\sin x\,dx = 1/(t^2+1)$임을 보여라.

10. $t > 0$이면 $E(t) := \int_0^\infty [(e^{-tx}\sin x)/x]\,dx$로 정의하자.

(a) $t > a > 0$에 대하여 E가 존재하고 연속임을 보여라. 더욱이 $t \to \infty$일 때 $E(t) \to 0$임을 보여라.

(b) $t \geq a > 0$에 대하여 $\left|\dfrac{\partial}{\partial t}\left(\dfrac{e^{-tx}\sin x}{x}\right)\right| \leq e^{-ax}$이므로, $t > 0$에 대하여 $E'(t) = \dfrac{-1}{t^2+1}$임을 보여라.

(c) $t > 0$에 대하여 $E(t) = \frac{1}{2}\pi - \operatorname{Arctan} t$임을 추론하여라.

(d) 식 (12)를 얻는 데 왜 (c)에 있는 중요한 공식을 이용할 수 없는지 설명하여라.

11. 이 문제에서 다음과 같은 중요한 공식을 수립할 것이다.

(17) $$\int_0^\infty e^{-x^2}\,dx = \tfrac{1}{2}\sqrt{\pi}.$$

(a) $t \geq 0$에 대하여 $G(t) := \int_0^1 [e^{-t^2(x^2+1)}/(x^2+1)]\,dx$라 하자. $t \geq 0$일 때 피적분함수는 $1/(x^2+1)$에 의하여 지배되므로 G는 $[0, \infty)$에서 연속이다. 더욱이 $G(0) = \operatorname{Arctan} 1 = \frac{1}{4}\pi$이고, 지배수렴정리에 의하여 $t \to \infty$일 때 $G(t) \to 0$이다.

(b) t에 관한 피적분함수의 편도함수가 $t \geq 0$와 $x \in [0, 1]$에 대하여 유계이고, 따라서 $G'(t) = -2te^{-t^2}\int_0^1 e^{-t^2x^2}\,dx = -2e^{-t^2}\int_0^t e^{-u^2}\,du$이다.

(c) $F(t) := [\int_0^t e^{-x^2}\,dx]^2$으로 두면, 기본정리 10.1.11이 $t \geq 0$에 대하여 $F'(t) = 2e^{-t^2}\int_0^t e^{-x^2}\,dx$가 되게 한다. 따라서 모든 $t \geq 0$에 대하여 $F'(t) + G'(t) = 0$이다. 그러므로 모든 $t \geq 0$에 대하여 $F(t) + G(t) = C$이다.

(d) $F(0) = 0$, $G(0) = \frac{1}{4}\pi$, 그리고 $\lim_{t\to\infty} G(t) = 0$을 이용하여 $\lim_{t\to\infty} F(t) = \frac{1}{4}\pi$를 얻고, 따라서 공식 (17)이 성립한다.

12. $I \subseteq \mathbb{R}$가 폐구간이고 $f : [a, b] \times I \to \mathbb{R}$는 $[a, b] \times I$에서 $\partial f/\partial t$가 존재하며, 각 $t \in [a, b]$에 대하여 $x \mapsto f(t, x)$가 $\mathcal{R}^*(I)$에 속하고 편도함수가 a.e. $x \in I$에 대하여 $\alpha(x) \leq \partial f(t, x)/\partial t \leq \omega(x)$를 만족하는 $\alpha, \omega \in \mathcal{R}^*(I)$가 존재한다고 가정하자. $F(t) := \int_I f(t, x)\,dx$이면, F가 $[a, b]$에서 미분가능함과 $F'(t) = \int_I \partial f(t, x)/\partial t\,dx$임을 보여라.

13. (a) $f, g \in \mathcal{M}[a, b]$이면, $\max\{f, g\}$와 $\min\{f, g\}$가 $\mathcal{M}[a, b]$에 속함을 보여라.

(b) $f, g, h \in \mathcal{M}[a, b]$이면 $\operatorname{mid}\{f, g, h\} \in \mathcal{M}[a, b]$임을 보여라.

14. (a) (f_k)가 $\mathcal{M}[a, b]$에서의 유계함수열이고 $f_k \to f$ a.e.이면 $f \in \mathcal{M}[a, b]$임을 보여라. [힌트: 지배수렴정리를 이용하여라.]

(b) (g_k)가 $\mathcal{M}[a, b]$에서의 임의의 수열이고 $f_k := \operatorname{Arctan} \circ g_k$이면, (f_k)가 $\mathcal{M}[a, b]$에서의 유계함수열임을 보여라.

(c) (g_k)가 $\mathcal{M}[a, b]$에서의 함수열이고 $(g_k) \to g$ a.e.이면 $g \in \mathcal{M}[a, b]$임을 보여라.

15. $[a, b]$에 있는 집합 E의 특성함수 ($x \in E$이면 $1_E(x) := 1$로, $x \in [a, b] \setminus E$이면 $1_E(x) := 0$으로 정의하는) 1_E가 $\mathcal{M}[a, b]$에 속하면, E는 **Lebesgue 가측이다**(measurable)라고 한다. $[a, b]$에서의 가측집합족을 $\mathbb{M}[a, b]$로 표기할 것이다. 이 문제에서 $\mathbb{M}[a, b]$

에 대한 몇 개의 성질을 발전시킨다.

(a) $E \in \mathbb{M}[a, b]$이기 위한 필요충분조건은 1_E가 $\mathcal{R}^*[a, b]$에 속하는 것임을 보여라.

(b) $\emptyset \in \mathbb{M}[a, b]$임을 보이고, $[c, d] \subseteq [a, b]$이면 구간 $[c, d]$, $[c, d)$, $(c, d]$, (c, d)가 $\mathbb{M}[a, b]$에 속함을 보여라.

(c) $E \in \mathbb{M}[a, b]$이기 위한 필요충분조건은 $E' := [a, b] \setminus E$가 $\mathbb{M}[a, b]$에 속하는 것임을 보여라.

(d) E와 F가 $\mathbb{M}[a, b]$에 속하면 $E \cup F$, $E \cap F$ 및 $E \setminus F$ 역시 $\mathbb{M}[a, b]$에 속한다. [힌트: $1_{E \cup F} = \max\{1_E, 1_F\}$ 등을 보여라.]

(e) (E_k)가 $\mathbb{M}[a, b]$에서의 증가열이면 $E := \bigcup_{k=1}^{\infty} E_k$ 역시 $\mathbb{M}[a, b]$에 속함을 보여라. 또 (F_k)가 $\mathbb{M}[a, b]$에서의 감소열이면 $F := \bigcap_{k=1}^{\infty} F_k$가 $\mathbb{M}[a, b]$에 속함을 보여라. [힌트: 정리 10.4.9(c)를 적용하라.]

(f) (E_k)가 $\mathbb{M}[a, b]$에서의 임의의 집합열이면 $\bigcup_{k=1}^{\infty} E_k$와 $\bigcap_{k=1}^{\infty} E_k$가 $\mathbb{M}[a, b]$에 속함을 보여라.

16. $E \in \mathbb{M}[a, b]$이면, E의 **Lebesgue 측도**(measure)를 수 $m(E) := \int_a^b 1_E$로 정의한다. 이 문제에서 **측도함수**(measure function) $m : \mathcal{M}[a, b] \to \mathbb{R}$에 대한 몇 개의 성질을 발전시킨다.

(a) $m(\emptyset) = 0$이고 $0 \le m(E) \le b - a$임을 보여라.

(b) $m([c, d]) = m([c, d)) = m((c, d]) = m((c, d)) = d - c$임을 보여라.

(c) $m(E') = (b - a) - m(E)$임을 보여라.

(d) $m(E \cup F) + m(E \cap F) = m(E) + m(F)$임을 보여라.

(e) $E \cap F = \emptyset$이면 $m(E \cup F) = m(E) + m(F)$임을 보여라[이는 측도함수의 **가법성**(additivity property)이다].

(f) (E_k)가 $\mathbb{M}[a, b]$에서의 증가열이면 $m(\bigcup_{k=1}^{\infty} E_k) = \lim_k m(E_k)$임을 보여라. [힌트: 단조수렴정리를 이용하여라.]

(g) (C_k)가 서로 소($j \neq k$이면 항상 $C_j \cap C_k = \emptyset$)인 $\mathbb{M}[a, b]$에서의 증가열이면

$$m\left(\bigcup_{k=1}^{\infty} C_k\right) = \sum_{k=1}^{\infty} m(C_k) \tag{18}$$

임을 보여라[이는 측도함수의 **가산가법성**(countable additivity property)이다].

Chapter 11

위상수학: 개설

대체로 우리는 구간에서 정의된 함수들만 다루었다. 사실 연속함수에 대한 어떤 중요한 결과들에서 구간 또한 유계폐구간이라 가정하였다. 보다 일반적인 환경에서 연속함수의 어떤 중요한 성질들을 설정한다는 목표와 함께, 보다 일반적인 형태의 집합에서 정의되는 함수들을 논할 것이다. 예를 들면, 5.3절에서 유계폐구간에서 연속인 함수는 최대값을 갖는다는 것을 증명하였다. 그러나 그 집합이 구간이라는 가정은 필수적인 것이 아니고 적절한 상황에서 구간을 생략할 수 있음을 보일 것이다.

11.1절에서 개집합과 폐집합의 개념을 정의한다. 개집합과 개집합을 이용하여 정의할 수 있는 개념들에 대한 공부는 점집합 위상에 대한 공부이고, 따라서 사실 $\mathbb{R}$의 위상에 대한 어떤 양상을 논하고 있다("위상수학"이라 하는 수학분야는 매우 추상적이고 실직선을 공부하는 것을 훨씬 넘어서는 것이지만 중요한 개념들을 실해석학에서 볼 수 있다. 사실 이것은 위상수학에서 발전된 많은 개념들을 유발한 $\mathbb{R}$에서 연속함수에 대한 공부이다).

컴팩트 집합의 개념을 11.2절에서 개피복들을 이용하여 정의한다. 고급해석학에서 컴팩트성은 강력하고 광범위하게 이용되는 개념이다. $\mathbb{R}$의 컴팩트 부분집합들은 Heine-Borel 정리에 의하여 충분히 특성화되므로, 그 개념의 충분한 장점이 일반적인 환경에서처럼 뚜렷하지 않다. 그럼에도 불구하고 11.3절에서 컴팩트 집합에서 연속함수들의 기초적인 성질들을 설정하는 만큼, 독자는 컴팩트성에 관한 논의들이 어떻게 이용되는지를 음미하기 시작하여야 할 것이다.

11.4절에서는 실직선에서 거리에 대한 본질적인 특징들을 다루고 "거리(metric)"라 하는 거리(distance)의 일반화를 소개한다. 많이 이용한 삼각부등식은 이러한 거리의 일반적인 개념에서 중요한 성질이다. 예들을 소개하고 실직선에서 정리들이 거리공간의 상황으로 어떻게 확장될 수 있는지를 보인다.

이장에 있는 개념들은 이전의 장들에 있는 것들보다 다소 더 추상적이다. 그러나 추상개념은 종종 보다 깊고 더 정교한 지식을 이끌어 낼 수 있다. 이 경우 이것이 해석학 공부를 위한 보다 일반적인 환경이 된다.

11.1 $\mathbb{R}$에서 개집합과 폐집합

해석학에서 출중한 역할을 하는 특별한 형태의 집합이 있는데, 이들은 $\mathbb{R}$에서 개집합과 폐집합이다. 논의를 신속히 하기 위하여 한 점에 대한 근방의 개념을 확장하면 편리하다.

11.1.1 정의 한 점 $x \in \mathbb{R}$의 **근방**(neighborhood)은 어떤 $\varepsilon > 0$에 대한 x의 ε-근방 $V_\varepsilon(x) := (x - \varepsilon, x + \varepsilon)$를 포함하는 임의의 집합 V이다.

한 점의 ε-근방은 "그 점에 대하여 대칭적"이기를 요구하는 반면, (일반적인) 근방의 개념은 이런 특징을 완화하지만 종종 동일한 목적을 위하여 이용된다.

11.1.2 정의 **(i)** G를 $\mathbb{R}$의 부분집합이라 하자. 각 $x \in G$에 대하여 $V \subseteq G$가 되는 x의 근방 V가 존재하면, G를 $\mathbb{R}$에서 **개집합**(open set)이라 한다.

(ii) F를 $\mathbb{R}$의 부분집합이라 하자. 여집합 $C(F) := \mathbb{R} \setminus F$가 $\mathbb{R}$에서 개집합이면, F를 $\mathbb{R}$에서 **폐집합**(closed set)이라 한다.

집합 $G \subseteq \mathbb{R}$가 개집합임을 보이기 위하여 G에 속하는 각 점이 G에 포함되는 ε-근방을 갖는 것을 보이면 충분하다. 사실 G가 개집합이기 위한 필요충분조건은 각 $x \in G$에 대하여 $(x - \varepsilon_x, x + \varepsilon_x)$가 G에 포함되는 $\varepsilon_x > 0$가 존재하는 것이다.

$F \subseteq \mathbb{R}$가 폐집합임을 보이기 위하여 각 점 $y \notin F$가 F와 서로 소인 ε-근방을 갖는 것을 보이면 충분하다. 사실 F가 폐집합이기 위한 필요충분조건은 각 $y \notin F$에 대하여 $F \cap (y - \varepsilon_y, y + \varepsilon_y) = \emptyset$이 되는 $\varepsilon_y > 0$가 존재하는 것이다.

11.1.3 예 **(a)** 전체집합 $\mathbb{R} = (-\infty, \infty)$은 개집합이다.

임의의 $x \in \mathbb{R}$에 대하여 $\varepsilon := 1$을 취할 수 있다.

(b) 집합 $G := \{x \in \mathbb{R} : 0 < x < 1\}$는 개집합이다.

임의의 $x \in G$에 대하여 ε_x를 수 x와 $1 - x$의 작은 값을 취할 수 있다. $|u - x| < \varepsilon_x$이면 $u \in G$임을 보이는 것은 독자에게 맡긴다.

(c) 임의의 개구간 $I := (a, b)$는 개집합이다.

사실 $x \in I$이면, ε_x를 수 $x - a$와 $b - x$의 작은 값을 취할 수 있다. 그러면 $(x - \varepsilon_x, x + \varepsilon_x) \subseteq I$임을 보일 수 있다. 마찬가지로 $(-\infty, b)$와 (a, ∞)도 개집합이다.

(d) 집합 $I := [0, 1]$는 개집합이 아니다.

이는 $0 \in I$의 모든 근방이 I에 속하지 않는 점들을 포함하기 때문이다.

(e) 집합 $I := [0, 1]$는 폐집합이다.

이를 보이기 위하여 $y \notin I$라 하면 $y < 0$ 이거나 $y > 1$이다. $y < 0$이면 $\varepsilon_y := |y|$을 취하고 $y > 1$이면 $\varepsilon_y := y - 1$을 취한다. 어떤 경우든 $I \cap (y - \varepsilon_y, y + \varepsilon_y) = \emptyset$임을 보이는 것은 독자에게 맡긴다.

(f) 집합 $H := \{x : 0 \le x < 1\}$는 개집합도 폐집합도 아니다(왜?).

(g) 공집합 $\emptyset$는 $\mathbb{R}$에서 개집합이다.

사실 공집합은 어떠한 점도 포함하지 않고, 따라서 정의 11.1.2(i)의 요구사항을 저절로 만족한다. 공집합은 (a)에서 보인 것과 같이 여집합 $\mathbb{R}$이 개집합이므로 또한 폐집합이다. ■

일반적인 말로는 문, 창문, 그리고 마음에 적용할 때, "열린[또는 개(open)]"과 "닫힌[또는 폐(closed)]"이란 단어는 반의어이다. 그러나 $\mathbb{R}$의 부분집합에 적용할 때 이 단어들은 반의어가 아니다. 예를 들면, 위에서 집합 $\emptyset$, $\mathbb{R}$은 $\mathbb{R}$에서 개집합인 동시에 폐집합임을 알았다(독자는 아마도 양쪽 성질을 갖는 $\mathbb{R}$의 다른 부분집합이 존재하지 않는다는 것을 배우면 부담을 덜게 될 것이다). 게다가 개집합도 폐집합도 아닌 $\mathbb{R}$의 많은 부분집합이 존재하는데, 사실 $\mathbb{R}$의 부분집합 대부분은 이러한 중성적인 특성을 갖는다.

다음의 기초적인 결과는 $\mathbb{R}$에서 집합들의 합집합과 교집합의 연산에 관한 개집합의 특징을 설명한다.

11.1.4 개집합 성질 **(a)** $\mathbb{R}$의 임의의 개부분집합족의 합집합은 개집합이다.

(b) $\mathbb{R}$에서 임의의 유한개 개집합족의 교집합은 개집합이다.

증명 (a) $\{G_\lambda : \lambda \in \Lambda\}$를 $\mathbb{R}$에서 개집합족이라 하고 G를 그들의 합집합이라 하자. 하나의 원소 $x \in G$를 살펴보면, 합집합의 정의에 의하여 x는 반드시 $\lambda_0 \in \Lambda$인 어

떤 G_{λ_0}에 속하여야 한다. G_{λ_0}는 개집합이므로 $V \subseteq G_{\lambda_0}$가 되는 x의 근방 V가 존재한다. 그러나 $G_{\lambda_0} \subseteq G$이므로 $V \subseteq G$이다. x는 G의 임의의 원소이므로 G는 $\mathbb{R}$에서 개집합이라는 결론을 얻는다.

(b) G_1과 G_2가 개집합이라 가정하고 $G := G_1 \cap G_2$라 하자. G가 개집합임을 보이기 위하여 임의의 $x \in G$를 살펴보면 $x \in G_1$이고 $x \in G_2$이다. G_1이 개집합이므로 $(x - \varepsilon_1, x + \varepsilon_1)$이 G_1에 포함되게 하는 $\varepsilon_1 > 0$이 존재한다. 마찬가지로 G_2가 개집합이므로 $(x - \varepsilon_2, x + \varepsilon_2)$가 G_2에 포함되게 하는 $\varepsilon_2 > 0$가 존재한다. 이제 ε을 ε_1과 ε_2 중 작은 값을 취하면 ε-근방 $U := (x - \varepsilon, x + \varepsilon)$은 $U \subseteq G_1$과 $U \subseteq G_2$ 모두를 만족한다. 따라서 $x \in U \subseteq G$이다. x가 G의 임의의 원소이므로 G는 $\mathbb{R}$에서 개집합이다.

이제 귀납적 논의에 의하여 임의의 유한개 개집합족의 교집합은 개집합이 된다(기술하는 것은 독자에게 맡긴다). Q.E.D.

폐집합에 대한 대응성질을 집합과 그들의 여집합에 대한 일반적인 De Morgan의 항등식들을 이용하여 설정할 것이다(정리 1.1.4를 보라).

11.1.5 폐집합 성질 **(a)** $\mathbb{R}$에서 임의의 폐집합족의 교집합은 폐집합이다.

(b) $\mathbb{R}$의 임의의 유한개 폐집합족의 합집합은 폐집합이다.

증명 (a) $\{F_\lambda : \lambda \in \Lambda\}$가 $\mathbb{R}$에서 폐집합족이고 $F := \bigcap_{\lambda \in \Lambda} F_\lambda$이면, $C(F) = \bigcup_{\lambda \in \Lambda} C(F_\lambda)$는 개집합들의 합집합이다. 따라서 정리 11.1.4(a)에 의하여 $C(F)$는 개집합이고, 결과적으로 F는 폐집합이다.

(b) $F_1, F_2, ..., F_n$이 $\mathbb{R}$에서 폐집합이라 가정하고 $F := F_1 \cup F_2 \cup \cdots \cup F_n$이라 하자. De Morgan의 항등식에 의하여 F의 여집합은

$$C(F) = C(F_1) \cap \cdots \cap C(F_n)$$

으로 주어진다. 각 $C(F_i)$는 개집합이므로, 정리 11.1.4(b)에 의하여 $C(F)$는 개집합이다. 따라서 F는 폐집합이다. Q.E.D.

11.1.4(b)와 11.1.5(b)에 있는 유한이라는 제약을 제거할 수 없다. 다음 예들을 살펴보라.

11.1.6 예 **(a)** $n \in \mathbb{N}$에 대하여 $G_n := (0, 1 + 1/n)$이라 하자. 그러면 예 11.1.3(c)로부터 각 $n \in \mathbb{N}$에 대하여 G_n은 개집합이다. 그러나 교집합 $G := \bigcap_{n=1}^{\infty} G_n$은 개집합이 아닌

구간 $(0, 1]$이다. 따라서 $\mathbb{R}$에서 무한히 많은 개집합의 교집합이 개집합일 필요는 없다.

(b) $n \in \mathbb{N}$에 대하여 $F_n := [1/n, 1]$이라 하자. 각 F_n은 폐집합이지만 합집합 $F := \bigcup_{n=1}^{\infty} F_n$은 폐집합이 아닌 집합 $(0, 1]$이다. 따라서 $\mathbb{R}$에서 무한히 많은 폐집합의 합집합이 폐집합일 필요는 없다. ■

폐집합의 특성

이제 수열을 이용하여 $\mathbb{R}$의 폐부분집합을 특성화할 것이다. 알게 되겠지만 폐집합은 F에서 취한 원소들로 구성된 수렴하는 모든 수열의 극한들을 포함하는 정확히 그러한 집합 F이다.

11.1.7 폐집합의 특성 $F \subseteq \mathbb{R}$라 하자. 그러면 다음 주장은 동치이다.

(i) F가 $\mathbb{R}$의 폐부분집합이다.

(ii) $X = (x_n)$이 F의 원소로 된 임의의 수렴수열이면, $\lim X$는 F에 속한다.

증명 (i) ⟹ (ii) $X = (x_n)$을 F의 원소들의 열이라 하고 $x := \lim X$라 하자. $x \in F$임을 보이고자 한다. 이에 반하여 $x \notin F$라 가정하자. 즉 F의 여집합 $C(F)$에 대하여 $x \in C(F)$라 하자. $C(F)$는 개집합이고 $x \in C(F)$이므로, $C(F)$에 포함되는 x의 ε-근방 V_ε이 존재한다. $x = \lim(x_n)$이므로 $x_K \in V_\varepsilon$이 되는 자연수 $K = K(\varepsilon)$가 존재한다. 그러므로 $x_K \in C(F)$이어야 하는데, 이는 모든 $n \in \mathbb{N}$에 대하여 $x_n \in F$라는 가정에 모순이다. 따라서 $x \in F$이다.

(ii) ⟹ (i) 결론에 반하여, F가 폐집합이 아니라고 가정하면 $G := C(F)$는 개집합이 아니다. 그러면 점 $y_0 \in G$가 존재하여, 각 $n \in \mathbb{N}$에 대하여 $|y_n - y_0| < 1/n$이 되는 수 $y_n \in C(G) = F$이 존재한다. $y_0 := \lim(y_n)$이고 모든 $n \in \mathbb{N}$에 대하여 $y_n \in F$이므로 가정 (ii)에 의하여 $y_0 \in F$인데, 이는 가정 $y_0 \in G = C(F)$에 모순이다. 그러므로 F가 폐집합이 아니라는 가정에 의하여 (ii)는 참이 아니다. 따라서 주장한대로 (ii)이면 (i)이다. Q.E.D.

다음 결과는 앞의 정리와 밀접한 관계가 있다. 이는 집합 F가 폐집합이기 위한 필요충분조건은 F가 그의 모든 집적점을 포함하는 것임을 말하고 있다. 4.1절로부터 x의 모든 ε-근방이 x와는 다른 F의 점을 포함하면, 점 x가 집합 F의 **집적점**(cluster point)임을 상기하라. 정리 4.1.2에 의하여 집합 F의 각 집적점은 F에 있는 점열들의 극한이므로, 이 결과는 위의 정리 11.1.7을 직접적으로 따른다. 적절한 정의만을 이용한 제2의 증명을 준비한다.

11.1.8 정리 $\mathbb{R}$의 부분집합이 폐집합이기 위한 필요충분조건은 이 집합이 그의 집적점들 모두를 포함하는 것이다.

증명 F를 $\mathbb{R}$에서 폐집합이라 하고 x를 F의 집적점이라 하자. $x \in F$임을 보일 것이다. 만약 그렇지 않다면 x는 개집합 $C(F)$에 속한다. 그러므로 $V_\varepsilon \subseteq C(F)$가 되는 x의 ε-근방 V_ε이 존재한다. 따라서 $V_\varepsilon \cap F = \emptyset$이고 x가 F의 집적점이라는 가정에 모순이다.

역으로, F를 그의 집적점 모두를 포함하는 $\mathbb{R}$의 부분집합이라 하고 $C(F)$가 개집합임을 보일 것이다. $y \in C(F)$이면 y는 F의 집적점이 아니다. 그러므로 F의 점을(가능하면 y를 제외한) 포함하지 않는 y의 ε-근방 V_ε이 존재한다. 그러나 $y \in C(F)$이므로 $V_\varepsilon \subseteq C(F)$이다. y는 $C(F)$의 임의의 점이므로, $C(F)$의 모든 점에 대하여 $C(F)$에 완전히 포함되는 ε-근방이 존재함을 추론할 수 있다. 그러나 이는 $C(F)$가 $\mathbb{R}$에서 개집합임을 의미한다. 따라서 F는 $\mathbb{R}$에서 폐집합이다. Q.E.D.

개집합의 특성

$\mathbb{R}$에서 개집합의 개념은 개구간의 개념에 대한 일반화이다. 이러한 일반화가 개집합인 아주 다른 집합들을 이끌어 내지 않는다는 것을 다음 결과에서 밝힌다.

11.1.9 정리 $\mathbb{R}$의 부분집합이 개집합이기 위한 필요충분조건은 이 집합이 $\mathbb{R}$에서 서로 소인 가산개 개구간들의 합집합이다.

증명 $G \neq \emptyset$를 $\mathbb{R}$에서 개집합이라 가정하자. 각 $x \in G$에 대하여 $A_x := \{a \in \mathbb{R} : (a, x] \subseteq G\}$이고 $B_x := \{b \in \mathbb{R} : [x, b) \subseteq G\}$라 하자. G가 개집합이므로 A_x와 B_x는 공집합이 아니다(왜?). 만약 집합 A_x가 아래로 유계이면 $a_x := \inf A_x$로 놓고 A_x가 아래로 유계가 아니면 $a_x := -\infty$로 놓는다. 어느 경우든 $a_x \notin G$임에 주목하라. 집합 B_x가 위로 유계이면 $b_x := \sup B_x$로 놓고 B_x가 위로 유계가 아니면 $b_x := \infty$로 놓는다. 어느 경우든 $b_x \notin G$임에 주목하라.

이제 $I_x := (a_x, b_x)$로 정의하면, I_x는 명백히 x를 포함하는 개구간이다. $I_x \subseteq G$임을 요구한다. 이를 보이기 위하여 $y \in I_x$라 하고 $y < x$라 가정하자. a_x의 정의에 의하여 $a' < y$인 $a' \in A_x$이 존재하고, 따라서 $y \in (a', x] \subseteq G$이다. 마찬가지로 $y \in I_x$이고 $x < y$이면 $y < b'$인 $b' \in B_x$이 존재하고, 따라서 $y \in [x, b') \subseteq$

G이다. $y \in I_x$는 임의이므로 $I_x \subseteq G$이다.

$x \in G$가 임의이므로 $\bigcup_{x \in G} I_x \subseteq G$라는 결론을 얻는다. 한편 각 $x \in G$에 대하여 $x \in I_x \subseteq G$인 개구간 I_x가 존재하여 역시 $G \subseteq \bigcup_{x \in G} I_x$이다. 따라서 $G = \bigcup_{x \in G} I_x$이다.

$x, y \in G$이고 $x \neq y$이면 $I_x = I_y$이거나 $I_x \cap I_y = \emptyset$이기를 요구한다. 이를 증명하기 위하여 $z \in I_x \cap I_y$라 가정하면 $a_x < z < b_y$이고 $a_y < z < b_x$이다(왜?). $a_x = a_y$임을 보일 것이다. 만약 그렇지 않다면 삼분성질에 의하여 (i) $a_x < a_y$이거나 (ii) $a_y < a_x$이다. (i)인 경우 $a_y \in I_x = (a_x, b_x) \subseteq G$이고, 이는 $a_y \notin G$라는 사실에 모순이다. 마찬가지로 (ii)의 경우 $a_x \in I_y = (a_y, b_y) \subseteq G$이고, 이는 $a_x \notin G$라는 사실에 모순이다. 그러므로 $a_x = a_y$이어야 하고, 유사한 논의에 의하여 $b_x = b_y$이다. 따라서 $I_x \cap I_y \neq \emptyset$이면 $I_x = I_y$이다.

서로 다른 구간족 $\{I_x : x \in G\}$가 가산임을 보이는 것이 남아 있다. 이를 보이기 위하여 유리수의 집합 $\mathbb{Q}$를 $\mathbb{Q} = \{r_1, r_2, ..., r_n, ...\}$으로 열거한다(정리 1.3.11을 보라). 조밀성정리 2.4.8에 의하여 각 구간 I_x는 유리수들을 포함하고, $\mathbb{Q}$의 열거에서 I_x에 있는 최소의 첨수 n을 갖는 유리수를 뽑는다. 즉 $I_{r_{n(x)}} = I_x$이고 $n(x)$가 $I_{r_n} = I_x$가 되는 최소의 첨수 n인 $r_{n(x)} \in \mathbb{Q}$를 택한다. 그러면 서로 다른 구간들 I_x, $x \in G$의 집합을 $\mathbb{N}$의 부분집합과 대응되게 놓는다. 따라서 서로 다른 구간들의 집합은 가산이다. Q.E.D.

서로 소인 개구간들의 합집합으로서 G에 대한 표현이 유일하게 결정됨을 보이는 것은 연습문제로 넘긴다.

$\mathbb{R}$의 부분집합이 폐집합이기 위한 필요충분조건이 그 집합이 가산인 **폐구간**들의 교집합이라는 것을 앞의 정리로부터 추정하지 **못한다**(왜?). 사실 $\mathbb{R}$의 가산개 폐구간들의 교집합으로서 표현될 수 없는 $\mathbb{R}$의 폐집합들이 존재한다. 두 점으로 구성된 집합이 한 예다(왜?). 이제 Cantor 집합이라 하는 훨씬 더 흥미로운 예에 대하여 기술할 것이다.

Cantor 집합

$\mathbb{F}$로 표기할 Cantor 집합은 지금까지 보아온 어떤 집합과는 다른 매우 흥미로운 (약간 복잡한) 집합의 한 예이다. 그것이 때때로 $\mathbb{R}$의 부분집합을 그림으로 그리려는 우리의 직관이 얼마나 불충분한지 드러나게 한다.

Cantor 집합 $\mathbb{F}$는 폐단위구간 $I := [0, 1]$로부터 개구간열을 제거함으로써 기술할 수 있다. 먼저 [0, 1]의 3등분 중 가운데 개구간 $(\frac{1}{3}, \frac{2}{3})$을 제거하여 집합

$$F_1 := \left[0, \tfrac{1}{3}\right] \cup \left[\tfrac{2}{3}, 1\right]$$

을 얻는다. 다음으로 F_1의 두 폐구간 각각을 3등분하고 가운데 개구간을 제거하여 집합

$$F_2 := \left[0, \tfrac{1}{9}\right] \cup \left[\tfrac{2}{9}, \tfrac{1}{3}\right] \cup \left[\tfrac{2}{3}, \tfrac{7}{9}\right] \cup \left[\tfrac{8}{9}, 1\right]$$

을 얻는다. F_2는 $2^2 = 4$개인 폐구간의 합집합임을 알 수 있고, 이의 각각은 $[k/3^2, (k+1)/3^2]$인 형태이다. 다음으로 F_3를 얻기 위하여 이 집합들의 각각을 3등분하여 가운데 개구간을 제거하는데, 이는 $2^3 = 8$개인 폐구간의 합집합이다. 이러한 방법으로 계속한다. 일반적으로 F_n이 설정되어 있고 $[k/3^n, (k+1)/3^n]$ 형태인 2^n개 구간의 합집합으로 구성되면 이 구간들 각각의 가운데 개구간을 제거하여 집합 F_{n+1}을 얻는다. Cantor 집합 $\mathbb{F}$는 모든 $n \in \mathbb{N}$에 대하여 이 과정이 완성된 후에 남는 것이다(그림 11.1.1을 보라).

11.1.10 정의 **Cantor 집합**(Cantor set) $\mathbb{F}$는 [0, 1]로 시작하여 3등분의 가운데 개구간을 계속적으로 제거하여 얻은 집합들 $F_n, n \in \mathbb{N}$의 교집합이다.

이는 폐집합들의 교집합이므로, 11.1.5(a)에 의하여 $\mathbb{F}$ 자신도 폐집합이다. 이제 $\mathbb{F}$를 흥미로운 집합으로 만드는 몇몇 성질들을 열거한다.

(1) 제거된 구간의 총 길이는 1이다.

처음 3등분의 중앙은 길이 1/3을 갖고, 다음 두 3등분의 중앙은 합하여 $2/3^2$인 길이를 갖고, 다음 네 3등분의 중앙은 합하여 $2^2/3^3$인 길이를 갖는 것에 주목하면서 이를 계속한다. 제거된 구간들의 총 길이 L은 다음과 같이 주어진다.

$$L = \frac{1}{3} + \frac{2}{3^2} + \cdots + \frac{2^n}{3^{n+1}} + \cdots = \frac{1}{3}\sum_{n=0}^{\infty}\left(\frac{2}{3}\right)^n.$$

기하급수의 합에 대한 공식을 이용하여 다음을 얻는다.

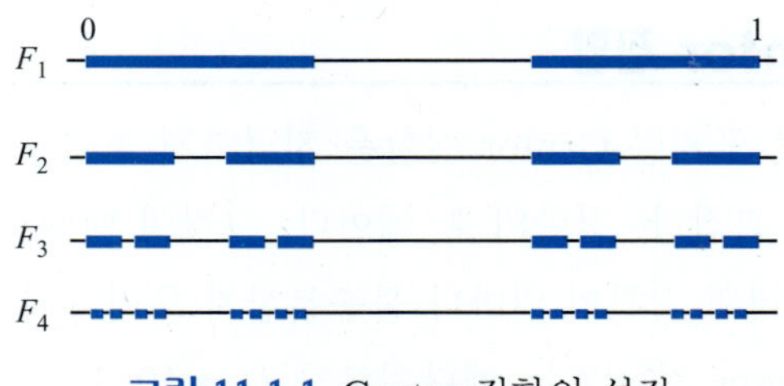

그림 11.1.1 Cantor 집합의 설정

$$L = \frac{1}{3} \cdot \frac{1}{1-(2/3)} = 1.$$

따라서 $\mathbb{F}$는 [0, 1]에서 여집합의 길이가 1인 단위구간 [0, 1]의 부분집합이다.

또 F_n을 구성하는 구간들의 총 길이가 $(2/3)^n$임에 주목하면, 이는 $n \to \infty$일 때 극한 0을 갖는다. 모든 $n \in \mathbb{N}$에 대하여 $\mathbb{F} \subseteq F_n$이므로, 만일 $\mathbb{F}$가 "길이"를 갖는다고 하면 길이 0을 가져야 한다.

(2) 집합 $\mathbb{F}$는 부분집합으로 공집합이 아닌 어떤 개구간도 포함하지 않는다.

사실 $\mathbb{F}$가 공집합이 아닌 개구간 $J := (a, b)$를 포함한다면 모든 $n \in \mathbb{N}$에 대하여 $J \subseteq F_n$이므로, 모든 $n \in \mathbb{N}$에 대하여 $0 < b - a \le (2/3)^n$이어야 한다. 따라서 $b - a = 0$이고 J가 공집합이 되어 모순이다.

(3) Cantor 집합 $\mathbb{F}$는 무한히 많은 (더구나 비가산인) 점을 갖는다.

Cantor 집합은 제거된 개구간의 모든 끝점을 포함하고, 이들은 각 $n \in \mathbb{N}$에 대하여 $k = 0, 1, ..., n$일 때 $2^k/3^n$형인 모든 점이다. 이런 형의 점은 무한히 많다.

Cantor 집합은 실제로 $2^k/3^n$인 형태의 점보다 더 많은 점들을 포함한다. 사실 $\mathbb{F}$는 비가산집합이다. 논의의 개요를 소개한다. 각 $x \in [0, 1]$를 다음과 같이 3진법 (밑이 3인) 전개로 쓸 수 있음에 주목한다.

$$x = \sum_{n=1}^{\infty} \frac{a_n}{3^n} = (.a_1 a_2 \cdots a_n \cdots)_3.$$

여기서 각 a_n은 0, 1 또는 2이다(2.5절의 마지막에 있는 논의를 보라). 사실 제거된 개구간들의 하나에 놓여 있는 각 x는 어떤 n에 대하여 $a_n = 1$을 갖는다. 예를 들면, $(\frac{1}{3}, \frac{2}{3})$에 있는 각 점은 $a_1 = 1$을 갖는다. 제거된 구간의 끝점들은 두 개의 3진법 전개를 가질 수 있는데, 그 하나는 1을 갖지 않는다. 예를 들어 $.3 = (.100)_3 = (.022)_3$이다. 만약 이러한 점들에 대하여 1이 없는 전개를 선택하면 $\mathbb{F}$는 1이 없는 3진수 전개를 갖는 모든 $x \in [0, 1]$로 구성된다. 즉 모든 $n \in \mathbb{N}$에 대하여 a_n이 0이거나 2이다. 이제 다음과 같이 $\mathbb{F}$에서 [0, 1] 위로의 사상 φ를 $x \in \mathbb{F}$에 대하여 다음과 같이 정의한다.

$$\varphi\left(\sum_{n=1}^{\infty} \frac{a_n}{3^n}\right) := \sum_{n=1}^{\infty} \frac{(a_n/2)}{2^n}.$$

즉 모든 $n \in \mathbb{N}$에 대하여 $b_n = a_n/2$일 때 $\varphi((.a_1a_2)_3) = (.b_1b_2)_2$이고 $(.b_1b_2)_2$는 한 수의 2진법 표현을 나타낸다. 따라서 φ는 $\mathbb{F}$에서 [0, 1] 위로의 전사함수이다. $\mathbb{F}$가 가산이라고 가정하면, 정리 1.3.10에 의하여 $\mathbb{N}$에서 $\mathbb{F}$ 위로의 전사함수 ψ가 존재한다. 따라서 $\varphi \circ \psi$는 $\mathbb{N}$에서 [0, 1] 위로의 전사함수이다. 정리 1.3.10의 또

다른 응용에 의하여 [0, 1]은 가산집합인데, 이는 정리 2.5.5에 모순이다. 따라서 $\mathbb{F}$는 비가산집합이다.

연습문제 11.1

1. $x \in (0, 1)$이면, ε_x를 예 11.1.3(b)에서와 같다고 하자. $|u - x| < \varepsilon_x$이면 $u \in (0, 1)$임을 보여라.

2. 구간 (a, ∞)와 $(-\infty, a)$가 개집합이고 구간 $[b, \infty)$와 $(-\infty, b]$가 폐집합임을 보여라.

3. 개집합 성질 11.1.4(b)의 증명에서 귀납법 논의를 완전하게 기술하여라.

4. 예 11.1.6(a)에서 주장한 것과 같이 $(0, 1] = \bigcap_{n=1}^{\infty}(0, 1 + 1/n)$임을 증명하여라.

5. 자연수의 집합 $\mathbb{N}$이 $\mathbb{R}$에서 폐집합임을 보여라.

6. $A := \{1/n : n \in \mathbb{N}\}$는 폐집합이 아니지만 $A \cup \{0\}$은 폐집합임을 보여라.

7. 유리수의 집합 $\mathbb{Q}$는 개집합도 폐집합도 아님을 보여라.

8. G가 개집합이고 F가 폐집합이면, $G \setminus F$는 개집합이고 $F \setminus G$는 폐집합임을 보여라.

9. 점 $x \in \mathbb{R}$가 $A \subseteq \mathbb{R}$의 **내점**(interior point)이라는 것은 $V \subseteq A$가 되는 x의 근방 V가 존재하는 경우이다. 집합 $A \subseteq \mathbb{R}$가 개집합이기 위한 필요충분조건은 A의 모든 점이 A의 내점임을 보여라.

10. 점 $x \in \mathbb{R}$가 $A \subseteq \mathbb{R}$의 **경계점**(boundary point)이라는 것은 x의 모든 근방 V가 A의 점과 $C(A)$의 점을 포함하는 경우이다. 집합 A와 이의 여집합 $C(A)$가 정확히 동일한 경계점을 가진다는 것을 보여라.

11. 집합 $G \subseteq \mathbb{R}$가 개집합이기 위한 필요충분조건은 이 집합이 어떤 경계점도 포함하지 않는 것임을 보여라.

12. 집합 $F \subseteq \mathbb{R}$가 폐집합이기 위한 필요충분조건은 이 집합이 모든 경계점을 포함하는 것임을 보여라.

13. $A \subseteq \mathbb{R}$이면, A°를 A에 포함되는 모든 개집합들의 합집합이라 하자. 집합 A°를 A의 **내부**(interior)라 한다. A°가 개집합임을 보이고, 또 A에 포함되는 최대 개집합임을 보여라. 한 점 z가 A°에 속하기 위한 필요충분조건은 z가 A의 내점임을 보여라.

14. 앞 문제의 기호를 이용하고 A, B를 $\mathbb{R}$에서 집합이라 하자. $A^\circ \subseteq A$, $(A^\circ)^\circ = A^\circ$, 그리고 $(A \cap B)^\circ = A^\circ \cap B^\circ$임을 보여라. 또한 $A^\circ \cup B^\circ \subseteq (A \cup B)^\circ$임을 보이고, 포함관계가 진부분집합이 될 수도 있음을 보이는 예를 들어라.

15. $A \subseteq \mathbb{R}$이면, A^-를 A를 포함하는 모든 폐집합의 교집합이라 하자. 집합 A^-를 A의 **폐포**(closure)라 한다. A^-가 폐집합임을 보이고, 또 A를 포함하는 최소 폐집합임을 보여라. 점 w가 A^-에 속하기 위한 필요충분조건은 w가 A의 내점이거나 경계점임을 보여라.

16. 앞 문제의 기호를 이용하고 A, B가 $\mathbb{R}$에서 집합이라 하자. $A \subseteq A^-$, $(A^-)^- = A^-$, 그리고 $(A \cup B)^- = A^- \cup B^-$임을 보여라. 또 $(A \cap B)^- \subseteq A^- \cap B^-$임을 보이고, 포함관계가 진부분집합이 될 수도 있음을 보이는 예를 들어라.

17. $A^\circ = \emptyset$이고 $A^- = \mathbb{R}$이 되는 집합 $A \subseteq \mathbb{R}$의 예를 들어라.

18. $F \subseteq \mathbb{R}$가 위로 유계인 공집합이 아닌 폐집합이면 $\sup F$가 F에 속함을 보여라.

19. G가 개집합이고 $x \in G$이면, 정리 11.1.9의 증명에 있는 집합 A_x와 B_x는 공집합이 아님을 보여라.

20. 정리 11.1.9의 증명에 있는 집합 A_x가 아래로 유계이면 $a_x := \inf A_x$는 G에 속하지 않음을 보여라.

21. 정리 11.1.9의 증명에서 이용한 기호로 $a_x < y < x$이면 $y \in G$임을 보여라.

22. 정리 11.1.9의 증명에서 이용한 기호로 $I_x \cap I_y \neq \emptyset$ 이면 $b_x = b_y$임을 보여라.

23. Cantor 집합 $\mathbb{F}$의 각 점이 $\mathbb{F}$의 집적점임을 보여라.

24. Cantor 집합 $\mathbb{F}$의 각 점이 $C(\mathbb{F})$의 집적점임을 보여라.

11.2 컴팩트 집합

고급해석학과 위상수학에서 “컴팩트” 집합의 개념은 대단히 중요하다. Heine-Borel 정리가 $\mathbb{R}$에서 컴팩트 집합들에 대하여 매우 간단한 특성을 제공하기 때문에 $\mathbb{R}$에서는 이에 대한 유용성이 덜하다. 그럼에도 불구하고 컴팩트성(compactness)과 관련하여 이용되는 정의와 기법들은 매우 중요하며 실직선이 처음으로 컴팩트성의 개념을 알게 하는 적절한 장을 제공한다.

컴팩트성의 정의는 개피복의 개념을 이용하는데, 이제 정의한다.

11.2.1 정의 A를 $\mathbb{R}$의 부분집합이라 하자. $\mathbb{R}$의 개집합족 $\mathcal{G} = \{G_\alpha\}$의 합집합이 A를 포함하면, 즉

$$A \subseteq \bigcup_\alpha G_\alpha$$

이면, $\mathcal{G}$를 A의 **개피복**(open cover)이라 한다. $\mathcal{G}$의 부분족 $\mathcal{G}'$에 있는 집합들의

합집합 역시 A를 포함하면, $\mathcal{G}'$을 $\mathcal{G}$의 **부분피복**(subcover)이라 한다. 만약 $\mathcal{G}'$이 유한개의 집합들로 구성되면, $\mathcal{G}'$을 $\mathcal{G}$의 **유한부분피복**(finite subcover)이라 한다.

주어진 집합에 대한 다른 개피복들이 많이 존재한다. 예를 들어 $A := [1, \infty)$이면 독자는 다음의 집합족들이 모두 A의 개피복임을 입증할 수 있다.

$$\begin{aligned}
\mathcal{G}_0 &:= \{(0, \infty)\},\\
\mathcal{G}_1 &:= \{(r-1, r+1) : r \in \mathbb{Q}, r > 0\},\\
\mathcal{G}_2 &:= \{(n-1, n+1) : n \in \mathbb{N}\},\\
\mathcal{G}_3 &:= \{(0, n) : n \in \mathbb{N}\},\\
\mathcal{G}_4 &:= \{(0, n) : n \in \mathbb{N}, n \geq 23\}.
\end{aligned}$$

$\mathcal{G}_2$는 $\mathcal{G}_1$의 부분피복이고 $\mathcal{G}_4$는 $\mathcal{G}_3$의 부분피복임에 주목한다. 물론 A의 많은 다른 개피복들도 기술할 수 있다.

11.2.2 정의 $\mathbb{R}$의 부분집합 K의 모든 개피복이 유한 부분피복을 가지면, K는 **컴팩트이다**(compact)라고 한다.

바꾸어 말하면 집합 K가 $\mathbb{R}$에서 개집합족 $\mathcal{G} = \{G_\alpha\}$의 합집합에 포함될 때마다 K가 $\mathcal{G}$에 있는 어떤 **유한**개 집합의 합집합에 포함되면, K는 컴팩트이다.

집합 K가 컴팩트인 것을 증명하기 위하여 정의를 적용하려고 하면 합집합이 K를 포함하는 **임의의** 개집합족을 조사하여야 하고 그 집합족에서 어떤 유한개 집합의 합집합에 K가 포함된다는 것을 보여야 함에 주목하는 것이 매우 중요하다. 즉 K에 대한 **임의의** 개피복이 유한 부분피복을 가짐을 보여야 한다. 한편 집합 H가 컴팩트가 **아님**을 증명하기 위하여 $\mathcal{G}$의 합집합이 H를 포함하지만 $\mathcal{G}$의 어떤 유한개 집합의 합집합도 H를 포함하지 못하는 **특수한** 개집합족 $\mathcal{G}$를 제시하면 충분하다. 즉 유한 부분피복을 갖지 않는 H의 어떤 개피복이 존재하면 H는 컴팩트가 아니다.

11.2.3 예 **(a)** $K := \{x_1, x_2, ..., x_n\}$를 $\mathbb{R}$의 유한부분집합이라 하자. $\mathcal{G} = \{G_\alpha\}$가 K의 개피복이면 각 x_i는 $\mathcal{G}$에 있는 어떤 집합 $\mathcal{G}_{\alpha_i}$에 속한다. 그러면 집합족 $\{G_{\alpha_1}, G_{\alpha_2}, ..., G_{\alpha_n}\}$에 있는 집합들의 합집합은 K를 포함하고, 따라서 그것이 $\mathcal{G}$의 유한 부분피복이다. $\mathcal{G}$는 임의였으므로, 유한집합 K는 컴팩트이다.

(b) $H := [0, \infty)$라 하자. H가 컴팩트가 아님을 보이기 위하여 유한부분피복을 갖지 않는 개피복을 제시할 것이다. 각 $n \in \mathbb{N}$에 대하여 $G_n := (-1, n)$이라 하면

$H \subseteq \bigcup_{n=1}^{\infty} G_n$이고, 따라서 $\mathcal{G} := \{G_n : n \in \mathbb{N}\}$는 H의 개피복이다. 그러나 $\{G_{n_1}, G_{n_2}, \ldots, G_{n_k}\}$가 $\mathcal{G}$의 임의의 유한부분족이고 $m := \sup\{n_1, n_2, \ldots, n_k\}$라 하면 다음이 성립한다.

$$G_{n_1} \cup G_{n_2} \cup \cdots \cup G_{n_k} = G_m = (-1, m).$$

명백히 이 합집합은 $H = [0, \infty)$를 포함하지 못한다. 그러므로 $\mathcal{G}$의 어떤 유한부분족도 그의 합집합이 H를 포함하지 못하고, 따라서 H는 컴팩트가 아니다.

(c) $J := (0, 1)$이라 하자. 각 $n \in \mathbb{N}$에 대하여 $G_n := (1/n, 1)$이면 $J = \bigcup_{n=1}^{\infty} G_n$임을 이미 보였다. 따라서 $\mathcal{G} := \{G_n : n \in \mathbb{N}\}$는 J의 개피복이다. $\{G_{n_1}, G_{n_2}, \ldots, G_{n_r}\}$이 G의 임의의 유한부분족이고 $s := \sup\{n_1, n_2, \ldots, n_r\}$로 놓으면 다음이 된다.

$$G_{n_1} \cup G_{n_2} \cup \cdots \cup G_{n_r} = G_s = (1/s, 1).$$

$1/s$은 J에는 있지만 G_s에는 있지 않으므로 그 합집합은 J를 포함하지 않음을 알 수 있다. 따라서 J는 컴팩트가 아니다. ■

이제 $\mathbb{R}$의 모든 컴팩트 부분집합들을 기술하고자 한다. 먼저 $\mathbb{R}$의 임의의 컴팩트 집합은 폐집합이고 유계이어야 한다는 것을 보다 직설적인 논법으로 설정할 것이다. 그리고 사실 이 성질들이 $\mathbb{R}$에서 컴팩트 집합들을 특성화한다는 것을 보일 것이다. 이것이 Heine-Borel 정리의 내용이다.

11.2.4 정리 K가 $\mathbb{R}$의 컴팩트 부분집합이면, K는 유계폐집합이다.

증명 먼저 K가 유계임을 보일 것이다. 각 $m \in \mathbb{N}$에 대하여 $H_m := (-m, m)$이라 하자. 각 H_m은 개집합이고 $K \subseteq \bigcup_{m=1}^{\infty} H_m = \mathbb{R}$이므로 집합족 $\{H_m : m \in \mathbb{N}\}$이 K의 개피복임을 알 수 있다. K가 컴팩트이므로 이 집합족은 부분피복을 갖는다. 따라서

$$K \subseteq \bigcup_{m=1}^{M} H_m = H_M = (-M, M)$$

을 만족하는 $M \in \mathbb{N}$이 존재한다. K가 유계구간 $(-M, M)$에 포함되므로, K는 유계이다.

이제 여집합 $C(K)$가 개집합임을 보임으로써 K가 폐집합임을 보인다. 그렇게 하기 위하여 $u \in C(K)$를 임의라 하고 각 $n \in \mathbb{N}$에 대하여 $G_n := \{y \in \mathbb{R} : |y - u| > 1/n\}$이라 하자. 각 집합 G_n이 개집합이고 $\mathbb{R} \setminus \{u\} = \bigcup_{n=1}^{\infty} G_n$임을 보이는 것은 연습문제이다. $u \notin K$이므로 $K \subseteq \bigcup_{n=1}^{\infty} G_n$이다. K가 컴팩트이므로 다음을 만족하

는 $m \in \mathbb{N}$이 존재한다.

$$K \subseteq \bigcup_{n=1}^{m} G_n = G_m.$$

이제 이로부터 $K \cap (u - 1/m, u + 1/m) = \emptyset$이고, 따라서 $(u - 1/m, u + 1/m) \subseteq C(K)$이다. 그러나 u는 $C(K)$의 임의의 점이었으므로 $C(K)$는 개집합이다. Q.E.D.

이제 정리 11.2.4의 조건들이 $\mathbb{R}$의 부분집합이 컴팩트이기 위한 필요충분조건임을 증명한다.

11.2.5 Heine–Borel 정리 $\mathbb{R}$의 부분집합 K가 컴팩트이기 위한 필요충분조건은 이 집합이 유계폐집합이다.

증명 $\mathbb{R}$에서 컴팩트 집합은 유계폐집합이어야 함을 정리 11.2.4에서 보였다. 역을 수립하기 위하여 K가 유계폐집합이라 가정하고 $\mathcal{G} = \{G_\alpha\}$를 K의 개피복이라 하자. K가 $\mathcal{G}$의 어떤 유한부분족의 합집합에 포함되어야 함을 보이고자 한다. 증명은 모순에 의할 것이다. 다음과 같이 가정한다.

(1) K는 $\mathcal{G}$에 있는 어떠한 유한개 집합들의 합집합에도 포함되지 않는다.

가정에 의하여 K는 유계이고, 따라서 $K \subseteq [-r, r]$인 $r > 0$이 존재한다. $I_1 := [-r, r]$이라 하고 I_1을 두 폐부분구간 $I_1' := [-r, 0]$과 $I_1'' := [0, r]$로 이등분한다. 두 부분집합 $K \cap I_1'$과 $K \cap I_1''$의 적어도 하나는 공집합이 아니고, 그것이 $\mathcal{G}$에 있는 어떤 유한개 집합들의 합집합에 포함되지 않는다는 성질을 가져야 한다[왜냐하면, 집합 $K \cap I_1'$과 $K \cap I_1''$의 모두가 $\mathcal{G}$에 있는 어떤 유한개의 집합들의 합집합에 포함되면 $K = (K \cap I_1') \cap (K \cap I_1'')$이 $\mathcal{G}$에 있는 어떤 유한개 집합들의 합집합에 포함되어 가정 (1)에 모순이다]. 만약 $K \cap I_1'$이 $\mathcal{G}$에 있는 어떤 유한개 집합들의 합집합에 포함되지 않으면 $I_2 := I_1'$이라 하고, 그렇지 않으면 $K \cap I_1''$이 이 성질을 갖고 $I_2 := I_1''$이라 하자.

이제 I_2를 두 폐부분구간 I_2'과 I_2''으로 이등분한다. 만약 $K \cap I_2'$이 공집합이 아니고 $\mathcal{G}$에 있는 어떤 유한개 집합들의 합집합에 포함되지 않으면 $I_3 := I_2'$이라 하고, 그렇지 않으면 $K \cap I_2''$이 이 성질을 갖고 $I_3 := I_2''$이라 하자.

이 과정을 계속하여 축소구간열 (I_n)을 얻는다. 축소구간 성질 2.5.2에 의하여 $I_n, n \in \mathbb{N}$의 모두에 속하는 점 z가 존재한다. 각 구간 I_n은 K에 있는 무한히 많은 점들을 포함하므로(왜?) 점 z는 K의 집적점이다. 더욱이 K가 폐집합이라고 가정하였으므로, 정리 11.1.8에 의하여 $z \in K$이다. 따라서 $z \in G_\lambda$인 집합 G_λ가 $\mathcal{G}$에

존재한다. G_λ는 개집합이므로

$$(z-\varepsilon, z+\varepsilon) \subseteq G_\lambda$$

가 되는 $\varepsilon > 0$이 존재한다. 한편 구간들 I_n이 $I_1 = [-r, r]$을 반복적으로 이등분하여 얻었으므로, I_n의 길이는 $r/2^{n-2}$이다. 만약 $r/2^{n-2} < \varepsilon$이 되도록 n이 크면 $I_n \subseteq (z-\varepsilon, z+\varepsilon) \subseteq G_\lambda$이다. 그러나 이는 n이 $r/2^{n-2} < \varepsilon$을 만족하면 $K \cap I_n$이 $\mathcal{G}$에 있는 단 하나의 집합 G_λ에 포함됨을 의미하므로 I_n의 설정에 모순이다. 이 모순은 유계폐집합 K를 피복하기 위하여 $\mathcal{G}$에 있는 무한개의 집합을 요구하는 가정 (1)이 유지될 수 없음을 보여준다. 결국 K는 컴팩트이다. Q.E.D.

참고 예 11.2.3(b)에서 폐집합 $H := [0, \infty)$가 컴팩트가 아님을 보였는데, H가 유계가 아님에 주목하라. 또 예 11.2.3(c)에서 유계집합 $J := (0, 1)$가 컴팩트가 아님을 보였는데, J가 폐집합이 아님에 주목하라. 따라서 Heine-Borel 정리의 어떠한 가정도 소홀히 할 수 없다.

$\mathbb{R}$의 컴팩트 부분집합에 대한 수열의 특성을 얻기 위하여 Heine-Borel 정리와 Bolzano-Weierstrass 정리 3.4.8을 결합할 수 있다.

11.2.6 정리 $\mathbb{R}$의 부분집합 K가 컴팩트이기 위한 필요충분조건은 K에서의 모든 수열이 K에 있는 점으로 수렴하는 부분수열을 갖는 것이다.

증명 K를 컴팩트 집합이라 가정하고 (x_n)을 모든 $n \in \mathbb{N}$에 대하여 $x_n \in K$인 수열이라 하자. Heine-Borel 정리에 의하여 집합 K는 유계이고, 따라서 수열 (x_n)도 유계이다. Bolzano-Weierstrass 정리 3.4.8에 의하여 수렴하는 부분수열 (x_{n_k})가 존재한다. K가 폐집합이므로 (정리 11.2.4에 의하여) 극한 $x := \lim(x_{n_k})$는 K에 속한다. 따라서 K에서의 모든 수열은 K의 점으로 수렴하는 부분수열을 갖는다.

역을 수립하기 위하여, K가 폐집합이 아니거나 유계집합이 아니면 K의 점으로 수렴하는 어떠한 부분수열도 갖지 않는 K에서의 수열이 존재해야 함을 보일 것이다. 먼저 K가 폐집합이 아니면 K에 속하지 않는 K의 집적점 c가 존재한다. c가 K의 집적점이므로, $\lim(x_n) = c$가 되는 모든 $n \in \mathbb{N}$에 대하여 $x_n \in K$이고 $x_n \neq c$인 수열 (x_n)이 존재한다. 그러면 (x_n)의 모든 부분수열 또한 c로 수렴하고, $c \notin K$이므로 K의 점으로 수렴하는 어떠한 부분수열도 존재하지 않는다.

다음으로 K가 유계가 아니면 모든 $n \in \mathbb{N}$에 대하여 $|x_n| > n$인 K에서의 수열 (x_n)이 존재한다(왜?). 그러면 (x_n)의 모든 부분수열은 유계가 아니고, 따라서 K의

점으로 수렴할 수 있는 (x_n)의 어떠한 부분수열도 존재하지 않는다. Q.E.D.

참고 독자는 아마 구간 $[a, b]$의 컴팩트성과 $[a, b]$에 대한 δ-미세 분할들의 존재성 사이에 유사성이 있다는 것을 인지하였을 것이다. 사실 이 성질들은 동치이고 각각은 다른 하나로부터 추론된다. 그러나 컴팩트성은 구간보다 더 일반적인 집합들에 적용된다.

연습문제 11.2

1. 유한부분피복을 갖지 않는 구간 $(1, 2]$의 개피복을 제시하여라.

2. 유한부분피복을 갖지 않는 $\mathbb{N}$의 개피복을 제시하여라.

3. 유한부분피복을 갖지 않는 집합 $\{1/n : n \in \mathbb{N}\}$의 개피복을 제시하여라.

4. 정의 11.2.2를 이용하여 F가 $\mathbb{R}$에서 컴팩트 집합 K의 폐부분집합이면, F가 컴팩트임을 증명하여라.

5. 정의 11.2.2를 이용하여 K_1과 K_2가 $\mathbb{R}$에서 컴팩트 집합이면 그들의 합집합 $K_1 \cup K_2$도 컴팩트임을 증명하여라.

6. Heine-Borel 정리를 이용하여 다음 형식의 Bolzano-Weierstrass 정리를 증명하여라. $\mathbb{R}$의 모든 유계 무한집합은 $\mathbb{R}$에서 집적점을 갖는다(한 집합이 집적점을 갖지 않으면, 정리 11.1.8에 의하여 그 집합은 폐집합임에 주목하라).

7. 합집합 $\bigcup_{n=1}^{\infty} K_n$이 컴팩트가 아닌 $\mathbb{R}$의 컴팩트 집합의 무한족 $\{K_n : n \in \mathbb{N}\}$을 찾아보라.

8. $\mathbb{R}$에서 임의의 컴팩트 집합족들의 교집합이 컴팩트인 것을 증명하여라.

9. $(K_n : n \in \mathbb{N})$을 $K_1 \supseteq K_2 \supseteq \cdots \supseteq K_n \supseteq \cdots$인 $\mathbb{R}$에서의 공집합이 아닌 컴팩트 집합열이라 하자. 모든 $n \in \mathbb{N}$에 대하여 $x \in K_n$인 적어도 한 점 $x \in \mathbb{R}$가 존재함을 증명하여라. 즉 교집합 $\bigcap_{n=1}^{\infty} K_n$이 공집합이 아니다.

10. $K \neq \emptyset$를 $\mathbb{R}$에서 컴팩트 집합이라 하자. $\inf K$와 $\sup K$가 존재하여 K에 속함을 보여라.

11. $K \neq \emptyset$가 $\mathbb{R}$에서 컴팩트이고 $c \in \mathbb{R}$라 하자. $|c - a| = \inf\{|c - x| : x \in K\}$가 되는 K의 점 a가 존재함을 증명하여라.

12. $K \neq \emptyset$가 $\mathbb{R}$에서 컴팩트이고 $c \in \mathbb{R}$라 하자. $|c - b| = \sup\{|c - x| : x \in K\}$가 되는 K의 점 b가 존재함을 보여라.

13. 컴팩트성의 개념을 이용하여 연습문제 5.3.18의 다른 증명을 제시하여라.

14. K_1과 K_2가 서로소인 공집합이 아닌 컴팩트 집합이면 $0 < |k_1 - k_2| = \inf\{|x_1 - x_2| : x_i \in K_i\}$이 되는 $k_i \in K_i$가 존재함을 보여라.

15. $0 = \inf\{|x_1 - x_2| : x_i \in F_i\}$이 되는 서로 소인 폐집합 F_1, F_2의 예를 들어라.

11.3 연속함수

이 절에서 함수의 연속성 개념을 개집합과 컴팩트 집합들의 위상적 개념들과 연관시킬 수 있는 방법을 고찰할 것이다. 이와 관련하여 5.3절에서 소개한 구간에서 연속인 함수들에 대한 몇 개의 기본성질들을 설정할 것이다. 다른 것들 중에는 이러한 새로운 논의들이 연속성 개념과 연속에 관한 중요한 성질들 다수를 상당한 수준의 추상적 개념으로 옮길 수 있음을 보일 것이다. 이것을 다음 절에 있는 거리공간에서 간단히 논할 것이다

연속성

5.1절에서는 한 점에서 연속성, 즉 함수의 "국소적" 연속성을 다루었다. 이제 함수가 그의 전체 정의역에서 연속이라고 가정한다는 의미에서 주로 "대역적" 연속성에 관한 것이 될 것이다.

점 $c \in A$에서 함수 $f : A \to \mathbb{R}$의 연속성을 5.1절에서 정의하였다. 정리 5.1.2에서 f가 c에서 연속이기 위한 필요충분조건은 $f(c)$의 모든 ε-근방 $V_\varepsilon(f(c))$에 대하여 $x \in V_\delta(c) \cap A$이면 $f(x) \in V_\varepsilon(f(c))$가 되는 c의 δ-근방 $V_\delta(c)$가 존재하는 것이라고 하였다. 한 점에서 연속에 대한 그러한 조건을 일반적인 근방들로 다시 기술하고자 한다(11.1.1로부터 점 c의 근방은 어떤 $\varepsilon > 0$에 대한 ε-근방을 포함하는 임의의 집합 U임을 상기하라).

11.3.1 보조정리 함수 $f : A \to \mathbb{R}$가 A의 점 c에서 연속이기 위한 필요충분조건은 $f(c)$의 모든 근방 U에 대하여 $x \in V \cap A$이면 $f(x) \in U$가 되는 c의 근방 V가 존재하는 것이다.

증명 f가 기술된 조건을 만족한다고 가정하자. 그러면 주어진 $\varepsilon > 0$에 대하여 $U = V_\varepsilon(f(c))$라 하고, $x \in V \cap A$이면 $f(x) \in U$가 되는 근방 V를 얻는다. 만약 $V_\delta(c) \subseteq V$가 되는 $\delta > 0$를 선택하면 $x \in V_\delta(c) \cap A$일 때 $f(x) \in U$이고, 따라서 정리 5.1.2에 의하여 f는 c에서 연속이다.

역으로 정리 5.1.2의 의미로 f가 c에서 연속이면 $f(c)$의 임의의 근방 U는 ε-근방 $V_\varepsilon(f(c))$를 포함하므로, 정리 5.1.2에서 c의 δ-근방 $V = V_\delta(c)$를 취하면 보조정리의 조건을 만족한다. Q.E.D.

$x \in V \cap A$이면 $f(x) \in U$이다라고 하는 명제는 $f(V \cap A) \subseteq U$, 즉 $V \cap A$의 상이 U에 포함된다는 명제와 동치임에 주목한다. 또한 역상의 정의로부터 이는 $V \cap A \subseteq f^{-1}(U)$와 같다(상과 역상에 관한 정의 1.1.7을 보라). 이러한 관찰을 이용하여 이제 함수가 개집합들에 의하여 그의 정의역에서 연속이 되는 조건을 얻는다. 위상수학의 보다 고급과정에서 다음 결과의 (b)는 종종 (대역적) 연속의 정의로 채택된다.

11.3.2 대역적 연속성 정리 $A \subseteq \mathbb{R}$라 하고 $f : A \to \mathbb{R}$를 정의역이 A인 함수라 하자. 그러면 다음은 동치이다.

(a) f는 A의 모든 점에서 연속이다.

(b) $\mathbb{R}$에서 모든 개집합 G에 대하여 $H \cap A = f^{-1}(G)$가 되는 $\mathbb{R}$에서 개집합 H가 존재한다.

증명 (a) $\Rightarrow$ (b) f가 A의 모든 점에서 연속이라 가정하고 G를 $\mathbb{R}$에서 주어진 개집합이라 하자. c가 $f^{-1}(G)$에 속하면 $f(c) \in G$이고, G가 개집합이므로 G는 $f(c)$의 근방이다. 따라서 앞의 보조정리로부터 f의 연속성에 의하여 $x \in V(c)$이면 $f(x) \in G$가 되는 개집합 $V(c)$가 존재한다. 즉 $V(c)$는 역상 $f^{-1}(G)$에 포함된다. $f^{-1}(G)$에서 각 c에 대한 $V(c)$를 선택하고 H를 이러한 집합들 $V(c)$ 모두의 합집합이라 하자. 개집합 성질 11.1.4에 의하여 H는 개집합이고 $H \cap A = f^{-1}(G)$이다. 따라서 (a)이면 (b)이다.

(b) $\Rightarrow$ (a) c를 A에 있는 임의의 점이라 하고 G를 $f(c)$의 개근방이라 하자. 그러면 조건 (b)에 의하여 $H \cap A = f^{-1}(G)$가 되는 $\mathbb{R}$에서 개집합 H가 존재한다. $f(c) \in G$이므로 $c \in H$이고, 따라서 H는 c의 근방이다. $x \in H \cap A$이면 $f(c) \in G$이고, 그래서 f는 c에서 연속이다. 그러므로 (b)이면 (a)이다. Q.E.D.

$A = \mathbb{R}$인 경우 앞의 결과가 다소 간단하게 된다.

11.3.3 따름정리 함수 $f : \mathbb{R} \to \mathbb{R}$가 연속이기 위한 필요충분조건은 G가 개집합이면 $f^{-1}(G)$도 $\mathbb{R}$에서 개집합이다.

대역적 연속성 정리 11.3.2는 f가 연속함수일 때, 개집합의 상 $f(G)$가 필연적으로 개집합이라고 말하지 않았음이 강조되어야 한다. 일반적으로 연속함수는 개집합을 개집합으로 보내지 않을 것이다. 예를 들면, $x \in \mathbb{R}$에 대하여

$$f(x) := x^2 + 1$$

로 정의되는 연속함수 $f : \mathbb{R} \to \mathbb{R}$를 살펴보자. G가 개집합 $G := (-1, 1)$이면 f의 상은 $f(G) = [1, 2)$이고, 이는 $\mathbb{R}$에서 개집합이 아니다. 추가적인 예들은 연습문제를 보라.

컴팩트성의 보존

5.3절에서 연속함수는 유계폐구간 $[a, b]$를 유계폐구간 $[m, M]$ 위로 사상함을 증명하였다. 여기서 m과 M은 각각 $[a, b]$에서 f의 최소값과 최대값이다. Heine-Borel 정리에 의하면 이들은 $\mathbb{R}$의 컴팩트 부분집합이고, 따라서 정리 5.3.9는 다음 정리의 특수한 경우이다.

11.3.4 컴팩트성의 보존 K가 $\mathbb{R}$의 컴팩트 부분집합이고 $f : K \to \mathbb{R}$가 K에서 연속이면, $f(K)$는 컴팩트이다.

증명 $\mathcal{G} = \{G_\lambda\}$를 집합 $f(K)$의 개피복이라 하자. $\mathcal{G}$가 유한부분피복을 가진다는 것을 보여야 한다. $f(K) \subseteq \bigcup G_\lambda$이므로 $K \subseteq \bigcup f^{-1}(G_\lambda)$이다. 정리 11.3.2에 의하면 각 G_λ에 대하여 $H_\lambda \cap K = f^{-1}(G_\lambda)$가 되는 개집합 H_λ가 존재한다. 그러면 집합족 $\{H_\lambda\}$는 집합 K의 개피복이다. K가 컴팩트이므로, K에 대한 이 개피복은 유한부분피복 $\{H_{\lambda_1}, H_{\lambda_2}, ..., H_{\lambda_n}\}$을 포함한다. 그러면 다음을 얻는다.

$$\bigcup_{i=1}^{n} f^{-1}(G_{\lambda_i}) = \bigcup_{i=1}^{n} H_{\lambda_i} \cap K \supseteq K.$$

이것으로부터 $\bigcup_{i=1}^{n} G_{\lambda_i} \supseteq f(K)$이다. 따라서 $\mathcal{G}$의 유한 부분피복을 찾았다. $\mathcal{G}$는 $f(K)$의 임의의 개피복이었으므로 $f(K)$는 컴팩트이다. Q.E.D.

11.3.5 몇 가지 응용 이제 Bolzano-Weierstrass 정리를 이용하여 먼저 증명하였던 몇 개의 중요한 결과들의 다른 증명법을 얻는 데 컴팩트성의 개념이 (그리고 Heine-Borel 정리가) 어떻게 이용되는지를 보일 것이다. 사실 이 정리들은 구간을 $\mathbb{R}$에서 임의의 공집합이 아닌 컴팩트 집합들로 대체해도 참이 된다.

(1) 유계성 정리 5.3.2는 정리 11.3.4와 Heine-Borel 정리 11.2.5의 직접적인 결과이다. 사실 $K \subseteq \mathbb{R}$가 컴팩트이고 $f : K \to \mathbb{R}$가 K에서 연속이면 $f(K)$는 컴팩트이고, 따라서 유계이다.

(2) 최대−최소 정리 5.3.4 역시 정리 11.3.4와 Heine-Borel 정리의 쉬운 결과이다. 앞에서와 같이 $f(K)$는 컴팩트이고, 따라서 $\mathbb{R}$에서 유계임을 알 수 있다. 그러므로 $s^* := \sup f(K)$가 존재한다. $f(K)$가 유한집합이면 $s^* \in f(K)$이고 $f(K)$가 무한집합이면 s^*는 $f(K)$의 집적점이다(연습문제 11.2.6을 보라). Heine-Borel 정리에 의하면 $f(K)$는 폐집합이고, 정리 11.1.8에 의하여 $s^* \in f(K)$이다. 어떤 $x^* \in K$에 대하여 $s^* = f(x^*)$라는 결론을 얻는다.

(3) 또 컴팩트성의 개념에 기초하여 균등연속성 정리 5.4.3을 증명할 수 있다. 이를 위하여 $K \subseteq \mathbb{R}$가 컴팩트이고 $f : K \to \mathbb{R}$가 K에서 연속이라 하자. 그러면 주어진 $\varepsilon > 0$과 $u \in K$에 대하여 $x \in K$이고 $|x - u| < \delta_u$이면 $|f(x) - f(u)| < \frac{1}{2}\varepsilon$이 되는 수 $\delta_u := \delta(\frac{1}{2}\varepsilon, u) > 0$가 존재한다. 각 $u \in K$에 대하여 $G_u := (u - \frac{1}{2}\delta_u, u + \frac{1}{2}\delta_u)$라 하면 G_u는 개집합이고, 집합족 $\mathcal{G} = \{G_u : u \in K\}$를 살펴보자. $u \in K$에 대하여 $u \in G_u$이므로 $K \subseteq \bigcup_{u \in K} G_u$임은 자명하다. K가 컴팩트이므로, 합집합이 K를 포함하는 유한개의 집합들이 존재한다. 이를 $G_{u_1}, ..., G_{u_M}$이라 하자. 지금

$$\delta(\varepsilon) := \frac{1}{2} \inf\{\delta_{u_1}, ..., \delta_{u_M}\}$$

으로 정의하면 $\delta(\varepsilon) > 0$이다. 이제 $x, u \in K$이고 $|x - u| < \delta(\varepsilon)$이면 $k = 1, ..., M$에 대하여 $x \in G_{u_k}$가 되는 어떤 u_k가 존재하고, 따라서 $|x - u_k| < \frac{1}{2}\delta_{u_k}$이다. $\delta(\varepsilon) \le \frac{1}{2}\delta_{u_k}$이므로 다음이 된다.

$$|u - u_k| \le |u - x| + |x - u_k| < \delta_{u_k}.$$

그러나 $\delta_{u_k} = \delta(\frac{1}{2}\varepsilon, u_k)$이므로

$$|f(x) - f(u_k)| < \frac{1}{2}\varepsilon, \quad |f(u) - f(u_k)| < \frac{1}{2}\varepsilon$$

이 모두 성립한다. 따라서 $|f(x) - f(u)| < \varepsilon$을 얻는다.

$\varepsilon > 0$에 대하여 x, u가 $|x - u| < \delta(\varepsilon)$인 K의 임의의 점들이면 $|f(x) - f(u)| < \varepsilon$이 되는 $\delta(\varepsilon) > 0$이 존재함을 보였다. $\varepsilon > 0$은 임의이므로, 주장한 대로 f는 K에서 균등연속이다. ■

연속역함수 정리 5.6.5를 정의역이 $\mathbb{R}$의 구간이 아니라 $\mathbb{R}$의 컴팩트 부분집합인 함수로 확장하는 것으로 이 절을 접는다.

11.3.6 정리 K가 $\mathbb{R}$의 컴팩트 부분집합이고 $f : K \to \mathbb{R}$가 단사이고 연속이면, f^{-1}는 $f(K)$에서 연속이다.

증명 K가 컴팩트이므로, 정리 11.3.4에 의하여 상 $f(K)$도 컴팩트이다. 가정에 의하여 f가 단사이므로, $f(K)$에서 K로의 역함수 f^{-1}가 정의된다. (y_n)을 $f(K)$에서의 임의의 수렴수열이라 하고 $y_0 = \lim(y_n)$이라 하자. f^{-1}의 연속성을 수립하기 위하여 수열 $(f^{-1}(y_n))$이 $f^{-1}(y_0)$로 수렴함을 보일 것이다.

$x_n := f^{-1}(y_n)$이라 하고, 모순법을 이용하기 위하여 (x_n)이 $x_0 := f^{-1}(y_0)$로 수렴하지 않는다고 가정하자. 그러면 모든 k에 대하여 $|x'_k - x_0| \geq \varepsilon$이 되는 $\varepsilon > 0$과 부분수열 (x'_k)이 존재한다. K가 컴팩트이므로, 정리 11.2.6으로부터 K의 점 x^*로 수렴하는 수열 (x'_k)의 부분수열 (x''_r)이 존재한다는 결론을 얻는다. $|x^* - x_0| \geq \varepsilon$이므로 $x^* \neq x_0$이다. 이제 f가 연속이므로 $\lim(f(x''_r)) = f(x^*)$이다. 또 (x_n)의 부분수열 (x''_n)에 대응되는 (y_n)의 부분수열 (y''_n)이 (y_n)이 수렴하는 극한과 동일한 극한으로 수렴하여야 하므로 다음을 얻는다.

$$\lim(f(x''_r)) = \lim(y''_n) = y_0 = f(x_0).$$

따라서 $f(x^*) = f(x_0)$이다. 그러나 f가 단사이므로 $x^* = x_0$이고, 이는 모순이다. 그러므로 f^{-1}는 $f(K)$에서의 수렴수열들을 K에서 수렴수열이 되게 한다. 따라서 f^{-1}은 연속이다. Q.E.D.

연습문제 11.3

1. $f : \mathbb{R} \to \mathbb{R}$가 $x \in \mathbb{R}$에 대하여 $f(x) = x^2$으로 정의된다고 하자.

(a) 개구간 $I := (a, b)$의 역상 $f^{-1}(I)$가 a와 b에 따라 개구간이거나 두 개구간의 합집합이거나 공집합임을 보여라.

(b) I가 0을 포함하는 개구간이면 상 $f(I)$는 개집합이 아님을 보여라.

2. $f : \mathbb{R} \to \mathbb{R}$가 $x \in \mathbb{R}$에 대하여 $f(x) := 1/(1 + x^2)$로 정의된다고 하자.

(a) f에 의한 상이 개집합이 아닌 개구간 (a, b)를 구하여라.

(b) 폐구간 $[0, \infty)$의 상이 폐집합이 아님을 보여라.

3. $I := [1, \infty)$이고 $x \in I$에 대하여 $f(x) := \sqrt{x-1}$이라 하자. 0의 각 ε-근방 $G = (-\varepsilon, +\varepsilon)$에 대하여 $H \cap I = f^{-1}(G)$가 되는 개집합 H를 제시하여라.

4. $h : \mathbb{R} \to \mathbb{R}$가 $0 \leq x \leq 1$이면 $h(x) := 1$로, 다른 점에서는 $h(x) := 0$으로 정의된다고 하자. $h^{-1}(G)$가 개집합이 아닌 개집합 G와 $h^{-1}(F)$가 폐집합이 아닌 폐집합 F를 구하여라.

5. $f : \mathbb{R} \to \mathbb{R}$가 연속이면, 각 $\alpha \in \mathbb{R}$에 대한 집합 $\{x \in \mathbb{R} : f(x) < \alpha\}$가 $\mathbb{R}$에서 개집합임을 보여라.

6. $f : \mathbb{R} \to \mathbb{R}$가 연속이면, 각 $\alpha \in \mathbb{R}$에 대한 집합 $\{x \in \mathbb{R} : f(x) \le \alpha\}$가 $\mathbb{R}$에서 폐집합임을 보여라.

7. $f : \mathbb{R} \to \mathbb{R}$가 연속이면, 각 $k \in \mathbb{R}$에 대한 집합 $\{x \in \mathbb{R} : f(x) = k\}$가 $\mathbb{R}$에서 폐집합임을 보여라.

8. 집합 $\{x \in \mathbb{R} : f(x) = 1\}$이 $\mathbb{R}$에서 개집합도 아니고 폐집합도 아닌 함수 $f : \mathbb{R} \to \mathbb{R}$의 예를 들어라.

9. $f : \mathbb{R} \to \mathbb{R}$가 연속이기 위한 필요충분조건은 $\mathbb{R}$에서 각 폐집합 F에 대한 역상 $f^{-1}(F)$가 폐집합임을 증명하여라.

10. $I := [a, b]$라 하고 $f : I \to \mathbb{R}$와 $g : I \to \mathbb{R}$를 I에서 연속함수라 하자. 집합 $\{x \in I : f(x) = g(x)\}$가 $\mathbb{R}$에서 폐집합임을 보여라.

11.4 거리공간

이 책은 실수계의 엄밀한 공부와 실변수함수들에 대하여 정의할 수 있는 다수의 상이한 극한과정들에 집중하여 왔다. 하나의 중심적인 논제는 연속함수들을 공부하는 것이었다. 이제 실직선에서 해석학에 대한 강력한 이해력으로 보다 일반적인 공간들, 그리고 관련한 극한개념들의 공부를 시작할 수 있다. 다양한 방법으로 실해석학의 기본적인 개념들을 일반화할 수 있지만 가장 유익한 하나는 거리공간의 배경에서이고, 거리(metric)는 거리함수(distance function)의 추상적인 개념이다.

이 절에서 거리공간의 개념을 소개한 후, 이 책에서 발전시킨 이론의 어떤 분야들이 이러한 새로운 환경으로 어떻게 확장될 수 있는지를 보일 것이다. 거리공간에서 정의되는 한 점의 근방, 개집합과 폐집합, 수열의 수렴성, 그리고 함수들의 연속성에 대한 개념들을 논할 것이다. 이러한 간단한 논의에서 우리의 목표는 거리공간들의 이론을 임의의 큰 범위로 발전시키는 것이 아니라 실해석학의 중요한 개념들과 기법들이 보다 추상적이고 일반적인 구조로 어떻게 옮겨갈 수 있는지를 보이는 것이다. 독자는 실직선에서 해석학의 기초적인 결과들이 보다 일반적인 상황에서 해석학을 공부하도록 어떻게 동기를 부여하고 유도하는지에 주목하여야 한다.

일반화는 두 가지의 중요한 목적을 만족시킬 수 있다. 첫 번째 목적은 종종 일반적인 환경에서 유도된 정리들이 각각의 특수한 경우에 대하여 증명을 분리할 필요없이 많은 특수한 경우에서 적용될 수 있다는 것이다. 두 번째 목적은 특수한 상황에 대한 본질적이지 않는 (그리고 뭔가 마음에 걸리는) 특징을 제거함으로써 종종 개념이나 정리의 실질적인 의미를 이해할 수 있다는 것이다.

거리(Metrics)

실직선에서 기초적인 극한개념들을 $\mathbb{R}$에 있는 두 점 x, y 사이의 거리(distance) $|x - y|$을 이용하여 정의하였고 많은 정리들을 절대값 함수를 이용하여 증명하였다. 실제로 면밀히 공부해 보면 절대값에 대한 단지 몇 개의 중요한 성질들이 많은 기본적인 결과들을 증명하기 위하여 필요하다는 것을 알게 되는데, 마침 이러한 성질들을 "거리"라고 하는 보다 일반적인 거리함수를 정의하기 위하여 인용하고 이용할 수 있다.

11.4.1 정의 집합 S에서 **거리**(metric)는 다음 성질들을 만족하는 함수 $d : S \times S \to \mathbb{R}$이다.

(a) 모든 $x, y \in S$에 대하여 $d(x, y) \geq 0$이다(양치성).

(b) $d(x, y) = 0$이기 위한 필요충분조건은 $x = y$이다(한정성).

(c) 모든 $x, y \in S$에 대하여 $d(x, y) = d(y, x)$이다(대칭성).

(d) 모든 $x, y, z \in S$에 대하여 $d(x, y) \leq d(x, z) + d(z, y)$이다(삼각부등식).

거리공간(metric space) (S, d)는 집합 S와 S에서의 거리 d를 결합한 것이다.

거리공간들의 여러 예를 고찰해 보자.

11.4.2 예 **(a)** $\mathbb{R}$에서 잘 알고 있는 거리는 $x, y \in \mathbb{R}$에 대하여 다음과 같이 정의된다.

$$d(x, y) := |x - y|.$$

모든 $x, y, z \in \mathbb{R}$에 대하여

$$\begin{aligned} d(x, y) = |x - y| &= |(x - z) + (z - y)| \\ &\leq |x - z| + |z - y| = d(x, z) + d(z, y) \end{aligned}$$

이므로, d에 대한 성질 11.4.1(d)는 절대값에 대한 삼각부등식에 의한다.

(b) Pythagoras 정리로부터 얻은 평면에서 거리함수는 $\mathbb{R}^2$에서 거리의 한 예를 제공한다. 즉 $P_1 := (x_1, y_1)$과 $P_2 := (x_2, y_2)$가 $\mathbb{R}^2$의 점이면 $\mathbb{R}^2$에서 거리 d를 다음과 같이 정의한다.

$$d(P_1, P_2) := \sqrt{(x_1 - x_2)^2 + (y_1 - y_2)^2}.$$

(c) 동일한 집합에서 여러 다른 거리들을 정의할 수 있다. $\mathbb{R}^2$에서 다음과 같이 거리 d_1을 정의할 수도 있다.

$$d_1(P_1, P_2) := |x_1 - x_2| + |y_1 - y_2|.$$

한편 $\mathbb{R}^2$에서 또 다른 거리는 다음과 같이 정의되는 d_∞이다.

$$d_\infty(P_1, P_2) := \sup\{|x_1 - x_2|, |y_1 - y_2|\}.$$

d_1과 d_∞는 거리의 성질들을 만족한다. 이를 입증하는 것은 연습문제로 넘긴다.

(d) 구간 $[0, 1]$에서 $\mathbb{R}$로의 모든 연속함수족을 $C[0, 1]$로 표기하자. $C[0, 1]$에 있는 f, g에 대하여 다음과 같이 정의한다.

$$d_\infty(f, g) := \sup\{|f(x) - g(x)| : x \in [0, 1]\}.$$

그러면 d_∞가 $C[0, 1]$에서 거리임을 입증할 수 있다. 이 거리는 8.1절에서 정의한 것과 같이 $[0, 1]$에서 $f - g$의 균등 norm, 즉 $d_\infty(f, g) = \|f - g\|$이고, 여기서 $\|f\|$은 집합 $[0, 1]$에서 f의 균등 norm을 나타낸다.

(e) $C[0, 1]$을 다시 살펴보자. 그러나 이번에는 $f, g \in C[0, 1]$에 대하여 다른 거리 d_1을 정의한다.

$$d_1(f, g) := \int_0^1 |f - g|.$$

이것이 $C[0, 1]$에서 실제로 거리임을 보이기 위하여 적분의 성질들을 이용할 수 있다. 상술하는 것은 연습문제로 넘긴다.

(f) S를 공집합이 아닌 임의의 집합이라 하자. $s, t \in S$에 대하여 다음과 같이 정의한다.

$$d(s,t) := \begin{cases} s = t\text{이면} & 0 \\ s \neq t\text{이면} & 1. \end{cases}$$

d가 S에서 거리임을 보이는 것은 연습문제이다. 이 거리를 집합 S에서 **이산거리**(discrete metric)라 한다. ■

(S, d)가 거리공간이고 $T \subseteq S$이면, 모든 $x, y \in T$에 대하여 $d'(x, y) := d(x, y)$로 정의되는 d'이 T에 하나의 거리를 제공함에 주목한다. 이를 일반적으로 d로 표기한다. 이런 것을 염두에 두면 (T, d) 또한 거리공간이라 한다. 예를 들면 절대값에 의하여 정의된 $\mathbb{R}$에서 거리 d는 유리수의 집합 $\mathbb{Q}$에서도 거리이고, 따라서 $(\mathbb{Q}, d)$ 역시 거리공간이다.

근방과 수렴

극한개념을 소개하는 데 필요한 기본적인 개념은 근방의 개념이고, 이는 다음과 같이 거리공간에서 정의된다.

11.4.3 정의 (S, d)를 거리공간이라 하자. 그러면 $\varepsilon > 0$에 대하여 S에 있는 점 x_0의 ε-**근방**(neighborhood)은 다음과 같은 집합이다.

$$V_\varepsilon(x_0) := \{x \in S : d(x_0, x) < \varepsilon\}.$$

x_0의 **근방**(neighborhood)은 어떤 $\varepsilon > 0$에 대한 x_0의 ε-근방을 포함하는 임의의 집합 U이다.

이제 근방들에 의하여 정의된 어떤 개념이 용어를 적절히 수정함으로써 거리공간의 배경에서 정의되고 논의될 수 있다. 먼저 수열의 수렴성을 고찰한다.

거리공간 (S, d)에서의 수열은 정의역이 $\mathbb{N}$이고 치역이 S에 포함되는 함수 $X : \mathbb{N} \to S$이며, 수열에 대한 일반적인 기호들이 사용되는데 $X = (x_n)$으로 쓰지만 모든 $n \in \mathbb{N}$에 대하여 $x_n \in S$이다. 수열의 수렴에 대한 정의에서 절대값을 거리로 대체하면 거리공간에서 수렴의 개념을 얻는다.

11.4.4 정의 (x_n)을 거리공간 (S, d)에서의 수열이라 하자. 임의의 $\varepsilon > 0$에 대하여 $n \geq K$이면 $x_n \in V_\varepsilon(x)$가 되는 $K \in \mathbb{N}$가 존재하면, 수열 (x_n)은 S의 점 x로 **수렴한다**(converge)고 한다.

$x_n \in V_\varepsilon(x)$이기 위한 필요충분조건은 $d(x_n, x) < \varepsilon$이므로, 수열 (x_n)이 x로 수렴하기 위한 필요충분조건은 임의의 $\varepsilon > 0$에 대하여 $n \geq K$이면 $d(x_n, x) < \varepsilon$이 되는 K가 존재하는 것임에 주목하라. 바꾸어 말하면 (S, d)에서의 수열 (x_n)이 x로 수렴하기 위한 필요충분조건은 실수열 $(d(x_n, x))$가 0으로 수렴하는 것이다.

11.4.5 예 **(a)** 예 11.4.2(b)에서 정의된 거리 d로 $\mathbb{R}^2$을 살펴보자. 각 $n \in \mathbb{N}$에 대하여 $P_n = (x_n, y_n) \in \mathbb{R}^2$이면, 점열 (P_n)이 이 거리에 관하여 $P = (x, y)$로 수렴하기 위한 필요충분조건은 실수열 (x_n)과 (y_n)이 각각 x와 y로 수렴할 것을 요구한다.

먼저 부등식 $|x_n - x| \leq d(P_n, P)$에 의하여 (P_n)이 거리 d에 관하여 P로 수렴하면 수열 (x_n)이 x로 수렴하고, (y_n)의 수렴성도 유사한 방법을 따르는 것에 주목한다. 역은 이미 입증된 부등식 $d(P_n, P) \leq |x_n - x| + |y_n - y|$에 의한다. 상술하는 것은 독자에게 맡긴다.

(b) d_∞를 예 11.4.2(d)에서 정의된 $C[0, 1]$에서 거리라 하자. $C[0, 1]$에서의 함수열 (f_n)이 이 거리에 관하여 f로 수렴하기 위한 필요충분조건은 (f_n)이 집합 $[0, 1]$에서 f로 균등수렴하는 것이다. 이것을 균등 norm을 논한 보조정리 8.1.8에서 수립하였다. ■

Cauchy 수열

Cauchy 수열의 개념은 거리공간에서 중요한 개념이다. 기대한 것과 같이 절대값을 거리로 대체하여 정의를 공식화한다.

11.4.6 정의 (S, d)를 거리공간이라 하고 (x_n)을 S에서의 수열이라 하자. 각 $\varepsilon > 0$에 대하여 $n, m \geq H$이면 $d(x_n, x_m) < \varepsilon$이 되는 $H \in \mathbb{N}$가 존재하면, (x_n)을 **Cauchy 수열**(Cauchy sequence)이라 한다.

실수열에 대한 Cauchy 수렴정리 3.5.5는 $\mathbb{R}$에서의 수열이 Cauchy 수열이기 위한 필요충분조건은 그 수열이 $\mathbb{R}$에 있는 점으로 수렴하는 것이라고 하였다. 이 정리는 일반적으로 거리공간들에 대하여 참이 아니며, 예로서 이것을 보일 것이다. Cauchy 수열들이 수렴하는 거리공간들은 특히 중요하다.

11.4.7 정의 거리공간 (S, d)에 대하여 S에서의 각 Cauchy 수열이 S의 점으로 수렴하면, (S, d)는 **완비이다**(complete)라고 한다.

2.3절에서 $\mathbb{R}$의 완비성을 위로 유계인 $\mathbb{R}$의 공집합이 아닌 모든 부분집합은 $\mathbb{R}$에서 상한을 갖도록 요구하는 순서성질을 이용하여 기술하였고, Cauchy 수열들의 수렴성을 정리로서 추론하였다. 사실 이러한 $\mathbb{R}$의 기본성질들의 역할을 바꿀 수 있다. $\mathbb{R}$의 완비성을 11.4.7에서와 같이 Cauchy 수열을 이용하여 기술할 수 있고, 따라서 상한성을 정리로서 추론할 수 있다. 많은 거리공간들이 적절한 순서구조를 갖지 않으므로 완비성의 개념은 거리에 의하여 기술되어야 하고, Cauchy 수열들이 이를 위하여 자연스러운 수단을 제공한다.

11.4.8 예 **(a)** 절대값 함수로 정의된 거리를 갖는 유리수들의 거리공간 $(\mathbb{Q}, d)$는 완비가 아니다.

예를 들어 (x_n)이 $\sqrt{2}$로 수렴하는 유리수열이라 하면, 이는 $\mathbb{Q}$에서 Cauchy 수열이지만 $\mathbb{Q}$의 점으로 수렴하지는 않는다. 따라서 $(\mathbb{Q}, d)$는 완비인 거리공간이 아니다.

(b) 11.4.2(d)에서 정의된 거리 d_∞인 공간 $C[0, 1]$은 완비이다.

이를 증명하기 위하여 (f_n)을 거리 d_∞에 관한 $C[0, 1]$에서의 Cauchy 함수열이라 가정하자. $\varepsilon > 0$이 주어지면, 모든 $x \in [0, 1]$와 모든 $n, m \geq H$에 대하여

$$(1) \qquad |f_n(x) - f_m(x)| < \varepsilon$$

이 되는 H가 존재한다. 그러므로 각 x에 대하여 수열 $(f_n(x))$는 $\mathbb{R}$에서 Cauchy 수열이고, 따라서 $\mathbb{R}$에서 수렴한다. f를 함수열의 점별극한으로 정의한다. 즉 각 $x \in [0, 1]$에 대하여 $f(x) := \lim(f_n(x))$이다. (1)에 의하여 각 $x \in [0, 1]$와 각 $n \geq H$에 대하여 $|f_n(x) - f(x)| \leq \varepsilon$을 얻는다. 따라서 함수열 (f_n)은 $[0, 1]$에서 f로 균등수렴한다. (8.2.2에 의하여) 연속함수들의 균등극한 또한 연속이므로, 함수 f는 $C[0, 1]$에 속한다. 따라서 거리공간 $(C[0, 1], d_\infty)$는 완비이다.

(c) d_1이 11.4.2(e)에서 정의된 $C[0, 1]$에서의 거리이면, 거리공간 $(C[0, 1], d_1)$은 완비가 아니다.

이 명제를 증명하기 위하여 그 공간에서 극한을 갖지 않는 Cauchy 수열을 제시하면 충분하다. $n \geq 3$에 대하여 함수열 (f_n)을 다음과 같이 정의한다(그림 11.4.1을 보라).

$$f_n(x) := \begin{cases} 0 \leq x \leq 1/2\text{이면} & 1 \\ 1/2 < x \leq 1/2 + 1/n\text{이면} & 1 \leq n/2 - nx \\ 1/2 + 1/n < x \leq 1\text{이면} & 0. \end{cases}$$

함수열 (f_n)은 $0 \leq x \leq 1/2$에 대하여 $f(x) := 1$이고 $1/2 < x \leq 1$에 대하여 $f(x) := 0$인 불연속함수로 점별수렴함에 주목하라. 따라서 $f \notin C[0, 1]$이고, 사실 $d_1(f_n, g) \to 0$인 함수 $g \in C[0, 1]$는 존재하지 않는다. ■

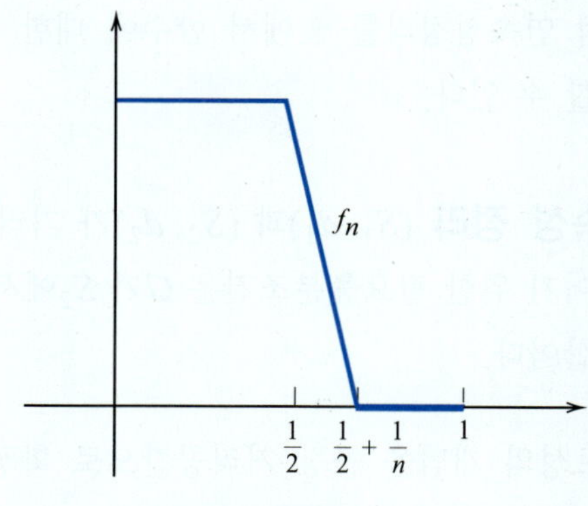

그림 11.4.1 함수열 (f_n)

개집합과 연속성

앞에서 정의한 근방의 개념으로 개집합과 폐집합의 정의들을 $\mathbb{R}$에서 집합들과 동일하게 해석한다.

11.4.9 정의 (S, d)를 거리공간이라 하자. S의 부분집합 G에 속하는 모든 점 x에 대하여 $U \subseteq G$인 x의 근방 U가 존재하면, G를 S에서 **개집합**(open set)이라 한다. S의 부분집합 F에 대한 여집합 $S \setminus F$가 S에서 개집합이면, F를 S에서 **폐집합**(closed set)이라 한다.

개집합과 폐집합의 합집합 및 교집합에 관한 정리 11.1.4와 11.1.5를 어려움 없이 거리공간으로 확장할 수 있다. 사실 그 정리들의 증명을 단지 $\mathbb{R}$에서 ε-근방 $(x - \varepsilon, x + \varepsilon)$을 S에서 ε-근방 $V_\varepsilon(x)$로 대체하는 미소한 변화에 의하여 거리공간으로 옮길 수 있다.

이제 한 거리공간 (S_1, d_1)에서 다른 거리공간 (S_2, d_2)로 사상하는 함수에 대한 연속성의 개념을 조사할 수 있다. $\mathbb{R}$에서 근방을 거리공간에서 근방으로 대체함으로써 $\mathbb{R}$에서 함수들의 연속성에 대한 5.1.2에 있는 성질을 수정할 수 있음에 주목하라.

11.4.10 정의 (S_1, d_1)과 (S_2, d_2)를 거리공간이라 하고 $f : S_1 \to S_2$를 S_1에서 S_2로의 함수라 하자. $f(c)$의 모든 ε-근방 $V_\varepsilon(f(c))$에 대하여 $x \in V_\delta(c)$이면 $f(x) \in V_\varepsilon(f(c))$가 되는 c의 δ-근방 $V_\delta(c)$가 존재할 때, 함수 f는 S_1의 점 c에서 **연속이다**(continuous)라고 한다.

연속성에 대한 ε-δ 공식을 다음과 같이 기술할 수 있다. $f : S_1 \to S_2$가 c에서 연속이기 위한 필요충분조건은 각 $\varepsilon > 0$에 대하여 $d_1(x, c) < \delta$이면 $d_2(f(x), f(c)) < \varepsilon$이 되는 $\delta > 0$가 존재하는 것이다.

대역적 연속성정리를 $\mathbb{R}$에서 함수에 대한 논의를 적절히 수정하여 거리공간에서 수립할 수 있다.

11.4.11 대역적 연속성 정리 (S_1, d_1)과 (S_2, d_2)가 거리공간이면, 함수 $f : S_1 \to S_2$가 S_1에서 연속이기 위한 필요충분조건은 G가 S_2에서 개집합이면 언제나 $f^{-1}(G)$가 S_1에서 개집합이다.

컴팩트성의 개념을 곧장 거리공간으로 확장할 수 있다. S의 각 개피복이 유한 부분피복을 가지면, 거리공간 (S, d)는 **컴팩트이다**(compact)라고 한다. 그러면

11.3.4의 증명을 수정하여 다음 결과를 얻는다.

11.4.12 컴팩트성의 보존 (S, d)가 컴팩트 거리공간이고 함수 $f : S \to \mathbb{R}$가 연속이면, $f(S)$는 $\mathbb{R}$에서 컴팩트이다.

그러면 11.3.5에서 소개한 연속함수의 중요한 성질들을 바로 얻는다. 컴팩트 거리공간에서 실가인 연속함수에 대한 유계성 정리, 최대-최소 정리, 그리고 균등연속성 정리를 11.3.5에서 소개한 증명들의 용어를 적절히 수정함으로써 모두 수립할 수 있다.

반거리

11.4.13 정의 집합 S에서 **반거리**(semimetric)는 정의 11.4.1에서 조건 (b)를 약조건

(b′) $$x = y\text{이면} \quad d(x, y) = 0$$

으로 대체하는 것을 제외한 모든 조건을 만족하는 함수 $d : S \times S \to \mathbb{R}$이다.

반거리공간(semimetric space) (S, d)는 집합 S와 S에서의 반거리 d를 결합한 것이다.

따라서 모든 거리는 반거리이고 모든 거리공간은 반거리공간이다. 그러나 역은 참이 아니다. 예를 들면, $P_1 := (x_1, y_1)$과 $P_2 := (x_2, y_2)$가 공간 $\mathbb{R}^2$의 점이면

$$d_1(P_1, P_2) := |x_1 - x_2|$$

으로 정의되는 함수 d_1이 반거리임을 보이기는 쉽다. 그러나 첫 번째 좌표가 동일한 임의의 두 점은 "d_1-거리(distance)"가 0을 가지므로 거리가 아니다.

보다 흥미롭게 f, g가 $\mathcal{L}[a, b]$의 임의의 함수들일 때, (정의 10.2.9에서) 거리함수

$$\text{dist}(f, g) := \int_a^b |f - g|$$

을 정의하였다. 여기서 가산인 점들의 집합을 제외한 모든 점에서 같은 값을 갖는 임의의 두 함수는 서로로부터 거리가 0일 것이라는 것은 자명하다(사실 함수들이 거의 모든 점에서 같으면 이 또한 참이다).

독자는 이 절에 있는 논의를 되풀이 할 수 있고, 우리가 이미 하였던 대부분이 반거리들과 반거리공간들에 대하여 참임을 알 수 있다. 주된 차이는 반거리공간에서의 수열이 반드시 **유일한** 극한으로 수렴하지는 않는다는 것이다. 이것이 보다

생소하게 보일런지 모르지만 사실 매우 심각한 문제는 아니므로 이 상황을 조절할 수 있다. 다른 하나는 서로로부터 거리 0을 갖는 점들을 "동일시하는" 것이다. 이러한 동일시 과정이 종종 요구되지만 이는 각각의 점들보다 "동치류"를 다루는 것을 의미한다. 때로는 이러한 조치가 결함보다 더 나쁘다.

연습문제 11.4

1. 11.4.2(c)에서 정의한 함수 d_1과 d_∞가 $\mathbb{R}^2$에서 거리임을 보여라.

2. 11.4.2(d, e)에서 정의한 함수 d_∞와 d_1이 $C[0, 1]$에서 거리임을 보여라.

3. 11.4.2(f)에서 정의한 것과 같은 집합 S에서 이산거리가 거리임을 입증하여라.

4. $P_n := (x_n, y_n) \in \mathbb{R}^2$이고 d_∞가 11.4.2(c)에 있는 거리이면, (P_n)이 이 거리에 관하여 $P := (x, y)$로 수렴하기 위한 필요충분조건은 (x_n)과 (y_n)이 각각 x와 y로 수렴하는 것임을 보여라.

5. d_∞를 d_1으로 대체하여 문제 4의 결론을 입증하여라.

6. S를 공집합이 아닌 집합이라 하고 d를 11.4.2(f)에서 정의한 이산거리라 하자. 거리공간 (S, d)에서, S에서의 수열 (x_n)이 x로 수렴하기 위한 필요충분조건은 $n \geq K$에 대하여 $x_n = x$인 $K \in \mathbb{N}$가 존재하는 것임을 보여라.

7. d가 집합 S에서 이산거리이면, S의 모든 부분집합은 (S, d)에서 개집합인 동시에 폐집합이다.

8. $\mathbb{R}^2$에서 $P := (x, y)$이고 $O := (0, 0)$이라 하자. 평면에 다음 집합을 그려라.
(a) $\{P \in \mathbb{R}^2 : d_1(O, P) \leq 1\}$, (b) $\{P \in \mathbb{R}^2 : d_\infty(O, P) \leq 1\}$.

9. 임의의 거리공간에서 한 점의 ε-근방이 개집합임을 증명하여라.

10. 정리 11.4.11을 증명하여라.

11. 정리 11.4.12를 증명하여라.

12. (S, d)가 거리공간이고, $A \subseteq \{x \in S : d(x, x_0) \leq B\}$인 $x_0 \in S$와 수 $B > 0$가 존재하면, 부분집합 $A \subseteq S$는 **유계이다**(bounded)라고 한다. A가 S의 컴팩트 부분집합이면, A가 폐집합이고 유계임을 보여라.

Appendix A

논리와 증명

자연과학은 자연현상을 이해할 수 있도록 사실들을 수집하고 이 사실들을 지식의 집합체로 조직하는 것과 관련이 있다. 원래 과학의 많은 부분은 관찰, 정보의 수집, 그리고 이의 분류와 관계가 많다. 이러한 분류는 점차적으로 연구자가 각각의 사실들을 기억하고 자연현상을 설명하며 때로는 예견할 수 있도록 도와주는 다양한 "이론들"을 수립하도록 해주었다. 대부분 과학자들의 궁극적인 목표는 이러한 원리들이 자연현상을 이해하고 앞으로의 실험 결과를 예측할 수 있도록 그들의 과학을 일반적인 원리와 이론들의 응집된 집합체로 조직할 수 있게 되는 것이다. 따라서 과학자들은 자신이 각각의 성질이나 이러한 기본적인 법칙들로부터 결과들을 **추론할** 수 있게 해줄 그들 나름의 과학에 대한 일반적인 원리(또는 공리들)의 체계를 발전시킬 수 있기를 원한다.

바로 이러한 성질에 의하여 수학은 다른 과학들과 달리 추론적인 과학이다. 수학이 사실을 수집하지 않고 그들의 연구에 관하여 관찰하지 않는다고 말하는 것이 아니다. 사실 많은 수학자들이 "단일화된 원리"를 발견할 것이라는 희망 속에서 그들이 연구하는 현상의 특수한 예들을 계산하는데 많은 시간을 소비한다(위대한 Gauss는 소수의 분포에 관한 추측을 공식화할 수 있기 이전에 많은 수치적인 자료들에 대하여 방대한 계산을 하였고 연구하였다). 그러나 비록 이러한 원리들이나 추측들이 공식화된 후에도 연구가 완료되기까지는 멀었다. 왜냐하면 수학자들은 추측들이 수학의 공리로부터, 용어의 정의로부터, 그리고 이전에 증명된 결과들(또는 정리들)로부터 유도될 (즉 증명될) 때까지는 만족하지 않는다. 따라서 수학적 명제는 공리들, 정의들, 그리고 이전에 증명된 정리들로부터 주의깊게 유도될 때까지는 정리가 아니다.

수학의 공리들에 관한 몇몇의 단어들(즉 공준, 가설 등)은 정리되어 있다. 모든 수학에 응용되는 다소의 공리들이 존재하고 —"집합론의 공리"— 또 수학의 다른 분야에 속하는 특수한 공리들도 존재한다. 때때로 이러한 공리들은 공식적으로 기술되고 때로는 그들이 정의로 설정되기도 한다. 예를 들면, 2장에서 실수계가 갖는다고 가정하는 성질들을 열거하였는데, 그들은 실제로 공리들의 집합이다. 또 다른 예로 추상대수학에서 "군"의 정의는 기본적으로 원소들의 집합이 가져야 한다고 가정하는 공리들의 집합이고, 군론의 연구는 이 공리들의 결과를 조사하는 것이다.

처음으로 실해석학을 공부하는 학생들은 보통 증명들을 (구성하는 것은 말할 것도 없고) 이해하는데 있어 많은 경험을 가지고 있지 않다. 사실 이 과정의 (그리고 이 책의) 주목적 중 하나는 독자가 이러한 연역적인 과정에서 이용되는 엄밀한 사고의 형태에서 경험을 얻도록 도와주는 것이다. 이 부록의 목적은 독자가 증명의 기교들에 대한 통찰력을 얻도록 도와주는 것이다.

명제와 그들의 결합

모든 수학적 증명과 논의는 **명제**(statements)들에 기초하는데, 이는 참이거나 거짓으로 구분될 수 있는 서술문 또는 기호들의 의미있는 열(strings)이다. 주어진 명제가 실제로 참인지 거짓인지를 아는 것이 필수적인 것이 아니라, 어느 것이든 하나이어야 하고, 양쪽 다일 수는 없다(이것은 **중간값 배제의 원리**이다). 예를 들면, 문장 "병아리는 귀엽다"는 견해의 문제이고 논리의 관점에서 명제는 아니다. 다음 문장을 살펴보라:

- 1988년 6월 2일 쿠알라 룸푸르에 비가 왔다.
- 토마스 제퍼슨은 존 아담스보다 키가 작았다.
- 무한이 많은 쌍둥이 소수가 존재한다.
- 이 문장은 거짓이다.

처음 세 명제에서 첫 번째는 참, 두 번째는 거짓, 세 번째는 참이거나 거짓이지만 현재로서는 확인할 수 없다. 네 번째 문장은 명제가 아니고, 이는 모순된 결론을 이끌어 내므로 참도 아니고 거짓도 아닐 수 있다.

어떤 명제들은 ("1 + 1 = 2"와 같은) 항상 참인데, 그들을 **항진명제**(tautologies)라 한다. 어떤 명제들은 ("2 = 3"과 같은) 항상 거짓인데, 그들을 **모순명제**(contradictions) 또는 **거짓명제**(falsities)라 한다. 어떤 명제들은 ("$x^2 = 1$"과 같은) 때로는 참이고 때로는 거짓이다. (예를 들면, $x = 1$일 때 참이고 $x = 3$일 때 거짓이다.) 물론 명제가 완벽하게 명료하기 위해서는 정확한 문맥이 설정되어 있고 기호들의 의미가 정확히 정의되어 있어야 한다(예를 들면, 앞의 예들에서 정수셈에 관하여 알아야 한다).

두 명제 P와 Q가 **논리적으로 동치이다**(logically equivalent)라고 하는 것은 Q가 참일 때만 P가 참인 것이다(그리고 따라서 Q가 거짓일 때만 P가 거짓이다). 이 경우 흔히 $P \equiv Q$로 쓴다. 예를 들면 다음과 같이 쓴다.

$$(x\text{는 아브라함 링컨이다}) \equiv (x\text{는 미국의 16대 대통령이다}).$$

주어진 명제로부터 논리적 연결물들을 이용하여 새로운 명제를 구성하는 다양한 다른 방법들이 있다.

P가 명제이면, 이의 **부정**(negation)은 P가 거짓일 때 참이고 P가 참일 때 거짓인

$$\text{not}\, P$$

로 표기되는 명제이다(P의 부정에 대한 일반적인 기호는 $\neg P$이다). 간단히 생각하면 다음을 알 수 있다.

$$P \equiv \text{not}(\text{not}\, P).$$

이것은 **이중부정의 원리**이다.

P와 Q가 명제이면, 그들의 **논리곱**(conjunction)은 P와 Q가 모두 참일 때 참이고, 그렇지 않으면 거짓인

$$P \text{ and } Q$$

로 표기되는 명제이다(P와 Q의 논리곱에 대한 표준 기호는 $P \wedge Q$이다). 다음은 명백하다.

$$(P \text{ and } Q) \equiv (Q \text{ and } P).$$

마찬가지로, P와 Q의 **논리합**(disjunction)은 P와 Q중 적어도 하나가 참일 때 참이고, 그들 모두가 거짓일 때만 거짓인

$$P \text{ or } Q$$

로 표기되는 명제이다. 적법한 기록에서 "or"를 P와 Q **모두**가 참일 때 이 논리합 역시 참이 된다는 것을 분명히 하기 위하여 종종 "and/or"로 표기하기도 한다(P와 Q의 논리합에 대한 표준 기호는 $P \vee Q$이다). 다음 역시 자명하다.

$$(P \text{ or } Q) \equiv (Q \text{ or } P).$$

논리합과 논리곱의 명제들을 대비시키기 위하여 명제 “$2 < \sqrt{2}$이고 $\sqrt{2} < 3$이다”는 거짓이지만 명제 “$2 < \sqrt{2}$ 또는 $\sqrt{2} < 3$이다”는 참임에 주목하라($\sqrt{2}$는 1.4142...와 근사적으로 같다).

조금 생각해 보면 부정, 논리곱, 그리고 논리합이 **De Morgan의 법칙**과 관련이 있음을 보일 수 있다.

$$\text{not}(P \text{ and } Q) \equiv (\text{not } P) \text{ or } (\text{not } Q),$$
$$\text{not}(P \text{ or } Q) \equiv (\text{not } P) \text{ and } (\text{not } Q).$$

이 동치들의 첫 번째는 다음의 명제를 고찰함으로써 예증할 수 있다.

$$P : x = 2, \quad Q : y \in A.$$

명제 (P and Q)는 ($x = 2$)와 ($y \in A$) 모두가 참일 때 참이고 ($x = 2$)와 ($y \in A$) 중 적어도 하나가 거짓일 때 거짓이다. 즉 명제 not(P and Q)는 명제 ($x \neq 2$)와 ($y \notin A$)의 적어도 하나가 성립할 때 참이다.

함 의

주어진 명제로부터 새로운 명제를 구성하는 매우 중요한 방법이 **함의**[implication (또는 **조건**(conditional))] 명제인데, 다음과 같이 표기된다.

$$(P \Rightarrow Q) \quad \text{또는} \quad (P\text{이면 } Q\text{이다}).$$

여기서 P를 **가정**(hypothesis)이라 하고 Q를 함의의 **결론**(conclusion)이라 한다. 함의의 참값에 대한 이해를 돕기 위하여 다음 명제를 살펴보라.

내가 오늘 복권 뽑기에 당첨되면, 나는 샘에게 차를 사줄 것이다.

내가 복권 뽑기에 당첨되고 샘에게 차를 사주지 않으면 이 명제는 분명히 거짓이다. 만약 내가 오늘 복권에 당첨되지 못하면 어떻게 될 것인가? 이러한 상황하에서 나는 누구에게 차를 사주는 것에 대한 어떤 약속도 하지 않았고 복권에 당첨되는 조건이 가시화되지 않았으므로, 샘에게 차를 사주는데 대한 나의 실패는 약속을 깬 것으로 생각되지 않는다. 따라서 가정이 만족되지 않을 때 함의는 참으로 간주된다.

수학적 논의에서 가정이 참일 때 함의에 관심이 매우 많지만 가정이 거짓일 때는 함의에 관심이 많지 않다. 일반적으로 인정된 절차는 오직 P가 참이고 Q가 거짓일 때만 명제 $P \Rightarrow Q$를 거짓으로 한다. 모든 다른 경우에는 명제 $P \Rightarrow Q$는 참이다(따라서 P가 거짓이면 Q가 참이건 거짓이건 하여간 명제 $P \Rightarrow Q$가 참이라고 취하는데 동의한다. 그것이 독자에게 이상하게 보일지 모르나 실제로 편리하고 논리의 다른 규칙들과 일치한다는 것을 보일 수 있다.)

$P \Rightarrow Q$의 정의가

$$\text{not}(P \text{ and } (\text{not } Q))$$

와 논리적으로 동치라는 것을 알게 되는데, 이 명제는 오직 P가 참이고 Q가 거짓일 때만 거짓이기 때문이고 모든 다른 경우에는 참이다. 또한 첫 번째 De Morgan의 법칙과 이중부정의 원리에 의하여 $P \Rightarrow Q$가 명제

$$(\text{not } P) \text{ or } Q$$

와 논리적으로 동치인데, 이 명제는 (not P)와 Q 모두가 거짓이지 않는 한, 즉 P가 참이고 Q가 거짓이 아니면, 참이다.

대우와 역

연습문제로 독자는 함의 $P \Rightarrow Q$가 함의

$$(\text{not } Q) \Rightarrow (\text{not } P)$$

와 논리적으로 동치임을 보여야 하는데, 이를 함의 $P \Rightarrow Q$의 **대우**(contrapositive)라 한다. 예를 들면, $P \Rightarrow Q$가 함의

만일 내가 시카고에 있다면, 나는 일리노이주에 있다

이면, 대우 (not Q) $\Rightarrow$ (not P)는 다음과 같은 함의이다.

만일 내가 일리노이주에 있지 않다면, 나는 시카고에 있지 않다.

조금만 생각해 보면 이 두 명제의 동치성은 분명하다. 함의를 입증하려고 할 때 때때로 대우를 입증하는 것이 더 쉬운데, 이는 함의와 논리적으로 동치이기 때문이다(이는 나중에 더 상세히 다룬다).

함의 $P \Rightarrow Q$가 주어지면

$$Q \Rightarrow P$$

와 같은 명제를 구성할 수 있는데, 이를 $Q \Rightarrow P$의 **역**(converse)이라 한다. 독자는 함의의 역과 대우를 혼동하지 않도록 유념하여야 한다. 그들은 전혀 다른 명제들이기 때문이다. 대우는 주어진 함의와 논리적으로 동치인 반면, 역은 그렇지 않다. 예를 들면, 명제

만일 내가 시카고에 있다면, 나는 일리노이주에 있다

의 역은 다음과 같은 명제이다.

만일 내가 일리노이주에 있다면, 나는 시카고에 있다.

일리노이주에 있지만 시카고에는 있지 않을 수도 있으므로, 이 두 명제들은 명백히 논리적으로 동치가 아니다.

언급할 명제를 구성하는 마지막 방법이 있다. 이는 **이중함의**[double implication 또는 **쌍조건**(biconditional)] 명제인데, 이를

$P \Longleftrightarrow Q$ 또는 P일 필요충분조건은 Q이다

로 표기하고 다음과 같이 정의한다.

$$(P \Rightarrow Q) \text{ and } (Q \Rightarrow P).$$

P와 Q 모두가 참이거나 거짓일 때 $P \Rightarrow Q$가 정확히 참이 됨을 보이는 것은 간단한 연습문제이다.

문맥과 한정기호

어떤 형태의 의사소통에서 개개인이 마음속에 적절한 문맥(context)을 갖고 있는 것이 중요하다. "나는 오늘 메리를 만났다"와 같은 명제는 듣는 사람이 메리라는 이름을 가진 여러 사람을 안다면 특별히 정보를 주는 것이 아닐 수 있다. 마찬가지로 수학강의의 중간에 들어가서 칠판에 쓰여져 있는 방정식 $x^2 = 1$을 본다면, 보는 사람은 판서한 사람이 문자 x와 기호 1을 어떤 의미로 쓴 것인지를 아는 것이 유익하다. x가 정수인가? 함수? 행렬? 주어진 군(group)의 부분군? 1은 자연수를 나타내는가? 항등함수? 단위행렬? 군의 자명한 부분군?

종종 문맥은 내용에 정통한 사람에게는 잘 이해되지만, 항상 좋은 생각은 논의의 시작에서 이를 설정하는 것이다. 예를 들면, 많은 수학적 명제들은 보통 명제의 참과 거짓에 영향을 주는 값을 갖는 하나 또는 그 이상의 변수들과 관련이 있다. 따라서 변수의 가능한 값들이 무엇인지를 명확히 해야 한다.

수학적 명제들은 "임의의(for all)", "모든(for every)", "어떤(for some)", "존재한다(there exists)", "존재한다(there are)" 등과 같은 표현을 매우 자주 포함한다. 예를 들면 다음과 같은 명제가 있다.

임의의 정수 x에 대하여 $x^2 = 1$이다.

$x^2 = 1$이 되는 정수 x가 존재한다.

명백히 첫 번째 명제는 $x = 3$을 취함으로써 거짓이고, 두 번째 명제는 $x = 1$ 또는 $x = -1$을 취할 수 있으므로 참이다.

문맥이 정수에 관하여 논하고 있는 것으로 설정되어 있으면 위의 명제들은 다음과 같이 안전하게 단축될 수 있다.

임의의 x에 대하여 $x^2 = 1$이다.
$x^2 = 1$이 되는 x가 존재한다.

첫 번째 명제는 **전칭기호**(universal quantifier) "모든(for every)"을 포함하고, 모든 정수에 관한 (여기서 거짓인) 명제를 만들고 있다. 두 번째 명제는 **존재기호**(existential quantifier) "존재한다(there exists)"를 포함하고, 적어도 하나의 정수에 관한 (여기서는 참인) 명제를 만들고 있다. 이러한 두 한정기호는 전칭기호를 나타내는데 기호 $\forall$를, 존재기호를 나타내는데 기호 $\exists$를 종종 쓴다는 것이 매우 자주 눈에 띈다. 즉 다음과 같다.

$\forall$는 "모든(for every)"을 나타낸다.
$\exists$는 "존재한다(there exists)"를 나타낸다.

이 책에서는 이러한 기호들을 사용하지 않지만 독자는 그것들이 등장하는 공식들을 어떻게 읽을 것인가를 아는 것이 중요하다. 예를 들면, (정수에 대하여 이해된) 명제

(i) $$(\forall x)(\exists y)(x + y = 0)$$

을 다음과 같이 읽을 수 있다.

모든 정수 x에 대하여, $x + y = 0$이 되는 정수 y가 존재한다.

마찬가지로 명제

(ii) $$(\exists y)(\forall x)(x + y = 0)$$

를 다음과 같이 읽을 수 있다.

정수 y가 존재하여, 모든 정수 x에 대하여 $x + y = 0$이다.

이 두 명제는 매우 다른데, 예를 들면 첫 번째 것은 참이고 두 번째 것은 거짓이다. 교훈은 두 다른 형태의 한정기호들의 출현 순서가 매우 중요하다는 것이다. 한정기호로 된 수학적 표현에서 여러 변수들이 나타나면 나중 변수들의 값은 보다 앞에서 기술된 변수들의 모든 값에 종속된다고 가정하는 것도 강조되어야 한다. 따라서 위의 (참인) 명제 (i)에서 y의 값은 x의 값에 종속된다. 여기서 $x = 2$이면 $y = -2$인 반면, $x = 3$이면 $y = -3$이다.

독자는 한정기호를 포함하는 명제를 어떻게 부정하는지를 이해하는 것이 중요하다. 원칙적으로 방법은 간단하다.

(a) 어떤 집합에 속하는 모든 원소 x가 어떤 성질 P를 갖는다는 것이 거짓임을 보이기 위하여 (그 집합에 속하는 특정한 원소가 이러한 성질을 갖지 않는) 간단한 **반례**(counter-example)를 생산하면 충분하고,

(b) 어떤 집합에서 어떤 성질 P를 만족하는 원소 y가 존재한다는 것이 거짓임을 보이기 위하여, 그 집합에 있는 모든 원소 y가 그 성질을 갖지 못함을 보이면 된다.

따라서 부정을 구성하는 과정에서

$$\text{not}(\forall x)\mathcal{P}\text{는} \quad (\exists x)\ \text{not}\ \mathcal{P}$$

가 되고, 마찬가지로

$$\text{not}(\exists y)\ \mathcal{P}\text{는} \quad (\forall y)\ \text{not}\ \mathcal{P}$$

가 된다. 여러 가지 한정기호들이 관련되어 있을 때 이러한 교환들이 반복적으로 이용된다. 따라서 앞에서 주어진 (참인) 명제 (i)의 부정은 연속적으로 다음과 같이 된다.

$$\begin{aligned}
&\text{not}(\forall x)(\exists y)(x+y=0),\\
&(\exists x)\ \text{not}(\exists y)(x+y=0),\\
&(\exists x)(\forall y)\ \text{not}(x+y=0),\\
&(\exists x)(\forall y)(x+y\neq 0).
\end{aligned}$$

마지막 명제는 다음과 같은 말로 표현될 수 있다.

정수 x가 존재하여, 모든 정수 y에 대하여 $x+y\neq 0$이다.

(물론 이 명제는 거짓이다.)

마찬가지로 앞에서 주어진 (거짓인) 명제 (ii)의 부정은 연속적으로 다음과 같이 된다.

$$\begin{aligned}
&\text{not}(\exists y)(\forall x)(x+y=0),\\
&(\forall y)\ \text{not}(\forall x)(x+y=0),\\
&(\forall y)(\exists x)\ \text{not}(x+y=0),\\
&(\forall y)(\exists x)(x+y\neq 0).
\end{aligned}$$

마지막 명제는 다음과 같은 말로 표현된다.

모든 정수 y에 대하여, $x+y\neq 0$이 되는 정수 x가 존재한다.

이 명제는 참이고, 일반적으로 $x + y \neq 0$가 되는 x의 값(또는 값들)은 y에 종속되는 것에 주목하라.

마찬가지로 명제

모든 $\delta > 0$에 대하여, 구간 $(-\delta, \delta)$는 집합 A에 속하는 점을 포함한다

는 다음과 같은 부정을 갖게 됨을 보일 수 있다.

구간 $(-\delta, \delta)$가 A의 어떤 점도 포함하지 않는 $\delta > 0$가 존재한다.

첫 번째 명제는

$$(\forall \delta > 0)(\exists y \in A)(y \in (-\delta, \delta)$$

와 같이 기호화할 수 있고 부정은

$$(\exists \delta > 0)(\forall y \in A)(y \notin (-\delta, \delta)$$

또는

$$(\exists \delta > 0)(A \cap (-\delta, \delta) = \emptyset)$$

로 기호화할 수 있다.

종종 이러한 기호의 형태를 사용하는 것이 편리하지만, 이것이 사고에 대한 대체가 아니라는 것이 저자들의 강력한 견해이다. 사실 독자들은 명제의 부정이 무엇인지 스스로 추론하여야 하고 맹목적으로 기호에 의존하지 않아야 한다. 좋은 기호(notation, symbolism)는 종종 사고에 유익한 도움이 될 수 있지만 결코 사고나 이해에 대한 적절한 대체일 수는 없다.

직접증명

P와 Q를 명제라 하자. 함의 $P \Rightarrow Q$의 가정이 P이면 결론이 Q가 된다라는 (또는 $P \Rightarrow Q$가 정리라는) 주장은 가정 P가 참일 때는 언제나 Q가 참이라는 주장이다.

$P \Rightarrow Q$에 대한 **직접증명**(direct proof)의 구성은 다음을 만족하는 명제열 R_1, $R_2, \dots, R_n$의 구성과 관련이 있다.

$$P \Rightarrow R_1, \quad R_1 \Rightarrow R_2, \quad \dots, \quad R_n \Rightarrow Q.$$

(삼단논법의 법칙은 $R_1 \Rightarrow R_2$와 $R_2 \Rightarrow R_3$가 참이면 $R_1 \Rightarrow R_3$가 참임을 말해준다.) 이러한 구성이 일반적으로 쉬운 일은 아니다. 이는 통찰력, 직관, 그리고 상당한 노력이 필요할 것이다. 이는 또한 경험과 행운을 종종 요구 한다.

직접증명의 구성에서 흔히 P에서 앞으로, 그리고 Q에서 뒤로 작업을 한다. 우

리는 P의 논리적인 결과, 즉 $P \Rightarrow Q_i$가 되는 명제들 $Q_1, \ldots, Q_k$에 관심이 있다. 그리고 또한 $P_j \Rightarrow Q$가 되는 명제들 $P_1, \ldots, P_r$을 조사할 수 있다. 만일 중간 어딘가에 명제열이 "연결되도록" P에서 앞으로 그리고 Q에서 뒤로 작업할 수 있다면 우리는 하나의 증명을 얻는다. 종종 $P \Rightarrow Q$를 설정하고자 하는 과정에서 가정을 강화해야 하거나 (즉 P에 가정을 추가하는) 결론을 약화시켜야 하는 (즉 Q와 동치가 아닌 결과로 Q를 대체하는) 경우가 있다.

대부분의 학생들은 위에서 기술한 형태의 "직접"증명들에 익숙하지만, 여기서 초등적인 예를 하나 소개할 것이다. 다음 정리를 증명해 보자.

A.1 정리 홀수의 제곱 또한 홀수이다.

n이 정수를 나타낸다고 하면, 가정은

$$P : n\text{이 홀수이다}$$

이고 정리의 결론은

$$Q : n^2\text{이 홀수이다}$$

이다. 홀수에 대한 정의가 필요하고, 따라서 다음과 같은 명제를 소개한다.

$$R_1 : \text{어떤 정수 } k\text{에 대하여 } n = 2k - 1\text{이다.}$$

그러면 $P \Rightarrow R_1$을 얻는다. 명제 어떤 정수 m에 대하여 $n^2 = 2m - 1$을 추론하고자 하는데, 이러면 Q일 것이기 때문이다. 대수학을 이용하여 이 명제를 얻을 수 있다.

$$\begin{aligned} R_2 &: n^2 = (2k-1)^2 = 4k^2 - 4k + 1, \\ R_3 &: n^2 = (4k^2 - 4k + 2) - 1, \\ R_4 &: n^2 = 2(2k^2 - 2k + 1) - 1. \end{aligned}$$

$m = 2k^2 - 2k + 1$이라 하면 m은 정수이고(왜?), 다음 명제를 추론한다.

$$R_5 : n^2 = 2m - 1.$$

따라서 $P \Rightarrow R_1 \Rightarrow R_2 \Rightarrow R_3 \Rightarrow R_4 \Rightarrow R_5 \Rightarrow Q$를 얻어 정리가 증명된다.

물론, 이것은 증명을 기술하는 세련되지 못한 방법이다. 보통은 공식적 논리는 억제되고 논의는 완벽한 영어 문장들로 된 보다 회화체로 주어진다. 앞의 증명을 다음과 같이 다시 쓸 수 있다.

A.1 정리의 증명 n이 홀수이면, 어떤 정수 k에 대하여 $n = 2k - 1$이다. 따라서 n의 제곱은 $n^2 = 4k^2 - 4k + 1 = 2(2k^2 - 2k + 1) - 1$로 주어진다. $m = 2k^2 - 2k + 1$이라 하

면, m은 정수이고(왜?) $n^2 = 2m - 1$이다. 따라서 n^2은 홀수이다. Q.E.D.

이 단계에서 k가 정수이면 언제나 $2k^2 - 2k + 1$이 정수임을 증명하기 위하여 예비적인 논의를 하고자 원할 수도 있음을 알 수 있다. 이 경우 **보조정리(Lemma)**로 이 사실을 언급하고 증명할 수 있는데, 이는 대개 정리를 증명하는데 필요한 예비적인 결과이지 그 자체로 많은 관심을 갖는 것은 아니다.

첨언하여 문자 Q.E.D.는 *quod erat demonstrandum*을 뜻하는데, 이는 "증명되었다"에 대한 라틴어이다.

간접증명

기본적으로 두가지 형태의 간접증명이 있는데, (i) 대우증명과 (ii) 모순에 의한 증명이다. 두 형태 모두 결론 Q가 거짓이라는 가정으로 시작한다. 바꿔 말하면 명제 "not Q"가 참이다.

(i) 대우증명. $P \Rightarrow Q$를 증명하는 대신에 이와 논리적으로 동치인 대우 not $Q \Rightarrow$ not P를 증명해도 된다.

다음 정리를 살펴보라.

A.2 정리 n이 정수이고 n^2이 짝수이면, n은 짝수이다.

"Q : n이 짝수이다"의 부정은 명제 "not Q : n이 홀수이다"이다. 가정 "P : n^2이 짝수이다"는 유사한 부정을 갖고, 따라서 대우는 다음과 같은 함의이다. n이 홀수이면, n^2이 홀수이다. 그러나 이는 정확히 정리 A.1이고, 이는 위에서 증명되었다. 따라서 이것이 정리 A.2의 증명이다.

대우증명은 전칭기호가 포함될 때 종종 편리한데, 대우의 형태가 존재기호를 포함할 것이기 때문이다. 다음 정리는 이러한 상황의 한 예이다.

A.3 정리 $a \geq 0$를 실수라 하자. 모든 $\varepsilon > 0$에 대하여 $0 \leq a < \varepsilon$이면 $a = 0$이다.

증명 $a = 0$이 거짓이면, $a \geq 0$이므로 $a > 0$이어야 한다. 이 경우 $\varepsilon_0 = \frac{1}{2}a$를 택하면 $\varepsilon_0 > 0$이고 $\varepsilon_0 < a$가 되어, 가정 모든 $\varepsilon > 0$에 대하여 $0 \leq a < \varepsilon$이 거짓이다. Q.E.D.

여기 대우증명의 다른 한 예가 있다.

A.4 정리 m, n이 $m + n \geq 20$인 자연수이면 $m \geq 10$이거나 $n \geq 10$이다.

증명 결론이 거짓이면 $m < 10$이고 $n < 10$이다(De Morgan의 법칙을 상기하라). 그러면 더하여 $m + n < 10 + 10 = 20$이고, 따라서 가정이 거짓이다. Q.E.D.

모순에 의한 증명 이 증명법은 C가 모순(즉 "$1 = 0$"과 같이 항상 거짓인 명제)이면, 두 명제

$$(P \text{ and } (\text{not } Q)) \Rightarrow C, \quad P \Rightarrow Q$$

가 논리적으로 동치라는 사실을 채택한다. 따라서 명제 $(P \text{ and } (\text{not } Q))$이면 모순임을 보임으로써 $P \Rightarrow Q$를 설립한다.

A.5 정리 $a > 0$를 실수라 하자. $a > 0$이면 $1/a > 0$이다.

증명 명제 $a > 0$는 참이고 명제 $1/a > 0$은 거짓이라 가정한다. 따라서 $1/a \le 0$이다. 그러나 $a > 0$가 참이므로, $\mathbb{R}$의 순서성에 의하여 $a(1/a) \le 0$이다. $1 = a(1/a)$이므로 $1 \le 0$임을 추론한다. 그러나 이 결론은 알고 있는 결과 $1 > 0$에 모순이다. Q.E.D.

수학문헌에는 모순에 의한(또한 **귀류법**으로 알려진) 다양한 고전적인 증명들이 있다. 하나는 $r^2 = 2$를 만족하는 어떠한 유리수 r도 존재하지 않는다는 것에 대한 증명이다(이는 교재의 정리 2.1.4이다). 다른 하나는 Euclid의 **원론**에 있는 소수의 무한성에 대한 증명이다. 자연수 p의 약수가 단지 1과 p 자신뿐이면 p가 소수임을 상기하라. 각 소수는 1보다 크고 1보다 큰 자연수는 소수이거나 소수에 의하여 나누어진다는 기본적인 결과들을 가정할 것이다.

A.6 정리 (Euclid의 **원론**, IX권, 명제 20) 무한히 많은 소수가 존재한다.

증명 모순법에 의하여 유한개의 소수가 존재한다고 가정하면 $S = \{p_1, ..., p_n\}$를 모든 소수의 집합이라 가정하여도 좋을 것이다. 모든 소수의 곱을 $m = p_1 \cdots p_n$이라 하고, $q = m + 1$이라 하자. 모든 i에 대하여 $q > p_i$이므로 q는 S에 속하지 않음을 알 수 있고, 따라서 q는 소수가 아니다. 그러면 q의 약수인 소수 p가 존재한다. p가 소수이므로 어떤 j에 대하여 $p = p_j$이고, 따라서 p는 m의 약수이다. 그러나 p가 m과 $q = m + 1$를 모두 나누면, p는 이들의 차 $q - m = 1$도 나눈다. 그러나 이는 불가능하고, 따라서 모순을 얻는다. Q.E.D.

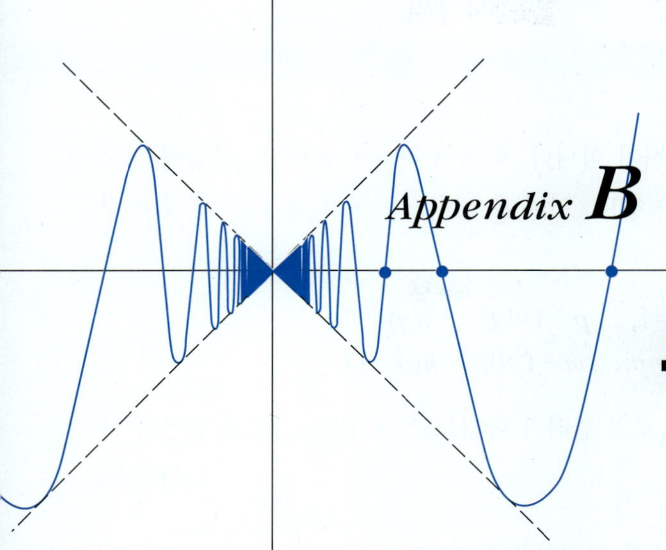

Appendix B 유한집합과 가산집합

1.3절에서 증명없이 언급하였던 결과들을 수립할 것이다. 독자는 정의들에 대하여 그 절을 참조하여야 할 것이다.

첫 번째 결과는 때때로 "비둘기장 구멍(Pigeonhole)의 원리"라 불린다. m마리의 비둘기들이 구멍이 n개인 비둘기장으로 들어가는데 $m > n$이면 적어도 두 마리의 비둘기는 비둘기장 구멍들의 하나를 같이 할당받아야 한다라고 설명할 수 있다. 이는 조합해석학에서 자주 이용되는 결과이다. 이는 많은 유용한 결과들을 만들어 낸다.

B.1 정리 $m > n$인 $m, n \in \mathbb{N}$이라 하자. 그러면 $\mathbb{N}_m$에서 $\mathbb{N}_n$으로의 단사함수가 존재하지 않는다.

증명 이를 n에 대하여 귀납법으로 증명할 것이다.

$n = 1$이고 g가 $\mathbb{N}_m (m > 1)$에서 $\mathbb{N}_1$으로의 임의의 사상이면 $g(1) = \cdots = g(m) = 1$임은 자명하고, 따라서 g는 단사가 아니다.

$m > k$이면, $\mathbb{N}_m$에서 $\mathbb{N}_k$로의 어떤 단사함수도 존재하지 않는 $k > 1$라 가정하자. $m > k + 1$이면, 어떤 단사함수 $h : \mathbb{N}_m \to \mathbb{N}_{k+1}$도 존재하지 않음을 보일 것이다.

경우 1: 치역이 $h(\mathbb{N}_m) \subseteq \mathbb{N}_k \subset \mathbb{N}_{k+1}$이면, 귀납법 가정에 의하여 h는 $\mathbb{N}_m$에서 $\mathbb{N}_k$로의 단사가 아니고, 따라서 $\mathbb{N}_{k+1}$로의 단사도 아니다.

경우 2: $h(\mathbb{N}_m)$이 $\mathbb{N}_k$에 포함되지 않는다고 가정하자. $\mathbb{N}_m$의 하나보다 더 많은

원소가 $k+1$로 사상되면 h는 단사가 아니다. 따라서 하나의 $p \in \mathbb{N}_m$가 h에 의하여 $k+1$로 사상된다고 가정할 수 있다. 이제 $h_1 : \mathbb{N}_{m-1} \to \mathbb{N}_k$을 다음과 같이 정의한다.

$$h_1(q) := \begin{cases} q = 1, \ldots, p-1 \text{이면} & h(q) \\ q = p, \ldots, m-1 \text{이면} & h(q+1). \end{cases}$$

귀납법 가정에 의하여 h_1은 $\mathbb{N}_k$로의 단사가 아니므로, h가 $\mathbb{N}_{k+1}$로의 단사가 아님을 쉽게 보일 수 있다. Q.E.D.

이제 유한집합이 $\mathbb{N}$의 유일한 수를 결정함을 보인다.

1.3.2 유일성 정리 S가 유한집합이면, S의 원소의 개수는 $\mathbb{N}$의 유일한 수이다.

증명 집합 S가 m개의 원소를 갖는다면, $\mathbb{N}_m$에서 S 위로의 전단사함수 f_1이 존재한다. 또한 S가 n개의 원소를 갖는다면, $\mathbb{N}_n$에서 S 위로의 전단사함수 f_2가 존재한다. $m > n$이면, (1.1절의 연습문제 21에 의하여) $f_2^{-1} \circ f_1$은 $\mathbb{N}_m$에서 $\mathbb{N}_n$ 위로의 전단사함수이고, 이는 정리 B.1에 모순이다. $n > m$이면, $f_1^{-1} \circ f_2$는 $\mathbb{N}_n$에서 $\mathbb{N}_m$ 위로의 전단사함수이고, 이것도 정리 B.1에 모순이다. 따라서 $m = n$이다. Q.E.D.

B.2 정리 $n \in \mathbb{N}$이면, $\mathbb{N}$에서 $\mathbb{N}_n$으로의 단사함수가 존재하지 않는다.

증명 $f : \mathbb{N} \to \mathbb{N}_n$를 단사함수라 가정하고 $m := n+1$이라 하자. 그러면 $\mathbb{N}_m \subset \mathbb{N}$으로 f의 축소함수 또한 $\mathbb{N}_n$으로의 단사이다. 그러나 이는 정리 B.1에 모순이다. Q.E.D.

1.3.3 정리 자연수의 집합 $\mathbb{N}$은 무한집합이다.

증명 $\mathbb{N}$이 유한집합이면, 어떤 $n \in \mathbb{N}$과 $\mathbb{N}_n$에서 $\mathbb{N}$ 위로의 전단사함수 f가 존재한다. 이 경우 역함수 f^{-1}는 $\mathbb{N}$에서 $\mathbb{N}_n$ 위로의 전단사(그리고 따라서 단사)이다. 그러나 이는 정리 B.2에 모순이다. Q.E.D.

다음으로 정리 1.3.8을 수립할 것이다. 그림 1.3.1에서 보인 배열과 관련하여 함수 h를 $h(m, n) = \psi(m+n-2) + m$으로 정의한다. 여기서 $\psi(k) = 1 + 2 + \cdots + k = \frac{1}{2}k(k+1)$이다. 이제 함수 h가 전단사임을 증명한다.

1.3.8 정리 집합 $\mathbb{N} \times \mathbb{N}$은 가부번이다.

증명 함수 h가 전단사임을 보일 것이다.

(a) 먼저 h가 단사임을 보인다. $(m, n) \neq (m', n')$이면, (i) $m + n \neq m' + n'$이거나 (ii) $m + n = m' + n'$이고 $m \neq m'$이다.

경우 (i)에서 $m + n < m' + n'$이라 가정해도 좋다. 그러면 공식 (1)과 ψ가 증가한다는 사실, 그리고 $m' > 0$을 이용하여 다음을 얻는다.

$$\begin{aligned} h(m, n) &= \psi(m + n - 2) + m \leq \psi(m + n - 2) + (m + n - 1) \\ &= \psi(m + n - 1) \leq \psi(m' + n' - 2) \\ &< \psi(m' + n' - 2) + m' = h(m', n'). \end{aligned}$$

경우 (ii)에서 $m + n = m' + n'$이고 $m \neq m'$이면

$$h(m, n) - m = \psi(m + n - 2) = \psi(m' + n' - 2) = h(m', n') - m'$$

이고. 따라서 $h(m, n) \neq h(m', n')$이다.

(b) 다음으로 h가 전사임을 보인다.

명백히 $h(1, 1) = 1$이다. $p \geq 2$인 $p \in \mathbb{N}$이면 $h(m_p, n_p) = p$인 쌍 $(m_p, n_p) \in \mathbb{N} \times \mathbb{N}$를 찾을 것이다. $p < \psi(p)$이므로 집합 $E_p := \{k \in \mathbb{N} : p \leq \psi(k)\}$는 공집합이 아니다. 정열성 1.2.1을 이용하여 $k_p > 1$를 E_p에 있는 최소원이라 하자(이는 p가 k_p번째 대각선에 놓여 있음을 의미한다). $p \geq 2$이므로, 식 (1)에 의하여 다음을 얻는다.

$$\psi(k_p - 1) < p \leq \psi(k_p) = \psi(k_p - 1) + k_p.$$

$m_p := p - \psi(k_p - 1)$이라 하면 $1 \leq m_p \leq k_p$가 되고, $n_p := k_p - m_p + 1$이라면 $1 \leq n_p \leq k_p$이고 $m_p + n_p - 1 = k_n$이다. 따라서 다음이 된다.

$$h(m_p, n_p) = \psi(m_p + n_p - 2) + m_p = \psi(k_p - 1) + m_p = p.$$

그러므로 h는 전단사이고 $\mathbb{N} \times \mathbb{N}$은 가부번이다. Q.E.D.

다음 결과는 정리 1.3.9와 1.3.10을 증명하는데 결정적이다.

B.3 정리 $A \subseteq \mathbb{N}$이고 A가 무한집합이면, 모든 $n \in \mathbb{N}$에 대하여 $\varphi(n + 1) > \varphi(n) \geq n$이 되는 함수 $\varphi : \mathbb{N} \to A$가 존재한다. 더욱이, φ는 $\mathbb{N}$에서 A 위로의 전단사함수이다.

증명 A가 무한이므로, 이는 공집합이 아니다. φ에 대한 귀납적 정의를 부여하는데 $\mathbb{N}$의 정열성 1.2.1을 이용할 것이다.

$A \neq \emptyset$이므로 A의 최소원이 존재하는데, 이를 $\varphi(1)$로 정의하고, 따라서 $\varphi(1) \geq 1$

이다.

A가 무한이므로 집합 $A_1 := A \setminus \{\varphi(1)\}$은 공집합이 아니고, $\varphi(2)$를 A_1의 최소원으로 정의한다. 그러면 $\varphi(2) > \varphi(1) \geq 1$, 따라서 $\varphi(2) \geq 2$이다.

φ가 $n = 1, ..., k - 1$에 대하여 $\varphi(n + 1) > \varphi(n) \geq n$을 만족하도록 정의되었다고 가정하면, $\varphi(k) \geq k$가 되어 $\varphi(k) > \varphi(k - 1) \geq k - 1$이다. 집합 A는 무한이므로, 집합

$$A_k := A \setminus \{\varphi(1), ..., \varphi(k)\}$$

는 공집합이 아니고 $\varphi(k + 1)$을 A_k의 최소원으로 정의한다. 그러면 $\varphi(k + 1) > \varphi(k)$이고 $\varphi(k) \geq k$이므로, 역시 $\varphi(k + 1) \geq k + 1$을 얻는다. 따라서 φ는 모든 $\mathbb{N}$에서 정의된다.

φ가 단사이기를 요구한다. $m > n$이면, 어떤 $r \in \mathbb{N}$에 대하여 $m = n + r$이다. $r = 1$이면 $\varphi(m) = \varphi(n + 1) > \varphi(n)$이다. $\varphi(n + k) > \varphi(n)$이라 가정하고 $\varphi(n + (k + 1)) > \varphi(n)$임을 보일 것이다. 사실 이는 $\varphi(n + (k + 1)) = \varphi((n + k) + 1) > \varphi(n + k) > \varphi(n)$이라는 사실에 의한다. $m > n$이면 언제나 $\varphi(m) > \varphi(n)$이므로 φ는 단사이다.

φ가 $\mathbb{N}$에서 A 위로의 전사이기를 요구한다. 만약 그렇지 않다면 집합 $\tilde{A} := A \setminus \varphi(\mathbb{N})$는 공집합이 아니고, p를 $\tilde{A}$의 최소원이라 하자. p가 집합 $\{\varphi(1), ..., \varphi(p)\}$에 속할 것을 요구한다. 사실 이것이 참이 아니라면

$$p \in A \setminus \{\varphi(1), ..., \varphi(p)\} = A_p$$

이고, 따라서 A_p에 있는 최소원인 $\varphi(p + 1)$는 $\varphi(p + 1) \leq p$를 만족하여야 한다. 그러나 이는 $\varphi(p + 1) > \varphi(p) \geq p$라는 사실에 모순이다. 따라서 $\tilde{A}$는 공집합이고 φ는 A 위로의 전사이다. Q.E.D.

B.4 정리 $A \subseteq \mathbb{N}$이면, A는 가산이다.

증명 A가 유한이면, 이는 가산이고, 따라서 A가 무한인 경우만 살펴보면 충분하다. 이 경우 정리 B.3에 의하여 $\mathbb{N}$에서 A 위로의 전단사함수 φ가 존재하고, 따라서 A는 가부번이다. 그러므로 가산이다. Q.E.D.

1.3.9 정리 S와 T가 집합이고 $T \subseteq S$라 가정하자.

(a) S가 가산집합이면, T도 가산집합이다.

(b) T가 비가산집합이면, S도 비가산집합이다.

증명 (a) S가 유한집합이면, 정리 1.3.5(a)에 의하여 T도 유한이고, 따라서 가산이다. S가 가부번이면, S에서 $\mathbb{N}$ 위로의 전단사함수 ψ가 존재한다. $\psi(S) \subseteq \mathbb{N}$이므로, 정리 B.4에 의하여 $\psi(S)$는 가산이다. ψ의 T로의 축소함수는 $\psi(T)$ 위로의 전단사이고 $\psi(T) \subseteq \mathbb{N}$가 가산이므로 T 또한 가산이다.

(b) 이 주장은 (a)에 있는 주장의 대우이다. Q.E.D.

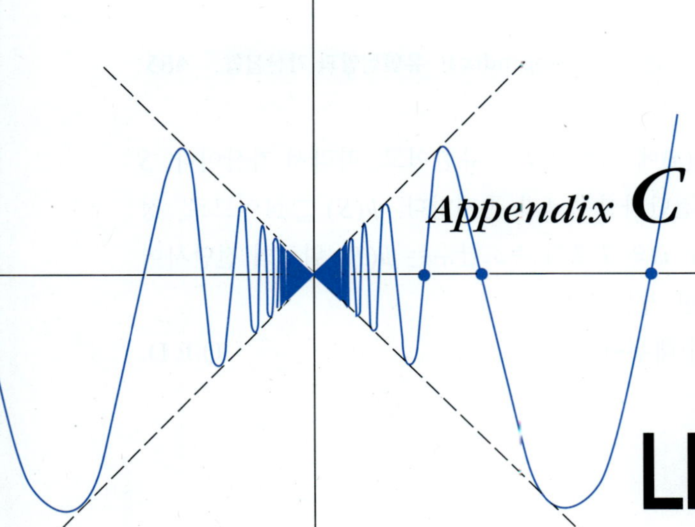

Appendix C

RIEMANN과 LEBESGUE 판정법

여기서 함수가 Riemann 적분가능하기 위한 Riemann 판정법과 Lebesgue의 판정법을 증명할 것이다. 먼저 Riemann 판정법을 소개할 것인데, 이는 본래 흥미롭고 또 보다 예리한 Lebesgue 판정법을 이끌어 낸다.

C.1 Riemann 적분가능성 판정법 $f : [a, b] \to \mathbb{R}$를 유계함수라 하자. 그러면 다음 주장들은 동치이다.

(a) $f \in \mathcal{R}[a, b]$이다.

(b) 모든 $\varepsilon > 0$에 대하여 $\dot{\mathcal{P}}_1, \dot{\mathcal{P}}_2$가 $\mathcal{P}_\varepsilon$과 동일한 부분구간들을 갖는 임의의 첨점분할이면

(1) $$|S(f; \dot{\mathcal{P}}_1) - S(f; \dot{\mathcal{P}}_2)| < \varepsilon$$

이 되는 분할 P_ε이 존재한다.

(c) 모든 $\varepsilon > 0$에 대하여 $m_i := \inf\{f(x) : x \in I_i\}$이고 $M_i := \sup\{f(x) : x \in I_i\}$이면

(2) $$\sum_{i=1}^{n} (M_i - m_i)(x_i - x_{i-1}) < 2\varepsilon$$

이 되는 분할 $P_\varepsilon = \{I_i\}_{i=1}^n = \{[x_{i-1}, x_i]\}_{i=1}^n$이 존재한다.

증명 (a) $\Rightarrow$ (b) 주어진 $\varepsilon > 0$에 대하여 $\eta_\varepsilon > 0$을 Cauchy 판정법 7.2.1에서와 같다고 하고, $\mathcal{P}_\varepsilon$을 $\|\mathcal{P}_\varepsilon\| < \eta_\varepsilon$인 임의의 분할이라 하자. $\dot{\mathcal{P}}_1, \dot{\mathcal{P}}_2$가 $\mathcal{P}_\varepsilon$과 동일한 부분구간들을 갖는 임의의 첨점분할이면 $\|\dot{\mathcal{P}}_1\| < \eta_\varepsilon$, $\|\dot{\mathcal{P}}_2\| < \eta_\varepsilon$이고, 따라서 식 (1)이

성립한다.

(b) ⟹ (c) 주어진 $\varepsilon > 0$에 대하여, $\mathcal{P}_\varepsilon = \{I_i\}_{i=1}^n$이 (b)에서와 같은 분할이고 m_i와 M_i가 (c)의 명제에서와 같다고 하자. m_i는 하한이고 M_i는 상한이므로

$$f(u_i) < m_i + \frac{\varepsilon}{2(b-a)}\text{이고}\quad M_i - \frac{\varepsilon}{2(b-a)} < f(v_i)$$

인 I_i에 속하는 점 u_i와 v_i가 존재하고, 따라서 $i = 1, \ldots, n$에 대하여

$$M_i - m_i < f(v_i) - f(u_i) + \frac{\varepsilon}{(b-a)}$$

이다. 이 부등식에 $(x_i - x_{i-1})$를 곱하고 합하여 다음을 얻는다.

$$\sum_{i=1}^n (M_i - m_i)(x_i - x_{i-1}) < \sum_{i=1}^n (f(v_i) - f(u_i))(x_i - x_{i-1}) + \varepsilon.$$

$\dot{\mathcal{Q}}_1 := \{(I_i, u_i)\}_{i=1}^n$이고 $\dot{\mathcal{Q}}_2 := \{(I_i, v_i)\}_{i=1}^n$라 하면, 이 첨점분할들은 $\mathcal{P}_\varepsilon$이 갖는 것과 동일한 부분구간들을 갖는다. 또한 우변의 합은 $S(f; \dot{\mathcal{Q}}_2) - S(f; \dot{\mathcal{Q}}_1)$과 같다. 따라서 식 (1)에 의하여 부등식 (2)가 성립한다.

(c) ⟹ (a) $[a, b]$에서 계단함수들 α_ε와 ω_ε를 $x \in (x_{i-1}, x_i)$에 대하여

$$\alpha_\varepsilon(x) := m_i \quad \text{와} \quad \omega_\varepsilon(x) := M_i$$

로, $i = 0, 1, \ldots, n$에 대하여 $\alpha_\varepsilon(x_i) := f(x_i) =: \omega_\varepsilon(x_i)$로 정의하면, $x \in [a, b]$에 대하여 $\alpha_\varepsilon(x) \le f(x) \le \omega_\varepsilon(x)$이다. α_ε과 ω_ε이 계단함수이므로, 그들은 Riemann 적분가능하고

$$\int_a^b \alpha_\varepsilon = \sum_{i=1}^n m_i(x_i - x_{i-1}) \quad \text{이고} \quad \int_a^b \omega_\varepsilon = \sum_{i=1}^n M_i(x_i - x_{i-1})$$

이다. 따라서

$$\int_a^b (\omega_\varepsilon - \alpha_\varepsilon) = \sum_{i=1}^n (M_i - m_i)(x_i - x_{i-1})$$

이 된다. 식 (2)를 응용하면 다음을 얻는다.

$$\int_a^b (\omega_\varepsilon - \alpha_\varepsilon) < 2\varepsilon.$$

$\varepsilon > 0$은 임의이므로, 조임정리에 의하여 $f \in \mathcal{R}[a, b]$이다. Q.E.D.

$[a, b]$에서 모든 연속함수가 Riemann 적분가능하다는 것을 이미 보였다. 또 예 7.1.7에서 Thomae의 함수도 Riemann 적분가능함을 알았다. Thomae의 함수는 불

연속 점들이 가산인 집합을 가지므로, 연속성이 Riemann 적분가능성에 대한 필요 조건이 아님은 명백하다. 사실, 함수가 “어느 정도 불연속이어야” 그나마 Riemann 적분가능한 것인지에 대하여 묻는 것이 온당하다. Riemann 판정법이 (2)인 형태의 합이 임의로 작아야 함을 보임으로써 그 질문에 대한 실마리를 제공한다. 이 합에 있는 항들 $(M_i - m_i)(x_i - x_{i-1})$은 모두 ≥ 0이므로 이 항들의 각각은 작아야 한다. (i) 차 $M_i - m_i$가 작거나(함수가 구간 $[x_{i-1}, x_i]$에서 연속이면 그 경우가 될 것이다) (ii) 차 $M_i - m_i$가 작지 않을 때 구간이 작은 길이를 가지면, 그러한 항이 작을 것이다.

다음으로 논할 Lebesgue 판정법은 이러한 개념들을 보다 정확하게 해준다. 그러나 먼저 함수의 진동에 대한 개념을 알면 편리하다.

C.2 정의 $f : A \to \mathbb{R}$를 유계함수라 하자. $S \subseteq A \subseteq \mathbb{R}$이면, S에서 f의 진동(oscillation of f on S)을 다음과 같이 정의한다.

$$W(f; S) := \sup\{|f(x) - f(y)| : x, y \in S\}. \tag{3}$$

또 다음과 같이 쓸 수 있음을 쉽게 보일 수 있다.

$$\begin{aligned} W(f; S) &= \sup\{f(x) - f(y) : x, y \in S\} \\ &= \sup\{f(x) : x \in S\} - \inf\{f(x) : x \in S\}. \end{aligned}$$

또한 $S \subseteq T \subseteq A$이면 다음은 자명하다.

$$0 \leq W(f; S) \leq W(f; T) \leq 2 \cdot \sup\{|f(x)| : x \in A\}.$$

$r > 0$이면, $c \in A$의 r-근방은 다음과 같은 집합임을 상기한다.

$$V_r(c) := \{x \in A : |x - c| < r\}.$$

C.3 정의 $c \in A$이면, c에서 f의 진동(oscillation of f at c)을 다음과 같이 정의한다.

$$w(f; c) := \inf\{W(f; V_r(c)) : r > 0\} = \lim_{r \to 0+} W(f; V_r(c)). \tag{4}$$

$r \mapsto W(f; V_r(c))$는 $r > 0$에 대하여 증가함수이므로, 이러한 우극한이 존재하고 지적한 하한과 같다.

C.4 보조정리 $f : A \to \mathbb{R}$가 유계이고 $c \in A$이면, f가 c에서 연속이기 위한 필요충분조건은 진동 $w(f; c) = 0$이다.

증명 (⟹) f가 c에서 연속이면, 주어진 $\varepsilon > 0$에 대하여 $x \in V_r(c)$일 때 $|f(x) - f(c)| < \varepsilon/2$이 되는 $\delta > 0$가 존재한다. 따라서 $x, y \in V_r(c)$이면 $|f(x) - f(y)| < \varepsilon$이고, 그래서 $0 \le w(f; c) \le W(f; V_r(c)) \le \varepsilon$이다. $\varepsilon > 0$은 임의이므로 $w(f; c) = 0$이다.

(⟸) $w(f; c) = 0$이고 $\varepsilon > 0$이면 $W(f; V_s(c)) < \varepsilon$인 $s > 0$가 존재한다. 따라서 $|x - c| < s$이면 $|f(x) - f(c)| < \varepsilon$이고, f는 c에서 연속이다. Q.E.D.

이제 Lebesgue 적분가능성 판정법을 상세히 증명할 것이다. 먼저 정리의 명제를 상기한다.

Lebesgue의 적분가능성 판정법 유계함수 $f : [a, b] \to \mathbb{R}$가 Riemann 적분가능하기 위한 필요충분조건은 이것이 $[a, b]$의 거의 모든 점에서 연속이다.

증명 (⟹) $\varepsilon > 0$이 주어지고, 각 $k \in \mathbb{N}$에 대하여 $H_k := \{x \in [a, b] : w(f; x) > 1/2^k\}$라 하자. H_k가 총 길이 $< \varepsilon/2^k$을 갖는 유한개 구간들의 합집합에 포함됨을 보일 것이다.

Riemann 판정법에 의하여 m_i^k가 (각 M_i^k가) 구간 $[x_{i-1}^k, x_i^k]$에서 f의 하한이면 (각 상한이면)

$$\sum_{i=1}^{n(k)} (M_i^k - m_i^k)(x_i^k - x_{i-1}^k) < \varepsilon/4^k$$

이 되는 분할 $\mathcal{P}_k = \{[x_{i-1}^k, x_i^k]\}_{i=1}^{n(k)}$가 존재한다. $x \in H_k \cap (x_{i-1}^k, x_i^k)$이면 $V_r(x) \subseteq (x_{i-1}^k, x_i^k)$이 되는 $r > 0$이 존재하고, 따라서

$$1/2^k \le w(f; x) \le W(f; V_r(x)) \le M_i^k - m_i^k$$

이다. $H_k \cap (x_{i-1}^k, x_i^k) \ne \emptyset$인 그들 i에 대하여 합하는 것을 Σ'으로 나타내면

$$(1/2^k)\sum{}'(x_i^k - x_{i-1}^k) \le \sum_{i=1}^{n(k)} (M_i^k - m_i^k)(x_i^k - x_{i-1}^k) \le \varepsilon/4^k$$

이고, 따라서

$$\sum{}'(x_i^k - x_{i-1}^k) \le \varepsilon/2^k$$

이다. H_k는 많아야 유한개의 분할점들에 의하여 집합 $H_k \cap (x_i^k - x_{i-1}^k)$ 들의 합집합과 차이가 나므로, H_k는 총 길이가 $< \varepsilon/2^k$인 유한개 구간들의 합집합에 포함된다는 결론을 얻는다.

마지막으로 $D := \{x \in [a, b] : w(f; x) > 0\} = \bigcup_{k=1}^{\infty} H_k$이므로, $f \in \mathcal{R}[a, b]$

의 불연속인 점들의 집합 D는 영집합이다.

($\Leftarrow$) $x \in [a, b]$에 대하여 $|f(x)| \le M$이라 하고 f의 불연속인 점들의 집합 D가 영집합이라 가정하자. 그러면 주어진 $\varepsilon > 0$에 대하여 $D \subseteq \bigcup_{k=1}^{\infty} J_k$이고 $\sum_{k=1}^{\infty} l(J_k) < \varepsilon/2M$인 개구간들의 가산집합 $\{J_k\}_{k=1}^{\infty}$가 존재한다. R. A. Gordon에 따라 유용할 $[a, b]$에서의 gauge를 정의할 것이다.

(i) $t \notin D$이면, f는 t에서 연속이고 $x \in V_{\delta(t)}(t)$이면 $|f(x) - f(t)| < \varepsilon/2$이 되는 $\delta(t) > 0$가 존재하여 다음이 된다.

$$0 \le M_t - m_t := \sup\{f(x) : x \in V_{\delta(t)}(t)\} - \inf\{f(x) : x \in V_{\delta(t)}(t)\} \le \varepsilon.$$

(ii) $t \in D$이면, 어떤 k에 대하여 $V_{\delta(t)}(t) \subseteq J_k$가 되는 $\delta(t) > 0$를 선택한다. t의 이러한 값들에 대하여 $0 \le M_t - m_t \le 2M$이다.

따라서 $[a, b]$에서의 gauge δ를 정의하였다. $\dot{\mathcal{P}} = \{([x_{i-1}, x_i], t_i)\}_{i=1}^{n}$가 $[a, b]$의 δ-미세 분할이면 첨수들 i를 다음과 같이 서로 소인 두 집합으로 나눈다.

$$S_c := \{i : t_i \notin D\}, \quad S_d := \{i : t_i \in D\}.$$

$\dot{\mathcal{P}}$가 δ-미세하면 $[x_{i-1}, x_i] \subseteq V_{\delta(t_i)}(t_i)$이고, 그래서 $M_i - m_i \le M_{t_i} - m_{t_i}$이다. 따라서 $i \in S_c$이면 $M_i - m_i \le \varepsilon$이고, 한편 $i \in S_d$이면 $M_i - m_i \le 2M$을 얻는다. 그러나 $i \in S_d$인 구간들 $[x_{i-1}, x_i]$의 집합은 총 길이가 $< \varepsilon/2M$인 구간들 $\{J_k\}$의 합집합에 포함된다. 따라서 다음이 된다.

$$\begin{aligned}
&\sum_{i=1}^{n} (M_i - m_i)(x_i - x_{i-1}) \\
&= \sum_{i \in S_c} (M_i - m_i)(x_i - x_{i-1}) + \sum_{i \in S_d} (M_i - m_i)(x_i - x_{i-1}) \\
&\le \sum_{i \in S_c} \varepsilon(x_i - x_{i-1}) + \sum_{i \in S_d} 2M(x_i - x_{i-1}) \\
&\le \varepsilon(b - a) + 2M \cdot (\varepsilon/2M) \le \varepsilon(b - a + 1).
\end{aligned}$$

$\varepsilon > 0$은 임의이므로 $f \in \mathcal{R}[a, b]$이다. Q.E.D.

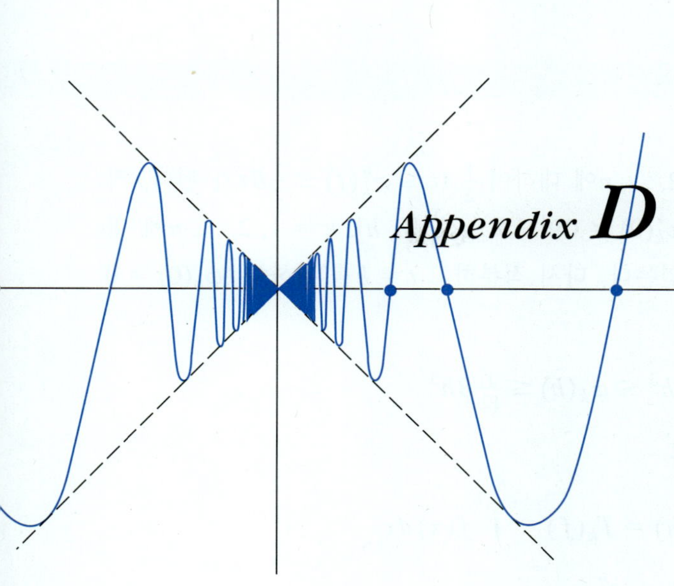

근사적분

여기서 정리 7.5.3과 7.5.6, 그리고 7.5.8을 증명할 것이다. 이 결과들의 명제를 반복하지 않을 것이고, 7.5절에서 소개한 기호들을 이용할 것이며, 거기서 번호가 붙은 식들을 참조할 것이다. 5장과 6장에 있는 몇 개의 중요한 결과들이 이 증명에서 이용되는 것을 알게될 것이다.

정리 7.5.3의 증명 $k = 1, 2, ..., n$이면, $a_k := a + (k-1)h$이고 $\varphi_k : [0, h] \to \mathbb{R}$가 $t \in [0, h]$에 대하여 다음과 같이 정의된다고 하자.

$$\varphi_k(t) := \tfrac{1}{2}t[f(a_k) + f(a_k + t)] - \int_{a_k}^{a_k+t} f(x)\,dx.$$

$\varphi_k(0) = 0$과 (정리 7.3.6에 의하여) 다음에 주목하라.

$$\begin{aligned}\varphi_k'(t) &= \tfrac{1}{2}[f(a_k) + f(a_k + t)] + \tfrac{1}{2}tf'(a_k + t) - f(a_k + t)\\ &= \tfrac{1}{2}[f(a_k) - f(a_k + t)] + \tfrac{1}{2}tf'(a_k + t).\end{aligned}$$

따라서 $\varphi_k'(0) = 0$이고

$$\begin{aligned}\varphi_k''(t) &= -\tfrac{1}{2}f'(a_k + t) + \tfrac{1}{2}f'(a_k + t) + \tfrac{1}{2}tf''(a_k + t)\\ &= \tfrac{1}{2}tf''(a_k + t)\end{aligned}$$

이다. 이제 A, B를

$$A := \inf\{f''(x) : x \in [a, b]\}, \quad B := \sup\{f''(x) : x \in [a, b]\}$$

로 정의하면, $t \in [0, h]$, $k = 1, 2, \ldots, n$에 대하여 $\frac{1}{2}At \le \varphi_k''(t) \le \frac{1}{2}Bt$가 된다. 적분하고 정리 7.3.1을 응용하여 ($\varphi_k'(0) = 0$이므로) $t \in [0, h]$, $k = 1, 2, \ldots, n$에 대하여 $\frac{1}{4}At^2 \le \varphi_k'(t) \le \frac{1}{4}Bt^2$을 얻는다. 다시 적분하고 $t = h$를 취하여 ($\varphi_k(0) = 0$이므로) $k = 1, 2, \ldots, n$에 대하여

$$\frac{1}{12}Ah^3 \le \varphi_k(h) \le \frac{1}{12}Bh^3$$

을 얻는다. 이 부등식들을 합하고

$$\sum_{k=1}^{n} \varphi_k(h) = T_k(f) - \int_a^b f(x)\,dx$$

임에 주목하면 $\frac{1}{12}Ah^3 n \le T_n(f) - \int_a^b f(x)\,dx \le \frac{1}{12}Bh^3 n$이 된다. $h = (b-a)/n$이므로 다음을 얻는다.

$$\frac{1}{12}A(b-a)h^2 \le T_n(f) - \int_a^b f(x)\,dx \le \frac{1}{12}B(b-a)h^2.$$

f''이 $[a, b]$에서 연속이므로, A와 B의 정의와 Bolzano의 중간값 정리 5.3.7에 의하여 7.5절의 식 (4)가 성립하는 점 c가 $[a, b]$에 존재한다. Q.E.D.

정리 7.5.6의 증명 $k = 1, 2, \ldots, n$이면, $c_k := a + (k - \frac{1}{2})h$라 하고 $\psi_k : [0, \frac{1}{2}h] \to \mathbb{R}$가 $t \in [0, \frac{1}{2}h]$에 대하여 다음과 같이 정의된다고 하자.

$$\psi_k(t) := \int_{c_k - t}^{c_k + t} f(x)\,dx - f(c_k)2t.$$

$\psi_k(0) = 0$과

$$\psi_k(t) := \int_{c_k}^{c_k + t} f(x)\,dx - \int_{c_k}^{c_k - t} f(x)\,dx - f(c_k)2t$$

임에 주목하면 다음을 얻는다.

$$\begin{aligned}\psi_k'(t) &= f(c_k + t) - f(c_k - t)(-1) - 2f(c_k)\\ &= [f(c_k + t) + f(c_k - t)] - 2f(c_k).\end{aligned}$$

따라서 $\psi_k'(0) = 0$이고

$$\begin{aligned}\psi_k''(t) &= f'(c_k + t) + f'(c_k - t)(-1)\\ &= f'(c_k + t) - f'(c_k - t)\end{aligned}$$

이다. 평균값 정리 6.2.4에 의하여 $\psi_k''(t) = 2tf''(c_{k,t})$가 되는 $|c_k - c_{k,t}| < t$인 점 $c_{k,t}$가 존재한다. A와 B를 정리 7.5.3의 증명에서와 같다고 하면, $t \in [0, h/2]$, k

$= 1, 2, ..., n$에 대하여 $2tA \le \psi''_k(t) \le 2tB$를 얻는다. 앞에서와 같이 모든 $t \in [0, \frac{1}{2}h]$, $k = 1, 2, ..., n$에 대하여

$$\frac{1}{3}At^3 \le \psi_k(t) \le \frac{1}{3}Bt^3$$

이다. $t = \frac{1}{2}h$로 놓으면 다음을 얻는다.

$$\frac{1}{24}Ah^3 \le \psi_k(\tfrac{1}{2}h) \le \frac{1}{24}Bh^3.$$

이 부등식들을 합하고

$$\sum_{k=1}^{n} \psi_k(\tfrac{1}{2}h) = \int_a^b f(x)\,dx - M_n(f)$$

에 주목하면 다음을 얻는다.

$$\frac{1}{24}Ah^3 n \le \int_a^b f(x)\,dx - M_n(f) \le \frac{1}{24}Bh^3 n.$$

$h = (b - a)/n$라는 사실을 이용하고 Bolzano의 중간값 정리 5.3.7을 $[a, b]$에서 f''에 적용하면 7.5절의 식 (7)이 성립하는 점 $\gamma \in [a, b]$가 존재한다는 결론을 얻는다. Q.E.D.

정리 7.5.8의 증명 $k = 0, 1, 2, ..., \frac{1}{2}n - 1$이면, $c_k := a + (2k + 1)h$라 하고 $\varphi_k : [0, h] \to \mathbb{R}$가 다음과 같이 정의된다고 하자.

$$\varphi_k(t) := \frac{1}{3}t[f(c_k - t) + 4f(c_k) + f(c_k + t)] - \int_{c_k - t}^{c_k + t} f(x)\,dx.$$

명백히 $\psi_k(0) = 0$이고

$$\varphi'_k(t) = \frac{1}{3}t[-f'(c_k - t) + f'(c_k + t)] - \frac{2}{3}[f(c_k - t) - 2f(c_k) + f(c_k + t)]$$

가 되어, $\psi'_k(0) = 0$이고

$$\varphi''_k(t) = \frac{1}{3}t[f''(c_k - t) + f''(c_k + t)] - \frac{1}{3}[-f'(c_k - t) + f'(c_k + t)]$$

이다. 그러면 $\psi''_k(0) = 0$이고

$$\varphi'''_k(t) = \frac{1}{3}t[f'''(c_k + t) - f'''(c_k - t)]$$

이다. 따라서 평균값 정리 6.2.4에 의하여 $\varphi'''_k(t) = \frac{2}{3}t^2 f^{(4)}(\gamma_{k,t})$를 만족하는 $|c_k - \gamma_{k,t}| \le t$인 점 $\gamma_{k,t}$가 존재한다. A와 B가

$$A := \inf\{f^{(4)}(x) : x \in [a, b]\}, \quad B := \sup\{f^{(4)}(x) : x \in [a, b]\}$$

로 정의되면, $t \in [0, h]$, $k = 0, 1, 2, \ldots, \frac{1}{2}n - 1$에 대하여

$$\tfrac{2}{3}At^2 \le \varphi_k'''(t) \le \tfrac{2}{3}Bt^2$$

를 얻는다. 이 부등식은 적분을 세번 하면 모든 $t \in [0, h]$, $k = 0, 1, 2, \ldots, \frac{1}{2}n - 1$에 대하여

$$\tfrac{1}{90}At^5 \le \varphi_k(t) \le \tfrac{1}{90}Bt^5$$

이 된다. $t = h$로 놓으면, $k = 0, 1, 2, \ldots, \frac{1}{2}n - 1$에 대하여

$$\tfrac{1}{90}Ah^5 \le \varphi_k(h) \le \tfrac{1}{90}Bh^5$$

을 얻는다. 이 $\frac{1}{2}n$개의 부등식을 합하여

$$\sum_{k=0}^{\frac{1}{2}n-1} \varphi_k(h) = S_n(f) - \int_a^b f(x)\,dx$$

에 주목하면 다음을 얻는다.

$$\tfrac{1}{90}Ah^5\frac{n}{2} \le S_n(f) - \int_a^b f(x)\,dx \le \tfrac{1}{90}Bh^5\frac{n}{2}.$$

$h = (b - a)/n$이므로, Bolzano의 중간값 정리 5.3.7에 의하여 ($f^{(4)}$에 적용하여) 7.5절의 관계 (10)이 성립하는 점 $c \in [a, b]$가 존재한다. Q.E.D.

Appendix **E**

두 가지 예

이 부록에서 어떤 점에서도 도함수를 갖지 않는 연속함수와 치역이 $\mathbb{R}^2$의 단위 정방형 전체를 포함하는 $\mathbb{R}^2$에서의 연속곡선의 예를 소개할 것이다. 두 증명은 모두 Weierstrass M-판정법 9.4.6을 이용한다.

어떤 곳에서도 미분가능하지 않는 연속함수

소개할 예는 1930년 B. L. van der Waerden에 의한 것의 수정이다. $f_0 : \mathbb{R} \to \mathbb{R}$가 $f_0(x) := \text{dist}(x, \mathbb{Z}) = \inf\{|x - k| : k \in \mathbb{Z}\}$로 정의된다고 하면, f_0는 그래프가 구간들 $[k/2, (k+1)/2]$, $k \in \mathbb{Z}$에서 기울기가 ± 1인 선분으로 구성된 연속인 "톱니(sawtooth)" 함수이다. 각 $m \in \mathbb{N}$에 대하여 $f_m(x) := (1/4^m)f_0(4^m x)$라 하면, f_m 역시 그래프가 기울기 ± 1이고 $0 \le f_m(x) \le 1/(2 \cdot 4^m)$인 선분으로 구성된 연속톱니함수이다(그림 E.1을 보라).

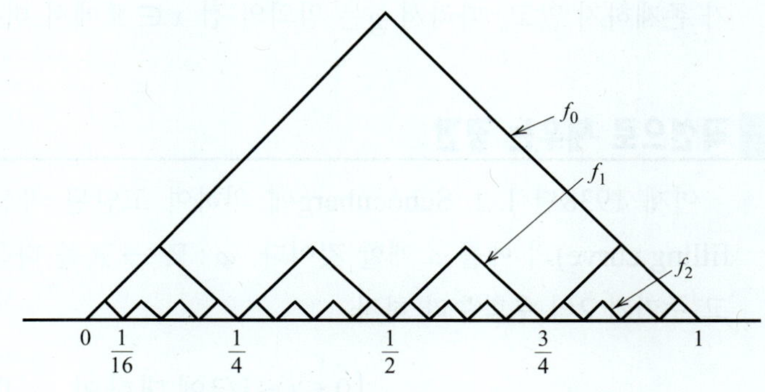

그림 E.1 f_0, f_1과 f_2의 그래프

이제 $g : \mathbb{R} \to \mathbb{R}$를 $g(x) := \sum_{m=0}^{\infty} f_m(x)$로 정의한다. Weierstrass M-판정법에 의하여 급수는 $\mathbb{R}$에서 균등수렴하고, 따라서 g는 $\mathbb{R}$에서 연속이다. 이제 g가 $\mathbb{R}$에 있는 임의의 점에서 미분가능하지 **않음**을 보일 것이다.

$x \in \mathbb{R}$를 고정하라. 각 $n \in \mathbb{N}$에 대하여 $h_n := \pm 1/4^{n+1}$이라 하고, $4^n x$와 $4^n(x + h_n)$ 모두 동일한 구간 $[k/2, (k+1)/2]$에 놓이도록 부호를 선택한다. f_0는 이 구간에서 기울기 ± 1을 가지므로

$$\varepsilon_n := \frac{f_n(x+h_n) - f_n(x)}{h_n} = \frac{f_0(4^n x + 4^n h_n) - f_0(4^n x)}{4^n h_n} = \pm 1$$

이다. 사실 $m < n$이면, f_m의 그래프 역시 x와 $x + h_n$ 사이의 구간에서 기울기 ± 1을 갖고, 따라서 $m < n$에 대하여 다음이 된다.

$$\varepsilon_m := \frac{f_m(x+h_n) - f_m(x)}{h_n} = \pm 1.$$

한편 $m > n$이면 $4^m(x + h_n) - 4^m x = \pm 4^{m-n-1}$이 정수이고, f_0가 주기 1을 가지므로 다음이 된다.

$$f_m(x + h_n) - f_m(x) = 0.$$

따라서

$$\frac{g(x+h_n) - g(x)}{h_n} = \sum_{m=0}^{n} \frac{f_m(x+h_n) - f_m(x)}{h_n} \sum_{m=0}^{n} \varepsilon_m$$

을 얻고, 그래서 n이 짝수이면 차의 상 $(g(x + h_n) - g(x))/h_n$이 홀수이고, n이 홀수이면 차의 상이 짝수이다. 그러므로 극한

$$\lim_{h \to 0} \frac{g(x+h) - g(x)}{h}$$

가 존재하지 않고, 따라서 g는 임의의 점 $x \in \mathbb{R}$에서 미분가능하지 않다.

곡선으로 채우는 공간

이제 1938년 I. J. Schoenberg에 의하여 고안된 곡선으로 채우는 공간(space-filling curve)의 예를 소개할 것이다. $\varphi : \mathbb{R} \to \mathbb{R}$를 다음과 같이 주어지는 연속이고 주기가 2인 우함수라 하자.

$$\varphi(t) := \begin{cases} 0 \le t \le 1/3\text{에 대하여} & 0 \\ 1/3 < t < 2/3\text{에 대하여} & 3t - 1 \\ 2/3 \le t \le 1\text{에 대하여} & 1. \end{cases}$$

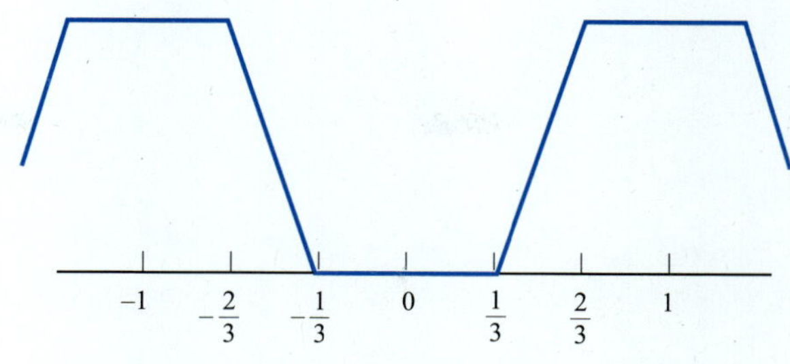

그림 E.2 φ의 그래프

(그림 E.2를 보라.) $t \in [0, 1]$에 대하여 함수들을 다음과 같이 정의한다.

$$f(t) := \sum_{k=0}^{\infty} \frac{\varphi(3^{2k}t)}{2^{k+1}}, \quad g(t) := \sum_{k=0}^{\infty} \frac{\varphi(3^{2k+1}t)}{2^{k+1}}.$$

$0 \le \varphi(x) \le 1$이고 연속이므로 Weierstrass M-판정법에 의하여 f와 g는 $[0, 1]$에서 연속이고, 더욱이 $0 \le f(t) \le 1$이며 $0 \le g(t) \le 1$이다. 이제 $[0, 1] \times [0, 1]$의 임의의 점 (x_0, y_0)가 어떤 $t_0 \in [0, 1]$의 (f, g)에 대한 상임을 보일 것이다. 실제로 x_0와 y_0가 다음과 같은 이진법(= 밑이 2) 전개를 갖는다고 하자.

$$x_0 = \frac{a_0}{2} + \frac{a_2}{2^2} + \frac{a_4}{2^3} + \cdots, \quad y_0 = \frac{a_1}{2} + \frac{a_3}{2^2} + \frac{a_5}{2^3} + \cdots.$$

여기서 각 a_k는 0 또는 1이다. $x_0 = f(t_0)$이고 $y_0 = g(t_0)$임을 보일 것인데, 여기서 t_0는 다음과 같은 삼진법(= 밑이 3) 전개를 갖는다.

$$t_0 = \sum_{k=0}^{\infty} \frac{2a_k}{3^{k+1}} = \frac{2a_0}{3} + \frac{2a_1}{3^2} + \frac{2a_2}{3^3} + \frac{2a_3}{3^4} + \cdots.$$

먼저 위 공식이 $[0, 1]$에 있는 수를 만들어 내는 것에 주목한다. 또 $a_0 = 0$이면 $0 \le t_0 \le 1/3$ 이 되어 $\varphi(t_0) = 0$이고, $a_0 = 1$이면 $2/3 \le t_0 \le 1$이 되어 $\varphi(t_0) = 1$임에 주목하면, 두 경우 모두에서 $\varphi(a_0) = a_0$이다. 마찬가지로 각 $n \in \mathbb{N}$에 대하여

$$3^n t_0 = 2m_n + \frac{2a_n}{3} + \frac{2a_{n+1}}{3^2} + \cdots$$

이 되는 $m_n \in \mathbb{N}$이 존재함을 보일 수 있고, 따라서 이것이 φ가 주기 2를 갖는다는 사실에 의하여 $\varphi(3^n t_0) = a_n$이다. 끝으로 다음과 같은 결론을 얻는다.

$$f(t_0) = \sum_{k=0}^{\infty} \frac{\varphi(3^{2k}t_0)}{2^{k+1}} = \sum_{k=0}^{\infty} \frac{a_{2k}}{2^{k+1}} = x_0,$$
$$g(t_0) = \sum_{k=0}^{\infty} \frac{\varphi(3^{2k+1}t_0)}{2^{k+1}} = \sum_{k=0}^{\infty} \frac{a_{2k+1}}{2^{k+1}} = y_0.$$

그러므로 요구한대로 $x_0 = f(t_0)$이고 $y_0 = g(t_0)$이다.

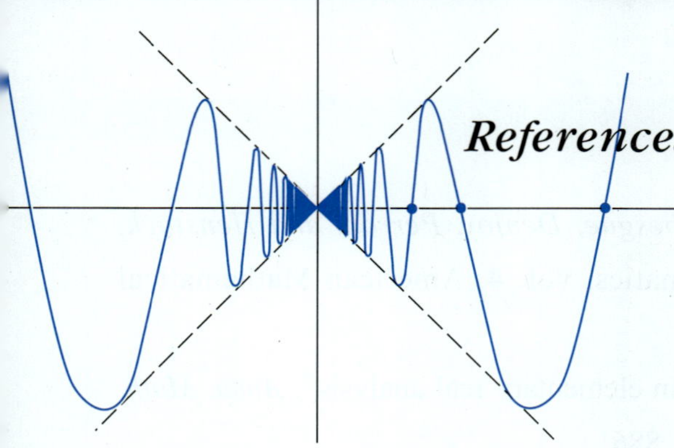

참고문헌

Apostol, T.M., *Mathematical Analysis*, Second Edition, Addison-Wesley, Reading, MA, 1974.

Bartle, R. G., *The Elements of Real Analysis*, Second Edition, referred to as [ERA], John Wiley & Sons, New York, 1976.

_____, *The Elements of Integration and Lebesgue Measure*, Wiley Classics Edition, John Wiley & Sons, New York, 1995.

_____, "Return to the Riemann Integral", Amer. Math. Monthly, 103 (1996), 625-632.

_____, *A Modern Theory of Integration*, referred to as [MTI], Graduate Studies in Mathematics, vol. 32, American Mathematical Society, Providence, RI, 2000.

Bartle, R. G. and D. R. Sherbert, *Introduction to Real Analysis*, Third Edition, John Wiley & Sons, New York, 2000.

Barwise, J. and J. Etchemendy, *The Language of First Order Logic*, University of Chicago Press, Chicago, IL, 1990.

Birkhoff, G. and S. MacLane, *A Survey of Modern Algebra*, Fourth Edition, Macmillan Publishing Co., New York, 1977.

Boas, R. P., Jr., *A Primer of Real Functions*, Fourth Edition, The Carus Mathematical Monograph, no. 13, Mathematical Association of America, Washington, DC. 1996.

DePree, J. D. and C. W. Swartz, *Introduction to Real Analysis*, John Wiley & Sons, New York, 1988.

Gelbaum, B. R. and J. M. Olmsted, *Conterexamples in Analysis*, Holden-Day, San Francisco, 1964.

Gordon, R. A., *The Integrals of Lebesgue, Denjoy. Perron, and Henstock*, Graduate Studies in Mathematics, vol. 4, American Mathematical Society, Providence, RI, 1994.

_____, "The use of tagged partitions in elementary real analysis", *Amer. Math. Monthly,* 105 (1998), 105-177, 886.

Hawkins, T., *Lebesgue's Theory of Integration. Its Origins and Developments*, University of Wisconsin Press, Madison, WI, 1970. Reprint, American Mathematical Society, Chelsea Series, 1998.

Klein, M., *Mathematical Thought from Ancient to Modern Times*, Oxford University Press, New York, 1972.

McLeod, R. M., *The Generalized Riemann Integral*, The Carus Mathematical Monograph, no. 20, Mathematical Association of America, Washington, D.C., 1980.

Niven, Ivan, *Numbers: Rational and Irrational*, Mathematical Association of America, Washington. DC. 1961

Wilder, R. L., *The Foundations of Mathematics*, Second Edition, John Wiley & Sons, New York, 1965.

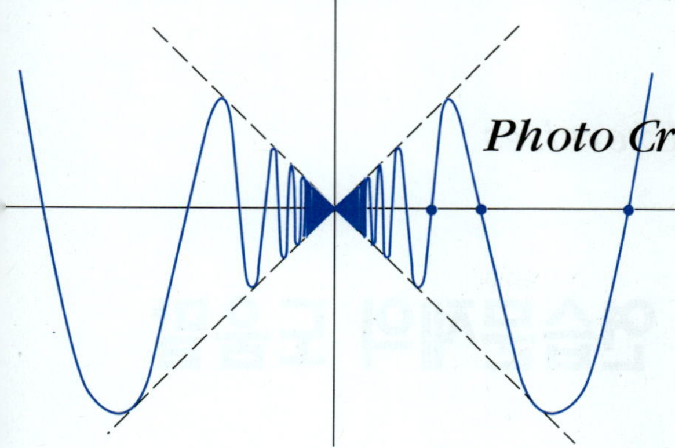

Photo Credits

사진 출처

Chapter 1

Page 21 Image from Wikipedia: http://commons.wikimedia.org/wiki/File:Matematiker_georg_cantor.jpg.

Chapter 3

Page 54 © Bettmann/Corbis. Page 76 Image from Wikipedia: http://commons.wikimedia.org/wiki/File:Leonhard_Euler.jpeg.

Chapter 4

Page 103 Image from Wikipedia: http://commons.wikimedia.org/wiki/File:Leibniz.jpg.

Chapter 5

Page 124 Image from Wikipedia: http://commons.wikimedia.org/wiki/File:Karl_Weierstrass_3a.jpg.

Chapter 6

Page 161 Courtesy of the University of Texas Libraries. The University of Texas at Austin.

Page 180 Image fromWikipedia: http://en.wikipedia.org/wiki/File: Johann_Bernoulli.jpg.

Chapter 7

Page 198 © Bettmann/Corbis.

Chapter 10

Page 289 Photo supplied by Patrick Muldowney, University of Ulster.

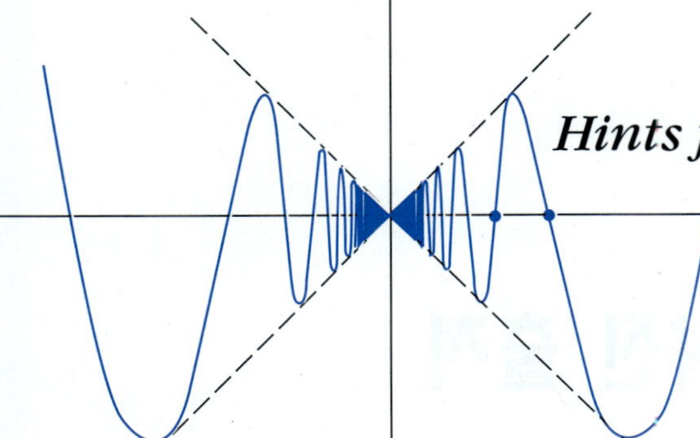

Hints for Selected Exercises

선별한 연습문제의 도움말

학생들의 국제적인 안목을 높히기 위하여 연습문제 풀이에 대한 도움말은 번역하지 않고 원문을 그대로 수록한다. 각자 자세히 읽어보고 활용하기 바란다.

독자에게: 어찌해야 할 도리가 없지 않는 한 이 도움말을 보지 말라. 그러나 문제에 관심을 갖고 상당한 양의 생각을 기울인 후에는 조금의 힌트가 때로는 필요한 전부가 된다. 많은 연습문제들이 증명을 요구하는데, 보통 올바른 접근법이 하나만 존재하는 것이 아니므로 독자가 완전히 다른 논의를 하여도 그것이 정확할 수 있다. 다음 힌트의 아주 조금은 꽤 상세하고 더러는 처음에 완전히 신비스러워 보일지 모른다. 보다 더 상세한 것은 먼저 출판된 책들에서 볼 수 있다.

연습문제 1.1

1. (a) $\{5, 11, 17\}$

3. Show that if $A \subseteq B$, then $A = A \cap B$. Next show that if $A = A \cap B$, then $A \subseteq B$.

4. Show that if $x \in A \backslash (B \cap C)$, then $x \in (A \backslash B) \cup (A \backslash C)$. Next show that if $y \in (A \backslash B) \cup (A \backslash C)$, then $y \in A \backslash (B \cap C)$. Since the sets $A \backslash (B \cap C)$ and $A \backslash (B \cap C)$ contain the same elements, they are equal.

7. (a) $A_1 \cap A_2 = \{6, 12, 18, 24, \ldots\} = \{6k : k \in \mathbb{N}\} = A_5$.
   (b) $\cup A_n = \mathbb{N} \backslash \{1\}$ and $\cap A_n = \emptyset$.

9. No. For example, both $(0, 1)$ and $(0, -1)$ belong to C.

11. (a) $f(E) = [2, 3]$, so $h(E) = g(f(E)) = g([2, 3]) = [4, 9]$.
    (b) $g^{-1}(G) = [-2, 2]$, so $h^{-1}(G) = [-4, 0]$.

15. If $x \in f^{-1}(G) \cap f^{-1}(H)$, then $x \in f^{-1}(G)$ and $x \in f^{-1}(H)$, so that $f(x) \in G$ and $f(x) \in H$. Then $f(x) \in G \cap H$, and hence $x \in f^{-1}(G \cap H)$. This shows that $f^{-1}(G) \cap f^{-1}(H) \subseteq f^{-1}(G \cap H)$.

17. One possibility is $f(x) := (x - a)/(b - a)$.

21. If $g(f(x_1)) = g(f(x_2))$, then $f(x_1) = f(x_2)$, so that $x_1 = x_2$, which implies that $g \circ f$ is injective. If $w \in C$, there exists $y \in B$ such that $g(y) = w$, and there exists $x \in A$ such that $f(x) = y$. Then $g(f(x)) = w$, so that $g \circ f$ is surjective. Thus $g \circ f$ is a bijection.

22. (a) If $f(x_1) = f(x_2)$, then $g(f(x_1)) = g(f(x_2))$, which implies $x_1 = x_2$, since $g \circ f$ is injective. Thus f is injective.

연습문제 1.2

1. Note that $1/(1 \cdot 2) = 1/(1+1)$. Also $k/(k+1) + 1/[(k+1)(k+2)] = (k+1)/(k+2)$.
2. $\left[\frac{1}{2}k(k+1)\right]^2 + (k+1)^3 = \left[\frac{1}{2}(k+1)(k+2)\right]^2$.
4. $\frac{1}{3}(4k^3 - k) + (2k+1)^2 = \frac{1}{3}\left[4(k+1)^3 - (k+1)\right]$.
6. $(k+1)^3 + 5(k+1) = (k^3 + 5k) + 3k(k+1) + 6$ and $k(k+1)$ is always even.
8. $5^{k+1} - 4(k+1) - 1 = 5 \cdot 5^k - 4k - 5 = (5^k - 4k - 1) + 4(5^k - 1)$.
13. If $k < 2^k$, then $k + 1 < 2^k + 1 < 2^k + 2^k = 2(2^k) = 2^{k+1}$.
16. It is true for $n = 1$ and $n \geq 5$, but false for $n = 2, 3, 4$.
18. $\sqrt{k} + 1/\sqrt{k+1} = (\sqrt{k}\sqrt{k+1} + 1)/\sqrt{k+1} > (k+1)/\sqrt{k+1} = \sqrt{k+1}$.

연습문제 1.3

1. Use Exercise 1.1.21 (= Exercise 21 of Section 1.1).
2. Part (b) Let f be a bijection of $\mathbb{N}_m$ onto A and let $C = \{f(k)\}$ for some $k \in \mathbb{N}_m$. Define g on $\mathbb{N}_{m-1}$ by $g(i) := f(i)$ for $i = 1, \ldots, k-1$, and $g(i) := f(i+1)$ for $i = k, \ldots, m-1$. Then g is a bijection of $\mathbb{N}_{m-1}$ onto $A \backslash C$.
3. (a) There are $6 = 3 \cdot 2 \cdot 1$ different injections of S into T.
   (b) There are 3 surjections that map a into 1, and there are 3 other surjections that map a into 2.
7. If T_1 is denumerable, take $T_2 = \mathbb{N}$. If f is a bijection of T_1 onto T_2, and if g is a bijection of T_2 onto $\mathbb{N}$, then (by Exercise 1.1.21) $g \circ f$ is a bijection of T_1 onto $\mathbb{N}$, so that T_1 is denumerable.
9. If $S \cap T = \emptyset$ and $f : \mathbb{N} \to S$, $g : \mathbb{N} \to T$ are bijections onto S and T, respectively, let $h(n) := f((n+1)/2)$ if n is odd and $h(n) := g(n/2)$ if n is even.
11. (a) $\mathcal{P}(\{1, 2\}) = \{\emptyset, \{1\}, \{2\}, \{1, 2\}\}$ has $2^2 = 4$ elements.
    (c) $\mathcal{P}(\{1, 2, 3, 4\})$ has $2^4 = 16$ elements.
12. Let $S_{n+1} := \{x_1, \ldots, x_n, x_{n+1}\} = S_n \cup \{x_{n+1}\}$ have $n+1$ elements. Then a subset of S_{n+1} either (i) contains x_{n+1}, or (ii) does not contain x_{n+1}. There are a total of $2^n + 2^n = 2 \cdot 2^n = 2^{n+1}$ subsets of S_{n+1}.
13. For each $m \in \mathbb{N}$, the collection of all subsets of $\mathbb{N}_m$ is finite. Note that $\mathcal{F}(\mathbb{N}) = \bigcup_{m=1}^{\infty} \mathcal{P}(\mathbb{N}_m)$.

연습문제 2.1

1. (a) Justify the steps in: $b = 0 + b = (-a + a) + b = -a + (a + b) = -a + 0 = -a$.
   (c) Apply (a) to the equation $a + (-1)a = a(1 + (-1)) = a \cdot 0 = 0$.
2. (a) $-(a+b) = (-1)(a+b) = (-1)a + (-1)b = (-a) + (-b)$.
   (c) Note that $(-a)(-(1/a)) = a(1/a) = 1$.
3. (a) $3/2$ (b) $0, 2$
   (c) $2, -2$ (d) $1, -2$

6. Note that if $q \in \mathbb{Z}$ and if $3q^2$ is even, then q^2 is even, so that q is even.

7. If $p \in \mathbb{N}$, then there are three possibilities: for some $m \in \mathbb{N} \cup \{0\}$, (i) $p = 3m$, (ii) $p = 3m + 1$, or (iii) $p = 3m + 2$.

10. (a) If $c = d$, then 2.1.7(b) implies $a + c < b + d$. If $c < d$, then $a + c < b + c < b + d$.

13. If $a \neq 0$, then 2.1.8(a) implies that $a^2 > 0$; since $b^2 \geq 0$, it follows that $a^2 + b^2 > 0$.

15. (a) If $0 < a < b$, then 2.1.7(c) implies that $0 < a^2 < ab < b^2$. Then by Example 2.1.13(a), we infer that $a = \sqrt{a^2} < \sqrt{ab} < \sqrt{b^2} = b$.

16. (a) $\{x : x > 4 \text{ or } x < -1\}$.
    (b) $\{x : 1 < x < 2 \text{ or } -2 < x < -1\}$.
    (c) $\{x : -1 < x < 0 \text{ or } x > 1\}$.
    (d) $\{x : x < 0 \text{ or } x > 1\}$.

19. The inequality is equivalent to $0 \leq a^2 - 2ab + b^2 = (a - b)^2$.

20. (a) Use 2.1.7(c).

21. (a) Let $S := \{n \in \mathbb{N} : 0 < n < 1\}$. If S is not empty, the Well-Ordering Property of $\mathbb{N}$ implies there is a least element m in S. However, $0 < m < 1$ implies that $0 < m^2 < m$, and since m^2 is also in S, this is a contradiction of the fact that m is the least element of S.

22. (a) Let $x := c - 1 > 0$ and apply Bernoulli's Inequality 2.1.13(c).

24. (a) If $m > n$, then $k := m - n \in \mathbb{N}$, and $c^k \geq c > 1$, which implies that $c^m > c^n$. Conversely, the hypotheses that $c^m > c^n$ and $m \leq n$ lead to a contradiction.

25. Let $b := c^{1/mn}$ and show that $b > 1$. Exercise 24(a) implies that $c^{1/n} = b^m > b^n = c^{1/m}$ if and only if $m > n$.

26. Fix $m \in \mathbb{N}$ and use Mathematical Induction to prove that $a^{m+n} = a^m a^n$ and $(a^m)^n = a^{mn}$ for all $n \in \mathbb{N}$. Then, for a given $n \in \mathbb{N}$, prove that the equalities are valid for all $m \in \mathbb{N}$.

연습문제 2.2

1. (a) If $a \geq 0$, then $|a| = a = \sqrt{a^2}$; if $a < 0$, then $|a| = -a = \sqrt{a^2}$.
   (b) It suffices to show that $|1/b| = 1/|b|$ for $b \neq 0$ (why?). Consider the cases $b > 0$ and $b < 0$.

3. If $x \leq y \leq z$, then $|x - y| + |y - z| = (y - x) + (z - y) = z - x = |z - x|$. To establish the converse, show that $y < x$ and $y > z$ are impossible. For example, if $y < x \leq z$, it follows from what we have shown and the given relationship that $|x - y| = 0$, so that $y = x$, a contradiction.

6. (a) $-2 \leq x \leq 9/2$
   (b) $-2 \leq x \leq 2$.

7. $x = 4$ or $x = -3$.

10. (a) $x < 0$
    (b) $-3/2 < x < 1/2$.

12. $\{x : -3 < x < -5/2 \text{ or } 3/2 < x < 2\}$.

13. $\{x : 1 < x < 4\}$.

14. (a) $\{(x, y) : y = \pm x\}$.
    (c) The hyperbolas $y = 2/x$ and $y = -2/x$.

15. (a) If $y \geq 0$, then $-y \leq x \leq y$ and we get the region in the upper half-plane on or between the

lines $y = x$ and $y = -x$.

18. (a) Suppose that $a \le b$.

19. If $a \le b \le c$, then $\mathrm{mid}\{a, b, c\} = b = \min\{b, c, c\} = \min\{\max\{a, b\}, \max\{b, c\}, \max\{c, a\}\}$. The other cases are similar.

연습문제 2.3

1. Since $0 \le x$ for all $x \in S_1$, then $u = 0$ is a lower bound of S_1. If $v > 0$, then v is not a lower bound of S_1 because $v/2 \in S_1$ and $v/2 < v$. Therefore $\inf S_1 = 0$.

3. Since $1/n \le 1$ for all $n \in \mathbb{N}$, then 1 is an upper bound for S_3.

4. $\sup S_4 = 2$ and $\inf S_4 = 1/2$.

7. Let $u \in S$ be an upper bound of S. If v is another upper bound of S, then $u \le v$. Hence $u = \sup S$.

10. Let $u := \sup A$, $v := \sup B$, and $w := \sup\{u, v\}$. Then w is an upper bound of $A \cup B$, because if $x \in A$, then $x \le u \le w$, and if $x \in B$, then $x \le v \le w$. If z is any upper bound of $A \cup B$, then z is an upper bound of A and of B, so that $u \le z$ and $v \le z$. Hence $w \le z$. Therefore, $w = \sup(A \cup B)$.

12. Consider two cases: $u \ge s^*$ and $u < s^*$.

연습문제 2.4

1. Since $1 - 1/n < 1$ for all $n \in \mathbb{N}$, 1 is an upper bound. To show that 1 is the supremum, it must be shown that for each $\varepsilon > 0$ there exists $n \in \mathbb{N}$ such that $1 - 1/n > 1 - \varepsilon$, which is equivalent to $1/n < \varepsilon$. Apply the Archimedean Property 2.4.3 or 2.4.5.

2. $\inf S = -1$ and $\sup S = 1$.

4. (a) Let $u := \sup S$ and $a > 0$. Then $x \le u$ for all $x \in S$, whence $ax \le au$ for all $x \in S$, whence it follows that au is an upper bound of aS. If v is another upper bound of aS, then $ax \le v$ for all $x \in S$, whence $x \le v/a$ for all $x \in S$, showing that v/a is an upper bound for S so that $u \le v/a$, from which we conclude that $au \le v$. Therefore $au = \sup(aS)$.

6. Let $u := \sup f(X)$. Then $f(x) \le u$ for all $x \in X$, so that $a + f(x) \le a + u$ for all $x \in X$, whence $\sup\{a + f(x) : x \in X\} \le a + u$. If $w < a + u$, then $w - a < u$, so that there exists $x_w \in X$ with $w - a < f(x_w)$, whence $w < a + f(x_w)$, and thus w is not an upper bound for $\{a + f(x) : x \in X\}$.

8. If $u := \sup f(X)$ and $v := \sup g(X)$, then $f(x) \le u$ and $g(x) \le v$ for all $x \in X$, whence $f(x) + g(x) \le u + v$ for all $x \in X$.

10. (a) $f(x) = 1$ for $x \in X$. (b) $g(y) = 0$ for $y \in Y$.

12. Let $S := \{h(x, y) : x \in X, y \in Y\}$. We have $h(x, y) \le F(x)$ for all $x \in X$, $y \in Y$ so that $\sup S \le \sup\{F(x) : x \in X\}$. If $w < \sup\{F(x) : x \in X\}$, then there exists $x_0 \in X$ with $w < F(x_0) = \sup\{h(x_0, y) : y \in Y\}$, whence there exists $y_0 \in Y$ with $w < h(x_0, y_0)$. Thus w is not an upper bound of S, and so $w < \sup S$. Since this is true for any w such that $w < \sup\{F(x) : x \in X\}$, we conclude that $\sup\{F(x) : x \in X\} \le \sup S$.

14. Note that $n < 2^n$ (whence $1/2^n < 1/n$) for any $n \in \mathbb{N}$.

15. Let $S_3 := \{s \in \mathbb{R} : 0 \le s,\ s^2 < 3\}$. Show that S_3 is nonempty and bounded by 3 and let $y := \sup S_3$. If $y^2 < 3$ and $1/n < (3 - y^2)/(2y + 1)$ show that $y + 1/n \in S_3$. If $y^2 > 3$ and $1/m < (y^2 - 3)/2y$ show that $y - 1/m \in S_3$. Therefore $y^2 = 3$.

18. If $x < 0 < y$, then we can take $r = 0$. If $x < y < 0$, we apply 2.4.8 to obtain a rational number between $-y$ and $-x$.

연습문제 2.5

2. S has an upper bound b and a lower bound a if and only if S is contained in the interval $[a, b]$.

4. Because z is neither a lower bound nor an upper bound of S.

5. If $z \in \mathbb{R}$, then z is not a lower bound of S so there exists $x_z \in S$ such that $x_z \le z$. Similarly, there exists $y_z \in S$ such that $z \le y_z$.

8. If $x > 0$, then there exists $n \in \mathbb{N}$ with $1/n < x$, so that $x \notin J_n$. If $y \le 0$, then $y \notin J_1$.

10. Let $\eta := \inf\{b_n : n \in \mathbb{N}\}$; we claim that $a_n \le \eta$ for all n. Fix $n \in \mathbb{N}$; we will show that a_n is a lower bound for the set $\{b_k : k \in \mathbb{N}\}$. We consider two cases. (i) If $n \le k$, then since $I_n \supseteq I_k$, we have $a_n \le a_k \le b_k$. (ii) If $k < n$, then since $I_k \supseteq I_n$, we have $a_n \le b_n \le b_k$. Therefore $a_n \le b_k$ for all $k \in \mathbb{N}$, so that a_n is a lower bound for $\{b_k : k \in \mathbb{N}\}$ and so $a_n \le \eta$. In particular, this shows that $\eta \in [a_n, b_n]$ for all n, so that $\eta \in \cap I_n$.

12. $\frac{3}{8} = (.011000\ldots)_2 = (.010111\ldots)_2$. $\frac{7}{16} = (.0111000\ldots)_2 = (.0110111\ldots)_2$.

13. (a) $\frac{1}{3} \approx (.0101)_2$. (b) $\frac{1}{3} = (.010101\ldots)_2$, the block 01 repeats

16. $\frac{1}{7} = .142\,857\ldots$, the block repeats. $\frac{2}{19} = .105\,263\,157\,894\,736\,842\ldots$, the block repeats.

17. $1.25\,137\ldots137\ldots = 31253/24975$, $35.14653\ldots653\ldots = 3511139/99900$.

연습문제 3.1

1. (a) 0, 2, 0, 2, 0 (c) 1/2, 1/6, 1/12, 1/20, 1/30

3. (a) 1, 4, 13, 40, 121 (c) 1, 2, 3, 5, 4.

5. (a) We have $0 < n/(n^2 + 1) < n/n^2 = 1/n$. Given $\varepsilon > 0$, let $K(\varepsilon) \ge 1/\varepsilon$.
   (c) We have $|(3n + 1)/(2n + 5) - 3/2| = 13/(4n + 10) < 13/4n$. Given $\varepsilon > 0$, let $K(\varepsilon) \ge 13/4\varepsilon$.

6. (a) $1/\sqrt{n+7} < 1/\sqrt{n}$ (b) $|2n/(n + 2) - 2| = 4/(n + 2) < 4/n$
   (c) $\sqrt{n}/(n + 1) < 1/\sqrt{n}$ (d) $|(-1)^n n/(n^2 + 1)| \le 1/n$.

9. $0 < \sqrt{x_n} < \varepsilon \Longleftrightarrow 0 < x_n < \varepsilon^2$.

11. $|1/n - 1/(n + 1)| = 1/n(n + 1) < 1/n^2 \le 1/n$.

14. Let $b := 1/(1 + a)$ where $a > 0$. Since $(1 + a)^n > \frac{1}{2}n(n - 1)a^2$, we have that $0 < nb^n \le n/\left[\frac{1}{2}n(n - 1)a^2\right] \le 2/[(n - 1)a^2]$. Thus $\lim(nb^n) = 0$.

16. If $n > 4$, then $0 < n^2/n! < n/(n - 2)(n - 1) < 1/(n - 3)$.

연습문제 3.2

1. (a) $\lim(x_n) = 1$ (c) $x_n \geq n/2$, so the sequence diverges.
3. $Y = (X + Y) - X$.
6. (a) 4 (b) 0 (c) 1 (d) 0.
8. In (3) the exponent k is fixed, but in $(1 + 1/n)^n$ the exponent varies.
9. $\lim(y_n) = 0$ and $\lim(\sqrt{n} y_n) = \frac{1}{2}$.
12. b.
14. (a) 1 (b) 1
16. (a) $L = a$ (b) $L = b/2$ (c) $L = 1/b$ (d) $L = 8/9$.
19. (a) Converges to 0 (c) Converges to 0.
21. (a) (1) (b) (n).
22. Yes. (Why?)
23. From Exercise 2.2.18, $u_n = \frac{1}{2}(x_n + y_n + |x_n - y_n|)$.
24. Use Exercises 2.2.18(b), 2.2.19, and the preceding exercise.

연습문제 3.3

1. (x_n) is a bounded decreasing sequence. The limit is 4.
2. The limit is 1.
3. The limit is 2.
4. The limit is 2.
5. (y_n) is increasing. The limit is $y = \frac{1}{2}(1 + \sqrt{1 + 4p})$.
7. (x_n) is increasing.
10. Note $y_n = 1/(n+1) + 1/(n+2) + \cdots + 1/2n < 1/(n+1) + 1/(n+1) + \cdots + 1/(n+1) = n/(n+1) < 1$.
12. (a) e (b) e^2 (c) e (d) $1/e$.
13. Note that if $n \geq 2$, then $0 \leq s_n - \sqrt{2} \leq s_n^2 - 2$.
14. Note that $0 \leq s_n - \sqrt{5} \leq (s_n^2 - 5)/\sqrt{5} \leq (s_n^2 - 5)/2$.
15. $e_2 = 2.25$, $e_4 = 2.441\,406$, $e_8 = 2.565\,785$, $e_{16} = 2.637\,928$.
16. $e_{50} = 2.691\,588$, $e_{100} = 2.704\,814$, $e_{1000} = 2.716\,924$.

연습문제 3.4

1. For example $x_{2n-1} := 2n - 1$ and $x_{2n} := 1/2n$.
3. $L = \frac{1}{2}(1 + \sqrt{5})$.
7. (a) e (b) $e^{1/2}$ (c) e^2 (d) e^2.

8. (a) 1 (b) $e^{3/2}$.
12. Choose $n_1 \geq 1$ so that $|x_{n_1}| > 1$, then choose $n_2 > n_1$, so that $|x_{n_2}| > 2$, and, in general, choose $n_k > n_{k-1}$ so that $|x_{n_k}| > k$.
13. $(x_{2n-1}) = (-1, -1/3, -1/5, \ldots)$.
14. Choose $n_1 \geq 1$ so that $x_{n_1} \geq s - 1$, then choose $n_2 > n_1$ so that $x_{n_2} > s - 1/2$, and, in general, choose $n_k > n_{k-1}$ so that $x_{n_k} > s - 1/k$.

연습문제 3.5

1. For example, $((-1)^n)$.
3. (a) Note that $\left|(-1)^n - (-1)^{n+1}\right| = 2$ for all $n \in \mathbb{N}$.
   (c) Take $m = 2n$, so $x_m - x_n = x_{2n} - x_n = \ln 2n - \ln n = \ln 2$ for all n.
5. $\lim\left(\sqrt{n+1} - \sqrt{n}\right) = 0$. But, if $m = 4n$, then $\sqrt{4n} - \sqrt{n} = \sqrt{n}$ for all n.
8. Let $u := \sup\{x_n : n \in \mathbb{N}\}$. If $\varepsilon > 0$, let H be such that $u - \varepsilon < x_H \leq u$. If $m \geq n \geq H$, then $u - \varepsilon < x_n \leq x_m \leq u$ so that $|x_m - x_n| < \varepsilon$.
10. $\lim(x_n) = (1/3)x_1 + (2/3)x_2$.
12. The limit is $\sqrt{2} - 1$.
13. The limit is $1 + \sqrt{2}$.
14. Four iterations give $r = 0.201\,64$ to 5 places.

연습문제 3.6

1. If $\{x_n : n \in \mathbb{N}\}$ is not bounded above, choose $n_{k+1} > n_k$ such that $x_{n_k} \geq k$ for $k \in \mathbb{N}$.
3. Note that $|x_n - 0| < \varepsilon$ if and only if $1/x_n > 1/\varepsilon$.
4. (a) $[\sqrt{n} > a] \Longleftrightarrow [n > a^2]$ (c) $\sqrt{n-1} \geq \sqrt{n/2}$ when $n \geq 2$.
8. (a) $n < (n^2 + 2)^{1/2}$.
   (c) Since $n < (n^2 + 1)^{1/2}$, then $n^{1/2} < (n^2 + 1)^{1/2}/n^{1/2}$.
9. (a) Since $x_n/y_n \to \infty$, there exists K_1 such that if $n \geq K_1$, then $x_n \geq y_n$. Now apply Theorem 3.6.4(a).

연습문제 3.7

1. The partial sums of $\sum b_n$ are a subsequence of the partial sums of $\sum a_n$.
3. (a) Since $1/(n+1)(n+2) = 1/(n+1) - 1/(n+2)$, the series is telescoping.
6. (a) 4/35.
9. (a) The sequence $(\cos n)$ does not converge to 0.
   (b) Since $\left|(\cos n)/n^2\right| \leq 1/n^2$, the convergence of $\sum(\cos n)/n^2$ follows from Example 3.7.6 (c) and Theorem 3.7.7.
10. The "even" sequence (s_{2n}) is decreasing, the "odd" sequence (s_{2n+1}) is increasing, and $-1 \leq s_n \leq 0$. Also $0 \leq s_{2n} - s_{2n+1} = 1/\sqrt{2n+1}$.

12. $\sum 1/n^2$ is convergent, but $\sum 1/n$ is not.

14. Show that $b_k \geq a_1/k$ for $k \in \mathbb{N}$, whence $b_1 + \cdots + b_n \geq a_1(1 + \cdots + 1/n)$.

15. Evidently $2a(4) \leq a(3) + a(4)$ and $2^2 a(8) \leq a(5) + \cdots + a(8)$, etc. Also $a(2) + a(3) \leq 2a(2)$ and $a(4) + \cdots + a(7) \leq 2^2 a(2^2)$, etc. The stated inequality follows by addition. Now apply the Comparison Test 3.7.7.

17. (a) The terms are decreasing and $2^n/2^n \ln(2^n) = 1/(n \ln 2)$. Since $\sum 1/n$ diverges, so does $\sum 1/(n \ln n)$.

18. (a) The terms are decreasing and $2^n/2^n(\ln 2^n)^c = (1/n^c) \cdot (1/\ln 2)^c$. Now use the fact that $\sum(1/n^c)$ converges when $c > 1$.

연습문제 4.1

1. (a–c) If $|x-1| \leq 1$, then $|x+1| \leq 3$ so that $\left|x^2 - 1\right| \leq 3|x-1|$. Thus, $|x-1| < 1/6$ assures that $\left|x^2 - 1\right| < 1/2$, etc.
   (d) If $|x-1| < 1$, then $\left|x^3 - 1\right| \leq 7|x-1|$.

2. (a) Since $|\sqrt{x} - 2| = |x-4|/(\sqrt{x}+2) \leq \frac{1}{2}|x-4|$, then $|x-4| < 1$ implies that we have $|\sqrt{x} - 2| < \frac{1}{2}$.
   (b) If $|x-4| < 2 \times 10^{-2} = .02$, then $|\sqrt{x} - 2| < .01$.

5. If $0 < x < a$, then $0 < x + c < a + c < 2a$, so that $\left|x^2 - c^2\right| = |x+c||x-c| \leq 2a|x-c|$. Given $\varepsilon > 0$, take $\delta := \varepsilon/2a$.

8. If $c \neq 0$, show that $|\sqrt{x} - \sqrt{c}| \leq (1/\sqrt{c})|x-c|$, so we can take $\delta := \varepsilon\sqrt{c}$. If $c = 0$, we can take $\delta := \varepsilon^2$.

9. (a) If $|x-2| < 1/2$ show that $|1/(1-x) + 1| = |(x-2)/(x-1)| \leq 2|x-2|$. Thus we can take $\delta := \inf\{1/2, \varepsilon/2\}$.
   (c) If $x \neq 0$, then $\left|x^2/|x| - 0\right| = |x|$. Take $\delta := \varepsilon$.

10. (a) If $|x-2| < 1$, then $\left|x^2 + 4x - 12\right| = |x+6||x-2| < 9|x-2|$. We may take $\delta := \inf\{1, \varepsilon/9\}$.
    (b) If $|x+1| < 1/4$, then $|(x+5)/(3x+2) - 4| = 7|x+1|/|2x+3| < 14|x+1|$, and we may take $\delta := \inf\{1/4, \varepsilon/14\}$.

12. (a) Let $x_n := 1/n$. (c) Let $x_n := 1/n$ and $y_n := -1/n$.

14. (b) If $f(x) := \text{sgn}(x)$, then $\lim\limits_{x \to 0} (f(x))^2 = 1$, but $\lim\limits_{x \to 0} f(x)$ does not exist.

15. (a) Since $|f(x) - 0| \leq |x|$, we have $\lim\limits_{x \to 0} f(x) = 0$.
    (b) If $c \neq 0$ is rational, let (x_n) be a sequence of irrational numbers that converges to c; then $f(c) = c \neq 0 = \lim(f(x_n))$. What if c is irrational?

17. The restriction of sgn to [0, 1] has a limit at 0.

연습문제 4.2

1. (a) 10 (b) -3 (c) 1/12 (d) 1/2.

2. (a) 1 (b) 4 (c) 2 (d) 1/2.

3. Multiply the numerator and denominator by $\sqrt{1+2x}+\sqrt{1+3x}$.

4. Consider $x_n := 1/2\pi n$ and $\cos(1/x_n) = 1$. Use the Squeeze Theorem 4.2.7.

8. If $|x| \le 1$, $k \in \mathbb{N}$, then $|x^k| = |x|^k \le 1$, whence $-x^2 \le x^{k+2} \le x^2$.

11. (a) No limit (b) 0 (c) No limit (d) 0.

연습문제 4.3

2. Let $f(x) := \sin(1/x)$ for $x < 0$ and $f(x) := 0$ for $x > 0$.

3. Given $\alpha > 0$, if $0 < x < 1/\alpha^2$, then $\sqrt{x} < 1/\alpha$, and so $f(x) > \alpha$.

5. (a) If $\alpha > 1$ and $1 < x < \alpha/(\alpha-1)$, then $\alpha < x/(x-1)$, hence we have $\lim_{x\to 1+} x/(x-1) = \infty$.
   (c) Since $(x+2)/\sqrt{x} > 2/\sqrt{x}$, the limit is ∞.
   (e) If $x > 0$, then $1/\sqrt{x} < \left(\sqrt{x+1}\right)/x$, so the right-hand limit is ∞.
   (g) 1 (h) -1.

8. Note that $|f(x) - L| < \varepsilon$ for $x > K$ if and only if $|f(1/z) - L| < \varepsilon$ for $0 < z < 1/K$.

9. There exists $\alpha > 0$ such that $|xf(x) - L| < 1$ whenever $x > \alpha$. Hence $|f(x)| < (|L|+1)/x$ for $x > \alpha$.

12. No. If $h(x) := f(x) - g(x)$, then $\lim_{x\to\infty} h(x) = 0$ and we have $f(x)/g(x) = 1 + h(x)/g(x) \to 1$.

13. Suppose that $|f(x) - L| < \varepsilon$ for $x > K$, and that $g(y) > K$ for $y > H$. Then $|f \circ g(y) - L| < \varepsilon$ for $y > H$.

연습문제 5.1

4. (a) Continuous if $x \ne 0, \ \pm 1, \ \pm 2, \ldots$ (b) Continuous if $x \ne \pm 1, \ \pm 2, \ldots$
   (c) Continuous if $\sin x \ne 0, 1$ (d) Continuous if $x \ne 0, \pm 1, \ \pm 1/2, \ldots$.

7. Let $\varepsilon := f(c)/2$, and let $\delta > 0$ be such that if $|x - c| < \delta$, then $|f(x) - f(c)| < \varepsilon$, which implies that $f(x) > f(c) - \varepsilon = f(c)/2 > 0$.

8. Since f is continuous at x, we have $f(x) = \lim(f(x_n)) = 0$. Thus $x \in S$.

10. Note that $\big||x| - |c|\big| \le |x - c|$.

13. Since $|g(x) - 6| \le \sup\{|2x-6|, |x-3|\} = 2|x-3|$, g is continuous at $x = 3$. If $c \ne 3$, let (x_n) be a sequence of rational numbers converging to c and let (y_n) be a sequence of irrational numbers converging to c. Then $\lim(g(x_n)) \ne \lim(g(y_n))$.

연습문제 5.2

1. (a) Continuous on $\mathbb{R}$ (c) Continuous for $x \ne 0$.

2. Use 5.2.1(a) and Induction, or use 5.2.7 with $g(x) := x^n$.

4. Continuous at every noninteger.

7. Let $f(x) := 1$ if x is rational, and $f(x) := -1$ if x is irrational.

12. First show that $f(0) = 0$ and $f(-x) = -f(x)$ for all $x \in \mathbb{R}$; then note that $f(x - x_0) = f(x) - f(x_0)$. Consequently f is continuous at the point x_0 if and only if it is continuous at 0. Thus, if f is continuous at x_0, then it is continuous at 0, and hence everywhere.

13. First show that $f(0) = 0$ and (by Induction) that $f(x) = cx$ for $x \in \mathbb{N}$, and hence also for $x \in \mathbb{Z}$. Next show that $f(x) = cx$ for $x \in \mathbb{Q}$. Finally, if $x \notin \mathbb{Q}$, let $x = \lim(r_n)$ for some sequence in $\mathbb{Q}$.

15. If $f(x) \geq g(x)$, then both expressions give $h(x) = f(x)$; and if $f(x) \leq g(x)$, then $h(x) = g(x)$ in both cases.

연습문제 5.3

1. Apply either the Boundedness Theorem 5.3.2 to $1/f$, or the Maximum-Minimum Theorem 5.3.4 to conclude that $\inf f(I) > 0$.

3. Choose a sequence (x_n) such that $|f(x_{n+1})| \leq \frac{1}{2}|f(x_n)| \leq \left(\frac{1}{2}\right)^n |f(x_1)|$. Apply the Bolzano-Weierstrass Theorem to obtain a convergent subsequence.

4. Suppose that p has odd degree n and that the coefficient a_n of x^n is positive. By 4.3.16, $\lim\limits_{x\to\infty} p(x) = \infty$ and $\lim\limits_{x\to-\infty} p(x) = -\infty$.

5. In the intervals $[1.035, 1.040]$ and $[-7.026, -7.025]$.

7. In the interval $[0.7390, 0.7391]$.

8. In the interval $[1.4687, 1.4765]$.

9. (a) 1 (b) 6.

10. $1/2^n < 10^{-5}$ implies that $n > (5 \ln 10)/\ln 2 \approx 16.61$. Take $n = 17$.

11. If $f(w) < 0$, then it follows from Theorem 4.2.9 that there exists a δ -neighborhood $V_\delta(w)$ such that $f(x) < 0$ for all $x \in V_\delta(w)$.

14. Apply Theorem 4.2.9 to $\beta - f(x)$.

15. If $0 < a < b \leq \infty$, then $f((a, b)) = (a^2, b^2)$; if $-\infty \leq a < b < 0$, then $f((a, b)) = (b^2, a^2)$. If $a < 0 < b$, then $f((a, b))$ is not an open interval, but equals $[0, c)$ where $c := \sup\{a^2, b^2\}$. Images of closed intervals are treated similarly.

16. For example, if $a < 0 < b$ and $c := \inf\{1/(a^2+1), 1/(b^2+1)\}$, then $g((a, b)) = (c, 1]$. If $0 < a < b$, then $g((a,b)) = (1/(b^2+1), 1/(a^2+1))$. Also $g([-1, 1]) = [1/2, 1]$. If $a < b$, then $h((a, b)) = (a^3, b^3)$ and $h((a, b]) = (a^3, b^3]$.

17. Yes. Use the Density Theorem 2.4.8.

19. Consider $g(x) := 1/x$ for $x \in J := (0, 1)$.

연습문제 5.4

1. Since $1/x - 1/u = (u - x)/xu$, it follows that $|1/x - 1/u| \leq (1/a^2)|x - u|$ for $x, u \in [a, \infty)$.

3. (a) Let $x_n := n + 1/n$, $u_n := n$.
   (b) Let $x_n := 1/2n\pi$, $u_n := 1/(2n\pi + \pi/2)$.

6. If M is a bound for both f and g on A, show that $|f(x)g(x) - f(u)g(u)| \leq M|f(x) - f(u)| + M|g(x) - g(u)|$ for all $x, u \in A$.

8. Given $\varepsilon > 0$ there exists $\delta_f > 0$ such that $|y - v| < \delta_f$ implies $|f(y) - f(v)| < \varepsilon$. Now choose $\delta_g > 0$ so that $|x - u| < \delta_g$ implies $|g(x) - g(u)| < \delta_f$.

11. If $|g(x) - g(0)| \leq K|x - 0|$ for all $x \in [0, 1]$, then $\sqrt{x} \leq Kx$ for $x \in [0, 1]$. But if $x_n := 1/n^2$, then K must satisfy $n \leq K$ for all $n \in \mathbb{N}$, which is impossible.

14. Since f is bounded on $[0, p]$, it follows that it is bounded on $\mathbb{R}$. Since f is continuous on $J := [-1, p + 1]$, it is uniformly continuous on J. Now show that this implies that f is uniformly continuous on $\mathbb{R}$.

연습문제 5.5

1. (a) The δ-intervals are $\left[-\frac{1}{4}, \frac{1}{4}\right]$, $\left[\frac{1}{4}, \frac{3}{4}\right]$, and $\left[\frac{3}{8}, \frac{9}{8}\right]$.
   (b) The third δ-interval does not contain $\left[\frac{1}{2}, 1\right]$.

2. (a) Yes. (b) Yes.

3. No. The first δ_2-interval is $\left[-\frac{1}{10}, \frac{1}{10}\right]$ and does not contain $\left[0, \frac{1}{4}\right]$.

4. (b) If $t \in \left(\frac{1}{2}, 1\right)$ then $[t - \delta(t), t + \delta(t)] = \left[-\frac{1}{2} + \frac{3}{2}t, \frac{1}{2} + \frac{1}{2}t\right] \subset \left(\frac{1}{4}, 1\right)$.

6. We could have two subintervals having c as a tag with one of them not contained in the δ-interval around c.

7. If $\dot{\mathcal{P}} := \{([a, x_1], t_1), \ldots ([x_{k-1}, c], t_k), ([c, x_{k+1}], t_{k+1}), \ldots, ([x_n, b], t_n)\}$ is δ^*-fine, then $\dot{\mathcal{P}}' := \{([a, x_1], t_1), \ldots, ([x_{k-1}, c], t_k)\}$ is a δ'-fine partition of $[a, c]$ and $\dot{\mathcal{P}}'' := \{([c, x_{k+1}], t_{k+1}), \ldots, ([x_n, b], t_n)\}$ is a δ''-fine partition of $[c, b]$.

9. The hypothesis that f is locally bounded presents us with a gauge δ. If $\{([x_{i-1}, x_i], t_i)\}_{i=1}^n$ is a δ-fine partition of $[a, b]$ and M_i is a bound for $|f|$ on $[x_{i-1}, x_i]$ let $M := \sup\{M_i : i = 1, \ldots, n\}$.

연습문제 5.6

1. If $x \in [a, b]$, then $f(a) \leq f(x)$.

4. If $0 \leq f(x_1) \leq f(x_2)$ and $0 \leq g(x_1) \leq g(x_2)$, then $f(x_1)g(x_1) \leq f(x_2)g(x_1) \leq f(x_2)g(x_2)$.

6. If f is continuous at c, then $\lim(f(x_n)) = f(c)$, since $c = \lim(x_n)$. Conversely, since $0 \leq j_f(c) \leq f(x_{2n}) - f(x_{2n+1})$, it follows that $j_f(c) = 0$, so f is continuous at c.

7. Apply Exercises 2.4.4, 2.4.5, and the Principle of the Iterated Infima (analogous to the result in Exercise 2.4.12).

8. Let $x_1 \in I$ be such that $y = f(x_1)$ and $x_2 \in I$ be such that $y = g(x_2)$. If $x_2 \leq x_1$, then $y = g(y_2) < f(x_2) \leq f(x_1) = y$, a contradiction.

11. Note that f^{-1} is continuous at every point of its domain $[0, 1] \cup (2, 3]$.

14. Let $y := x^{1/n}$ and $z := x^{1/q}$ so that $y^n = x = z^q$, whence (by Exercise 2.1.26) $y^{np} = x^p = z^{qp}$. Since $np = mq$, show that $\left(x^{1/n}\right)^m = \left(x^{1/q}\right)^p$ or $x^{m/n} = x^{p/q}$. Now consider the case where $m, p \in \mathbb{Z}$.

15. Use the preceding exercise and Exercise 2.1.26.

연습문제 6.1

1. (a) $f'(x) = \lim\limits_{h\to 0}[(x+h)^3 - x^3]/h = \lim\limits_{h\to 0}\left(3x^2 + 3xh + h^2\right) = 3x^2$,
   (c) $h'(x) = \lim\limits_{h\to 0}\dfrac{\sqrt{x+h}-\sqrt{x}}{h} = \lim\limits_{h\to 0}\dfrac{1}{\sqrt{x+h}+\sqrt{x}} = \dfrac{1}{2\sqrt{x}}$.
4. Note that $|f(x)/x| \le |x|$ for $x \in \mathbb{R}$.
5. (a) $f'(x) = (1-x^2)/(1+x^2)^2$ (b) $g'(x) = (x-1)/\sqrt{5-2x+x^2}$
   (c) $h'(x) = mkx^{k-1}\left(\cos x^k\right)\left(\sin x^k\right)^{m-1}$ (d) $k'(x) = 2x\sec^2(x^2)$.
6. The function f' is continuous for $n \ge 2$ and is differentiable for $n \ge 3$.
8. (a) $f'(x) = 2$ for $x > 0$, $f'(x) = 0$ for $-1 < x < 0$, and $f'(x) = -2$ for $x < -1$,
   (c) $h'(x) = 2|x|$ for all $x \in \mathbb{R}$.
10. If $x \ne 0$, then $g'(x) = 2x\sin(1/x^2) - (2/x)\cos(1/x^2)$. Moreover, $g'(0) = \lim\limits_{h\to 0}\sin\left(1/h^2\right) = 0$. Consider $x_n := 1/\sqrt{2n\pi}$.
11. (a) $f'(x) = 2/(2x+3)$ (b) $g'(x) = 6(L(x^2))^2/x$
    (c) $h'(x) = 1/x$ (d) $k'(x) = 1/(xL(x))$.
14. $1/h'(0) = 1/2$, $1/h'(1) = 1/5$, and $1/h'(-1) = 1/5$.
16. $D[\text{Arctan}\, y] = 1/D[\tan x] = 1/\sec^2 x = 1/(1+y^2)$.

연습문제 6.2

1. (a) Increasing on $[3/2, \infty)$, decreasing on $(-\infty, 3/2]$,
   (c) Increasing on $(-\infty, -1]$ and $[1, \infty)$.
2. (a) Relative minimum at $x = 1$; relative maximum at $x = -1$,
   (c) Relative maximum at $x = 2/3$.
3. (a) Relative minima at $x = \pm 1$; relative maxima at $x = 0, \pm 4$,
   (c) Relative minima at $x = -2, 3$; relative maximum at $x = 2$.
6. If $x < y$ there exists c in (x, y) such that $|\sin x - \sin y| = |\cos c||y - x|$.
9. $f(x) = x^4(2 + \sin(1/x)) > 0$ for $x \ne 0$, so f has an absolute minimum at $x = 0$. Show that $f'(1/2n\pi) < 0$ for $n \ge 2$ and $f'(2/(4n+1)\pi) > 0$ for $n \ge 1$.
10. $g'(0) = \lim\limits_{x\to 0}(1 + 2x\sin(1/x)) = 1 + 0 = 1$, and if $x \ne 0$, then $g'(x) = 1 + 4x\sin(1/x) - 2\cos(1/x)$. Now show that $g'(1/2n\pi) < 0$ and that we have $g'(2/(4n+1)\pi) > 0$ for $n \in \mathbb{N}$.
14. Apply Darboux's Theorem 6.2.12.
17. Apply the Mean Value Theorem to the function $g - f$ on $[0, x]$.
20. (a, b) Apply the Mean Value Theorem.
    (c) Apply Darboux's Theorem to the results of (a) and (b).

연습문제 6.3

1. $A = B(\lim_{x \to c} f(x)/g(x)) = 0$.
4. Note that $f'(0) = 0$, but that $f'(x)$ does not exist if $x \neq 0$.
7. (a) 1 (b) 1 (c) 0 (d) 1/3.
8. (a) 1 (b) ∞ (c) 0 (d) 0.
9. (a) 0 (b) 0 (c) 0 (d) 0.
10. (a) 1 (b) 1 (c) e^3 (d) 0.
11. (a) 1 (b) 1 (c) 1 (d) 0.

연습문제 6.4

1. $f^{(2n-1)}(x) = (-1)^n a^{2n-1} \sin ax$ and $f^{(2n)}(x) = (-1)^n a^{2n} \cos ax$ for $n \in \mathbb{N}$.
4. Apply Taylor's Theorem to $f(x) := \sqrt{1+x}$ at $x_0 := 0$ and note that $R_1(x) < 0$ and $R_2(x) > 0$ for $x > 0$.
5. $1.095 < \sqrt{1.2} < 1.1$ and $1.375 < \sqrt{2} < 1.5$.
6. $R_2(0.2) < 0.0005$ and $R_2(1) < 0.0625$.
11. With $n = 4$, $\ln 1.5 = 0.40$; with $n = 7$, $\ln 1.5 = 0.405$.
17. Apply Taylor's Theorem to f at $x_0 = c$ to show that $f(x) \geq f(c) + f'(c)(x - c)$.
19. Since $f(2) < 0$ and $f(2.2) > 0$, there is a zero of f in [2.0, 2.2]. The value of x_4 is approximately 2.094 551 5.
20. $r_1 \approx 1.452\,626\,88$ and $r_2 \approx -1.164\,035\,14$.
21. $r \approx 1.324\,717\,96$.
22. $r_1 \approx 0.158\,594\,34$ and $r_2 \approx 3.146\,193\,22$.
23. $r_1 \approx 0.5$ and $r_2 \approx 0.809\,016\,99$.
24. $r \approx 0.739\,085\,13$.

연습문제 7.1

1. (a) $||\mathcal{P}_1|| = 2$ (b) $||\mathcal{P}_2|| = 2$ (c) $||\mathcal{P}_3|| = 1.4$ (d) $||\mathcal{P}_4|| = 2$.
2. (a) $0^2 \cdot 1 + 1^2 \cdot 1 + 2^2 \cdot 2 = 0 + 1 + 8 = 9$
   (b) 37 (c) 13 (d) 33.
5. (a) If $u \in [x_{i-1}, x_i]$, then $x_{i-1} \leq u$ so that $c_1 \leq t_i \leq x_i \leq x_{i-1} + ||\dot{\mathcal{P}}||$ whence $c_1 - ||\dot{\mathcal{P}}|| \leq x_{i-1} \leq u$. Also $u \leq x_i$ so that $x_i - ||\dot{\mathcal{P}}|| \leq x_{i-1} \leq t_i \leq c_2$, whence $u \leq x_i \leq c_2 + ||\dot{\mathcal{P}}||$.
10. g is not bounded. Take rational tags.
12. Let $\mathcal{P}_n$ be the partition of [0, 1] into n equal parts. If $\dot{\mathcal{P}}_n$ is this partition with rational tags, then $S(f; \dot{\mathcal{P}}_n) = 1$, while if $\dot{\mathcal{Q}}_n$ is this partition with irrational tags, then $S(f; \dot{\mathcal{Q}}_n) = 0$.
13. If $||\dot{\mathcal{P}}|| < \delta_\varepsilon := \varepsilon/4\alpha$, then the union of the subintervals in $\dot{\mathcal{P}}$ with tags in $[c, d]$ contains the interval $[c + \delta_\varepsilon, d - \delta_\varepsilon]$ and is contained in $[c - \delta_\varepsilon, d + \delta_\varepsilon]$. Therefore $\alpha(d - c - 2\delta_\varepsilon) \leq S(\varphi; \dot{\mathcal{P}}) \leq \alpha(d - c + 2\delta_\varepsilon)$, whence $|S(\varphi : \dot{\mathcal{P}}) - \alpha(d - c)| \leq 2\alpha\delta_\varepsilon < \varepsilon$.

14. (b) In fact, $(x_i^2 + x_i x_{i-1} + x_{i-1}^2) \cdot (x_i - x_{i-1}) = x_i^3 - x_{i-1}^3$.
(c) The terms in $S(Q : \dot{\mathcal{Q}})$ telescope.

15. Let $\dot{\mathcal{P}} = \{([x_{i-1}, x_i], t_i)\}_{i=1}^n$ be a tagged partition of $[a, b]$ and let $\dot{\mathcal{Q}} := \{([x_{i-1} + c, x_i + c], t_i + c)\}_{i=1}^n$ so that $\dot{\mathcal{Q}}$ is a tagged partition of $[a + c, b + c]$ and $||\dot{\mathcal{Q}}|| = ||\dot{\mathcal{P}}||$. Moreover, $S(g; \dot{\mathcal{Q}}) = S(f; \dot{\mathcal{P}})$ so that $\left|S(g; \dot{\mathcal{Q}}) - \int_a^b f\right| = \left|S(f; \dot{\mathcal{P}}) - \int_a^b f\right| < \varepsilon$ when $||\dot{\mathcal{Q}}|| < \delta_\varepsilon$.

연습문제 7.2

2. If the tags are all rational, then $S(h; \dot{\mathcal{P}}) \geq 1$, while if the tags are all irrational, then $S(h; \dot{\mathcal{P}}) = 0$.

3. Let $\dot{\mathcal{P}}_n$ be the partition of $[0, 1]$ into n equal subintervals with $t_1 = 1/n$ and $\dot{\mathcal{Q}}_n$ be the same subintervals tagged by irrational points.

5. If $c_1, \ldots, c_n$ are the distinct values taken by φ, then $\varphi^{-1}(c_j)$ is the union of a finite collection $\{J_{j1}, \ldots, J_{jr_j}\}$ of disjoint subintervals of $[a, b]$. We can write $\varphi = \sum_{j=1}^{n} \sum_{k=1}^{r_j} c_j \varphi_{J_{jk}}$.

6. Not necessarily.

8. If $f(c) > 0$ for some $c \in (a, b)$, there exists $\delta > 0$ such that $f(x) > \frac{1}{2} f(c)$ for $|x - c| \leq \delta$. Then $\int_a^b f \geq \int_{c-\delta}^{c+\delta} f \geq (2\delta) \frac{1}{2} f(c) > 0$. If c is an endpoint, a similar argument applies.

10. Use Bolzano's Theorem 5.3.7.

12. Indeed, $|g(x)| \leq 1$ and is continuous on every interval $[c, 1]$ where $0 < c < 1$. The preceding exercise applies.

13. Let $f(x) := 1/x$ for $x \in (0, 1]$ and $f(0) := 0$.

16. Let $m := \inf f(x)$ and $M := \sup f$. By Theorem 7.1.5(c), we have $m(b - a) \leq \int_a^b f \leq M(b - a)$. By Bolzano's Theorem 5.3.7, there exists $c \in [a, b]$ such that $f(c) = (\int_a^b f)/(b - a)$.

19. (a) Let $\dot{\mathcal{P}}_n$ be a sequence of tagged partitions of $[0, a]$ with $||\dot{\mathcal{P}}_n|| \to 0$ and let $\dot{\mathcal{P}}_n^*$ be the corresponding "symmetric" partition of $[-a, a]$. Show that $S(f; \dot{\mathcal{P}}_n^*) = 2S(f; \dot{\mathcal{P}}_n) \to 2\int_0^a f$.

20. Note that $x \mapsto f(x^2)$ is an even continuous function.

연습문제 7.3

1. Suppose that $E := \{a = c_0 < c_1 < \cdots < c_m = b\}$ contains the points in $[a, b]$ where the derivative $F'(x)$ either does not exist, or does not equal $f(x)$. Then $f \in \mathcal{R}[c_{i-1}, c_i]$ and $\int_{c_{i-1}}^{c_i} f = F(c_i) - F(c_{i-1})$. Exercise 7.2.14 and Corollary 7.2.11 imply that $f \in \mathcal{R}[a, b]$ and that $\int_a^b f = \sum_{i=1}^{m} (F(c_i) - F(c_{i-1})) = F(b) - F(a)$.

2. $E = \emptyset$.

3. Let $E := \{-1, 1\}$. If $x \notin E$, $G'(x) = g(x)$.

4. Indeed, $B'(x) = |x|$ for all x.

6. $F_c = F_a - \int_a^c f$.

7. Let h be Thomae's function. There is no function $H : [0, 1] \to \mathbb{R}$ such that $H'(x) = h(x)$ for x in some nondegenerate open interval; otherwise Darboux's Theorem 6.2.12 would be contradicted on this interval.

9. (a) $G(x) = F(x) - F(c)$, (b) $H(x) = F(b) - F(x)$, (c) $S(x) = F(\sin x) - F(x)$.

10. Use Theorem 7.3.6 and the Chain Rule 6.1.6.

11. (a) $F'(x) = 2x(1+x^6)^{-1}$ (b) $F'(x) = (1+x^2)^{1/2} - 2x(1+x^4)^{1/2}$.

15. $g'(x) = f(x+c) - f(x-c)$.

18. (a) Take $\varphi(t) = 1 + t^2$ to get $\frac{1}{3}(2^{3/2} - 1)$.
    (b) Take $\varphi(t) = 1 + t^3$ to get $\frac{4}{3}$.
    (c) Take $\varphi(t) = 1 + \sqrt{t}$ to get $\frac{4}{3}(3^{3/2} - 2^{3/2})$.
    (d) Take $\varphi(t) = t^{1/2}$ to get $2(\sin 2 - \sin 1)$.

19. In (a) – (c) $\varphi'(0)$ does not exist. For (a), integrate over $[c, 4]$ and let $c \to 0+$. For (c), the integrand is even so the integral equals $2\int_0^1 (1+t)^{1/2} dt$.

20. (b) $\bigcup_n Z_n$ is contained in $\bigcup_{n,k} J_k^n$ and the sum of the lengths of these intervals is $\le \sum_n \varepsilon/2^n = \varepsilon$.

21. (a) The Product Theorem 7.3.16 applies.
    (b) We have $\mp 2t \int_a^b fg \le t^2 \int_a^b f^2 + \int_a^b g^2$.
    (c) Let $t \to \infty$ in (b).
    (d) If $\int_a^b f^2 \neq 0$, let $t = \left(\int_a^b g^2 / \int_a^b f^2\right)^{1/2}$ in (b).

22. Note that $\operatorname{sgn} \circ h$ is Dirichlet's function, which is not Riemann integrable.

연습문제 7.4

2. Show that if $\mathcal{P}$ is any partition, then $L(f; \mathcal{P}) = U(f; \mathcal{P}) = c(b-a)$.

4. If $k \ge 0$, then $\inf\{kf(x) : x \in I_j\} = k \inf\{f(x) : x \in I_j\}$.

6. Consider the partition $\mathcal{P}_\varepsilon := (0, 1 - \varepsilon/2, 1 + \varepsilon/2, 2)$.

9. See Exercise 2.4.8.

11. If $|f(x)| \le M$ for $x \in [a, b]$ and $\varepsilon > 0$, let $\mathcal{P}$ be a partition such that the total length of the subintervals that contain any of the given points is less than ε/M. Then $U(f; \mathcal{P}) - L(f; \mathcal{P}) < \varepsilon$ so that Theorem 7.4.8 applies. Also $0 \le U(f; \mathcal{P}) \le \varepsilon$, so that $U(f) = 0$.

연습문제 7.5

1. Use (4) with $n = 4$, $a = 1$, $b = 2$, $h = 1/4$. Here $1/4 \le f''(c) \le 2$, so $T_4 \approx 0.697\,02$.

3. $T_4 \approx 0.782\,79$.

4. The index n must satisfy $2/12n^2 < 10^{-6}$; hence $n > 1000/\sqrt{6} \approx 408.25$.

5. $S_4 \approx 0.785\,39$.

6. The index n must satisfy $96/180n^4 < 10^{-6}$; hence $n \geq 28$.

12. The integral is equal to the area of one quarter of the unit circle. The derivatives of h are unbounded on [0, 1]. Since $h''(x) \leq 0$, the inequality is $T_n(h) < \pi/4 < M_n(h)$. See Exercise 8.

13. Interpret K as an area. Show that $h''(x) = -(1-x^2)^{3/2}$ and that $h^{(4)}(x) = -3(1+4x^2)(1-x^2)^{-7/2}$. To eight decimal places, $\pi = 3.141\,592\,65$.

14. Approximately 3.653 484 49.

15. Approximately 4.821 159 32.

16. Approximately 0.835 648 85.

17. Approximately 1.851 937 05.

18. 1.

19. Approximately 1.198 140 23.

20. Approximately 0.904 524 24.

연습문제 8.1

1. Note that $0 \leq f_n(x) \leq x/n \to 0$ as $n \to \infty$.
3. If $x > 0$, then $|f_n(x) - 1| < 1/(nx)$.
5. If $x > 0$ then $|f_n(x)| \leq 1/(nx) \to 0$.
7. If $x > 0$, then $0 < e^{-x} < 1$.
9. If $x > 0$, then $0 \leq x^2e^{-nx} = x^2(e^{-x})^n \to 0$, since $0 < e^{-x} < 1$.
10. If $x \in \mathbb{Z}$, the limit equals 1. If $x \notin \mathbb{Z}$, the limit equals 0.
11. If $x \in [0, a]$, then $|f_n(x)| \leq a/n$. However, $f_n(n) = 1/2$.
14. If $x \in [0, b]$, then $|f_n(x)| \leq b^n$. However, $f_n(2^{-1/n}) = 1/3$.
15. If $x \in [a, \infty)$, then $|f_n(x)| \leq 1/(na)$. However, $f_n(1/n) = \frac{1}{2}\sin 1 > 0$.
18. The maximum of f_n on $[0, \infty)$ is at $x = 1/n$, so $||f_n||_{[0,\infty)} = 1/(ne)$.
20. If n is sufficiently large, $||f_n||_{[a,\infty)} = n^2a^2/e^{na}$. However, $||f_n||_{[0,\infty)} = 4/e^2$.
23. Let M be a bound for $(f_n(x))$ and $(g_n(x))$ on A, whence also $|f(x)| \leq M$. The Triangle Inequality gives $|f_n(x)g_n(x) - f(x)g(x)| \leq M(|f_n(x) - f(x)| + |g_n(x) - g(x)|)$ for $x \in A$.

연습문제 8.2

1. The limit function is $f(x) := 0$ for $0 \leq x < 1$, $f(1) := 1/2$, and $f(x) := 1$ for $1 < x \leq 2$.
4. If $\varepsilon > 0$ is given, let K be such that if $n \geq K$, then $||f_n - f||_I < \varepsilon/2$. Then $|f_n(x_n) - f(x_0)| \leq |f_n(x_n) - f(x_n)| + |f(x_n) - f(x_0)| \leq \varepsilon/2 + |f(x_n) - f(x_0)|$. Since f is continuous (by Theorem 8.2.2) and $x_n \to x_0$, then $|f(x_n) - f(x_0)| < \varepsilon/2$ for $n \geq K'$, so that $|f_n(x_n) - f(x_0)| < \varepsilon$ for $n \geq \max\{K, K'\}$.
6. Here $f(0) = 1$ and $f(x) = 0$ for $x \in (0, 1]$. The convergence is not uniform on [0, 1].
7. Given $\varepsilon := 1$, there exists $K > 0$ such that if $n \geq K$ and $x \in A$, then $|f_n(x) - f(x)| < 1$, so that $|f_n(x)| \leq |f_K(x)| + 1$ for all $x \in A$. Let $M := \max\{||f_1||_A, \ldots, ||f_{K-1}||_A, ||f_K||_A + 1\}$.
8. $f_n(1/\sqrt{n}) = \sqrt{n}/2$.

10. Here (g_n) converges uniformly to the zero function. The sequence (g_n') does not converge uniformly.
11. Use the Fundamental Theorem 7.3.1 and Theorem 8.2.4.
13. If $a > 0$, then $\|f_n\|_{[a,\pi]} \leq 1/(na)$ and Theorem 8.2.4 applies.
15. Here $\|g_n\|_{[0,\,1]} \leq 1$ for all n. Now apply Theorem 8.2.5.
20. Let $f_n(x) := x^n$ on $[0, 1)$.

연습문제 8.3

1. Let $A := x > 0$ and let $m \to \infty$ in (5). For the upper estimate on e, take $x = 1$ and $n = 3$ to obtain $|e - 2\frac{2}{3}| < 1/12$, so $e < 2\frac{3}{4}$.
2. Note that if $n \geq 9$, then $2/(n+1)! < 6 \times 10^{-7} < 5 \times 10^{-6}$. Hence $e \approx 2.71828$.
3. Evidently $E_n(x) \leq e^x$ for $x \geq 0$. To obtain the other inequality, apply Taylor's Theorem 6.4.1 to $[0,\,a]$.
5. Note that $0 \leq t^n/(1+t) \leq t^n$ for $t \in [0,\,x]$.
6. $\ln 1.1 \simeq 0.0953$ and $\ln 1.4 \approx 0.3365$. Take $n > 19,999$.
7. $\ln 2 \approx 0.6931$.
10. $L'(1) = \lim[L(1+1/n) - L(1)]/(1/n) = \lim L((1+1/n)^n) = L(\lim(1+1/n)^n) = L(e) = 1$.
11. (c) $(xy)^\alpha = E(\alpha L(xy)) = E(\alpha L(x) + \alpha L(y)) = E(\alpha L(x)) \cdot E(\alpha L(y)) = x^\alpha \cdot y^\alpha$.
12. (b) $(x^\alpha)^\beta = E(\beta L(x^\alpha)) = E(\beta\alpha L(x)) = x^{\alpha\beta}$, and similarly for $(x^\beta)^\alpha$.
15. Use 8.3.14 and 8.3.9(vii).
17. Indeed, we have $\log_a x = (\ln x)/(\ln a) = [(\ln x)/(\ln b)] \cdot [(\ln b)/(\ln a)]$ if $a \neq 1,\ b \neq 1$. Now take $a = 10,\ b = e$.

연습문제 8.4

1. If $n > 2|x|$, then $|\cos x - C_n(x)| \leq (16/15)|x|^{2n}/(2n)!$, so $\cos(0.2) \approx 0.980\,067$, $\cos 1 \approx 0.549\,302$. Similarly, $\sin(0.2) \approx 0.198\,669$ and $\sin 1 \approx 0.841\,471$.
4. We integrate 8.4.8(x) twice on $[0,\,x]$. Note that the polynomial on the left has a zero in the interval [1.56,1.57], so $1.56 \leq \pi/2$.
5. Exercise 8.4.4 shows that $C_4(x) \leq \cos x \leq C_3(x)$ for all $x \in \mathbb{R}$. Integrating several times, we get $S_4(x) \leq \sin x \leq S_5(x)$ for all $x > 0$. Show that $S_4(3.05) > 0$ and $S_5(3.15) < 0$. (This procedure can be sharpened.)
6. If $|x| \leq A$ and $m > n > 2A$, then $|c_m(x) - c_n(x)| < (16/15)A^{2n}/(2n)!$, whence the convergence of (c_n) to c is uniform on each interval $[-A,\,A]$.
7. $D[(c(x))^2 - (s(x))^2] = 0$ for all $x \in \mathbb{R}$. For uniqueness, argue as in 8.4.4.
8. Let $g(x) := f(0)c(x) + f'(0)s(x)$ for $x \in \mathbb{R}$, so that $g''(x) = g(x)$, $g(0) = f(0)$ and $g'(0) = f'(0)$. Therefore $h(x) := f(x) - g(x)$ has the property that $h''(x) = h(x)$ for all $x \in \mathbb{R}$ and $h(0) = 0$, $h'(0) = 0$. Thus $g(x) = f(x)$ for all $x \in \mathbb{R}$, so that $f(x) = f(0)c(x) + f'(0)s(x)$.

9. If $\varphi(x) := c(-x)$, show that $\varphi''(x) = \varphi(x)$ and $\varphi(0) = 1$, $\varphi'(0) = 0$, so that $\varphi(x) = c(x)$ for all $x \in \mathbb{R}$. Therefore c is even.

연습문제 9.1

1. Let s_n be the nth partial sum of $\sum_1^\infty a_n$, let t_n be the nth partial sum of $\sum_1^\infty |a_n|$, and suppose that $a_n \geq 0$ for $n > P$. If $m > n > P$, show that $t_m - t_n = s_m - s_n$. Now apply the Cauchy Criterion.
3. Take positive terms until the partial sum exceeds 1, then take negative terms until the partial sum is less than 1, then take positive terms until the partial sum exceeds 2, etc.
5. Yes.
6. If $n \geq 2$, then $s_n = -\ln 2 - \ln n + \ln(n+1)$. Yes.
9. We have $s_{2n} - s_n \geq na_{2n} = \frac{1}{2}(2na_{2n})$, and $s_{2n+1} - s_n \geq \frac{1}{2}(2n+1)a_{2n+1}$. Consequently $\lim(na_n) = 0$.
11. Indeed, if $|n^2 a_n| \leq M$ for n, then $|a_n| \leq M/n^2$.
13. (a) Rationalize to obtain $\sum x_n$ where $x_n := \left[\sqrt{n}\left(\sqrt{n+1} + \sqrt{n}\right)\right]^{-1}$ and note that $x_n \approx y_n := 1/(2n)$. Now apply the Limit Comparison Test 3.7.8.
    (b) Rationalize and compare with $\sum 1/n^{3/2}$.
14. If $\sum a_n$ is absolutely convergent, the partial sums of $\sum |a_n|$ are bounded, say by M. Evidently the absolute value of the partial sums of any subseries of a_n are also bounded by M.
    Conversely, if every subseries of $\sum a_n$ is convergent, then the subseries consisting of the strictly positive (and strictly negative) terms are absolutely convergent, whence it follows that $\sum a_n$ is absolutely convergent.

연습문제 9.2

1. (a) Convergent; compare with $\sum 1/n^2$. (c) Divergent; note that $2^{1/n} \to 1$.
2. (a) Divergent; apply 9.2.1 with $b_n := 1/n$.
   (c) Convergent; use 9.2.4 and note that $(n/(n+1))^n \to 1/e < 1$.
3. (a) $(\ln n)^p < n$ for large n, by L'Hospital's Rule.
   (c) Convergent; note that $(\ln n)^{\ln n} > n^2$ for large n.
   (e) Divergent; apply 9.2.6 or Exercise 3.7.15.
4. (a) Convergent (b) Divergent (c) Divergent
   (d) Convergent; note that $(\ln n)\exp\left(-n^{1/2}\right) < n\exp\left(-n^{1/2}\right) < 1/n^2$ for large n, by L'Hospital's Rule.
   (e) Divergent (f) Divergent.
6. Apply the Integral Test 9.2.6.
7. (a, b) Convergent (c) Divergent (d) Convergent.
9. If $m > n \geq K$, then $|s_m - s_n| \leq |x_{n+1}| + \cdots + |x_m| < r^{n+1}/(1-r)$. Now let $m \to \infty$.

12. (a) A crude estimate of the remainder is given by $s - s_4 < \int_5^\infty x^{-2}dx = 1/5$. Similarly $s - s_{10} < 1/11$and $s - s_n < 1/(n+1)$, so that 999 terms suffice to get $s - s_{999} < 1/1000$.
    (d) If $n \geq 4$, then $x_{n+1}/x_n \leq 5/8$ so (by Exercise 10) $|s - s_4| \leq 5/12$. If $n \geq 10$, then $x_{n+1}/x_n \leq 11/20$ so that $|s - s_{10}| \leq \left(10/2^{10}\right)(11/9) < 0.012$. If $n = 14$, then $|s - s_{14}| < 0.000\,99$.

13. (b) Here $\displaystyle\sum_{n+1}^{\infty} < \int_n^\infty x^{-3/2}dx = 2/\sqrt{n}$, so $|s - s_{10}| < 0.633$ and $|s - s_n| < 0.001$ when $n > 4 \times 10^6$.
    (c) If $n \geq 4$, then $|s - s_n| \leq (0.694)x_n$ so that $|s - s_4| < 0.065$. If $n \geq 10$, then $|s - s_n| \leq (0.628)x_n$ so that $|s - s_{10}| < 0.000\,023$.

14. Note that (s_{3n}) is not bounded.

16. Note that, for an integer with n digits, there are 9 ways of picking the first digit and 10 ways of picking each of the other $n - 1$ digits. There is one value of m_k from 1 to 9, there is one value from 10 to 19, one from 20 to 29, etc.

18. Here $\lim(n(1 - x_{n+1}/x_n)) = (c - a - b) + 1$, so the series is convergent if $c > a + b$ and is divergent if $c < a + b$.

연습문제 9.3

1. (a) Absolutely convergent (b) Conditionally convergent
   (c) Divergent (d) Conditionally convergent.

2. Show by induction that $s_2 < s_4 < s_6 < \cdots < s_5 < s_3 < s_1$. Hence the limit lies between s_n and s_{n+1} so that $|s - s_n| < |s_{n+1} - s_n| = z_{n+1}$.

5. Use Dirichlet's Test with $(y_n) := (+1, -1, -1, +, +1, -1, -1, \ldots)$. Or group the terms in pairs (after the first) and use the Alternating Series Test

7. If $f(x) := (\ln x)^p/x^q$, then $f'(x) < 0$ for x sufficiently large. L'Hospital's Rule shows that the terms in the alternating series approach 0.

8. (a) Convergent (b) Divergent (c) Divergent (d) Divergent.

11. Dirichlet's Test does not apply (directly, at least), since the partial sums of the series generated by $(1, -1, -1, 1, 1, 1, \ldots)$ are not bounded.

15. (a) Use Abel's Test with $x_n := 1/n$.
    (b) Use the Cauchy Inequality with $x_n := \sqrt{a_n}$, $y_n := 1/n$, to get $\sum \sqrt{a_n}/n \leq \left(\sum a_n\right)^{1/2} \left(\sum 1/n^2\right)^{1/2}$, establishing convergence.
    (d) Let $a_n := [n(\ln n)^2]^{-1}$, which converges by the Integral Test. However, $b_n := [\sqrt{n}\ln n]^{-1}$, which diverges.

연습문제 9.4

1. (a) Take $M_n := 1/n^2$ in the Weierstrass M-Test.
   (c) Since $|\sin y| \leq |y|$, the series converges for all x. But it is not uniformly convergent on $\mathbb{R}$. If $a > 0$, the series is uniformly convergent for $|x| \leq a$.

(d) If $0 \le x \le 1$, the series is divergent. If $1 < x < \infty$, the series is convergent. It is uniformly convergent on $[a, \infty)$ for $a > 1$. However, it is not uniformly convergent on $(1, \infty)$.

4. If $\rho = \infty$, then the sequence $\left(|a_n|^{1/n}\right)$ is not bounded. Hence if $|x_0| > 0$, then there are infinitely many $k \in \mathbb{N}$ with $|a_k|^{1/k} > 1/|x_0|$ so that $\left|a_k x_0^k\right| > 1$. Thus the series is not convergent when $x_0 \neq 0$.

5. Suppose that $L := \lim(|a_n|/|a_{n+1}|)$ exists and that $0 < L < \infty$. It follows from the Ratio Test that $\sum a_n x^n$ converges for $|x| < L$ and diverges for $|x| > L$. The Cauchy-Hadamard Theorem implies that $L = R$.

6. (a) $R = \infty$ (b) $R = \infty$
(c) $R = 1/e$ (d) 1
(e) $R = 4$ (f) $R = 1$.

8. Use $\lim\left(n^{1/n}\right) = 1$.

10. By the Uniqueness Theorem 9.4.13, $a_n = (-1)^n a_n$ for all n.

12. If $n \in \mathbb{N}$, there exists a polynomial P_n such that $f^{(n)}(x) = e^{-1/x^2} P_n(1/x)$ for $x \neq 0$.

13. Let $g(x) := 0$ for $x \ge 0$ and $g(x) := e^{-1/x^2}$ for $x < 0$. Show that $g^{(n)}(0) = 0$ for all n.

16. Substitute $-y$ for x in Exercise 15 and integrate from $y = 0$ to $y = x$ for $|x| < 1$, which is justified by Theorem 9.4.11.

19. $\int_0^x e^{-t^2} dt = \sum_{n=0}^{\infty} (-1)^n x^{2n+1}/n!(2n+1)$ for $x \in \mathbb{R}$.

20. Apply Exercise 14 and $\int_0^{\pi/2} (\sin x)^{2n} dx = \dfrac{\pi}{2} \cdot \dfrac{1 \cdot 3 \cdot 5 \cdots (2n-1)}{2 \cdot 4 \cdot 6 \cdots 2n}$.

연습문제 10.1

1. (a) Since $t_i - \delta(t_i) \le x_{i-1}$ and $x_i \le t_i + \delta(t_i)$, then $0 \le x_i - x_{i-1} \le 2\delta(t_i)$.
(b) Apply (a) to each subinterval.

2. (b) Consider the tagged partition $\{([0, 1], 1), ([1, 2], 1), ([2, 3], 3), ([3, 4], 3)\}$.

3. (a) If $\dot{\mathcal{P}} = \{([x_{i-1}, x_i], t_i)\}_{i=1}^n$ and if t_k is a tag for both subintervals $[x_{k-1}, x_k]$ and $[x_k, x_{k+1}]$, we must have $t_k = x_k$. We replace these two subintervals by the subinterval $[x_{k-1}, x_{k+1}]$ with the tag t_k, keeping the δ-fineness property.
(b) No.
(c) If $t_k \in (x_{k-1}, x_k)$, then we replace $[x_{k-1}, x_k]$ by the two intervals $[x_{k-1}, t_k]$ and $[t_k, x_k]$ both tagged by t_k, keeping the δ-fineness property.

4. If $x_{k-1} \le 1 \le x_k$ and if t_k is the tag for $[x_{k-1}, x_k]$, then we cannot have $t_k > 1$, since then $t_k - \delta(t_k) = \frac{1}{2}(t_k + 1) > 1$. Similarly, we cannot have $t_k < 1$, since then $t_k + \delta(t_k) = \frac{1}{2}(t_k + 1) < 1$. Therefore $t_k = 1$.

5. (a) Let $\delta(t) := \frac{1}{2}\min\{|t-1|, |t-2|, |t-3|\}$ if $t \neq 1, 2, 3$ and $\delta(t) := 1$ for $t = 1, 2, 3$.
(b) Let $\delta_2(t) := \min\{\delta(t), \delta_1(t)\}$, where δ is as in part (a).

7. (a) $F_1(x) := (2/3)x^{3/2} + 2x^{1/2}$,
(b) $F_2(x) := (2/3)(1-x)^{3/2} - 2(1-x)^{1/2}$,
(c) $F_3(x) := (2/3)x^{3/2}(\ln x - 2/3)$ for $x \in (0, 1]$ and $F_3(0) := 0$,

(d) $F_4(x) := 2x^{1/2}(\ln x - 2)$ for $x \in (0, 1]$ and $F_4(0) := 0$,
(e) $F_5(x) := -\sqrt{1 - x^2} + \text{Arcsin}\, x$,
(f) $F_6(x) := \text{Arcsin}(x - 1)$.

8. The tagged partition $\dot{\mathcal{P}}_z$ need not be δ_ε-fine, since the value $\delta_\varepsilon(z)$ may be much smaller than $\delta_\varepsilon(x_j)$.

9. If f were integrable, then $\int_0^1 f \geq \int_0^1 s_n = 1/2 + 1/3 + \cdots + 1/(n+1)$.

10. We enumerate the nonzero rational numbers as $r_k = m_k/n_k$ and define $\delta_\varepsilon(m_k/n_k) := \varepsilon/\left(n_k 2^{k+1}\right)$ and $\delta_\varepsilon(x) := 1$ otherwise.

12. The function M is not continuous on $[-2, 2]$.

13. L_1 is continuous and $L_1'(x) = l_1(x)$ for $x \neq 0$, so Theorem 10.1.9 applies.

15. We have $C_1'(x) = (3/2)x^{1/2}\cos(1/x) + x^{-1/2}\sin(1/x)$ for $x > 0$. Since the first term in C_1' has a continuous extension to $[0, 1]$, it is integrable.

16. We have $C_2'(x) = \cos(1/x) + (1/x)\sin(1/x)$ for $x > 0$. By the analogue of Exercise 7.2.12, the first term belongs to $\mathcal{R}[0, 1]$.

17. (a) Take $\varphi(t) := t^2 + t - 2$ so $E_\varphi = \emptyset$ to get 6.
(b) Take $\varphi(t) := \sqrt{t}$ so $E_\varphi = \{0\}$ to get $2(2 + \ln 3)$.
(c) Take $\varphi(t) := \sqrt{t-1}$ so $E_\varphi = \{1\}$ to get 2 Arctan 2.
(d) Take $\varphi(t) := \text{Arcsin}\, t$ so $E_\varphi = \{1\}$ to get $\frac{1}{4}\pi$.

19. (a) In fact $f(x) := F'(x) = \cos(\pi/x) + (\pi/x)\sin(\pi/x)$ for $x > 0$. We set $f(0) := 0$, $F'(0) := 0$. Note that f is continuous on $(0, 1]$.
(b) $F(a_k) = 0$ and $F(b_k) = (-1)^k/k$. Apply Theorem 10.1.9.
(c) If $|f| \in \mathcal{R}^*[0, 1]$, then $\displaystyle\sum_{k=1}^{n} 1/k \leq \sum_{k=1}^{n} \int_{a_k}^{b_k} |f| \leq \int_0^1 |f|$ for all $n \in \mathbb{N}$.

20. Indeed, $\text{sgn}(f(x)) = (-1)^k = m(x)$ on $[a_k, b_k]$ so $m(x) \cdot f(x) = |m(x)f(x)|$ for $x \in [0, 1]$. Since the restrictions of m and $|m|$ to every interval $[c, 1]$ for $0 < c < 1$ are step functions, they belong to $\mathcal{R}[c, 1]$. By Exercise 7.2.11, m and $|m|$ belong to $\mathcal{R}[0, 1]$ and $\int_0^1 m = \displaystyle\sum_{k=1}^{\infty} (-1)^k/k(2k+1)$ and $\displaystyle\int_0^1 |m| = \sum_{k=1}^{\infty} 1/k(2k+1)$.

21. Indeed, $\varphi(x) = \Phi'(x) = |\cos(\pi/x)| + (\pi/x)\sin(\pi/x) \cdot \text{sgn}(\cos(\pi/x))$ for $x \notin E$ by Example 6.1.7(c). Evidently φ is not bounded near 0. If $x \in [a_k, b_k]$, then $\varphi(x) = |\cos(\pi/x)| + (\pi/x)|\sin(\pi/x)|$ so that $\int_{a_k}^{b_k} |\varphi| = \Phi(b_k) - \Phi(a_k) = 1/k$, whence $|\varphi| \notin \mathcal{R}^*[0, 1]$.

22. Here $\psi(x) = \Psi'(x) = 2x|\cos(\pi/x)| + \pi \sin(\pi/x) \cdot \text{sgn}(\cos(\pi/x))$ for $x \notin \{0\} \cup E_1$ by Example 6.1.7(b). Since ψ is bounded, Exercise 7.2.11 applies. We cannot apply Theorem 7.3.1 to evaluate $\int_0^b \psi$ since E is not finite, but Theorem 10.1.9 applies and $\psi \in \mathcal{R}[0, 1]$. Corollary 7.3.15 implies that $|\psi| \in \mathcal{R}[0, 1]$.

23. If $p \geq 0$, then $mp \leq fp \leq Mp$, where m and M denote the infimum and the supremum of f on $[a, b]$, so that $m\int_a^b p \leq \int_a^b fp \leq M\int_a^b p$. If $\int_a^b p = 0$, the result is trivial; otherwise, the conclusion follows from Bolzano's Intermediate Value Theorem 5.3.7.

연습문제 10.2

2. (a) If $G(x) := 3x^{1/3}$ for $x \in [0, 1]$ then $\int_c^1 g = G(1) - G(c) \to G(1) = 3$.
   (b) We have $\int_c^1 (1/x)dx = \ln c$, which does not have a limit in $\mathbb{R}$ as $c \to 0$.

3. Here $\int_0^c (1-x)^{-1/2}dx = 2 - 2(1-c)^{1/2} \to 2$ as $c \to 1-$.

5. Because of continuity, $g_1 \in \mathcal{R}^*[c, 1]$ for all $c \in (0, 1)$. If $\omega(x) := x^{-1/2}$, then $|g_1(x)| \le \omega(x)$ for all $x \in [0, 1]$. The "left version" of the preceding exercise implies that $g_1 \in \mathcal{R}^*[0, 1]$ and the above inequality and the Comparison Test 10.2.4 imply that $g_1 \in \mathcal{L}[0, 1]$.

6. (a) The function is bounded on [0, 1] (use l'Hospital) and continuous in (0, 1).
   (c) If $x \in \left(0, \frac{1}{2}\right]$, the integrand is dominated by $\left|\left(\ln \frac{1}{2}\right)\ln x\right|$. If $x \in \left[\frac{1}{2}, 1\right)$, the integrand is dominated by $\left|\left(\ln \frac{1}{2}\right)\ln(1-x)\right|$.

7. (a) Convergent (b, c) Divergent (d, e) Convergent (f) Divergent.

10. By the Multiplication Theorem 10.1.14, $fg \in \mathcal{R}^*[a, b]$. Since $|f(x)g(x)| \le B|f(x)|$, then $fg \in \mathcal{L}[a, b]$ and $||fg|| \le B||f||$.

11. (a) Let $f(x) := (-1)^k 2^k/k$ for $x \in [c_{k-1}, c_k)$ and $f(1) := 0$, where the c_k are as in Example 10.2.2(a). Then $f^+ := \max\{f, 0\} \notin \mathcal{R}^*[0, 1]$.
    (b) Use the first formula in the proof of Theorem 10.2.7.

13. (ii) If $f(x) = g(x)$ for all $x \in [a, b]$, then $\text{dist}(f, g) = \int_a^b |f - g| = 0$.
    (iii) $\text{dist}(f, g) = \int_a^b |f - g| = \int_a^b |g - f| = \text{dist}(g, f)$.
    (iv) $\text{dist}(f, h) = \int_a^b |f - h| \le \int_a^b |f - g| + \int_a^b |g - h| = \text{dist}(f, g) + \text{dist}(g, h)$.

16. If (f_n) converges to f in $\mathcal{L}[a, b]$, given $\varepsilon > 0$ there exists $K(\varepsilon/2)$ such that if $m, n \ge K(\varepsilon/2)$ then $||f_m - f|| < \varepsilon/2$ and $||f_n - f|| < \varepsilon/2$. Therefore $||f_m - f_n|| \le ||f_m - f|| + ||f - f_n|| < \varepsilon/2 + \varepsilon/2 = \varepsilon$. Thus we may take $H(\varepsilon) := K(\varepsilon/2)$.

18. If $m > n$, then $||g_m - g_n|| \le 1/n + 1/m \to 0$. One can take $g :=$ sgn.

19. No.

20. We can take k to be the 0-function.

연습문제 10.3

1. Let $b \ge \max\{a, 1/\delta(\infty)\}$. If $\dot{\mathcal{P}}$ is a δ-fine partition of $[a, b]$, show that $\dot{\mathcal{P}}$ is a δ-fine subpartition of $[a, \infty)$.

3. If $f \in \mathcal{L}[a, \infty)$, apply the preceding exercise to $|f|$. Conversely, if $\int_p^q |f| < \varepsilon$ for $q > p \ge K(\varepsilon)$, then $\left|\int_a^q f - \int_a^p f\right| \le \int_p^q |f| < \varepsilon$ so both $\lim_\gamma \int_a^\gamma f$ and $\lim_\gamma \int_a^\gamma |f|$ exist; therefore $f, |f| \in \mathcal{R}^*[a, \infty)$ and so $f \in \mathcal{L}[a, \infty)$.

5. If $f, g \in \mathcal{L}[a, \infty)$, then $f, |f|, g$, and $|g|$ belong to $\mathcal{R}^*[a, \infty)$, so Example 10.3.3(a) implies that $f + g$ and $|f| + |g|$ belong to $\mathcal{R}^*[a, \infty)$ and that $\int_a^\infty (|f| + |g|) = \int_a^\infty |f| + \int_a^\infty |g|$. Since $|f + g| \le |f| + |g|$, it follows that $\int_a^\gamma |f + g| \le \int_a^\gamma |f| + \int_a^\gamma |g| \le \int_a^\infty |f| + \int_a^\infty |g|$, whence $||f + g|| \le ||f|| + ||g||$.

6. Indeed, $\int_1^\gamma (1/x)\,dx = \ln\gamma$, which does not have a limit as $\gamma \to \infty$. Or, use Exercise 2 and the fact that $\int_p^{2p} (1/x)dx = \ln 2 > 0$ for all $p \geq 1$.

8. If $\gamma > 0$, then $\int_0^\gamma \cos x\,dx = \sin\gamma$, which does not have a limit as $\gamma \to \infty$.

9. (a) We have $\int_0^\gamma e^{-sx}dx = (1/s)(1 - e^{-s\gamma}) \to 1/s$.
   (b) Let $G(x) := -(1/s)e^{-sx}$ for $x \in [0, \infty)$, so G is continuous on $[0, \infty)$ and $G(x) \to 0$ as $x \to \infty$. By the Fundamental Theorem 10.3.5, we have $\int_0^\infty g = -G(0) = 1/s$.

12. (a) If $x \geq e$, then $(\ln x)/x \geq 1/x$.
   (b) Integrate by parts on $[1, \gamma]$ and then let $\gamma \to \infty$.

13. (a) $|\sin x| \geq 1/\sqrt{2} > 1/2$ and $1/x > 1/(n+1)\pi$ for $x \in (n\pi + \pi/4,\ n\pi + 3\pi/4)$.
   (b) If $\gamma > (n+1)\pi$, then $\int_0^\gamma |D| \geq (1/4)(1/1 + 1/2 + \cdots + 1/(n+1))$.

15. Let $u = \varphi(x) = x^2$. Now apply Exercise 14.

16. (a) Convergent (b, c) Divergent (d) Convergent (e) Divergent
   (f) Convergent.

17. (a) If $f_1(x) := \sin x$, then $f_1 \notin \mathcal{R}^*[0, \infty)$. In Exercise 14, take $f_2(x) := x^{-1/2}\sin x$ and $\varphi_2(x) := 1/\sqrt{x}$.
   (c) Take $f(x) := x^{-1/2}\sin x$, and $\varphi(x) := (x+1)/x$.

18. (a) $f(x) := \sin x$ is in $\mathcal{R}^*[0, \gamma]$, and $F(x) := \int_0^x \sin t\,dt = 1 - \cos x$ is bounded on $[0, \infty)$, and $\varphi(x) := 1/x$ decreases monotonely to 0.
   (c) $F(x) := \int_0^x \cos t\,dt = \sin x$ is bounded on $[0, \infty)$ and $\varphi(x) := x^{-1/2}$ decreases monotonely to 0.

19. Let $u = \varphi(x) := x^2$.

20. (a) If $\gamma > 0$, then $\int_0^\gamma e^{-x}dx = 1 - e^{-\gamma} \to 1$, so $e^{-x} \in \mathcal{R}^*[0, \infty)$. Similarly $e^{-|x|} = e^x \in \mathcal{R}^*(-\infty, 0]$.
   (c) $0 \leq e^{-x^2} \leq e^{-x}$ for $|x| \geq 1$, so $e^{-x^2} \in \mathcal{R}^*[0, \infty)$. Similarly on $(-\infty, 0]$.

연습문제 10.4

1. (a) Converges to 0 at $x = 0$, to 1 on $(0, 1]$. Not uniform. Bounded by 1. Increasing. Limit $= 1$.
   (c) Converges to 1 on $[0, 1)$, to $\frac{1}{2}$ at $x = 1$. Not uniform. Bounded by 1. Increasing. Limit $= 1$.

2. (a) Converges to $\sqrt{x}$ on $[0, 1]$. Uniform. Bounded by 1. Increasing. Limit $= 2/3$.
   (c) Converges to $\frac{1}{2}$ at $x = 1$, to 0 on $(1, 2]$. Not uniform. Bounded by 1. Decreasing. Limit $= 0$.

3. (a) Converges to 1 at $x = 0$, to 0 on $(0, 1]$. Not uniform. Bounded by 1. Decreasing. Limit $= 0$.
   (c) Converges to 0. Not uniform. Bounded by $1/e$. Not monotone. Limit $= 0$.
   (e) Converges to 0. Not uniform. Bounded by $1/\sqrt{2e}$. Not monotone. Limit $= 0$.

4. (a) The Dominated Convergence Theorem applies.
   (b) $f_k(x) \to 0$ for $x \in [0, 1)$, but $(f_k(1))$ is not bounded. No obvious dominating function. Integrate by parts and use (a). The result shows that the Dominated Convergence Theorem does not apply.

6. Suppose that $(f_k(c))$ converges for some $c \in [a, b]$. By the Fundamental Theorem,

$f_k(x) - f_k(c) = \int_c^x f_k'$. By the Dominated Convergence Theorem, $\int_c^x f_k' \to \int_c^x g$, whence $(f_x(x))$ converges for all $x \in [a, b]$. Note that if $f_k(x) := (-1)^k$, then $(f_k(x))$ does not converge for any $x \in [a, b]$.

7. Indeed, $g(x) := \sup\{f_k(x) : k \in \mathbb{N}\}$ equals $1/k$ on $(k-1, k]$, so that $\int_0^n g = 1 + \frac{1}{2} + \cdots + \frac{1}{n}$. Hence $g \notin \mathcal{R}^*[0, \infty)$.

10. (a) If $a > 0$, then $|(e^{-tx}\sin x)/x| \le e^{-ax}$ for $t \in J_a := (a, \infty)$. If $t_k \in J_a$ and $t_k \to t_0 \in J_a$, then the argument in 10.4.6(d) shows that E is continuous at t_0. Also, if $t_k \ge 1$, then $|(e^{-t_k x}\sin x)/x| \le e^{-x}$ and the Dominated Convergence Theorem implies that $E(t_k) \to 0$. Thus $E(t) \to 0$ as $t \to \infty$.
(b) It follows as in 10.4.6(e) that $E'(t_0) = -\int_0^\infty e^{-t_0 x} \sin x\, dx = -1/(t_0^2 + 1)$.
(c) By 10.1.9, $E(s) - E(t) = \int_t^s E'(t)dt = -\int_t^s (t^2+1)^{-1}\, dt = \operatorname{Arctan} t - \operatorname{Arctan} s$ for $s, t > 0$. But $E(s) \to 0$ and $\operatorname{Arctan} s \to \pi/2$ as $s \to \infty$.
(d) We do not know that E is continuous as $t \to 0+$.

12. Fix $x \in I$. As in 10.4.6(e), if $t, t_0 \in [a, b]$, there exists t_x between t, t_0 such that $f(t, x) - f(t_0, x) = (t - t_0)\frac{\partial f}{\partial t}(t_x, x)$. Therefore $\alpha(x) \le [f(t, x) - f(t_0, x)]/(t - t_0) \le \omega(x)$ when $t \ne t_0$. Now argue as before and use the Dominated Convergence Theorem 10.4.5.

13. (a) If (s_k) is a sequence of step functions converging to f a.e., and (t_k) is a sequence of step functions converging to g a.e., Theorem 10.4.9(a) and Exercise 2.2.18 imply that $(\max\{s_k, t_k\})$ is a sequence of step functions that converges to $\max\{f, g\}$ a.e. Similarly, for $\min\{f, g\}$.

14. (a) Since $f_k \in \mathcal{M}[a, b]$ is bounded, it belongs to $\mathcal{R}^*[a, b]$. The Dominated Convergence Theorem implies that $f \in \mathcal{R}^*[a, b]$. The Measurability Theorem 10.4.11 now implies that $f \in \mathcal{M}[a, b]$.
(b) Since $t \mapsto \operatorname{Arctan} t$ is continuous, Theorem 10.4.9(b) implies that $f_k := \operatorname{Arctan} \circ g_k \in \mathcal{M}[a, b]$. Further, $|f_k(x)| \le \frac{1}{2}\pi$ for $x \in [a, b]$.
(c) If $g_k \to g$ a.e., it follows from the continuity of Arctan that $f_k \to f$ a.e. Parts (a, b) imply that $f \in \mathcal{M}[a, b]$ and Theorem 10.4.9(b) applied to $\varphi = \tan$ implies that $g = \tan \circ f \in \mathcal{M}[a, b]$.

15. (a) Since $\mathbf{1}_E$ is bounded, it is in $\mathcal{R}^*[a, b]$ if and only if it is in $\mathcal{M}[a, b]$.
(c) $\mathbf{1}_{E'} = 1 - \mathbf{1}_E$.
(d) $\mathbf{1}_{E \cup F}(x) = \max\{\mathbf{1}_E(x), \mathbf{1}_F(x)\}$ and $\mathbf{1}_{E \cap F}(x) = \min\{\mathbf{1}_E(x), \mathbf{1}_F(x)\}$. Further, $E \backslash F = E \cap F'$.
(e) If (E_k) is an increasing sequence in $\mathbb{M}[a, b]$, then $(\mathbf{1}_{E_k})$ is an increasing sequence in $\mathcal{M}[a, b]$ with $\mathbf{1}_E(x) = \lim \mathbf{1}_{E_k}(x)$, and we can apply Theorem 10.4.9(c). Similarly, $(\mathbf{1}_{F_k})$ is a decreasing sequence in $\mathcal{M}[a, b]$ and $\mathbf{1}_F(x) = \lim \mathbf{1}_{F_k}(x)$.
(f) Let $A_n := \cup_{k=1}^n E_k$, so that (A_n) is an increasing sequence in $\mathbb{M}[a, b]$ with $\cup_{n=1}^\infty A_n = E$, so (e) applies. Similarly, if $B_n := \cap_{k=1}^n F_k$, then (B_n) is a decreasing sequence in $\mathbb{M}[a, b]$ with $\cap_{n=1}^\infty B_n = F$.

16. (a) $m(\emptyset) = \int_a^b 0 = 0$ and $0 \le \mathbf{1}_E \le 1$ implies $0 \le m(E) = \int_a^b \mathbf{1}_E \le b - a$.
(b) Since $\mathbf{1}_{[c, d]}$ is a step function, then $m([c, d]) = d - c$.
(c) Since $\mathbf{1}_{E'} = 1 - \mathbf{1}_E$, we have $m(E') = \int_a^b (1 - \mathbf{1}_E) = (b - a) - m(E)$.
(d) Note that $\mathbf{1}_{E \cup F} + \mathbf{1}_{E \cap F} = \mathbf{1}_E + \mathbf{1}_F$.
(f) If (E_k) is increasing in $\mathbb{M}[a, b]$ to E, then $(\mathbf{1}_{E_k})$ is increasing in $\mathcal{M}[a, b]$ to $\mathbf{1}_E$. The Monotone Convergence Theorem 10.4.4 applies.

(g) If (C_k) is pairwise disjoint and $E_n := \bigcup_{k=1}^{n} C_k$ for $n \in \mathbb{N}$, then $m(E_n) = m(C_1) + \cdots + m(C_n)$. Since $\bigcup_{k=1}^{\infty} C_k = \bigcup_{n=1}^{\infty} E_n$ and (E_n) is increasing, (f) implies that

$$m(\bigcup_{k=1}^{\infty} C_k) = \lim_n m(E_n) = \lim_n \sum_{k=1}^{n} m(C_k) = \sum_{n=1}^{\infty} m(C_k).$$

연습문제 11.1

1. If $|x-u| < \inf\{x,\ 1-x\}$, then $u < x + (1-x) = 1$ and $u > x - x = 0$, so that $0 < u < 1$.
3. Since the union of two open sets is open, then $G_1 \cup \cdots \cup G_k \cup G_{k+1} = (G_1 \cup \cdots \cup G_k) \cup G_{k+1}$ is open.
5. The complement of $\mathbb{N}$ is the union $(-\infty,\ 1) \cup (1,2) \cup \cdots$ of open intervals.
7. Corollary 2.4.9 implies that every neighborhood of x in $\mathbb{Q}$ contains a point not in $\mathbb{Q}$.
10. x is a boundary point of $A \Longleftrightarrow$ every neighborhood V of x contains points in A and points in $\mathcal{C}(a) \Longleftrightarrow x$ is a boundary point of $\mathcal{C}(a)$.
12. The sets F and $\mathcal{C}(F)$ have the same boundary points. Therefore F contains all of its boundary points $\Longleftrightarrow \mathcal{C}(F)$ does not contain any of its boundary points $\Longleftrightarrow \mathcal{C}(F)$ is open.
13. $x \in A^{\circ} \Longleftrightarrow x$ belongs to an open set $V \subseteq A \Longleftrightarrow x$ is an interior point of A.
15. Since A^- is the intersection of all closed sets containing A, then by 11.1.5(a) it is a closed set containing A. Since $\mathcal{C}(A^-)$ is open, then $z \in \mathcal{C}(A^-) \Longleftrightarrow z$ has a neighborhood $V_\varepsilon(z)$ in $\mathcal{C}(A^-) \Longleftrightarrow z$ is neither an interior point nor a boundary point of A.
19. If $G \neq \emptyset$ is open and $x \in G$, then there exists $\varepsilon > 0$ such that $V_\varepsilon(x) \subseteq G$, whence it follows that $a := x - \varepsilon$ is in A_x.
21. If $a_x < y < x$ then since $a_x := \inf A_x$ there exists $a' \in A_x$ such that $a_x < a' \leq y$. Therefore $(y,x] \subseteq (a',x] \subseteq G$ and $y \in G$.
23. If $x \in \mathbb{F}$ and $n \in \mathbb{N}$, the interval I_n in F_n containing x has length $1/3^n$. Let y_n be an endpoint of I_n with $y_n \neq x$. Then $y_n \in \mathbb{F}$ (why?) and $y_n \to x$.
24. As in the preceding exercise, take z_n to be the midpoint of I_n. Then $z_n \notin \mathbb{F}$ (why?) and $z_n \to x$.

연습문제 11.2

1. Let $G_n := (1 + 1/n,\ 3)$ for $n \in \mathbb{N}$.
3. Let $G_n := (1/2n, 2)$ for $n \in \mathbb{N}$.
5. If $\mathcal{G}_1$ is an open cover of K_1 and $\mathcal{G}_2$ is an open cover of K_2, then $\mathcal{G}_1 \cup \mathcal{G}_2$ is an open cover of $K_1 \cup K_2$.
7. Let $K_n := [0,\ n]$ for $n \in \mathbb{N}$.
10. Since $K \neq \emptyset$ is bounded, it follows that $\inf K$ exists in $\mathbb{R}$. If $K_n := \{k \in K : k \leq (\inf K) + 1/n\}$, then K_n is closed and bounded, hence compact. By the preceding exercise $\cap K_n \neq \emptyset$, but if $x_0 \in \cap K_n$, then $x_0 \in K$ and it is readily seen that $x_0 = \inf K$. [Alternatively, use Theorem 11.2.6.]
12. Let $\emptyset \neq K \subseteq \mathbb{R}$ be compact and let $c \in \mathbb{R}$. If $n \in \mathbb{N}$, there exists $x_n \in K$ such that $\sup\{|c-x| : x \in K\} - 1/n < |c - x_n|$. Now apply the Bolzano-Weierstrass Theorem.

15. Let $F_1 := \{n : n \in \mathbb{N}\}$ and $F_2 := \{n + 1/n : n \in \mathbb{N}, n \geq 2\}$.

연습문제 11.3

1. (a) If $a < b \leq 0$, then $f^{-1}(I) = \emptyset$. If $a < 0 < b$, then $f^{-1}(I) = (-\sqrt{b}, \sqrt{b})$. If $0 \leq a < b$ then $f^{-1}(I) = (-\sqrt{b}, -\sqrt{a}) \cup (\sqrt{a}, \sqrt{b})$.

3. $f^{-1}(G) = f^{-1}([0, \varepsilon)) = [1, 1+\varepsilon^2) = (0,\ 1+\varepsilon^2) \cap I$.

4. Let $G := (1/2,\ 3/2)$. Let $F := [-1/2,\ 1/2]$.

8. Let f be the Dirichlet Discontinuous Function.

9. First note that if $A \subseteq \mathbb{R}$ and $x \in \mathbb{R}$, then we have $x \in f^{-1}(\mathbb{R}\backslash A) \Longleftrightarrow f(x) \in \mathbb{R}\backslash A \Longleftrightarrow f(x) \notin A \Longleftrightarrow x \notin f^{-1}(A) \Longleftrightarrow x \in \mathbb{R}\backslash f^{-1}(A)$; therefore, $f^{-1}(\mathbb{R}\backslash A) = \mathbb{R}\backslash f^{-1}(A)$. Now use the fact that a set $F \subseteq \mathbb{R}$ is closed if and only if $\mathbb{R}\backslash F$ is open, together with Corollary 11.3.3.

연습문제 11.4

1. If $P_i := (x_i, y_i)$ for $i = 1, 2, 3$, then $d_1(P_1, P_2) \leq (|x_1 - x_3| + |x_3 - x_2|) + (|y_1 - y_3| + |y_3 - y_2|) = d_1(P_1, P_3) + d_1(P_3, P_2)$. Thus d_1 satisfies the Triangle Inequality.

2. Since $|f(x) - g(x)| \leq |f(x) - h(x)| + |h(x) - g(x)| \leq d_\infty(f, h) + d_\infty(h, g)$ for all $x \in [0, 1]$, it follows that $d_\infty(f, g) \leq d_\infty(f, h) + d_\infty(h, g)$ and d_∞ satisfies the Triangle Inequality.

3. We have $s \neq t$ if and only if $d(s, t) = 1$. If $s \neq t$, the value of $d(s, u) + d(u, t)$ is either 1 or 2 depending on whether u equals s or t, or neither.

4. Since $d_\infty(P_n, P) = \sup\{|x_n - x|, |y_n - y|\}$, if $d_\infty(P_n, P) \to 0$ then it follows that both $|x_n - x| \to 0$ and $|y_n - y| \to 0$, whence $x_n \to x$ and $y_n \to y$. Conversely, if $x_n \to x$ and $y_n \to y$, then $|x_n - x| \to 0$ and $|y_n - y| \to 0$, whence $d_\infty(P_n, P) \to 0$.

6. If a sequence (x_n) in S converges to x relative to the discrete metric d, then $d(x_n, x) \to 0$, which implies that $x_n = x$ for all sufficiently large n. The converse is trivial.

7. Show that a set consisting of a single point is open. Then it follows that every set is an open set, so that every set is also a closed set. (Why?)

10. Let $G \subseteq S_2$ be open in (S_2, d_2) and let $x \in f^{-1}(G)$ so that $f(x) \in G$. Then there exists an ε-neighborhood $V_\varepsilon(f(x)) \subseteq G$. Since f is continuous at x, there exists a δ-neighborhood $V_\delta(x)$ such that $f(V_\delta(x)) \subseteq V_\varepsilon(f(x))$. Since $x \in f^{-1}(G)$ is arbitrary, we conclude that $f^{-1}(G)$ is open in $(S_1,\ d_1)$. The proof of the converse is similar.

11. Let $\mathcal{G} = \{G_\alpha\}$ be a cover of $f(S) \subseteq \mathbb{R}$ by open sets in $\mathbb{R}$. It follows from 11.4.11 that each set $f^{-1}(G_\alpha)$ is open in $(S,\ d)$. Therefore, the collection $\{f^{-1}(G_\alpha)\}$ is an open cover of S. Since $(S,\ d)$ is compact, a finite subcollection $\{f^{-1}(G_{\alpha_1}), \ldots, f^{-1}(G_{\alpha_N})\}$ covers S, whence it follows that the sets $\{G_{\alpha_1}, \ldots, G_{\alpha_N}\}$ must form a finite subcover of $\mathcal{G}$ for $f(S)$. Since $\mathcal{G}$ was an arbitrary open cover of $f(S)$, we conclude that $f(S)$ is compact.

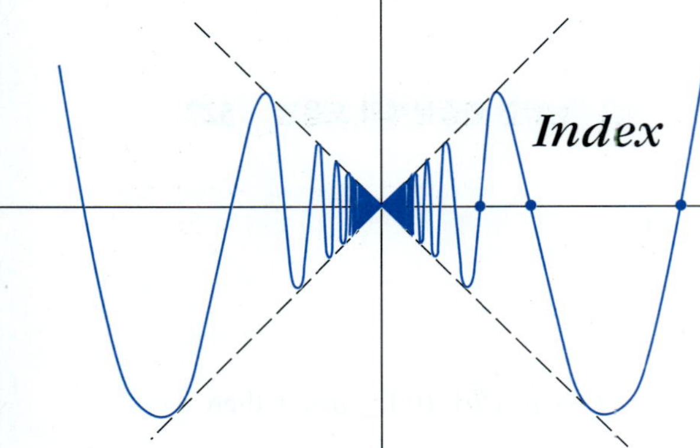

찾아보기

[ㄱ]

[ㄴ]

[ㄷ]

[ㄹ, ㅁ]

[ㅂ]

[ㅅ]

[ㅇ]

[ㅈ]